夯实数据底座·做强创新引擎·赋能多维场景
——2022年中国城市规划信息化年会论文集

中国城市规划学会城市规划新技术应用学术委员会
广州市规划和自然资源自动化中心 编

广西科学技术出版社

图书在版编目（CIP）数据

夯实数据底座·做强创新引擎·赋能多维场景：2022
年中国城市规划信息化年会论文集/中国城市规划学会城市
规划新技术应用学术委员会，广州市规划和自然资源自动化
中心编. —南宁：广西科学技术出版社，2022.7（2023.8 重印）
ISBN 978 - 7 - 5551 - 1830 - 5

Ⅰ. ①夯… Ⅱ. ①中… ②广… Ⅲ. ①城市规划—信
息化—中国—文集 Ⅳ. ①TU984.2 - 39

中国版本图书馆CIP数据核字（2022）第 131194 号

夯实数据底座·做强创新引擎·赋能多维场景
——2022 年中国城市规划信息化年会论文集

中国城市规划学会城市规划新技术应用学术委员会
广州市规划和自然资源自动化中心　编

组　　稿：方振发　何杏华
责任编辑：陈诗英　陈剑平　　　　　　　　助理编辑：秦慧聪
责任校对：苏深灿　　　　　　　　　　　　责任印制：韦文印
装帧设计：梁　良　唐春意

出 版 人：卢培钊
出版发行：广西科学技术出版社
社　　址：广西南宁市青秀区东葛路 66 号　　邮政编码：530023
网　　址：http://www.gxkjs.com

印　　刷：北京虎彩文化传播有限公司

开　　本：889 mm×1194 mm　1/16
字　　数：1037 千字　　　　　　　　　　印　　张：37
版　　次：2022 年 7 月第 1 版
印　　次：2023 年 8 月第 2 次印刷
书　　号：ISBN 978 - 7 - 5551 - 1830 - 5
定　　价：168.00 元

编 委 会

目 录

第一编　数据治理与数据赋能

数字化转型下的国土空间数字化治理逻辑探讨 ·· 3

数字化背景下时空数字底座建设路径探索

　　——以天津市南开区为例 ·· 11

时空数字底座在城市发展建设中的应用研究 ·· 17

人口数据空间化赋能智慧场景精细化管理 ·· 25

"0代码"技术构建时空大数据动态融合应用实践 ·· 30

基于机器学习的交通实时拥堵数据分析研究 ·· 35

基于Grasshopper平台的数字化城市设计工作方法初探 ·· 42

土地全生命周期数据治理方法探索 ·· 53

数字化升级赋能的规划师工作台设计与实现 ·· 61

基于多源地图平台融合的数据空间化技术框架研究 ·· 69

面向规划领域多部门协同与安全共享应用的空间数据应用平台构建 ································ 81

构建全域历史文化资源保护数据空间体系

　　——以南京历史文化资源信息平台建设为例 ·· 92

城市系统服务供需关系视角下的数字化干预 ·· 99

基于网络口碑大数据的市场主导型公共服务设施供需空间匹配研究 ······························ 109

第二编　信息技术与规划管理

数字化转型赋能国土空间规划全生命周期治理研究 ·· 119

国土空间规划视角下的生态安全格局构建研究 ·· 128

国土空间规划中"图数表"组合的弹性用途管制研究 ·· 134

控规实施评估及动态维护系统建设探讨 ·· 142

审视智慧城市建设中的公平效用损失风险 ·· 153

基于地理信息技术的耕地保护管理方案研究 ·· 160

以平衡为核心的耕地保护全生命周期管理 ·········· 168

国土空间规划实施视角下的土地储备资源潜力评价研究

　　——以珠海市为例 ·········· 175

省级 CIM 基础平台建设研究与思考

　　——以辽宁省为例 ·········· 183

基于"多规合一"业务协同平台的用地清单制实践与思考 ·········· 191

面向建筑规划审批的 CIM 基础平台设计

　　——以武汉市为例 ·········· 199

疫情常态化背景下招商项目落地的空间要素保障研究

　　——以厦门市为例 ·········· 207

基于"双碳"目标的全域土地综合整治碳汇能力研究

　　——以山东省庆云县尚堂镇为例 ·········· 217

借力"碳中和"实现城市建设的科学合理规划 ·········· 225

基于多目标优化算法的项目选址研究

　　——以岳阳市平江县食品产业园区为例 ·········· 231

基于"需求—供给"视角的生活圈社区养老设施配置评价与配置策略研究

　　——以天津市南开区为例 ·········· 238

15 分钟社区生活圈服务设施建设评估探索

　　——以无锡市经开区为例 ·········· 247

儿童友好型公园设计中数字技术场景化应用研究

　　——以福州闽江公园北园为例 ·········· 255

第三编　信息技术与空间识别

基于多系统视角的长三角网络结构演化研究 ·········· 267

山东省各县（市、区）房价空间分布格局及其影响因素研究 ·········· 279

基于 MSPA 的济南市国土空间形态格局演变研究 ·········· 286

基于多源数据的厦门市城市空间结构识别与思考 ·········· 297

POI 数据和夜光遥感数据空间关联研究

　　——以济南市中心城区为例 ·········· 304

多源数据支持下的城市公共活动中心识别与特征研究

　　——以厦门市为例 ·························· 315

基于改进两步移动搜索法的轨道站点可达性研究

　　——以天津市津城区域为例 ·················· 322

基于 POI 数据的厦门市轨道站点影响区功能特征分析研究 ········· 331

基于多源数据的西安市主城区中心空间识别 ·············· 338

"新杭州人"群体空间分布和出行特征研究

　　——基于手机信令数据的分析 ·················· 350

南京市不同工作制群体职住空间的精准识别及布局特征

　　——基于手机信令数据的职住地识别技术改进 ········· 360

基于多源数据的城市夜间经济活力测度及影响因素分析

　　——以桂林市中心城区为例 ·················· 370

地铁站点区域发展价值评估及开发潜力区域识别

　　——基于多源大数据的广州实践 ················ 378

基于空间效率分析的商业服务设施空间格局研究

　　——以沈阳市浑南路片区为例 ················· 393

基于 MST 聚类的区域传统村落分层协同网络构建探索

　　——以永州市传统村落集中连片保护利用为例 ········· 403

老龄化背景下城市医疗设施可达性与公平性测度

　　——以蚌埠市中心城区为例 ·················· 412

第四编　数字孪生与实景三维建设

实景三维赋能新一代国土空间基础信息平台

　　——以青岛市为例 ······················ 423

实景三维支撑自然资源信息化的思考与实践 ·············· 436

基于自主可控的部件级实景三维建设应用研究 ············· 447

浅谈实景三维在智慧城市中的应用 ·················· 457

基于实景三维的城市建筑风貌管控方法与实践 ············· 468

成都市实景三维建设的探索与应用 ·················· 476

基于数字孪生技术的"四维＋"矿产资源储量监管应用系统设计 ·············· 487

第五编　信息技术研究与实践

新形势下市级自然资源和规划信息化顶层设计之见 ·············· 497

自然资源一体化信息平台设计与实现

　　——以上饶市广信区为例 ·············· 502

GIS 技术在昆明历史文化名城保护规划中的应用 ·············· 511

数字化改革背景下的消防"一张网"应用场景建设

　　——以宁波市奉化区为例 ·············· 517

多城可比的高精度实时监测优化策略

　　——以城市体检时空覆盖型指标为例 ·············· 524

中小城市体检评估信息平台建设中指标传导的思考

　　——基于雅安市实践 ·············· 533

"民生七有"目标下城市体检评估系统框架及功能设计 ·············· 543

基于物联网与深度学习的城市体检应用研究 ·············· 550

城市体检评估技术方法与系统应用

　　——以宁波市为例 ·············· 558

探索构建基于信息化平台的智能化城市体检评估工作 ·············· 565

基于"一张图"的常州市国土空间规划城市体检模型库设计与实现 ·············· 573

第一编
数据治理与数据赋能

数字化转型下的国土空间数字化治理逻辑探讨

□罗亚，宋亚男，余铁桥

摘要：利用信息技术全方位、系统性重塑国土空间治理过程，推动国土空间治理数字化转型，是国土空间智慧治理和治理创新的重要途径。新时期国土空间数字化治理，需要以国家战略为纲领，以信息技术为工具，实现治理对象（数字国土）、治理主体（数字组织）和治理工具（数字赋能）的融合与智慧赋能，从而统筹多元空间治理目标、打通多源对象协同链路，从内到外实现治理过程的数字化转型。国土空间数字化治理的信息化核心架构需从传统的"数据—平台—应用"转变为以逻辑为核心的"数据—逻辑—场景"新模式，通过理清逻辑、提升能力、做优场景，提升国土空间数字化治理水平。为此，要聚焦三大关键内容：一是利用数字赋能，构建数字国土，成为国土空间数字化治理的空间基座；二是将数字工具嵌入国土空间治理关键环节实现数字赋能，以规划为引领实现国土空间治理的全程智治；三是打造国土空间治理的数字组织，建立协同平台连接政府、市场、社会等多元主体，促进多元主体协同共治。

关键词：国土空间治理；数字化转型；数字化治理；数字国土；数字组织

国土空间治理是国家治理体系和治理能力现代化的重要组成部分。2019年5月，《中共中央 国务院关于建立国土空间规划体系并监督实施的若干意见》印发，国土空间治理进入新的发展阶段。《中共中央关于制定国民经济和社会发展第十四个五年规划和二〇三五年远景目标的建议》提出，要实现国土空间治理全过程数字化、网络化、智能化，构建国土空间开发保护新格局。《中共中央 国务院关于完整准确全面贯彻新发展理念做好碳达峰碳中和工作的意见》明确提出，要构建有利于碳达峰、碳中和的国土空间开发保护新格局。一系列的政策举措对国土空间规划编制、国土空间用途管制、生态修复等相关工作均提出了更高的要求。依托数字技术推进国土空间治理的数字化转型，强化数字社会、数字政府建设，提升公共服务、社会治理等数字化智能化水平，成为新形势下支撑国土空间精细化治理的必然选择。

数字化转型背景下的国土空间治理，具有以往任何时代均不具备的时代特征，其基本逻辑、价值理念和治理方式等相较以往均发生了重大战略性转变。从逻辑转变来看，我国国土空间治理经历了由国土空间规划管理到国土空间治理的科学发展过程，完善国土空间治理成为现阶段优化国土空间资源配置、提高经济效率的有效途径，也是实现人与自然和谐共生的必然要求。从价值理念转变来看，国土空间治理从支撑经济发展的重要抓手转变为推进人与自然和谐共生的核心手段，和谐将是现阶段国土空间治理的主题词。从治理方式转变来看，大数据、人工智能、云计算等新技术手段将得到深度运用，促进国土空间从碎片化治理逐步转变为全面科学治理。多重转变之下，全面深入认识新时期国土空间治理的新趋势、新特点，掌握国土空间数字化治理的核心逻辑,是确保新时期数字化技术赋能国土空间治理数字化转型的核心要求。

1 国土空间数字化治理需求分析

国土空间治理是以政府、市场、社会等为多元治理主体,利用法规、规划、管制、政策和标准等多维治理手段,对国土空间进行管理、对各类资源和要素进行配置与优化的过程,具有全面性、动态性和复杂性特征。国土空间治理数字化转型过程中要充分认识这些特点,紧扣新时代国土空间治理的核心要求,厘清国土空间数字化治理的核心需求,利用数字技术赋能,推进国土空间治理体系和治理能力现代化建设。

1.1 落实国家发展战略要求

国土空间治理采取的各项举措应符合国家总体发展战略的指引,确保发展方向符合国家发展整体大势。我国目前正处于新的历史时期,"共同富裕""国土安全""绿水青山就是金山银山""碳达峰、碳中和""区域协同"等都需要通过国土空间数字化治理来贯彻和落实。党的十九届五中全会提出了优化国土空间布局的战略目标,从战略层面回答了新时代国土空间治理格局优化的目标和路径,成为推进国土空间用途管制、构建和推动区域经济优化布局的基本遵循和重要依据。紧扣党和国家对国土空间治理的战略定位,"十四五"时期国土空间数字化治理应按照国土空间开发保护新格局的战略目标要求,遵循客观经济规律,发挥优势化地区空间集聚效应,推动空间治理与宏观经济治理有效衔接,提高政策治理效能;推动建立空间利用绩效考核机制,完善空间治理法律法规体系;鼓励各类主体积极参与,构建空间治理的全方位要素支撑体系,形成与高质量发展阶段相适应的区域经济布局和国土空间开发保护新格局。

1.2 统筹多元空间治理目标

国土空间是一个包含土地、水、矿产、生态、社会经济等不同资源要素的复杂地理空间,既是自然资源依附的载体,也是开发建设的物质基础。国土空间治理的关键在于如何更好地利用地理空间,提高空间利用效率,优化资源的空间配置。国土空间数字化治理的一项重要目标便是将山水林田湖草全自然资源要素纳入治理体系,融入治理核心战略,统筹协调多元空间治理的需求。具体来说,需要数字化国土空间治理对象,统筹国土空间治理要素,落实生态文明战略,立足山水林田湖草生命共同体视角,面向人与自然和谐共生,促进人类活动空间与自然本底空间的适配,利用和实施新一代信息技术支撑的科学决策与系统调控,推动增强国土空间多要素协同开发,提升国土空间利用效率、功能和品质,实现高质量发展的多元化空间需求统筹、国土空间系统全生命周期维护强化等,提升国土空间治理体系和治理能力现代化水平。

1.3 打通多源对象协同链路

国土空间治理是多主体、多层级、多对象共同参与,多流程、多环节全面互联的治理生态。首先,国土空间治理涉及治理主体、行政相对人、平行部门、社会智库等多类对象,而良好的国土空间治理结果必然建立在所有对象共同参与、协同共商的基础上。利用数字化转型的连接能力,串接不同对象,建立良性互动、共同成长的国土空间治理生态圈,建立"科研—管理—决策—落实"的串接闭环,实现国土空间治理过程智慧化。其次,国土空间治理环节众多、流程复杂,每个部门承担的责权不同,交互流程也不尽相同,通过流程优化再造和数字化转型的智慧赋能,纵向上打通部、省、市、县/区交互链路,横向上做好系统内部各行政主体的交互协同。国土空间数字化治理需要管理部门的数字化转型作为基石，运用数字化转型理念、思维和技术等，以数字化治理实现组织管理理念、管理思维、管理模式、管理手段的数字化大融合。

1.4 依托信息技术革新动能

新一代信息技术是新一轮科技革命和产业革命的关键力量，正在引领多领域技术的融合创新与产业融合应用，驱动产业组织逻辑和体系深刻变革。信息技术革命推动下的国土空间治理数字化变革，客观上要求将国土空间治理体系和治理能力现代化建设置于数字化浪潮的大背景下展开。这使得国土空间治理领域的数字化变革不仅仅体现为借助信息技术提升治理体系和治理能力现代化水平，更体现为治理体系和治理能力本身的变革，以适应乃至促进整个社会的数字化转型。因此，新时期国土空间数字化治理需要依托当前信息技术的强大动能。一方面，持续探索先进信息技术与国土空间治理的黏合点，持续引入人工智能、区块链等新技术手段，强化国土空间治理的数字化、智能化、智慧化能力；另一方面，需强化国土空间治理的理论和模式创新，通过理论创新契合技术创新，通过技术创新推动模式创新，通过模式创新孵化理论创新，从而使国土空间数字化治理持续稳步向前。

2 国土空间数字化治理逻辑

2.1 数字化转型下的信息化架构转变

一直以来，典型的信息化核心逻辑架构是"数据—平台—应用"三层，即在数据库支撑下实现各前端信息化应用，各类公共技术在平台层面做简单的归集。这类架构的主要思想是以数据支撑信息系统，核心是支撑信息系统运行的信息化技术。而随着应用需求的日益升级、信息技术的不断发展，这种"数据—平台—应用"三层架构的不足日益显现。

一是缺少对业务的敏捷应对能力。随着我国治理体系和治理能力现代化建设的逐步推进，放管服改革深化让业务的变化和调整成为常态，这就需要信息化架构能够随着业务进行灵活调整，而传统的架构显然无法满足这个要求。

二是缺少强大的场景集成能力。国土空间治理是一个动态、复杂、综合的过程，更多地强调数据的共享、业务的协同，这就意味着国土空间数字化治理所需要的将不仅仅是一个个独立的系统，而是对跨部门、跨层级的业务场景进行综合呈现，是业务一体化的集成服务。

国土空间治理数字化转型的核心是通过技术和业务对齐，甚至是技术推动业务创新、管理创新，因此业务创新、场景赋能是其突出特征。"数据—平台—应用"三层的信息化架构难以匹配新形势、新要求。为此，需要重点强化两个关键部分的能力：一是在平台层实现公共技术能力沉淀的基础上，增加业务公共能力的沉淀，在支撑层形成数字化转型的关键能力；二是在应用层实现从功能集成到场景集成的转变，实现功能服务的业务增值。基于此，本研究整体形成国土空间数字化治理的"数据—逻辑—场景"架构，实现了三大重要转变，体现了数字化转型的主体价值（图1）。一是从"技术为核"到"逻辑为核"。将业务要素和技术要素放在同等重要的位置，实现共性的、基础的业务和技术能力的融合，构建数字化治理的逻辑体系。二是从"功能服务"到"场景服务"。在数据和数字化治理逻辑的基础上，搭建匹配跨系统、跨部门、跨层级的各类业务的应用场景，且强调场景的整体性、关联性和适应性。三是从"被动扩展"到"敏捷适应"。通过对组织、业务的深度把控，融入最新技术理念，灵活拓展可满足实际需要的应用场景，并以场景应用驱动业务创新。

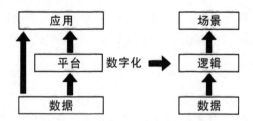

图 1　数字化转型下的信息化架构转变

在新的三层信息化架构中，逻辑层是从空间实体数字化表达到实现信息化场景应用的核心和关键。抓住国土空间数字化治理的核心逻辑，能够帮助各级国土空间治理部门在数字政府建设逐步深入、机构改革职能融合后，立足全新政策和职能定位，灵活掌握应对的办法和思路，从而在层出不穷的技术理念和纵横交错的治理需求中做到"以不变应万变"。

2.2　数字化转型下的治理逻辑

数字化转型背景下，治理基本逻辑框架是在科技和制度双轮驱动下，遵循人本治理、系统治理、依法治理和智慧治理等治理理念，协调好治理主体、治理工具和治理对象之间的关系，提高统筹组织、创新发展、综合治理、精细治理等治理能力，用数字化技术赋能治理体系和治理能力持续升级（图 2）。在这个框架中，治理理念是行动的先导，创新社会治理，首先要创新社会治理的理念，将人本治理、系统治理、依法治理和智慧治理等治理理念贯穿于治理全过程；治理体系是落脚点，包括明确治理主体（谁来治理）、治理工具（如何治理）、治理对象（治理什么），三者持续协调优化成为治理体系现代化的关键构成；治理能力是"底盘"，是治理目标最终实现的基础，需要持续提升治理能力，增加抵达终点的资本；制度和科技的完善与发展，是实现治理体系和治理能力现代化的驱动力，社会的进步和发展往往是制度和科技双重进步的结果。

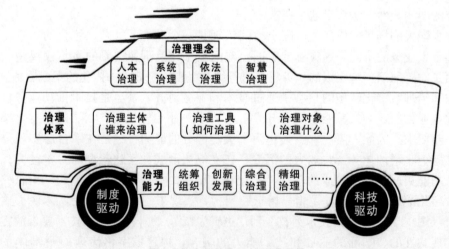

图 2　数字化转型下的治理逻辑

2.3　国土空间数字化治理逻辑

国土空间数字化治理逻辑整体需符合双轮驱动下的治理体系与治理能力基本逻辑框架，并聚焦于国土空间治理范畴。国土空间数字化治理须遵循治理能力和治理体系现代化建设关于人本治理、系统治理、依法治理和智慧治理的治理理念，在制度和科技双重催化下，通过打造治理工具（数字化平台）为治理主体和治理对象综合赋能，通过治理主体、治理对象和治理工具三者的相互融合、促进，实现整体智治、善治。

对于国土空间数字化治理来说，治理主体是管理部门，治理对象是国土空间，治理工具是数字化手段。所以，国土空间数字化治理的核心逻辑可以归纳为：通过打造数字组织实现国土空间治理的组织赋能，提升治理主体的组织效能；通过打造数字国土实现国土空间治理的决策赋能，提升针对治理对象的治理效能（图3）。简而言之，国土空间数字化治理逻辑可概括为"数化、连接、赋能"，即用数字化转型思维"数化"国土空间，形成数字国土，通过人机"连接"建设数字组织，AI与数据融合并嵌入业务环节，实现数字赋能。

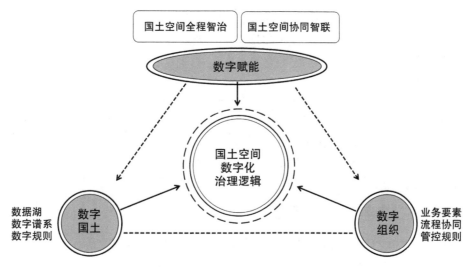

图3 国土空间数字化治理"三位一体"模型

3 国土空间数字化治理框架

国土空间数字化治理框架由三层组成，可分为逻辑层、能力层、价值层三个层次（图4）。

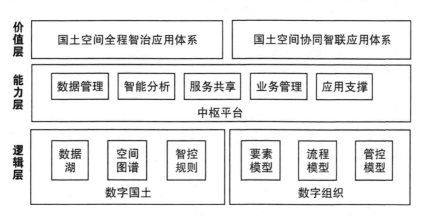

图4 国土空间数字化治理框架

3.1 逻辑层：建立数字国土和数字组织

国土空间数字化治理的核心是建立数字国土和数字组织，这是国土空间治理的根本出发点和落脚点。

3.1.1 构建数字国土

数字国土是以国土空间数据湖为底、以空间要素数字谱系为网、以空间治理数字规则为核、承载国土空间要素时空状态和运行秩序，能感知可视、可分析计算、可管控决策的数字化空间，也是国土空间数字化治理的载体。数字国土的构建应包括全域感知、数据治理和规则转译三个层次，通过数据湖、空间图谱和智控规则建设，实现空间要素和规则的全面"数化"。首先，通过动态汇集自然资源全要素信息和推进数据治理工程，构建三维立体数据湖，做到时空多维全覆盖、人地要素全覆盖；其次，通过数字空间图谱的构建，建立全域全要素数字对象关联逻辑；最后，通过完善规则库、指标库、模型库和推理库，建立数字智控规则，支撑国土空间治理决策路径全链条的智能化发展。

3.1.2 建立数字组织

对于数字组织，应通过构建要素模型、流程模型和管控模型，推进组织"数化"和"协同"。首先，按照层层深入的逻辑将所有业务要素信息对象化、关联化，构建业务要素模型；其次，分别以组织—部门—职能—事件—业务活动为对象，构建内部无缝贯穿、外部互通衔接、组织协同高效的流程模型；最后，根据要素模型和流程模型，将管控依据分解为管控行为，并逐级传导到管控要素，进而分解为管控指标，构建数字化管控模型。

3.2 能力层：建立数字赋能核心引擎

在数字化治理逻辑之上，需要能力层的承载和落实。能力层的本质是一个数字化中枢平台，作为公共能力的中枢和国土空间数字化治理的新型基础设施，发挥数字化能力引擎的作用，让数字技术全方位赋能国土空间治理。

3.2.1 多元技术融合

在技术架构方面，平台可以通过微服务、微前端和容器等云原生技术，实现数字化能力的沉淀、管理、编排和调用，为国土空间治理全过程业务应用提供统一支撑。同时，可将大数据、人工智能、三维智能等技术融入空间数据管理、空间分析、流数据处理与可视化等方面，基于分布式空间数据引擎，提供密度分析、聚合分析等空间大数据算子和各类模型算法，为国土空间治理提供更智能化、智慧化的技术支撑。

3.2.2 多源能力集成

在能力支撑方面，平台应沉淀国土空间治理过程中积累的包括数据管理、智能分析、服务共享、业务管理和应用支撑等在内的各类公共能力，能够在数字国土层面实现数据的集中管理、智能分析和共享交互，并能够在数字组织层面实现业务领域能力的原子化、服务化和编排化。整体上形成数字国土构建、时空大数据并行计算、智能化决策分析、敏捷应对业务变化、跨层级跨部门协同联动及信息安全防护等关键技术能力，促进数据归集共享和业务协同共治，发挥"穿针引线"的作用，满足国土空间治理核心业务管理、政府部门业务协同及面向社会公众服务的需要，实现全方位赋能，支撑国土空间数字化治理。

3.3 价值层：聚焦全程智治和协同智联两大场景

逻辑层和能力层的价值最终在价值层体现。按照国土空间治理的治理对象和治理主体，价值层的核心分别落在国土空间全程智治和国土空间协同智联两大场景体系。

3.3.1 国土空间全程智治应用体系

将"国土空间智慧治理"贯穿数字化规划、数字化实施、数字化监督和仿真模拟全过程，助力形成"用数据审查、用数据预判、用数据监管、用数据决策"的智慧治理工作模式。

在空间规划环节，应依托数字化手段，建立起国土空间规划编制审批的数字化、智能化管理模式，做好"五级三类"国土空间规划的逐级传导，以及国土空间规划与城市设计的衔接融合，形成规划二三维一体化传导管控体系，从而实现统一规划、统一底板，以规划引领国土空间的精细化治理。

在用途管制环节，应基于三维立体的国土空间规划"一张图"底板及数字化用途管制规则，将各类数字化工具嵌入国土空间用途管制的各个阶段，确保依规实施、落实空间管控、保障要素落地。

在绩效考核环节，应建立动态监测、定期体检评估、及时预警的数字化、动态化监督监管体系，以及仿真模拟反馈优化路径，为绩效考核、规划动态维护提供依据和支撑。

3.3.2 国土空间协同智联应用体系

国土空间治理是政府、市场和社会多元主体多方博弈、协同共荣的过程，需建立国土空间协同智联应用体系，以政府为主导、以问题为导向、以场景为枢纽，做到多元主体协同共治，实现"数字组织，协同治理"目标。

面向政府治理主体，利用"土地码＋项目谱"促进业务管理创新，通过政务审批一体化、业务管理一体化、监督决策一体化和综合调度一体化，推进形成"全流程贯通、全信息集成、全环节监管、内外互联互通"的国土空间协同治理工作模式。

面向社会治理主体，应推进全程智治，做到协同共治。坚持以人为本、为人所用，借助泛在计算技术在PC、大屏、移动设备、穿戴设备等多端平台形成政府、市场、社会的交互与反馈信息链。通过改变思维方式、转变业务模式、建立多元协同体系，让各类治理主体对国土空间治理的认知"调频"相近、"步调"一致。

4 总结与展望

在全新的历史阶段，国土空间治理被赋予更丰富的内涵，需要充分掌握其核心逻辑，才能顺发展之势、握治理之脉。新时期的国土空间数字化治理区别于以往国土空间治理信息化建设的思路和方法，需要深刻把握"数化赋能、全程智治、多元连接"的核心逻辑，以数据为基础，强化数字化治理逻辑和场景应用两方面的重要支撑能力，构建"数据—逻辑—场景"新型数字化逻辑框架，实现国土空间治理从数字化、智能化向智慧化的跨越。

未来，在国土空间数字化治理的具体实践中需要把握三大关键内容：一是利用数字赋能，构建数字国土，成为国土空间数字化治理的空间基座；二是将数字工具嵌入国土空间治理关键环节实现数字赋能，以规划为引领实现国土空间治理的全程智治；三是打造国土空间治理的数字组织，建立协同平台连接政府、市场、社会等多元主体，促进多元主体协同共治。整体上，通过治理主体、治理对象和治理工具/方法的数字化转型和能力提升，打造国土空间数字化治理新模式，并建立各地独具特色的数字化治理逻辑，支撑"积极有为、精准作为、制度创行"社会治理新模式的建构。

［基金项目：国家重点研发计划（2018YFB2100704）］

［参考文献］

［1］吴洪涛. 自然资源信息化总体架构下的智慧国土空间规划［J］. 城乡规划，2019（6）：6-10.

［2］黄征学，王丽. 国土空间治理体系和治理能力现代化的内涵及重点［J］. 中国土地，2020（8）：16-18.

［3］汪彬. 完善国土空间治理的逻辑及进路［J］. 开放导报，2021（6）：90-96.

［4］张耘逸，罗亚. 规划引领数字国土空间全程智治总体框架探讨［J］. 规划师，2021，37（20）：60-65.

［5］陈美球，刘桃菊，林雯璐. 以新发展理念引领国土空间治理［J］. 中国土地，2022（3）：20-22.

［6］李由君，韩卓希，乔天宇，等. 数字化转型中的国家治理变化［J］. 西安交通大学学报（社会科学版），2022（3）：1-14.

［7］朱从谋，王珂，张晶，等. 国土空间治理内涵及实现路径——基于"要素—结构—功能—价值"视角［J］. 中国土地科学，2022，36（2）：10-18.

［作者简介］

罗亚，上海数慧系统技术有限公司联席总裁。

宋亚男，上海数慧系统技术有限公司售前咨询工程师。

余铁桥，上海数慧系统技术有限公司业务总监。

数字化背景下时空数字底座建设路径探索

——以天津市南开区为例

□贾莉，李刚，孙保磊，黄亮东

摘要：伴随大数据、云计算、物联网等新兴技术的发展，数字化正以不可逆转的趋势改变人类社会。近两年国家陆续出台了与新城建、三维立体时空数据库、数字经济、CIM 等数字化相关的政策文件，强调了城市时空数据建设的重要性及必要性。本文按照"挖需求、建体系、定标准、建数据、控质检、可更新"六步走的全流程、全要素、全周期的时空数字底座建设路径，以天津市南开区为例，从时空基础、公共专题、规划管理、物联感知四大类数据及全景南开平台等方面，详细描述了南开区时空数字底座的建设经验。

关键词：时空数字底座；数字化；CIM；三维立体时空数据库

1 引言

伴随大数据、移动互联网、云计算、物联网、人工智能、区块链等新兴技术的发展，数字化正以不可逆转的趋势改变人类社会，日益成为推动经济社会发展的核心驱动力。数字化已成为当今时代全球重要的共识，各国纷纷发布国家数字战略，开启并加速数字化进程。近两年我国陆续出台了与新城建、三维立体时空数据库、数字经济、城市信息模型（CIM）等数字化相关的政策文件，强调了城市时空数据建设的重要性和必要性（图1）。

图1 时空数字底座相关政策文件

2 国内城市进展

上海、北京、天津等主要城市先后出台加快数字化发展规划及行动方案，逐步明确和强化了数据作为一种新型生产要素的重要地位，数据资源成为新发展阶段的重要战略资源。数字底座建设在北京、深圳、上海、苏州各大城市的城区及产业园区试点陆续启动。

2019 年 10 月，北京市西城区形成了"一库、一图、一平台、四方面应用"格局，打造智慧时空底板。

2021 年 7 月，深圳市南山区提出夯实智慧城市数字底座，构建全区全要素、高精度、细粒度的数字城市三维地图，奠定数字城市大脑基础。

2021 年 10 月，上海市提出浦东新区和五个新城先行先试"城市数字底座"建设和运行，全面提升城市数字化转型的泛在通用性、智能协同性和开放共享性。

2021 年 11 月，上海市漕河泾开发区开展临港集团园区数字底座建设项目，总金额 2 亿元。

2021 年 11 月，《苏州工业园区"十四五"数字政府建设发展规划》正式发布，提出以一个高度集成的数字底座、围绕四项一体化转型、构建 X 个智慧场景的"1＋4＋X"核心框架。

3 建设必要性及思路

时空数字底座是实现数字化治理和发展数字经济的重要载体，是未来城市提升长期竞争力，实现精明增长、可持续发展的新型基础设施。为摸清城市数据家底，有效解决城市时空数据共享难、更新慢、质量差、价值低等问题，需开展时空数据治理工作，促进多源数据融合，增强城市内部数据建设的规范性、共享性，节约建设成本，为进一步探索建立数据要素市场奠定基础。时空数据底座以数据为燃料，以数字技术为发动机，其核心是利用全量时空数据资源优化经济、政府、文化、社会、生态等五大领域的创新应用，缩小数字鸿沟，释放数字红利，促进经济社会均衡发展，提升社会治理体系和治理能力现代化水平，实现政府数字化转型。

4 时空数字底座建设路径

本次研究融合"GIS＋BIM＋IOT"技术，采用全流程、全要素、全周期的数据建设技术路线，根据"挖需求、建体系、定标准、建数据、控质检、可更新"六步走流程，构建时空基础、公共专题、规划管理、物联感知四大类的二三维时空数据底座，支撑智慧城市及数字政务各项应用，辅助数字化管理及智能决策（图 2）。

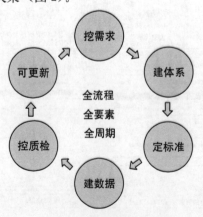

图 2 时空数字底座建设流程

4.1　挖需求

深入扎实开展调研，充分了解地方的业务流程和业务需求，总结其业务痛点，挖掘其具体的应用需求场景。根据具体的业务流程和需求场景，梳理数据清单，掌握数据生产部门、建设内容、精度、格式及关键属性信息等内容。

4.2　建体系

基于城市发展全周期的运行流程，对标住房和城乡建设部《城市信息模型（CIM）基础平台技术导则》，创新性地提出包含时空基础数据、公共专题数据、规划管理数据和物联感知数据四大类的时空数据底座分类体系。其中，时空基础数据包括行政区、测绘遥感、三维模型等数据；公共专题数据包括用地、人口、建筑、公共服务设施、产业、市政工程、交通、历史文化、生态环境、安全防灾、互联网大数据等数据；规划管理数据包括规划成果、规划控制线、规划管理审批数据；物联感知数据包括交通监测、城市运行与安防监测、环境监测等数据。结合住房和城乡建设部的数据分类方式和城市事权管理划分同步优化数据分类体系，将工程核检项目数据纳入规划管理数据，将资源调查数据分专题纳入公共专题，丰富和提升公共专题数据，有效支撑行业应用。

4.3　定标准

城市运行管理涉及多源、多维度、多类型的时空数据，通过编制数据编目、数据标准、数据管理办法等文件，满足时空数据的采集、入库与更新要求，达到规范数据格式、统一坐标体系的目的，实现时空数据规范化管理和共享利用，实现数据可知、可控、可取、可用（图3）。

图3　时空数字底座数据标准体系

4.4　建数据

汇聚"GIS＋BIM＋IOT"等多源数据类型，采用定制化的数据处理方式，构建现状规划一体化、地上地下一体化、室内室外一体化、二三维一体化的时空数字底座。

4.5　控质检

开发数据质检工具，保障数据质量，对不同来源的数据进行数据库质检。通过构建数据质检规则体系、梳理质检实施流程、开发质检工具、组建数据质检维护团队，整体把控数据质量，确保数据准确和平台运行流畅。

4.6 可更新

时空数据更新维护工作与数据建设同样重要。通过数据管理办法，指导和约束数据更新行为，根据不同数据的特点和要求，设计更新技术路线，配合多专业的数据技术团队，保障数据的现势性、权威性，提升数据资产价值，实现数据和业务的双向健康生长。

5 天津市南开区时空数字底座建设成果

天津市南开区作为"科创中国"的试点城区，针对城市时空数据共享难、更新慢、质量差、价值低等问题，率先启动智慧时空数字底座试点建设。南开区时空数字底座构建了时空基础、公共专题、规划管理、物联感知四大类 16 项专题近百项二三维时空数据，建设贯通历史现在未来、覆盖地上地表地下、统筹人地房权、链接规建管养用维全流程的数字底座，实现了用地、人口、房屋、公共服务设施、市政管线等基础数据的精细化建设，支撑各项智慧城市应用，辅助城市数字化管理及智能决策。

5.1 时空基础数据

时空基础数据涵盖遥感影像、倾斜摄影、3d Max 建筑精模、单体 BIM 等多种精度、多种类型的二三维时空数据（图 4），构建了天津市南开区的二三维基础数字底板，实现了城市的精准复刻。

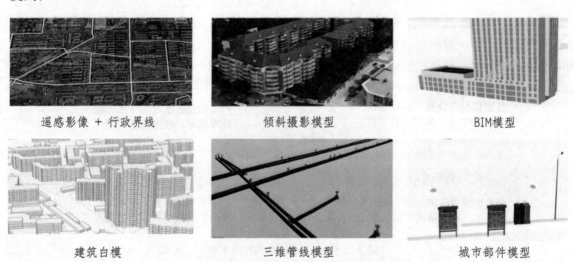

遥感影像 + 行政界线　　　　倾斜摄影模型　　　　BIM模型

建筑白模　　　　三维管线模型　　　　城市部件模型

图 4　天津市南开区时空数字底座——时空基础数据成果图

5.2 公共专题数据

公共专题数据包含精细颗粒度的人地房、交通、公共设施、经济产业、市政工程、历史文化保护、生态环境、疫情防护、互联网大数据共九小类专题，形成可承载政府管理属性、社会属性、经济属性的公共专题数据库，辅助智能化管理及决策。

5.3 规划管理数据

规划管理数据描绘城市发展愿景，预测城市未来，包含控制性详细规划、专项规划、城市设计等规划成果数据，以及核定用地图、建设工程规划许可证、建设工程验收许可证等规划管理数据。

5.4　物联感知数据

物联感知数据包含交通、建筑、市政、气象、生态环境、城市运行与安防等 IOT 设备数据，采用动静结合的方式，实现基于空间的物联数据的调取、融合、展示及分析（图 5）。

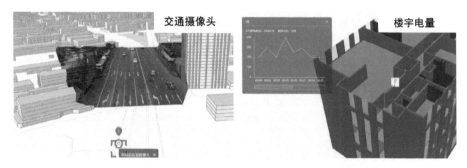

图 5　天津市南开区时空数字底座——物联感知数据成果图

5.5　全景南开平台

全景南开平台是基于数字底座的重要应用，联动人、情、地、事、物、组织全方位数据信息，从地区与人口、用地与设施、城市建筑、产业经济、城市交通等多个板块构建智慧全景驾驶舱，以多用户、多权限、多图形、多指标的定制化界面，直观画像城市状态、动态监控城市运行、即时分析城市指标，辅助城市高效治理与科学决策。

6　结语

天津市南开区通过时空数字底座的建设，完善城市空间数据库，全面动态掌握网格范围内的人、情、地、事、物、组织信息，以人员要素为基础，以事件管理为主线，以业务流程管理为重点，实现每一网格的动态全方位管理与服务，做到区块联动、资源共享，运用信息化平台载体，推动和支持实现专业高效智能的基层社会治理模式，这是天津市南开区社会治理工作的突破，也将成为一种趋势。

南开区以时空数据底座建设为核心，实现精细化城市大数据整合、数据智能分析、数据管理、数据共享到多场景应用一体化，为厘清城市数据资源，增强城市数据建设的规范性、共享性、节约城市建设成本，进一步探索建立数据要素市场奠定了基础。

［参考文献］

［1］深圳市"新城建"试点工作领导小组办公室. 深圳市：推进 CIM 平台建设，打造智能体数字底座 ［J］. 城乡建设，2021（22）：30-33.

［2］郑磊. 城市数字化转型的内容、路径与方向 ［J］. 探索与争鸣，2021（4）：147-152，180.

［3］凌超. 以数据为驱动的上海城市数字化转型之路 ［J］. 张江科技评论，2021（1）：20-22.

［4］霍慧，饶光，冯伟斌. 新发展格局下城市数字化转型研究与思考 ［J］. 信息通信技术，2021，15（1）：14-20.

［作者简介］

贾莉，工程师，就职于天津市城市规划设计研究总院有限公司。

李刚，高级工程师（正高），天津市城市规划设计研究总院有限公司十一院院长。

孙保磊，高级工程师，天津市城市规划设计研究总院有限公司十一院总工程师。

黄亮东，工程师，就职于天津市城市规划设计研究总院有限公司。

时空数字底座在城市发展建设中的应用研究

□于鹏，马嘉佑，胡建颖

摘要：数据作为一种新型生产要素，是城市新发展阶段的重要战略资源，将推进业务大协同，提升城市管理监测分析和预警决策能力，提高城市数字经济、城区现代化治理能力和公共服务供给水平。经过广泛的调研分析，结合城市建设发展实际，本文提出智慧时空数字底座建设方案，旨在构建贯通历史现在未来、覆盖地上地表地下、统筹人地房权、链接规建管养用维全流程的数字底座，赋能城市发展建设。本文还结合当前形势与面临问题，开展时空数字底座总体设计与关键技术研究，深刻剖析时空数字底座建设路径，通过实际案例从多个场景分析时空数字底座在城市发展建设中的应用前景。

关键词：数据；生产要素；数字经济；时空数字底座

1　当前形势与面临问题

1.1　国内外数字化发展形势

伴随大数据、移动互联网、云计算、物联网、人工智能、区块链等新兴技术的发展，数字化正以不可逆转的趋势改变人类社会，日益成为推动经济社会发展的核心驱动力。2020年以来，全球新型冠状病毒肺炎疫情加速了数字化进程，数字化成为经济增长新引擎，全球数字经济增速达到全球GDP增速的2倍以上；中国提出2060年前实现碳中和目标，数字技术将通过推动全行业节能减排来应对"双碳"战略带来的挑战和机遇。数字化已成为当今时代全球重要的共识，各国纷纷发布国家数字战略，开启并加速数字化进程。中国主要城市先后出台加快数字化发展规划及行动方案，将数字化发展作为提升城市核心竞争力、构筑未来竞争新优势的重要举措。

1.2　数字底座的重要基础作用

在数字化转型战略实施过程中，数字基础设施是贯穿始终的重要基石。中央历次重要会议和各地数字化文件的发布，逐步明确和强化了数据作为一种新型生产要素的重要地位，数据资源成为城市新发展阶段的重要战略资源。2021年7月，深圳市南山区提出夯实智慧城市数字底座，奠定数字城市大脑基础；10月，上海市提出浦东新区和五个新城先行先试"城市数字底座"建设和运行，做到各施所长、各有特色。数字底座以数据为燃料，以数字技术为发动机，驱动城市要素实现最优配置、最精细重组、最高效运营，推动城市数字化转型。以数字底座为新型基础设施，集聚数据资源优势，发挥数据要素价值，加强数字技术与行业场景深度融合，推动新旧动能转换、产业机构优化，进而为数字经济增长带来积极的推动作用。

1.3 社会治理对数据的需要

街道社区在"街道吹哨、部门报到"赋能基层治理过程中发挥了巨大作用，但也存在着信息采集规范不一致、部门与部门之间存在信息壁垒、基层数据收集填报流程复杂重复等现象，产生的信息流通不畅、资源分配不均和数据共享难等问题，直接导致社会治理处置能力不足、处置效率不高、治理不持续等。建立城市数字底座，完善数据库，全面动态掌握网格范围内的人、情、地、事、物、组织信息，以人员要素为基础，以事件管理为主线，以业务流程管理为重点，实现每一网格的动态、全方位管理与服务，做到区块联动、资源共享，运用信息化平台载体，推动和支持实现专业高效智能的基层社会治理模式，成为社会治理工作的突破和趋势。

1.4 政府数据缺乏整合

当前普遍存在因政府数据分散在委办局、街道等各个部门而导致的数据孤岛问题，数据链路尚未有效打通，数据价值没有得到充分挖掘；数据量级超过百万、千万，数据格式多样，利用 Excel 等常用的办公软件无法处理；未整合的数据精准度不高，无法辅助政府精准决策，使政府数据陷入数据共享难、质量差、价值低的困局。因此，需借助 GIS、BIM、IOT 等相关技术，在统一标准下进行清洗整合、集中管理，避免重复收集、填报、建设等工作。

2 总体设计与关键技术

基于数字化、网络化、智能化的新型城市基础设施建设与城市建设发展管理需求，整合集成城市现有信息系统和数据资源，开展智慧时空数字底座建设工作，促进业务升级，提升城市大数据资源的共享应用水平和统一管理能力，最大限度挖掘数据潜力，拓展数据服务广度和数据使用深度，加快建立"用数据说话、用数据决策、用数据管理、用数据创新"的管理新机制。

2.1 总体设计

结合当前发展紧迫需求，面向城市管理者、企业、公众，构建统一的时空数字底座，打造基于"一平台、一底座、一决策、N 应用"的智慧城市建设架构，最终形成城市数字政府的统一支撑平台、数字社会的统一赋能平台、数字经济的统一创新平台（图1、图2）。

2.1.1 搭建政务云平台，提供基础能力保障

云基础设施是智能中枢的底座，它对城市大脑所依赖的数据、算力、算法和各类应用都能提供足够的能力支撑。政务云平台拟采用混合云架构进行构建，兼顾公有云快速创新能力和私有云的可管可控。统筹利用已有的计算资源、存储资源、网络资源、信息资源、应用支撑等资源和条件，根据业务需求统一建设可为各用户提供基础设施、支持软件、应用功能、信息资源、运行保障和信息安全等服务的基于云计算的服务平台，实现服务资源集中管理，为时空数字底座和应用场景提供有力保障与支撑。

2.1.2 打造时空数字底座，构筑智慧引擎

时空数字底座是支撑城市可持续发展的新一代基础设施，其核心是利用全量时空数据资源优化经济、政府、文化、社会、生态五大领域的创新应用，缩小数字鸿沟，释放数字红利，促进经济社会均衡，提升社会治理体系和治理能力现代化水平，实现政府数字化转型；建设智慧时空数据云平台，汇聚整合各类时空数据，对各类时空数据进行高效治理及分发共享，为各类

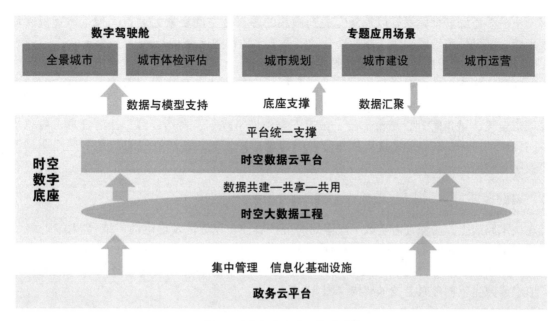

图 1 时空数字底座总体设计图

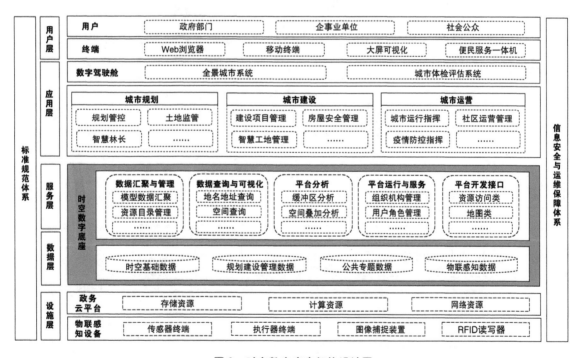

图 2 时空数字底座架构设计图

业务及应用提供数据与平台支撑。

2.1.3 建设数字驾驶舱，构建城市智慧决策大脑

为促进区域开发建设方式升级转型，应形成快速发现问题、整改问题、巩固提升的联动工作机制，精准查找城市建设和发展中的短板与不足，并基于时空数字底座建设全景城市与城市体检评估系统，综合各类数据进行深度分析，构建包含社会经济、生态环境、历史文化、建成环境、安全韧性等多个维度，贯穿城市规划、建设、管理全过程，覆盖从城市、区县、街道到

社区网格的多层级管理体系，以及从宏观到微观的多尺度空间要素的城市画像，客观反映城市发展现状，辅助城市治理决策工作，提升城市科学化和智能化治理水平。

2.1.4 赋能各项智慧应用，驱动城市数字化转型

时空数字底座以数据融合与集中管理为目标，以专题业务为导向，形成了支撑空间治理和城市治理的数据底板。在此基础上，秉承节约资源、集约建设的原则，采用积木式搭建的方式，根据城市建设、城市管理、城市体检、城市安全、城市规划、自然资源、社区管理、应急指挥等不同领域的应用需求，动态接入或建设各类智慧应用场景，逐步完成时空数字底座驱动下的城市数字化转型。

2.2 关键技术

在技术路线上，为保证时空数字底座的高可扩展性、灵活性及稳定性，结合相关项目经验，推荐采用基于 Docker、Kubernetes、GitLab 的研发部署，依托 GIS 大数据、人工智能、二三维一体化、分布式、跨平台的 GIS 技术体系，融入大数据存储技术、相关服务组件及负载均衡服务，形成云原生下的微服务技术架构（图 3）。

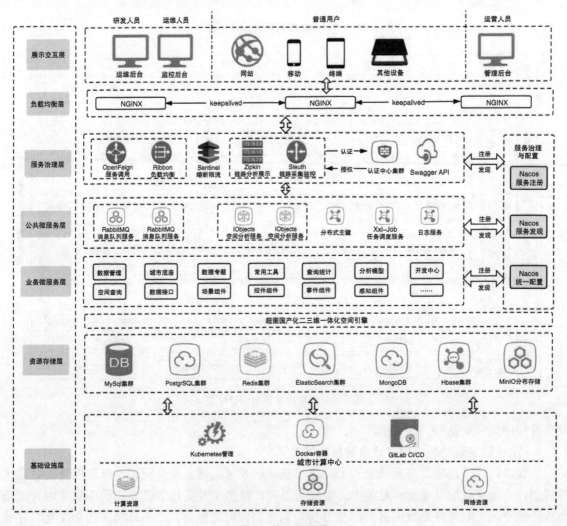

图 3　技术架构图

3　时空数字底座建设路径

3.1　时空大数据工程

为了摸清城市数据家底，服务城市各部门各领域业务，支撑对人、地、事、物、组织的可视化管理及满足多个应用场景的需求，提高城市管理效率，通过"GIS＋BIM＋IOT"技术融合，建设包括时空基础数据、规划建设管理数据、公共专题数据、物联感知数据在内的四大类数据，形成现状历史一体化、二三维一体化的城市时空数据库。同时，建立时空数据库年度更新机制，确保数据的准确性、现势性、实用性；建立数据共享使用机制，推动城市数据要素跨部门、跨领域、跨层级共享使用。数据库建成后，可为发现城市问题、挖掘产业价值、增强创新驱动能力、提升公共部门工作效率等提供时空数据基础，在推动城市治理和实现城市高质量发展方面具有重要作用，具体内容如下。

3.1.1　时空基础数据

时空基础数据包含行政区划（精确到社区），地形图、航拍图、遥感影像（多年份）、电子地图等测绘遥感数据，以及倾斜摄影、建筑白模、3d Max 精细模型、BIM 建筑单体等不同精度的三维模型。

3.1.2　规划建设管理数据

规划建设管理数据包含重要控制线、控制性详细规划、城市设计、交通规划、市政工程规划、公共服务设施规划等规划管控数据，建设项目边界、核定用地图、建设工程规划许可证、建设工程验收许可证、施工图、竣工验收等建设项目数据。

3.1.3　公共专题数据

公共专题数据包含人地房专题、公共设施专题、交通专题、市政工程专题以及产业专题、历史文化保护专题、生态环境专题、互联网大数据专题等专题数据。

人地房专题：人口可精确落位到每栋建筑上，现状用地调查在第三次全国国土调查（简称"三调"）的基础上，对居住、商业、公共服务设施等地类进行细化及补充调查，除房屋名称、层数、年代等基础信息，还包含可建设小区范围及近两年的房价数据。

公共设施专题：涵盖文教体卫养老等设施的空间落位及设施详细信息。

交通专题：除路网等基础数据，还包含停车场、地铁及轨道线、公交车路线及场站、早晚高峰路段拥堵点等数据。

市政工程专题：包括水、热、电、气、通信等多种类型的地下管网数据，具体到管径、埋深、高程等详细属性信息。

3.1.4　物联感知数据

物联感知数据包含交通监测专题、市政监测专题、城市运行与安防专题、环境气象监测专题等数据，并使用时序数据库、实时数据库、关系型数据库等方式对物联网数据进行存储和分控管理。

3.2　时空数据云平台

时空数据云平台作为新型城市建设的基础设施，是智慧城市建设的核心平台。平台汇聚包含地上地下、现状未来、二维三维数据的各类时空数据，借助地理信息系统（GIS）、建筑信息模型（BIM）、物联网、微服务引擎等新技术，在二三维一体化引擎支撑下提供数据汇聚管理、数据综合治理、数据融合展示、数据智能分析、数据共享交换、扩展开放开发接口等服务，在各类安全机制保障下实现数字地理空间模型、城市未来发展愿景、政府管理决策信息、企业居民行为信息的有效汇聚质检、运维存储及交互共享，构建时空数据治理、综合管理、数据汇聚、开发中心、IOT接入时空管理、时空云资源监测维护、时空云服务引擎等核心功能模块。作为智慧城市建设中的核心底层平台，时空数据云平台可对接城市规划、城市建设、城市管理、城市运行相关领域系统，实现城市时空数据"大循环"，为各类业务及应用提供数据与平台支撑。

4 时空数字底座在城市发展建设中的应用

在城市发展建设中，应充分利用时空数字底座的数据、功能、模型，进行智慧应用场景的集约化建设，以求实现对公共资源和公共服务的充分利用与调配，避免重复建设，推进城市规划、城市建设和城市运营的深度融合和深度应用。

4.1 城市规划

随着自然资源部的成立，各地规划和自然资源管理部门纷纷开展了国土空间基础信息平台、国土空间规划"一张图"监督实施系统等城市规划领域应用建设工作，汇聚了现状、规划、管理及社会经济等各类数据，为实现自然资源数据统筹和时空数字底座构建打下了良好的基础，有助于在统一时空数字底座的基础上集成规划管理部门相关业务应用。

4.1.1 规划管控

面向自然资源管理部门，绘制国土空间规划"一张图"，实现国土空间规划全维度、全要素、全域时空数据的管理与三维可视化展示，加强对规划数据的统筹管理和共享使用；构建规划管控指标体系，推动规建流程打通，实现对规划成果的质量把控和高效审查；对规划实施情况进行动态监测和科学评估，为行政审批、国土空间规划实施监管、国土空间用途管制提供辅助决策。

4.1.2 土地监管

土地资源是城市建设、发展、招商的基础要素。面向自然资源管理部门，构建土地监督管理应用，提供国土资源"一张图"管理、土地专题分析汇总、建设项目监管、土地专题成果定制等功能服务，有助于理清土地资产、支撑开发利用、优化资源配置，提升城市土地管理效能，提高国土业务数字化水平，实现"批供用补查"相关数据积累与共享。

4.2 城市建设

为推动落实"新城建"发展理念，应基于城市时空数字底座，结合住房和城乡建设管理需求，逐步开展建设项目管理、房屋安全管理、智慧工地、城市体检评估等城市建设领域应用建设工作，实现统一高效、互联互通的精细化管理。

4.2.1 建设项目管理

为解决建设项目投资计划管理方式落后、项目储备库建设效率低、数据汇总难等问题，建议开展建设项目全生命周期管理应用建设工作，对城市各类建设项目的基础信息、空间信息、图纸信息进行电子化管理；构建城市工程建设项目"一张图"管理模式，保证建设项目信息的可视、可查、可统；集成项目储备信息、管控要素、土地出让计划等信息，构建分析模型，实现储备项目的资金平衡测算与建设时序的模拟调整；构建"项目档案袋"，实现项目信息全过程管理，满足各级领导对于建设项目全程监管、信息汇聚的需求，为科学准确地推进城市建设工作提供信息支持。

4.2.2 房屋安全管理

整合自然灾害风险普查成果、既有建筑违建排查成果及其他既有房屋普查数据资源，将城市每栋房屋的档案登记、房屋鉴定、维修改造、建设审批、房屋结构、竣工图纸等信息汇总融合成房屋安全普查档案，实现房屋安全工作"一图呈现"和"一楼一档"，最终形成城市房屋安全普查库。建立全域统一的房屋安全管理应用系统，实现房屋安全的数字化、可视化、精细化管理。借助物联感知技术，对重点房屋进行实时监测，全面掌握其安全状态，进行分级预警，为房屋应急管理、灾害风险分析及房屋动态监管等提供支撑。

4.3 城市运营

在城市数据资源充分整合、优化的基础上，搭建城市运营智慧应用，结合政策、市场对城市资源进行增值，为提升政府管理水平、企业服务效能、居民生活质量及城市高质量发展提供支持。

4.3.1 城市运行指挥

围绕感知、分析、服务、指挥、监察"五位一体"的总体目标，构建市—区/县—街/镇三级联动的城市管理体系。基于城市时空数字底座建设城市运行指挥系统，服务于城市管理和指挥调度工作。汇聚各类城市管理数据资源，借助视频与物联感知技术，对基础设施进行实时监管，对城市管理违章事件进行动态监测，实现城市管理范围和城市管理内容全覆盖。结合环保、气象、交通等保障城市运行的数据，利用大数据分析技术和算法，多方位评估城市运行状态，实现对城市运行态势的监测和预判，推进城市管理工作前移，为各级领导决策指挥提供科学依据。

4.3.2 社区综合运营管理

基于城市时空数字底座，整合社区人、地、事、物、组织各类信息，搭建面向社区管理和社区自治的"街道—社区—网格"体系下的具有网格化信息管理、社区动态评估及社区问题快速响应功能的智慧中枢平台。通过社区数据共享、资源整合，判断社区资源价值和发展优势与短板，激活社区市场。通过增加居民就业机会和引入市场化服务，实现社区内部自我造血循环。

4.3.3 疫情防控指挥调度

在统一人、房、防疫设施等时空数据的基础上开展疫情指挥调度，实时调集流调溯源队伍、核酸采样队伍、干部支援力量等疫情防控力量，通过移动端系统现场回传的信息进行分析研判和信息合成，从而及时应对突发公共卫生事件。系统将有组织、系统性地进行多维数据汇集融合，高效建立信息流动闭环，缩短政府部门与防控组织的防控决策制定时间，支持制定更有效的决策，直接保障疫情防控工作的高效落实。

4.3.4 产业经济综合应用

以大数据技术为基础，服务于城市产业促进机构，基于多渠道融合的数据，通过对企业规模、结构、人员、税收、楼宇经济等指标数据的量化分析，动态监测城市产业发展的脉络，实现产业经济全景洞察，为政府政策制定及产业招商等提供决策和执行支撑，助力实现数字经济。

4.3.5 城市"双碳"地图

通过整理建设区域内电力、燃气、供热、交通等多方面数据，与时空数字底座进行空间关联，构建城市"双碳"（碳中和、碳排放）地图，直观地了解城市碳排放情况，智能识别高能耗办公或企业，推进重点领域绿色低碳转型，助力政府、能源单位、电力公司实现国家要求的"双碳"目标。

4.4 数字驾驶舱

构建城市综合监控指挥中心，形成城市决策者的"驾驶舱"，以城市时空数字底座为基础，集成城市智能化系统，实时采集城市的城市治理、产业经济、城市服务、自然环境等数据信息，并通过大屏幕显示，决策者可通过视频、无线、有线等多重通信手段实现监控指挥和领导决策。

4.4.1 城市体检评估

针对城市发展建设情况，依托城市研究专家团队，通过建立城市发展专项指标及评价模型，从城市生态宜居、健康舒适、安全韧性、交通便捷、风貌特色、整洁有序、多元包容、创新活力等方面对城市进行综合评估，对城市人口、用地、生态环境、公共服务等开展多维度统筹分析，提供科学准确的治理依据和手段，助力开展城市问题诊断、制定服务管理决策、编制城市发展报告，并根据评估结果找出城市发展短板，最终聚焦城市发展方向，提升城市科学化和智能化治理水平。

4.4.2 全景城市

在城市时空数据资源有效整合与动态更新的基础上，结合城市建设管理诉求，对各类数据进行深度融合与解析，从地区、人口、用地、设施、建筑、交通等不同维度绘制城市画像，通过综合评估分析，客观反映城市发展现状，统筹把控城市运行管理情况，为管理决策提供支持，优化资源配置，提升营商环境，助力城市建设发展。

5 结语

《中华人民共和国国民经济和社会发展第十四个五年规划和2035年远景目标纲要》作出重大战略部署，指出要迎接数字时代，激活数据要素潜能，推进网络强国建设，加快建设数字经济、数字社会、数字政府，以数字化转型整体驱动生产方式、生活方式和治理方式变革。本文对数据要素在城市发展建设中的应用进行解读，提出从时空大数据工程和时空数据云平台两个层次打造城市时空数字底座，详细描述了时空数字底座对城市规划、建设、运营三大应用板块的支撑，进而构筑城市发展的反馈、决策、治理的新型智慧城市建设完整闭环。

[参考文献]

[1] 张国华. 智慧城市与信息化规划建设 [J]. 互联网经济, 2019 (5)：92-95.

[2] 池晨, 屈晓波, 杨懔. 基于三维数字底座的 CIM 开发支撑平台建设与应用 [J]. 中国建设信息化, 2021 (22)：76-78.

[3] 深圳市"新城建"试点工作领导小组办公室. 深圳市：推进 CIM 平台建设，打造智能体数字底座 [J]. 城乡建设, 2021 (22)：30-33.

[4] 夏学平, 邹潇湘, 贾朔维, 等. 加强数字化发展治理 推进数字中国建设 [J]. 理论导报, 2022 (2)：7-10.

[作者简介]

于鹏，工程师，就职于天津市城市规划设计研究总院有限公司。

马嘉佑，工程师，就职于天津市城市规划设计研究总院有限公司。

胡建颖，工程师，就职于天津市城市规划设计研究总院有限公司。

人口数据空间化赋能智慧场景精细化管理

□周建民，陈国民，陈绍根，余林清

摘要： 地理空间信息已经成为智慧城市各应用领域建设不可或缺的基础，从数字城市地理空间框架建设到以时空信息为基础的智慧城市建设，成都市持续丰富基础地理信息资源，基本建成时空地理库，为智慧城市建设提供空间底座支撑。在智慧应用场景精细化管理的要求下，本文以成都市某区为例，在制定数据规范要求的基础上，对小区（院落）、房（楼栋）和人口三大数据进行融合处理和属性关联，一方面依托人的地址信息有效丰富、完善地名地址库，另一方面实现人口数据空间化，在疫情防控、智慧社区等应用场景建设方面取得良好的应用成效。同时，在数字孪生城市建设等新要求下，地理空间信息应用广度和深度不断拓展，对地理空间信息的准确性、丰富度及敏感信息处理等提出更高的标准。

关键词： 地理空间信息；智慧城市；精细化管理；人口数据空间化

聚焦城市治理重点领域、薄弱环节和痛点堵点，促进超大城市敏捷治理、科学治理，是落实建设网络强国、数字中国、智慧社会战略部署的重要工作。超大城市的一个重要特点是人口规模大，如何在"城市一张图"中体现人的信息，尤其是在疫情防控、智慧社区等智慧场景应用中实现人的精细化管理，是当前面临并亟须解决的一个重要问题。城市统一的、具有时空特征的地理空间信息基础设施是智慧城市建设不可或缺的基础，将地理空间信息技术有效地融入智慧城市应用场景建设中去，围绕构成城市的天、地、人、房、物、事及其耦合作用的智慧空间治理，已经成为各应用领域探讨的重要话题和研究的重要方向。数据空间化是将含有空间语义信息的（主要指含有地名地址信息）非空间数据，通过地理空间信息技术处理成含有经纬度坐标的空间数据。在城市统一的空间地理底图基础上，仅利用一张地图是不够的，要具体到小区、楼栋、楼层甚至房间，将含有空间语义信息的人口数据进行空间化，丰富、完善地名地址数据，并与行政管理单元、小区、楼栋、楼层甚至房间等空间数据建立关联关系，为智慧场景建设提供多尺度、精细化的辅助决策支持。

1　现状

我国从数字城市地理空间框架建设到以时空信息为基础的智慧城市建设，经过多年的积累汇聚，地理信息数据库基本形成，为数字中国建设提供了坚实的数字底座。成都市经过多年发展，扎实推进测绘地理信息工作，基础地理信息资源持续丰富，完成数字线划图（DLG）、数字正射影像图（DOM）、数字高程模型（DEM）、数字地表模型（DSM）、实景三维、电子地图、地理实体、地名地址等数据生产更新。按照"互联网＋城市"行动方案要求，成都市已完成智慧成都时空大数据与云平台建设，构建了数据资源丰富的时空地理库和具备多层次、一站式时空信息服务能力的时空信息云平台，并向各应用部门提供在线、前置、离线等多种方式的时空信息数据服务，为成都市智慧城市建设提供了统一的空间底图支撑，在疫情防控、应急管理、公共服务等方面取得良好应用成效。按照精细化管理要求，在统一空间底图上，成都市已初步具有市、区（市）县、街道（乡镇）、社区（村）四级行政管理单元及管理网格、小区（院落）数据（主要分布在建成区），房屋面、地名地址数据（中心城建成区范围精确到楼栋）等；在人口数据上，搭建了管理人口信息（含人口地址空间语义信息）的业务系统。但是，地名地址数据丰富度仍然不够，人口数据未能与空间数据进行关联，在智慧应用场景中进行特定区域的地名地址匹配、人口可视化与挖掘分析等存在一定困难。

2　时空数据治理

2.1　数据规范建设

数据采集的应用场景、关注点不一致等导致不同应用部门或同一应用部门不同业务系统的数据采集方式、任务重心不一致，造成数出多源、结构不统一等问题，各数据间存在数据鸿沟，形成信息孤岛，极大阻碍了数据间的互联互通和高效应用。

为保障人口数据在后续智慧应用场景中得到高效利用，结合小区（院落）实体信息等采集要求和智慧社区管理需求，制定数据规范要求，明确数据成果的空间基准，统一数据的属性内容，制定小区（院落）、房（楼栋）和人口数据的编码规则，规范地址、人口信息的填写内容，建立标准地址与小区（院落）、房（楼栋）的关联关系，实现数据"采集—治理—建库"全阶段的流程规范和统一，为后续人口数据加工、治理、建库和数据更新机制的建立提供支撑。

2.2　小区（院落）数据治理

当前，不同应用部门为满足各自业务需求，对小区（院落）范围进行了划定，但是不同应用部门对小区（院落）的定义理解存在一定差异，如社区管理部门和自然资源主管部门所掌握的小区（院落）即使属于同一小区（院落），也会存在空间范围上不一致的情况，或在自然资源主管部门管理上为几个小区（院落），在社区管理部门可能为一个小区（院落）。同时，成都市将社区管理部门小区（院落）数据与小区人口数据进行关联，但不是空间数据的关联，而自然资源主管部门有部分小区（院落）的空间数据，却没有小区人口信息。由于在空间管理范围上存在差异等，已有小区（院落）的空间数据不能直接与已有小区的人口信息进行挂接，需统一小区（院落）的标准地址和空间范围。

为解决此问题，从社区管理实际需求出发，应积极发动社区工作人员在线填报相关信息，本着"社区工作人员更了解社区情况"的原则，以社区工作人员填报信息为准，解决不同应用部门小区（院落）管理范围不一致等问题。本次研究以成都市基础电子地图、已有小区（院落）地理信息数据等为底板，以时空信息云平台地名地址引擎为支撑，借助小区（院落）标准位置采集工具，通过社区工作人员的核实、修改，实现自下到上的信息回流。在社区采集信息的基础上，对已有小区（院落）空间数据和小区人口数据进行合并、拆分、新增、删除等处理，形成成都市统一的小区（院落）数据（图1）。

图 1　成都市小区标准位置采集示意图

2.3　房（楼栋）数据治理

在已有房（楼栋）数据中，由于各类历史原因，数据属性、内容填写不规范，致使系统无法准确查询、统计，并且小区、楼栋、户室之间的关联关系不明确，严重制约了数据查询的效率和统计的准确性。因此，须完成以下治理：一是按照数据标准要求，结合小区（院落）数据治理成果，依据已有楼栋实体、最新遥感影像，对已有数据进行加工治理，完成地址详细信息的标准化，形成精确到楼栋的空间点位成果；二是通过对楼层、房屋、户室等信息进行规整，形成与楼栋数据的关联属性表，最终依据关联关系，形成图属一致、内容规范、逻辑明确的房（楼栋）数据治理成果；三是对采集的小区、楼栋数据完成标准化治理后，更新至地名地址库中，实现对小区、楼栋的快速检索；四是建立数据更新维护机制，按计划、按时间完成数据更新采集，保障数据的鲜活性。

2.4　人口数据空间化

已有人口数据中含有小区、楼栋、层、户等属性信息，通过对人口数据的地址信息进行规整，使其符合标准地址的要求。同时，按照小区（院落）、房（楼栋）等管理范围，以户室为最小统计单元，通过对人口数据的聚合，统计每户人口数据，并且基于对小区、楼层、房屋、户室等数据的治理成果，分楼层、分楼栋、分小区完成人口数据统计（图 2），基于编码建立关联关系，实现在各类场景中高效、快速、准确地统计和分析，为疫情防控、应急调度等智慧应用场景提供有力支撑。

同时，为保障数据的现势性、准确性，为各类应用场景提供实时可靠的人口统计数据，应积极发动社区网格人员，建立起数据更新维护机制，实现人口信息的更新维护。

图2　成都市人口数据空间化分布图

3　数据赋能

经过人口数据空间化等时空数据治理工作，可以进一步丰富地名地址数据，形成小区、房、户、人基础数据，实现含有人口信息的"城市一张图"，为智慧城市应用场景精细化管理提供更加精准的数据服务支撑。

在智慧社区应用场景建设中，人口数据空间化有效补充了成都市社区主题数据库内容，构建了人、事、地、物、情、组织的多种数据资源；利用"人—房—社区"对应关系，推动社区管理服务精准高效，实现以房找人、以人找房，辅助提升入户宣传、上门服务等社区管理的精准性；结合公共服务设施服务能力、人口分布等情况，对公共服务设施的空间分布、供需情况进行评估，为公共服务设施的布局提供科学的辅助决策分析，推动数字社会、城市治理向社区延伸。此外，人口空间化数据成果在新型冠状病毒肺炎疫情（简称"疫情"）精准掌握和精准施控、全国大学生运动会等重要活动保障，以及灾害影响与应急管理等场景中也起到了至关重要的作用。

4　结语

通过人口数据空间化和与其他空间数据的关联融合，进一步丰富了"城市一张图"的数据内容，提高了数据精度，为疫情防控、智慧社区等智慧化场景精细化管理提供了夯实的数字底座支撑。按照数字孪生城市等建设要求，目前成都市正在逐步推进实景三维成都建设，同时成都市作为城市信息模型（CIM）平台建设试点，也在推进CIM平台建设。在CIM基础上，才能真正实现人口数据精确落到层和户。为满足越来越多的个性化管理需求，在人口数据空间化的基础上，下一步需要进行特殊人群标签化，结合民政、卫健、公安等部门有关老年人、孕妇、重大疾病患者、残疾人等数据，形成"老、弱、病、残、孕"特殊人群数据库，实现特殊人群标签化管理，提升社会安全风险评估与治理能力。

但是，按照国家保密等相关要求，实景三维、个人隐私等都属于敏感信息，地理空间信息技术的运用虽然提高了精细化管理的能力，但是敏感信息等脱密脱敏处理如不能有效解决，也会限制数据共享范围和服务能力，这方面还需要不断深入研究与思考。

［参考文献］

[1] 曾广鸿. 基于测绘地理信息的数字城市到智慧城市演进探索——以数字广州建设为例 [J]. 中国科技成果，2012（18）：30-33.

[2] 符韶华. 地理空间数据在城市精细化管理中的应用 [J]. 矿山测量，2015（1）：38-40.

[3] 张会，严春来. 创新社会管理综合信息服务平台设计与实现 [J]. 攀枝花学院学报（综合版），2015（2）：41-44.

[4] 张萌，邓凡，熊建. 强化开放共享理念，推动成都智慧城市建设规划落实 [J]. 数码设计（下），2018（9）：226-227.

[5] 陆芬. 疫情大考之下，城市如何更智慧？[J]. 资源导刊（信息化测绘版），2020（3）：22-23.

[6] 李宗华，彭明军，樊玮，等. 城市地理空间信息公共服务平台的研究与应用 [C] // 第五届中国国际数字城市建设技术研讨会论文集. 2010：12-20.

［作者简介］

周建民，工程师，就职于成都市规划编制研究和应用技术中心。

陈国民，助理工程师，就职于成都市规划编制研究和应用技术中心。

陈绍根，助理工程师，就职于成都市规划编制研究和应用技术中心。

余林清，高级工程师，就职于成都市规划编制研究和应用技术中心。

"0代码"技术构建时空大数据动态融合应用实践

□程朴，管江霞，黄涛，殷世康，何莹

摘要： 国家电子政务对时空大数据融合、分析、服务及应用的需求越来越多，在多集群云服务环境下有关时空大数据融合、分析与服务体系建设的相关方法、数据管理、技术支撑能力等研究一直是业内的热点技术问题。本文基于纯国产软硬件多集群云服务环境，研究实现海量时空大数据多源数据动态融合的"0代码"一体化配置和矢量图层自动发布技术，能有效提高时空大数据地图服务的数据管理效率和质量，提升城市管理精细化和决策科学化水平。

关键词： 多集群云服务；时空数据动态融合；专题地图服务；"0代码"配置

1 引言

大数据是国家重要的基础性战略资源，国家高度重视大数据在经济社会发展中的作用，提出实施国家大数据战略。2015年8月，国务院出台《促进大数据发展行动纲要》，全面推进大数据发展和应用，加快建设"数据强国"。随着互联网、物联网、云计算等技术的快速发展，各个领域产生了海量数据，尤其是政府部门，包括政治、军事、经济和生活等方方面面的数据。随着数据来源更加丰富、类型更加多样、更新频率更加快速，数据量愈发庞大。面对数据量大、信息复杂的大数据，如何加快数据汇聚整合、挖掘数据价值、实现实时分析与展示，成为推动数据共享应用以及为政府管理决策与公众应用提供服务的瓶颈，这一直是业内的热点问题，亟待解决。特别是涉及时空大数据的矢量图层数据管理，发布过程烦琐，图层数量过多，如遇到图层数量"上限"（<600个）的问题则服务响应速度慢，渲染效率低（>1 GB），用户体验差。

目前，国内外已有很多优秀的空间大数据分析和可视化平台，这些平台功能较为齐全、通用性较强，但在使用过程中也存在一些问题：一是缺乏可定制的流程化管理，非专业人员难以掌握，通常只能依赖于专业技术人员编程实现。二是数据分析过程复杂，具有较强的专业性，非专业人员需经过较长时间的专业学习与练习才能使用，不适宜数据生产与研究分析人员使用。三是专题图版式和类型单一，展示效果差。四是数据在线实时分析、实时发布、实时展示能力不足。

针对上述需求和问题，基于纯国产软硬件多集群云服务环境，面向多源、海量大数据的空间位置信息融合、空间统计与分析处理及空间可视化等方面的应用需求，开展可视化全过程"0代码"一体化配置技术研究，旨在打造集空间大数据汇聚、处理分析与可视化等功能服务为一体的，实现大数据在线动态融合、实时发布展示的支撑技术。同时，基于城信地理信息服务平台DMap，专题研发拥有自主知识产权的海量矢量服务发布引擎，实现大数据量（超过1 GB）

图层与数千个图层的高效快速发布，实现图层的"一键"自动更新入库发布，提高工作效率。

2　时空数据动态融合的"0代码"一体化配置

时空数据动态融合的"0代码"一体化配置，关键技术核心是在服务后台建立一套"全自动"解决待匹配数据库/文件配置、地址匹配制作图层、多样式专题图制作、专题图发布的全过程智能化的配置方案，可根据原始数据的更新频率自动化识别并判断设置执行预定的数据融合处理流程，最终实现针对空间大数据服务的便捷高效的"0代码"一体化配置解决方案的用户体验效果。

总体上，时空数据动态融合的"0代码"一体化配置要经历从数据汇聚到数据处理分析，再到包括访问权限设置等的可视化服务配置，最后到统计分析专题服务展示等可视化展示四大环节，全过程如图1所示。

图1　海量时空大数据动态融合、可视化及全流程"0代码"一体化配置流程

2.1　数据汇聚

首先选择专题应用各数据的汇聚方式，具体包括关系型数据库数据传输和同步、文件导入，然后设定数据库名称、IP地址等相应参数，最后大批量汇聚专题应用所需的各种多源空间及非空间数据，并自动为所有数据生成一个专题分析数据库。

技术上，为了能更好地提供时空大数据的聚合服务能力，数据的汇聚方式需要包含并全面支持Oracle、PostgreSQL、MySQL等常见关系型数据库以及csv、xlsx、accdb、shp等主流格式数据的汇聚。考虑到国产化趋势，汇聚数据统一采用PostgreSqlXL数据库进行集成，通过PostGIS存储空间数据，并对汇聚的每条数据添加唯一标识，消除并防止数据重复存在。

具体实现中，后台根据数据来源先自动生成空间数据库中间信息表UpdateMsg，其空间数据库为PostgreSQL数据库格式；并同步生成数据库连接信息表dbadmin，存储外部数据库连接信息；随后生成传输监控表transfer_model，存储数据传输信息；最后生成数据同步表symodel，存储数据同步信息。

在用户界面的功能实现上，采用可视化界面，方便用户进行自定义设置。比如，可对汇聚的数据设置定时任务自动同步，实现数据实时更新；或者在数据汇聚的同时，用户主动针对地名地址数据进行空间位置的地址匹配，实现非空间数据向空间数据转换。

2.2　数据处理分析

数据处理分析主要是实现可视化的数据建模和SQL脚本化处理程序的自动生成。空间数据分析与可视化技术如图2所示。

面向时空大数据的"0代码"可视化高效建模，根据各种专题分析的需要，用户可通过可视化建模窗口，拖拽相应的数据对象和模型组件，自由组建分析模型，即在后台自动化实现对空间大数据字段的业务关系进行灵活的关联分析配置与解析统计等计算。在后台，系统根据与用户交互识别的意图，自动从分析数据库中筛选获取各个专项数据，并响应匹配关系分析所需的

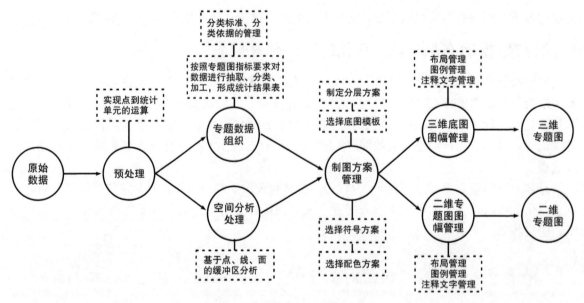

图 2 空间数据分析与可视化技术

计算模型组件，包括常用函数、数据过滤、表合并、表关联、地址匹配、区划统计、密度分析、格网分析、聚类分析、缓冲区分析等。后台新建的分析模型可即时在用户交互页面响应，并可对搭建好的模型进行定时任务执行设置，执行周期包含每天、每周、每月或自定义特定触发条件等，以满足更多样化的空间大数据分析处理需求，比如自动化的预警预报。

数据处理分析时 SQL 脚本化处理程序自动生成，即系统对上述建模保存的分析模型，后台进一步自动生成模型信息表 model、定时任务表 task 及模型结构 JSON 串，同时自动完成 SQL 编辑，或者设置定时任务指定执行周期，并归类存储于不同类型的模型信息库。一方面方便数据分析的知识版本的后续管理和知识复用，另一方面可以持续积累沉淀各种知识模型。

用户在可视化建模窗口，通过拖拽方式灵活建模，并根据业务关系进行灵活配置与关联。系统支持对模型"一键"立即执行，也可对搭建好的模型进行保存，设置定时任务，选择指定时间执行，同时支持编写 SQL 脚本对数据进行分析，实现数据的实时分析处理。

整个模型构建过程的用户界面务求简单、高效，用户只需要有业务专业背景，通过对业务数据对象的可视化关系拖拽，后台即可完成全部数据处理模型设计的程序生成。

2.3 可视化配置

数据分析处理结果具有不同展示形式，除了直接反映各数据间的关系，还可能会间接反映一些之前被忽视的隐含的重要信息。因此，系统会自动根据专题数据分析的结果和参与数据分析的各数据属性信息，组合生成尽可能多样化的各种展示选项，方便用户选择合适的专题图表类型。用户可同步预览各分析结果展示专题图，在配置过程中，可直接从中选择感兴趣的分析结果，也可自定义配置可视化效果和图表展示的类型与配色等。

用户在可视化面板中定制多个图表展示区，对图表大小、位置进行拖拽控制布局，即可完成可视化展示界面配置，图表可自动适应布局大小。展示界面可在线发布与调用，或加载到本地系统中。可视化配置包括地图、统计、图表三大图表库，包含热力图、复合图、散点图、饼图、柱状图、圆环图、扇形图、半圆图、圆形图、漏斗图、金字塔图、数据格网图等多样化的专题图表，并支持空间数据、非空间数据灵活配置专题。

2.4　可视化展示

之后，用户可根据专题需求定制相应的可视化展示界面，对图表进行灵活拖拽布局，配置成大屏看板界面，支持"一键"发布共享，用于发布与展示专题分析数据，包括后台跟踪管理统计等，并实现数据的在线实时更新展示。

3　矢量图层自动发布"0 代码"技术

目前各地的应用多以多台服务器集群的方式来实现负载均衡，而现有矢量发布软件只能各个服务器逐一配置图层后再发布，其过程烦琐，严重影响了发布效率。

多台服务器集群模式下自动发布矢量图层数据的高效服务，重点是海量矢量地图数据网络发布引擎要实现矢量图层的统一管理和发布。具体实现方法如下：第一步，实现单台服务器（称为"测试服务器"）的图层配置与发布。第二步，内部模拟测试，模拟二次开发用户调用新发布的图层，如果没有问题，则继续下一步。第三步，因为多台应用服务器对应着同一台数据库服务器，所以当通过一台应用服务器发布数据后，其他应用服务器可以直接访问数据库的同一矢量数据。在每台服务器上都会部署触发器与信息采集器。当第二步测试没问题后，测试服务器则通过消息机制"触发"其他应用服务器执行同一操作，各自发布数据。第四步，通过信息采集器汇总到程序统一的"服务管理"模块，统一刷新，即可实现海量矢量图层的统一管理和发布。

基于以上步骤，将矢量图层数据自动入库、发布配置转化为自动化操作。具体实现方式为：事先给每层数据一个默认的配置（比如都以"绿色圆点"发布），测试服务器部署检查程序，该程序每隔 5 分钟（可配置）检查一次存放矢量数据的文件夹是否有新数据进入，发现新数据则执行自动发布矢量图层数据功能的各个操作，最后由统一的检测程序模拟二次开发用户检查发布结果。

4　实践应用

基于国产化时空数据图文一体化的城信业务定制平台 DBPM，研发实现了多源数据动态汇聚、拖拽式建模和可视化定制服务展示功能，成果广泛应用于全国多地智慧城市管理服务。以北京大数据中心的政务地理空间数据共享服务平台项目为例，该平台涵盖集基础政务底图数据、政务信息图层综合数据、地址库数据、空间数据、时空数据、空间分析数据、元数据于一体的时空大数据融合、分析与服务数据库，涉及全市各政府部门、各区、物联网在内的各种专题政务电子地图，为市规划和自然资源委、市城管执法局、市工商局、市应急局、市民政局、市发展改革委、市住房城乡建设委、市公安局等 16 区 55 个部门提供高效、安全、可靠的政务地理空间信息资源应用服务。截至 2021 年 10 月底，已接入 49 个部门的 772 类数据、3860 个城市运行监测指标及 435 个信息系统，并陆续支撑了 204 个业务系统的建设和应用，平台接口服务日均访问量达 80 万次，涉及民生、教育、健康、12345 热线、复工复产、疫苗注射等不同领域。这些指标一经工具流程模板配置将长期自动运行，可及时对异常情况作出判断分析，并定期输出有关城市问题和运行状态的评价报告。

后台管理系统同样提供可视化的数据服务管理，其功能包括数据传输、数据授权、数据分析计算、系统监控、系统功能配置、统一用户认证、用户授权管理等方面，是对城市大数据进行高度融合和深度挖掘分析的重要支撑平台。

这里以养老服务设施的选址优化辅助决策和经济发展趋势分析模型为例。养老服务设施的选址优化辅助决策模型整合了老年人及养老服务设施、医院、商场、公园、公交场站等信息，融合了老年人出行、购物、就医、娱乐休闲等历史时空数据。研究建立养老服务设施的选址优化和决策支持模型，可为市民政局全方位分析老龄人口出行状态、活动轨迹、兴趣爱好等提供服务，用于指导养老服务设施的选址优化等。

5 结语

基于国产软硬件多集群云服务环境，研发了多源数据动态汇聚、拖拽式建模和可视化"0代码"一体化配置技术，实现了数据汇聚、治理、分析等全流程工作，经工具化流程模板配置自动对长期持续积累的各种城市运营大数据进行知识挖掘，并可及时对异常情况作出分析判断，及时输出有关城市问题和运行状态的评价报告。同时，研发"一键"多节点自动更新入库和服务发布技术，解决了单个大数据量（超过1 GB）图层与数千个图层难以高效快速发布的瓶颈问题。本研究成果将在市、区、街道（乡镇）、社区（村）四级各个部门开展领导决策应用建设中发挥重要作用。特别是近年在复工复产监测、疫情防控、大数据行动计划等方面，通过时空大数据的在线服务，逐步在城市管理决策中建立起"用数据说话、用数据决策、用数据管理、用数据创新"的管理机制。

［参考文献］
［1］陆生强. 市级国土空间基础信息平台关键技术研究［J］. 国土资源信息化，2020（3）：28-32.
［2］龚勋，程朴，黄涛，等. 基于大数据体系的市级国土空间基础信息平台设计［J］. 信息技术与信息化，2021（11）：104-107.
［3］龚勋，文昌，管江霞. 以用地业务链串接为核心的自然资源业务数据治理与重构路径［J］. 规划师，2021（20）：55-59.
［4］龚勋，程朴，刘夏，等. 不动产统一登记信息平台探索与实践［J］. 中国信息化，2021（12）：63-64，68.

［作者简介］
程朴，高级工程师，广州城市信息研究所有限公司首席研究员。
管江霞，助理工程师，广州城市信息研究所有限公司解决方案工程师。
黄涛，系统分析师，广州城市信息研究所有限公司总工。
殷世康，助理工程师，广州城市信息研究所有限公司解决方案工程师。
何莹，工程师，广州城市信息研究所有限公司解决方案工程师。

基于机器学习的交通实时拥堵数据分析研究

□王辰阳

摘要： 随着经济的发展和城镇化进程的推进，居民出行的需求及质量要求不断提高，现有交通供给不能满足高峰时段下热点地区的交通需求，由此产生的交通拥堵问题越发突出，不仅严重影响居民日常出行质量、增加出行成本，还会诱发交通事故、造成环境污染及增加资源浪费，不利于我国经济社会可持续发展。关于交通拥堵的分析研究随着计算机技术、机器学习的不断发展而逐渐深入，而从数据层面来说，随着采集手段的多样化，支撑交通拥堵分析的基础数据种类与来源也变得越来越多。本文通过使用互联网中的实时交通拥堵数据，采用数据采集、图像处理与机器学习的方法进行分析，最终达到数据矢量化与可统计分析的目的，为城市规划、城市信息模型构建等工作打好基础，为相应的工作提供良好的数据支撑。

关键词： 数据抓取；图像处理；数据矢量化；交通拥堵

1　引言

随着我国现代化水平的提高，人们的生活质量大幅改善，汽车对于绝大部分家庭来说已然成为生活出行必不可少的工具，汽车保有量急剧增长，而建设路网、提高路网容量的发展相对缓慢，交通拥堵问题也将持续加剧，成为各大城市面临的一个日益严重的问题。由交通拥堵带来的负面影响逐渐渗透到了人们日常生活工作中，由此导致安全问题、通勤时间变长、能源消耗、大气污染等，严重制约着社会经济和生活的良性发展，因此解决交通拥堵问题，提高道路运行效率、道路利用率具有重要的现实意义。

2　研究现状与问题

目前交通部门的管理人员采用远程视频监控影响来判断路况是否拥堵，多使用计算机辅助方式来判断路况的拥堵程度，但是对于较大的城市，没有足够的人力资源进行管理，难以做到精准管控。

当前较多利用车道线圈传感器、地磁感应器等传感器设备进行数据采集，再利用机器学习等数据算法进行分析，判断交通状态。但人们对于交通拥堵的判断是基于经验的，针对不同的道路有不同的判断依据，因此此方法的泛化能力不强，对于不同的道路有较大的差异。

随着大数据技术的发展，越来越多的互联网公司提供交通拥堵地图信息，他们整合了多重来源的数据，包括用户的反馈、交通部门的公开信息及大数据技术的预测。通过日常应用，可以判断其准确度非常高，并且数据实时更新。因此，互联网的实时数据是一个非常好的数据来源，通过一段时间的累计后，可以分析判断一段区域内的交通情况，用来支撑规划编制工作。

本研究利用互联网技术，通过图像识别的方法处理采集到的交通拥堵图像碎片，将碎片中的拥堵情况转换为 GIS 的矢量数据，通过累计分析研究天津市南开区的交通拥堵情况。

3 研究内容

3.1 图像获取与拼接

本研究采用百度交通拥堵图像，通过程序下载选定范围内的交通拥堵图像，搜集到实时图像碎片。综合考虑分析的精确性与程序运行的效率，获取放大后为 17 级的交通拥堵图像，如此时以天津市南开区为例，区内碎片的数量为 3109 个。为了保证数据尽量在同一时刻获取，程序采用了多线程的方法，同时使用 4 个线程获取数据，可以在 1 分钟之内将实时的图像碎片获取完成，保证了数据的及时性。

在获取选定矩形范围时，需要给出矩形左上角与右下角的坐标点位置，此时得到的是百度经纬度坐标，通过百度地图服务接口可以换算成平面坐标，再通过以下换算公式得到图像碎片的瓦片号：

$$像素坐标＝\lfloor 平面坐标 \times 2^{zoom-18} \rfloor \quad (zoom＝17)$$

$$瓦片号＝\lfloor 像素坐标 \div 256 \rfloor$$

当得到瓦片号后，就可以通过程序获取特定的交通拥堵图像碎片。天津市南开区坐标点选取见图 1，图像碎片获取见图 2。

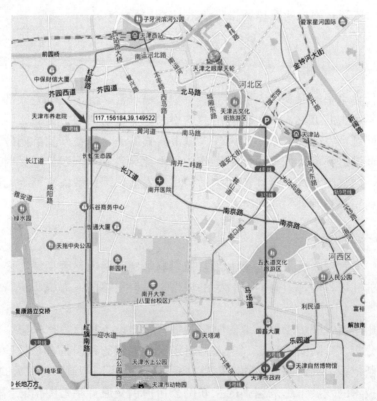

图 1 天津市南开区坐标点选取

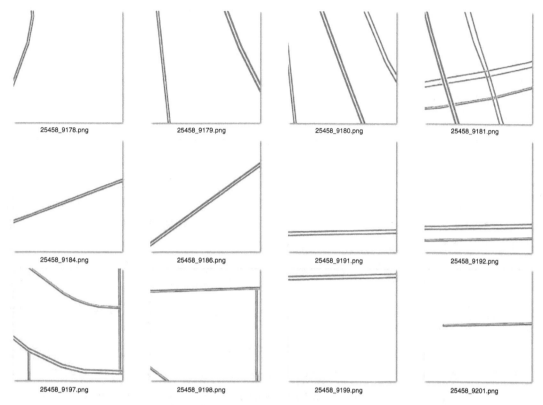

图 2　天津市南开区图像碎片获取

通过图像碎片的瓦片编号顺序，可以使用开源图像处理工具包 opencv 图进行拼接，最终得到某一时刻选定区域的交通拥堵图像。天津市南开区拼接后的图像如图 3 所示。

图 3　天津市南开区拼接后的图像

3.2 基于机器学习的像素点分类

经过对图像的观察与分析可以看出，交通拥堵图像分为"畅通、缓行、拥挤、严重拥堵"四个等级，对应表示为绿色、橘色、红色、深红色四种颜色。每类拥堵程度的颜色不是由一个确定的 RGB 值来表示的，而是由一定的颜色范围来表示，如对于"畅通"的绿色，除了 RGB 为（0，255，0）的纯绿色外，（10，244，10）或者（0，255，3）都可以表示"畅通"。

针对以上问题，需要对这四类颜色点进行分类，因此将问题转化为三维坐标点云的分类。由于"严重拥堵"的深红色与"拥挤"的红色较为接近，常规的由 RGB 值范围确定颜色的方式无法满足此时的分类需求，因此本研究借用了机器学习的分类器方法。

机器学习大致可分为监督学习和无监督学习两大类。监督学习是根据已有数据集，知道输入和输出结果之间的关系，然后根据这种已知关系训练得到一个最优模型的学习方式。监督学习和无监督学习最大的不同是，监督学习中的数据带有一系列标签。在无监督学习中，需要用某种算法去训练无标签的训练集，从而找到这组数据的潜在结构。无监督学习大致可分为聚类和降维两大类。

本研究采用监督学习中的分类方法，常用的分类器包括 K 近邻（KNN）算法、支持向量机（SVM）、随机森林等算法。

KNN 算法是一种最简单的分类算法，通过识别被分成若干类的数据点，以预测新样本点的分类。KNN 是一种非参数算法，是"懒惰学习"的著名代表，它根据相似性对新数据进行分类。

SVM 定义决策边界的决策平面，一般用来解决两类对象的分类问题。决策平面（超平面）可将一组属于不同类的对象分离开，通过寻找超平面进行分类，并使两个类之间的边界距离最大化，其假定为平行超平面间的距离或差距越大，分类器的总误差越小，由此达到分类的目的。对于多个类别的分类，组合使用多个支持向量机可以达到多类别分类的目的。

随机森林算法是一种基于装袋的集成算法，即自举助聚合法。集成算法结合了多个相同或不同类型的算法来对对象进行分类。随机森林就是通过集成学习的思想将多棵树集成的一种算法，它的基本单元是决策树。从直观角度来解释，每棵决策树都是一个分类器，那么对于一个输入样本，N 棵树会有 N 个分类结果。而随机森林集成了所有的分类投票结果，将投票次数最多的类别指定为最终的输出，集成的基本思想是通过算法的组合提升最终结果的准确性。

通过制作训练样本集合，每类样本点至少采集 6000 个，训练样本集如表 1 所示。以"拥挤"状态红色为例，"label"列为已分好类别的样本，"r"至"b"列分别为红色、绿色、蓝色三色的值。针对较难分类的红色与深红色，在制作训练样本集时，添加了更多的样本数据，每类达到 10000 个采样点。

表 1 训练样本集

label	r	g	b
3	243	48	48
3	252	203	203
3	246	99	99
3	244	73	73
3	253	216	216
3	244	60	60
3	245	86	86

续表

label	r	g	b
3	245	87	87
3	243	49	49
3	244	78	78
3	237	56	45
3	255	188	96
3	255	158	25
3	255	164	39
3	251	23	229
3	218	83	41
3	243	50	50
3	244	57	46
3	248	115	95
3	215	88	39

在比较了 KNN、SVM 与随机森林三种分类器后发现，随机森林在样本集与测试集上有最好的效果，分类准确率达到 98%，最终本研究的分类器选择了随机森林，将由四类样本集训练完成的分类器作为颜色判断的依据。

3.3　分类结果的矢量化

在对图像进行分类后，每个像素点对应了一个拥堵程度，形如（0，0，1），其中前两位为像素在图像碎片中的位置，第三位为拥堵程度，四个拥堵等级对应 1～4 四个数字。

在得到分类结果后，利用 3.1 中所述的两个公式将像素点反算回百度经纬度坐标，得到如图 4 所示的分类结果。

经度	纬度	分类结果
116.4278398	39.92515939	0
116.4278757	39.92515939	0
116.4279116	39.92515939	0
116.4279476	39.92515939	0
116.4279835	39.92515939	0
116.4280194	39.92515939	0
116.4280554	39.92515939	0
116.4280913	39.92515939	0
116.4278398	39.92513174	1
116.4278757	39.92513174	1
116.4279116	39.92513174	1
116.4279476	39.92513174	1
116.4279835	39.92513174	1
116.4280194	39.92513174	1
116.4280554	39.92513174	1
116.4280913	39.92513174	1
116.4281272	39.92513174	1
116.4281632	39.92513174	1
116.4281991	39.92513174	1
116.428235	39.92513174	1
116.428271	39.92513174	1
116.4283069	39.92513174	1
116.4283428	39.92513174	1
116.4283787	39.92513174	1

图 4　分类结果

arcmap 软件可以加载上述坐标文件，通过导入数据功能将此数据叠加到百度电子地图的底图上，利用数据渲染功能将不同的分类结果渲染为不同的颜色，最终达到了数据矢量化的目的，由此可以进一步统计分析，并通过数据服务的形式发布到系统平台进行应用。

3.4　数据统计与分析

在数据采集分析后，得到多个时间点下的交通拥堵矢量图，有以下三类应用：一是可以定量分析出一天中最拥堵的路段；二是通过累加计算，可以得到一周内最拥堵的路段；三是通过数据累计，可以比较节假日与工作日道路拥堵的区别。一天中不同时间段交通拥堵对比分析如图 5 所示。

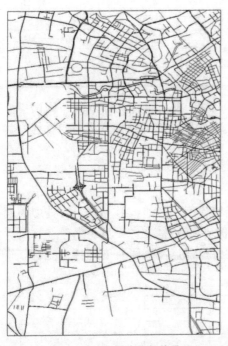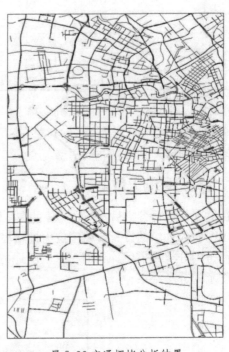

早 6:15 交通拥堵分析结果　　　　　　　　早 9:00 交通拥堵分析结果

图 5　一天中不同时段交通拥堵对比分析图

经过数据对比，可以看出在上班高峰期时，天津市南开区内的道路基本处于畅通状态，在早高峰阶段约有 1/3 的路段开始拥堵，很好地反映了交通运行的真实状态。通过对一天的数据进行累计分析，将同样经纬度的交通拥堵程度进行累加，可以得到一天内南开区哪些位置更容易拥堵，这些区域是在城市规划或城市管理中需要重点关注的区域。

本文通过处理互联网中的实时数据，形成交通拥堵矢量图，最终达到支撑城市规划编制、为政府部门管理决策提供数据的目的。

4　结语

在数据分析过程中，目前的问题是分析速度还有待提升，如在图像碎片的拥堵程度分级中判断次数过多，矢量数据累计分析时按照坐标点进行累加，累加次数过多造成整体的运行速度不快。

下一步可以通过并行计算的方式进行提速，并且在像素点的处理过程中优化采样的方法，将原有的一张图像碎片的 256×256 次计算，通过间隔采样降低判断次数；还要优化矢量数据的表达方式，通过几个样本点的拥堵程度表示某一路段的拥堵程度，节约计算资源。最终，达到在较短的时间内将实时交通拥堵的数据矢量化并进行统计分析，最大限度保证数据的时效性，将数据的价值发挥到最大。

在数据使用方面，下一步应更加紧密结合住房和城乡建设部牵头建设的城市信息模型（CIM）平台。CIM 平台是基于新一代信息技术，采集、聚合多源数据，并将此类互联网数据的矢量成果与分析结果纳入城市的信息平台，通过对大数据进行处理、分析，驱动城市智慧化升级。智慧交通作为智慧城市的重要组成部分，依托 CIM 平台的可扩展性、可模拟性、可分析性、可展示性，为城市管理部门提供科学、精准的决策依据，同时丰富完善 CIM 平台。通过建设轻量化的智慧交通系统，集约现状资源，在共享城市各类数据的基础上，分析城市交通现状、规模及特点，合理制定城市交通发展战略，完善城市交通管理体系，有效支持交通服务与决策，可以为我国智慧交通事业发展提供新思路，丰富我国现代化城市治理体系。

[参考文献]

[1] 张学工. 关于统计学习理论与支持向量机 [J]. 自动化学报，2000（1）：36-46.

[2] 张著英，黄玉龙，王翰虎. 一个高效的 KNN 分类算法 [J]. 计算机科学，2008，35（3）：170-172.

[3] BRADSKI G，DAEBLER A. Learning OpenCV. Computer vision with OpenCV library [J]. University of Arizona Usa Since，2008.

[4] 邓生雄，雒江涛，刘勇，等. 集成随机森林的分类模型 [J]. 计算机应用研究，2015，32（6）：1621-1624，1629.

[5] 郭海涛. 基于图像识别技术的区域交通拥堵状态判别研究 [J]. 信息记录材料，2019，20（1）：74-76.

[6] 毛俊. 城市道路交通状态预测与识别研究 [D]. 北京：北京交通大学，2021.

[作者简介]

王辰阳，工程师，就职于天津市城市规划设计研究总院有限公司。

基于 Grasshopper 平台的数字化城市设计工作方法探索

□易谷一

摘要：在城市数字化、设计人本化、管理精细化的时代语境下，以 Grasshopper 为代表的新一代数字化设计工具的发展与普及是现阶段规划设计行业发展的必然方向，但目前多数从业者对其了解不深。本文总结 Grasshopper 平台的优势，对以其为技术载体的数字化城市设计工作方法进行系统性研究，并建立起"数据获取—分析评估—方案生成—交流反馈"的完整工作框架，力图使更多人了解熟悉 Grasshopper 的基本功能与应用方法，以达到进一步推广这一有力工具的目的。

关键词：数字化城市设计；Grasshopper；数据驱动设计；智能辅助设计；公众民主参与

1 研究背景与意义

1.1 研究背景

以大数据和智能化为特征的第四次工业革命方兴未艾，技术的变革对于城市生活方式、空间组织模式及规划设计管理都产生了深远的影响。同时，随着我国综合国力及城镇化水平不断提升，人民追求美好生活的愿望日益强烈，城镇建设迈入了新的发展阶段，逐步由粗放扩张型向集约化、精细化和人文化的内涵提升型转变。

面对日益复杂的城市系统及日益增长的多维诉求，数字化技术将会是满足精细化、民主化设计需求的有力工具。笔者通过梳理总结基于 Grasshopper 平台的数字化设计技术在城市设计中的综合应用，旨在提供一种相较于传统方法更加科学理性、高效智能的工作方法。

1.2 研究意义

当下数字化设计的浪潮中，新型设计工具不断涌现，学界对于数字化设计工作方法也在不断探索，如何构建一套高效实用且利于推广的数字化设计工作框架，笔者认为一个可行的思路是以一款功能强大、覆盖设计全流程的软件为载体，避免因切换多款软件造成不便。Grasshopper 是行业内认知度相对较高的一款数字化设计软件，它能够介入城市设计的全阶段，辅助完成大部分工作，具有构建完整工作链的潜力。因此，对基于 Grasshopper 平台的数字化城市设计工作方法进行系统性研究有着重要意义。

笔者在知网平台以"Grasshopper＋建筑"为主题，共搜索到 72 篇文献，以"Grasshopper＋城市"为主题共搜索到 16 篇文献，主要内容均是对城市规划设计领域具体专项（如路径优化、街廓形态等）数字化设计方法的流程构建及实践探索，Grasshopper 只是作为实现某一特定功能的数字化工具而简单概述。由此可以看出，目前国内对于 Grasshopper 的研究，建筑领域多于规划领域，应用实践多于体系综述，缺乏对 Grasshopper 参与规划设计全过程的系统性研究。

近年来，国内各研发团队陆续推出了若干智能城市规划设计系统，如基于 Rhino 和 Grasshopper 平台开发的诺亚（Noah）和 UrbanToolX 两款工具、小库 XKool 设计云智能规划系统及可直接在网页端操作的十方 DEEPUD 等。这些工具的具体功能和适用对象有差异，但基本原理都是基于预设的城市规划设计逻辑和计算机算法，快速生成城市设计方案草模，并即时对城市设计方案进行评估、反馈、修改。尽管此类软件系统将功能集合起来，操作简便，但由于软件都处于初期开发阶段，功能依赖于编写好的模块，设计模式单一，实现定制化较为困难。

本文的意义就在于，使设计者了解 Grasshopper 在规划设计的各个阶段分别能做什么、怎么做，使其可以灵活选择调用某项功能，或是搭建自己的数字化城市设计工作流。

2 数字化城市设计工作方法的变迁

王建国院士根据城市设计依托的理论和技术方法，将城市设计分为四个发展阶段：一是 20 世纪 20 年代之前以建筑学基本原理和古典美学为指导的第一代传统城市设计；二是工业革命之后以科技支撑、技术美学、功能区划、三维空间抽象组织为特征的第二代现代主义城市设计；三是 20 世纪 70 年代以来贯彻生态优先和环境可持续性原则的第三代绿色城市设计；四是当下正逐步发展的基于人机互动的第四代数字化城市设计新范式。

笔者基于设计工具的更新迭代，总结相关研究成果，将目前的数字化城市设计发展阶段进一步细分为以下三个时期。

2.1 电子化时代

20 世纪 90 年代 CAD 普及之后，城市设计行业进入电脑制图时代，这也是数字化设计的开端。但这一阶段的数字化工具仅仅被用作电脑制图表达，虽有效提高了设计输出的质量与效率，但并没有使设计流程前端的信息收集分析及核心的方案推演生成过程有所增强，设计还是依靠人工调研与经验，因此这一阶段实现了完全的电子化，以及非常有限的数字化。

2.2 数据化时代

进入 21 世纪以来，GIS、BIM 等基于三维信息数据库的工具集平台系统逐步发展并被广泛应用，标志着城市设计进入了数据化时代。这一阶段的数字工具以精确量化分析的方式更多介入到现状分析、设计推敲、方案评估等核心工作中，设计过程的协同性、科学性得以显著提升。

2.3 智能化时代

近年来，随着计算机科学和人工智能技术的进步，以 Grasshopper 为代表的参数化设计工具兴起，参数化设计的核心内容是将复杂的影响因子量化描述为可调节的参数，在系统之间构筑精确的参数关系，可以不断改变输入条件和参数逻辑以生成不同方案，并通过反馈机制形成智能化方案。在这一阶段，数字化设计工具已经从 CAD 时代的制图工具和 GIS 时代的数据分析工具升级为运用"机器智慧"去挖掘城市"群体智慧"（Swarm Intelligence）和潜在模式的智能化设计工具，设计思想实现了自下而上的转变。

3 Grasshopper 软件的特性与优势

与目前规划设计领域常用的数字化设计工具 ArcGIS 相比，Grasshopper 在可视性、开源性及交互性三方面有明显的优势，其本质可以被看作是一个可视化的编程界面，一个参数化工具集的开源平台，一个人机交互的智能化设计工具。

3.1 可视性佳，界面友好易操作

Grasshopper 的可视性使设计和交流过程直观且高效，具体体现在两方面：一是复杂编码过程的图形化，二是简洁明了的数据三维可视化表达。Grasshopper 的可视化编写过程与 ArcGIS model builder 类似，不同之处在于，Grasshopper 每一个功能组件的输入端与输出端所有参数都直观可见，组件之间对应数据端口的连接也简单直接，对于无编程背景的设计师更友好；同时，Grasshopper 的功能组件被拆解得更细小也更丰富，有利于使用者随意调用组合，创造个性化的工具组。对于数据的可视化表达的优势，则在于有多种便捷调整显示效果的功能模块和插件可供选择，再加之 Grasshopper 所依托的 Rhino 平台也有多种可编辑的显示模式，进一步提高了可视化表达的丰富性与便捷性。

3.2 开源性高，插件丰富，功能强大，便于搭建多软件协同工作流

Grasshopper 不仅仅是一个计算机辅助设计软件，更是一个参数化工具集，这种开源众包的理念是数字化时代的典型特征和发展方向。这并不是 Grasshopper 的独创特性，ArcGIS 也有官方插件库 ArcGIS Marketplace。Grasshopper 用户最常用的插件平台则是半民间的 food4Rhino.com（由 McNeel 公司创建的技术交流论坛），与前者相比，后者的优势体现在以下方面。

3.2.1 插件数量更多

ArcGIS Marketplace 中搜索桌面端应用插件结果为 65 个，food4Rhino.com 中搜索 Grasshopper 插件为 563 个。

3.2.2 使用量更多

ArcGIS Marketplace 不显示下载量，仅由评论数对比推断。

3.2.3 共享程度更高，商业化程度更低

ArcGIS Marketplace 上多为专业机构研发的面向企业用户的插件，免费插件占比 12/65；food4Rhino.com 则有大量非正式研发者上传的面向个人用户的插件，免费插件占比高达 523/563，非免费插件的使用成本也较低，这也进一步提升了 Grasshopper 插件的使用率和用户的活跃度。目前，food4Rhino.com 已经形成了一个较为良性的技术交流和插件共享社群。

3.2.4 兼容性和拓展性更佳

Grasshopper 已经与多种规划建筑领域常用软件搭建了丰富便捷的接口，如 OSM（open street map）、Ecotect、City Engine 等，几乎所有能与 ArcGIS 进行交互的软件也都能与 Grasshopper 实现交互，反之则不然。值得一提的是，目前开源平台上能够搜索到多款插件实现从 ArcGIS 到 Grasshopper 的数据导入和交互（如 MeerkatGIS、BearGIS、GHopperGIS 等），然而笔者却未能检索到类似插件可以实现反向的数据工作流，虽未对其做更科学深入的对比研究，但也能够从一定程度上说明 Grasshopper 平台具有更广的兼容性和拓展性。

3.3 交互性强，是与"有限的民主"设计方法论相适应的智能辅助设计工具

维纳认为"反馈"是控制论系统的关键，是智能涌现的必要条件。Grasshopper 作为新一代

参数化设计工具的典型代表，其智能性体现在动态反馈机制和交互能力中。Grasshopper 一方面能通过与外界的数据接口实现与外部环境及参与者（设计者、使用者、管理者）的实时交互，另一方面又能够通过算法实现无人为参与的机器内部自反馈调节，并在此过程中趋向目标值或平衡态。此外，Grasshopper 优秀的三维可视化能力也极大提高了民主参与的可行性。

但正如哈耶克所提倡的"有限的民主"（受到法律制约的民主），民主参与应当遵守一定的框架和规则。技术的迭代与思想的演变相辅相成，随着设计过程智能化及民主化程度的提高，设计权利被分散，设计师的角色应逐步转变成为交互系统搭建者，为使用者和人工智能能够共同有效地参与到设计过程中搭建平台并制定规则，实现自上而下与自下而上的逻辑相融。在这一过程中，拥有操作难度相对较低、开源性高、交互性强等特性的 Grasshopper，将会成为规划设计师搭建"有限的民主"参与平台的一个有力工具。

Grasshopper 特征优势及工作流程如图 1 所示。

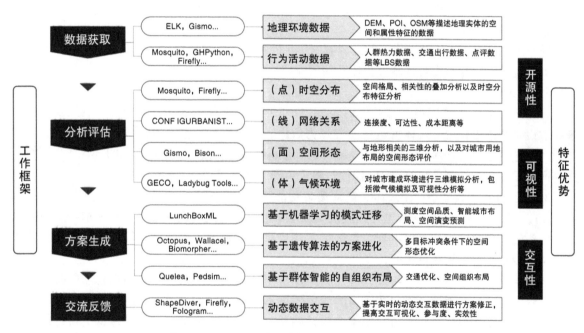

图 1 Grasshopper 特征优势及工作流程研究框架图

4 基于 Grasshopper 平台的城市设计工作流程

4.1 数据获取

本文根据数据来源、获取方式及特征，将城市设计相关数据分为静态的地理环境数据和动态的行为活动数据两大类。

4.1.1 地理环境数据（静态数据）

地理环境数据是表达城市地理要素的数量、质量、分布特征、相互关系、变化规律的位置信息和属性信息。在城市设计中最常用的有 DEM（数字高程模型）、POI（兴趣点）、OSM（开源街道地图）等数据。

Grasshopper 中常用于地理信息获取和分析的插件有 ELK 和 Gismo。ELK 插件可用于读取从 Open Street Map 下载的 osm 文件和 USGS（United States Geological Survey）官网下载的

IMG 或 GeoTIFF 文件，提取并可视化地形、道路、建筑、用地及地图标注 POI 等地理空间信息。Gismo 则可根据给定的经纬度坐标/地名，直接抓取 OSM 信息，生成一定空间范围的城市环境和地形（数据来源于 OpenTopography），并可对生成的三维空间模型进行进一步分析，如视线分析、日照辐射模拟、风热环境分析、水文分析等。

需要注意的是，由于 ELK 和 Gismo 插件获取的城市建成环境相关数据均来自 OSM 开源地图平台，这导致了利用插件获取地理信息数据存在先天缺陷，一方面数据的"质"——可靠性、准确性无法得到保证，另一方面数据的"量"——完整性也呈现出地理分布不均的状况。在我国，OSM 并不是主流的地图平台，加之出于信息安全的考虑，该平台对国内城市的数据量相对缺乏，尤其是中小城市。

以伦敦市、上海市、宜宾市为例，其中心城区 3 km×3 km 范围内获取的数据量对比如下：伦敦市获取的数据量为"89772 个点要素＋26650 个线要素＋16893 个面要素"，上海市获取的数据量为"27153 个点要素＋5604 个线要素＋6906 个面要素"，宜宾市获取的数据量为"1174 个点要素＋592 个线要素＋108 个面要素"。

鉴于 Grasshopper 能够获取到的开源数据本身的特性，此类数据仅适合于在没有获得精准地形图的情况下对非重点设计区域进行辅助性研究。

4.1.2　行为活动数据（动态数据）

行为活动数据，即 LBS（Location Based Services，基于位置的服务）数据，利用定位技术来获取设备当前的位置，具体可包括人群热力数据、交通出行数据、点评数据等。行为活动数据的获取方式主要有两种：一是通过 Mosquito 或 python 插件获取网络平台的开源 LBS 数据；二是通过 File Reader 电池或 Firefly 插件，将采集到的数据与 Grasshopper 关联。

Mosquito 是一款基于社交媒体关键词搜索功能的综合性 Grasshopper 插件，最常用于搜索 Twitter、Facebook、Flicker 等国外主流社交媒体中包含特定关键词的推文，并获取推文发布的时间、位置等信息，由此可以得到关键词的关注度、人群画像、热度分布等，为城市设计区域的形象定位和功能布局提供依据。

遗憾的是，由于该插件目前只针对几款国外常用社交软件，无法获取国内常用软件（如微博、大众点评等）的数据，因此在国内的使用效果不佳。GHpython 可以作为 Mosquito 插件的替代，其本质是使插件组块的内部黑箱变得透明化、可编辑，扩展性加强，理论上可以爬取网络中的一切开源数据，但可读性降低，对于没有编程基础的设计师来说具有一定操作难度。

因此，在国内城市设计项目中涉及人群行为活动相关网络数据的获取时，往往需要借助无编程网络爬虫程序（如八爪鱼采集器、火车头采集器等），以获取 LBS 数据并导出整理为 Excel 格式文件，利用 Excel Read 电池或 Firefly 等相关插件在 Excel 和 Grasshopper 之间建立数据转化途径。Firefly 是一款在数据采集装置和 Grasshopper 之间进行实时动态数据流交换的插件，这种动态的双向数据流能够为交流反馈带来极大的便利，该部分内容将在第 4.4 小节进一步阐释。

4.2　分析评估

空间物体以点、线、面、体四类要素形式存在。点要素包括前文提到的 POI 数据与 LBS 数据，针对点要素的分析评估主要是基于位置信息进行叠加分析及时空分布特征分析。线要素主要指路网系统，针对其网络特征进行拓扑关系分析。此外，将线要素与其他要素结合进行成本距离和可达性分析，对规划设计也具有重要意义。面要素的特征包括时空分布特征和几何形态特征。对于体要素，在人本尺度城市设计中，主要是通过对微气候、景观视野等进行定量模拟评估，分析体要素群组所构成的建成环境给使用者带来的体验与感受。

4.2.1 点要素——时空分布

点要素的时空分布特征是规划设计最重要的基础信息之一。空间分布特征分为两大类：同类型要素的空间格局（密度、重心等）、不同要素之间的相关性（聚类、临近分析等）。通常会对多源数据进行叠加分析，对生态敏感性、建设适宜性等做出综合评价。引入时间维度后，可进行动态数据的时空追踪及变化趋势分析预判。Grasshopper通过自带的几何、函数、分析等大类下的命令，简单组合便可以实现上述功能，同时借助相关插件可以进一步扩展空间分析能力。而与传统空间分析软件相比，Grasshopper的优势在于更便于叠加分析的规则修改、数据更新；能够通过数字条（Number Slider）功能便捷地对数据进行动态可视化表达，更直观也更具表现力。

4.2.2 线要素——网络连接

基于路网和管网系统的网络分析按其原理可分为两类：一是关注数量关系的成本距离分析，常用于解决路径选择、设施分配等问题；二是关注拓扑关系的空间句法分析。后一种方式相较于传统方法的进阶之处在于，前者往往在需求明确的情况下去解决问题，后者则通过量化识别空间去发现问题或者做出预测。空间句法的原理是将空间要素之间的几何拓扑关系进行抽象（在城市设计研究中通常使用轴线图），并通过一系列形态分析指标对人居空间进行量化描述，从而研究空间组织模式与基于空间感知的行为活动之间的关系。在城市规划设计领域，空间句法可以被应用于量化路网结构合理性、城市空间活力值等与人类活动相关的指标。

代尔夫特大学建筑学院Pirouz Nourian和Samaneh Rezvani团队开发的CONFIGURBANIST和SYNTACTIC两款Grasshopper插件，其原理分别对应上述两类分析方法。但目前基于空间句法的SYNTACTIC仅适用于建筑尺度。另一款基于图论的网络分析插件LeafVein适用于城市尺度道路网络，该插件建立了"数据获取—抽象图解—网络分析—可视表达"的完整工作流，但尚未把拓扑分析的抽象结果与实际意义结合起来，若后期研发中能够与空间句法量化描述人居空间的理念相结合，将会更有利于实际应用。CONFIGURBANIST网络分析应用实例如图2所示。

自20世纪70年代"空间句法"的概念被提出以来，有多款空间句法专业软件面世并逐渐发展成熟，其中Axwoman、Depthmap等已经较为广泛地应用在城市空间分析中，但此类软件的插件研发仍处于起步阶段。food4Rhino网站上能够搜索到的可用于城市尺度的网络拓扑分析插件十分有限，这或许是一个值得深入研究的方向。

网络中心性（Betweenness）分析　　基于网络距离的地铁站覆盖范围分区　　基于网络距离的地铁站等时圈分析

图2 CONFIGURBANIST网络分析应用实例

4.2.3 面要素——空间形态

城市空间中面要素的空间形态分析包含两方面的内容：与地形相关的三维分析、对城市用地布局的空间形态评价。

与地形相关的三维分析包括高程、坡度、坡向、水文、视线等，主要应用在项目选址、土方平衡等方面。在 Grasshopper 中直接构建电池组进行地形分析并不复杂，此外也有数量众多的插件可以选择，其中较为常用的有上文提到的 Gismo 和 Bison 等。Bison 是一款更为专业全面的场地数据分析插件，使用者能够高效地完成地形导入、地形分析、地表径流分析、视线分析、土方量计算等一系列复杂的场地分析和数据可视化操作（图3）。

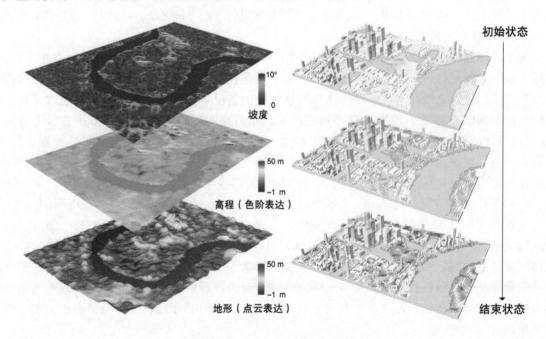

图3　Bison 地形分析及汇水分析应用实例

城市空间形态评价指标包括形态类型、重心偏离度、离散度等几何评价指标，以及斑块特征指数、景观异质性指数等景观格局指数。形态类型分类可利用 neural network 构建各类城市形态案例数据库，通过有监督的机器学习对需要判别的城市空间形态进行归类；其余指标则可以在 Grasshopper 中直接提取地块或景观斑块的几何属性值，通过自定义的算法公式计算得到。

4.2.4 体要素——气候环境

上述空间形态分析均与地形及用地布局相关，是针对地理信息的水平向分析评估，在 Arc-GIS 等地理信息处理软件中是较为常规的操作。而 Rhino 作为一款三维建模软件，其优势在于能够借助 Grasshopper 插件便捷直观地对城市建成环境进行三维立体的模拟，包括风、光、热辐射等微气候模拟，以及可视性分析等。相关插件有 GECO、Ladybug 等。

GECO 为 Ecotect 软件在 Grasshopper 中提供模型与数据的接口，包括热环境、光环境、声环境、日照、经济性及环境影响、可视度六类分析功能，常用于建筑性能分析和优化。

Ladybug Tools 是一组功能强大的气象数据分析和可视化插件集合，包括 Ladybug、Butterfly、Honeybee、Dragonfly。在城市规划设计中，最常用的为前两款插件。Ladybug 主要用于与日照辐射相关的模拟分析，如太阳轨迹、日照辐射玫瑰、阴影分析、热舒适度分析、视线分析等；Butterfly 与 OpenFOAM 引擎相关联，能够基于流体动力学（CFD）对风环境、气体污染等进行模拟。

进行气候环境模拟分析的目的在于，一方面可作为场地定量化评估的一部分，对问题导向的规划设计具有指导意义；另一方面，在插件的基础分析功能上，往往会进行一定的延伸拓展，以科学地解决更为复杂的实际问题，如基于日照要求进行形态优化，基于视线动态研究确定游线及观景点，以及基于景观可视性进行方案比选等。

4.3 方案生成

Grasshopper 作为新一代数字化设计工具，不仅仅是一个功能强大的三维分析软件，更是一个智能化生成式设计工具。根据生成式城市设计方法的算法逻辑不同，可以将其大致分为以下三类。

4.3.1 基于机器学习的模式迁移

机器学习是利用算法解析海量的数据，从中提炼特征，然后基于学习到的经验对新数据做出预测或决定的一种技术。基于机器学习的方式，可将其分为三类，即有监督学习、无监督学习和强化学习。本文仅对前两类展开讨论。有监督学习指输入案例有分类，机器将测试数据的指标特征与案例对比，并将其归类，在实践中可以应用于利用计算机视觉进行图像识别，以测度空间品质、优化城市风貌；发掘各类功能区的空间特征和相互关系，实现智能化城市功能布局。无监督学习是指输入案例无分类，机器自动寻找规律，在实践中可以应用于学习特定的设计风格，并进行风格迁移；探寻城市发展规律，进行空间演变预测。

Grasshopper 中常用的机器学习插件是 LunchBoxML，其最核心的组件是 Neural Network（神经网络）和 Gaussian Mixture（高斯混合），前者用于实现有监督的机器学习，后者用于实现无监督的机器学习。相比 SAS 等模块繁多、功能强大的机器学习专业软件，以 LunchBoxML 为代表的 Grasshopper 插件只能算是入门级别，但这些插件对于城市规划设计师来说却是非常有力的工具，一方面因为学习成本低，不需要掌握编程语言；另一方面，在 Grasshopper 平台上能够方便地与空间分析工具建立联动，更有利于以空间特征为关注点的机器学习。

4.3.2 基于遗传算法的方案进化

遗传算法，又称演化算法，是一种通过模拟自然选择进化过程搜索最优解的方法。生物的形状由基因决定，并且通过遗传和变异，在自然选择的过程中不断进化。在建筑与城市规划设计项目中，遗传算法可以被应用于实现多目标冲突条件下的空间形态优化。操作流程如下：首先通过设定基因（即可变参数，如街区尺度、建筑尺度等）和多个相互冲突的设计目标（如绿化率和容积率），确定方案演化的环境，然后将基因与目标接入核心运算器模拟自然选择过程，每一次迭代只有最接近设定目标的子代能够产生性状相近又有差异的后代，经过若干次迭代，最终出现满足设计需求的最优解。

Grasshopper 软件平台中较成熟的遗传算法插件有 Octopus、Wallacei 及 Biomorpher。三者的基本原理和操作类似，均是通过直观的可视化操作和反馈界面，为解决多目标优化问题提供了一种简单有效的方案。三者的不同之处在于，Octopus 提供更为丰富的算法参数设置，算法更为科学；Wallacei 能够同时对更多目标进行优化（需要注意的是，随着目标数量增加，种群朝着理想状态进化的难度越大，通常设定三个及以下目标为宜），并且提供更多样的结果筛选方式；Biomorpher 操作交互性更强，不需提前设定明确的目标，而是可以在进化过程中根据性状表达情况手动进行"精英挑选"（有更大机会遗传性状）。Biomorpher 实现的是一种"自然＋人工"选择，是人与机器一起头脑风暴的过程，适合应用在需要人类审美和主观能动性发挥作用的场景中。

4.3.3 基于群体智能的自组织模拟

多智能体系统（Multi-Agent Systems，MAS）是指在一个环境中交互的多个智能体组成的计算系统，是一种基于"分布式人工智能"和"群体智慧"原理的动态模型研究方法。通过定义智能单体之间以及智能体与环境之间的相互作用与行为规则，智能体集群在自下而上的自组织过程中能够找到单个智能体无法实现的解决策略。在城市规划设计中，多智能体系统的行为模拟主要运用于交通优化和空间组织布局。

food4Rhino平台上可以搜索到若干模拟群体自组织行为的插件，本文仅以规划设计领域两款较为常用的插件 Quelea 和 Pedsim 为例，比较其原理与适用情景的差异，以便读者根据实际需求选择其一或组合使用。

应用最广泛的是 Quelea，其核心原理是模拟鸟群飞行行为的 Boids 算法，通过设置运行环境（范围、障碍、吸引点）、智能体特性（数量、初始状态等）、智能体间的相互作用（排斥、吸引、协同规则）、引导方式（漫游、目的地、跟随路径等），可以模拟人群在建筑物内部或建筑之间的疏散路径，为交通优化提供数据支撑。此外，Quelea 还可实现汇水分析等基于智能体（将雨滴看作分布式智能单体）的模拟与可视化。

Pedsim 是一款专为城市规划及建筑领域开发的人流模拟插件，相较于 Quelea，其功能和操作都更简单，更有针对性。Pedsim 弱化了智能体之间的相互作用，更强调环境对智能体的影响。在 Pedsim 中可以设置多个吸引点以及各点的吸引力（通过停留时间、停留比例体现），再与 POI/LBS 等城市大数据结合联动，能够实现更加精准客观的人群行为模拟（图4）。然而 Pedsim

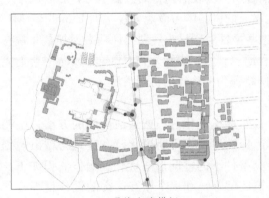
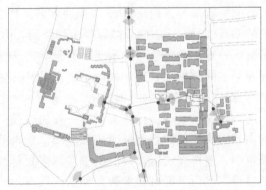

现状人流模拟 更新后人流模拟

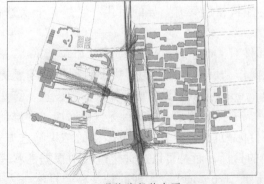
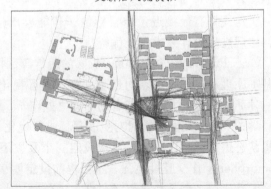

现状路径热力图 更新后路径热力图

图4 Pedsim 应用实例：通过人流模拟推演小微改造对景点串联体系的提升效益

的局限有两点：一是仅能在二维平面上运行，无法对立体交通进行模拟；二是当吸引点位于可视范围之外时，智能体将不会被吸引前往。Pedsim 系统会将平面内的所有边界视为遮挡物，而忽略了立体层次的遮挡与可见，这将会导致一定的模拟结果偏差。

多智能体系统的空间组织布局原理与元胞自动机类似，通过预设交互规则，多智能体在无外界干扰的情况下进行自组织行为，最终实现系统的动态平衡，即最佳方案。业界已有不少关于多智能体生成设计的研究和实践（如东南大学李彪教授的"highFAR""gen _ house2007"等项目），但生成式设计的运行过程通常需利用专业编程语言来编写，具有一定的研究门槛，本文不做深入探讨。

4.4　交流反馈

参数化设计工作流中的交互过程包括数据输入与输出阶段。

数据输入端的交互，即在各类数据采集装置和 Grasshopper 之间实现实时动态数据交互。这一类插件最典型的代表便是上文提到的 Firefly，该插件作为物质环境与数字环境之间的交互界面，可将通过 Arduino 传感器、手机 APP、网络摄像头、可穿戴设备等方式采集到的数据实时输入电脑，输出的设计方案则会随着输入端参数的变化而变化。

数据输出端的交互，其重点在于交互界面可视化及用户体验优化。以在线交互设计平台生成器 ShapeDiver 平台为例，它能够基于后端 Grasshopper 定义的程序自动生成更为直观的前端交互网页，用户通过滑动滑条、点击按钮等方式调节参数，方案的相应变化也会实时反馈到界面上。

此外，通过插件及设备接口，Grasshopper 还能便捷地利用 XR（混合现实）技术将数字模型放置在现实环境中，为交互者提供更直观的沉浸式体验。例如，通过 Fologram、Mindesk 等插件，用户可以在手机屏幕中观察到叠加在现实场景之上的模型，并且可以在手机界面调节模型参数，或可以通过可穿戴混合现实设备在沉浸式的场景中操控虚拟模型，观察其与周围环境的协调关系，有利于非专业的利益相关方更客观全面地了解方案，并进行高效便捷的交流反馈。

在城市设计项目中，这种基于实时的动态数据流而进行方案修正的设计方法，主要应用在公众意见征询中。将传统公众参与的单向输入升级为双向的交流反馈，对公众表达的意愿进行实时响应，参与者则根据可视化的动态设计方案不断调整自己的输入值，以最大化地满足公众意愿、协调公众利益，在城市设计中体现人民的意志。基于数字化交互的公众参与新方式如图 5 所示。

ShapeDiver交互设计界面　　利用Fologram和可穿戴XR设备　　智慧沙盘：数字模型及对应指标
　　　　　　　　　　　　　在物理空间中操控数字模型　　随物理模型的变化实时调整

图 5　基于数字化交互的公众参与新方式

5 结语

在信息技术飞速发展的今天，数字化、智能化转型是规划设计行业发展的必然方向。数字化工具的作用将不再局限于辅助制图、分析数据，而是更多参与设计推敲、规划决策的核心工作。城市规划设计师也需要顺应时代发展趋势，将掌握数字化设计工具作为必备的职业素养。

与上一代数字化设计软件相比，良好的可视性、开源性与交互性是以 Grasshopper 为代表的新一代工具的创新突破之处，它的强交互性也意味着智能化程度的提升。对于城市规划设计师而言，Grasshopper 是学习成本较低、实用效率较高的一种算法工具，具有广阔的应用前景。本文证明了基于 Grasshopper 平台构建一套完整全流程数字化城市设计方法框架的可行性，如果规划设计师了解其底层逻辑并具有一定的算法思维，这套方法框架内的各个流程都将有巨大的拓展空间。

笔者虽着力介绍了数字化设计方法及工具，但并不认为新兴设计方法中的"技术理性"应该取代传统设计方法中的"人文感性"，二者也并非对立关系，事实上发展技术正是为了使人的主观意志发挥更大价值。一方面，数字化技术使规划设计师从机械化的低效劳动中脱离出来，能够有更多时间和精力投入创造性的工作中；另一方面，数字化技术的介入能够极大提升公众参与的规模、效率和时效性，将设计的"人文感性"扩展到更广的维度。

[参考文献]

[1] 维纳. 控制论：或关于在动物和机器中控制和通信的科学 [M]. 北京：北京大学出版社，2007.

[2] 李凡长，钱旭培，谢琳，等. 机器学习理论及应用 [M]. 北京：中国科学技术大学出版社，2009.

[3] 黄正东，于卓，黄经南. 城市地理信息系统 [M]. 武汉：武汉大学出版社，2010.

[4] 李飚. 建筑生成设计：基于复杂系统的建筑设计计算机生成方法研究 [M]. 南京：东南大学出版社，2012.

[5] 罗名海. 武汉市城市空间形态演变研究 [J]. 经济地理，2004，24 (4)：6.

[6] 杨滔. 说文解字：空间句法 [J]. 北京规划建设，2008 (1)：7.

[7] 刘颖慧，李路平. 参数化城市设计初探 [J]. 西部人居环境学刊，2013 (4)：7.

[8] 翟健，金晓春. 城市规划中的 GIS 空间分析方法 [J]. 城市规划，2014 (S2)：6.

[9] 卢济威. 新时期城市设计的发展趋势 [J]. 上海城市规划，2015 (1)：2.

[10] 王建国. 基于人机互动的数字化城市设计——城市设计第四代范型刍议 [J]. 国际城市规划，2018，33 (1)：6.

[11] 任芳，王言琪，刘星宇. 数字化设计在城市设计应用中的探索 [J]. 工程建设与设计，2021 (S1)：194.

[12] XIE X F, SMITH S F, BARLOW G J. Coordinated look-ahead scheduling for real-time traffic signal control [C] //Proceedings of the 11th International Conference on Autonomous Agents and Multiagent Systems：Volume 3, 2012.

[作者简介]
易谷一，助理规划师，就职于上海同济城市规划设计研究院有限公司。

土地全生命周期数据治理方法探索

□杨仙保，张庭苇

摘要：在经济快速增长、城市日益发展、土地资源日益紧张的形势下，实行土地全生命周期数据治理方能充分提高土地利用效率，从而高效配置与合理利用土地资源。本文结合土地全生命周期管理现状，探索土地全生命周期数据治理的可行性方案。通过资源号和项目号的关联，打通土地和项目业务，突破信息孤岛和业务孤岛的障碍，实现土地全流程管理。

关键词：土地；全生命周期管理；数据治理

1 引言

土地作为自然资源领域的主要资源之一，涉及的业务办理流程长、产生的数据量大，而部门之间业务办理不连通、部门内数据保存分散，导致土地数据底数不清、决策支撑不到位、全流程实时监管难等一系列问题，优化营商环境政策难以落实。

2008 年，国土资源部下发《关于加强建设用地动态监督管理的通知》（国土资发〔2008〕192 号），明确指出按照全面监管、全程监督的要求，要切实加强对建设用地的审批、供应、利用和补充耕地、违法用地查处（简称"批、供、用、补、查"）等有关情况的动态监管。近几年，空间规划编制进入关键时期，采用全生命周期理念对自然资源进行统筹管控，有利于资源的高效利用，特别是对土地资源管理具有重要意义，有利于土地集约节约利用。2020 年，全国两会期间，习近平总书记提出"把全生命周期管理理念贯穿城市规划、建设、管理全过程各环节"。2020 年 9 月 21 日，国务院国资委下发《关于加快推进国有企业数字化转型工作的通知》，提出构建数据治理体系，加快数据治理体系建设，加强数据标准化、元数据和主数据管理工作，明确数据标准、数据规范、数据流程的建设等一系列要求，为土地全生命周期数据治理提供政策指导。

湖南省坚持推进土地全生命周期管理改革，将生态优先、节约优先、民生优先放在更突出的位置。土地全生命周期作为一个循环过程，分为国土空间规划、土地储备、土地供应、土地利用、土地管理五个阶段，并且每个阶段的每个环节都有各自的全生命周期。数据是继土地、劳动力、资本、技术之后的第五大生产要素，土地全生命周期数据治理可促进土地集约节约利用，通过数据治理分析技术手段，结合新时代信息化建设要求，建设形成土地管理业务"图""属""档"全要素信息融合的数据底板，进而突破信息孤岛和业务孤岛的障碍。长沙市自然资源和规划局整合后已开展数据整合与治理工作，并逐步探索土地资源数据应用的方式，发挥数据资源的价值，如通过土地的专项清查工作实现了对闲置土地、批而未供土地的实时监管，变被动为主动。对于数据存储分散、坐标不一、格式多样、一数多源、关联性差等问题，通过数据治理构建完整统一的土地全生命周期，以支撑土地业务系统的应用。

本文按照土地全生命周期管理改革建设要求，结合当前土地全生命周期数据现状及管理现状，探索土地全生命周期数据治理工作技术方案，为推进土地数据管理统一、标准一致、开放共享、应用高效的土地全生命周期管理提供支撑。

2 土地全生命周期数据现状分析

上海、杭州、宁波、武汉等城市在我国率先开展了土地全生命周期管理，并在多个领域进行实践创新，在全国形成了可复制、易操作的先行经验。2014 年，上海市全面实行工业用地全生命周期管理的政策；2019 年，围绕土地规划、储备、供应、利用、管理几个主要阶段将土地相关工作流程、部门关注要点进行梳理，并明确不同阶段土地全生命周期管理的内容、方式、对象、主体，再基于 GIS 技术实现管理体系的构建，逐步实现对上海市土地全生命周期的智能管理。湖南省建立批后监管系统，从制度机制上严格遏制新增批而未供土地、闲置土地和违法用地，切实提高土地集约节约利用水平。2019 年，宁波市土地储备全生命周期管理系统率先实现了空间化、数字化、智能化的全生命周期闭环管理。

通过对各地土地全流程管理进行分析发现，有从调查开始到最后登记的全程管理，也有仅对于权限内业务环节的精简把控。在自然资源局领域中，很多业务都围绕着土地开展，随着时间的推移，其中必然产生大量的数据，且各部门间数据易分散，缺乏关联。而自然资源局在日常的业务运作与内部业务的协同过程中，由于数据不一致，可能导致两个系统做集成、做接口时报错。此外，同一数据可能出现重名或者多个系统都有的情况，或难以从同一个系统中获取一个完整的数据，这些数据问题已经影响到日常的业务流程和业务运作，这也是数据治理越来越受到重视的原因。其管理过程中的不足之处亟待解决，总的来说包括以下三个方面。

一是数据存储分散整合难度大，数据不齐全，各系统协同不足。原国土数据分别存放于土地信息中心、国土测绘院、执法监察支队等处，原规划数据分别存放于自然资源局、规划勘测设计院等处，给数据收集带来了较大难度。土地资源数据分散在各个信息化系统，各类数据资源存在分类不清，数据多平台、多标准、不规范，数据质量参差不齐，空间坐标不匹配等问题，导致跨部门、跨业务数据共享和数据综合应用困难、数据利用率低。

二是数据版本情况未建立台账，关系不清晰，数据基础不牢。土地资源数据格式多样，结构各异，具有多套坐标系，且缺乏关联。土地资源数据多以空间数据为主，既有不同类型的商业、办公、商品住宅等用地数据，又有营利性教育科研、医疗卫生、社会福利、文化体育等基础设施、社会事业项目用地和工业用地等数据，同时还涉及规划数据、地形数据、地籍数据及相关业务数据等大量多源异构数据；有来源于外部其他部分的社会经济、人口数据，还有来源于互联网的各类数据。土地数据的管理既要实现内部数据的汇交、备案、交换与同步，也要实现与外部数据的共享和融合。

三是数据更新维护机制不健全，共享不及时。未根据机构调整和管理需要对业务数据进行重新梳理，各个自然资源部门的职能虽发生了改变，但未及时调整相应的土地资源和规划空间数据目录。

3　土地全生命周期数据治理体系方法

3.1　土地全生命周期与数据治理

构建土地全生命周期管理是解决上述问题的有效手段，其重点在于形成统一标准规范的土地数据资产，关键是形成数据质量治理、数据应用和共享体系，对土地数据在不同阶段的产生与保存使用进行高效管理。土地数据治理的目标是打造一个全生命周期的数据管理过程，从土地数据产生到应用，使各数据之间的应用形成一个数据管理闭环，形成数据资产，为信息化建设提供高质量、准确的数据生产资料，将生产资料转变为数据生产力。

数据治理之所以叫治理而不叫管理，是因为管理的本质是按照相应的标准规范去做执行的动作，治理的本质则是管理，其核心是制定与数据相关的标准规范流程、指标体系和管理数据的组织架构、职责权利等。只有建立数据治理标准规范体系，才能做好数据管理工作。土地数据治理的重点在于建设一套数据治理框架体系，笔者基于原国土和原规划已有空间数据、业务档案数据和历史数据情况，收集各类数据的来源、精度、范围、更新途径等源数据信息，理顺业务和数据之间的逻辑关系，进行业务重构，确保事项名称统一、核心流程统一、内容要素统一、数据标准统一，以梳理土地全生命周期数据整理过程。

3.2　数据体系梳理

首先确定整理思路，摸清数据家底，完善标准规范。其次建立数据标准、资源目录体系，将数据分成现状数据、规划数据、管理数据、社会经济数据四大类，通过数据迁移、数据转换、数据规整入库、项目盒数据整理等过程进行数据治理，具体的流程如图 1 所示。

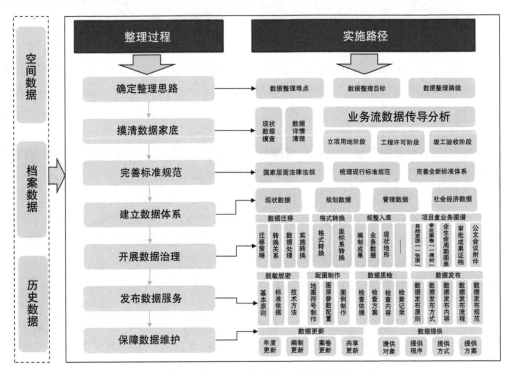

图 1　土地全生命周期数据治理框架

3.2.1 现状数据

对原国土和原规划已有空间数据、业务档案数据和历史数据进行整合，同时以第三次全国国土调查数据为基础，形成"一张底图"数据。

3.2.2 规划数据

规划数据应包括土地利用规划数据、城市总体规划数据、控制性详细规划数据及专项规划数据。国土空间总体规划编制工作完成后，需将成果导入系统中。具体应满足以下要求：国土空间总体规划数据应包括资源环境承载能力评价、国土空间开发适宜性评价、三线、规划基本分区、规划用途分类及规划指标等数据；详细规划数据应包括市、区（县）级城市控制性详细规划数据、村庄规划数据；专项规划数据应包含交通、市政、公共服务、历史文化、园林绿地、防灾减灾、智慧城市等领域的数据。

3.2.3 管理数据

管理数据为业务系统数据，包括建设项目用地预审、建设用地审批、城乡规划许可、土地供应、土地整治、占补平衡、自然资源开发利用、生态保护修复、执法督察、园区管理等数据。

3.2.4 社会经济数据

社会经济数据从各单位获取，涵盖人口、就业及经济数据，可用于辅助开展"双评价"、低效用地开发及城市体检等工作。

3.3 土地全生命周期数据治理流程

3.3.1 数据迁移

一是设计数据移植方案。设计数据移植方案需要研究历史数据的结构、来源、数据项定义、取值等现状，研究新旧数据库结构差异，评估和选择数据移植软硬件平台，选择数据移植方法，选择数据备份和恢复策略，设计数据移植和测试方案。

二是清理源数据库数据。梳理数据库资源，包括数据库对象（如表、事件、过程、函数）、数据库结构关系，在此基础上结合运行系统，确认数据库垃圾，制定合理的垃圾清理方案。主要方法为对数据库数据进行整合与分解，整合相关数据、减少重复数据，分解数据则使数据团体更趋向合理。

三是数据模拟移植。根据数据移植方案，建立一个既能仿真实际环境又不影响实际数据的数据移植环境。为便于数据移植后能按恢复策略进行恢复测试，在数据模拟移植前需按备份策略备份模拟数据，然后在数据模拟移植环境中测试数据移植效果。

四是测试数据模拟移植。为检查数据模拟移植后数据与应用软件能否正常使用，根据数据移植测试方案进行测试，主要有数据一致性测试、应用软件执行功能测试、性能测试、数据备份和恢复测试等。数据模拟移植测试完成后，在正式实施数据移植前还需要进行完全数据备份、确定数据移植方案、安装和配置软硬件等。

五是数据移植。按照确定的数据移植方案，正式实施数据移植。

3.3.2 数据转换

基于数据格式转换软件，创建 CAD（Computer Aided Design）等格式批量转换成 shp（Shapefile）格式的程序，然后进行格式转换，再利用图形数据处理软件将转好的文件导入 GDB（GeoDatabase）中。此外，还需将基础数据（mapgis 格式、shp 格式、Tif 格式等）转换为基础数据库（GDB 格式文件地理数据库）。

3.3.3　数据规整入库

数据规整入库主要有入库前检查、整理入库和入库后检查。

一是数据入库前检查。根据不同类别数据，配置数据入库前的检查方案，主要内容包括几何检查、属性检查和拓扑检查等，并生成检查报告，依据检查报告确定是否入库。对没有通过检查的数据，则根据检查报告进行修改。

二是数据整理入库。对各种信息数据进行质量检查和处理之后，定义数据模型、坐标基础及产品指标，将数据批量导入数据库，建立由元数据、基础地理信息数据、国土专题数据、规划专题数据等组成的自然资源"一张图"。

三是数据入库后检查。入库后检查内容包括数据是否存放在规定的数据表中，入库后数据是否完整，数据是否重复入库和数据拼接是否无缝，以及位置的一致性等内容。

3.3.4　项目盒数据整理

根据土地管理业务内容将所需数据按照自然资源部有关标准进行建库补齐，理清历史矛盾图斑，逐步清除矛盾数据。通过土地数据治理达到项目信息"一张表"、项目阶段"一棵树"、项目图形"一张图"、审批成果"一本证"，然后引入"项目盒"概念，以土地审批为主的环节用资源号进行关联，将确定项目之后的环节用项目号关联，通过资源号和项目号串联起土地资源的"前世今生"，达到项目全程贯通和一码关联（图2）。

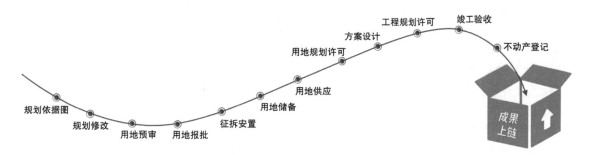

图2　土地全生命周期项目盒

资源号与项目号的赋码规则为资源号在预审、报批两个阶段生成，项目号基于权籍宗地编号标准由系统自动生成。预审阶段直接为每个地块赋予项目号，报批阶段在确定与预审阶段没有重叠后再赋予资源号。资源号生成规则为：4位年份＋2位标识码（01系统，02人工）＋5位顺序码＋ZY，如2020＋02＋00001＋ZY＝20200200001ZY。

当赋号阶段结束时，通过判断土地供应与用地红线的重叠面积来判断资源号与项目号的对应关系，若重叠面积超过任一阶段对应地块的8%，则该处的资源号与项目号为对应关系，否则没有对应关系。

4　土地全生命周期治理应用

土地数据如何使用是一个不断发展和变化的过程，因此需要打造一个有生命力、能自主扩展的土地全生命周期数据管理平台，以适应数据的发展和变化，在不同的数据管理和应用阶段提供动态的数据管控能力，满足对不同业务的管理和需求。本文结合当前自然资源和规划局土地全生命周期管理流程，探索土地全生命周期管理的数据治理过程。

4.1 土地全生命周期数据管理现状

当前很多地区批而未供土地、闲置土地和违法用地数量一直居高不下，长期以来，受计划指标紧、规划限制多、报卷质量低等因素影响，土地报批审批周期长，基层用地难以得到充分保障。传统土地监管手段难以适应当前土地管理的新形势新要求，必须充分利用现代信息技术手段，推动监管能力从单一环节向综合全程、从运动攻坚向常态长效转变。

4.2 土地全生命周期治理应用建设可行性分析

通过土地全生命周期业务梳理和数据治理，形成一套土地全生命周期业务管理系统，从而打通业务办理流程。

4.2.1 土地全生命周期数据治理流程

一是通过业务梳理明确各环节资料的生成及复用流程，规范审批要素，为后续审批提速提供规范框架。

二是管好全域每个地块。通过土地全生命周期"一张图"，了解全域每个地块当前信息，并随时掌握全市可批、可供、应建及违法地块信息，推进标准地供应；土地状态一图全览，掌握全市可批、可供、应建、违法地块。

三是管好每个项目。基于土地全生命周期"一张图"基础，通过技术审查等数据形成项目全生命周期"一张图"，掌握项目开竣工状态，并可有效辅助项目选址，提高土地利用效率；项目状态一图全览，结合土地全周期"一张图"，辅助项目选址决策。

4.2.2 土地指标自动监测

根据业务数据，可以实现主动监管、主动预警，提高土地资源治理能力。同时，建立土地指标自动监测机制，进入预警库后进行系统、手机双预警，实现早发现、早干预、早处理。

4.2.3 土地全生命周期项目盒

基于数据整合成果，土地专题图模块可实现全域土地最新状态的一图掌握，迅速了解全域可供、应建土地情况，并可深入掌握地块细节信息。除了土地，也可将项目全周期信息进行统筹，形成项目盒。

4.2.4 一码管地

为实现项目全流程的信息串联，同时和土地体系深度融合，将项目预审、审批、用地规划、工程规划和竣工验收全流程关键信息进行一屏展示，同时，以唯一项目码实现全流程业务有效串联，实现项目精细化管理，一码追溯项目的"前世今生"。

项目码基于权籍宗地编号标准，由系统自动生成，确保唯一有效，可印制在相应证书及审批审查成果上，提升管理效能。

项目码的作用：一是对内赋能，提高项目管控能力；二是报建进度随时随地"一码看"，提高公众服务能力。

一是对内赋能。通过扫描案卷及证照上的二维码，可在系统内快速调阅出项目盒信息，快速核对审查；关联项目全周期、全要素信息，并对不同阶段信息进行一致性校验及事前预警，提高项目管控能力；以地块为最小管理单元，通过唯一编码，强化对土地的全程一体化监管；实现对土地"批、储、供、登"全程各业务环节数据的贯通，落实对土地的精准化管理；结合专项工作和专题应用促进跨层级工作联动，如月清"三地"、别墅清查等。

同一界面可查看项目业务案卷、图形、证书、档案、会议、公文等所有信息，精准管理全市项目进度，便于审查人员提升工作效率。

二是提升对外服务能力。通过手机 APP 或微信公众号，建设单位可快速获取项目的基本信息和当前最新审批进度，避免建设单位线下往复询问，真正做到让群众少跑路。

5 总结与展望

通过数据治理，可将全市的土地管理由"流水式审批"向"要素式审批"转变，由"孤岛式工作"向"协同式工作"转变，由"被动式监管"向"主动式预警"转变，通过"土地码"实现全市地块信息"一码通"，落实土地全生命周期要素保障，提高市局土地要素管理能力。

5.1 经济效益

本研究通过信息化技术手段提升数据治理效率、强化项目过程监管，进而节约项目建设成本。

研究成果可高效应用于自然资源智能监管、智慧城市建设，服务于国土空间治理、自然资源节约集约利用和政务服务水平提升，优化营商环境，推进社会经济蓬勃发展。

5.2 社会效益

一是建设成果可有效服务于自然资源智能监管，将管理的颗粒度精细到具体地块、具体建设项目，减少管理死角，降低误差，强化自然资源节约集约利用，助力城市高质量发展。

二是数据治理成果应用于政务服务，可助力政务服务水平提升。

三是数据开放共享成果应用于科学研究、民众生活等，可有效推进信息化行业、科研事业、服务业等蓬勃发展，改善民众生活，提升人民生活水平。

5.3 管理效益

一是数据治理成果应用于自然资源审批监管，可有效提升市局行政审批效率，加大自然资源监管力度，强化自然资源科学监管。

二是数据治理成果应用于"互联网＋政务服务"，可同步推进住建、城管、交通、水利、生态环境保护等行业的精细化管理，产生相应的管理效益。

5.4 展望

面对政策有要求、业务有需要、现实有需求的情况，进行土地全生命周期业务的打通与数据治理具有巨大的发展潜力和价值，也为矿产、海洋、森林、草原、湿地等全民所有自然资源资产的全生命周期管理提供了新的信息化方向。

［参考文献］

[1] 付雄武，王长珍，沈平. 以土地全生命周期管理破解"规土融合"难题——基于武汉市的实践 [J]. 中国土地，2017 (11)：41-42.

[2] 张思露. 城市更新中土地全生命周期管理的思考和建议——以闵行区土地出让管理工作为例 [J]. 上海房地，2018 (8)：26-27.

[3] 张桂芬，沈伟. 基于 GIS 的城市土地全生命周期管理方案研究 [J]. 城市勘测，2019 (4)：18-22.

[4] 李古月，盛欢. 国土空间规划背景下宁波市土地全生命周期管理的实践与探索 [J]. 浙江国土资

源，2020（S1）：101-105.

[5] 周海兵. 聚焦解决重点难点问题切实加强土地全生命周期管理 [J]. 新湘评论，2020（21）：2.

［作者简介］

杨仙保，长沙市规划信息服务中心区域经理。

张庭苇，长沙市规划信息服务中心实施工程师。

数字化升级赋能的规划师工作台设计与实现

□李月欢，屈新明，丘建栋，庄立坚

摘要： 城市数字化转型是人民城市建设的重要推动力，是面向未来塑造城市核心竞争力的关键之举，是超大城市治理体系和治理能力现代化的必然要求。为加强交通大数据对规划设计的量化分析支撑，推动规划升级，应加快构建面向规划应用的一站式交通规划大数据平台，汇集交通设施、交通运行、城市规划等多维度数据内容，涵盖交通模型、网络监测、交通运营、年度报告等多渠道数据来源，从数据治理、可视化查询、模型应用、专题制图四个方面，实现浏览查询、指标监测、模型构建、模型测试、方案比测、图数调用、专题图修改、专题图分享等多项功能，赋能城市交通建设与治理。本文从城市交通信息化现状和急需解决的问题入手，阐述建设城市交通信息化大数据平台的必要性，提出交通规划大数据平台的总体设计架构。

关键词： 交通模型；精细化规划；大数据；云平台；信息系统；应用体系架构

1　现状分析

1.1　数据治理困难

为加强交通大数据对规划设计的量化分析支撑，推动规划升级，需加快推动面向规划应用的数据智能计算管理平台构建。交通规划所需数据量大、种类多，而不同类型的规划数据分散在各个业务部门，难以系统收集，阻碍了交通大数据支撑规划应用。原始数据获取之后需要经过大量的清洗、计算和校核才能运用于规划场景分析，对规划人员的技术能力要求较高，且难以保证数据指标的精准性。核心规划指标的计算结果参差不齐，将严重影响大数据在规划应用方面的公信力。现阶段亟须面向规划应用场景构建数据智能计算管理平台，提供统一全面的规划指标分析服务。

1.2　模型应用复杂

为推广规划技术人员对交通模型的大规模应用，需通过技术封装，实现模型使用的流程化、便捷化。现阶段常用的模型软件以单机运算为主，模型测试周期过长，不利于交通模型对复杂规划场景的应用。各地建模方法和校核参数的差异性也导致模型通用性较差。基于分布式计算框架构建交通模型体系，能够有效提升模型运算效率，实现规划方案模型测试的响应式服务。

1.3 成果经验流失

为传承优秀交通规划分析与成果表达经验，需面向交通规划业务场景，搭建规范化的专题分析工具。特定的规划场景需要依赖海量的数据与复杂的算法支撑，而传统分析方法需进行大量的人工调查，不仅成本高、耗时长，而且难以保证准确性。现阶段规划分析与成果表达主要依赖规划师个人经验，缺乏支撑各类规划项目的通用分析模板，使优秀的规划经验难以传承。因此，需要以规划设计意图为源头，以数据模型分析为工作支撑，奠定体系化、集成式规划分析基础，并形成各类规划过程分析表达专用模板，快速响应规划业务需求。

2 建设需求及目标

近年来建设的交通大数据平台重点解决了数据监测分析层面的业务问题，但大数据决策平台未能贴合客户实际工作，也未下沉到业务流程中。总体来说，目前市场尚缺乏以平台化的思路解决综合交通规划与政策评估、城市综合交通治理等关键问题，未能实现真正的决策支持。

为满足规划数据查询、规划协同模板分析、云上模型测试应用诉求，应通过集成全面的数据指标与场景应用，面向交通规划打造一款规划设计专用分析云平台，可为规划人员提供专业、准确、高效的规划数据分析、规划过程表达、规划方案测试服务，向上支撑区域规划、城市及分区规划、片区规划、专项规划编制等应用，打造交通规划大数据平台，具有重要现实意义。

3 设计概述

3.1 功能架构

交通规划大数据平台包括数据底座、指标上图、规划定制、超级模型四大功能板块（图1）。

图 1 系统功能概述

数据底座板块为数据管理平台，集合了数据汇聚、数据治理、数据服务、数据共享等多项功能，同时引入先进的 K8S 集群，构建算法平台，自由上架模型算法，提供更好的计算和决策支撑能力。

指标上图板块为标准化交通数据资源的智能化查询和分析工具，可通过自定义区域或设置查询条件对各类交通大数据进行分析展示。同时，结合特殊应用场景，搭建专题分析模块，实现复杂指标的快速计算和可视化展示。

规划定制板块为在线制图和查询分析工具，提供多种数据资源和多个专题图模板供用户使用，支持用户在线调用数据创建专题图，或直接调用模板定制专题图和相关数据表。

超级模型板块为模型云平台，通过云上交通模型平台实现交通模型快速构建与模型云上测试，实现规划方案的响应式测试服务。

系统功能架构如图 2 所示。

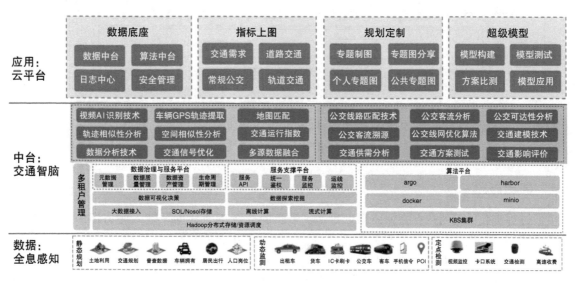

图 2 系统功能架构

3.2 技术架构

系统技术架构自下向上可划分为采集层、数据层、支撑层、应用层、展示层共五层（图 3）。其中，采集层依赖数据平台工具 dataworks、消息队列 kafka 汇聚动静态多源交通大数据；数据层通过 hive 存储离线和实时的原始数据，通过 minIO 对象存储工具对文件进行存储管理，空间数据和部分指标数据存储在 postgresql，使用 postgis 扩展模块实现空间数据统计分析功能，海量指标数据采用分析型数据库 clickhouse 进行存储；支撑层提供数据中台和算法中台两大模块，依托 K8S 集群实现分布式资源调度，提供算法和数据接口开发支持；应用层包含指标上图、规划定制、超级模型等 Springboot 微服务、Geoserver 地图服务、地理底图服务，各微服务承上启下，调用平台层各接口和算法，并为前端展示层提供接口服务；展示层使用主流的 Vue 框架、mapboxgl 地图引擎、ECharts 图表和 elementUI 框架。

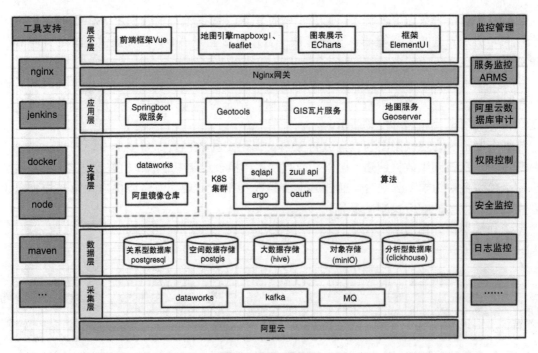

图 3　系统技术架构

4　系统设计

4.1　数据底座

　　通过标准化的规划数据指标体系，自带"数据服务＋本地数据"接入能力作为规划治理的核心数据底座（图 4）。整个平台构建在 TransPaaS 数据中台和算法中台之上，数据中台具备强大的数据汇聚治理能力，支持规划数据指标的便捷接入和统一管理。算法中台提供内置的数据清洗、计算和校核服务，可将原始数据快速转换为规划指标。数据底座功能包括数据汇聚、数据治理、数据服务、数据共享、算法模型五个方面。

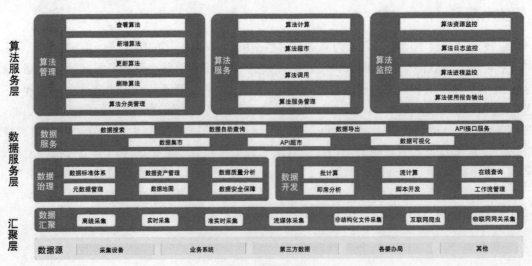

图 4　数据底座

4.1.1　数据汇聚

通过数据底座的建设，可解决目前道路运行、公交服务、重点车辆、人员出行、交通事件、交通安全等交通行业数据资源分布复杂的问题，使不同部门不同业务系统的数据汇聚起来，突破数据孤岛和难以实现数据融合的困境。

4.1.2　数据治理

交通规划大数据平台的建设，将形成完善的数据标准体系，以达到易于复用的目的。同时由于数据集中，可以对数据资产进行统一管理，有效解决数据质量、数据命名和定义冲突、数据安全等问题。

4.1.3　数据服务

数据底座的建设可以促使数据产生应用的价值——建立统一的交通数据开放服务平台，提供统一规范化管理的数据服务工具，打通系统之间的信息流，实现不同业务系统的数据流通和一体化管理，提升作业效率及数据互动的用户体验。

4.1.4　数据共享

建立用户智能认证鉴权技术与数据敏感分级技术，打通不同业务、系统之间的账号体系，实现数据资源安全可控的开放共享。

4.1.5　算法模型

将交通算法与模型沉淀到算法中台，构成交通大脑中枢，通过容器化封装技术，建设通用算法池与业务算法池，为众多业务系统提供一致而又相互隔离的算法服务，快速为业务系统赋能。

4.2　指标上图

指标上图板块基于交通大数据的分析，按照点、线、面统一空间要素整合规划数据指标，对城市不同交通方式的出行需求特征、现状交通供给进行深入分析，并面向道路流量溯源、公共交通 PTAL 可达性客流溯源分析、轨道换乘客流及溯源分析量化支撑规划场景应用。通过数据分析辅助开展交通规划工作，提高规划工作的针对性和科学性。指标上图从指标总览、交通需求、道路交通、常规公交、轨道交通五个方面提供超过 60 个功能页面，具有指标全面、查询便捷、灵活定制、简洁美观等优点。

页面设计由查询条件栏、地图呈现、图表弹窗、图例设置面板四个元件组成。查询条件栏根据数据维度设置统一查询规律，可精确查找到最小颗粒度的数据，如 5 分钟的道路运行情况。地图呈现根据规划常用地图形式呈现对应规划指标，具有典型、规范、标准的特点，并在交通需求板块设置常用的出行蛛网图、出行 OD 图、人员活动热力图等。数据展现形式符合规划分析要求，注重结论呈现和表达样式的优化，并且提供自定义边界尺度的统计分析。同时，地图采用 geoserver 地图服务、地理底图服务，支持选中某一个或多个要素，并查看要素属性和分析指标。图例设置基于 WebGIS 的个性化制图功能，支持修改图层颜色、线宽、透明度等。

结合规划应用场景，对规划指标进行深层次的挖掘与关联分析，提供复杂的专题分析应用，如道路流量溯源、通道流量溯源、道路出行距离分析等，支撑项目层级的精细化规划分析。针对人员出行、道路交通、常规公交和轨道交通等子系统延伸专题分析场景，在既有的交通流量溯源功能基础上新增公交客流溯源、公共交通 PTAL 分析、公交线路 OD、公交轨道换乘客流分析等 10 项功能，实现传统交通规划方法难以完成的专题场景分析，拓展规划应用的广度和精度。

4.3　规划定制

规划定制板块支持使用者将点、线、面等不同空间维度的图层和数据叠加至地图界面，实现空间数据的自由组合，快速完成从数据指标到自定义规划专题图的转变。针对常见的业务场景，平台预制了超过 30 个的公共专题图供用户直接调用，如现状用地分布图、现状轨道站点全日上下客流量图、常住人口密度分布图、从业人员密度分布图、高速公路流量分布图、长三角铁路站点客运发送量图等。

专题图存储在公共专题图区域，并按照展示内容分文件夹存放，使用者可在工作平台页面直接调用。与此同时，平台支持用户自己修改或制作专题图，如关闭图层、添加图层、调整图层顺序；更改图层颜色、线路宽度、图层透明度等偏好设置；添加标注、更改标注字段和标注形式等；添加、关闭图例等；根据属性筛选数据。用户自己修改或制作的专题图可保存在个人空间，也可以分享给其他用户。

平台提供了多种空间图表和平面图表，支持对数据资源的多样化呈现。空间图表包括饼状统计图、柱状统计图、等级符号图、热力图、期望线图、蛛网图，用于各种数据的空间展示，如用等级符号图制作轨道站点的换乘客量分布图等。平面图表包括折线图、柱状图、饼状图、雷达图、矩形图、关系图等。平面图悬浮于空间图层，主要对空间图层进行补充说明或汇总信息，如轨道线路分布图中增加历年轨道交通年客运量的柱状图。同时，平面图表还可用于制作核心监测指标的显示面板，用于核心指标的监测和查询。

在开发过程中，针对 GIS-T 不同于一般 GIS 功能，按照交通流双向性的特点，系统针对双向标签、双向颜色专题、双向大小符号专题等进行了特殊开发，以满足 GIS 系统对交通数据的展示要求。

4.4　超级模型

现有模型软件平台的封闭性限制了交通模型的价值发挥及推广应用，规划平台的建设从方便用户使用、利于行业普及的角度出发，一方面向轻量化方向发展，突破当前以 C/S 架构为主的软件体系，研发 B/S 架构软件平台，实现基于云平台的交通模型，让用户可以随时随地使用交通模型，而不需要考虑软件的安装、授权、设备运算能力等；另一方面，根据分类型的业务需求，研发场景化的建模工具，引导用户快速、高效地完成指定业务需求的交通模型构建。通过向轻量化、场景化的转变打破技术壁垒，使更多的规划从业人员能更加便捷、高效地构建及使用交通模型，从而促进交通模型及交通规划行业的发展。

超级模型作为平台的核心功能之一，为各类规划方案与需求预测提供高效便捷的模型构建与测试服务。通过全套代码自主研发，降低模型构建应用的门槛，提升交通模型在行业内的通用性。Web 端实现模型运行和测试分钟级响应，随时随地调用模型平台服务，让模型快速融入规划应用。通过对道路和公交分配核心算法的优化，极大地提高计算效率与收敛精度。

通过对每个阶段的模型运行结果实现可视化查询和自定义样式配置，并内置蛛网图与期望线等功能的自动计算服务，让用户可以随时随地实现模型构建与测试应用，无须再安装其他软件。

5　应用案例

目前平台产业化直接服务交付项目 11 个，包括武汉市交通基础决策支持平台项目交通仿真与决策支持系统项目、福田中心区项目、日照市手机信令数据分析系统项目、济宁市城区道路系统专项规划及交通模型体系升级项目、"智慧光明"信息化建设项目之智慧交通一期（光明区交通运行监测管理服务系统项目）、南昌市交通大数据信息平台软件开发服务项目、深圳市政府管理服务指挥中心信息化项目（一期）、佛山三龙湾智慧道路 EPC 建设项目、上海市交通大数据平台建设项目、湛江市交通大数据决策支持系统（二期）建设项目、宁波城市交通治堵大数据分析系统。同时，平台支撑各类规划项目超过 100 个，包括龙华轨道客流预测、综治三年行动方案、深汕二高速公路项目、龙华片区规划等重大规划项目。自平台面向深圳市城市交通规划设计研究中心发布以来，月访问量超过 5000 次，访问总量超过 8 万次，服务众多规划人员，支撑多个规划项目。

5.1 武汉市交通基础决策支持平台项目交通仿真与决策支持系统项目

基于超级模型技术，该项目建设武汉市一体化交通仿真模型查询展示系统，搭建仿真模型可视化软件平台，提供对各个交通模型仿真结果数据的查询和展示功能，包括对武汉市重大规划建设方案的对比评估等案例进行可视化表达。项目设置模型研发者、模型应用者、模型查询者分级功能以及界面控制和权限管理。项目按照输入输出将模型运行分为网络分区、出行链生成、效用计算、目的地选择、方式选择、时间划分、道路分配、公交分配八个步骤，并设计用户友好操作界面，实现模型网页端运行。项目成果包括模型输出便捷化查询统计、结果出图及数据输出。

5.2 福田中心区项目

该项目针对智慧交通基础设施，建设升级智慧交通管理平台，提升智慧交通管理平台在系统架构、功能、应用方面的能力，以满足福田中心区交通大数据接入和分析处理、区内交通运行实时监测评估、交通基础设施智慧化管理和出行服务系统管理等需求。通过建设福田中心区交通运行监测与服务平台，为福田中心区交通运行提供管理和科学决策支持。项目支撑福田中心区分析研判板块、公交站台管理、车路协同系统研发，开发指标看板、职住分析、热力图、出行需求、热点出行、交通溯源、公共交通等 16 项功能页面，实现对福田区交通需求、公共交通、道路溯源的全面交通现状分析研判。

5.3 上海市交通大数据平台建设项目

该项目支撑上海规划院智能规划平台项目全平台搭建，从数据服务、专题分析、指标查询、全能制图、个人空间等方面全面支撑规划流程，对焦规划业务的每一步。

5.4 宁波城市交通治堵大数据分析系统

项目开发城市道路交通运行实时监测技术，搭建宁波市城市交通治堵大数据分析平台，建立交通运行动态监测与交通影响评价相结合的交通分析评估体系，实时跟踪监测主城区城市道路交通拥堵的时空分布特征、发展变化规律，分析交通拥堵成因，促使城市交通管理部门及时、准确、全面地掌握交通运行状况，不仅可以为改善城市交通运行状况、缓解城市交通拥堵提供重要技术支撑，还能够帮助管理部门科学分析评估建设项目的交通影响与实施效果，为有效制定交通发展战略政策和近期改善对策措施等提供强有力的技术支撑，全面提高城市交通运行管理的信息化、科学化、智慧化水平。系统包括城市交通运行诊断、拥堵成因综合分析、治堵措施实施效果评估三大子系统。其中，城市交通运行诊断分专题实现拥堵相关指标的查询统计；

拥堵成因综合分析以算法平台为依托，基于多源交通大数据融合，实现拥堵成因分析；治堵措施实施效果评估对方案实施前后相关指标进行直观对比。

5.5 湛江市交通大数据决策支持系统（二期）建设项目

该项目围绕交通运行管控决策支持，构建集交通综合感知、交通智慧管控、公交优化提升于一体的交通运行管理赋能体系。赋能日常交通管理工作，为优化交通运行管理、提升交通服务品质等提供决策支持，构建全面支撑交通规划、建设和运行管理决策的技术支撑平台，提高城市治理现代化水平。

6 结语

面向交通规划的决策支持平台目标是汇聚所有规划数据资产和规划智慧，逐渐形成最为核心的云上资产库。通过汇聚海量的规划数据资源，覆盖全面的规划业务流程，打造标准化、智能化和协同化的一站式交通规划大数据平台，实现规划资产的沉淀、积累和共享，推动传统规划行业向大数据时代迈进。

［参考文献］

[1] 姚宏宇. 基于云计算架构的交通智能化信息平台 [J]. 信息技术与标准化，2014（10）：20-23.

[2] 陈必壮，张天然. 中国城市交通调查与模型现状及发展趋势 [J]. 城市交通，2015，13（5）：73-79，95.

[3] 王波，李时辉，朱萍. 公路智能交通云平台设计与实现 [J]. 山东农业大学学报（自然科学版），2020，51（3）：503-506.

[4] 邓进. 大数据时代交通模型发展趋势及体系变革的思考 [J]. 建设科技，2020（15）：56-59，63.

［作者简介］

李月欢，工程师，深圳市城市交通规划设计研究中心股份有限公司产品经理。

屈新明，工程师，深圳市城市交通规划设计研究中心股份有限公司院长助理。

丘建栋，教授级高级工程师，深圳市城市交通规划设计研究中心股份有限公司院长。

庄立坚，工程师，深圳市城市交通规划设计研究中心股份有限公司副院长。

基于多源地图平台融合的数据空间化技术框架研究

□林堉楠

摘要：随着现代化城市快速发展和信息化建设的不断深入，城市规划、建设、管理逐渐合拢紧密化，自然资源信息化建设跟随国家脚步迈入全方位多层次推进的新阶段，数字城市、智慧城市、数字政府等建设都迫切需要借助数据空间化迈向空间一体化，进而实现对城市信息更加综合、立体和深度的利用。数据的空间化对于地理研究、城市规划和管理、信息平台建设应用等都起到十分基础和重要的作用，但现有方法在数据空间化精度、数据处理量、处理效率、动态更新等方面缺乏一个全面考量、可落地的整体解决方案。对此，本文提出一种基于多源地图平台融合的数据空间化技术框架，从数据空间化的精度、效率、体量、时效、应用等角度进行整体考虑，并在算法上采用三种不同的方法进行训练、评估和应用，最终对技术框架进行数据空间化引擎应用构建和验证。

关键词：多源地图平台；数据空间化；技术框架；地理编码；应用构建

1 引言

随着现代化城市快速发展和信息化建设不断深入，城市规划、建设、管理的联系逐渐紧密化，新时代科技革命数字化、网络化、智慧化特征日益突出。党的十九大提出要加快建设网络强国、数字中国、智慧社会；"十四五"规划指出，要迎接数字时代，激活数据要素潜能，推进网络强国建设，加快建设数字经济、数字社会、数字政府，以数字化转型整体驱动生产方式、生活方式和治理方式变革。构建数字化的经济、社会、政府，离不开城市信息的获取、传输、挖掘、应用和可视化，离不开空间属性的联系，实现城市海量多源数据空间化、构建全空间信息模型也是对智慧城市时空大数据建设和应用的基础支撑和重要任务。

调查显示，80%的城市信息与地理空间位置有关，而政府自然资源、教育、交通、水利、医疗、农业农村等各部门积累的政务和行业数据，仍存在大量数据的空间信息以文本形式贮存的情况，无法对应到相应的空间地理单元。缺乏空间坐标的数据，自然无法导入到 ArcGIS、Geoda 等专业空间分析软件使用，阻碍了相关空间统计与研究分析。文本类地理数据的空间落点是城乡规划、地理学等行业和学科研究的基础，也是平台信息化可视化的需要。

在相关学术研究方面，由于中文地址的多样性、复杂性、多义性，国外的编码技术或技术模块无法直接应用到中文的环境，无法解决中文地址数据空间化的问题。李军等重点研究了北京的地址现状，从地理编码数据库角度总结了一种复杂层次模型，并针对该地址模型提出最小地址要素概念和随机唯一编码。朱峰等利用百度地图 API 进行地理解析，构建网点成图平台，但仅利用单一地图平台服务解析得到的空间坐标质量偏低。田沁等对国内主流在线地理编码服务质量进行了评价，从地址匹配率、精度和一致性三个方面进行评价，并认为服务质量差异的主要原因是参考库的不同，总体来看腾讯地图的服务整体表现较为优异。廖薇薇等基于多源平台及分类优化模型对地理编码结果进行优化，该模型能够使样本误差均值减小，但该数据样本是4000多条广州市盗窃案件，类型较为单一且数据量小，与一般解析的地址类型多样性有差距。同时，该模型需要事先总结编码结果的误差规律，进而调整模型。张弘弢等亦基于多源地图平台进行服务聚合，使用了地理编码与地名检索结合的方法，将匹配精确率提高了14%～61%，但未考虑地址库和评分标准等变化导致的算法失效及实际应用运作的额度限制等。

综上，相关技术方法通常存在以下问题：一是现有建设平台和软件等，仍存在使用单一地理编码服务的情况，解析质量相对较差。二是数据处理大多没有采用并发的方式，解析效率低。三是使用地图平台接口服务需要基于密钥进行，每个密钥对应了一定的接口调用额度，而已有的方法在数据量大的情况下无法使用。四是地图平台的地址参考库、地址解析返回结果的评分等都是动态更新变化的，忽略其动态性将导致算法面临过时失效的风险。五是缺少能够将算法直接投入实际使用的软件应用，缺乏模型算法研究与实际应用研发衔接的考虑。

因此，本文提出一种基于多源地图平台融合的数据空间化技术框架，从数据空间化的精度、效率、体量、时效、应用等角度对以上问题进行整体性考虑，并在算法上采用三种不同的方法进行训练、评估和应用，最终对技术框架进行数据空间化引擎应用构建和验证。

2 多源地图平台融合的数据空间化技术框架设计

2.1 框架目标与内容

框架目标是实现文本类地理信息数据的空间化，为其赋予空间坐标，同时保证解析可靠性，应从以下五个方面进行考量设计：一是解析精度，解析坐标的精度应明显提升，以保证后续数据分析利用的准确度。二是解析效率，提高数据解析获取高质量坐标的速度，保证能够应对大体量数据解析。三是解析体量，突破地图平台服务接口对用户的限制，满足大体量数据解析的实际需求。四是解析时效，随时间推移能够保证解析方法和结果的可靠性。五是解析应用，设计并构建数据空间化引擎应用，将其作为实践价值和框架验证的技术参考。

2.2 框架设计

整体技术框架首先对输入地理文本进行预处理，得到较高质量的地理文本，然后通过调用地图平台服务进行解析以获取坐标，对三种坐标进行统一空间参考转为WGS84，接着对坐标结果进行越界检查（如对行政区划边界或其他特定范围的提取），最后对剩下的坐标结果进行置信度评分的统一，并输入选择算法计算出多个坐标中的最优结果。

2.2.1 预处理

进行预处理的目的是获得高质量的地理文本，方法是通过构建非法字符集剔除非法字符，即一般地名地址中不会携带的文字或符号，如"＃＠！￥％＄"等，减少非法字符导致服务请求失败或质量不佳的情况发生。

2.2.2 调用地图服务解析

研究采用国内主流且成熟的百度地图、高德地图、腾讯地图，调用其处理量和并发能力较大的地理编码接口，调用时结合数据本身或基于地址提取的所在城市名称对目标城市参数进行限定，接口能够进行一定的容错处理，最终映射为坐标。

此处集成密钥管理模块，进行密钥及接口调用额度的管理，将多用户的密钥和额度进行共享、提高利用率、降低空置率、增加稳定性和放大整体解析能力。调用接口时，从密钥管理模块中获取可用密钥，使用后放回密钥池。

2.2.3 统一空间参考

由于不同地图平台采用不同的坐标系，需要先统一坐标后才能进行空间运算。百度地图使用百度坐标系，腾讯地图和高德地图使用火星坐标系，常用的无偏移坐标系为 WGS84 坐标系（CGCS 2000 与 WGS84 相近）。研发集成坐标转换模块，封装坐标转换公式，将坐标统一为 WGS84 坐标。通过设计两度坐标转换法（图 1）及随机数据模拟，对转换精度进行评估，发现对百度坐标系、火星坐标系转换为 WGS84 坐标系的平均误差约为 1 m，90% 分位的误差在 2～3 m，满足实际使用需要。

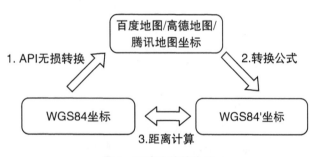

图 1 两度坐标转换法

2.2.4 越界检查（可选）

纳入越界检查，在有明确目标空间范围的基础上辅助进一步筛选候选结果。一般可用矩形框定的坐标范围，也可针对特定研究使用行政区划边界等比较复杂的空间边界。如果此时只剩下 1 个符合的坐标结果（S=1），则意味着该结果在三种结果中最精确，直接返回该结果；如果剩下 2 个或 3 个坐标结果（S=2，3），则需要继续后续的步骤。

2.2.5 置信度评分标准化

在从地理编码接口返回坐标结果的同时，也一并返回与坐标结果精度相关的参数，对参数进行筛选和标准化处理，形成置信度评分，供后续选择算法使用。基于统计和人工研判，对腾讯地图和高德地图选择 level 参数，即解析结果精度级别，如 POI 点、道路交叉口、村、区（县）等分别为 11 个和 16 个匹配结果。通过构建字典映射，将其重新组织为 1～10 分，对百度地图使用官方推荐的 comprehension 参数，其得分范围为 1～100 分，将其线性调整为 1～10 分，便于进行对比和后续的算法使用（表 1）。

2.2.6 动态应用选择算法

获取多个坐标后，需要从中选取精度最高的一个作为最终返回结果，并应用到选择算法。研究设计多种可能算法并进行动态训练和综合择优，将已获得的坐标及置信度评分作为输入项，经过选择算法计算得到最终的坐标结果。动态指在此步骤构建多模型算法模块和模型算法池时，随时间推移进行周期性训练，以保证选用算法和参数的时效性。

总体而言，整体思路和技术框架（图 2）为由密钥管理模块保障能够解析的数据体量，由坐标转换模块对空间参考进行统一，由多模型算法模块进行算法评估择优，由选择算法辅助提升解析精度。整个解析流程结合各个技术模块，完成地理类数据的空间化。

表 1　置信度评分

置信度评分	腾讯地图	高德地图	百度 comprehension 对应分值
1	城市	国家、省、市	
2	区（县）	区（县）	
3	开发区	开发区	
4	乡镇街道	乡镇	
5	村、社区	村庄	
6	道路	道路	由原始 1～100 分，线性调整为 1～10 分
7	热点区域、商圈	热点商圈	
8	小区、大厦、门址	门牌号	
9	POI 点	兴趣点	
10	交叉口、收费站、出入口等	单元号、道路交叉路口、公交站台、地铁站	

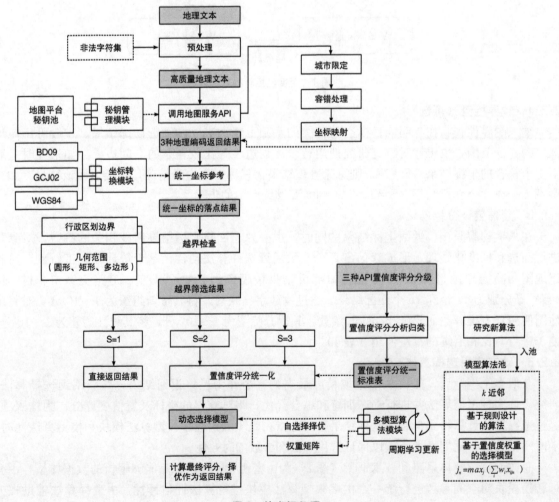

图 2　技术框架图

3　选择算法设计与评估

本小节对选择算法进行设计和效果评估，选取广州市 72353 个广东省电子矢量数据标准数据点作为算法训练和精度评估的数据集，每个点都包含地址及真实经纬度坐标。

3.1　基于"距离比对＋置信度评分比对"的算法

3.1.1　方法原理

基于"距离比对＋置信度评分比对"的算法，综合三个地理编码接口返回的空间落点及置信度差异，选择落点相对准确、置信度评分相对较高的结果作为最终的有效落点。

距离比对是指分别计算百度、高德和腾讯地图三个落点两两间的距离。选取距离较近的点对作为候选落点，有利于将明显偏离的落点剔除掉，从而提升解析结果的准确性。置信度评分比对，是另一个可反映空间落点准确性的指标之一，置信度评分越大，说明坐标精确程度越高。

3.1.2　处理步骤

对每条数据调用地理编码接口，得到百度、高德、腾讯地图平台返回的空间落点结果，经统一坐标系和标准化置信度评分后进行距离比对，计算坐标点两两间的距离，选取相对较近的点对作为候选结果，对选中的两个候选空间落点进行置信度评分比对，选取得分较高的坐标作为最终有效的空间落点。

3.2　基于 k 近邻机器学习算法

3.2.1　方法原理

k 近邻机器学习算法是数据挖掘分类的技术方法之一，其原理是每个样本都可以用它最接近的 k 个邻居来代表。k 近邻机器学习算法利用已知结果的样本进行训练，是基于实例的学习。研究使用三种置信度评分作为特征，基于不同记录间特征的欧式距离，将与当前记录最接近的 k 个已知样本作为代表，选择其中出现频率最高的类别作为最终选择的结果，即最终当前记录应采用的坐标（百度/高德/腾讯）。

由于不同置信度评分之间分数代表的精度可能仍有所区别，因此在训练时为每个评分加了权重 w，然后针对不同的样本集大小、k 值大小、权重 w 的多种组合进行多次训练。

特征值采用最小—最大标准化处理，对原始数据进行线性变换，将最后的取值落到 $[0，1]$，标准化公式为：

$$z_p = \frac{X_{p,i} - X_{p,\min}}{X_{p,\max}} \tag{1}$$

其中，p 为不同的地图平台类型（对应不同特征值字段），i 表示其中任一条记录，min、max 表示该特征值字段在样本空间中的最小值、最大值。根据所选择的特征值 $\gamma = (x_b, x_a, x_q)$，所确定的特征值空间为三维空间，距离公式为：

$$\text{Euclidean distance}(d) = \sqrt[3]{[w_b(x_{bi} - x_{bj})^2 + w_b(x_{ai} - x_{aj})^2 + w_q(x_{qi} - x_{qj})^2]} \tag{2}$$

其中，x 指特征值，w 指权重，b、a、q 分别代表百度、高德、腾讯，i 和 j 表示不同的样本点。

3.2.2　处理步骤

研究先将数据集切分为训练集和测试集，用不同的测试集比例、k 值大小、w 权重组合多次训练，选取效果最好的参数组合。应用算法时，对于每一个输入数据，计算其与各个已知数据之间的距离，按照距离进行升序，选取距离最小的 k 个点，统计前 k 个点所在类别的出现频率，返回出现频率最高的作为最终结果。

3.3 基于"置信度＋权重"的算法

3.3.1 方法原理

基于"置信度＋权重"的算法采用监督学习的思路，基于统计概率和引入权重参数，构建一个由输入到输出的映射，并采用合适的损失函数进行参数估计，最终用于选择更加准确的空间落点。选取准确率最高的落点作为最终有效的空间落点，相当于选取三个落点中距真实落点最近的一个。因此，可将三个落点与真实落点间的最小距离"$\text{min}D$"作为输出空间。

3.3.2 处理步骤

模型先统计了不同地图平台下不同置信度评分的落点在 30 m、100 m、500 m 内的概率及最小距离点的概率，探索分别代表不同置信度评分下高精度、中等精度、精度较低、最小距离点的概率情况。这是考虑到可能估算最小距离点仅靠置信度评分进行选择不够准确，尤其是评分相近的情况，对此增加不同精度范围内的概率进行控制，并搭配权重以平衡不同地图平台间评分的差异。以特定置信度评分对应的"误差＜30 m 概率""误差＜100 m 概率""误差＜500 m 概率""最小距离点概率"作为自变量 x，将权重值 w 作为需要估计的参数，构建损失函数：

$$j_n = argmax_j(\sum_i w_i x_{ijn}), j_n \in \{\text{baidu}, \text{amap}, \text{qq}\} \tag{3}$$

$$L = \frac{1}{n}\sum_n |D_{j_n} - \text{min}D_n| \tag{4}$$

$$s.t. \sum_i w_i = 1 \tag{5}$$

其中，x_{ijn} 作为本模型的自变量，代表样本 n 通过 j 地图平台返回结果中置信度评分对应的"误差＜30 m 概率""误差＜100 m 概率""误差＜500 m 概率""最小距离点概率"；w_i 表示自变量的权重，是本模型需要估计的参数；公式（5）为本模型的约束条件，即权重之和应等于 1；公式（4）作为本模型的损失函数，当空间落点 j_n 与真实落点间的距离 D_{j_n} 和所有返回空间落点与真实落点间的最近距离 $\text{min}D$ 间的差值越小，则本模型返回结果的准确性越高。最终，使用训练好的模型，进一步计算每个落点的最终得分，选取最终得分最高的落点作为返回结果。

3.4 算法效果综合评估

研究经评估选用基于"置信度＋权重"的算法，并从以下三个角度衡量其整体效果。

3.4.1 最小距离点概率

最小距离点概率是算法的目标，即选中的落点正好是三个落点中最接近真实坐标点的概率。可以发现，基于"置信度＋权重"的算法，相较于使用单一 API 落点方式的平均效果提升了 14.17％，相对提升比例为 41.16％（表 2）。

表 2　最小距离点目标概率效果对比

	选中最小距离点的概率	相对提升比例	特点
百度 API	37.5％	—	
高德 API	32.0％	—	单一 API 解析，平均目标概率较低，为 34.43％
腾讯 API	33.8％	—	

续表

	选中最小距离点的概率	相对提升比例	特点
基于"距离比对＋置信度 评分比对"的算法	37.6％	9.21％↑	"规则＋评分"，效果一般
基于 k 近邻的机器学习算法	42.8％	24.31％↑	计算开销大
基于"置信度＋权重"的算法	48.6％	41.16％↑↑	计算量少、效果好

3.4.2　绝对精度误差

绝对精度误差，即算法解析得到的坐标与真实坐标的空间距离差。将误差以 50 m 间隔进行分布，发现应用算法后分布明显整体左移，尤其在高精度范围内部分提升明显，同时误差较大部分大量减少，如落点误差 2000 m 外的数据量下降了一半，这一部分可能是因为对于 A 平台的地址库缺少某些地址，而 B 平台地址库恰好包含该地址，从而实现互补提升（图 3）。

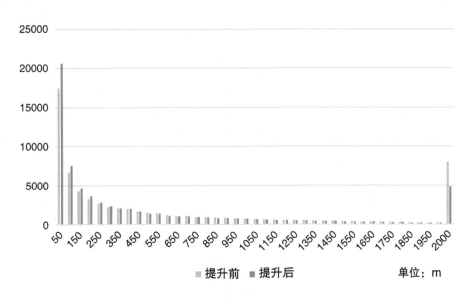

■提升前　■提升后　　　　　　单位：m

图 3　算法提升前后落点的绝对精度误差分布

3.4.3　达到理论极限的效果

由于不同地区、时间、类型、质量、体量等因素都会影响数据集解析结果精度，不同实验间很难做出较为合理的比较，因此应考虑将应用算法前后的效果进行对比。同时，地址库本身的数据并不是绝对准确的，如通过解析得到的多个坐标结果误差均较大，即便是选择算法达到100％准确，亦不能使得每个地址的解析结果的绝对误差都很小。

因此，研究计算原有三种落点结果中距离真实落点最近的点（最小距离点）与真实落点之间的距离，这是选择算法理论上所能达到的最优结果，即100％选中最小距离点，并统计此时不同精度范围的累积百分比分布情况作为参考（表 3）。从表中可以发现，应用算法综合多源坐标结果后，在50～300 m 精度范围内，准确率可达到理论极限的70％～79％，整体相对于应用算法前有较大的提升；在精度较高的范围内提升明显，随着精度降低，最小距离点的累积百分比也迅速接近理论极限值。

表3　算法提升前后效果与理论极限效果的对比

序号	精度/m（累积分布）	50 m	100 m	300 m	500 m	1000 m	2000 m	备注
1	最小距离点的累积分布/%	40.65%	53.09%	72.97%	81.24%	90.41%	96.61%	理论极限
2	提升前达到理论极限百分比/%	59.36%	62.88%	69.71%	75.14%	83.45%	91.26%	三种地图平台平均情况与理论极限的比值
3	提升后达到理论极限百分比/%	70.30%	73.48%	79.12%	83.38%	90.08%	95.97%	应用选择算法提升后与理论极限的比值

4　数据空间化引擎应用构建

4.1　应用体系结构

基于上述技术框架，设计并构建数据空间化引擎应用（图4）。整体结构可分为四层：基础设施层、数据层、应用支撑层、应用层。应用层主要描述用户进行的各类任务场景，与主要功能模块相对应（图5），为更好地支撑地理信息数据处理，设计登录注销、数据展示、地址解析、坐标解析、坐标转换、批处理、格式转换、密钥配置等功能。应用支撑层描述软件系统的核心技术构件，包括用户配额管理、网络通信、线程池管理，以及百度、高德、腾讯地图服务 API、Arcpy、PyQt 库等。数据层主要描述应用存储数据，包括账户信息、密钥、用户操作记录等。基础设施层描述所需的基础硬件设施。

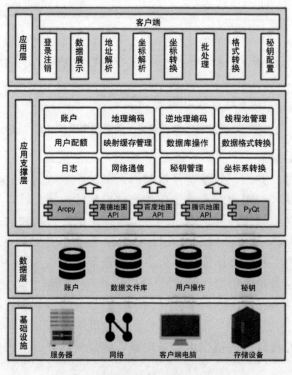

图4　数据空间化引擎技术架构

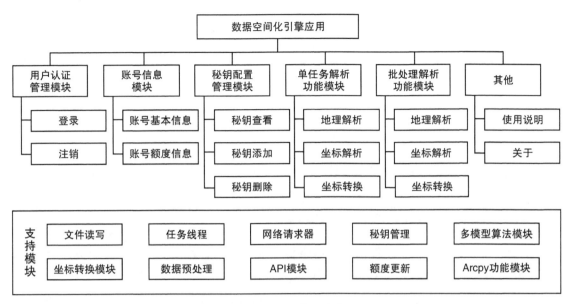

图 5　数据空间化引擎功能模块划分

笔者采用 C/S 架构，基于"Python＋Arcpy＋PyQt＋WebService API"实施开发。使用 PyQt 构建人机交互界面，调用地图平台 WebService API 来获取地理编码结果，使用 pandas 及多线程技术对数据结果进行高效处理和坐标结果择优，使用 Arcpy 支持数据转为 shp 等空间化的格式，促进数据获取到空间化再到 GIS 平台分析应用一步到位。

4.2　关键技术

4.2.1　密钥众筹共享机制

算法调用百度、高德、腾讯等地图平台的地理编码接口服务，存在额度的限制，对此构建"鼓励申请、众筹密钥、额度分配、灵活调度"的共享机制进行突破（图 6）。

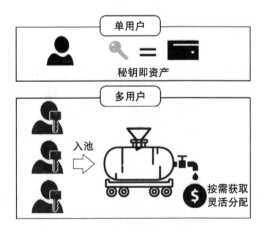

图 6　密钥众筹共享机制

通过地图平台可申请密钥，但每个密钥额度是有限的。基于密钥调度模块发挥机制，通过"密钥即资产"的概念，鼓励每个用户申请密钥并配置到应用中，提高用户本身额度。同时，对于应用而言，则是汇集了众多密钥，使得整体系统具备的额度得到提高，而用户并非每天都需要用到这些额度，空出来的额度便可腾挪给其他有需要的用户使用。如有解析大量数据的临时需要，则可通过调度，将更多的额度临时分配给该用户使用。如此，可激励用户密钥入池，同时增强整个应用的解析能力。

4.2.2 多线程并发加速

由于接口请求速度、网络传输延迟和处理器单核处理速度等因素限制，大量数据的空间化任务将面临数据处理效率问题。研究采用两级多线程池进行处理（图7），启动解析任务时，对应建立百度、高德、腾讯3个解析线程，每个线程独立拥有1个线程池，线程池内根据处理器核心数来启动 m 个线程并发执行，每个子线程处理 n 条记录，多个子线程最终拼接结果后转入选择算法。如此解决了原有接口速度限制、网络传输空窗期的难题，也利用了多核处理能力。以解析2000条数据为例，耗时从476 s缩短至140 s，速度提升约3.4倍。

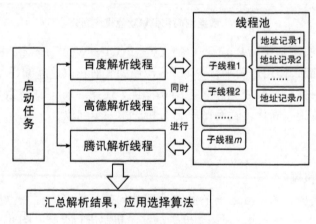

图7 多线程任务拆解和并发

4.2.3 选择算法动态评估应用

保证解析结果时效性的关键是动态评估和应用选择算法，本文运用了多模型算法模块和模型算法池。随着时间推移，地图平台返回的坐标及其评分是可能变化的，如地址库的更新、评分范围和分布的更新等，都可能导致原有模型算法过时。因此，使用模型算法池收纳作为候选的选择模型或算法，多模型算法模块每隔一定周期进行重新训练和评估以选择最新适合的模型，并将效果最好的一个应用到数据空间化。

4.3 实践应用

基于框架研发的数据空间化引擎（图8），能够快速实现地理类数据批量空间化，应用于国土空间规划、专题分析研究、专题数据制图、信息平台可视化等方面，可满足实际科研和工作开展的需求。例如，应用于企业数据空间化，并结合用地范围、用电用水数据、企业纳税公开数据等，对企业用地潜力高低和冷热区进行分析和可视化。

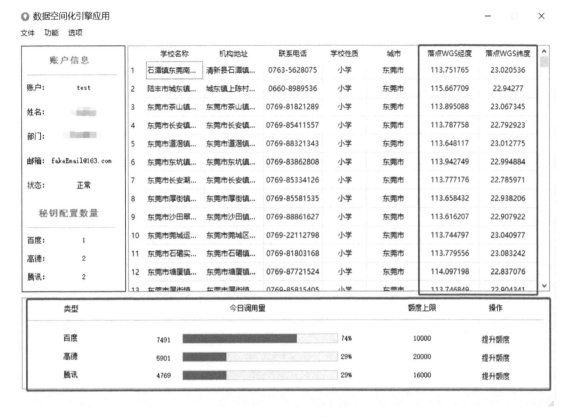

图 8　数据空间化引擎应用

5　结语

随着城市和社会治理的精细化发展，社会各界对城市信息相关数据的需求越来越高，基于空间属性进行关联、挖掘、分析、利用、可视化的迫切性也越来越强，要求能够对海量多源异构的数据实现空间化。本文针对数据空间化面临的相关技术问题，研究并提出一种基于多源地图平台融合的数据空间化技术框架，从数据空间化的精度、效率、体量、时效、应用等角度整体性解决上述问题，随后在算法上采用三种不同的方法进行训练、评估和应用，并对技术框架进行数据空间化引擎应用构建和验证。

面向未来的数字城市、智慧自然资源、时空大数据平台建设等而言，为真正治理好城市信息数据的空间属性，可从以下四个方面加以提升：一是强化数据源头治理，建设智能基础设施；二是优化提升地图服务，升级数据更新接口；三是采集地理信息众包，多方诊断纠偏建库；四是统一地理编码模型，完善技术标准体系。

［基金项目：广东省城乡规划设计研究院有限责任公司专项科研基金项目（2019－KY－006）］

［参考文献］

［1］王凌云，李琦，江洲. 国内地理编码数据库系统开发与研究 ［J］. 计算机工程与应用，2004（21）：167-168，212.

［2］李军，李琦，毛东军，等. 北京市地理编码数据库的研究 ［J］. 计算机工程与应用，2004（2）：

1-3，6.

[3] 田沁，巩玥，亢孟军，等.国内主流在线地理编码服务质量评价 [J].武汉大学学报（信息科学版），2016，41（10）：1351-1358.

[4] 廖薇薇，柳林，周素红，等.多源在线地理编码服务分类优化模型 [J].热带地理，2018，38（2）：255-263.

[5] 朱峰，赵婷婷.基于百度地图 API 的网点成图平台的开发与应用 [J].测绘地理信息，2019，44（1）：121-123，126.

[6] 张弘弢，肖炼，周尧，等.多源在线地理编码与地名检索服务聚合方法 [J].地理与地理信息科学，2020，36（4）：1-7.

[作者简介]

林堉楠，助理规划师，就职于广东省城乡规划设计研究院有限责任公司大数据中心。

面向规划领域多部门协同与安全共享应用的空间数据应用平台构建

□侯全武，胡璐锦，赵子光，刘宇峰

摘要： 当前规划编制与管理部门在数据管理和使用方面普遍存在数据分散存储于多部门、数据更新不及时、部门间数据共享不够、多部门数据协同应用提升不足等现状问题。为此，本文分析规划信息协同与安全共享现状与需求，提出面向规划领域多部门协同与安全共享应用的空间数据应用平台全流程解决方案，从平台的总体设计、技术实现、平台能力与平台应用四个方面进行详细介绍，响应并验证了面向规划的空间数据协同与安全共享应用全流程解决方案的有效性、可靠性。本文提出的全流程方案与空间数据应用平台面向规划应用，能够提供全面、权威、准确的数据资源，满足各级各部门个性化的数据安全共享需求，以及跨部门、跨业务的协同工作需要，提高了规划编制成果的科学性、准确性和一致性，具有较高的推广示范意义。

关键词： 规划数据安全共享；规划部门协同应用；空间数据应用平台

1 引言

规划编制是空间治理体系的重要组成部分。在国家国土空间治理能力和治理体系现代化建设背景下，传统的编制模式和工具已不能满足精细化的空间治理和智慧城市建设的要求。伴随信息技术的发展，大数据、人工智能为规划编制模式的升级转型提供了技术支撑，国土空间数据资源平台成为科学、高质量国土空间规划成果管理应用的必备工具。当前，规划编制与管理部门在数据管理和使用方面普遍存在数据分散存储于多部门、数据更新不及时、部门间数据共享不够、多部门数据协同应用提升不足等现状问题。空间数据资源平台以大数据、人工智能技术体系为基础，搭建覆盖全部门的数据管理、使用、自动更新、安全共享和智能分析应用平台体系，为规划编制的数据使用、成果共享、模型分析等提供可靠支撑，促进规划编制的多部门协同与安全共享应用，全面助力国土空间规划业务的数字化转型升级。

2 规划信息协同与安全共享现状与需求

2.1 数据种类多，数据自身质量不佳

目前，国土空间规划设计部门因日常工作需求，积累了大量规划编制依赖的数据资源，但仍面临国土空间数据资源数据基准不一、要素多样、地图编制质量不佳等问题，包括：数据空间基准不一致问题，如规划数据的坐标尚未转换成国家 2000 坐标系，导致该部分数据无法与已

梳理入库的 2000 坐标系叠加使用，无法满足实际业务应用的需求；基础地图资料缺乏现势性问题，现有定位地图数据服务需要更加丰富的要素信息支持，如水系、绿地、行政区划、路网、POI、索引信息等，亟须高分辨率遥感影像，而国内卫星影像分辨率较低，地图编制的效果较差。

因此，需要制定一系列关于规划编制成果数据的标准，并且在此基础上扩展元数据信息，并新增图片、文本等内容展示以及数据申请使用功能，提高现有地图数据服务的信息支撑能力，同时满足多源数据的集成浏览展示与快速查询需求。

2.2 数据分散，关联性差，协同应用难

由于管理业务不一、标准规范不统一，导致国土资源数据分散、内部关联缺失等问题，包括：不同空间规划管理环节的数据之间没有建立起信息继承关系，导致业务重复录入、重复办理、管理数据重复举证，难以协同更新办理进度，同一空间位置上的不同数据之间没有建立起知识关系，形成信息孤岛，不利于数据挖掘与比对；数据生产部门与管理部门职责不清、工作机制不完善；缺乏相关的数据标准和管理规范，导致数据的格式等种类繁多，从而降低了数据的可重复使用性，为后期数据整合、平台调用等过程增加难度，阻碍了数据的良性使用。

因此，需要提供关于总体规划、控制性详细规划、专项规划在内的规划编制成果数据的制图标准、编码规范、空间建库标准规范。同时，优化原始数据管理方式，厘清数据脉络，建立信息继承关系，并新增与其他系统进行快速链接的功能，实现数据挖掘与比对。

2.3 管理机制不健全，缺乏基础平台的运维与共享支撑

空间数据的成果审查、入库更新、共享机制不规范，缺乏针对性的、可灵活配置的数据管理工具和平台，数据和系统独立运营、分散管理，缺乏统一集中的运维管理，致使数据中心无法全面、规范地管理、监测数据质量和数据流向。数据管理、汇交在各部门之间缺乏便捷、规范、可监控的共享融合机制，导致数据更新、应用滞后。

因此，需要建立数据共享交换平台，将各部门汇交的所有数据进行统一管理，并能根据需求管理使用，方便规划编制人员在内网管控环境下进行数据安全化管理、检索、申请和下载，达到数据安全共享目的。

2.4 缺乏智能分析与审批决策支持

针对现有查询搜索功能缓慢、信息分散导致的数据统计汇总繁杂艰巨，系统功能设计与实际规划业务场景脱节，数据获取难、审批效率低、信息化程度较低，无法进行定制化、专业化、智能化的空间分析，以及规划与方案的制定缺乏评估决策等系列问题，亟须进行空间数据资源的智能分析与审批决策支持。

因此，空间数据应用平台应当提供按照行政区、业务单位等多种方式的数据检索功能，并且可将查询到的空间矢量数据进行叠加，提高信息的搜索和使用效率。同时，建立相应的评价分析模型、面向规划应用全过程的信息化应用模型，辅助规划设计人员制定更符合区域要求的规划，提高工作效率及工作质量。

2.5 基础设施集约化与网络安全保障建设需求

当前，规划部门的大型服务器组、大型数据交换机在服务器上部署有 Windows、Linux 等

不同服务器操作系统，网络服务器多采用超融合平台进行统一管理，并使用虚拟化技术来创建各种存储、计算资源。针对多地办公、内外网络兼容、数据多层交换、科学安全、稳定高效的大型网络设施现状，空间数据资源平台建设需满足最大化、集约化建设以及网络安全保障。

因此，空间数据应用平台可依托规划管理部门自身的大型网络安全体系以及采购的网络环境管控软件进行网络环境的管控，同时建立信息安全保障体系，确保系统的信息安全。

3　规划部门空间数据协同应用与安全共享解决方案

针对上述问题，结合规划业务场景，建立面向规划部门统一的空间数据资源与计算平台，以基础数据管理与分发、数据成果提交、数据更新及共享使用管理机制，将散落在各生产部门的数据变成全系统统一的数据库，实现数据管理的标准化和规范化，为数据智能分析计算提供全面、权威、准确的数据基础。同时，为满足部门内部个性化的数据使用需求，以及跨部门、跨业务的协同工作需要，以全部门统一的数据库、数据标准、共享及更新机制为基础，通过原始数据检索、成果数据的发布，以及智能分析模型的搭建等，满足针对规划全流程应用的数据需求及功能需求，提高规划编制成果的科学性、准确性和一致性。

3.1　建设基础数据资源系统，解决数据协同分析应用难题

3.1.1　统一化数据基础资源管理

优化原始数据管理方式，以数据清单的方式进行管理，按照行政区划，以市县为基本单元进行数据组织。根据数据清单，可提供按照行政区、业务单位等多种方式的数据检索功能，并且可将查询到的空间矢量数据叠加到地图视图中供规划人员浏览、申请，并新增与其他系统进行快速链接的功能。

3.1.2　一体化成果管理

针对国土空间规划成果数据（规划管理部门完成的总体规划、专项规划、详细规划等各类规划成果数据）的展示，涵盖元数据信息、图片、文本等内容展示，以及数据申请使用功能。

3.1.3　丰富的信息资源与知识库

通过收集整理各部门、各行业的优秀案例、视频培训、标准规范、会议内容、论文课题、电子图书等数据信息，在平台上统一管理，并主动化、智能化推送给规划编制人员。

3.2　建设空间数据安全共享交换系统，提高规划各部门数据交换共享率

3.2.1　多部门数据安全共享

系统将各部门汇交的所有数据进行统一管理，并根据需要，按照数规中心数据、部门数据以及涉密数据分开管理使用，方便规划编制人员在内网管控环境下进行数据安全管理、检索、申请和下载，达到共享数据目的。

3.2.2　数据安全加密交换

针对线下不同部门的数据，平台提供一对一的数据互相发送功能，同时可将数据发送内容抄送给数据发送方领导。在数据外发方面，结合网络环境管控软件，识别需要外发的数据格式，系统依相应的用户权限和机器设备，可将该数据进行无限制的导出。

3.2.3　涉密数据严格管控与留痕

针对数据中心提供的涉密数据，提供仅能由规定的特定服务器上指定的两种应用程序（ArcMap、AutoCAD）访问该数据，实现用户在客户端访问服务器指定应用程序进行数据访问。

同时，针对系统使用过程中数据的申请、审批、外发等环节内容，系统提供全过程的留痕日志记录。

3.3 建设空间数据后台运维管理系统，优化管理机制，便捷化数据运维管理

3.3.1 服务器状态监控

定时监控平台所记录的服务器状态，包括 CPU 使用率、内存使用率、磁盘使用率、磁盘读取速度、磁盘写入速度、网络接收、网络发送等参数。

3.3.2 开发管理

代码生产：根据作者、模块名、表名生产一个模块的后台代码及其压缩包。

字典管理：管理平台整体的字典数据，树状展示字典的列表，支持新增字典、修改字典、删除字典、新增子级字典等功能。

客户端管理：维护各个客户端的信息，展示客户端信息，支持条件查询客户端、新增客户端、修改客户端、删除客户端、客户端详情等功能。

菜单管理：树状展示菜单列表，支持新增菜单、修改菜单、删除菜单、新增子级菜单等功能。

角色管理：针对平台用户的角色资源进行管理，给不同角色赋予不同的权限，支持角色的条件搜索、新增、删除、修改、关联菜单等功能。

软件包管理：对整个平台各个系统的安装包进行管理，支持对软件包的条件搜索、新增、删除、发布、下载等功能。

3.3.3 权限管理

设备管理：对登录平台的设备进行管理，支持对设备进行条件查询、删除、修改、禁用等功能。

部门管理：对平台的部门进行统一管理，支持部门的树状展示、新增、修改、删除、历史删除、恢复删除等功能。

用户管理：对整个平台的用户进行管理，支持用户的条件搜索、新增、删除、重置密码、禁用、关联设备、历史删除、恢复删除等功能。

3.3.4 系统管理

登录日志：展示用户在平台的登录信息，支持对登录日志的条件查询和详情查看。

操作日志：展示用户在平台上的操作记录，支持对操作日志的条件查询和详情查看。

消息日志：管理平台的消息和公告，支持对消息的条件查询、发送消息、发送公告、删除、彻底删除、详情查看以及对公告关联附件的发布。

存储空间：展示平台中各部门的存储空间，支持对存储空间的条件查询、新增、删除、禁用、修改等操作。

文件关联：展示平台中关联文件的信息，可以根据文件类型进行条件搜索，支持对关联文件的删除、禁用、下载等操作。

服务器管理：管理系统中所维护的服务器信息，支持对服务器的条件搜索、新增、删除、禁用、修改等操作。

远程应用：管理数据共享交换系统中涉密访问的应用信息，支持对远程应用的条件搜索、新增、删除、修改、禁用等操作。

服务器状态记录：定时监控服务器状态异常的记录，支持对服务器状态记录的条件查询、

删除等操作。

3.3.5 业务管理

知识库管理：对数据资源管理系统中的知识库进行后台管理，对知识库的分类、内容进行管理。包括对知识库分类的新增、修改、删除、排序，以及知识库的新增、删除、禁用、修改、附件等操作。

新技术管理：对数据资源管理系统中的新技术应用进行管理，包括对新技术应用的条件查询、新增、删除、修改、禁用等操作。

3.4 建设数据质检工具，辅助高质量规划成果应用

针对规划管理部门收集的各种来源、各种格式、多种投影的数据，使用标准化工具，将txt、excel 等格式转为 shape；将 office 文件转为 pdf；将 shape 转为 geojson；将投影数据转为地理坐标数据。针对需要入库的数据，提供标准的质检工具，该工具支持质检审查规则配置、质检报告模板配置、生成质检报告、质检报告管理、质检日志等。

3.5 建设规划智能辅助分析模型体系，提高规划设计人员工作效率

3.5.1 评价分析模型

以规划管理部门的综合数据库为基础，建立土地、水、生态、环境质量、地质环境以及矿产资源等自然资源基础评价模型。根据评价的业务目标和用途开展专项评估模型算法研制，涵盖公园绿地服务便利性评价模型、建设项目用地适用性分析模型、绿色发展评估模型、国土开发强度模型、宜居分析模型、职住分析模型等。

3.5.2 国土空间规划全流程支撑模型体系

在开展国土空间规划编制、审批、实施、监测评估预警过程时，开展支撑模型算法研制，涵盖规划辅助编制、监测评估模型体系，支撑国土空间规划的数字化编制、评估及实施管控，具体包括空间分析模型、遥感解译模型、资源环境评价模型、人口及产业预测模型、功能网络识别模型、设施评估与选址模型、城市运行仿真模型等，辅助规划设计人员提高工作效率、提升工作质量。

4 空间数据平台设计与应用

4.1 总体架构设计

充分运用大数据、人工智能以及知识引擎技术等新一代信息技术，结合规划管理部门数据管理与数据共享以及业务与应用的实际需求，建设空间数据资源平台。以信息化手段为基础，搭建覆盖全部门的数据管理、使用、更新、共享和分析应用平台体系。空间数据平台总体框架包括四个层次，分别为网络层、数据层、服务层和应用层；两大体系，即标准规范体系及安全运维体系（图1）。

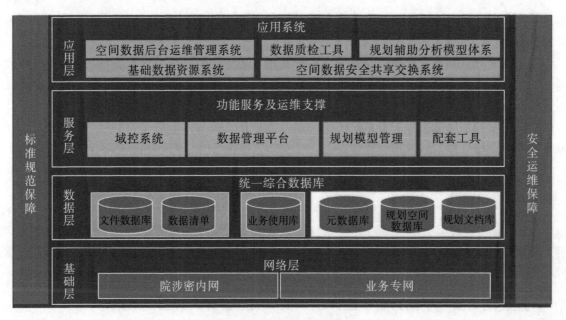

图 1 空间数据平台总体架构

4.1.1 网络层

依托规划管理部门现有的网络设施，作为空间数据应用平台建设的网络基础层，为平台的使用提供网络基础。

4.1.2 数据层

数据层应包括基础数据、成果数据、专题数据、涉密数据、知识库等综合数据，同时集成各个下级部门提供的各类规划编制文本、多媒体等各类专项信息数据。

4.1.3 服务层

服务层是实现空间数据共享交换的核心，基于数据层和应用支撑层，为用户提供通用服务、专题服务、分析服务，应用、组件、服务、平台管理、运维支撑等资源支撑，以及应用构建、组件封装等内容。

4.1.4 应用层

依托平台实现空间信息的查询、浏览、分析和管理更新等功能，为领导提供决策支持。实现基础数据、各类规划成果、专题数据、知识库数据、涉密数据等综合数据管理和运维，基于综合数据库，提供辅助规划设计及数据大屏综合展示等功能。

4.1.5 标准规范

以国家相关行业信息化标准体系框架为基础，结合省级国土空间规划编制的具体技术要求，建立部门内部各类空间存储、使用和共享的标准规范，形成有关技术规范、数据格式和交换标准建设等的实施细则和工作要求。

4.1.6 安全保障体系

依托规划管理部门自身网络安全体系以及采购的网络环境管控软件进行网络环境的安全管控；同时，提供用户角色管理、系统巡检与监控、平台统计与分析、目录管理与日志管理。建立信息安全保障体系，健全信息化管理制度，强化信息化标准定制与推广，加强信息化技术应用创新，确保信息安全。

4.2　平台实现

平台采用"前端自由组合＋后台灵活配置"的应用机制，利用 vue＋springboot 组合式前后端分离架构，并行开发提升开发效率（图2）。

后台配置与前端数据显示紧密结合，通过约定 Swagger 接口进行前后端交互联动，解决系统因需求多样化而造成维护困难的问题，实现数据资源面向各业务对象的互动共享，有效保障数据体系的集成管理和资源应用，优化数据管理效率。

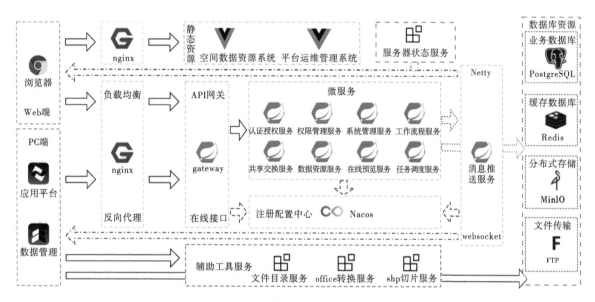

图2　空间数据应用平台技术路线

4.3　平台能力

一是应用平台应具备多系统、多信息源的整合集成能力（图3）。

图3　平台的系统集成能力展示

二是实现部门、全要素、全流程的数据共享交换（图4）。

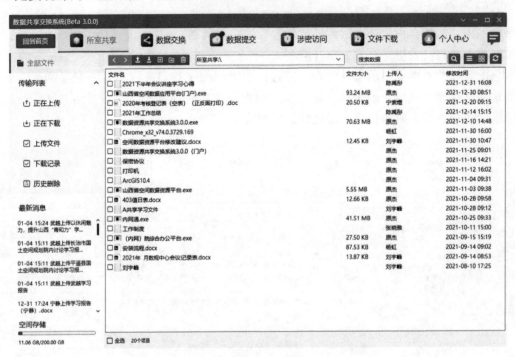

数据共享

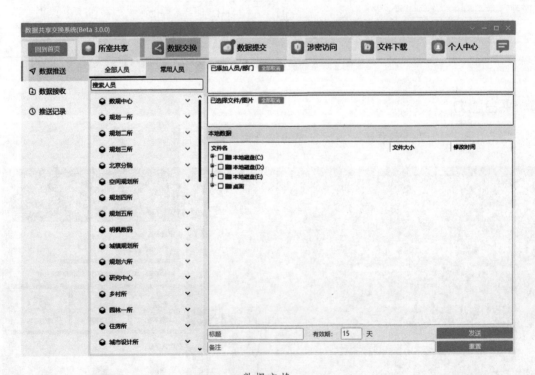

数据交换

图4 数据共享交换功能展示

三是实现一站式数据管理，为综合数据库的管理提供有力支撑（图5）。

数据资源管理

行政区划管理

图5　平台数据管理能力展示

四是规划编制辅助决策能力，具备数据资源库、知识库、辅助分析、新技术应用等功能。

五是支持平台各项业务配置管理、权限管理、系统管理等后台管理及服务器监控。

4.4 平台应用

4.4.1 面向规划设计人员

使用数据共享交换系统实现数据在部门内的共享和部门间的交换，其中对于部门之间的交换应具备交换审核功能，实现全部门、全要素、全流程的数据共享交换。同时，在数据共享交换系统中，针对涉密数据要在服务器端指定服务器本地软件进行查询访问。此外，在空间数据应用系统中可实现对专题图、基础资料库、专题数据库和规划成果库的查看、属性查询、数据收藏、数据申请和地图操作、综合搜索和涉密数据清单的查看等，同时具备知识库、辅助分析、新技术应用和数据审核等业务功能，实现规划编制提效。

4.4.2 面向数据统一管理部门

对于收到的其他部门提交的数据，要进行数据标准化处理和规范化质检。经处理和质检后的数据，通过空间数据管理系统进行入库、发布和目录挂载、数据自动切片、office 文档自动转换等一站式数据管理方式，为综合数据库的管理提供有力支撑。

4.4.3 面向系统运维管理人员

通过平台运维管理系统实现各项业务配置管理、权限管理、系统管理等后台管理及服务器监控。

5 结语

本文面向规划领域多部门协同与安全共享应用，介绍了整体解决方案，建设数据资源系统、共享交换系统、运维管理系统、质检工具及辅助分析设计工具，经过系统统一集成形成一体化空间数据应用平台。从平台设计与应用角度出发，分别介绍了空间数据应用平台的总体架构、实现的技术流程、平台能力展示及平台应用等，验证了解决方案的有效性与可靠性。本文建设的空间数据应用平台，实现了多源数据整合与数据的统一管理，助力服务规划、建设和管理数字化进程，同时基于唯一空间编码建立健全规划大数据，进一步辅助规划设计人员提高工作效率、提升工作质量，从本质上解决了规划部门空间数据资源协同应用、安全共享等问题，具有较强的示范推广意义。

［参考文献］

[1] 隋铭明，李宗华，彭明军，等. 空间数据共享与互操作在规划国土管理部门的实现初探［J］. 地理空间信息，2005（3）：16-18.

[2] 顾琼，李鹏飞. 服务于规划编制的城乡规划空间数据建设探讨：以沈阳市规划设计研究院为例［J］. 测绘与空间地理信息，2017，40（12）：111-114，118.

[3] 张恒，于鹏，李刚，等. 空间规划信息资源共享下的"一张图"建设探讨［J］. 规划师，2019，35（21）：11-15.

[4] 王英，易峥，王芳，等. 空间规划地理信息资源共享现状与发展方向［J］. 规划师，2019，35（21）：5-10.

[5] 黄孚湘，林鸿，梁博文，等. 广州市国土空间规划大数据治理平台设计与应用［J/OL］. 工程勘察，（2021-11-23）［2022-05-15］. http：// kns. cnki. net/kcms/detail/11. 2025. TU. 20211123. 0923. 002. html.

［作者简介］

侯全武，高级工程师，山西远大纵横信息技术工程有限公司总经理。

胡璐锦，副教授，就职于北京建筑大学城市大数据与应用研究中心。

赵子光，工程师，山西远大纵横信息技术工程有限公司副总经理。

刘宇峰，教授级高级工程师，注册城乡规划师，山西省城乡规划设计研究院有限公司数字规划研究中心主任。

构建全域历史文化资源保护数据空间体系

——以南京历史文化资源信息平台建设为例

□陈韶龄，郑晓华，石竹云，杨晓雅

摘要：通过建设南京历史文化资源信息平台，创造性地将历史文化资源与南京历史文化名城保护框架相衔接；通过数字化手段实现对全域历史文化遗产实施严格保护和管控，全面支撑南京历史文化资源保护利用及国土空间高质量发展，为全国其他城市历史文化遗产保护和管控提供借鉴。

关键词：南京；历史文化资源；空间信息；保护管控

1 研究背景

国家高度重视中华文明传承和历史文化遗产保护，党的十九大报告指出："没有高度的文化自信，没有文化的繁荣兴盛，就没有中华民族伟大复兴。"习近平总书记强调："历史文化遗产是不可再生、不可替代的宝贵资源，要始终把保护放在第一位。"中共中央办公厅、国务院办公厅印发《关于在城乡建设中加强历史文化保护传承的意见》，要求在城乡建设中系统保护、利用、传承好历史文化遗产。自然资源部、国家文物局发布《关于在国土空间规划编制和实施中加强历史文化遗产保护管理的指导意见》，要求在国土空间规划编制和实施中加强历史文化遗产的保护管理，将历史文化遗产空间信息纳入国土空间基础信息平台，对历史文化遗产实施严格保护和管控。

南京是我国著名古都和国务院首批公布的 24 个历史文化名城之一。30 多万年的人类活动史、6000 年的人类文明史、绵延近 2500 年的建城史、450 年的建都史，给古都南京留下了弥足珍贵的历史文化资源。一直以来南京在历史文化名城保护方面积极探索，开展保护规划编制、历史资源普查等工作。自 2005 年起，南京市规划局联合南京市文物局开展了南京市范围内历史文化资源的普查工作，建立了"南京历史文化资源普查库"。由于建设时间较早，大量数据以"档案管理"的形式存储在规划管理系统内，展示、查询、应用情况不佳，无法满足当前历史文化名城保护管理要求，需要构建一个数据经过整理、空间唯一、属性可查询、用户感受较好的历史文化资源数据库与应用平台。2018 年起，南京借国土空间总体规划、名城保护规划同步编制的契机，开展南京历史文化资源信息平台建设，创造性地将历史文化资源与南京历史文化名城保护框架相衔接，将历史文化资源规划数据加以应用建库，辅助规划管理审批并纳入国土空间基础信息平台，率先通过数字化手段实现对历史文化遗产的严格保护和管控。

2 建设目标

2.1 延续名城保护体系，建立历史文化资源数据框架

以《南京历史文化名城保护规划（2010—2020）》保护框架为基础，在系统中建立全新的数据框架，将历史文化资源分为古都格局风貌、历史地段、古镇古村、文物古迹及老数据五类，全面覆盖南京历史文化保护工作中涉及的各类保护对象。

2.2 整合提升数据质量，形成历史文化资源"一张图"

主要梳理校核历史文化名城、历史文化街区及历史风貌区、文物紫线、历史建筑等历史文化名城数据，增补古镇古村及规划控制建筑等数据内容，形成全市历史文化资源"一张图"。整合后的保护对象展示其目前最高等级的状态，可查询其核心管控的属性信息，改变以往历史文化资源数据来源不清、版本不准等状况。

2.3 系统研发应用，优化规划审批辅助功能

提升工作效能，发挥历史文化资源数据库的作用，实现 GIS 综合应用、项目库管理、辅助审批三大类系统应用。GIS 综合应用实现图形展示、统计分析、多媒体查询、数据导出以及按主题、区域、时间等条件进行筛选等功能。项目库管理实现项目资料上传、下载、查看、查询及管理项目查看等功能。辅助审批实现在规划审批中对历史文化资源自动探测、自动提醒等功能。

3 经验借鉴与分析

3.1 广东省历史建筑信息共享平台

广东省基于数字化手段的历史建筑信息共享平台，将调研获取的历史建筑位置、平面、立面、年代、保护范围等信息，以标准化的格式存储于同一信息平台，实现了不同地区数据的共享与协调。通过设置一定权限，实现了对数据的动态维护，保证了历史建筑数据信息的实时性和准确性。此外，将历史建筑信息共享平台与控制性详细规划、土地利用规划等其他法定规划信息平台进行衔接，实现历史建筑保护与法定规划的协调，便于日常的规划实施与管理，以及对历史建筑的妥善保护。

3.2 广州市建立文化遗产数据库

2015 年，广州市开展了第五次文化产业普查，通过地毯式的普查和查缺补漏，全面摸清了全市历史文化遗产的数量分布、产权归属、保存状况等情况，建立文化遗产数据库和信息平台：建立广州市不可移动文化遗产分布电子地图系统与不可移动文化遗产信息管理平台；同步绘制历史建筑及传统风貌建筑边线，将历史建筑及传统风貌建筑和广州市多级地图进行集成，形成电子化数据，由广州市房屋安全信息化普查中标单位在普查过程中同步完成相关历史建筑的安全数据收集工作；该系统将控制性详细规划、用地红线等信息发布作为标准接口，通过实时预警功能避免规划审批结果与不可移动文化遗产"一张图"的矛盾，是文化遗产管理方面开展"多规合一"的有效尝试。

3.3 福州市福州名城保护管理平台系统

福州市以智慧系统为平台,提升管理效率和效力,搭建双平台,形成名城、历史建筑双控管理。福州名城保护管理平台系统实现了包括历史建筑在内的福州名城资源家底清晰,高效、准确、精细化地支撑政府决策、日常管理。该项目提出构建"三个一",即一套福州名城保护要素数据标准,围绕福州市历史文化名城管理委员会在名城保护管理、修缮和应用过程中所需要的空间数据及产生的空间数据、非空间数据,从数据加工、数据建库、数据更新等各个环节制定相应的标准规范;一个福州名城保护数据库,收集福州市各单位在历史文化名城保护工作中积累的各类规划和研究资料,提炼保护要素数据;一套福州名城保护管理平台系统,辅助管理者解决历史名城保护要素的数据管理问题和业务管理问题。

国内先进省市在历史文化资源数据平台建设与应用方面的经验为南京历史文化资源信息平台提供了借鉴与参考。广东省历史建筑信息共享平台侧重全过程的信息互通、数据处理和管理,以及与其他规划特别是与法定规划的协同和衔接;广州市构建了全要素的文化遗产数据库和信息平台,并将文化遗产数据库的管理要求与相关规划审批进行衔接,保证了在规划过程中文化遗产的保护要求能够得到落实;福州市通过协同保护要素信息数据库、福州名城保护管理平台,逐步实现各部门的对接封闭环,形成从受理、审批办理到结果反馈的全流程电子化政务服务。

4 建设成果

南京历史文化资源信息平台形成"1+1+2"的成果形式,包括:"一套体系",即首次建立南京历史文化名城保护数字管理体系;"一张图",即核心要素重点管控,为规划管理提供内在支持;"两个库",即历史文化资源规划数据库、历史文化资源法律法规库。

4.1 "一套体系"——首次建立南京历史文化名城保护数字管理体系

结合"五类三级"的南京历史文化名城保护体系框架,针对整体格局风貌、历史地段、古镇古村、文物古迹梳理其对应的内容、数量情况、法定地位、规划层次等,搭建起南京历史文化名城保护数字管理体系(图1)。现状数据及新编规划数据均可依据标准纳入数字体系中,实现南京历史文化资源数据全数字化管理。

全面摸清了南京历史文化遗产的数量分布、保护要求等情况,建立全覆盖、全要素、可持续更新的历史文化资源数据库。目前南京历史文化遗产的家底已经比较清晰——共有 4 个历史城区(共计 21.5 km²),11 个历史文化街区(共计 142 hm²),28 个历史风貌区(共计 505 hm²),38 个一般历史地段(共计 354 hm²),1 个历史文化名镇,2 个历史文化名村,16 个传统村落,9 个一般古镇古村,841 处各级文物保护单位,297 处历史建筑,27 个地下文物重点保护区,1397 株古树名木。通过建立历史文化资源历史资料库,为历史文化名城保护研究提供重要史料。

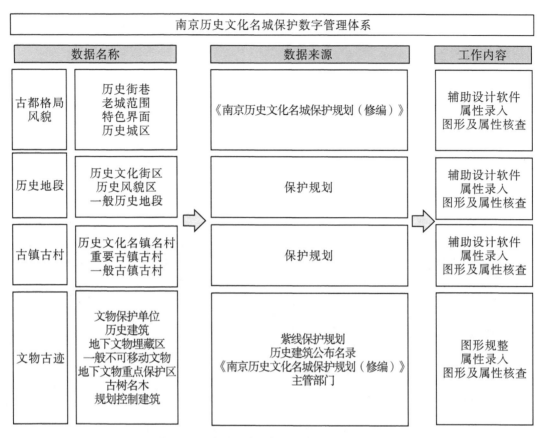

图 1　建立南京历史文化名城保护数字管理体系

4.2　"一张图"——核心要素重点管控，满足历史文化资源保护的刚性管控要求

建立南京历史文化资源保护"一张图"，并纳入国土空间规划"一张图"，确保更高质量地保护开发国土空间。首先，依据历史文化名城保护体系建立历史文化资源数据库框架及数据标准，对各类资源的图形、属性进行整合。其次，将不同类型的不同级别保护对象分别叠合在历史文化名城保护规划底图上，明确保护对象和保护要求。最后，建立保护对象之间的关联性，并明确区分保护重点的点、线、面要素。

整合建库后的每一处资源点，在图形展示界面显示其最高等级的状态，并可查询其相关历史数据。同时，建立数据动态更新的相应机制，历史文化资源相关的规划修编、新编、调整均能及时反馈到"一张图"上，确保系统使用者在规划审批过程中获取到有关该资源点的准确管控信息，为各类历史文化资源点制定多元化的保护措施提供技术依据。

历史文化资源"一张图"的建立，不仅解决了业务人员手工查阅规划成果效率较低的问题，还解决了因规划成果变动造成资料错误的问题。通过应用历史文化资源"一张图"，辅助审批人员快速、有效地进行资料查阅、图形比对分析，同时也便于将标准成果提供给相关单位，确保历史文化名城保护形成统一标准。

4.3 "两个库"——历史文化资源规划数据库、历史文化资源法律法规库，提供全面丰富的技术支撑

加强历史文化保护规划与相关规划的衔接，建立历史文化资源规划数据库。针对每一处资源点将相关规划编制成果进行梳理和归档，形成一套相关规划成果以支持文件的搜索、预览、批量下载等，实现对每处保护对象的历史数据全生命周期管理。

加强历史文化资源的法定保护，建立历史文化资源法律法规库（图2）。按照国家法律，国务院、江苏省及南京市不同层面对行政法规、部门规章、技术标准及规范、政策文件等内容进行梳理，建立了法律法规库，以提升用户的规划管理审批效率。

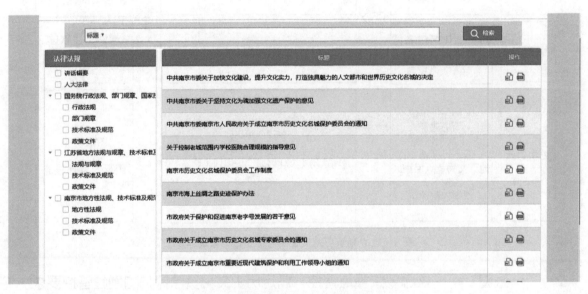

图2 历史文化资源法律法规库展示

5 创新与特色

南京历史文化资源应用系统由资源目录、查询统计、法律法规检索、项目库组成，主要使用对象为规划管理人员，为涉及历史文化资源的规划审批管理工作提供高效准确的技术支持，将规划编制成果以信息化的手段融入南京历史文化名城保护相关工作。

5.1 有效满足历史文化资源保护的刚性管控要求

为进一步服务规划审批业务，系统在四代审批系统CAD端提供了审批地块与历史文化资源数据压盖预警功能（图3）。支持手绘范围压盖分析，通过数据压盖分析，业务人员能够了解到所办理案件的地块是否有压盖历史文化资源的问题，为业务审批提供了有力的数据支撑。

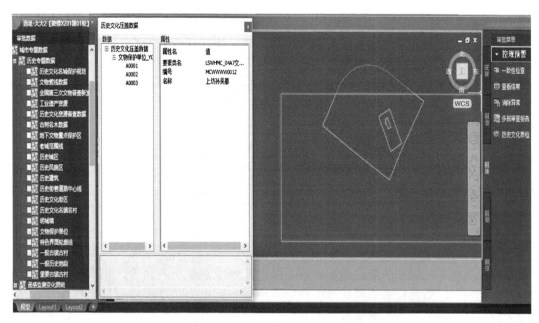

图3　审批地块与历史文化资源数据压盖预警功能

5.2 高效服务规划管理业务工作

5.2.1 自由灵活的信息搜索及查询统计功能

支持地名地址定位查询，从而找到周边相关的保护对象，也可以通过保护对象的名称进行快速查询。所有图层均支持属性模糊查询、范围查询。自定义查询提供了多范围、多角度的信息查询及统计功能，满足用户精准查询的交互要求（图4）。面向不同部门的查询统计需求，系统提供了以不同范围面作为查询范围，如行政区范围、常用范围、手绘范围以及导入范围，全方位满足不同用户的统计、查询需求。

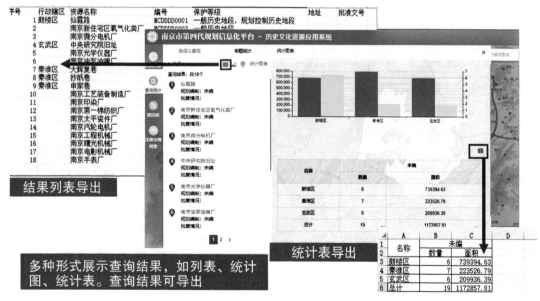

图4　多范围、多角度的信息查询及统计功能

5.2.2　图文交互信息全覆盖，掌握保护对象的所有信息

系统在图形属性查询过程中与文档资料进行关联。用户在查看属性时，如果想要了解该保护对象的项目资料，点击"附件材料"关联到的目录名称，系统便会跳转至资料库，资料库中包含该保护对象的所有项目材料。为便于用户查看资料，系统支持 PDF、图片格式的数据在线浏览。

5.3　移动端发布

目前历史文化资源"一张图"已发布在"南京规划"移动端进行可视化展示，确保历史文化资源保护管理更常态化地开展，为未来历史文化资源保护的公众参与、部门共建共享提供了技术准备。

6　结语

南京历史文化名城保护的基础理论研究、保护实践探索在不断完善。此次南京历史文化资源信息平台建设通过信息技术手段确保了南京重要城乡历史文化遗产得到系统性保护。站在新的历史方位，南京要做好新时期城市工作和历史文化资源保护工作，坚持以文化传承为主线的规划实践，探索以新技术手段全面支撑历史文化资源保护利用及国土空间高质量发展。

［参考文献］

［1］胡明星，董卫. GIS技术在历史街区保护规划中的应用研究［J］. 建筑学报，2004（12）：63-65.

［2］陈硕. 历史文化名城规划与保护信息系统的研究探讨［J］. 福建建筑，2006（2）：149-152.

［3］熊焰，石华胜，陈正富. GIS技术在古城资源保护与利用中的应用研究——以扬州古城保护为例［J］. 测绘通报，2012（8）：79-82.

［作者简介］

陈韶龄，高级规划师，注册城乡规划师，南京市城市规划编制研究中心规划所所长。

郑晓华，研究员级高级城乡规划师，注册城乡规划师，南京市城市规划编制研究中心主任。

石竹云，城乡规划师，就职于南京市城市规划编制研究中心。

杨晓雅，工程师，就职于南京市城市规划编制研究中心。

城市系统服务供需关系视角下的数字化干预

□路青，王鹏，蔡震

摘要：传统城市发展模式所提供的有限的城市服务能力与高速增长的需求之间的矛盾，需要根据智慧城市的数据逻辑，通过数据精准、高效匹配供需，使有限的存量资源发挥更大效用。本文将城市系统划分为生态环境系统、建成环境系统和社会行动系统，结合城市各子系统的特征，归纳城市系统的管理途径，具体包括感知、模拟/预测、干预/控制；按照各系统所提供服务的领域，有机联系需求侧数据和供给侧数据；对城市规划、城市建设、城市运营和城市管理的智慧城市全生命周期进行数字化干预，并采用以城市信息系统平台为代表的数字化方法，实现数据供需的高效匹配。

关键词：未来城市；智慧城市；城市系统；城市服务供需关系；数字化干预；大数据平台

1 引言

为实现未来城市、智慧社会的构建，城市复杂巨系统中异种、异构的信息物理系统（Cyber Physical System，CPS）的建模和控制优化的重要性不言而喻，有必要对生态环境的保护与修复、建成环境的控制与优化、社会行为的感知与决策所涉及的一系列处理方法进行系统梳理和整合。

城市综合服务能力决定城市居民生活质量。由于交通、能源、环境、健康安全、游憩、产业、公共服务、信息与通信、住房等在各自的生态、社会基础设施系统中独立管理和控制，以纵向到底、横向割裂的孤立系统为对象进行优化管理的实施，城市整体的效率和居民的利益并未得到充分探讨。

精准梳理城市数据服务的供需关系有利于开展城市系统干预。为了城市复杂巨系统功能的健全发展，促使异种、异构的生态、社会基础设施系统横向连接，建立以城市数据服务的供需结构为出发点的处理机制十分关键。因此，根据智慧城市的数据逻辑，结合具体的城市服务场景，从数据服务的供需关系出发建立城市各子系统的网络。同时，在面对疫情蔓延、全球变暖、能源问题等一系列系统扰动的挑战时，除了追求协同与高效，确保系统稳定性、安全性亦是未来城市的重要议题。

充分利用云计算、物联网、大数据、智能计算等新一代信息技术，以城市信息系统平台为载体，整合数据资源，进行规划、运营、管理、实施，实现城市复杂巨系统的信息化、建设"数字中国"、开展城市系统干预成为当下智慧城市研究和规划的重中之重。

2　城市系统的划分

1933 年的《雅典宪章》首次从城市服务功能分区的角度将城市系统分为居住、工作、游憩与交通四大功能。随着生产力的进步和城市的发展，城市系统愈趋复杂，形成一个开放的复杂巨系统，很难再按照"不重不遗"的原则对城市系统进行分类。城市系统是一个控制论系统，城市规划实质上是一种人为干预方式。对城市进行干预的中心思想是将城市的生态、经济、社会、物理等各类现象当作一个系统进行描述，并对各部分之间的相互作用进行分析，当引入适当的干预机制时，系统的行为就会向特定方向变化，以实现干预者的管理目的。城市是由异质性组成分子（物质构造、生物和人类）构成的复杂系统，包含生态环境、建成环境和社会环境。智慧城市对于城市各系统形成作用机制与输入信息的准确性密不可分，为进行智慧城市系统干预，可将城市系统分为三类：生态环境系统、建成环境系统和社会行为系统。

2.1　生态环境系统

生态环境系统维持着城市资源的分配与供给，决定城市居民生活质量和人类福祉的可持续发展。生态环境系统的稳定性与完整性影响着其所提供的生态系统服务。生态系统服务是指生态系统与生态过程所形成及所维持的人类赖以生存的自然环境条件和效用。近年来，随着城市人口及建设规模的增长，生态环境系统日益受到人类活动的影响，生态系统服务供需关系日趋紧张。这种紧张关系不仅体现在总量上，还体现在城市各区域所需要的生态系统服务类型及价值量与其供给要素的时空分布之间的差异上。从生态系统服务价值考虑生态环境系统的供需时空差异，从环境到人类需求的服务流动过程，可以更好地反映生态系统服务在空间上的数量差异。

2.2　建成环境系统

城市的建成环境系统主要包括城市建成环境及其配套的技术设施。传统的建设环境一旦建成落地之后无法再做出改变，且往往受制于结构规范，使得城市建设一直处于反复拆建、重建的高资本、高代价的循环中。特别是随着科技的飞跃性进步，缺乏灵活性的城市空间很有可能陷入瘫痪，无法应对未来的高度不确定性。城市开发的可持续性依赖于具有前瞻性的市政基础设施建设（道路系统、给排水系统等）及其所提供的社会、经济和文化服务。打造满足人类时空行为需求的建成环境系统，干预促进建成环境的可持续发展是当前以人为本的城市研究的重点。建成环境因为其空间性和面向未来的特点，利用大数据支持学科发展已经得到了业内认可。

2.3　社会行为系统

近年来，各个领域对人类活动行为的关注越来越高。例如，关于手机数据，Rein Ahas 较早尝试了通过手机信令数据刻画人类活动，并介绍了社会定位法（Social Positioning Method，SPM）及其在公共生活组织与规划中可能的应用。以此为契机，利用手机数据对人类轨迹追踪在城市研究中的应用进行探索，如著名科学期刊《自然》刊发利用手机数据的复杂网络的研究。对人类行为的关注，其特征在于着眼于通过智能手机、电表等传感器获得大数据的可能性，并考虑可以通过系统干预，控制、影响生产、生活和出行等人类活动。

2.4 城市系统的感知、模拟与干预

目前，在生态环境系统、建成环境系统、社会行为系统的复杂变动下，多种因素复杂联系的生态基础设施和社会基础设施对系统控制的统一管理机制提出了巨大挑战。城市系统的管理途径包括感知、模拟/预测、干预/控制，结合城市各子系统的特征，开展系统干预（表1）。对生态环境、人类行为、建成环境进行全面感知，对建成环境的模拟/预测较生态环境与人类行为更容易实现，对建成环境、人类行为及生态环境的干预/控制难度逐渐加大。

表 1　城市各子系统管理途径

	感知	模拟/预测	干预/控制
生态环境	●	◎	○
人类行为	●	◎	◎
建成环境	●	●	●

3　有限的数据服务能力与高速增长的需求之间的矛盾

工业时代，通过发明和生产更多产品创造更多城市空间来匹配需求增长。但资源有限，这种增长不可能永远维持。一直以来，围绕城市服务能力与技术革新带来的高速增长需求之间的矛盾的讨论及实践，几乎就是一部城市的发展史。历史上，城市社会、经济和空间结构的变化表现出对技术发展的强烈呼应。苏联经济学家康德拉季耶夫发现了50年的经济周期并将其与技术革命和创新联系起来，随后约瑟夫·熊彼特详细阐述了这种经济周期现象，并将其命名为"康波"。按照这一周期划分，从1775年蒸汽机的发明到1975年个人计算机的发明，已经历到第五次周期，紧跟而来的第六个康德拉季耶夫周期将是智慧城市时代。

3.1 高频城市数据环境的特点与困境

智慧城市开始在人们的生活中逐渐实现，人群感知技术成为解决各类城市问题的一个强有力的方案。大数据的扩展和物联网技术的发展加大了智慧城市项目的可行性，大数据为城市提供了从各种来源收集的大量数据中获得有价值的信息的潜力，而物联网使得高度网络化服务通过集成传感器、射频识别和蓝牙等技术形式成为现实。在新的数据环境下，各种大规模、高精度的时空数据不断涌现，空间分辨率愈发精细，解读城市系统的视角从整体性的低频视角转变为包含丰富异质性信息的高频视角。

在城市各系统运行过程中，必然会产生大量"人、事、物、地"基础信息及活动轨迹数据，这部分数据无疑会有益于城市实现精细化干预。目前存在的两大问题并没有让数据发挥其在城市管理和干预方面的价值。首先，老化的数据采集方式降低了数据的完整性和标准性。城市可运用的感知设备单一，且由于前端感知设备建设年代较早，无法满足城市管理的需求，如摄像头功能单一，只能用于监测单项违章；或摄像头精度不高，数据无效。城市需要一个更全方位的感知网络，以实现对城市各个领域各个功能的实时监测。其次，数据的应用过程较为割裂，没有统一完整地应用于整个城市系统。例如，一个城市的环保系统无法调用交通数据，当前的技术架构不支持这些数据进行横向功能的拓展。这是因为缺乏统一的数据采集标准，同时没有一个数据资源平台可以对数据进行处理，无法得到一套全量、多维、标准、干净的数据可以开

放共享给不同的部门调用，最终也导致了数据的无效。

3.2　智慧城市的数据逻辑

智慧城市的本质是通过数据和计算，更高效地连接供需双方，实现更精准匹配，使有限的存量资源发挥更高效用。数字化资源正在成为一座城市最具价值和创新性资源，信息与通信技术给人们的生活带来极大的变化，通信设备、网络平台、传感设施等的普及带来了海量的信息生成与数据传播。时空数据是具有时间和空间属性的数据。由于测绘、物联网、人工智能等技术和设备的进步，时空数据呈爆炸式增长，样本量大，种类更加多元，并且打破传统的行政统计单元，能够从宏观、中观、微观全尺度对"人、事、物"进行描述和预测。大数据是数量巨大、结构复杂、产生迅速、类型众多的数据集合，这些数据所包含的信息使生活、工作和思维方式发生翻天覆地的变化，推动世界进入大数据时代。分时复用是数字通信技术的基本原理，从空间的静态划分到需求导向的空间分时复用，进而到所有空间相关资源的高频动态供需匹配，是信息化作用下城市空间变革的大趋势。

3.3　城市各系统供需关系

城市子系统按照其所提供服务的领域可分为交通、能源、环境、健康安全、游憩、产业、公共服务、信息与通信、住房等。需求侧数据和供给侧数据分别对应智慧城市的各种具体应用，并通过连接侧有机联系（表2）。以交通领域为例，其需求侧的具体场景包括客运和货运出行需求的时空分布，需求侧数据包括实时的人口流动数据、公共交通数据（公交刷卡）、各类出行轨迹和消费数据等；其供给侧的具体场景包括城市道路系统服务和线网调度，供给侧数据包括道路情况、车辆的位置和轨迹等；可通过包括 MaaS（Mobility as a Service）服务、全网调度、无人驾驶等方式的连接侧来匹配交通领域的供需关系。

表 2　城市各领域服务供需方联系

大领域	需求侧	需求侧数据	连接侧	供给侧	供给侧数据
交通	客运出行需求分布、货运	实有人口空间分布、职住关系、公交刷卡、各种出行轨迹和消费数据	从车辆、运营到 MaaS 服务，基于互联网的跨交通方式动态调度、全网调度、无人驾驶	各种道路、交通工具的状态和服务能力、线网与调度	道路、营运车辆位置、轨迹
能源	供热、供电、燃气、交通等能源需求的时空分布	手机信令、末端计量	能源互联网的全面连接、跨网蓄能和调度能力、管网节点的感知和控制、末端调节能力	各种基础设施源头供给总量（基础设施运营商）、分布式能源系统的位置和供给能力	源头设备数据、分布式能源设备运行数据、设备时空分布

续表

大领域	需求侧	需求侧数据	连接侧	供给侧	供给侧数据
环境	使用及排放量时空分布	上下水末端消费（入户仪表）	按需动态时空调节的供水设施和体系	供水和污水处理设施、管网供给和处理能力	设施和管网时空分布、水力计算相关运行传感数据
	产生和排放量的时空分布	垃圾分类与回收体系数据	高效分类的资源化无害化技术	各类垃圾处理能力的时空分布	各类处理设施及能力时空分布
	污染物的时空分布	感知网	基于数据的溯源与政策、执法	针对性减排和治理措施	执法和治理资源时空分布
	噪声的时空分布	感知网	基于数据的溯源与政策、执法	分类针对性处置能力	执法和治理资源时空分布
健康安全	公共卫生与安全风险的时空分布	设施和案件、安全风险时空分布	穿戴设备、个人健康数据和算法、基于互联网和数据的公共卫生服务，安防服务	无处不在的公共卫生与安防服务	设施时空分布
自然/游憩	人口分布、行为习惯	手机信令	各种用地内部可供游憩空间的共享化运营、基于ICT手段的绿地空间精细动态运营和交互体验，丰富游憩体验和空间利用效率	城乡空间关系、公园绿地及设施的布局、规模、服务能力、互动黏性	相关城市功能的时空分布
产业	农产品需求的时空分布	手机信令	高效的农业生产技术和农业空间时空利用方法	农产品生产能力的时空分布	遥感、货运等数据
	工业产品需求时空分布	企业分布、手机信令	产业空间布局及重塑时空关系的柔性制造技术	生产能力时空分布	设施布局
	服务需求时空分布	手机信令	打通线上线下的商业服务网络	服务能力时空分布	货物和场地（服务设施）的时空分布
公共服务	人口分布	手机信令、市长热线	通过对服务范围（客观）和服务质量（主观）进行评价和调整	设施布局、等级、服务水平	公共设施布局（POI）

续表

大领域	需求侧	需求侧数据	连接侧	供给侧	供给侧数据
信息与通信	流量、时延、连接需求分布	手机信令	多种通信模式的时空动态服务能力	卫星、光纤、基站、云服务、边缘计算节点等设施布局	设施布局
住房	房屋租售价格和交易量、空置情况、市民可支付性空间分布	价格、交易量等数据	基于共享、混合的空间使用模式	多元房地产供给	存量房产数据

4 智慧城市全生命周期的数字化干预

由互联网、物联网、政府管理部门与运营商所集成的大数据资源，通过数据精准、高效地匹配城市服务地供需关系，未来可以对智慧城市的规划、建设、运营、管理等全生命周期开展全面的数据化干预。

4.1 城市规划的多维化与精细化

城市规划基本确立了城市空间未来数年的发展方向，然而目前围绕经验主义和统计学的低效传统城市规划难以满足日益"高频"的城市。一方面，传统城市规划计量方法大多建立在数理统计基础之上，使用线性统计分析方法分析城市问题。随着生产力的进步和城市的发展，城市系统愈趋复杂，主导城市变化的法则多而复杂，忽略任何一个法则都会带来极大的不确定性影响。同时，线性分析方法也无法预测和模拟不同决策下的城市场景，与现实情况存在很大的偏差。另一方面，由于缺少全样本的支撑，规划师对于城市的把握和细节的研究往往需要长时间的积淀。每五年修编一次的原城市总体规划需要规划师基于现实来预测未来五年的发展趋势，这就意味着一名规划师至少需要十年时间积累必要的经验。随着"高频"城市时代的到来，依靠经验进行的传统城市规划模式需要逐渐精细化、实时化，进而提高城市规划的功能与效率，如预测城市规模、准确刻画城市空间结构、识别城市空间行为模式、助力城市规划全方位的公众参与。

4.2 城市建设的灵活性与互动性

城市建设需要更灵活的建造方式和更具弹性的技术来应对未来技术发展带来的不确定性和人们对空间的需求变化。建筑信息模型 BIM 的逐渐成熟便符合这一趋势，通过对建筑物和内部组件的数字化建模，将建筑的设计、施工、使用、维护的全过程以 3D 可视化的方式呈现，模拟仿真建造前、建造时、建造后的建设效果，提高建筑效率。同时，VR（虚拟现实）、AR（增强现实）、MR（混合现实）等技术也可以辅助建筑行业降低施工返工概率。

城市建设既是对城市规划方案的执行，也是城市运营和管理的基础。城市的功能在建设中不断被完善被扩充，人们对舒适与方便的需求却不断被挤压。城市建设需要收集居民的需求，进而对城市人居环境进行更合理的规划和管理，避免进一步加深人与城市的隔阂。在传统城市规划途径中，个体的需求是无法被精准感知的，城市建设过程中出现的问题更是只能通过调查走访的形式被发现。若提前在基础设施的建设中安插感知设备，随时监测设备使用情况和运转情况，并传输到云平台进行统一处理和分析，将成为城市发展过程中有价值的数据信息。一方面将增强对物质空间的了解，提供有效信息用于规划中城市问题的分析；另一方面能实时反馈人们的问题，即时响应城市运营和管理的需求，最终使城市建设成为与城市规划、运营和管理存在于同一个城市互动反馈机制之下的基础性工程。

4.3　城市运营的持续性与韧性

过去的城市运营以提升城市价值为目的，将城市基础设施、产业资源、城市公共服务等纳入政府义务进行系统经营。由于缺少市场化的手段，政府提供的服务有限，没能有效达到增值的目的。市场开放之初，城市中集中运营的领域仅停留在传统的重资产运营模式，大部分为一次性收益。例如，长租公寓、联合办公、物业服务等模式，附加值相对较低，没有离开对人口、房地产、税收这些传统资源的依赖，缺乏持续获得商业回报的运维手段。在 ICT 技术介入城市运营之后，政府和企业都开始利用数字化的手段对城市进行投资，如信息与通信技术的开发、数字化设备的购买等。但由于缺少长周期的商业回报和多维度的商业模式，在大量资金投入硬件之后也常以亏损告终，无法持续为城市创造收益。

对于利润回报极低甚至亏损运行的城市公共资源，大数据提供的附加值是市场化运营的前提。以城市照明为例，由于路灯的数量大、分布广，且现阶段的照明设施故障发现机制主要采取人工巡查模式，城市照明系统整体成本高且运维效率低。在应用物联网、有线/无线通信等技术对城市路灯进行改造之后，城市照明不仅可以实现远程单灯开关、调光、检测等管控功能，有效降低照明能耗，节省大量人力成本，整体提高城市照明效率，而且这些改造技术拓宽了设备可运营的渠道，提高了市场的商业回报。例如，改造后的灯杆融入了多媒体、网络以及充电车桩等功能，可以通过广告运营、网络服务、汽车充电等模式实现收益。城市照明系统这一公共资源的利用效率大大提升，并在过程中产生了新的收益，实现了城市公共资源的市场化盈利。

城市运行过程中产生的大数据可以通过数据服务的方式完成更多商业信息的挖掘。例如，共享单车最初是作为政府公共资源服务出现的，免费且不设站点，但损坏量大，运行效率低下。在物联网与互联网技术融合之后，共享单车的位置、状态等信息开始被感知，产生了海量实时的共享单车租用者的行为数据。这部分数据蕴含了大量的信息，如通过每部单车具体的停车位置，建立车主与周边企业的联系，为双方同时提供增值服务。如果将数据服务范围进一步扩大，为市场提供评估分析咨询，后期还可以通过 SaaS 服务售卖实现持续盈利。

城市规划、建设环节中制造的弹性可以让城市在运营过程中根据市场需求的变化持续创造价值。城市汇聚的大量公共资源，过去都是由政府财政负担统一进行运营。在大数据全面介入城市的规划、建设、运营和管理后，城市的实体空间被精准描摹。城市中的设施和资源在这一过程中开始进入市场，实现商业计费和利益创收。在这一趋势下，各大运营商将在有竞争力的环境中不断扩大城市公共服务的普及范围，满足城市中市民更加精细化、个性化的服务需求。

在城市创造持续性商业回报之前，需要一套适合城市产业发展的招商引资模式。传统的招商引资方式和手段往往受限于空间、人脉、信息不对称等因素，面临很多问题。招商的核心思想是要获取有效的信息资源，并从中挖掘适合自身区域产业发展的资源价值，为城市后续的运营打基础。大数据的完备性和多维度完全符合了未来招商的趋势，可以为政府和企业提供更多的渠道、更全面的信息、更开放的思路，是实现智能招商、精准招商的有效途径。

4.4 城市管理的精准化与高效化

4.4.1 前端的全面识别

充分利用物联网技术将各种信息感知设备，如摄像头、环境传感器、GPS 等，将城市数据的需求侧、连接侧和供给侧整合为一个巨大的智能传感神经网络。通过"做简前端、做强后端"，结合图像、语音、指纹、RFID 等技术，实现数据自动采集，减少采集工作量，释放人力。

4.4.2 全量数据平台建设

建立统一的大数据共享平台、一体化"数据语言"（城市数据定义与标准），将所有感知过的数据，根据使用权限统一服务于城市各子系统。这首先需要从数据层面打通各系统之间的壁垒，整合设备检测数据、各领域数据、摄像头视频、互联网数据等，避免数据孤岛。其次，应建立数据标准，为跨渠道的多源数据融合分析奠定基础，包括数据汇聚、数据模型、质量评价、数据应用等一系列城市大数据建设标准规范的建立。最后，建立多维数据分发系统，对汇聚后的数据按不同层次、不同主题、不同中心进行信息整合和融合分析，构建完整的城市指标体系，既能实时刻画城市全局态势，又能支持城市的精细化管理和干预。

4.4.3 模拟决策

通过大规模构建城市各个领域的干预模型，训练管理平台能够根据实时状况预测未来状态的演化过程，帮助城市管理者获得更优的决策支持与效果，特别是在应急情况时的辅助决策。

5 结语

城市的生态环境系统、建成环境系统和社会行为系统的状态时刻在发生变化，数据的供需关系也随着场景的切换而变化。传统城市发展模式中通过提升生产力创造更多城市空间来匹配需求增长难以适应高速增长的需求。分散、独立的协调控制理论不足以支撑多阶异构系统的干预和控制。各系统、各场景间数据供需关系的精准匹配对城市复杂巨系统的干预和控制极其重要。以城市大数据平台为支撑，通过数据和计算，更高效地连接供需双方，实现对城市系统的干预，使城市要素实现全面数字化标识和监测，感知、连接、计算能力的加强为城市管理手段的泛在感知数字化打下基础。

一方面，城市基础设施全面智能化升级可以实现城市建筑、基础设施的部件全生命周期可视化管理和维护；另一方面，在实时跟踪城市状态获得的海量城市数据的基础上，基于大数据技术的分析和模拟可以对交通、能源、环境、健康安全、游憩、产业、公共服务、信息与通信、住房等的各种状态进行实时监测，迅速准确发现城市问题并进行智能评估和应急响应，中长期的城市政策出台前也可通过在城市系统干预支持平台的模拟来进行试验和验证，从而驱使城市管理决策向数字化模拟转变。此外，随着城市传感器网络的密集布置和移动终端的普及，城市治理的模式也将向去网格化、扁平化和全民参与转变，管理部门的政务处理也会更加快捷。

［基金项目：国家自然科学基金项目（71804018），教育部人文社科基金项目（18YJC630039）。］

［参考文献］

[1] DAILY G C. What are Ecosystem Services [M]. Washington D. C.：Island Press，1997.

[2] MICHAEL BATTY. Inventing Future Cities [M]. Cambridge，MA：MIT Press. 2018.

[3] 周干峙. 城市及其区域——一个典型的开放的复杂巨系统 [J]. 城市规划，2002（2）：7-8，18.

［4］ 孙施文，周宇 . 城市规划实施评价的理论与方法［J］. 城市规划汇刊，2003（2）：15-20，27-95.

［5］ AHAS R，M ARK U. Location based services -new challenges for planning and public administration? ［J］. Futures，2005，37（6）：547-561.

［6］ HASHEM I，CHANG V，ANUAR N B，et al. The role of big data in smart city［J］. International Journal of Information Management，2006，36（5）：748-758.

［7］ BATTY M. Rank clocks［J］. Nature，2006，444（7119）：592.

［8］ COSTANZA R. Ecosystem services：Multiple classification systems are needed［J］. Biological Conservation，2008（141）：350-352.

［9］ GONZALEZ M C，HIDALGO C A，BARABASI A L. Understanding Individual Human Mobility Patterns［J］. Nature，2008（453）：779-782.

［10］ MAENG D M，Z Nedović-Budić. Urban form and planning in the information age：Lessons from literature［J］. Spatium，2008：1-12.

［11］ SONG C M，KOREN T，WANG P，et al. Modeling the Scaling Properties of Human Mobility ［J］. Nature Physics，2010（6）：818-823.

［12］ 高岩 . 城市运营中的政府主导与管制［J］. 城市问题，2011（4）：8-10.

［13］ 柴彦威，申悦，马修军，等 . 北京居民活动与出行行为时空数据采集与管理［J］. 地理研究，2013，32（3）：441-451.

［14］ 杨保军，陈鹏 . 新常态下城市规划的传承与变革［J］. 城市规划，2015，39（11）：9-15.

［15］ ANGELIDOU M. Smart cities：A conjuncture of four forces［J］. Cities，2015，47（9）：95-106.

［16］ RAJASEKAR D，DHANAMANI C，SANDHYA S K . A survey on big data concepts and tools ［J］. International Journal of Emerging Technology and Advanced Engineering，2015，5（2）：80-81.

［17］ 杨保军，陈鹏 . 新常态下城市规划的传承与变革［J］. 城市规划，2015，39（11）：9-15.

［18］ 牛强，胡晓婧，周婕 . 我国城市规划计量方法应用综述和总体框架构建［J］. 城市规划学刊，2017（1）：71-78.

［19］ 秦萧，甄峰 . 大数据与小数据结合：信息时代城市研究方法探讨［J］. 地理科学，2017，37（3）：321-330.

［20］ OSCAR A，CARLOS C，JUAN-CARLOS C，et al. Crowdsensing in Smart Cities：Overview，Platforms，and Environment Sensing Issues［J］. Sensors（Switzerland），2018，18（2）：1-28.

［21］ MICHAEL BATTY. Digital twins［J］. Environment and Planning B：Urban Analytics and City Science，2018，45（5）：817-820.

［22］ SARAH BARNS. Smart cities and urban data platforms：Designing interfaces for smart governance［J］. City，Culture and Society，2018（12）：5-12.

［23］ KOURTIT K，NIJKAMP P. Big data dashboards as smart decision support tools for i-cities-An experiment on stockholm［J］. Land Use Policy，2018（71）：24-35.

［24］ 彭震伟，刘奇志，王富海，等 . 面向未来的城乡规划学科建设与人才培养［J］. 城市规划，2018，42（3）：80-86，94.

［25］ 王巧雯，张加万，牛志斌 . 基于建筑信息模型的建筑多专业协同设计流程分析［J］. 同济大学学报（自然科学版），2018，46（8）：1155-1160.

［26］ 赖世刚 . 复杂城市系统规划理论架构［J］. 城市发展研究，2019，26（5）：8-11.

[27] 彭建，徐飞雄. 不同格网尺度下的黄山市生境质量差异分析 [J]. 地球信息科学学报，2019，21（6）：887-897.

[28] 沈尧. 动态的空间句法——面向高频城市的组构分析框架 [J]. 国际城市规划，2019，34（1）：54-63.

[29] 曹阳，甄峰，席广亮. 大数据支撑的智慧化城市治理：国际经验与中国策略 [J]. 国际城市规划，2019，34（3）：71-77.

[30] WU X，WANG J，SHI L，et al. A fuzzy formal concept analysis—based approach to uncovering spatial hierarchies among vague places extracted from user—generated data [J]. International Journal of Geographical Information Science，2019，33（5-6）：1-26.

[31] LIU K，GAO S，LU F. Identifying spatial interaction patterns of vehicle movements on urban road networks by topic modelling [J]. Computers，Environment and Urban Systems，2019（74）：50-61.

[32] KELLEY S B，LANE B W，STANLEY B W，et al. Smart transportation for all? A typology of recent US smart transportation projects in midsized cities [J]. Annals of the American Association of Geographers，2020，110（2）：547-558.

[33] 张潇，路青. 城市尺度下生态系统服务流研究综述 [J]. 环境保护科学，2020，46（6）：55-63.

[34] 龙瀛. 颠覆性技术驱动下的未来人居——来自新城市科学和未来城市等视角 [J]. 建筑学报，2020（Z1）：34-40.

[35] 吴杨. 大数据政策文本与现实的偏差及完善路径研究 [J]. 公共管理学报，2020，17（1）：31-46，169-170.

[36] 黄其松，邱龙云，胡赣栋. 大数据作用于权力监督的案例研究——以贵阳市公安交通管理局"数据铁笼"为例 [J]. 公共管理学报，2020，17（3）：24-36，166.

[37] 卢添添，马克·奥雷尔·施纳贝尔. 设计革新：面向参与式建筑设计的扩展现实（XR）技术及其应用展望 [J]. 建筑学报，2020（10）：108-115.

[38] 刘瑜，姚欣，龚咏喜，等. 大数据时代的空间交互分析方法和应用再论 [J]. 地理学报，2020，75（7）：1523-1538.

[39] 汪乐军. 基于控制论的城市设计实施管理 [D]. 上海：同济大学，2008.

[40] 邓清华. 城市系统控制与城市规划 [J]. 经济地理，2001（S1）：96-100.

[作者简介]

路青，城乡规划师，北京大学城市与环境学院在读博士研究生。

王鹏，教授级高级城市规划师，腾讯研究院（未来城市）资深专家。

蔡震，教授级高级城市规划师，深圳市城市空间规划建筑设计有限公司院长。

基于网络口碑大数据的市场主导型公共服务设施供需空间匹配研究

□冯君明

摘要：在"以人为本"发展理念和"存量提质"发展模式指引下，我国城市公共服务系统规划将进一步强调对"质"与"量"的综合测度。本文选择北京市海淀区作为实证研究区域，以市场主导型公共服务设施的供需空间强度匹配作为研究内容。在供需空间强度评价上，引入网络口碑大数据量化商业综合、休闲娱乐、生活服务三类市场主导型公共服务设施的服务能力，以此为基础开展供给空间强度评价工作。同时，结合其他多源数据完成空间需求强度的评价过程，最终得出研究区市场主导型公共服务设施供需空间强度的分布规律及匹配关系。结果表明：①在供需空间强度分布上，研究区三类设施供给与需求空间强度均呈显著的集聚性，三类设施供给强度空间分布规律大体相似，在西侧浅山区和北侧城乡结合地带存在一定差异，需求强度空间分布则在北部城乡结合地带与供给强度差异更加明显；②在供需空间强度匹配上，海淀区三类设施供需空间整体匹配结果良好，但仍存在少数"高—低"负相关空间，主要受过于集中的高口碑分值服务设施影响。本文研究方法可以深化和扩展城市公共服务系统领域的研究范畴，研究结论可以为区域城市更新提供参考。

关键词：公共服务设施；市场主导型；供需空间匹配；网络口碑大数据；北京市；海淀区

1 研究背景

城市的基本功能之一是为居民提供便捷的公共服务。在快速城市化进程中，普遍存在公共服务设施地域分配不均、供需结构失衡等问题，这在我国较为突出。在"以人为本"发展理念和"存量提质"发展模式指引下，我国政府职能由管理型向服务型转变，完善公共服务体系成为国家重要战略目标，相关规划政策也开始倡导城市公共设施配置的合理性与均等性，城市公共服务设施的空间供需均衡成为学术界持续关注的重点命题。

在已有研究成果中，各界学者分别聚焦研究对象、评价方法、数据运用等领域对城市公共服务设施开展了大量研究，相关成果按设施类型可分为两类：①政府主导型，包括公园、学校、医院、文化设施等，该类研究开展较早且成果较为丰硕，如吴健生等人使用重力模型对深圳市不同类型公园绿地的空间公平性进行分析，郭亮等人从医疗设施的供需关系出发分析居民就医需求与各级医疗设施供给的空间分布特征；②市场主导型，包括餐饮店、商场等，该类设施研究尺度相对灵活，且多聚焦于综合型研究方向，如常飞等人基于就餐、娱乐等十一类设施数据探讨兰州市公共服务设施与人口的匹配关系，韩增林等人基于社区生活圈视角，使用城市网络分析工具对大连市沙河口区六类公共设施的空间分异现象进行分析。对比发现，目前市场主导型公共服务设施空间供需研究成果相对滞后于政府主导型，主要原因在于前者难以测度的服务能力。服务能力指公共设施为需求者提供服务的水平，多数政府主导型设施可参考评级、面积或人员数量等实现对服务能力的量化，从而有效识别服务设施在空间供给层面上的差异，而市场主导型设施因缺少基础数据和数量庞大而难以实现，目前主要通过设施数量或空间密度进行表达，导致仅能从"量"的角度探讨公共服务设施的空间供给而忽略了"质"的影响。

公众使用满意度是判断城市基本公共服务质量的重要标志。为实现市场主导型公共服务设施服务能力的量化过程，本文引入网络口碑大数据（Internet Word－of－Mouth，IWOM）这一数据类型。IWOM 大数据指在互联网中传播的口碑信息，平台包括微博、大众点评、Facebook、Twitter、LinkedIn 等，是伴随网络信息技术发展，公众与公共服务设施之间关系由 Web 1.0 被动接收向 Web 2.0 双向互动转变过程的重要产物。时至今日，IWOM 大数据广泛应用于市场主导型公共服务的消费过程，其口碑信息在一定程度上能够反映公共服务设施的服务质量或吸引力。对此，秦萧等人认为利用 IWOM 大数据研究餐饮业的服务质量可以为城市餐饮业的空间布局以及顾客的消费出行与比较选择提供有效的引导；何丹等人认为设施居民满意度越高，服务水平越高，相应的空间供给能力越强。由此，笔者认为 IWOM 大数据可以为部分市场主导型公共服务设施服务能力的量化提供依据，从而为其空间供需匹配关系研究提供支撑。在此基础上，笔者以北京市海淀区作为案例区域开展实证研究，选择大众点评网（https：//www.dianping.com/）作为市场主导型公共服务设施 IWOM 大数据的获取渠道，并结合其他多元数据作为公共服务设施供给和需求空间分布的评判基础，最后通过空间自相关分析论证研究区市场主导型公共服务设施的空间供需匹配情况。研究方法可以弥补城市公共服务系统在对象研究和数据使用等方面的不足，研究结论也能为区域城市更新提供参考。

2　研究区概况

海淀区位于北京市中心城区西北部，下属 29 个乡镇管理单位，总面积为 430.7 km²，拥有常住人口 313.3 万人（截至 2020 年 11 月）。城区内道路网络发达，城镇化程度较高，拥有"三山五园"、京张铁路绿廊、中关园科学城等各类历史文化和现代城市环境资源。在《海淀区分区规划（国土空间规划）（2017—2035 年）》中，构建覆盖城乡、优质均衡的公共服务体系，提升生活性服务业品质等已经成为海淀区优化用地结构、提升生活空间宜居性的重要举措。在已有相关研究中，各界学者主要从北京市域或中心城区尺度展开，并且多数以设施数量、分布密度等作为公共设施空间供给的衡量方法，聚焦海淀区，关注市场主导型公共服务设施供需空间匹配关系的成果相对较少。因此，在本文研究领域，海淀区的现状条件和实践需求均具备一定的典型性。在分析过程中，为便于数据统计与计算，笔者以 500 m×500 m 为格网单元对研究区进行划分，共获得 1699 个格网。

3　研究数据与方法

3.1　数据来源

本文研究数据由供给、需求两端以及其他基础分析数据构成。①供给端数据源自大众点评网站，该网站是我国社交媒体网站中拥有最多点评数量和影响的点评网站之一，数据使用率高且代表性强，相较其他平台更加符合本文对量化市场主导型公共设施服务能力的需求。通过 Java 语言编写程序结合手动收集的方式获取大众点评网站数据，获取时间为 2021 年 1 月 12—20 日，根据数据特点，将所获数据整合为商业综合（美食、购物）、休闲娱乐（电影演出赛事、休闲娱乐、运动健身）和生活服务（学习培训、生活服务、医疗健康、宠物）三类共 52484 个（商业综合类 30856 个，休闲娱乐类 4718 个，生活服务类 16910 个），包括 POI 坐标点位及网络口碑信息（包括口味、环境、服务等评分项目）。②需求端方面，笔者将居住区 POI 核密度、百度出行热力及城市夜间照明 DN 值作为需求端评价的基础数据。其中，居住区 POI 数据于 2021 年 1 月 12 日通过 Bigemap 地图下载器下载，共计 2951 个。居民出行热力数据源于百度地图开放平台（http：//lbsyun. baidu. com）提供的公众出行 API 数据，获取时间为 2020 年 8 月 17—23 日（每日获取时间为 8：00、10：00、15：00、19：00 四个时间点，共 28 组热力数据），经矢量化和叠加处理后参与选线过程。需要说明的是，2021 年 1 月北京市受新型冠状肺炎疫情影响严重，因此本文选择 2020 年 8 月作为数据源，该时段北京市新型冠状肺炎疫情长期局势稳定，公众出行较少受到疫情因素影响。城市夜间照明 DN 值于 2021 年 1 月通过地球观测小组网站（https：//eogdata. mines. edu/products/vnl）获取，精度为 400 m。③其他基础数据主要为城市道路数据，该数据于 2021 年 2 月 12 日通过 Bigemap 地图下载器下载，包括主干道、快速路、次干道和支路四类。此外，本文全部数据均投影至 CGCS2000 坐标系，以确保底图一致。

3.2　研究方法

3.2.1　供需空间强度

供需空间强度指公共设施/公众在城市空间内赋予公共服务供给/需求力度的量化体现。在供给空间强度方面，依据社区生活圈和环境行为学理论，以及网络分析法（Network Analysis，NA）、潜能模型（Potential Model，PM）、两步移动搜寻法（Two—step Floating Catchment Area，2SFCA）等典型的空间可达性评价方法，笔者认为供给空间强度需要通过设施数量、与设施的距离、设施服务能力三项因子进行测度，具体解释为随着距离的增加，供给强度随之降低；随着设施数量的增加，供给强度随之提高；随着设施服务能力的提高，供给强度随之提高。对此，本文将位于公共服务设施一定可达距离范围内的城市空间视为供给强度赋值区域，以大众点评网口碑总分作为服务能力划分依据。计算过程如图 1 所示，首先依据表 1 对相同口碑总分的公共服务设施进行服务范围分析；其次对不同范围进行供给强度标准值赋值并统计在研究区格网中，再次统计不同格网内该口碑总分的服务设施数量，将供给强度标准值乘以设施数量得到该口碑分值设施的空间供给强度；最后将不同口碑分值所赋予的空间供给强度加权叠加得到最终供给强度，权重采用线性函数（Linear），依据公式（1）对口碑总分进行归一化处理获得。

$$Wj = \frac{x_j - x_{\min}}{x_{\max} - x_{\min}} \tag{1}$$

式中，Wj 为由设施 j 服务能力计算得出的权重值；x_j 为设施 j 网络口碑总分，$x_{\max}$ 和 $x_{\min}$ 分别为设施口碑总分最大值和最小值。

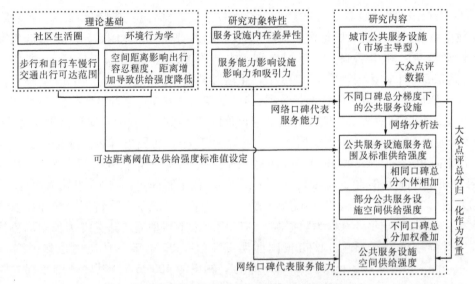

图1　公共服务设施供给空间强度分析框架

表1　公共服务设施供给空间强度标准值设定信息

服务范围	对应时长	供给强度标准值
500 m 以内	步行 5 min 以内	9
500~1350 m	步行 5~10 min 以及骑行 5 min 以内	7
1350~3000 m	步行 10~15 min 以及骑行 5~10 min	5
3000~5000 m	骑行 10~15 min	3
3000 m 以外	步行与骑行 15 min 以上	1

注：服务范围阈值以及步行/自行车平均速度的设定参考《社区生活圈规划技术指南》（TD/T 1062—2021）等文件和《城市步行与自行车交通规划》等研究成果。

在需求空间强度方面，参考城市人口估算、人口集聚流动、城市活力识别等研究成果，选择居住区 POI 核密度、城市夜间照明 DN 值及居民出行 API 值作为需求空间强度划分依据。相比常用的居住区人口数据，本文借助多元数据分析将城市人群的动态分布考虑在内，使公共服务设施空间供需匹配更符合真实情境。在分析过程中，首先使用线性函数（Linear）对各项数据进行归一化处理，在此基础上进行加权叠加，权重则通过 30 位城市规划领域专家、学者依据各因子间相对重要性进行打分，然后使用 Yaahp 软件计算求得（判断矩阵一致性为 0.005，通过一致性检验。其中居住区 POI 核密度为 0.28，百度出行 API 值为 0.59，夜间照明 DN 值为 0.13）。

3.2.2　供需空间强度分布特征

使用全局 Moran'sI 指数描述研究区供需空间强度是否有集聚效应，相关原理及公式见参考文献第 26 条。全局 Moran'sI 指数值域为 [−1，1]，若大于 0 则为正相关，反之则为负相关，其绝对值趋近于 1 则集聚性较强，等于 0 则表示随机分布。此外，使用 Getis—Ord G^* 来刻画研究区供需空间强度的冷热点分布，当 G^* 值为正时，供给/需求呈高值集聚，为热点区域，反之则为冷点区域，其中 99% 置信水平上的 G^* 值对应的区域为热点与冷点，95% 置信水平上的 G^* 值对应的区域为次热点与次冷点，相关原理及计算公式见参考文献第 27 条。

3.2.3　供需空间强度空间自相关分析

使用双变量局部空间自相关指数对研究区供需空间强度的匹配关系进行分析，具体从空间匹配模式和匹配度两个层面展开。在空间匹配模式层面，通过 GeoDa—Queen 矩阵生成 LISA

（Local Indicators of Spatial Association）集聚图，用于展示公共服务设施供给和需求空间强度的匹配分布情况。空间匹配度借助 Moran 散点图及局部空间自相关指数表达，Moran 散点图的第一、二、三、四象限分别代表网格的设施需求和供给强度平均值是"高－高"的空间正相关、"低－高"的空间负相关、"低－低"的空间正相关、"高－低"的空间负相关。局部空间自相关指数取值范围为［－1，1］，大于 0 表示正相关，值越大相关性越强，小于 0 则相反，等于 0 表示没有相关性，计算公式借鉴了参考文献第 1 条。

4　研究结果

4.1　北京市海淀区公共服务设施供给空间强度分布

研究区三类公共服务设施供给空间强度分布规律大体相似，均表现出显著的集聚性，并且高供给强度与高置信度热点区域均集中在东南侧与中部东侧区域。全局空间自相关指数由大到小分别为生活服务类、休闲娱乐类和商业综合类，表明生活服务类供给空间强度分布相比更加集中。

在分类空间分布特征上，除了东侧、南侧高强度集聚区，商业综合类在温泉地区住宅群、西北旺中科产业园、上庄镇等区域形成点状高强度供给区域，这与生活服务类相近，但生活服务类高供给强度区与同泽园、上庄馨悦等新建小区关系更为紧密，说明在城乡接合地带，高口碑分值的商业和生活服务类设施更易集中在基础条件相对较好的居住区和产业园区域，并以此为枢纽服务周边村镇。此外，在商业和生活服务方面，虽然北侧和西侧浅山地带各街道高供给强度集聚规模远不及东南侧地带，但是各街道内部均形成一至多处相对较高的局部供给功能区，并且较高供给强度区之间距离均在 5 km 以内，说明海淀区内各城区虽然在供给空间强度数值上存在较大差距，但是其整体分布格局较为合理。与商业综合和生活服务类相比，休闲娱乐类高供给强度区主要集中在中关村广场、五道口购物中心、稻香湖公园、中关村产业园、温泉体育中心等区域，并且受国家植物园影响，香山街道在休闲娱乐类供给强度方面有了明显提高，可见电影院、健身中心等休闲娱乐场所更加依赖大型商业广场、城市公园、文化设施等提升其供给服务能力。

4.2　北京市海淀区公共服务设施需求空间强度分布

研究区公共服务设施需求空间整体自相关指数为 0.7269，相比供给空间强度分布更加集中，并且由于西北浅山地带几乎无居住区或村镇，同时海淀区东南部学院路街道、紫竹院街道等均为产业单位、高校、商业圈等高密度人群的集聚地，研究区各格网之间需求空间强度差距极大，导致 95％以上置信度的热点和冷点区域占比分别达到了 24.31％和 20.54％，远高于供给空间分布结果。

在具体空间分布上，除了东南侧和中部东侧高需求强度分布，西北旺、马连洼、上地等街道由于"产业园区－居住区"复合的构成模式使其在公众活力、居住区数量等方面均表现出较高的数值，该区域需求强度相比周边以村镇为主体的街道单元更大，因此在西侧浅山区与北侧城乡接合地区内，海淀区供给和需求强度存在较为明显的差异。

4.3　北京市海淀区公共服务设施供需空间匹配

使用 Geoda 软件对研究区三类供给空间强度和需求强度分别进行双变量空间自相关分析，

得到公共服务设施供需空间匹配度以及聚类模式。在整体尺度下，与供给强度空间分布规律相似，研究区三类设施在空间供需匹配模式上大体相近，局部空间自相关指数由大到小依次为生活服务类、休闲娱乐类和商业综合类，并且 Moran's I 指数均为正值，说明作为城市化程度较高的城区，海淀区在三类服务设施类型上供需空间匹配整体良好。但对比 LISA 聚类模式发现，在整体良性匹配的背后，仍然存在部分"高需求－低供给"的负相关匹配空间，其中商业综合类"高－低"匹配格网占比为 3.04%，主要分布在中关村科技示范园北部、航天城中部等区域，这是由于大量高口碑分值的商铺集中于温泉体育中心、大牛坊社区等大型城市公共设施或少数居住区地带，难以很好地辐射人群密度同样较高的产业园区；休闲娱乐类"高－低"匹配格网占比为 2.44%，主要分布于安河家园、青棠湾小区等新建居住区域，该区域一方面相关配套设施尚未完善，另一方面远离商圈、购物中心等重要的休闲娱乐服务场所，因此呈现出高供给和低需求的负相关匹配现象；相比商业综合与休闲娱乐类匹配结果，生活服务类设施"高－低"匹配格网占比最低（0.65%），且仅以点状形式分布于少数城区，未形成集中连片的负相关匹配区域，说明作为与日常生活最为贴近的设施类型，海淀区生活服务类设施在服务"质"与"量"的空间规律上与市民需求基本协同。

5 结语

城市公共服务设施供给模式与社会经济背景紧密相关，改革开放以来，社会经济体制的转型促使我国城市公共服务设施供给模式发生根本性改变，其供给主体由计划经济时期的政府垄断转向政府公共部门、市场企业组织及社会非营利组织等多元参与。时至今日，餐饮、购物、健身、便民服务等市场主导型公共服务设施已经与公众日常生活深度融合，成为城市公共服务系统构建的重要组成部分。随着我国城市建设由增量向存量的转变，市场主导型公共服务设施的空间供需均衡需要受到更多的关注。本文以北京市海淀区为例，采用大众点评数据作为市场主导型公共服务设施服务能力的划分依据，使用居住区 POI 核密度、公众出行 API 值和城市夜间照明 DN 值加权叠加结果实现对服务设施在需求层面的空间量化，测度海淀区市场主导型公共服务设施供给与需求空间强度，以及二者之间的空间匹配关系。主要结论如下：

一是在供需空间强度分布上，海淀区商业综合、休闲娱乐、生活服务类设施供给与需求强度均呈显著的集聚性，其中需求强度集聚性最强。在分类空间分布上，三类设施均在东南侧和中部东侧表现出高强度供给集聚的状态，其他城区因设施类型而异，商业综合类在少数产业园区、新建小区等区域形成高强度供给区；生活服务类高强度供给区与新建小区关系更为紧密；休闲娱乐类高强度供给区则更多围绕大型商业广场、城市公园等出现。与供给空间强度分布相比，海淀区各街道之间需求空间强度差距较大，冷热点集聚明显，并且受"产业园区－居住区/村镇"复合构成模式的影响，北侧城乡接合区域出现集中分布的高强度需求片区。

二是在供需空间强度匹配上，海淀区三类设施供需空间强度匹配结果均为正相关，整体表现良好，但仍存在少数"高－低"负相关匹配区域，该现象以商业综合类和休闲娱乐类最为突出，前者主要受较高口碑分值服务设施过于集中的分布状态影响，使部分产业园区或小区与服务设施之间距离较大，不能很好地接受服务覆盖影响；后者则更多由尚未完善的配套设施建设所致。

三是在海淀区市场主导型公共服务系统优化上，笔者认为虽然高口碑分值服务设施具有较强的服务能力和影响力，可以为区域公共服务系统提供重要的补充和支撑作用，但是过于集中的分布现象使部分居民或从业者身处公共服务设施的有效服务范围之外，该矛盾在北侧部分产业园区与居住区尤为突出。对此，一方面需加强对北部城乡接合地区公共服务设施的建设导向，依托回购闲置房产等补足各类市场主导型公共服务设施；另一方面，以满足服务覆盖"最后一公里"为目标，鼓励社区合理发展餐饮、商售等便民服务业态，从而修补城市公共服务系统短板，支撑城市功能织补与更新工作。

［基金项目：国家自然科学基金面上项目（51978050），国家住房与城乡建设部科学技术计划项目（2020-k-194）］

［参考文献］

［1］ ANSELIN L, SYABRI I, KHO Y. GeoDa：An introduction to spatial data analysis ［M］// Handbook of applied spatial analysis. Springer，Berlin，Heidelberg，2010.

［2］ GETIS A, ORD J K. The analysis of spatial association by use of distance statistics//Perspectives on spatial data analysis ［M］. Springer，Berlin，Heidelberg，2010.

［3］ 苏文. 消费者在线互动行为——网络口碑对中国旅游者的影响机制研究 ［M］. 厦门：厦门大学出版社，2017.

［4］ 钟君，刘志昌，陈勇，等. 公共服务蓝皮书中国城市基本公共服务力评价（2018）［M］. 北京：社会科学文献出版社，2018.

［5］ MORAN P A P. Notes on continuous stochastic phenomena ［J］. Biometrika，1950，37（1/2）：17-23.

［6］ LO C P. Modeling the Population of China Using DMSP Operational Linescan System Nighttime Data ［J］. Photogrammetric ENGINEERING & Remote Sensing，2001，67（9）：1037-1047.

［7］ LOTFI S, KOOHSARI M J. Measuring objective accessibility to neighborhood facilities in the city （A case study：Zone 6 in Tehran，Iran）［J］. Cities，2009，26（3）：133-140.

［8］ 周春山，高军波. 转型期中国城市公共服务设施供给模式及其形成机制研究 ［J］. 地理科学，2011，31（3）：272-279.

［9］ 宋正娜，陈雯，张桂香，等. 公共服务设施空间可达性及其度量方法 ［J］. 地理科学进展，2010，29（10）：1217-1224.

［10］ 秦萧，甄峰，朱寿佳，等. 基于网络口碑度的南京城区餐饮业空间分布格局研究——以大众点评网为例 ［J］. 地理科学，2014，34（7）：810-817.

［11］ 刘瑜，龚俐，童庆禧. 空间交互作用中的距离影响及定量分析 ［J］. 北京大学学报（自然科学版），2014，50（3）：526-534.

［12］ TALEAI M, SIUZAS R, FLACKE J. An integrated framework to evaluate the equity of urban public facilities using spatial multi—criteria analysis ［J］. Cities，2014（40）：56-69.

［13］ 付加森，王利，赵东霞，等. 基于GIS医疗设施空间可达性的研究——以大连市为例 ［J］. 测绘与空间地理信息，2015，38（4）：102-105.

［14］ YOU H Y. Characterizing the inequalities in urban public green space provision in Shenzhen, China ［J］. Habitat International，2016（56）：176-180.

［15］ 吴健生，司梦林，李卫锋. 供需平衡视角下的城市公园绿地空间公平性分析——以深圳市福田区为例 ［J］. 应用生态学报，2016，27（9）：2831-2838.

［16］ 何丹，金凤君，戴特奇，等. 北京市公共文化设施服务水平空间格局和特征 ［J］. 地理科学进展，2017，36（9）：1128-1139.

[17] 郭翰，郭永沛，崔娜娜. 基于多元数据的北京市六环路内昼夜人口流动与人口聚集区研究 [J]. 城市发展研究，2018，25 (12)：107-112，121，2，173.

[18] 王录仓，常飞. 基于多源数据的兰州市公共服务设施配置格局与规划策略 [J]. 规划师，2019，35 (18)：12-18.

[19] 韩增林，李源，刘天宝，等. 社区生活圈公共服务设施配置的空间分异分析——以大连市沙河口区为例 [J]. 地理科学进展，2019，38 (11)：1701-1711.

[20] 王博娅，刘志成. 北京市海淀区绿地结构功能性连接分析与构建策略研究 [J]. 景观设计学，2019，7 (1)：34-51.

[21] 郭亮，彭雨晴，贺慧，等. 分级诊疗背景下的武汉市医疗设施供需特征与优化策略 [J]. 经济地理，2021，41 (7)：73-81.

[22] 常飞，王录仓，马玥，等. 城市公共服务设施与人口是否匹配？——基于社区生活圈的评估 [J]. 地理科学进展，2021，40 (4)：607-619.

[23] 赵鹏军，罗佳，胡昊宇. 基于大数据的生活圈范围与服务设施空间匹配研究——以北京为例 [J]. 地理科学进展，2021，40 (4)：541-553.

[24] 邱兰清，余萍，马慧鑫. 基于多源数据的城市活力区域识别及驱动因素评估——以上海市为例 [J]. 科学技术与工程，2022，22 (3)：1173-1182.

[25] WANG Z F, JIN Y, LIU Y, et al. Comparing Social Media Data and Survey Data in Assessing the Attractiveness of Beijing Olympic Forest Park [J]. Sustainability，2018，10 (2)，382.

[26] 胡从文. 基于空间可达性的生活服务设施供给水平评价及优化研究 [D]. 天津：天津大学，2019.

[27] 申洁. 需求视角下城市住区建成环境步行性评价研究—以武汉市为例 [D]. 武汉：武汉大学，2019.

[28] 胡杨. 北京市朝阳区公园绿地布局的公平性评价研究 [D]. 北京：北京林业大学，2019.

[29] 赵烨桦. 基于点评数据分析的城市山地公园改造设计研究 [D]. 杭州：浙江农林大学，2020.

[作者简介]

冯君明，北京林业大学园林学院在读博士研究生。

第二编
信息技术与规划管理

数字化转型赋能国土空间规划全生命周期治理研究

□高旭，王辰阳，孟悦，程哲萌，赵越，官媛

摘要：加快推进数字化转型，是"十四五"时期建设网络强国、数字中国的重要战略任务。在国土空间规划领域，数字化转型在规划体系重构、规划内容全域全要素覆盖、规划编制实施监督等方面起到了引领和倒逼的作用。本文在总结数字化转型背景下国土空间规划管理现状的基础上，提出了推进数字化转型成功的关键——构建国土空间规划数字化生态系统，并剖析了其构成要素与内容组成。结合数字化转型技术体系，基于云原生、微服务等技术设计了包含基础设施层、资源存储层、公共微服务层、业务微服务层、服务治理层、负载均衡层及展示交互层的国土空间规划数字化转型整体架构，并在此基础上进行应用扩展，以期为国土空间规划全生命周期治理数字化转型提供实施路径。

关键词：国土空间规划；数字化转型；全生命周期治理；云原生微服务架构

1 引言

近年来，以云计算、大数据、互联网、人工智能等技术为基底的数字化转型加速了技术的迭代创新，并融入多领域全过程的转型升级进程。加快推进数字化转型，成为"十四五"时期建设网络强国、数字中国的重要战略任务。在国土空间规划领域，数字化转型在规划体系重构、规划内容全域全要素覆盖、规划编制实施监督等方面工作中起到了引领和倒逼的作用。

当前，国土空间规划在数字化转型方面存在着不少问题。一部分国土空间规划数字化转型的应用与实践停留在辅助性工具层面，距离形成多专业、多层次的数字化全周期管理模式仍存在一定距离。同时，标准规范缺失、技术支持不足、数据整合共享限制等诸多问题也困扰着国土空间规划的数字化转型升级。如何妥善处理这些问题，更好地推进国土空间规划全生命周期治理，成为当前推进国土空间规划体制机制改革创新的重要课题。

2 数字化生态系统

数字化转型的关键在于构建稳健的数字化生态系统。为构建稳健的国土空间规划数字生态系统，笔者从标准规范体系、数据资源体系、指标模型体系和应用功能体系四个方面阐述其内部构成。这四个体系的生态要素相互衔接，共同促进国土空间规划各类主体数字化内部运行与外部衔接，形成一套国土空间规划数字生态系统，从而推动全生命周期治理结构发生转型，即数字化转型。

2.1 标准规范体系

在标准规范体系方面，各类空间规划存在着标准各异、自成体系和内容冲突等问题。其中，主体功能区规划侧重功能区定位、开发方向等空间政策性约束，土地利用规划关注耕地保护与建设用地控制等土地资源约束性，城乡规划则更关注城乡建设空间引导与约束。各类规划自成体系，且分区边界交叠，造成规划目标冲突、指导管控效果不足、信息资源难共享等问题。

国土空间规划体系建立后，通过梳理多部门规划体系，统一各类规划数据格式、坐标系统、用地分类、划定"三区三线"，制定"五级三类"空间规划编制内容、导向与相互传导衔接关系，建立了一套全域空间管控传导体系。标准规范体系主要包括：

一是基础性工作。包括规范统一规划底板底数，指导规范国土空间开发适宜性和资源环境承载能力评价、开发保护现状与风险评估，开展城市体检评估、城市设计研究、相关基础专题研究等基础性工作。

二是编制内容。包括确定战略目标与协同发展安排，落实规划范围的国土空间格局分区与用途管制规则，建立公共服务设施、市政交通等基础设施支撑体系，统筹耕地、林草、湿地、水、矿产、历史文化等的资源保护与利用，落实国土空间综合整治和生态修复以及重大建设项目安排等内容。

三是规划协同落实。主要包括落实上级规划指引与管控，如目标定位、分区控制线、要素配置等内容，明确下级规划或专项规划的要求与指引，衔接同级相关规划，做到规划之间互相协同、"多规合一"，提出实施行动计划和保障措施，以"一张图"推进规划全生命周期治理。

四是成果要求。主要包括规划文本、图件、说明、数据库、信息平台、专项研究报告等材料。其中，空间数据成果统一采用国家 2000 大地坐标系或衍生的地方坐标系，纳入第三次全国国土调查成果形成国土空间规划"一张图"，同步建设实施监督信息系统，为规划编制、审查、监测、预警等提供信息化支撑。

2.2 数据资源体系

国土空间规划的全生命周期管理，离不开国土空间规划数据资源体系的支撑。机构改革后，自然资源主管部门职责涉及规划、土地、林业、海洋、地矿、测绘和地名等多类业务，积累了丰富的规划数据、现状数据和管理数据等数据资源。基于统一的数据交换标准、统一的空间坐标体系，通过建设数据目录体系、数据标准规范和数据库，集成融合多部门数据资源，形成国土空间大数据资源体系，为上层提供数据应用服务。

现状数据包括基础测绘数据和现状调查数据。基础测绘数据包括遥感影像、各类比例尺地形图、电子地图、空间地理库等。现状调查数据主要有第三次全国国土调查数据、土地利用现状及年度变更调查数据、地理国情监测数据、地籍调查、海岸线数据、海洋资源调查数据、地质调查数据、森林资源调查、荒漠化调查、林地"一张图"和地名普查数据等。

规划数据包括国土空间总体规划、"三区三线"、永久性生态保护区域等成果、原主体功能区规划、城市总体规划、土地利用总体规划、海洋功能区规划、控制性详细规划，以及地下空间、市政设施、历史文化保护、地质矿产、森林野保、海洋等专项规划。

管理数据主要包括土地管理、建设工程审批、海洋管理、矿产管理、测绘管理、地名管理、不动产登记等业务管理中产生的行政审批、公共服务、行政检查、行政处罚、行政确认等数据。例如，建设工程规划许可证和建设用地批准书、矿业权许可、海域使用权许可、占林许可、测绘资质、地质勘察资质等数据。

2.3 指标模型体系

国土空间规划指标模型体系是支撑国土空间规划编制、国土空间用途管制、开发保护与实施监督等全生命周期管理的重要基础与载体。本文从安全、创新、协调、绿色、开放、共享六个维度构建国土空间规划数字生态系统指标体系（表1）。

表1 国土空间规划数字生态系统指标表

类别	指标名称
安全	生态保护红线范围内建设用地面积（km²）
	永久基本农田保护面积（km²）
	耕地保有量（km²）
	城乡建设用地面积（km²）
	人均应急避难场所面积（m²）
	城镇开发边界范围内建设用地面积（km²）
	"三线"范围外建设用地面积（km²）
	高标准农田面积占比（%）
	地下水供水量占总供水量比例（%）
	再生水利用率（%）
	年平均地面沉降量（mm）
	防洪堤防达标率（%）
创新	研究与试验发展经费投入强度（%）
	万人发明专利拥有量（件）
	科研用地占比（%）
	在校大学生数量（万人）
	受过高等教育人员占比（%）
	高新技术企业数量（家）
共享	道路网密度（km/km²）
	森林步行15分钟覆盖率（%）
	公园绿地、广场步行5分钟覆盖率（%）
	社区卫生医疗设施步行15分钟覆盖率（%）
	社区中小学步行15分钟覆盖率（%）
	社区体育设施步行15分钟覆盖率（%）
	城镇人均住房建筑面积（m²）
	历史文化风貌保护面积（km²）
	消防救援5分钟可达覆盖率（%）
	每千名老年人拥有养老床位数（张）
	年新增政策性住房占比（%）
	人均公园绿地面积（m²）
	空气质量优良天数（d）
	人均绿道长度（m）
	每万人拥有咖啡馆、茶舍、书吧等数量（个）
	每10万人拥有文化艺术场馆数量（处）
	轨道站点800m范围人口和岗位覆盖率（%）
	足球场地设施步行15分钟覆盖率（%）
	平均每社区拥有老人日间照料中心数量（个）
	万人拥有幼儿园班数（班）
	城镇年新增就业人数（万人）

续表

类别	指标名称
共享	工作日平均通勤时间（h）
	45 分钟通勤时间内居民占比（%）
开放	定期国际通航城市数量（个）
	机场国内通航城市数量（个）
	国内旅游人数（万人）
	年入境旅游人数（万人次）
	外籍常住人口数量（万人）
	机场年旅客吞吐量（万人次）
	铁路年旅客运输量（万人次）
	城市对外日均人流联系量（万人次）
	国际会议、展览、体育赛事数量（次）
	港口年集装箱吞吐量（万 TEU）
	机场年货邮吞吐量（万吨）
	对外贸易进出口总额（亿元）
绿色	森林覆盖率（%）
	湿地面积（km²）
	河湖水面率（%）
	水资源开发利用率（%）
	自然岸线保有率（%）
	重要江河湖泊水功能区水质达标率（%）
	近岸海城水质优良（一、二类）比例（%）
	每万元 GDP 地耗（m²）
	生活垃圾回收利用率（%）
	农村生活垃圾处理率（%）
	生物多样性指数
	森林蓄积量（亿立方米）
	新增国土空间生态修复面积（km²）
	单位 GDP 二氧化碳排放降低（%）
	每万元 GDP 能耗（吨标煤）
	每万元 GDP 水耗（m³/万元）
	工业用地地均增加值（亿元/km²）
	原生垃圾填埋率（%）
	绿色交通出行比例（公共交通出行比率）（%）
	人均年用水量（m³）
协调	户籍人口城镇化率（%）
	常住人口城镇化率（%）
	常住人口数量（万人）
	实际服务人口数量（万人）
	等级医院交通 30 分钟村庄覆盖率（%）
	行政村等级公路通达率（%）
	农村自来水普及率（%）
	城乡居民人均可支配收入比（%）
	海洋生产总值占 GDP 比重（%）
	人均地下空间面积（m²）

　　在数字生态系统构建中，以国土空间规划指标体系为基础，实现指标定义、指标分类、指标层级、指标获取、指标计算、指标更新、指标监测、指标预警、指标报告等基于指标的全生命周期监测评估管理模式。模型库基于空间计算引擎与业务模型规则，主要分为两大类，即支撑规划编制阶段的国土空间分析评价模型和服务规划成果审查业务的规则核查模型，实现涵盖模型算法研发、模型资源库管理、模型配置管理、模型任务管理的模型支撑体系。通过数据梳

理、业务转化，融合新数据、新技术与国土空间规划的新理念、新方法，推进国土空间规划的全周期管理。

2.4　应用功能体系

国土空间规划全生命周期管理的应用功能体系主要包括五个模块，规划底板与资源模块能对数据资源体系进行高效的汇聚浏览与分析；规划分析与评价模块、规划成果审查与管理模块按照总体规划、详细规划、村庄规划分别梳理业务流程，满足新形势下规划管理与审批事权的运行信息化支撑；监测评估预警模块依据指标体系进行分类监测，分析变化趋势并进行可视化呈现；承载能力监测预警模块整合集成自然资源调查及资源环境承载能力监测数据，按照预警等级进行划分并构建监管模型，实现对承载能力的监测预警。

3　数字化技术架构

国土空间规划数字化转型的落地需要高效、稳定的技术架构支撑，提供平台级数字化支撑服务。平台服务涉及海量且递增的时空数据的存储与密集计算、专业性与复杂度高的国土空间计算分析模拟算法与模型，技术复杂度高，采用传统应用的架构模式在技术集成与性能支撑等方面困难重重。本文结合互联网、GIS、大数据、人工智能等多种数字化转型技术，构建数据治理与业务协同并重的数字化体系，提出了基于云原生技术的国土空间规划数字生态系统技术架构，如图1所示。

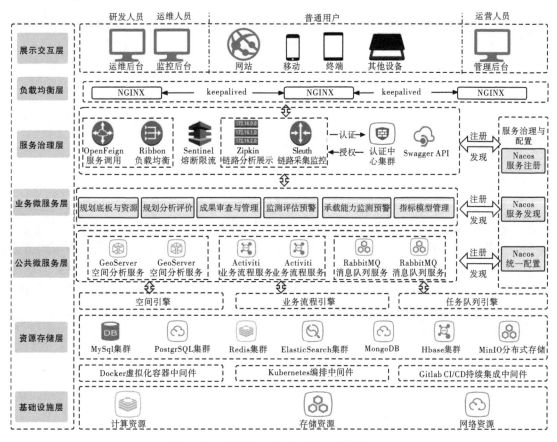

图1　国土空间规划数字生态系统技术架构

国土空间规划数字生态系统技术架构包含七个层次，分别为基础设施层、资源存储层、公共微服务层、业务微服务层、服务治理层、负载均衡层、展示交互层，并整合第三方服务资源。

3.1 基础设施层

基于 Docker 虚拟化容器中间件、Kubernetes 容器编排中间件以及 GitLab CI/CD 持续集成中间件，虚拟化计算资源、存储资源、网络资源等数字化基础设施，提供弹性轻量级的容器服务，形成 DevOps 基础环境，为数字资产的持续集成、快速交付提供支撑。

3.2 资源存储层

基于不同数据存储场景，常用的热点数据、读多写少的数据资源采用缓存技术存储，以便于系统快速响应。关系型数据库采用主从库与主备库机制实现高性能、高可用性与数据规模灵活扩展，包括 MySQL 集群、PostgreSQL 集群。非关系型数据库采用分布式存储模式，支持大规模、快速扩增的大数据存储，包括 Redis 集群、ElasticSearch 集群、MongoDB 和 HBase 集群。另外，采用基于 MinIO 的 OSS 技术存储大规模的非结构化数据。

3.3 公共微服务层

采用基于 RabbitMQ 的消息队列组件实现平台服务的削峰、解耦，并用于处理日志、事务等业务逻辑。采用基于 GeoServer 为核心的开源空间数据服务与空间计算分析技术体系，整合构建空间引擎，提供国土空间各类空间在线服务。采用基于 Activiti 的开源工作流技术体系搭建国土空间规划数字生态系统的业务流程引擎，提供多部门参与、多分支流转的业务支撑。

3.4 业务微服务层

基于公共微服务层，采用基于 SpringCloud 的微服务技术，将大型复杂应用拆分为多个微服务，各组件的耦合可采用不同技术实现，并独立部署、运行、扩展和管理，降低系统复杂度，增强服务高可用性，提供稳健的业务微服务支撑。

3.5 服务治理层

采用基于 Nacos 的注册与配置中心，支撑服务健康心跳检测、服务元数据管理、路由机制与同步机制等服务注册业务；基于不同运行环境下的命名空间，建立、维护不同的配置方案，支持参数化热部署与更新，提高平台服务灵活性；基于 OpenFeign、Ribbon 提供声明式服务调用和服务容错机制；基于 Sentinel 提供限流、流量整形、熔断降级、负载保护、热点防护等功能；基于 Zipkin、Sleuth 将分布式请求整合为调用链路，提供服务调用链路追踪服务；基于 Shiro 提供认证中心集群，满足跨应用的统一认证服务；基于 Swagger 自动生成接口文档和客户端服务端代码，提升研发效能。

3.6 负载均衡层

采用基于 Nginx 的代理与负载均衡和 Keepalived 高可用中间件，针对流向平台的大量的、并发的请求进行转发、均衡地提交到微服务容器中，提供高质量、稳定的服务响应。

3.7　展示交互层

支持多种终端设备，包括手机、手持设备、桌面办公设备、智能服务终端等多种媒介，以支持更多角色、更多应用场景。

4　数字化应用支撑

应用支撑是数字化转型赋能国土空间规划全生命周期管理的直接体现。基于国土空间规划数字生态系统技术架构，通过对标准规范体系、数据资源体系和指标模型体系的构建进行应用扩展，形成一套国土空间规划全生命周期治理数字化转型支撑体系。

4.1　规划底板与资源

规划底板与资源模块汇集现状、规划、管理和社会经济数据，基于以下四个组件功能，支撑国土空间规划编制和基本分析支撑。

一是资源浏览。提供国土空间数据浏览和地图操作功能，满足相关部门对多源数据、矢量成果、图件表格、文本等多类型数据的集成浏览与查询应用需求。

二是专题图制作。以专题应用为导向，通过选取"一张图"资源目录中的数据，在线对不同要素进行渲染编辑，并支持按自定义样式打印，为规划管理部门、编制单位提供快速空间分析与可视化成果表达功能。

三是查询统计。按照总体规划、详细规划、专项规划、镇村规划，分别实现对现状数据和规划成果数据核心指标及用地指标的统计。

四是通过四屏数据对比分析，分析不同类别、不同层级的国土空间规划数据、现状数据和建设项目数据等不同数据在空间位置、指标分解等方面的对比变化情况。

4.2　规划分析与评价

本类应用以国土空间规划数据底板为基础，集成评价模型运算、承载规模分析、任务管理等功能模块，支持农业生产、城镇建设适宜性和生态敏感性等评价模型，以及城镇建设、农业生产承载规模等分析模型的运算，实现高效、准确、科学地计算"双评价"成果，服务于"三区三线"划定与国土空间规划分析工作。

模型的运行包含数据上传、模型运算、成果预览三个核心功能，分别支撑用户上传空间数据文件或调用保存的模型中间结果作为输入数据，定制模型运算参数，优化分析评价结果，同时采用异步任务队列技术优化长耗时任务体验。

4.3　规划审查与管理

本模块功能主要包括规划项目管理、规划成果在线提交、规划成果辅助审查、规划成果管理。依据各类规划管理操作流程要求，系统通过固定环节与用户自主定制环节相结合的方式，动态建立每类规划审查管理的系统运转流程，实现全周期管理和系统自动留痕，确保规划管理行为全过程可回溯、可查询。

规划成果辅助审查功能模块针对不同的规划类型，依据不同的指引与管控传导等审查要点，进行计算机辅助审查，并生成辅助审查结果文档，记录审查意见，实现规划成果的线上审查操作，提高规划审查的效率与质量。

4.4 监测评估预警

根据国土空间规划数字生态指标体系，对三条红线、自然资源、生态环境等主要要素变化以及城乡建设、市政工程和服务设施等开发利用行为，重点从约束性指标、空间管控边界冲突等方面进行长期监测，并定期发布监测报告，实现动态监测、评估和及时预警的功能，支撑责任部门监督落实主体责任，辅助管理者决策。

建立各委办局协同监测机制，从核心约束性指标及重要管控边界两个方面，通过各委办局定期上报数据的方式，同时联合遥感监测、卫片执法数据，支撑对国土空间规划全生命周期的动态治理及长期监测。

4.5 承载能力监测预警

科学测算区域的资源环境承载力是国土空间规划的基础，结合数据资源与指标体系，从市域层面和各区层面分别对土地资源、水资源、生态环境、环境污染四个方面资源环境单项和综合承载能力进行分析监测，从区域、时间等维度进行斑块个数和面积统计。

对资源环境进行动态监测，建立长期对比研究模型，动态监测区域资源环境变化情况，并依据资源耗损程度判断区域资源预警级别，提高监测预警效率。

对超载或临界超载地区解析超载因子，形成分析报告。主要包括对土地资源、水资源、生态环境和环境污染的超载或临界超载因子进行模型分析并形成分析报告。

5 结语

本文基于国土空间规划全生命周期管理数字化转型的背景与现状，提出了国土空间规划数字化生态系统的构成要素与内容组成，设计了基于云原生的微服务技术架构，并在此基础上进行应用扩展，提出五类专题应用的国土空间规划数字化应用支撑，为国土空间规划全生命周期数字化治理提供了实施路径。随着国土空间规划领域数字化转型的深入发展，标准规范逐渐细化，业务功能应用深化，数字化治理技术体系将为逐步实现可感知、能学习、善治理和自适应的国土空间智慧规划奠定基础。

［参考文献］

［1］杨保军，陈鹏，董珂，等. 生态文明背景下的国土空间规划体系构建［J］. 城市规划学刊，2019（4）：16-23.

［2］张鸿辉，洪良，罗伟玲，等. 面向"可感知、能学习、善治理、自适应"的智慧国土空间规划理论框架构建与实践探索研究［J］. 城乡规划，2019（6）：18-27.

［3］甄峰，张姗琪，秦萧，等. 从信息化赋能到综合赋能：智慧国土空间规划思路探索［J］. 自然资源学报，2019，34（10）：2060-2072.

［4］庄少勤，赵星烁，李晨源. 国土空间规划的维度和温度［J］. 城市规划，2020，44（1）：9-13，23.

［5］北京大学课题组，黄璜. 平台驱动的数字政府：能力、转型与现代化［J］. 电子政务，2020（7）：2-30.

［作者信息］

高旭，高级工程师，天津市城市规划设计研究总院有限公司智慧城市研究院系统研发部部长。

王辰阳，工程师，就职于天津市城市规划设计研究总院有限公司智慧城市研究院。

孟悦，规划师，就职于天津市城市规划设计研究总院有限公司智慧城市研究院。

程哲萌，工程师，就职于天津市城市规划设计研究总院有限公司智慧城市研究院。

赵越，工程师，就职于天津市城市规划设计研究总院有限公司智慧城市研究院。

官媛，天津市城市规划设计研究总院有限公司智慧城市研究院书记。

国土空间规划视角下的生态安全格局构建研究

□黄梦瑶

摘要：生态安全格局构建的目的在于以源扼流，即从源头上实现对当前生态环境问题的有效改善，从而不断提高生态系统的稳定性与可持续性。维护生态安全，稳固系统结构，本质在于加强空间管理，不断协调环境保护、底线管控与社会发展等之间的关系。本文以加强云南昭通市彝良县自然生态系统的"原真性、完整性、系统性"保护为目标，根据彝良县在昭通市生态安全格局中的地位和作用，在其国土空间规划中确定生态功能重要地区和生态环境敏感地区；构建由生态廊道、生态屏障和生态网络组成的健康、完整、连续的生态安全格局；对生态敏感地区和衔接性生态要素提出生态环境保护策略和措施。

关键词：生态安全格局；生态功能区；生态敏感区

1 引言

中共中央、国务院印发《关于建立国土空间规划体系并监督实施的若干意见》中提出，坚持山水林田湖草生命共同体的理念，加强生态环境分区管治，保护生态屏障，构建生态廊道和生态网络的生态安全格局要求。

本次研究遵循"描述生态过程，明确生态系统功能与空间格局关系，从而剖析自然生态系统"的生态学思维方法，透过国土空间格局，在描述自然生态过程中认知自然生态系统的功能，判别国土空间内在的生态价值重要性，进而运用景观生态学的"廊道、斑块、基质"生态系统完整性模式，构建生态廊道、生态屏障和生态网络，并在此基础上预判生态敏感地区，辨识衔接性生态要素，以保障生态敏感地区、衔接性生态要素自然生态功能为目标靶向，提出分区管控、生态修复等生态环境保护策略和措施。

2 区域概况

彝良县地处云贵高原与四川盆地交界处，区内地貌具有上、中、下三层结构特征，上层以高原山地为主，气候寒冷干燥；中层是丘陵台地，受乌蒙山屏障作用，气候温润多雨；下层为干热河谷。彝良在全省乃至全国生态区位十分突出，未来的彝良县发展以稳固彝良作为长江上游重要的生态安全屏障为前提，实现生态保护与经济发展并重。

3 重点生态功能区识别

生态安全格局的构建重点在于重点生态功能区识别。重点生态功能区承担着区域范围内的生态安全功能。彝良县生态系统功能主要包括水源涵养、水土保持、生物多样性保护以及气候调节、固碳供氧生态功能四大功能，通过不同功能的相互协调配合，增加生态空间整体服务价值，增强生态系统结构强度。

3.1 水源涵养重点生态功能区

水源涵养生态功能是指由林地、草地等用地构成的生态系统，利用其自身结构，通过水的循环作用，对降水进行渗透、存蓄、蒸发，以实现涵养保育水源的功能。彝良县域水源涵养重点生态功能区主要由岸线水源涵养、水库水源涵养、饮用水源地保护、源头水源涵养四类生态功能区构成。

3.1.1 岸线水源涵养生态功能区

岸线水源涵养生态功能区指主河流、一级和二级支流两岸山地内滞缓径流、阻挡泥沙的水源涵养林区域。彝良县岸线水源涵养生态功能区包括洛泽河和白水江 2 条主河流、10 条一级支流、6 条二级支流的岸线水源涵养林地，总面积为 394.35 km²。

3.1.2 水库水源涵养生态功能区

水库水源涵养生态功能区指位于水库上游及周边，其功能以改善水质、涵养水源为主的水源涵养林区域。彝良县共有 14 处库区水源涵养区，主要围绕钟鸣水库、云乐水库、坪上水库等水库形成，总面积约为 18.62 km²。

3.1.3 饮用水源地保护生态功能区

彝良县域主要有双河水库水源地、花鱼洞地下水水源地两大水源地保护区。其中，花鱼洞地下水水源地保护区面积为 5.58 km²，双河水库水源地保护区面积为 70.61 km²。

3.1.4 源头水源涵养生态功能区

源头水源涵养生态功能区是重要水系发源地的水源涵养林区域。彝良县有 13 处源头水源涵养生态功能区，总面积为 137.98 km²。

3.2 水土保持重点生态功能区

水土保持生态功能区是指由森林、草地等组成的生态系统，通过其结构与过程减少水蚀，提供调节服务的区域。彝良县全域水土保持重点生态功能区由陡坡水土保持区、侵蚀沟水土保持区、分水岭水土保持区三类构成。

3.2.1 陡坡水土保持区

陡坡水土保持区是指坡度在 35°以上的区域，该坡度下土层较薄，会因森林采伐引起水土流失。彝良县域内陡坡水土保持区主要分布在白刀岭、老山、五个山包等 16 处山体，面积为 52.44 km²。

3.2.2 侵蚀沟水土保持区

侵蚀沟水土保持区是指土壤侵蚀严重、地质结构疏松、易发生泥石流的侵蚀沟地段。彝良县域内侵蚀沟水土保持区主要分布在老厂沟、平河沟等地，面积为 47.25 km²。

3.2.3 分水岭水土保持区

分水岭水土保持林区是指分布在分隔流域的岭地两侧 300 m 范围以内的森林、灌木林集中分布的区域。彝良县域内分水岭水土保持区主要分布在乌蒙山、大黑山、罗汉坡梁子等分水岭上，面积为 66.54 km²。

3.3 生物多样性保护重点生态功能区

生物多样性保护生态功能区是指在生态系统中以保持基因、物种、生态系统多样性为主要功能的区域。彝良县内主要有水产种质资源保护区、自然保护区、森林公园生态保护区三类重点生态功能区，以增强生物多样性保护能力，提高生物资源可持续利用水平。

3.3.1 水产种质资源保护区

水产种质资源保护区是指对在保护对象主要生长繁育区域依法划定的具有一定面积的水域滩涂和必要的土地。在该区域范围内进行水产种质资源的合理利用，并予以特殊管控。彝良县内的水产种质资源保护区主要为白水江特有鱼类国家级水产种质资源保护区，保护面积达 5.10 km²，是白水江重要的遗传种质资源库。

3.3.2 自然保护区

彝良县域范围内的自然保护区为乌蒙山自然保护区，由海子坪片区及朝天马片区构成。保护区内分布着具有云贵高原代表性的亚热带山地湿性常绿阔叶林森林生态系统和亚高山沼泽化草甸湿地生态系统。保护区内拥有我国西南保存最好、面积最大的天然分布毛竹林群落，是野生毛竹遗传种质资源保护地，同时也是我国天麻的原生地。

3.3.3 森林公园生态保护区

彝良县范围内森林公园主要为大黑山省级森林公园，主要分布于大黑山、咪咡梁子、后龙山以及上场梁子等山体脊部，其作用是防治山脊处的水土流失，稳固当前生态环境系统，保持物种多样性。

3.4 气候调节、固碳供氧重点生态功能区

彝良县具有重要气候调节、固碳供氧生态功能的区域主要为县域河谷中亚热带区与二半山北亚热带区分界的乌蒙山分水岭、二半山中温带区与高山南温带区分界的大黑山分水岭，以及县域内主要分水岭罗汉坡梁子、魏家湾梁子等林地区域，总面积为 230.24 km²。

4 生态安全格局构建与生态环境保护

4.1 生态源地

彝良县生态源地包括饮用水源保护地和生物多样性遗传种质资源库保护地两类，共 10 处：

一是双河水库水源生态源地，位于荞山镇双河村窄路沟上游，是双河水库的水源涵养区，保护窄路沟、熊马河、油房沟河等河流的水资源。

二是咪咡梁子生态源地，是大黑山脉向西延伸出的支脉，是柴树水库、云乐水库的水源涵养区，保护花园河、角奎小河等河流的水资源。

三是雨龙山生态源地，位于大黑山，保护打仗坡河的水资源，呈现为雨龙山湿地的形态。

四是毛稗田—杜家坪生态源地，位于角奎镇与荞山镇交界处的勒雄梁子上，是毛稗田水库、杜家坪水库、团林水库、新桥水库的水源涵养区，保护大水沟河、窄路沟河等河流的水资源。

五是三乐—坪上生态源地，位于龙安镇境内，是坪上水库、夹马石水库、三乐水库的水源涵养地，保护洛泽河等河流的水资源。

六是杉坝水库生态源地，位于牛街镇境内，是杉坝水库的水源涵养地，保护花果河的水资源。

七是小干溪生态源地，位于柳溪苗族乡与牛街镇交界处小干溪、芭茅河上游，保护小干溪

的水资源。

八是朝天马生态源地，位于县域北部新朝天马群山，面积为 19.58 km²，是云豹等国家 I 级保护动物，珙桐、南方红豆杉等国家 I 级保护植物的遗传种质资源库保护地。

九是海子坪生态源地，面积为 19.58 km²，位于彝良县洛旺乡中厂村和威信县长安镇安稳村境内，是小熊猫、黑熊等国家 II 级保护动物，珙桐、南方红豆杉等国家 I 级保护植物的遗传种质资源库保护地。

十是大黑山生态源地，面积为 18.47 km²，位于树林彝族苗族乡境内，植被 7000 余亩（1 亩≈0.067 hm²），层峦叠翠，森林大多属灌木林，其次是松、杉。

4.2 生态屏障

彝良县生态屏障包括乌蒙山生态屏障和大黑山生态屏障两大生态屏障，是水源涵养、水土保持、气候调节和固碳供氧生态功能极重要的地域。生态屏障内应实施天然林保护，在全面保护常绿阔叶林等原生地带性植被的基础上，大力推进水土流失和石漠化综合治理，逐步进行矿山生态修复和河流、草地湿地生态恢复等，奋力开展有害生物防治，加强珍稀濒危野生动植物及其栖息地保护恢复。

4.2.1 乌蒙山生态屏障

乌蒙山横跨海子、荞山、小草坝、两河等乡镇，呈南北走向，作为县域河谷中亚热带区与二半山北亚热带区的重要分界，形成了彝良县生态安全格局中的重要生态屏障，总面积达 87.7 km²。涵盖了朝天马生态源地、双河水库水源生态源地等具有重要水源涵养和生物多样性保护生态功能的生态斑块，朱家沟流域、窄路沟流域等水源涵养林，以及罗汉坡梁子、魏家湾梁子等重要山脊分水岭水土保持林。

4.2.2 大黑山生态屏障

大黑山横跨海子、奎香、树林、角奎、洛泽河等乡镇，呈东西走向，是县域二半山中温带区与高山南温带区的重要分界，总面积为 142.54 km²。涵盖了大黑山生态源地、雨龙山生态源地、咪咡梁子生态源地等重要生态斑块，角奎小河流域、松林河流域等水源涵养林，以及大黑山山脊分水岭水土保持林等。

4.3 生态廊道

彝良县生态廊道包括河流线性廊道和种质资源保护廊道两类，是水源涵养、水土保持、水产种质资源保护等生态功能极重要的地域，同时能够连接县域内部重要生态源地单元，满足物种的扩散、迁移和交换，是彝良县生态安全格局的重要组成部分。

4.3.1 河流线性廊道

彝良县河流线性廊道包括涵养洛泽河、角奎小河、松林河、龙潭河等 13 条主要河流及其岸线水源涵养林组成的河流线性生态廊道（表1）。

表 1　彝良县河流线性廊道一览表

河流名称	岸线长度（km）	廊道保护面积（km²）
洛泽河	75.6	23.98
角奎小河	54.5	27.07
松林河	54.7	22.87
龙潭河	18.5	3.46

续表

河流名称	岸线长度（km）	廊道保护面积（km²）
大水沟河	39.5	17.45
扯炉沟	22.6	5.13
朱家沟	48.8	25.37
花果河	7.6	3.44
溪口河	23.0	9.36
窄路沟	47.7	21.60
碗厂沟	19.1	0.45
打仗坡河	16.1	3.53
热水塘河	13.0	3.55

4.3.2 种质资源保护廊道

彝良县种质资源保护廊道主要为沿白水江、小干溪、芭茅河的三条白水江特有鱼类国家级水产种质资源保护廊道，廊道保护面积达 64.59 km²。

表2 彝良县种质资源保护廊道一览表

河流名称	岸线长度（km）	廊道保护面积（km²）
白水江	27.0	17.74
小干溪	20.6	17.80
芭茅河	16.7	11.31

5 生态环境保护措施

5.1 施行分区管控

5.1.1 优先保护区

划定双河水库水源生态源地、咪咡梁子生态源地等 10 处生态源地，大黑山、乌蒙山生态屏障所在村为优先保护区，包括阿都村、宝藏林区、朝天马林区、海子坪自然保护区、簸以村等 30 个村（社区），突出空间用途管控。区域内按照法律规定，禁止或限制相关的开发建设活动，遵循生态保护及生态修复优先原则，稳固生态系统服务功能。

5.1.2 重点管控区

划定 15 个乡镇集中建设区所在社区、村，规划钟鸣开发区、小草坝开发区、奎香开发区、树林开发区、高铁开发区、洛泽河开发区 6 个开发区所在村庄为重点管控区，包括安乐场村、茶坊村、大河村、大竹村、发界村等 29 个村（社区）。区域内以推动空间布局优化和产业结构转型升级为首要目的，提升能源、资源利用效率，防控风险，把控底线。

5.1.3 一般管控区

将县域内除优先保护单元、重点管控单元以外的其他区域划为一般管控区，包括安乐村、芭蕉村、白米村、白虾村、白岩村等 98 个村（社区）。区域内主要落实生态环境保护的基本要求，确保生态环境得到保持或优化。

5.2 推动生态修复

5.2.1 水土流失敏感修复

基于生态系统的完整性、地理单元的连续性和林草生态产业发展的可持续性三方的综合考量，按照干热河谷水土流失敏感修复区、高二半山森林带水土流失敏感修复区、高寒冷凉生态屏障区进行水土流失敏感修复，以林草地的恢复来降低区域的敏感性。

干热河谷水土流失敏感修复区以中部地区乡镇为主，以推动生态系统综合整治和自然恢复为导向，施行天然林地保育、退耕退牧等林业保护修复措施。

高二半山森林带水土流失敏感修复区包括北部丘陵地带乡镇，以推动森林和草原生态系统自然恢复为导向，全面加强生态系统保护，稳步推进退耕还林、还草、还湿等措施。

高寒冷凉生态屏障区包括南部高山地区乡镇，立足山地森林及生物多样性重点生态功能区，在全面保护常绿阔叶林等原生地带性植被的基础上，大力推进水土流失和石漠化综合治理等措施。

5.2.2　水体治理与修复区

将彝良境内主要由白水江、洛泽河等27条河流两岸形成的河湖管理范围敏感区域划定为水体治理与修复区，系统开展江河、湖泊、水库、湿地等水体生态修复。

6　结语

本文通过确定生态功能重要地区和生态环境敏感地区，构建由生态廊道、生态屏障和生态网络组成健康、完整、连续的生态安全格局，不断维护生态安全和保障生物多样性，并通过分区管控落实彝良县长江上游重要的生态安全屏障建设，优化国土空间保护与开发格局。

［参考文献］

[1] 杨明. 微观城市设计层面中的生态布局与设计策略——以广州白云国际会议中心城市地段为例 [C] // 城市发展研究——2009城市发展与规划国际论坛论文集，2009.

[2] 辽宁省20余个水产物种获特殊保护 [J]. 水产养殖，2014，35（2）：46.

[3] 王小丹. 申扎高寒草原与湿地生态系统观测试验站 [J]. 山地学报，2014，32（4）：505-508.

[4] 曾翔. 基于碳氧平衡分析的吉泰走廊区域生态用地需求研究 [J]. 江西建材，2015（24）：65-67.

[5] 王勋芳，陈吉祥. 彝良县玉米生产形势与发展对策分析 [J]. 云南农业科技，2018（1）：29-32.

[6] 肖文魁. 土地利用生态风险防范研究进展 [J]. 安徽农业科学，2018，46（28）：32-34，41.

[7] 高爽，董雅文，张磊，等. 基于资源环境承载力的国家级新区空间开发管控研究 [J]. 生态学报，2019，39（24）：9304-9313.

[8] 孙茂盛，曹安江，杨科，等. 云南乌蒙山国家级自然保护区毛竹林群落调查 [J]. 竹子学报，2019，38（3）：19-27.

[9] 关凤峻，刘连和，刘建伟，等. 系统推进自然生态保护和治理能力建设——《全国重要生态系统保护和修复重大工程总体规划（2021—2035年）》专家笔谈 [J]. 自然资源学报，2021，36（2）：290-299.

[10] 李永洁，王鹏，肖荣波. 国土空间生态修复国际经验借鉴与广东省实施路径 [J]. 生态学报，2021，41（19）：7637-7647.

［作者简介］
黄梦瑶，重庆大学建筑城规学院城乡规划系在读硕士。

国土空间规划中"图数表"组合的弹性用途管制研究

□徐翔宇

摘要：传统规划语境下的用途管制手段虽各有特点，但已经不能满足国土空间规划全域全要素与全生命周期的用途管制要求。本文通过分析各类传统规划中图、数、表等用途管制手段之间关系以及在实践中存在的问题，提出在国土空间规划中应突出图、数、表三者的有效组合。同时，提出用途管制应基于空间、属性、行为三个维度实行综合管制，从空间约束、指标约束、规则约束三方面形成"图数表"结合的弹性控制体系，以达到保障底线、兼顾发展弹性的目标。

关键词：国土空间规划；"图数表"组合；用途管制弹性

1 引言

我国国土空间用途管制的发展历程可以分为自然资源类要素管制、国土空间用途管制两个阶段。自然资源部成立后，统一行使所有国土空间用途管制职责，国土空间用途管制的重点也从单一要素管制走向全域全要素管制，从宽泛管制走向分区分类分级的精准化管制，从许可管制走向全流程全生命周期的管制。目前，学界对于国土空间用途管制中刚性管控与弹性约束的协同已经基本形成共识，但在管控实践中的弹性明显不足。如何在管好底线的同时预留合理的发展弹性，对要素丰富多样的国土空间实行统一、全面管控，实现多层次、全生命周期的有效传导，是国土空间规划用途管制的重要任务，也是保障国土空间规划能用、管用、好用的基础。目前学界对于用途管制宏观方向的讨论、三条控制线等底线约束与刚性管控的研究以及对于国际上用途管制经验的介绍较多，而对于国土空间规划编制、审批、实施与监督过程中规划目标与指标如何落实与传导，用途管制弹性如何保障的研究较少，用途管制弹性体系的建立迫在眉睫。国土空间管制过程是一个空间、属性与行为"三位一体"的复杂过程，在管制实践中需要协调好实体空间、功能空间与管理空间的关系，明确空间异质性、动态性与尺度性对于管制效果的影响。本文通过分析传统规划语境下用途管制过程中存在的问题，梳理国土空间规划对用途管制弹性的要求，提出一种适用性广泛的用途管制弹性体系，以期为国土空间规划技术标准体系的建立与完善提供借鉴。

2 传统规划语境下"图数表"的应用与存在问题

2.1 各类传统规划中的用途管制手段总结

以往的城乡规划、土地利用总体规划、主体功能区规划等各类传统规划管制主要采用空间约束、指标约束、规则约束等管制方法。城乡规划侧重于建设用地开发与用地功能布局等空间约束，总体规划起引领作用，控规负责指导实施，以总体规划强制性内容衔接上下，总体上以空间约束为主、指标约束为辅。土地利用总体规划侧重于耕地保护、建设开发的指标约束，编制过程限定总量、控制增量，实施过程要求耕地占补平衡，更强调指标约束，定量约束下的空间约束弹性较大。主体功能区划和专项规划等由于传导方式和法定性问题，侧重于规则约束，在实践中通过与法定规划衔接落实。衔接重点在于空间或设施的存在与否、规模数量的合理性、具体落实标准等内容，主要采用主体功能区划引导表、历史文化保护名录、设施一览表、水源地管控标准等表的管控手段，规模指标与空间布局常作为解释性要素存在。

从管控内容来看，空间约束、指标约束和规则约束是用途管制过程中针对空间、属性与行为采取的用途管制方法，在规划实践中常常通过图、数、表的形式呈现（表1）。"图"是空间相关的约束，包括空间边界约束和空间拓扑关系约束。空间边界约束即是用统一明确的地理坐标限定空间边界。空间拓扑关系约束主要包括管制对象内部或者管制对象之间的连通、邻接、关联、包含等空间拓扑关系，如城乡规划中城镇发展格局、村庄体系、设施网络等分析图用于表达管制对象的空间拓扑关系。"数"是指标相关的约束，包括总规模、新增规模、数量上下限和倍数关系等，这类管制手段已经比较成熟，如土地利用总体规划中对建设用地的管控通过限制建设用地总规模和新增规模的方式实现，城乡规划中通过设置容积率上下限的方式管控建设开发强度。"表"是管制规则的约束，包括用途管制内容负面清单、正面清单、名录、备案登记表等形式，目前这类管制手段在自然资源方面的应用较多，如饮用水源保护区的负面清单管理、不可移动文物的登记名录管理等。

表1 "图数表"的管制内涵一览表

管制手段	概念内涵	具体内容
图	空间相关的约束	空间边界约束、空间拓扑关系约束等
数	指标相关的约束	总规模、新增规模、数量上下限、倍数关系等
表	管制规则的约束	用途管制内容、负面清单、正面清单、名录、备案登记表等

2.2 "图数表"各自的适用性特征有差异

2.2.1 "图"即空间约束受尺度效应影响大、适用范围较窄，但管制方便、稳定

空间约束受尺度效应影响大，各级主体管控要素与目标差异性大，因此单一空间约束适用范围较窄。城乡规划各级控规拼合边界常常与总体规划边界差异较大，功能布局更是悬殊，空间约束在实践中传导效果不佳，常常出现总体规划频繁修编，控规易编难批的现象。自然资源要素的空间连通性、网络结构等系统拓扑特征的重要性受到更多关注，但在具体实践中，单一的拓扑关系在时空间尺度上的传导存在较大难度。因此，从实际管控效率来讲，空间约束刚性强、适用范围窄，内容传导也比较直接、方便，管制内涵长时间不易发生偏离，比较适合功能非常重要的管制对象。

2.2.2 "数"即指标约束存在单一指标内涵不足的缺点，但适用性广、传导方便

指标是管制对象某一功能的数学抽象，单一指标仅反映管制对象某一属性的数量特征。在层级传导与反馈时十分方便及时，这也造成了在上下统筹时的指标管控与监督力度比空间更强。管制对象一旦满足不了指标要求，由于单一指标内涵的有限性，容易出现"劣币驱逐良币"的

现象。以耕地保有量为例，由于指标本身不包含对耕地质量和分布空间的要求，导致耕地"上山下水"，单一的耕地保有量指标难以实现耕地保护"三位一体"的目标。但总体上来说，指标约束适用范围比较广泛，各类管制要素的功能均可通过某项指标进行描述和管控，在时间尺度上各级管控事权主体可以通过优化调整空间布局的方式保障指标的长期有效性。

2.2.3 "表"即规则约束层级传导有效性不足，但在不确定性应对方面效果好

以各类清单、名录、管制内容为载体的规则约束，若是缺乏明确的法律法规依据，因各级对管制内容解读的不一致和自由裁量权的存在，在上下各级传导过程中容易出现管制内涵的偏离，导致不同事权主体的实践存在较大的差异，不利于自然资源的统一管控和层级传导。同时，在管制重点得以保障的基础上，规则约束的内容可以起到补充与缓冲作用，各级事权主体可以根据自身具有的自由裁量权制定符合自身发展的管控规则，用于应对城镇发展的不确定性。因此，规则约束具有更强的弹性和适应性特征。

2.3 "图数表"存在不一致，相互关系有待梳理

2.3.1 传统规划中"图数表"存在不一致

传统规划语境下单一的"图数表"等用途管制手段在管控空间、属性和行为方面具有较好的作用，但在同时应对管控对象的空间异质性、尺度性和动态性等综合管控方面力有不逮。传统的各类规划之间常常存在"图数表"不一致的情况，如建设用地规模，城乡规划往往超出土地利用总体规划的建设用地规模，且与实际建设需求也不一致。不同部门的耕地、林地、生态保护红线等非建设用地规模也存在此问题，同一规划体系中也存在"图数表"不一致的情况，如城乡规划中总体规划与控规的"图数表"矛盾冲突较多，部分甚至涉及总体规划的强制性内容。"图数表"在规划之间、同一规划内部的不一致严重影响了管制功能的发挥，与空间、属性、行为三方面的协同综合管控要求则差距更大。

2.3.2 "图数表"相互关系尚未厘清

从"图数表"的关系来看，"图"是管制对象的空间边界与结构，本身带有多种数量属性；"数"是为描述管制对象某一功能而抽象出来的指标；"表"是对如何管控管制对象的解释性描述。"图"与"数"的组合实际上反映管制对象自身的弹性，"数"与"图"自身对应的数量属性越接近则弹性越小，反之越大。"图"与"数"之间关系可以概括为模型误差、功能差异和设计弹性三个层次，模型误差与功能差异两个层次的"图数"关系一般情况下是稳定不变的，主要与数学模型抽象与单一功能抽象的影响因素有关。

"数"的确定应当是在充分理解"图数"关系的基础上的，如果"图"与"数"的关系处理不好，则会导致规划不符合实际，或者衍生出预期之外的问题。如永久基本农田保护目标与耕地保有量比值过高，虽然本意是保护良田，但是易导致永久基本农田在建设需求压力下被占用或者出现永久基本农田被划至山上或者河道空间内的现象。同样，"图"与"表"的不一致、"数"与"表"的不一致均会造成规划在传导和实施过程中遇到各种问题，如生态保护红线与永久基本农田、耕地与林地重叠交叉等问题。

3 国土空间规划用途管制要求与发展趋势

3.1 国土空间规划中的用途管制要求

国土空间总体格局是一种宏观层次的空间约束类型，强调系统性和前瞻性。从关系上看，

规划分区是总体格局的落实与细化，主要通过控制线体系和其他空间布局体系来实现。其中，控制线体系要求清晰、明确的边界条件，要"作为开发建设不可逾越的红线"；其他空间布局体系更强调层次性、结构性和连通性等内容，对于边界条件没有提出明确的要求。

在空间约束的基础上，还需要有条件约束，主要表现为规模指标和用途管制规则两种类型，在规划编制过程中，条件约束的核心是指标约束；在规划实施过程中，条件约束的核心是用途管制规则。自然生态空间的用途管制应强调空间格局的完整性和连续性、边界明晰的重要性、要素或空间相互关系的平衡、管制规则的精细化和差异化等内容。

总的来说，国土空间规划中的用途管制要求可以分为三种形式，分别是空间约束、指标约束、规则约束，可以分别通过"图数表"的管制手段进行实现，但三者不可分割。"图数表"的不同组合形式构成了用途管制弹性体系的元规则，形成对空间、属性、行为的三重约束，并贯穿于国土空间规划的编制、实施与监督过程，从而实现弹性的用途管制过程。

3.2　全域全要素管控要求从单一审批制向多元化管制转变

现阶段我国政府的职能正从管理型向服务型转变，与此同时用途管制制度为了适应更广泛的管制对象，也将逐渐从以单一审批制为主向审批制、审查制、登记制等多元化管制转变。根据《中华人民共和国土地管理法》的规定，我国建设用地开发权采取审批制，用地开发时必须明确土地用途，严格落实一图一表，若想要实现用途转换一般需要通过修编或调整规划的形式进行。审批制要求同一事权层次下单个管制对象（地块或单元）仅允许一种功能用途，一图对应一表，用途转换需审批。审查制一般要求同一事权层次下单个管制对象（地块或单元）允许多种功能用途，一图对应多表，用途转换仅需审查是否符合管制清单。登记制则更为宽松，同一事权层次下的管制对象允许多种功能用途，用途转换无须审批审查只需登记备案，一张表对应辖区内全部同类型管制对象。随着自然资源确权登记的逐步完成，土地登记制度的完善也将对土地用途管制制度产生关联性的影响。

3.3　统一的时空间管制要求厘清"图数表"关系并组合应用

自然资源部统一行使所有自然资源的用途管制职能，虽然自然生态空间、农业农村空间、城镇建设空间中各类要素的互动逻辑、管制深度、冲突避让原则都有待明确，但是基本形成了以生态保护红线、永久基本农田保护红线和城镇开发边界三条控制线为核心的管控体系。在规划编制和实施过程中，三条控制线对应的均是实体空间，最终要落在统一的地理数据框架之上。但在审批与监督过程中，生态保护红线对应的是功能空间，以不可替代的生态功能保障为主导；城镇开发边界对应的是管理空间，以城镇边界的管制为主导，并不与城镇功能全部对应；而永久基本农田则既是一定时期内提供必需农产品保障的耕地功能空间，又是耕地特殊保护制度下严禁挪作他用的管理空间。三者需要从功能重要性、兼容性和管理便捷性方便出发，划定出不交叉、不重叠、"图数表"一致的三条控制线，其中任何一项的不实与冲突均会造成规划实施中存在潜在冲突与矛盾。

4　国土空间规划中"图数表"组合的用途管制弹性体系

4.1　国土空间规划中的管制对象分类原则

为了保障国土空间保护、开发与利用的弹性，国土空间规划用途管制体系的弹性控制应包含两个方面的内容：一是空间保持弹性，表现为边界调整的难易程度或事权层次的高低，对应管制对象事权等级；二是功能保持弹性，表现为用途转换的约束性强弱，或者开发与保护功能兼容性的高低，对应管制对象用途管制制度。因此，如图1所示，可以从管制对象的功能重要性与功能兼容性出发，将管制对象分为四类。功能重要性的管制重点应在于空间约束，以"图"作为一种管制手段；功能兼容性的管制重点应在于条件约束，以

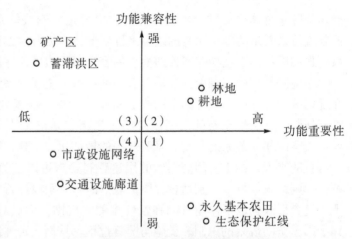

图1 国土空间规划用途管制对象示意图

"数"与"表"作为两种非空间约束管制手段。基于管制对象功能重要性与兼容性特点形成的各具针对性的"图数表"结合的用途管制弹性控制体系，具体如下：

一是功能重要性高、兼容性弱的管制对象，如生态保护红线、永久基本农田，在实际管理中严格边界限定，严格功能准入。这类管制对象应采取"图""数"严格约束，"表"逐级传导细化的管控手段。

二是功能重要性高、兼容性强的管制对象，如耕地、林地，主要采用指标约束，边界存在较大的弹性。这类管制对象应以"数"严格约束，"图""表"逐级传导细化的管控手段为主。

三是功能重要性低、兼容性强的管制对象，如蓄滞洪区、矿产区等特殊功能区，常采用边界约束、负面清单准入管理。这类管制对象应采取"图"严格约束，"表""数"逐级传导细化的形式。

四是功能重要性低、兼容性弱的管制对象，如交通设施廊道、市政设施网络，常常只对道路是否存在、连通与否、设施覆盖与否进行核查，对边界、数量没有具体要求。这类管制对象应采取"表"严格约束，"图""数"逐级传导细化的形式管控。

4.2 规划传导中的"图数表"组合应用

国土空间规划分为国家级、省级、市级、县级和乡镇级五级，管制对象的尺度效应显著，即使对同一管制对象，在不同层次的规划中可采取不同类型的"图数表"组合方式，以适应规划传导的要求。国土空间规划"图"是主体，在规划自上而下传导的过程中，"图"侧重于底线要素的刚性管控，事权层次越高则刚性越强。"数"与"表"侧重于重要功能的弹性约束。对于"数"，规划指标与现状指标之间的关系反映了约束性的强弱，包含了发展弹性。对于"表"，主要是通过建立索引，明确各个管制对象在不同事权层次的管制要求，正面清单、负面清单、备案登记表的管制弹性逐渐加强。

因此，在尺度从大到小的传导过程中，应以条件（即"数""表"）的传导为主，空间（即"图"）的传导为辅，只有那些特别重要的内容，才需要通过"图"来进行约束。国家级和省级国土空间总体规划向市级规划传导以"数""表"为主，包括主导功能和相关指标的安排。市级向县级规划传导以"数""表"为主、"图"为辅，主要落实上级分解指标，同时要划定重要空间及控制线。县级向乡镇级规划传导则"图数表"并重，要求将划定的各类空间及控制线在乡镇级规划中落实，并提出对应的指标控制要求。乡镇级规划应实现规划"图数表"的一一对应，

明确管制对象的具体要求。

4.3　长效管控中的"图数表"组合应用

4.3.1　"图""数"并重、"表"为辅——"三线"及重要控制线等核心管控要素

"图""数"并重、"表"为辅的管制策略主要针对功能重要性高、功能兼容性弱、尺度效应对功能发挥影响大的管制对象，如生态保护红线、永久基本农田和城镇开发边界三条控制线以及其他核心管控要素。在规划编制过程中，通过"图"与"数"的组合控制好需要保障的底线功能，"图"与"数"任何一方的缺位均可能导致管控不足的现象。通过"表"明确界定上下各级事权，保障管制对象在各层次规划中"图""数"的一致性。在规划实施与监督过程中，允许调整"表"所确定的本级事权之内的"图""数"关系。若涉及城镇开发边界中的集中建设区与弹性发展区，可以在满足管控规则所确定的条件下进行合理调整。

4.3.2　"数"为主、"图""表"为辅——约束性指标等协同管控要素

"数"为主、"图""表"为辅的管制策略主要针对功能重要性高、功能兼容性强、尺度效应对功能发挥影响小的管制对象，如耕地、林地、建设用地等，与国土空间规划中约束性指标一致。这类管制对象规模大、影响范围广泛，未来发展不确定性强，上层次目标的实现需要下层次协同管控，但同时上下级之间的利益诉求存在一定偏差。在规划编制过程中不宜通过空间严格约束，但可以通过寻找合适的指标或指标组合进行约束。"数"的约束一方面利于上下传导，另一方面为各级事权主体保留了充分的弹性空间，还可根据需要通过"图"与"表"的约束调整弹性空间大小。

4.3.3　"图"为主、"数""表"为辅——平时主导功能不显著的系统韧性要素

"图"为主、"数""表"为辅的管制策略主要针对功能重要性较低、功能兼容性强、尺度效应对功能发挥影响小的管制对象，如蓄滞洪区、矿产区、历史文化保护区等空间明确的特殊功能区。这类空间明面上看似功能不显著，也非平时空间的主导功能，但实际上是在特殊时刻或在长时间发展中起到非常重要作用的系统韧性要素。"图"的约束有利于保障该管制对象特殊功能的有效实现，使其在特定条件下可以发挥其特殊功能，"数"与"表"辅助其功能实现的多样性与弹性。

4.3.4　"表"为主、"图""数"为辅——本级事权及以下的弹性发展要素

"表"为主、"图""数"为辅的管制策略主要针对功能重要性较低、功能兼容性弱、尺度效应对功能发挥影响小的管制对象，如城市六线及其他控制线体系、基础设施网络、公共服务网络等事权上限在本级层次的弹性发展要素。"表"的约束保障该管制对象存在与否、存在的管制对象是否符合管制要求，但不对其具体空间布局、类型和数量提出过多要求，规划向下传导时可以根据实际情况通过"图"与"数"的约束进一步确定需要保障的内容。

5　结语

传统规划语境下用途管制实践中存在弹性管制失序的问题，"图""数""表"等单一的管制手段均有其局限性，已经难以满足国土空间规划对所有自然资源实行有效的全域全要素、全生命周期的统一管制要求。笔者在分析"图数表"管制应用存在问题的基础上，从国土空间规划的管制要求出发，认为应从空间约束、指标约束、规则约束三方面对管制对象进行管控，根据管制对象在功能重要性和功能兼容性上的特点，提出"图数表"组合的用途管制弹性体系。该弹性体系在应对不同事权层次之间管制要素的空间异质性、存在的空间尺度效应和长期动态稳

定性方面具有较好的效果。对于帮助国土空间用途管制达到保障底线、兼顾发展弹性的目标具有显著作用。

目前国土空间规划的相关技术标准体系与法律法规尚未完善，笔者提出的"图数表"结合的用途管制弹性体系，对于国土空间规划在编制审批、实施与监督过程中处理涉及底线保障与发展弹性的问题时有一定的借鉴意义，但仍偏向于构建技术层面的弹性控制体系，对于法律法规层面的保障、用途转用细则等内容的讨论还未涉及。

［基金项目：教育部哲学社会科学研究重大课题攻关项目"新时代国土空间规划基本理论研究"（20JZD058）］

[参考文献]

[1] 林坚，陈诗弘，许超诣，等. 空间规划的博弈分析［J］. 城市规划学刊，2015（1）：10-14.

[2] 卢为民. 城市土地用途管制制度的演变特征与趋势［J］. 城市发展研究，2015，22（6）：83-88.

[3] 许迎春，刘琦，文贯中. 我国土地用途管制制度的反思与重构［J］. 城市发展研究，2015，22（7）：31-36.

[4] 陈利根，黄金升，李宁. 土地登记与用途管制的制度关联性分析：一个系统论的视角［J］. 中国土地科学，2015，29（10）：42-48.

[5] 杨玲. 基于空间管制的"多规合一"控制线系统初探——关于县（市）域城乡全覆盖的空间管制分区的再思考［J］. 城市发展研究，2016，23（2）：8-15.

[6] 马丁·贾菲，于洋. 20世纪以来美国土地用途管制发展历程的回顾与展望［J］. 国际城市规划，2017，32（1）：30-34.

[7] 许景权，沈迟，胡天新，等. 构建我国空间规划体系的总体思路和主要任务［J］. 规划师，2017，33（2）：5-11.

[8] 田志强. 国土空间用途管制的思考［J］. 城乡规划，2019（2）：104-107.

[9] 林坚，武婷，张叶笑，等. 统一国土空间用途管制制度的思考［J］. 自然资源学报，2019，34（10）：2200-2208.

[10] 朱蕾. 发达国家国土空间用途管制比较及对我国的借鉴［J］. 上海国土资源，2019，40（4）：46-50.

[11] 岳文泽，王田雨. 中国国土空间用途管制的基础性问题思考［J］. 中国土地科学，2019，33（8）：8-15.

[12] 贾克敬，陈宇琛，祁帆. 新时期建立健全国土空间用途管制制度的建议［J］. 规划师，2020，36（11）：21-26.

[13] 何冬华. 市县国土空间用途管制的技术与制度协同——以佛山市南海区为例［J］. 规划师，2020，36（12）：13-19.

[14] 孔雪松，朱思阳，金志丰. 国土空间用途管制刚性与弹性的互动逻辑及优化路径［J］. 规划师，2020，36（11）：11-15.

[15] 汪毅，何淼. 新时期国土空间用途管制制度体系构建的几点建议［J］. 城市发展研究，2020，27（2）：25-29，90.

[16] 程茂吉. 全域国土空间用途管制体系研究［J］. 城市发展研究，2020，27（8）：6-12.

[17] 周宜笑. 国土空间规划土地用途管制思考——基于德国土地利用可持续发展的规划实践［J］. 城市规划，2020，44（10）：40-50.

［18］邓红蒂，袁弘，祁帆．基于自然生态空间用途管制实践的国土空间用途管制思考［J］．城市规划学刊，2020，255（1）：23-30.

［19］何明俊．国土空间用途管制的特征、模式与制度体系［J］．规划师，2020，36（11）：5-10.

［20］何明俊．用途管制中相邻关系的重构——先占原则 vs 科斯定理［J］．城市规划，2020，44（5）：29-34，61.

［21］朱红，李涛．日本国土空间用途管制经验及对我国的启示［J］．中国国土资源经济，2020，33（12）：51-58.

［22］董子卉，翟国方．日本国土空间用途管制经验与启示［J］．中国土地科学，2020，34（5）：33-42.

［23］荣冬梅，朱红，王佳佳，等．发达国家国土空间用途管制探析［J］．中国国土资源经济，2021，34（1）：42-46，54.

［作者简介］
徐翔宇，注册城乡规划师，上海复旦规划建筑设计研究院有限公司工程师。

控规实施评估及动态维护系统建设探讨

□金银，高宇佳

摘要：控规动态维护已成为保证控规有效指导建设的必要手段，而控规实施评估则是保障控规动态维护的合理性和科学性的重要环节，但当前控规实施评估缺乏强有力执行的评估政策、统一的评估标准、有效的数据基础以及空间算法模型的运用，导致评估结果的科学性、有效性难以保证。在《中共中央 国务院关于建立国土空间规划体系并监督实施的若干意见》提出建立健全国土空间规划动态评估预警和实施监管机制的政策背景下，本文期望通过建设"控规实施评估及动态维护系统"，达到建立控规动态维护工作体系、统一控规实施评估标准、建立控规动态维护数据资产、提供便捷可用的算法模型的目的，并针对该系统的架构设计、数据采集与更新以及实施保障机制展开探讨。

关键词：控规实施评估；动态维护；信息系统建设

1 引言

《中华人民共和国城乡规划法》确立了控规在规划体系中的法定地位，指明控规是指导我国各项城市建设活动的法定依据。但面对城市发展的复杂性和不确定性，当前的控规编制方法往往存在前瞻性不足、适应性不足、指标确定缺乏科学性等问题，为解决控规的这些缺陷，部分城市开始探索控规动态维护机制，以期提高控规对城市建设的指导效力。控规动态维护是根据社会经济发展阶段特征、城市发展政策变动，重大项目落地、上位及相关规划修编等情况对当前有效控规的管理内容进行调整而提出的管理机制，但当前的控规动态维护机制存在诸多问题。

第一，为保证控规调整的必要性以及调整内容的合理性，需要在调整前期开展控规实施评估，论证当前控规确实难以适应当下发展诉求，而调整内容能够保证规划管理意图能得到有效传导和落实，保障公共利益在与社会资本的博弈中不会受到损害。但局限于我国多年固化的单向规划编制模式，规划实施评估虽多有为之，但评估实际与规划编制工作无论是在指导效力还是在工作流程上都存在脱节。

第二，当前国内的规划评估多聚焦于总规层面，控规评估在评估对象、内容、技术方法上均未形成统一的技术标准，这导致统一行政管辖区域下个案的控规调整评估标准不一，评估结果缺乏横向可比性，造成指导控规修编的评估依据缺乏规范性。

第三，控规动态维护机制虽解决了控规编制与土地利用之间的时间差问题，但是在如何有效落实上位规划意图、科学制定规划管控指标、保证规划匹配区域发展诉求等规划编制技术方面仍存在难点。

第四，在支撑规划编制、审查及评估的数据资源方面，普遍存在数据来源不一、时效性不佳、合法性不明、收集困难、质量参差不齐等问题，极大制约了规划编制、审查及评估工作的规范性和科学性。

针对上述问题，在《中共中央　国务院关于建立国土空间规划体系并监督实施的若干意见》提出要建立健全国土空间规划动态评估预警和实施监管机制、建立国土空间规划定期评估制度的政策背景下，笔者通过论述建设"控规实施评估及动态维护系统"的可行性来探索可行的解决方案。

2　系统建设目的

2.1　建立控规动态维护工作体系

规范控规动态维护的工作程序，通过协同审批审查平台将控规实施评估作为启动控规编制（新编、调整、修编）的必要前置环节，规范"计划生成—规划编制—建设监管—实施评估"的工作流程，以工作程序为抓手保障控规调整的合理性。

2.2　建立控规实施评估标准

一是规范控规实施评估技术内容。结合广州、北京、深圳等城市的经验，从规划传导、规范符合、控规实施、发展适应四个方面建立评估指标，并纠正指标对标依据、指标计算数据来源、规避规范性不足导致的评估结果主观偏差。

二是完善实施评估机制。提供"一事一议"的单个项目评估和周期性的整体评估两种评估机制，既适应日常控规动态维护产生的新编、调整、修编需求，又能从全局统筹的角度回顾一定周期内控规动态维护带来的成效和问题，并为下一周期控规动态维护计划的制定提供依据。

2.3　建立控规动态维护数据资产体系

控规动态维护的数据资产由控规在编制、审批、审查、实施、评估过程中所需和产生的各类数据组成，建立并运营该数据资产体系是为了科学管理和有效运用数据。数据资产体系旨在解决数据现势性不强、存储零散、调用困难的问题，保障控规全流程各类有用数据百分之百得到采集和有序归档，并通过对原始数据的加工重组，为规划编制提供齐全要素底板，为规划审查提供统一比对标准，为规划实施提供有效规划条件，为规划评估提供标准数据来源，为外部系统提供数据共享。

2.4　提供便捷易用的评估分析算法模型

相较于传统规划评估，定量分析技术可减少定性分析带来的客观性不足的问题，而且大数据分析能在更小的空间、时间尺度上刻画城市特征，从城市使用者的角度评价城市，使控规更好地服务于城市、服务于居民。但是由于定量分析和大数据分析数据处理难度大、计算模型较为复杂，难以常用于实施评估中。因此，可在控规实施评估与动态维护系统内置常用空间分析模型，使定量分析和大数据分析简单易用。

3 系统架构设计

3.1 总体架构

控规实施评估及动态维护系统的整体架构是基于业务协同审批审查平台、控规辅助编制平台建立与控规编制、审批、审查、实施评估相关联的数据中心，并在数据中心和模型中心的支撑下建设控规评估分析系统。从业务流来看，此架构形成能够覆盖"计划生成—规划编制—建设监管—实施评估"的全流程管理系统。从数据流来看，这使"数据生产—数据收集—数据管理—数据应用"的闭环得以运作起来，不断迭代更新，形成具有强现势性和广覆盖面的数据资产体系（图1）。

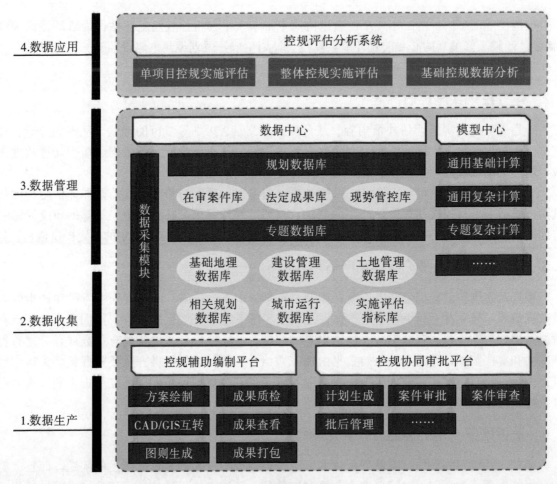

图1 系统架构设计图

3.2 控规辅助编制平台

控规辅助编制平台主要提供六项功能：方案绘制、CAD/GIS互转、成果查看、成果质检、成果打包、图则生成。

方案绘制、CAD/GIS互转、成果查看功能由CAD/GIS双平台提供。为了满足符合规划编制人员制图习惯和图属一体化管理的需求，需要对 CAD 和 GIS 平台进行二次开发、双向打通，形成 CAD/GIS 双平台。该平台需要满足四个功能：一是 CAD 平台内置控规数据库规范分层标准和属性结构标准，保证 CAD 与 GIS 转换时的图属内容一致性；二是 CAD 平台需提供符合控规数据库规范中属性代码表内容的点选功能，如用地性质分类、设施类型代码、行政区代码等属性信息，避免人为填写的随意性；三是需提供一键 CAD/GIS 便捷互转功能，避免 CAD/GIS 互转过程中的人为失误；四是 CAD/GIS 平台均需提供符合控规成果标准的符号库，保证电子成果的表达一致性和可读性。CAD/GIS 双平台辅助编制软件能使保证新生产的规划成果数据的完整性、有效性和准确性，符合"一张图"数据库的入库要求，在最大程度上减少了编制人员对属性表信息的填写和维护工作。

成果质检、成果打包功能由质检软件提供。质检内容是参照控规数据库规范以及相关行业标准，对编制完成且待入库数据进行质量检查，通过质检的成果可随即进行成果打包，形成符合上传入库要求的成果包。质检内容主要有：（1）数据完整性检查，包括对文件目录组织结构、数据格式正确性、数据有效性的检查。（2）空间数据检查，包括对空间坐标系、拓扑检查、接边检查、范围符合性的检查。（3）表格/属性数据检查，包括对图层名称规范性、必要图层不为空、属性数据结构一致性、代码一致性、值域符合性、编号唯一性、字段必填性、图层内逻辑一致性、图层间属性一致性的检查。

图则生成功能由图则生成插件提供，内置于 CAD/GIS 双平台中的 GIS 模块。该插件是根据生成图则范围图层自动提取图则图面要素，读取或计算图则指标控制内容，提取通则控制内容，组织成完整图则的形式并支持离线输出。

3.3　控规协同审批审查平台

控规协同审批审查平台是为控规审批审查职能部门各类角色用户提供统一流程办公页面集成，实现了控规审批审查业务全网办、线上办，除了规委会、报市政府审批等个别管理环节外，规划编制审批全流程纳入线上管理。实现数据流与业务流同步，通过线上交、线上审等机制，确保数据流与业务流一条线同步运转。该平台分为两大块功能：规划编制审批管理模块、数据应用管理模块。

3.3.1　规划编制审批管理模块

规划编制审批管理模块是为控规编制管理处室、技审单位、成果办等部门提供的从编制前期服务、编制审批管理到批后阶段的全生命周期管理的一体化应用服务。其主要功能模块可分为计划管理、规划要素底板获取、规划评估及任务书审核、草案审查、意见征询、规划公示、规委会审议、技术审查、成果报批、成果入库、规划公布、案卷归档、统计考核等。

3.3.2　数据应用管理模块

数据应用管理模块用于管理各个阶段的成果入库和出库，承担了整个控规实施评估及动态维护系统数据中心的前端维护职能，包括草案成果在线入库、报批成果在线入库、批后成果同步更新、规划要素底板推送。

3.4　数据中心

将不同来源的数据，经过数据清洗转换后变成统一格式存储到数据中心，用于提供数据管理、数据共享服务。数据中心由数据库和数据采集模块组成。

3.4.1　数据库

数据库包括规划数据库和专题数据库。规划数据库用于存储控规编制方案及其相关管理文件；专题数据库存储控规编制、审批、实施、评估所需要或所产生的其他数据。规划数据库分为三个子库，分别是在审案件库、法定成果库、现势管控库；专题数据库按照数据来源和数据特征可分为基础地理数据库、建设管理数据库、实施评估指标库、相关规划数据库、城市运行数据库等（图2）。

（1）规划数据库

在审案件库用于存储草案阶段成果（即还是审批审查流程中，未取得正式批复的成果），以支撑线上规划审批系统中的案件流转，并提供草案阶段案件的基本信息和规划文本、图纸、图则。在审案件库中的数据按单个案件成果包的形式存储，包括规划成果和管理数据两大类。规划成果按照矢量数据、栅格数据、文档数据分类组织；管理成果为草案阶段以前的计划生成文件、任务书、意见征询等文件。

法定成果库用于存储完成批复的规划成果，以及成果的管理与归档。法定成果库数据存储方式与在审案件库相同，数据内容相较于在审案件库增加了草案阶段的意见征询和报批阶段的批复文件。

现势管控库存储城市开发边界内最新批复的控规成果，用于支撑项目审批和行政管理。现势管控库将开发边界内最新批复的控规成果拼合成一套，保证现势管控库的时效性，且数据内容仅包括规划成果中的矢量数据。

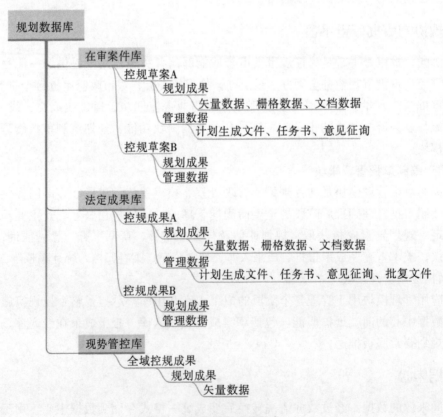

图 2　规划数据库组织形式

（2）专题数据库

基础地理数据库数据主要来源于测绘部门，为规划编制和评估提供区域现状数据。

建设管理数据库主要对接建管部门，用于监测控规批后实施情况，主要包括规划条件、施工方案、竣工验收等方面的数据。

土地管理数据库主要对接土地管理部门，用于监测土地出让和不动产登记情况，主要包括用地预审、土地征收、土地储备、土地出让、低效用地评估、基准地价等信息。

相关规划数据库是与控规编制、审查、评估的上位规划和专项规划的控制内容，主要包括主导功能、土地利用、综合交通、设施规划、各类控制线、开发容量、人口规模、城市设计等相关控制和引导要求。

城市运行数据库主要有手机信令、交通态势、兴趣点、公交刷卡、用水用电等专业部门数据和互联网大数据组成，相较于其他子库有更新频率高、数量大、种类繁多的特征。

实施评估指标库是为控规实施评估建立标准统一的指标库，是通过对规划成果库和其他专题数据库子库进行数据抽取和运算后形成的中间库，该库包含指标评估值和指标比对值。

3.4.2　数据采集模块

该模块用于保障数据中心的数据质量符合数据库规范要求和满足支撑应用系统，根据数据源和数据中心的存储要求不同，该模块需要对数据进行不同的处理，包括数据迁移、数据同步、数据重构、关系映射、数据聚合、数据质检。当数据中心数据库与数据源保持一致时，需要进行数据同步；当数据中心数据库将取代数据源时，需进行数据迁移；当与数据源格式不一致时，需根据数据中心与数据源的差异程度，选择关系映射、数据聚合、数据重构等不同手段；当数据源质量较差时，还需经过数据清洗和数据质检提取可用数据。

3.5　模型中心

为更好支撑定量分析决策，将用于控规实施评估指标体系的计算逻辑封装为模型工具，并根据工具的适用范围和复杂程度分为通用基础计算、通用复杂计算、专题复杂计算。模型中心既服务于既定的取数路径，直接支撑实施评估结果的自动运算；也服务于自定义数据源和分析运算场景，为实施评估指标体系和计算规则的可扩展性预留空间。

3.6　控规评估分析系统

控规评估分析系统主要提供三大类分析，分别为控规实施评估、方案影响模拟、基础数据分析。

控规实施评估考量控规与上位规划符合性和专项规划的协同性、控规与相关编制规范的符合性、当前实际建设执行与控规符合性及控规方案与当前区域发展背景的符合性四个方面的内容。同时，根据单个控规编制项目或整体控规评估配置不同的评估指标体系，为控规动态调整提供调整必要性和调整方向的前期决策支撑。

方案影响模拟从调整方案是否符合上位规划和相关规划管控要求、是否满足当前区域发展背景诉求、是否对周边地区产生不利影响三个方面在控规编制任务书制定前期辅助制定控规指标，在方案编制阶段辅助判断方案合理性。

基础数据分析包括针对控规成果的用地面积、开发强度、用地结构、路网密度、设施覆盖等控规管控内容的统计分析；针对控规动态维护工作的数据统计，主要统计控规修改覆盖率、修改动因、修改前后指标对比、当前对年度控规编制计划完成情况；针对同一地块历版控规变化情况查询，支持指标修改查询、地块边界修改查询、地块性质修改查询（图3）。

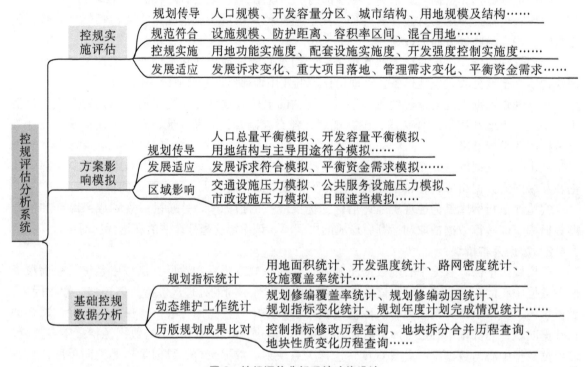

控规评估分析系统

控规实施评估
- 规划传导 人口规模、开发容量分区、城市结构、用地规模及结构……
- 规范符合 设施规模、防护距离、容积率区间、混合用地……
- 控规实施 用地功能实施度、配套设施实施度、开发强度控制实施度……
- 发展适应 发展诉求变化、重大项目落地、管理需求变化、平衡资金需求……

方案影响模拟
- 规划传导 人口总量平衡模拟、开发容量平衡模拟、用地结构与主导用途符合模拟……
- 发展适应 发展诉求符合模拟、平衡资金需求模拟……
- 区域影响 交通设施压力模拟、公共服务设施压力模拟、市政设施压力模拟、日照遮挡模拟……

基础控规数据分析
- 规划指标统计 用地面积统计、开发强度统计、路网密度统计、设施覆盖率统计……
- 动态维护工作统计 规划修编覆盖率统计、规划修编动因统计、规划指标变化统计、规划年度计划完成情况统计……
- 历版规划成果比对 控制指标修改历程查询、地块拆分合并历程查询、地块性质变化历程查询……

图3 控规评估分析系统功能设计

4 系统数据采集与更新机制

4.1 数据中心初始建库

初始建库的数据来源主要为历史控规案件和其他系统或部门现有的专题数据，针对不同来源的数据需要提供不同的预处理，以期达到入库标准。

4.1.1 历史案件的数据治理

历史案件数据主要存在以下两方面问题：一方面，由于各个时期的控规编制技术准则和成果规范的不同，造成不同时期的规划成果在编制深度、成果形式等方面不尽相同，如用地代码、设施类型的标准不一，细化深度不一；属性字段值域、必填项等要求不同。另一方面，以往的规划成果多以CAD制图为主，虽然对空间矢量数据的存储和管理较为统一，但是缺乏对属性信息的存储机制，大量属性信息需要从图、文、表中查找与补充。

因此，历史案件数据的入库工作要以数据治理为重。数据治理要遵循保证已批案件的法定信息表达意图不改变的原则，按照数据质量和该系统数据库标准之间的差异情况，将数据治理分为三大类进行工作，第一类是对于已经建立数据库管理的历史案件数据，梳理新老数据库之间的标准差异，通过新老标准转换工具进行批量转换，转换内容主要包括新老标准图层关系映射、新老标准字段关系映射、新老标准属性代码表映射。此外，新老标准转换工具还需将无法建立映射关系的图层、字段、属性代码表的枚举交由人工处理。第二类是对于已经电子化、以DWG格式文件存储的历史案件，需要在CAD/GIS辅助编制平台中对DWG文件进行图层标准化的处理，保证符合"一张图"数据库的分层要求，同时可通过平台生成部分属性信息，并无损转化为 GIS 文件，其余属性信息则需要从图、文、表中人工补录。第三类是没有电子化的历史案件数据，对这类数据可以先进行扫描归档，纳入成果库中，后期根据使用需求再进一步电子化。

4.1.2 其他类型数据的采集

为支撑规划的"前期分析—编制—实施—监测—评估反馈"的闭环工作系统，控规"一张图"的数据资源架构，除控规成果数据外还需要囊括现状数据、相关规划数据、城市运行数据等。根据各个地方国土空间数据资源信息化管理程度不同，可将以上数据的采集方式分为三大类：

第一类是针对已经有较好信息化基础的数据，通过数据接口的方式实现数据的调用，无须强制要求将数据存储在"一张图"数据库中，该方式能较好地应对无法跨部门实体共享的数据、高频率更新的数据以及因量大易对服务器产生较大压力的网络大数据。

第二类是针对信息化基础较差的数据，这类数据需要通过在线上传或填报的方式采集，在保证数据内容正确、数据更新及时方面对人工的要求较高。

第三类是通过传感器采集的城市感知数据，如城市监控采集的交通数据、气象站点采集的区域小气候数据等，这类数据普适性较低，可作为前两种方式的补充。

4.2 数据中心动态更新

数据的现势性越好，附加值越高。而传统城市数据更新主要采用阶段性更新，以年为周期大面积普查和部门数据交换对接，但这种方式不能满足数据日新月异的变化。因此，需要制定持续更新机制。数据更新机制的主要思路是将更新工作放在数据生产管理方，由数据生产管理方在核实数据合法性和规范性后及时发布。按照数据中心的数据库类型，数据生产管理方可分为控规成果数据生产管理方和其他专题数据生产管理方（图4）。

控规成果数据由编制单位使用 GIS/CAD 双平台编制规划，经由质检工具质检通过并打包后形成可上传入库的规划成果包，规划成果包在进入在审案件库后，支撑控规协同审批平台的带图审批审查。部门、专家的审批审查意见反馈给编制单位，编制单位按照多轮修改意见形成报批成果，质检打包入在审案件库后经由控规协同审批平台确认审批通过，形成获批成果。该成果由在审案件库更新至法定成果库，并同步更新到现势管控库替换掉该区域原现势方案，至此控规成果数据生产管理流程完成。

专题数据生产管理方较多，一种是由控规实施评估分析系统生成的实施评估结果，该结果生成后经组织编制单位确认便更新到实施评估指标数据库。另一种是来源于其他部门或网络的外部数据，根据这些外部数据的存储和生产现状，可分门别类地制定数据更新周期和更新方式。对于由业务操作系统产生的外部数据，可采用接口的方式采取数据生产管理部门许可的周期更新，尽可能争取同步更新。对于网络数据和传感器数据可以实时更新，但需注意数据存储压力和实时更新必要性。对于线下汇交数据则无法同步更新的情况，必须制定更新周期，人为更新到数据库中。

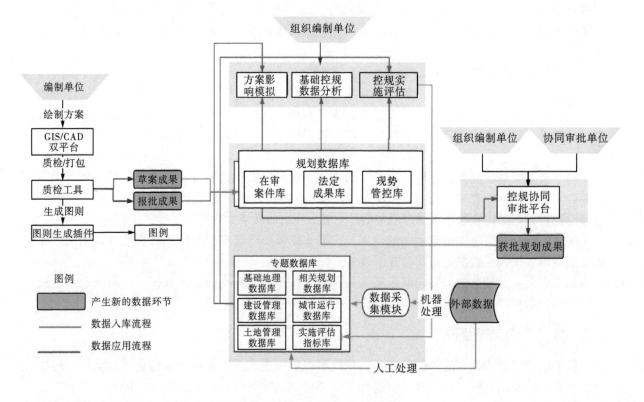

图 4　数据中心动态更新示意图

5　系统实施保障机制

5.1　管理制度保障

管理制度是推行控规实施评估与动态维护系统成为控规编制工作必要工具，是变革传统控规编制流程和技术手段的有效抓手。

（1）制定系统运行管理规定，明确系统应用管理权限、用户访问、系统变更、数据及接口管理、日志管理、备份管理和问题管理，确保系统安全、稳定、高效运行，提高系统应用水平。

（2）制定控规实施评估及动态维护工作政策，梳理适应信息化的控规编制审批工作流程，明确控规实施评估是控规编制的必要前置环节，明确控规成果必须在线汇交的管理制度。

（3）制定数据汇交与共享相关制度，明确数据生成单位、汇交单位、质检单位、数据安全密级、数据共享范围、共享方式、数据更新机制。

（4）将信息化工作纳入单位考核，以考核手段鼓励下级政府启动系统建设并与上级系统对接，利于形成"省—市—县"纵向贯通的业务系统。

5.2　标准规范保障

在国家数据标准的基础上，从本地数据与技术特征出发，保证不同网络、不同来源数据、不同技术环节之间接口的标准化，使数据共享在系统中畅通无阻。

（1）数据标准，保障不同来源数据的整合和共享，包括地理空间信息质量评价标准、控规成果数据库标准、其他专题数据库标准、空间元数据标准等。

（2）交互操作标准，明确系统异构、分布式和远程互操作的相关标准，主要在数据中心的更新方面，针对人机交互和其他职能部门在线更新，包括数据交换标准、网络交互操作标准、数据网络传输协议标准等。

5.3　组织人员保障

系统的建设、运维、更新、推广应用离不开分工明晰的技术队伍，按照系统从建设到推广应用的整个过程，可以将人员保障分为以下五类：

（1）项目组织管理团队，主要职责是确定系统建设目标、申请建设经费、审查系统建设方案、按照批准的建设方案组织建设、领导系统建设工作运转。

（2）专家咨询团队，主要职责是为该系统融入控规编制工作提供制度保障和标准规范参考，就系统建设过程中遇到的技术问题进行协商并提出解决方案，出具有助于系统运行的技术和管理报告，支撑系统迭代。

（3）设计开发团队，主要职责包括系统需求分析、功能设计、系统开发、系统测试、系统运维。

（4）数据管理团队，主要职责是负责历史控规成果数据的治理、自动入库成果的抽检、外部数据的清洗加工入库。

（5）培训推广团队，负责制定培训计划和实施人员培训，负责推广该系统，使之逐渐形成"省—市—县"纵向贯通的数据管理平台、工作协同平台。

6　结语

虽然控规实施评估及动态维护系统能够极大地提升实施评估的有效性和科学性，但是鉴于当前各级自然资源部门在信息系统建设方面都存在一次建设永不更新、验收既封存、建设无数据的空系统等现象，控规实施评估及动态维护系统除了开发建设外，更应该着重考虑如何保持系统的活力，其重点在于让用户确实能感受到系统建设带来的是高效工作和科学规划，而不是技术门槛或科技障碍。因此，笔者认为系统建设应分步走，初期以建设协同审批审查平台为重点，配合多次的系统应用培训，使工作人员适应线上办件，并以此带动数据中心规划数据库的充实，使数据资产得到积累；中期考虑数据中心专题数据库的建设，并以此支撑控规评估分析系统建设，达到控规实施评估和动态维护的目的；后期再着重优化系统的可扩展性和智能性，植入更多可供选择的功能组件和算法模型，提高系统对用户需求的适应性。

［基金项目：国家重点研发计划课题"以人为本的城市精细化管理市政设施建设运维系列标准构建"（项目编号：2020YFB2103304）］

［参考文献］

[1] 潘聪，肖江."两图合一"的一张图式管理机制建设探索——以武汉市规划管理用图为例［C］//新常态：传承与变革——2015中国城市规划年会论文集（11规划实施与管理），2015：381-386.

[2] 林宛婷，刘坤，周乐，等.北京市控规评估方法与机制初探［C］//活力城乡 美好人居——2019中国城市规划年会论文集（14规划实施与管理），2019：888-895.

[3] 朱红，黎子铭.从被动调整向主动维护转型——广州市控制性详细规划实施评估机制研究［C］//2019（第十四届）城市发展与规划大会，2019：789-795.

［4］何子张. 时空整合理念下控规与土地出让的有机衔接——厦门的实践与思考［J］. 现代城市研究，2011，26（8）：35-39.

［5］李孝娟，张建荣. 深圳全市域法定图则系统评估方法探讨［J］. 城市规划，2016，40（10）：38-43.

［6］白晓辉，高飒. 北京市控规数据建库及定量分析方法研究［J］. 北京测绘，2018，32（12）：1470-1474.

［作者简介］

金银，注册城乡规划师，就职于中规院（北京）规划设计有限公司。

高宇佳，规划师，就职于中国城市规划设计研究院。

审视智慧城市建设中的公平效用损失风险

□凌昌隆

摘要：作为未来城市发展的重要方向，"智慧城市"这一概念在社会上引起了广泛关注与探讨。本文审视了智慧城市建设过程中的公平效用损失的风险，认为技术理性可能会边缘化人对于空间互动的追求，形成智慧化的"乌托邦"；资本推力与政府效能的矛盾，可能无法真正满足城市全方位的智能化，而仅仅关注效能占优者；城市智慧化中的绅士化现象，也可能导致社会分异的空间平移。通过辨析城市公共服务智慧化过程中的潜在效用损失的可能性，本文提出智慧城市的具体实践必须更为关注"人"的智慧化，重视智慧化过程中生活方式的转变，谋求接受能力差异化的解，以维护不同受众的选择权利，着力于智慧城市的普惠价值，推动从城市智能到惠及大众的转变，形成更有效率、更高质量的城市智慧体系。

关键词：智慧城市；社会公平；效用损失；风险

1 引言

智慧城市技术被认为代表了科技、艺术、社会、福祉相结合的最前沿的城市发展领域，是应对各种风险挑战、实现可持续发展和建设宜居环境的重要推动力，是未来城市发展的一个重要方向。国内学者对于智慧城市的研究，主要关注的内容包括大数据、电子政府、物联网、电子政务、数字城市、信息化、公共服务、信息安全等，大体上形成了以大数据为中心、以物联网与云计算两项核心技术为支撑的研究网络，但他们往往都重点关注政府端城市运营的技术智慧化，如政务、交通、安防等方面，而较少关注人本主义的智慧服务与智慧设施，尤其是智慧化下的公平议题。

社会公平正义是实现城市生活中的共同富裕的关键议题。保障社会公平几乎成为所有城市空间治理手段中必须遵循的共识，"空间正义"是社会理论对社会公正反思的空间维度，城市规划政策的制定需要保障社会全体的公共利益，满足底线要求。城市居民是典型的"城市人"，是理性选择聚居去追求空间接触机会的人，而智慧城市则是改变"城市人"空间接触机会的典型方式。智慧城市的作用，就是在人聚居之处，通过空间设施的智慧化供给、管理和维护来满足人在生产、生活、生态活动中对空间接触的需求。城市生活的方方面面必须关注人的理性，即维护自存和共存的平衡。智慧城市必须为"城市人"平等地供给公平使用的智慧化服务和设施，以实现群体的"共存"，也必须保障个体使用者在使用中的和谐，以实现个体的"自存"。

当前，智慧城市的研究主要聚焦在三个方面。第一，关注智慧城市的定义。尽管学界尚未形成统一认识，但概括来说，智慧城市被认为是脱离了意识形态和政治意图的一种技术优化，通过智慧硬件设施、软件交互模拟、广泛链接网络等，尤其是 ICT 技术路径，对基础设施、社会治理、公共服务等进行智慧化改造，以应对城市发展、技术变革、知识创新和需求并发。第二，技术路径与应用场景。智慧城市依赖于数字城市、大数据、云计算与物联网等底层技术，具有庞大的市场潜力，包括"硬领域"，如能源、基础设施、治安、建筑物等及"软领域"，如公共服务福利、商品经济等。第三，效用与风险控制。智能技术能够改善城市病、提升城市服务效率、完善城市社会治理，但也有学者提出智慧城市在一定程度上造成或延续了社区之间的不平等。

可以发现，智慧城市倡导者想象自己正在创造科学、客观、便捷的技术和城市生活愿景，然而究竟能够在多大程度上解决当前的城市问题，缓解社会分异和保障社会公平，仍未可知，必须加以重新思考。智慧城市建设中的公平效应仍有三点值得深思。第一，要警惕技术理性边缘化了人对空间互动权利的追求。第二，需要审慎考量政府效能与资本介入产生的信息歧视与起跑线不公。第三，精英化、绅士化、年轻化带来潜在社会分异的空间平移风险。智慧城市在实现空间资源再分配的过程中，首要保障人身权利和基本物品分配的公平，以实现起跑线公平，进而突出效率和社会救济催生的社会公平。笔者重点探讨城市公共服务智慧化过程中的公平效用损失风险与应对之策。

2 智慧城市建设中的公平效应损失风险

2.1 技术理性可能会边缘化人对空间互动的追求

技术理性在一定程度上降低了人对于城市空间的使用，剥夺了城市空间作为生活方式载体和互动对象的真实价值，而使主观能动的人边缘化。尽管有关智慧城市并未形成确切的概念，但以传感器、机器人、摄像头等硬件设备和以物联网、大数据、云计算、ICT 服务等技术服务为基础条件建设的智慧城市，已经成为智慧城市行动方案的技术依托。例如，智慧城市可以定义为 ICT 与传统基础设施相融合、使用新数字技术进行协调和整合的城市，成为一种程序化的范式。值得注意的是，城市因其历史、禀赋、人文与未来目标等的差异而千姿百态，必然不能通过程序化、标准化的模型而进行嵌套。技术样本在不同城市间复制的失败，本身就印证了城市居民需求的多样化，单一标准化的城市产品或许只能对应于城市智慧化的"乌托邦"，有其名而避其实。

高纯度的技术泛滥让人恐惧。如果人的行为方式借助技术和机器被规定、安排了，人将必须符合和适应技术世界的节奏，跟随机器一起运转。于是，人的社会化实际上变成了人的工具化和人的技术化，人不再成为其自身，而成为科技的殉葬品和被使唤者。例如，实践中个体监控的信任危机让参与空间演化的主体的人不可避免地被空间所约束，来自环境要素的监视可能会带来心理上强烈的不安，进而人为地制造了环境不公。ICT 技术的广泛和深度使用不能代表已建设了智慧城市，作为一种通用技术，其只是对人力和组织资本进行补充，不能作为支配城市生活的控制中心。人与环境的互动是经过千百年发展所建立的一种协调统一关系，而技术不应该将这些多样化的丰富场景模数化。智能举措不仅涉及技术变革，还应关注人力资本以及城市生活方式的差异和变化。

2.2 政府效能还是资本狂欢？信息歧视与起跑线不公

大量智慧城市项目由传统城市规划部门牵头，大型计算机软件服务商供应产品，如 IBM、思科等，缺乏系统的协调，很难应对城市复杂的"巨系统"。但是，它们掌握着海量用户信息，形成了所谓的信息权威。当然，这样的信息权威并不一定能代表社会利益或集体利益，正如有学者提出的"只要是各级政府的规划，就都属于公共利益吗？"一样，信息权威有助于资本对用户盈利可能性的渗透，但这种渗透从来都是被利益裹挟的、是带歧视的和不公的。由拥有专业知识和设备的少数程序员设计出来的应用程序，也未必不能满足包括广阔社会群体在内的公众需求。技术企业的知识体系是否完整，是否有足够的能力应对城市"巨系统"，仍然存有疑问。相反，这可能违背了"经济增长、就业和社会包容"与"长期影响的公共价值"的平衡。

　　资本的效率追求往往与政府效能存在错位。以社会治理为目标的智慧城市必须平衡效率追求与公平价值。然而，现有的以资本推动的智慧城市项目，在目标上过多地追求效率和经济发展，轻视了社会问题的复杂性与公众诉求的多样性，弱化了民生与社会建设指标，忽略了社区生活、边缘群体的参与，重"量"而少"质"。

　　不可否认，服务供应者与使用者存在明确的信息不对称。作为信息服务端的计算机软件及设备供应商，存在明确的目标用户偏好。服务供应商对于城市现实区位的追求，同样可能在智慧化过程中转化为智慧效益的追求，进而倾向于投资智慧化盈利性更高的群体或部门，加剧了城市的空间撕裂或社会隔离。一些对于新技术不敏感的用户，就很难成为服务供应商信息分发的对象，而被排除在智慧化之外。一旦城市治理技术企业化和资本化，就更加难以保障对社会群体的公平对待，它们广泛存在的差别化信息分发对个体获取空间权益输出了隐匿的信息歧视。然而，机会公正是合理竞争中最重要的一环，它决定着所有成员能否有机会参与竞争，这种信息歧视可能会造成起跑线不公的问题，进而造成全社会的公平效用损失。

2.3　虚拟绅士化：社会分异的空间平移

　　空间现象存在差异化，比如富人和穷人的住区环境、娱乐活动的差异，但这与个体是否具有选择权无关，仅仅是基于收入能力而产生的个人偏好差别。当智慧化设施被粗暴地、非人性化地供应时，就成为一种偏好依赖的被动选择。依赖于社会适应能力高、接受能力强的群体所设定的智慧城市标准，可能具有所谓的前卫特征，但它仍然隐性地认可了高影响力群体的生活状态，实际上加剧了城市性的绅士化。"智慧城市"是一个术语，由聪明人制定，由知识和创新经济作为关键的推动力量，因此城市服务智慧化必然存在着潜在的筛选机制。不同于空间开发中"穷人搬出去，富人住进来"的显性歧视，隐匿于互联网与智慧设备中的技能歧视，不仅无法保障不同社会阶层的公平参与，还会将他们被动划分、安置或者忽视于智慧化之外，进而呈现出绅士化、精英化、年轻化的倾向，将现实世界中的社会分异平移到更加隐蔽的虚拟世界中。

　　列斐伏尔指出，空间是社会建构的，所有群体都应该拥有"城市权"。第三次联合国住房和城市可持续发展会议通过的《新城市议程》重点提出了"人人共享城市"（Cities for all）的愿景和包容的理念，阐明"所有居民都享有平等的机会和权利"。城市化的推进伴随着尖锐的社会矛盾和不平等，穷人们有极大的可能远远落后于智慧城市的发展，这将导致穷人们继续被剥削、被边缘化，对于城市来说，这是巨大的风险。我们需要考虑的是，穷人要如何学习技术、适应技术、以至于运用技术，以及提高他们在城市生活的体验，创造更高效、更实用的智慧技术。众所周知，技术资源具有获取门槛，教育资源本身就被不公平分配，粗暴地使用商业手段无法迅速弥补贫富差距带来的社会生活能力差距，反而可能制造虚拟化的但又极具刚性的"数字鸿沟"，将现实世界中的不公正"平移"到了虚拟的数字化空间。

3 智慧城市公平效用的再思考

3.1 关注"人"的智慧化，重视生活方式转变

城市智慧化应形成信息技术支撑下的社会总成本降低的共存机制，以更为关注"人"的智慧化。在非智慧化、非大工业化时代，主流观点是"房子是居住的机器"（柯布西耶语），居民为了实现个体的目标，往往需要经过一系列的活动，完成数量庞杂的手续。城市也只是经济增长的机器，并不会深入考虑到城市中个体的福祉与健康。而到了人本社会，"智能技术推动有效治理""在治理和公民服务之间建立直接和双向的联系，以优化沟通"的观念出现。智慧具有与人类个体心理长期关联的额外优势，智慧城市则传达了灵活机动处理问题的目标力量和能力。政府在社会管理和运营中逐步实现了三阶结果的转换，以改良城市服务的方式、地位和效果，进而实现"公共价值"的最大化。通过使所有城市居民享有低成本智慧城市的使用权，让每个人平等地拥有城市空间接触机会，达到空间服务的机会均衡（表1）。政府通过将城市运营和管理智慧化，简化了居民生活服务的流程，降低了全社会的交易成本，如智慧政务将政府服务线上化、自动化，简化了居民办事的流程；智慧医疗针对就医难问题，通过线上问诊、社交化就医等手段免除了居民出行就医、排队等麻烦。

表 1　政府智慧城市建设中调控社会公正的策略

调控机制	调控措施
帮扶接受能力较弱者	• 即时信息发布与提示 • 免费供给的社会服务，如社区图书馆 • 低使用成本供应的社会共享服务，如共享单车
降低占优者竞争力	• 限制使用次数，防止持续"占线" • 限制服务容量，避免超额占用公共资源
竞争力占优者对较弱者的帮助	• 各项智慧服务活动相关的宣传教育 • 对智慧服务使用者额外收费，补贴系统运行

新的技术对于城市空间与公共服务可能产生颠覆性影响，但仍然无法超脱出"社会—空间"互动过程而单独存在。技术进步不应孤立人的主观作用，有损人对于平等和自由的追求，忽视人与空间、人与人之间自由的社会交往。智慧城市技术需要考虑以人为中心的社会生活的变化，如社区生活线上化、公共服务移动化、人口老龄化等社会变化，以适应"空间接触机会"能力和方式的变化。需要为城市居民提供广泛的、便捷的社会服务接口，使用智慧化的公共服务，节省社会成本，为社区生活腾出空间，提高居民生活化情境下空间互动的效用，重拾生活空间的活力，以对抗纯粹而空洞的"技术黑箱"。

3.2 谋求接受能力差异化的解，维护选择正义

城市规划在消解社会区隔、促进社会融合上发挥作用，保障社会群体平等的选择能力，促进群体隔离向群体融合的转变，保证所有个体拥有平等可用的宏观公平。维护使用者的选择正义，是对抗资源占有能力不平等和社会排斥的关键环节。而当不同社会群体能够在城市空间的公共性话题上保持平等的话语权时，或不同竞争力水平个体均可使用某一种社会公共服务设施

时，不同群体中的个人便拥有了对城市某一服务享有平等可用性的机会，满足了宏观层面公平的需要。例如，低收入阶层可使用智慧化的城市图书共享系统，如文献港、漂流图书等，在低成本或零成本的范围内享受到原先只有高收入群体通过购买才能获得的便捷图书资源，即体现了宏观层面的社会服务均衡。

在传统的家长式理想主义规划不断转型的今天，需要调动作为规划最终服务者的居民的参与积极性，构建因接受能力不同而形成差异化的智慧服务体系，需要社会平衡增长过快的效率和个人缓慢进步的社会适应能力、社会接受能力。一方面，通过各种宣传教育手段，提升社会群体尤其是弱竞争力群体对智慧设施的认知、接受和使用能力，避免增长过快而带来的效率脱节，实现"集体最优"；另一方面，需要考虑"集体最优"中个体能力不足或个体能力突出的现实差异，在兼顾社会成本下，布局弹性的社会服务，适应弱势群体或"超能力"群体专用的偏好需求，以实现"个体最优"。

3.3 从"智"到"慧"，惠及社会治理与市民公众

"智能"的城市服务需要"慧及"市民大众，形成更有效率、更高质量的社会治理结构。在同一种城市公共服务项目下，保障所有群体都能公平使用并和谐共处，不以一个群体的利益损失来谋求另一群体的利益增加，就实现了微观层面的城市智慧服务的公平。例如，智慧安防系统的建设更广泛地覆盖了城市安全的监控，提高了城市安全性和管理的效能，使富人和穷人都享受到了监控带来的安全效益；智慧教育将优质的教育资源，如名师课堂、共享学习平台等线上化，跨越时空距离，实现了将优质教育低成本或零成本惠及广大学生，对于促进教育公平具有重要的意义。

智慧城市平台的"重宏观、轻微观"现象在多个城市均有体现。例如，2020 年新冠肺炎疫情防控工作的重心在于社区，智慧城市建设需要关注基层智慧社区与社区治理建设，不断提升基层与个体的智能化水平。智慧化建设核心在于人群智慧素养的提升，实现各类人群尤其是老年群体对技术的可及性。通过教育培训、创造力提升、创新意识培养、鼓励参与等方式，不断促进普通居民对智慧化平台的适应和参与。通过将智慧化社会公共服务从"城市大脑"送达社区乃至直抵居民个体，进而实现智慧化服务的普及化、均等化、治理化，以对抗或规避智慧服务的精英化、绅士化、专门化风险，防范社会分异向虚拟空间平移。

4　结语

总之，"共存"与"自存"，"效率"与"公平"是持久的辩证对立关系。智慧城市对于实现社会正义的效应可能并不完全与预期一致，存在着效用损失的风险，在实践中也可能存在分布不均、无法满足市民公众公平参与、潜在的形式僵化等问题。但它仍然传达了一种值得赞许的改良城市运营方式的紧迫感和行动感，仍然是利国利民的改良运动，必须警惕的是它对社会正义以及可持续发展带来的效用损失风险。

技术进步最终服务于人，以人为本的智慧城市建设，必须保障全社会的人都能公平地参与和分享城市发展的红利，保障所有居民能够无差别地接收到智慧化的公共服务，以实现全体城市人对于社会公共服务的空间接触机会的最大化。与单一的城市智慧化（更确切地说是智能化）相比，或许更为实用、更为迫切的是全体城市人的智慧化，一种更关注"人"的变革而非"科技"。

［参考文献］

［1］陈锋. 在自由与平等之间——社会公正理论与转型中国城市规划公正框架的构建［J］. 城市规划，2009（1）：9-17.

［2］李强. 社会分层与社会空间领域的公平、公正［J］. 中国人民大学学报，2012，26（1）：2-9.

［3］BATTY M，AXHAUSEN K. W，GIANNOTTI F，et al. Smart cities of the future［J］. European Physical Journal - Special Topics，2012，214（1）：481-518.

［4］孙中亚，甄峰. 智慧城市研究与规划实践述评［J］. 规划师，2013，29（2）：32-36.

［5］FAINSTEIN S S. The just city［J］. International Journal of Urban Sciences，2014，18（1）：1-18.

［6］NEIROTTI P，DE MARCO A，CAGLIANO A. C，et al. Current trends in Smart City initiatives：Some stylised facts［J］. Cities，2014（38）：25-36.

［7］仇保兴. 简论我国健康城镇化的几类底线［J］. 城市规划，2014，38（1）：9-15.

［8］梁鹤年. 再谈"城市人"——以人为本的城镇化［J］. 城市规划，2014，38（9）：64-75.

［9］李德仁，姚远，邵振峰. 智慧城市中的大数据［J］. 武汉大学学报（信息科学版），2014，39（6）：631-640.

［10］KITCHIN R. The real-time city? Big data and smart urbanism［J］. Geojournal，2014，79（1）：1-14.

［11］GLASMEIER A，CHRISTOPHERSON S. Thinking about smart cities［J］. Cambridge Journal of Regions Economy and Society，2015，8（1）：3-12.

［12］GOODSPEED R. Smart cities：moving beyond urban cybernetics to tackle wicked problems［J］. Cambridge Journal of Regions Economy and Society，2015，8（1）：79-92.

［13］SHELTON T，ZOOK M，WIIG A. The 'actually existing smart city'［J］. Cambridge Journal of Regions Economy and Society，2015，8（1）：13-25.

［14］ANGELIDOU M. Smart cities：A conjuncture of four forces［J］. Cities，2015，47：95-106.

［15］周俭，钟晓华. 城市规划中的社会公正议题——社会与空间视角下的若干规划思考［J］. 城市规划学刊，2016（5）：9-12.

［16］MEIJER A J，GIL - GARCIA J R，BOLIVAR MPR. Smart City Research：Contextual Conditions，Governance Models，and Public Value Assessment［J］. Social Science Computer Review，2016，34（6）：647-656.

［17］CASTELNOVO W，MISURACA G，SAVOLDELLI A. Smart Cities Governance：The Need for a Holistic Approach to Assessing Urban Participatory Policy Making［J］. Social Science Computer Review，2016，34（6）：724-739.

［18］石楠. "人居三"、《新城市议程》及其对我国的启示［J］. 城市规划，2017，41（1）：9-21.

［19］MAREK L，CAMPBELL M，BUI L. Shaking for innovation：The（re）building of a（smart）city in a post disaster environment［J］. Cities，2017（63）：41-50.

［20］ALIZADEH T. An investigation of IBM's Smarter Cites Challenge：What do participating cities want?［J］. Cities，2017（63）：70-80.

［21］ANTHOPOULOS L. Smart utopia VS smart reality：Learning by experience from 10 smart city cases［J］. Cities，2017（63）：128-148.

［22］周瑜，刘春成. 雄安新区建设数字孪生城市的逻辑与创新［J］. 城市发展研究，2018，25（10）：60-67.

［23］党安荣，甄茂成，王丹，等. 中国新型智慧城市发展进程与趋势［J］. 科技导报，2018，36

（18）：16-29.

［24］KONG L，WOODS O. The ideological alignment of smart urbanism in singapore：Critical reflections on a political paradox ［J］. Urban Studies，2018，55（4）：679-701.

［25］RUHLANDT R. The governance of smart cities：A systematic literature review ［J］. Cities，2018，81：1-23.

［26］YIGITCANLAR T，KAMRUZZAMAN M，BUYS L，et al. Understanding 'smart cities'：Intertwining development drivers with desired outcomes in a multidimensional framework ［J］. Cities，2018（81）：145-160.

［27］曹哲静. 公共交通对实现城市空间机会均衡的效用之辨 ［J］. 城市规划学刊，2019（3）：33-41.

［28］ROSSI U，WANG J. Urban entrepreneurialism 2. 0 or the becoming south of the urban world ［J］. Environment and Planning a－Economy and Space，2020，52（3）：483-489.

［29］姚冲，甄峰，席广亮. 中国智慧城市研究的进展与展望 ［J］. 人文地理，2021，36（5）：15-23.

［30］席广亮，甄峰，钱欣彤，等. 2021 年智慧城市建设与研究热点回眸 ［J］. 科技导报，2022，40（1）：196-203.

［31］郭杰，王珺. 从技术中心主义到人本主义：智慧城市研究进展与展望 ［J］. 地理科学进展，2022，41（3）：488-498.

［作者简介］
凌昌隆，就职于北京大学城市规划设计学院。

基于地理信息技术的耕地保护管理方案研究

□安莉佳，林杉，程哲萌，王慧云，张娜

摘要： 在新冠肺炎疫情持续、国际贸易形势复杂多变、气候变化不确定性等因素的影响下，国家粮食安全面临更加严峻的形势，构建耕地保护长效机制是利国利民的工作，符合国家长期的战略规划。本文首先介绍了耕地保护相关政策，阐述了耕地保护管理方案研究的意义及重要性，并结合天津市某区实际情况深入研究耕地保护工作机制，依托地理信息技术（GIS）、计算机技术、数据处理和网络安全技术搭建耕地保护管理平台，辅助业务人员开展耕地日常巡查、违法占地事件上报、事件处理等工作，将耕地保护延伸到"最后一公里"，为耕地保护管理工作提供技术平台支撑。最后，立足当前的政策背景及新型技术力量，提出对我国耕地保护制度的展望和期待。

关键词： 耕地保护；地理信息技术；计算机技术；数据处理；网络安全

1 引言

耕地是固定位置的、可持续利用的、稀缺珍贵的国有资源，耕地保护是关乎国计民生的一项重大战略。我国是排名第一的人口大国，但耕地面积不是世界平均水平的40％，因此要树立耕地保护意识，留好百姓的口粮田，保障我国粮食安全，稳定粮食价格。在新冠肺炎疫情持续蔓延的不稳定世界格局下，迫切需要统筹发展规划，扛稳14亿人口大国的粮食安全重任，坚守耕地与永久基本农田保护红线，强化民生保障。

2017年，《中共中央 国务院关于加强耕地保护和改进占补平衡的意见》提出我国经济发展进入新常态，新型工业化、城镇化建设深入推进，耕地后备资源不断减少，要进一步加强耕地保护和改进占补平衡工作。要求坚持最严格的耕地保护制度和最严格的节约用地制度，像保护大熊猫一样保护耕地。2021年，自然资源部办公厅印发的《关于完善早发现早制止严查处工作机制的意见》指出要依托信息化手段，严格保护耕地，对耕地保护与利用情况进行动态监测与监管。

2020年，《天津市推行耕地保护"田长制"管理的意见》提出在全市范围内全面实施耕地保护"田长制"管理，夯实各级党委、政府主体责任，充分发挥基层党组织作用，建立每块耕地有田长的管理模式，实现耕地和永久基本农田保护责任全覆盖。笔者基于天津市某区的"田长制"工作办法，对耕地保护机制方案进行研究，并结合地理信息技术和计算机技术，阐述了耕地保护管理平台的设计思路和关键技术。

2 耕地保护机制研究

为全面贯彻落实习近平总书记关于加强规划和土地管理工作的重要指示批示精神，需要树立耕地数量、质量、生态"三位一体"的保护意识，落实各级政府部门、组织单位的职责，充分调动基层党组织、农村集体经济组织和农民群众保护耕地的积极性，全面实施以保护耕地和基本农田为目标的"田长制"，保障每块农田均责任到人，实现无缝隙、全覆盖的耕地保护及动态监管网络。

笔者以天津市某区"田长制"业务工作为例，开展"田长制"工作方案研究，深入探讨"田长制"的职责分工、任务拆解及上报流程。图1为"田长制"中各级田长及相关组织的职责设定及事务处理流程。

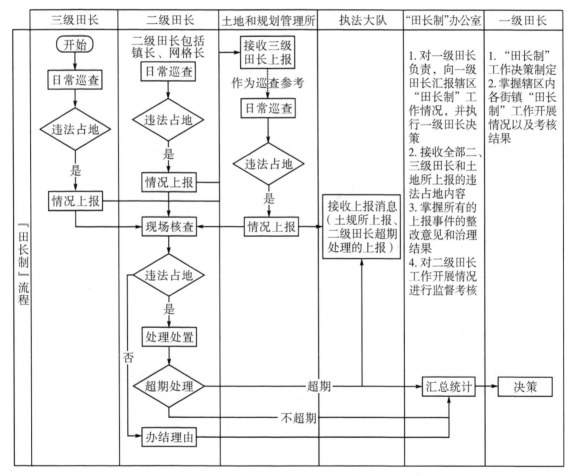

图1 "田长制"工作流程

"田长制"工作方案中涉及一级田长、二级田长、三级田长、"田长制"办公室、土地所、执法大队。各级田长及相关组织团队的职责分工及关联业务流程的详细内容如下：

（1）一级田长。对所辖区全域范围内耕地和永久基本农田保护工作负总责。每周或每月对所辖范围的违法占地事件上报情况、事件处理进度、日常巡查任务等工作进行考察，并根据考察结果，动态调整"田长制"工作制度，保证耕地保护任务高效有序开展。

（2）二级田长。对所辖街镇行政区域内耕地和永久基本农田保护工作负总责。首先，需要掌握辖区内三级田长上报的全部违法占地事件，对违法事件进行现场核查，并在规定时间内进行处理。其次，二级田长也承担耕地的日常巡查工作，对巡查过程中发现的违法事件要及时上报并合理处置，同时将处置的依据进行真实记录和存档。最后，二级田长除统筹辖区三级田长工作，并完成本身承担的日常巡检任务外，还需要向一级田长定期汇报所辖街镇"田长制"的工作开展情况，并接受一级田长的考察考核。

（3）三级田长。对本村行政区域范围内耕地和永久基本农田保护负总责。主要工作职责是根据制度要求或上级下发的巡田任务开展日常耕地巡护工作，在巡护过程中发现违法占地事件再及时上报给二级田长和相关执法部门，并记录具体地理位置、占地事件、占地用途（如建设基础设施、住宅、工业、设施农业、植树、推土、挖土、坑塘等）、占地单位/个人、现场描述及照片等信息。另外，还需要承担本行政村内日常耕地保护相关政策法规的宣传教育工作，并接受二级田长对自身工作落实情况的监督考核。

（4）"田长制"办公室。对一级田长负责。向一级田长汇报辖区"田长制"工作情况，并执行一级田长决策；接收全部二、三级田长和土地所上报的违法占地内容，并掌握所有的上报事件的整改意见和治理结果；对二级田长工作开展情况进行监督考核，将考核结果汇报给一级田长。

（5）土地和规划管理所。负责所属行政区内全域范围的耕地保护巡查工作。掌握二、三级田长上报的全部违法占地事件，并作为参考依据开展所内的日常巡查任务。在日常巡查工作中发现的违法事件需要上报给执法大队。

（6）执法大队。耕地保护工作中的执法机构。针对二级田长逾期未处置的违法占地事件和土地规划管理所上报的违法占地事件进行执法处理。

3 基于 GIS 的耕地保护管理平台

3.1 总体技术方案

笔者为进一步提升"田长制"的工作效率与公众参与的便利性，将违法违规问题解决在萌芽阶段，利用信息化技术，探索基于 GIS 的耕地保护管理平台，设计双终端（电脑端和移动端）智能化监管手段。通过数字赋能，使各级田长及相关工作人员能够在发现线索后，可以及时上报、尽早处理、主动整改。结合天津市某区"田长制"工作方案，搭建耕地保护（"田长制"）管理平台，整体技术架构如图 2 所示，包含基础设施层、信息资源层、应用支撑层、业务应用层、用户层。

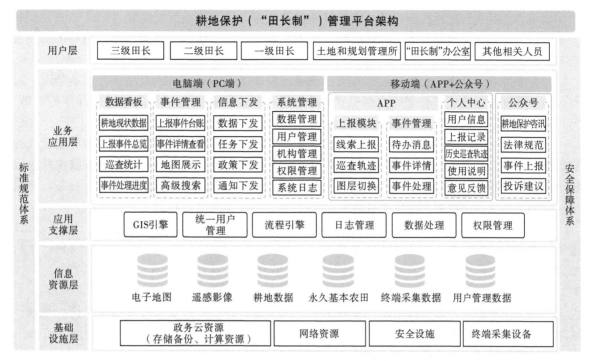

图2　耕地保护（"田长制"）管理平台架构

3.2　数据库设计

结合耕地保护业务工作中各级田长及相关工作人员的数据需求，处理来源分散、格式多样、规模巨大的基础地理、遥感影像、永久基本农田、土地规划和自然保护区等数据，搭建耕地保护专题数据库，并通过数据服务方式发布到耕地保护（"田长制"）管理平台中，为"田长制"业务人员的巡查上报、事务处理、对比分析等工作提供强有力的数据支撑。另外，充分考虑各种类型数据的特殊性，制定数据更新维护机制，保证数据的实效性和齐全性。

根据"田长制"工作流程中产生的业务及管理数据，搭建平台业务管理数据库，此数据库中包含违法事件相关信息、巡查任务数据、事件处理结果、统计分析和田长及相关人员数据等信息，保障平台业务正常有序运行，实现数据的统一管理和有效利用。

3.3　重点功能设计

耕地保护（"田长制"）管理平台的功能围绕电脑端、移动端两个终端开展设计，电脑端主要功能包括数据看板、事件管理、任务下发、系统管理；移动端功能主要包括上报模块、事件管理、个人中心和微信公众号。两个终端涵盖了"田长制"工作中任务巡查、事件上报、事件处理、工作考核等全部业务流程。电脑端、移动端的部分功能设计如下。

3.3.1　电脑端主要功能

一是数据看板功能，此功能对行政区内全部"田长制"工作进行统计分析，掌握区域内田长工作与耕地保护情况，为智慧决策提供参考依据。提供耕地现状数据、各区域上报事件总览、耕地巡查情况等数据统计版块。其中，耕地现状数据展示耕地相关现状情况，包括农用地总面积、耕地总面积、旱地、水浇地、水田面积等数据，提供现状地类近五年的变化趋势图；上报事件总览，提供近一年、近三个月、近一个月全区田长上报占用耕地线索数量、有效制止违法占用耕地行为数量、交付执法总队处理案件数量等信息；耕地巡查情况记录各田长巡查轨迹和公里数、上报占用耕地数量等，另外统计二级田长有效制止违法占用耕地数量、逾期未巡查数量等信息。

二是事件管理功能。此功能汇总各级田长通过移动端上报的违法占地事件及巡查情况，对每项事件的详细信息进行记录，二级田长可以在该模块对三级田长上报的违法事件进行处理。另外，支持全部事件在地图上的展示及定位。

三是信息下发功能。此功能用于将信息下发至移动端，各级田长及相关人员均可接收并查看信息。包括耕地保护相关政策下发、工作通知下发、任务下发等。其中，任务下发包括上级田长向下级田长下发巡田任务或进行现场核查，收到下发任务的田长根据要求执行任务，并通过移动端将结果相关数据回传至上级田长。

四是系统管理功能。此功能保证平台正常运行的基础支撑功能。包括耕地现状、基本农田、遥感影像等业务数据的入库、注册及服务发布版块，支持对各级田长、土地和规划管理所、执法大队的职责权限进行配置，并且记录全部用户在平台中进行的全部操作。

3.3.2　移动 APP 功能

一是上报功能。各级田长根据制度要求和上级下发任务，开展农田日常巡查工作。通过移动端设备，上报巡查过程中发现的违法违规占地事件，详细记录占地位置、占地时间、占地用途、现场情况描述、占地单位/个人等信息，并拍摄现场照片上传平台。

二是事件管理功能。二级田长在此处理三级田长上报的事件，并上传处理结果或事件办结依据进行存档。执法大队可以在此查看二级田长超期未处理的事件，并根据实际情况开展执法行动。

三是个人中心功能。各级田长及相关用户在此可以修改个人信息，记录日常巡查轨迹，检索上报的全部历史事件。另外，提供平台的使用说明和意见反馈提交入口。

3.3.3　微信公众号

面向社会大众提供耕地保护资讯、法律规范、事件上报和投诉建议等栏目，激励了社会公众更广泛地参与到耕地保护工作中来。用户可以在耕地保护资讯栏内查询指定村域耕地田长信息以及最新下发的政策资讯；在法律规范栏查看国家、省、市相关法律法规等相关信息；在事件上报栏对耕地保护相关违法事件进行举报；在投诉建议栏对耕地保护及土地治理献计献策，可实名也可匿名。

3.4　应用设计

本平台最终应同步各终端（包括电脑端和移动端）以满足各级田长及相关人员的业务需求，电脑端平台部署在政务网公有"云环境"中，移动端采用 APP 和公众号两种形式。不同职责权限的用户登录平台后可使用的功能不同，可查看的数据内容及范围也不同。

3.5　数据更新方案

结合耕地保护业务需求，参考各项数据更新频率，动态维护更新平台数据，保障数据的现势性、准确性、权威性。数据更新方式包括定期更新、日常更新和实时更新三种。

（1）定期更新数据：电子地图、遥感影像等基础地理数据及基本农田等农业资源现状数据以年为周期进行更新。

（2）日常更新数据：土地规划数据随规划批复情况进行更新；土地资源管理数据随项目审

批情况进行数据更新；各级田长人员的用户数据随人员组织变化情况更新。

（3）实时更新数据：巡查数据、违法事件、事件处理等业务数据实时更新；移动端现场采集数据随田长上报实时更新。

4 关键技术分析

4.1 国产化适配

国产化适配满足了国家对信息技术应用创新的基本要求和战略布局，主要涉及国产化服务器、国产化终端、网络及安全设备及国产化办公设备等内容（图3）。在平台的实际研发过程中，国产化适配的难点包括前端语法应用的适配、国产插件的适配、数据库层面的适配。

（1）前端语法应用的适配：国产终端与传统的 windows 系统终端最大的区别在于其只支持 google 内核的浏览器，而 IE 内核的浏览器被摒弃。如果完整地开发一套应用，可以在普通环境中依托于 google、火狐、360 极速等浏览器进行开发；若为老项目适配，则需要关注 IE 方面的语法改造。

（2）国产插件的适配："田长制"涉及文档在线编辑的插件使用，需要结合市面上现有体系，结合用户实际需求选用对应的国产化插件。

（3）数据库层面的适配：国产环境下，目前数据库厂商很多，适配选用的国产数据库底层应与原环境数据库一致。

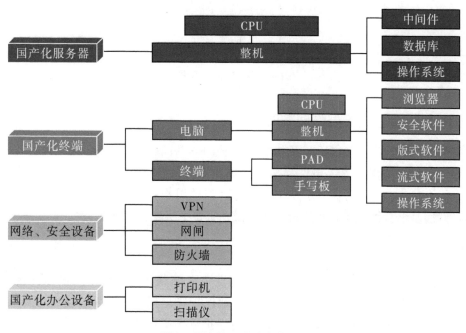

图3 国产化适配的主要内容

4.2 网络安全设计

本方案应用终端涉及移动端，各级田长及相关工作人员在移动端通过互联网访问政务网的基础地理、遥感影像、永久基本农田等数据，并将违法事件相关数据通过移动端传入政务网的耕地保护（"田长制"）管理平台。

根据《自然资源部信息化建设总体方案》要求，互联网上可承载非密信息，业务网上（本方案中指政务网）可承载非密但敏感信息。若移动端直接通过互联网地址映射访问政务网数据发生风险，互联网与政务网之间将采用物理隔离方式，互联网可利用经过认证的单向网闸与政务网在线交换信息，网络安全方案设计如图 4 所示。

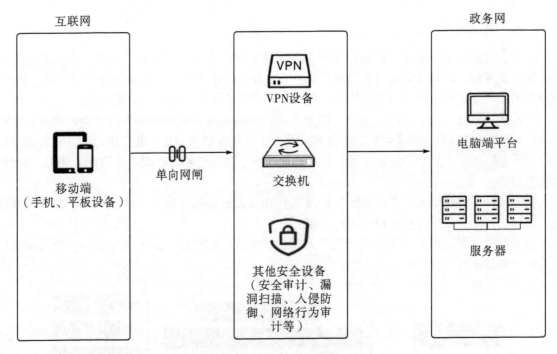

图 4　网络安全方案图

4.3　"田长制"全业务流程管理制度

本方案的落地实施需要各级田长及相关组织部门的共同配合，建立完善的"田长制"全业务流程管理制度是本方案的先决条件和执行依据。围绕任务下发、日常巡查、违法事件上报、事件处理、综合执法、工作考核等重点工作任务，将"田长制"工作参与方、流程、重点任务进行梳理，然后基于 GIS 技术，利用信息化手段在平台上实现管理制度。

5　结语

耕地是人类赖以生存的自然资源，是进行农业生产的载体。笔者立足国家耕地保护政策，基于天津市某区"田长制"业务工作，研究了耕地保护管理机制。另外，结合计算机技术、网络安全等信息化技术详细论述了基于 GIS 的耕地保护管理平台的设计思路及业务功能版块，并重点分析了国产化适配、网络安全及管理制度等难点工作。

本方案搭建耕地保护专题数据库和业务管理数据库，平台功能涵盖农田日常巡查、违法占地事件上报、事件处理、综合执法等重点流程。后续将基于此论述方案进行优化完善，逐步实现耕地保护全部业务的信息化、数字化，促进耕地保护工作的高效开展，满足"互联网＋耕地保护"的整体技术要求，为全国范围耕地保护管理机制提供一定的推广和借鉴意义。

［参考文献］

［1］ 叶红玲，周序端．制度创新，让耕地生命力永葆——杭州市永久基本农田保护的探索与思考［J］．中国土地，2016（11）：4-6．

［2］ 司敬知，李英成，王恩泉，等．移动GIS土地执法动态巡查监察体系研究与应用［J］．测绘通报，2017（S2）：158-163．

［3］ 严金明，赵哲，夏方舟．后疫情时代中国"自然资源安全之治"的战略思考［J］．中国土地科学，2020，34（7）：8．

［4］ 刘桃菊，陈美球．中国耕地保护制度执行力现状及其提升路径［J］．中国土地科学，2020，34（9）：32-37，47．

［作者简介］

安莉佳，工程师（人工智能），就职于天津市城市规划设计研究总院有限公司。

林杉，工程师，就职于天津市城市规划设计研究总院有限公司。

程哲萌，工程师（网络工程），就职于天津市城市规划设计研究总院有限公司。

王慧云，工程师（电子计算机），就职于天津市城市规划设计研究总院有限公司。

张娜，助理工程师（计算机），就职于天津市城市规划设计研究总院有限公司。

以平衡为核心的耕地保护全生命周期管理

□贾晨，齐宁林，夏超，王锐

摘要： 耕地保护是我国现阶段的一项基本国策，珍惜耕地资源、守护耕地"生命线"是全社会为之不懈努力的共同目标，加强耕地全面、系统、协同保护是全社会的基本共识。本文通过整理研究国内耕地保护现状及问题，借鉴国际优秀经验，重新梳理了耕地保护监管重点内容。同时，以平衡为核心思想，立足耕地使用全生命周期管理，利用卫星、无人机、物联传感等设备，结合 AI、物联感知、大数据等信息化手段构建智慧耕地保护信息系统，可视化展示耕地最新态势，自动识别地块特征，智能统计分析耕地信息，监管耕地使用全业务，形成日常化监管机制与绩效考核机制。耕地保护信息化管理将促进耕地数量、质量和生态"三位一体"保护，遏制耕地"非农化"，防止"非粮化"，保障粮食安全。

关键词： 耕地保护；全生命周期；平衡；信息化

1 引言

我国是一个人口大国，充足的耕地是人民生活生产的基本保障，耕地保护关系着国计民生，是政府工作的重中之重。自 1998 年全面修订《中华人民共和国土地管理法》以来，历经多年实践与补充，"占一补一"的耕地占补平衡制度逐渐完善。2021 年 11 月，自然资源部、农业农村部、国家林业和草原局联合下发《关于严格耕地用途管制有关问题的通知》，严格管控一般耕地转为其他农用地，实施"转一补一"的进出平衡制度。坚持耕地数量、质量和生态"三位一体"保护，进一步加强耕地保护工作已成为社会经济可持续发展的必然要求。

在此前提下，为保障国家粮食安全、生态安全和社会稳定，维持经济社会可持续发展，切实贯彻耕地保护基本国策，亟须对耕地全生命周期进行全面监测与科学化管理。笔者以平衡为核心，通过信息技术对耕地的占用、补充、转出、转进等各项业务进行严格管控，通过监测、识别、整改、管护、考核等一系列监管措施，实现耕地保护全生命周期数量动态平衡、耕地质量优劣平衡和耕地生态功能平衡，构建耕地数量、质量、生态"三位一体"的保护新格局。

2 国内外研究现状

2.1 国外研究现状

耕地保护是全球农业生产与粮食安全的重点，国际上不少国家与组织对此已有深入的研究与实践。美国地广人稀，工业和农业技术领先，从法律、行政管理和经济等方面制定了保护措施，建立了多层次保护体系；日本国土面积有限，耕地资源稀少，施行着最严格的耕地保护措施，着重于耕地保护、农地振兴与城市发展相互协调；英国人口密度高，耕地资源紧张，主要通过规划实现农地保护；欧盟执行共同的农业政策，当前政策的重心由粮食生产向更注重耕地生态可持续转变。国际上面向耕地保护制定了诸多政策法规，在具体实践上也处于积极探索阶段。目前，以美国、英国等发达国家为主导，印度等广大发展中国家共同参与的可持续集约化（SI）模式，作为改善全球粮食安全、减少生态脆弱性和环境污染的必要途径被广泛讨论与应用。世界各国对于耕地保护事业，无论是政策制度的制定，还是实地应用的实践，方式方法虽有差异，但均以整体生态协调为统筹重心，兼顾资源合理利用与经济良性发展，这对我国耕地保护事业极具借鉴意义。

2.2　国内研究现状

因不同历史时期人民生活的需求变化与国家发展战略的升级，我国耕地保护已经历了基于数量的红线保护，基于数量和质量的平衡保护，基于数量、质量和生态的产能保护三个阶段，如今正向耕地数量、质量、生态"三位一体"保护新格局阶段迈进。近年来，面对日益凸显的非农建设和耕地保护之间的矛盾，我国耕地保护制度建设进程加快，耕地保护相关政策不断推出。应2022年中央一号文件要求，各地纷纷采取"长牙齿"的硬措施，将耕地保护融入土地全生命周期管理，同时积极"保数量、提质量、管用途、挖潜力"，促进形成横向到边、纵向到底、全覆盖无死角的耕地保护新机制。从片面到全局，从占补平衡到进出平衡，耕地保护政策不断完善，实施监管机制逐渐健全，相关业务信息化水平逐渐提高，从整体视角来看，我国耕地保护具有在发展中不断优化的态势。

但是，随着耕地保护制度在各地持续推进，新的问题不断凸显。一是在占补平衡政策背景下，过度强调耕地数量平衡导致质量和生态不平衡，危及耕地安全生产能力。二是跨地域耕地占补平衡加大了地方的监管难度，各地政府单位统计台账时需面对大量跨地域业务，难以准确处理耕地数据与信息。三是由于农业结构调整和国土绿化，耕地总体流向园地、林地，导致耕地面积总体呈下降趋势，从"三调"数据看，全国现有耕地19.18亿亩，相比"二调"，10年间我国耕地面积减少了1.13亿亩。四是各级政府虽已建或在建众多涉及耕地保护的信息系统，但系统间的数据相互孤立，尚未共享互通，且涉及占用、补充、转进和转出的耕地数据尚未落图，无法实现耕地可视化、精准化、全程化监管。五是在耕地保护政策推行过程中，监管对象不明晰，耕地质量评价体系依据不明朗；巡查人员反馈的信息同步至相关系统所需周期较长，上级单位掌握的耕地信息具有滞后性。

如今，政府数字化、智能化建设稳步推进，利用信息技术实现耕地保护全生命周期智能监管，是政府加强用地管制、严守耕地红线的重要抓手，可促进耕地全生命周期信息变更留痕，实现耕地数量、质量和生态多维平衡。

3　耕地保护信息化管理

3.1　耕地保护管理的主要内容

耕地保护工作涉及业务类型广、权责部门数量多、生命周期长、关联数据繁杂，尚无统一的监管标准与管理方式，且当前各地的工作重点主要集中在维持耕地占补平衡方面，过于追求数量上的平衡。因此，需明确耕地保护全生命周期管理要点，协调耕地数量、质量和生态三个维度的监管内容。

一是明确业务范围与数据关系。涉及耕地保护的业务包括永久基本农田监测监管、耕地占补平衡监管、耕地进出平衡监管、设施农用地监管、增减挂钩监管、自然资源执法监察管理、矿业权占用监管、临时用地占用监管、建设用地占用监管和生态修复补划监管等。以上业务所产生的数据将统一接入国土空间基础信息平台，与资源调查数据进行套合整理后，为耕地保护信息化管理奠定数据基础（图1）。

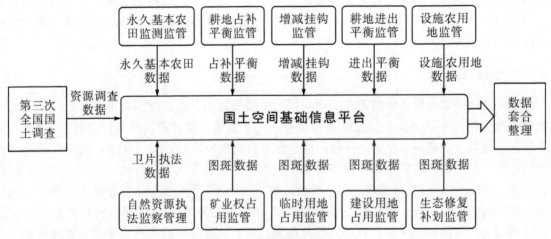

图1　业务范围与数据关联

二是兼顾耕地数量、质量和生态综合监管。关注耕地全生命周期变化，在数量上，保持耕地总量动态平衡，永久基本农田和高标准农田数量稳定或合理增长；在质量上，定期监测评估耕地质量，补充和转进耕地需达到占用和转出耕地的同等质量标准；在生态上，切实保护耕地生态环境，实时监测环境变化，保证生态环境符合耕种要求。在耕地保护过程中，需统筹兼顾多方面因素，实现全方位监管、综合性评估，以确保耕地保护科学有效。

三是耕地数据清晰，指标执行到位。当前耕地保护工作开展进度缓慢，很大一部分原因在于数据指标与实际执行不匹配，因此需要利用业务中的耕地数据、指标对各类耕地进行监测，并核查上报数据的真实性与准确性，监督耕地相关项目实施过程的合规性，实现耕地常态化跟踪管护与项目实施全过程透明留痕；建立考核机制，从过程和结果监督耕地政策是否执行到位。

3.2　以平衡为核心的信息化设计理念

笔者以耕地数量、质量和生态"三位一体"保护为指导思想，贯穿耕地全生命周期管理，以平衡为核心理念进行耕地保护信息化设计。在耕地保护全链条业务体系下，围绕数量动态平衡、质量优劣平衡和生态功能平衡目标，以占补平衡和进出平衡为调控手段，以动态指标映射耕地使用变动情况，对接耕地相关系统与监测设备，实时监控耕地变化；构建智慧耕保全方位监管机制，实现数据可视化、识别智能化、管护常规化、考核标准化和监管精细化（图2）。

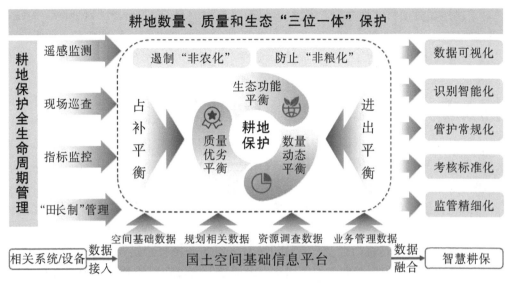

图2　以平衡为核心的设计理念

3.3　耕地保护管理信息化建设的关键

3.3.1　数据基础——智慧耕保一张图

现阶段耕地数据统计及核算以数字报表和规划图附件为主，难以确定变更地块的详细信息，这为占补平衡和进出平衡指标核查工作带来了极大的阻碍。通过构建智慧耕保一张图，集成套合耕地现状、耕地规划、耕地业务等相关数据，以标准坐标为依据，将耕地位置及面积精准落图，关联属性信息。智慧耕保一张图以数据可视化、图属一体化特性为耕地保护管理工作提供数据底板，实现耕地现状数据图上看、变更信息一键查、相关责任清晰化。

3.3.2　技术支撑——AI识别分析

用AI技术赋能耕保管理，通过智能算法识别卫星、无人机拍摄影像中的耕地位置、面积及区域内建筑，研判耕地利用合规性，监测耕地"非粮化"和"非农化"；基于规划和业务等数据，提供多维分析服务，如耕地功能恢复力分析等，为耕地数量、质量和生态管理提供依据，辅助耕地利用、调整和规划决策（图3）。

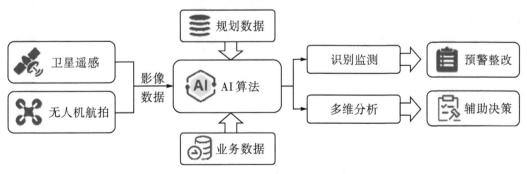

图3　AI智能识别分析

3.3.3　实施路径——一码关联全流程

耕地保护涉及众多业务，为整合同一块耕地的不同业务信息，为每块耕地生成唯一的"耕地码"。对于耕地相关项目，将立项、审批、实施、验收和管护全过程与"耕地码"关联，保证耕地账目清晰完整；对于耕地本身，从规划、现状和发展趋势进行全周期监管，做到一码查看耕地变化。业务与土地双管齐下、同时管理，实现一码贯穿耕地全生命周期，耕地保护信息准确、快速集成。

4 应用实践——以智慧耕保信息系统为例

耕地作为我国的重点战略资源，与之关联的业务或监管系统众多，如永久基本农田监测监管系统、耕地占补平衡动态监管系统、设施农用地监管系统、建设用地审批系统等，部、省、市、县多级系统各自运行，业务繁杂，耕地数据分散，不利于监管。因此，笔者构建统一监管平台——智慧耕保信息系统，展示以平衡为核心的耕地保护全生命周期管理信息化实践效果。

智慧耕保信息系统基于空间基础数据、规划相关数据、资源调查数据和业务管理数据，一张图呈现耕地现状，对耕地进行监测—识别—整改—管护—考核全链条监管，涉及耕地使用及监管全业务，并以"耕地码"关联耕地使用全生命周期。通过实时监测、现场巡查和 AI 智能辅助，落实占补平衡和进出平衡指标，推进耕地数量、质量和生态多维平衡，实现耕地保护全生命周期管理智能化、精细化。

4.1 全面感知耕地现状

构建智慧耕保一张图，集成耕地相关现状和规划数据，将耕地保护过程中产生的所有数据关联至一张图，形成耕地保护数据基底。在此基础上，实现各类监管指标可视化、耕地业务专题化展示。

4.1.1 基础态势呈现

在智慧耕保一张图基础上，系统整合业务填报数据、物联感知数据、无人机影像及卫片图斑等信息，全面监测耕地现状。一是监测耕地数量，包括耕地总面积、永久基本农田面积、高标准农田面积、"两非"土地面积等重要指标；二是监测耕地质量，包括耕地地力、土壤健康状况、对农作物的适宜性、地理位置评价等要素；三是监测耕地生态环境，包括生物多样性、局部气候、水土保持度等信息。通过数据监测，监督、调控耕地保持数量、质量和生态平衡。

4.1.2 专题业务监管

基于耕地相关业务内容，提供相应专题监管功能，包括永久基本农田监测监管、耕地占补平衡监管、耕地进出平衡监管、设施农用地监管、增减挂钩监管、自然资源执法监察管理、矿业权占用监管、临时用地占用监管、建设用地占用监管和生态修复补划监管等专题，围绕耕地业务全生命周期提供针对性业务监管服务，掌握耕地相关项目全流程变动。

4.2 智能识别与分析

4.2.1 异常现象识别

依据耕地保护业务管理需求，构建 AI 算法模型，通过大量卫星图斑、无人机影像和视频图片等数据的机器学习，形成精准影像智能识别与空间感知，自动识别土地类型、耕地红线、耕地面积、人工建筑等信息。同时，对比分析已识别数据与规划数据，辨识耕地变化情况，如违法占用耕地、耕地"非粮化、非农化"和水田变旱田等，标识异常图斑并推送至"田长制"系统和自然资源执法监察系统，待下一步核查。

4.2.2　耕地利用分析

在多源数据融合的基础上，提供 AI 多维分析功能，如耕地功能恢复力分析、退耕还林还草分析、耕地数量变化趋势分析、耕地质量空间分布分析和耕地生态环境分析等，通过分析耕地现状、预测耕地未来发展趋势，研判是否能够维持耕地数量、质量和生态平衡，为耕地利用与规划提供决策辅助。

4.3　整改与日常化管护

结合"田长制"管理，由田长对异常图斑所在区域进行实地核查，并上传核查结果，若耕地异常信息属实，则由田长持续跟进整改进度，定期反馈整改详情。田长通过"耕地码"可实时查看辖区内耕地所有信息，并对耕地信息进行日常维护。同时，系统支持"田长制"信息管理，对田长及其日常巡查管护任务进行统计分析，可视化展示田长相关数据与动态巡查记录。以人机联合监管实现违规整改与日常管护精细化，横向到边、纵向到底，全覆盖无死角地保护耕地。

4.4　耕地保护绩效考核

面向政府权属单位与各级田长设置绩效考核机制，按照月度、季度和年度定期考核其工作成效。对于政府权属单位，从永久基本农田面积、占补平衡指标执行情况和进出平衡指标执行情况等方面进行考核；对于田长，从巡查次数、违规上报情况、事件处置完结情况、辖区管护是否到位及农民满意度等维度进行评价。通过多层级、多方面考核，督促权属单位与田长落实耕地保护相关政策与指标，保证耕地保护工作有效、有序进行。

5　结语

现阶段，我国耕地保护制度逐渐完善，已经进入数量、质量和生态"三位一体"保护新格局阶段，但是耕地保护形势依然严峻。以信息技术赋能耕地保护全生命周期管理，是社会发展的必然要求，是数字政府建设的重要基础，是兼顾数量动态平衡、质量优劣平衡和生态功能平衡的有效途径，对健全耕地保护制度、制定耕地保护目标、监管耕地现状与日常管护具有重要作用。以平衡为核心的耕地保护全生命周期管理可促进"三位一体"保护格局的完善，更好地守护耕地"生命线"，推动"山水林田湖草沙冰"系统治理。

[参考文献]

[1] 漆信贤，张志宏，黄贤金. 面向新时代的耕地保护矛盾与创新应对 [J]. 中国土地科学，2018，32（8）：9-15.

[2] 彭文龙，吕晓，辛宗斐，等. 国际可持续集约化发展经验及其对中国耕地保护的启示 [J]. 中国土地科学，2020，34（4）：18-25.

[3] 刘桃菊，陈美球. 中国耕地保护制度执行力现状及其提升路径 [J]. 中国土地科学，2020，34（9）：32-37，47.

[4] 汤怀志，桑玲玲，郧文聚. 我国耕地占补平衡政策实施困境及科技创新方向 [J]. 中国科学院院刊，2020，35（5）：637-644.

[5] 周伟，石吉金，苏子龙，等. 耕地生态保护与补偿的国际经验启示——基于欧盟共同农业政策 [J]. 中国国土资源经济，2021，34（8）：37-43.

[6] 吴克宁, 郝士横, 吕欣彤. "田长制"相关问题分析 [J]. 中国土地, 2021 (12): 10-11.

[7] 晓叶. 从"占补平衡"到"进出平衡"[J]. 中国土地, 2022 (1): 1.

[8] 王俊红. 将耕地保护融入土地全生命周期管理 [N]. 中国自然资源报, 2022-01-27 (6).

[作者简介]

贾晨, 高级工程师, 合肥市第九批专业技术拔尖人才。

齐宁林, 洛阳众智软件科技股份有限公司策划研究中心主任。

夏超, 洛阳众智软件科技股份有限公司副总经理。

王锐, 洛阳众智软件科技股份有限公司研究专员。

国土空间规划实施视角下的土地储备资源潜力评价研究

——以珠海市为例

□王玮，赵阳，赖妮娅，王妍

摘要：在新时期国土空间规划体系下，加强城市规划与土地储备的有机衔接，有助于更好地提升城市能级，实现高品质发展。在国土空间规划实施与城市"增存并重"发展转型的双重背景下，本文通过基于GIS的多元数据的差异化多因子评价方法，对珠海市全域范围进行土地储备资源潜力评价，研究土地储备工作与国土空间规划协调衔接机制及发展策略。研究结果表明：高价值区域主要集中在香洲区九州大道沿线，适合优先储备；中高价值区域主要集中分布在三溪科创小镇、南屏工业园区，较适合储备；低价值区域主要分布在高栏港平沙片区等尚未开发区域。同时，针对"先导型""实施型"等不同收储类型片区进行分类施策，以期实现区域空间资源的最优配置。

关键词：土地储备；潜力评价；国土空间规划实施

1 引言

在城市发展向存量转型的时代背景下，2018年，国土资源部、财政部、人民银行和银监会联合颁布《土地储备管理办法》（2018年修订），提出各地应根据国民经济和社会发展规划、国土规划、土地利用总体规划、城乡规划等，编制土地储备滚动计划，合理确定未来土地储备规模。这反映出我国的土地使用制度改革由推行有偿使用的阶段逐步进入运营土地的理念阶段。政府要促进国有土地资产保值、增值及变现，城市规划和土地储备是两个重要手段，前者为土地资产变现提供基础、创造条件，后者为土地资产变现提供平台。两项工作的协作推进是促进城市有序发展、提升城市建设品质的重要内容。根据土地储备与城市规划的先后关系，可将其划分为土地储备先于城市规划编制和城市规划先于土地储备编制两种类型（图1）。

先于城市规划编制的土地储备往往是超前的、无特定具体用途的，还需要有目的性地成片收购土地，以保证土地不受预期因素的影响而增加收购成本。此种方式更适用于城市快速扩张早期，提前收储的保障来自政府对于私人土地的优先购买权，通过土地储备来确保社会公益、基础建设等，并有效引导城市发展方向。城市规划先于土地储备编制，是在城市规划编制完成后进行的土地储备，是建立在有规划预期的基础上，有具体用途和有针对性的重点储备，也是在有限资金下推动城市开发、"以点带面"引导规划实施的重要保障。

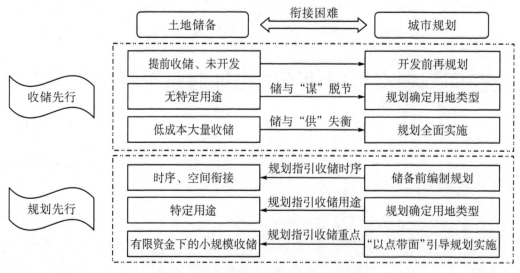

图 1 土地储备与城市规划的关系示意图

目前，我国城市多在城市规划编制完成之后进行土地储备。受到机构改革前事权划分的影响，土地储备工作存在与城市规划衔接性有待提升、储备选地难及储备供地与规划实施错位等现实问题。在新时期国土空间规划体系下，加强城市规划与土地储备的有机衔接，以优先保障生态环境、公共服务、交通基础设施、重大战略性项目等重点领域用地为导向的土地储备工作，是城市空间开发利用的主战场，是落实国土空间规划目标的重要抓手。土地储备工作与城市更新、建设用地减量优化工作形成有机衔接，优先储备存量建设用地、科学安排储备规模及计划，优化完善经营性用地储备结构，有助于引导城市空间发展的优化、集聚，更好地提升城市能级，实现高品质发展，促进区域经济社会基础设施一体化等。

《粤港澳大湾区规划发展纲要》明确提出"发挥澳门—珠海强强联合的引领带动作用"，打造澳珠极点，形成粤港澳大湾区高质量发展的新引擎。同时，《珠海市国土空间总体规划（2020—2035 年）》（在编）提出要建设珠江口西岸核心城市，在空间上明确了珠海市未来发展的"一张蓝图"，也为高质量土地储备明确了目标导向与空间坐标。一方面，明确珠海市高质量土地储备的战略布局、空间结构和推进时序，不仅有助于对土地资源的统筹兼顾，还有助于发挥土地储备对珠海市空间战略的支撑作用。另一方面，土地储备工作也是加强区域联系的纽带，对进一步推进粤澳深度合作区建设、促进澳门经济适度多元化发展以及协同国家战略重点工作具有重要意义。

2 技术思路与评价体系

为实现珠海市土地储备潜力的定量测度，避免单一评价体系无法适用于不同土地类型的情况，应采用分类评价的方法。按照存量可储备评价与增量可收储用地，制定差异化的多因子评价模型，重点评价可储备用地的收储难度和收储价值。引入国土空间规划发展时序、省市重点项目及近期建设计划等因素，对土地储备潜力进行分类分级评价，构建土地储备潜力分级评价指标体系（图 2）。

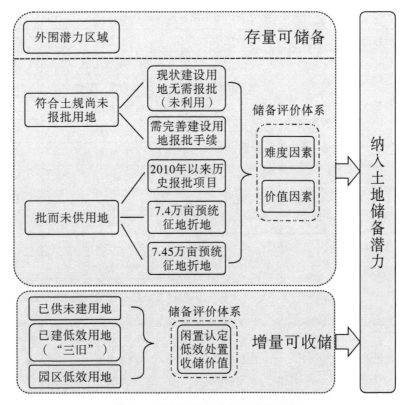

图2 土地储备潜力分级评价体系图

土地储备潜力评价基于土地利用现状和规划等数据资料，通过GIS空间分析技术对地块进行指标量化与加权叠加分析，具体步骤为：（1）借鉴相关研究成果及案例，并结合珠海市土地储备现状特征进行因子选择；（2）采用层次分析法确定因子权重；（3）以相关研究或规划实践为依据确定指标权重赋值，完成土地储备潜力多因子评价体系的构建；（4）利用GIS的空间分析技术实现多因子综合评价，确定土地储备潜力综合评价方案。

2.1 存量可储备用地潜力评价指标体系

基于存量可储备用地潜力评价指标体系中的难度因素和价值因素，选取规划基础、地形地貌、征拆成本、权属情况、交通条件、产业聚集、配套设施、生态条件、发展前景等9类共计13项指标对全域土地（含已建）进行评价，评价指标体系如下：

2.1.1 难度因素指标体系

此部分地块储备难度主要与地块自身情况相关，难度较高的地块可能会遇到储备工作周期长、手续复杂、协调困难等情况，影响储备工作的正常开展。储备难度评价主要包括规划基础、地形地貌、征拆成本、权属情况4个方面，具体包含土规规模、控规情况、坡度、高程、现状地类、土地权属6个评价因子，具体权重设置如表1所示。

- 规划基础（50%）：30%土规规模＋20%控规情况
- 地形地貌（10%）：5%坡度＋5%高程
- 征拆成本（20%）：20%现状地类
- 权属情况（20%）：20%土地权属情况

表1 可储备用地难度因素权重分配表

指标层次	指标分类	权重	评价因子	评价标准	得分	潜力等级
难度因素（30%）	规划基础	0.3	土规规模	城乡建设用地	100	高
				非城乡建设用地	60	一般
				非建设用地	40	低
		0.2	控规情况	有控规	80	较高
				无控规	60	一般
	地形地貌	0.05	坡度	<10°	100	高
				10°~25°	60	较高
				>25°	40	一般
		0.05	高程	<10 m	100	高
				10~20 m	80	较高
				20~25 m	60	一般
				>25 m	0	低
	征拆成本	0.2	现状地类	园、林、草	100	高
				水浇地和旱地	60	一般
				水田	40	低
	权属情况	0.2	土地权属情况	国有	60	一般
合计		1	—	—	—	—

2.1.2 价值因素指标体系

此部分地块储备价值一般受区位、环境、区域辐射、供应价值等因素影响。储备价值评价主要包括交通条件、配套设施、生态条件、发展前景及产业聚集5个方面，具体包含交通通达度、商业服务设施覆盖度、绿地覆盖度、已供应地块辐射度、国土空间规划重点发展平台覆盖度、控规规划功能及产业控制线覆盖度7个评价因子，具体权重设置如表2所示。

• 交通条件（10%）：10%交通通达度

• 配套设施（10%）：10%商业服务设施覆盖度

• 生态条件（10%）：10%绿地覆盖度

• 发展前景（55%）：15%已供应地块辐射度＋20%国土空间规划重点发展平台覆盖度＋20%控规规划功能

• 产业聚集（15%）：15%产业控制线覆盖度

表2　存量可储备用地价值因素权重分配表

指标层次	指标分类	权重	评价因子	评价标准	得分	潜力等级
价值因素 （70%）	交通条件	0.1	交通通达度	半径500 m以内	100	高
				半径500~1000 m	80	较高
				半径1000~3000 m	60	一般
				半径3000 m以外	40	低
	配套设施	0.1	商业服务设施覆盖度	半径500 m以内	100	高
				半径500~1000 m	80	较高
				半径1000~2000 m	60	一般
				半径2000 m以外	40	低
	生态条件	0.1	绿地覆盖度	服务范围内	100	高
				服务范围外	40	低
	发展前景	0.15	已供应地块辐射度	属于历史供应地块范围或半径500 m内	100	高
				半径500~1500 m内	80	较高
				半径1500 m以外	60	一般
		0.2	国土空间规划重点发展平台覆盖度	重点发展平台范围内	100	高
				重点发展平台范围外半径1000 m以内	80	较高
				重点发展平台范围外半径1000~2000 m以内	60	一般
				重点发台范围外半径2000 m以外	40	低
		0.2	控规规划功能	公益性及其他建设用地（A、S、U、H）	40	低
	产业聚集	0.15	产业控制线覆盖度	位于控制线内	80	较高
				位于控制线外	40	低
合计		1	—	—	—	—

2.2　增量可收储评价指标体系

增量可收储土地的储备潜力价值一般受地块现状情况、规划情况、经济效益及配套设施等因素影响，评价指标主要包括建筑物年代、建筑密度、用地面积、闲置认定情况、闲置原因、控规规划功能、重点发展平台覆盖度、经济评估、商业服务设施覆盖度及交通通达度10个评价因子（表3）。

表3　增量可收储用地价值评价权重分配表

分类	指标说明	评价因子	权重（已供未建）	权重（低效）	评价标准	得分
A 现状情况	地块内建筑的年代、密度及用地面积现状情况	建筑年代	—	0.1	2000 年以前	100
					2000～2010 年	80
					2010～2015 年	60
					2015 年以后	40
		建筑密度	—	0.1	0.2 以下	100
					0.2～0.4	80
					0.4～0.6	60
					0.6 以上	40
		用地面积	0.1	0.1	30000 m² 以上	100
					10000～30000 m²	80
					10000 m² 以下	60
	已供未建闲置认定情况	闲置认定情况	0.15	—	已进行闲置认定	100
					闲置处置中	80
					未进行闲置认定	60
		闲置原因	0.15	—	企业原因	100
					企业、政府双方原因	80
					政府原因	60
B 规划情况	用地的控规功能	控规规划功能	0.2	0.2	经营性用地	100
					产业用地	80
					公益性及其他建设用地	60
					路网及控规未覆盖区域	40
	国土空间规划中重点发展提升区域	重点发展平台覆盖度	0.1	0.1	重点发展平台内部	100
					1000 m 以内	80
					1000～2000 m	60
					2000 m 以外	40
C 经济收益	珠海市各类型国有建设用地土地价格	经济评估	0.1	0.2	土地价格高	100
					土地价格较高	80
					土地价格中等	60
					土地价格低	40
D 配套设施	用地周边的商业及交通配套	商业服务设施覆盖度	0.1	0.1	半径 500 m 以内	100
					半径 500～1000 m	80
					半径 1000～2000 m	60
					半径 2000 m 以外	40
		交通通达度	0.1	0.1	半径 500 m 以内	100
					半径 500～1000 m	80
					半径 1000～3000 m	60
					半径 3000 m 以外	40

3 土地储备潜力评价结果

3.1 存量可储备评价结果

根据上述存量可储备用地潜力评价中 13 项指标的单项得分，结合各单项指标的权重和难度因素及价值因素的权重设置，得到综合储备潜力评价结果，并从高到低分为 4 个等级。扣除涉及永久基本农田、生态保护红线、自然保护地、饮用水源保护区、一级林业保护区范围后，形成珠海市存量可储备用地潜力评价"一张图"。

高价值（75～100 分）区域主要集中在保税区及一体化区域洪湾片区，此部分区域土规规模覆盖、规划产业用地聚集、配套设施完善、交通通达度高，适合优先储备；中高价值（60～75 分）区域主要集中分布在高新区后环片区、高铁新城片区、高栏港综合保税区、金湾区白龙河尾片区及富山二围片区，规划产业用地聚集、配套设施完善，交通通达度高，属于重点发展片区，较适合储备；中等价值（40～60 分）区域大范围分布在西部城区；低价值（40 分以下）区域主要分布在鹤洲南、富山南、金湾木乃片区，此部分区域普遍存在土规无规模、控规未覆盖、配套设施不齐全的问题，储备潜力差。

3.2 增量可收储评价结果

增量可收储用地的储备价值一般受地块及其地块现状情况、规划情况、配套设施及经济收益等因素影响，按照打分将评价结果分为高、中高、中等及低价值四部分，从而形成珠海市增量可储备用地潜力评价"一张图"。高价值（85 分以上）区域主要集中在香洲区九州大道沿线，适合优先储备；中高价值（75～85 分）区域主要集中分布在三溪科创小镇、南屏工业园区、斗门区白蕉片区，较适合储备；中等价值（65～75 分）区域主要分布在香洲区前山片区、金湾区珠海大道沿线区域及三灶片区；低价值（65 分以下）区域主要分布在高新金鼎片区、高栏港平沙片区，以及零星分布在斗门区。

4 结语

笔者通过差异化的多因子评价方法开展土地储备资源潜力评价工作，对珠海市增量、存量土地空间进行有效盘整。在土地储备规划编制与工作计划制定中，重点考虑"储与谋""储与供""储与用"的关系，实现土地储备与空间规划协同，形成城市发展合力。

4.1 分区施策，协调土地储备与规划引领"储与谋"的关系

笔者首先通过对影响土地收储潜力的因子进行叠加拟合分析，对土地储备潜力进行分级评价，得到综合储备潜力评价结果，形成全市可储备用地潜力评价"一张图"，进而通过筛选出综合潜力较高的地块，为后续土地储备地块划定提供基础。最后在结合生态环境、政策等因素的基础上，形成基于国有空闲地、国企用地等多主体，增量存量并重的多要素的市域土地储备潜力资源评价结果。

针对以土地利用总体规划未覆盖建设用地规模为代表的"先导型"土地收储区域，应对其进行集中收储，开展全面整备、"三通一平"工作，并同步开展统筹规划，实现区域空间资源的最优配置；针对以"三旧"改造、已供未建及低效等增量可收储类型用地的"实施型"片区，应科学研判片区规划发展方向及改造资金投入，规划引导土地收储及改造工作的开展。

4.2 市区协同，通过年度实施计划实现"储与供"的平衡

土地收购储备是城市土地再开发的过程，而城市规划是通过科学分析对城市建设与发展进行预期性的判定与规定，是一种远期设计，按照"整体规划、分年储备、分期出让"的原则，充分考虑城市开发建设时序，确定年度土地储备与供应计划。在科学合理规划的基础上，通过实施土地收购储备，保障城市规划的落地。在收储计划方面，可以适当优先考虑城市近期建设规划中的重点发展地区和重点预控地区的土地储备，兼顾区域发展，优化城市空间结构，同时提高城市重大产业类项目、基础设施类项目、民生类项目的用地保障力度，全面提升城市经济、社会、环境协调发展水平，这保证了土地收购储备的科学性与合理性。通过优化土地储备用地结构，加强了经营性用地供应的计划性与指导性，实现了土地储备工作中"储与供"的结构协同。

4.3 精细管理，提升土地储备"储与用"的信息化管理能力

新的国土空间规划体系和治理体系对土地储备工作提出了新的要求，而信息化建设是支撑土地储备转型的重要基础。2019年7月，自然资源部印发的《关于开展国土空间规划"一张图"数据建设和现状评估工作的通知》明确要求自然资源全流程、全业务数据逐级汇交后形成可层层叠加打开的一张底图，为国土空间管制、实施监督提供依据和支撑。进一步整合完善土地储备工作数据，更加规范化、标准化构建土地储备空间资源"一张图"，支撑信息化下土地储备高质量、精细化管理。通过土地储备信息化数据成果与国土空间基础信息平台的对接，结合国土空间总体规划、详细规划、不动产和基础测绘等相关数据，充分发挥数据对决策的辅助作用。同时，采用信息化手段，建立一套完整的数据共享、业务流转、成果应用交汇机制，实现土地储备供应项目从传统台账式管理向信息化和空间化管理的转变，实现土地储备机构工作的精细化、无纸化、移动化、全过程、全覆盖的实时分级管理，为各级管理层的规划、决策、监督等工作提供信息化服务，提高整体工作效率和管理执行力。

［参考文献］

[1] 金晓斌，周寅康，张鸿辉，等. 快速城市化背景下的城市土地储备策略研究——以深圳市龙岗区为例 [J]. 自然资源学报，2005（4）：522-528，637.

[2] 冯长春，程龙. 老城区存量土地集约利用潜力评价——以北京市东城区为例 [J]. 城市发展研究，2010（7）：86-92.

[3] 田雨，蒋伶. 基于GIS的存量用地潜力评价方法研究——以南京市鼓楼区为例 [J]. 城市住宅，2019，26（3）：150-151.

[4] 黄康，戴文远，黄万里，等. 城市快速扩张下的土地储备潜力评价与布局研究——以福建宁德主城区为例 [J]. 地域研究与开发，2020，39（2）：137-142.

［作者简介］

王玮，工程师，就职于珠海市规划设计研究院。

赵阳，工程师，就职于珠海市规划设计研究院。

赖妮娅，高级工程师，就职于珠海市规划设计研究院。

王妍，高级工程师，就职于珠海市自然资源与规划技术中心。

省级 CIM 基础平台建设研究与思考

——以辽宁省为例

□李鹏飞，张立鹏，赵伟峰，王蒙

摘要：城市信息模型（CIM）作为依托大数据、物联网、人工智能等新一代信息技术发展起来的新兴技术，逐渐成为新型智慧城市、数字政府建设的重要组成部分，为城市精细管理与智能治理提供基础支撑。本文针对目前国内缺少省级 CIM 基础平台建设案例的现状，通过 CIM 内涵解读、国内 CIM 基础平台建设情况的总结梳理，结合数字辽宁建设需求，探索研究省级 CIM 基础平台的定位、建设思路、总体架构及建设模式等，以期为省级 CIM 基础平台建设提供参考。

关键词：城市信息模型（CIM）；省级 CIM 基础平台；总体架构；建设模式

1 引言

近年来，国家各部委相继出台政策文件推进城市信息模型（CIM）基础平台建设工作。2020年 8 月，住房和城乡建设部、工业和信息化部、中央互联网信息办公室等部门联合出台了《关于加快推进新型城市基础设施建设的指导意见》，要求各地广泛开展 CIM 基础平台建设工作；2021 年 3 月发布的《中华人民共和国国民经济和社会发展第十四个五年规划和 2035 年远景目标纲要》进一步明确了 CIM 基础平台建设是推进新型智慧城市建设、提升治理能力的重要抓手。

辽宁省委省政府将 CIM 基础平台建设纳入《辽宁省国民经济和社会发展第十四个五年规划和二零三五年远景目标纲要》，在《辽宁省"十四五"数字政府发展规划》中将其作为重点任务先期启动建设。同时，辽宁省住房和城乡建设厅联合省工业和信息化厅、省委互联网信息化办公室、省科学技术厅等部门下发《辽宁省新型城市基础设施建设实施方案》，要求率先开展省级、沈阳市、大连市、沈抚示范区的 CIM 基础平台建设。

由于省级 CIM 基础平台是国家、省、市三级 CIM 平台体系的重要组成部分，承担着承上启下的互联互通作用，目前国内暂无建成的省级 CIM 基础平台。因此，笔者根据国家现行标准和市级 CIM 基础平台建设案例，结合数字辽宁建设的实际工作，以辽宁省为例对省级 CIM 基础平台的定位、建设思路、总体架构和建设模式进行了研究探讨。

2 CIM 的内涵与发展

CIM 是一项多学科融合的新兴技术，由我国率先提出，其理论体系和技术研究尚处于起步阶段。近几年，在国家政策推动和智慧城市建设的迫切需求下，CIM 技术迅速发展，技术研究工作和 CIM 基础平台建设广泛开展。

2.1 CIM 的内涵

CIM 是在建筑信息模型（BIM）的基础上，将建筑物在设计、施工、建造、运维全生命周期的建筑信息集成扩展至城市规划、建设、管理、运行全过程的城市信息集成管理，是由微观小场景 BIM 向宏观大场景 CIM 的推演。2021 年 6 月，住房和城乡建设部下发《城市信息模型（CIM）基础平台技术导则》（修订版），明确了 CIM 和城市信息模型基础平台的定义：CIM 是以 BIM、地理信息系统（GIS）、物联网（IoT）等技术为基础，整合城市地上地下、室内室外、历史现状未来多维多尺度空间数据和物联感知数据，构建起三维数字空间的城市信息有机综合体。CIM 基础平台是管理和表达城市立体空间、建筑物和基础设施等三维数字模型，支撑城市规划、建设、管理、运行工作的基础性操作平台，是智慧城市的基础性和关键性信息基础设施。

从概念上讲，CIM 是二维底图和三维模型的空间表达；CIM 基础平台提供数据管理、表达、共享，具有对其他非空间数据的汇集关联融合能力、多业务协同应用能力，是实现 CIM 数据融合、技术融合、业务融合的工具。笔者认为 CIM 基础平台是在 CIM 的空间底图和数字模型基础上，实时动态地汇集关联城市经济社会、政务审批、物联感知等各类信息，实现空间模型对多源城市信息的承载和表达，形成智慧城市建设的数据底座，通过数据、算法、算力的融合，支撑跨平台、跨层级、跨领域、跨部门的智慧 CIM＋应用场景建设（图 1）。

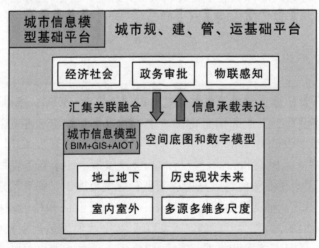

图 1　CIM 与 CIM 基础平台的概念及关系

2.2 CIM 基础平台建设现状分析

2018 年 11 月，住房和城乡建设部发布《关于开展运用 BIM 系统进行工程建设项目审查审批和 CIM 平台建设试点工作的函》，将广州、南京、雄安、厦门、北京城市副中心列为 CIM 基础平台建设试点。随着试点工作的启动，全国各地也随之开展 CIM 基础平台建设工作。

在建设目标方面，在落实上位政策要求的同时，要以解决实际问题为出发点。对于以数据驱动为主的 CIM 基础平台建设，其目标是构建多源异构时空数据底板，作为新型智慧城市的基础数据底座；对于以应用场景驱动为主的 CIM 基础平台建设，其目标是按场景需求汇聚数据、梳理知识和搭建模型，打造智慧应用，突出 CIM 基础平台建设的应用导向和解决问题的能力。

在建设层级方面，CIM 基础平台划分为国家级、省级、市级、县（区）级、乡镇级和社区（园区）级。国家级平台正处在关键技术攻关和研发阶段；省级平台只有黑龙江省正在开展建设，其他省份均未启动，可参考案例有限；市级平台除试点城市外，还有天津、深圳、杭州、青岛、苏州、兰州等城市正在开展建设；目前大部分 CIM 基础平台在县（区）级、乡镇级、社区级开展建设，因其体量小，各部门之间协调难度低，应用见效快，基本是以本地区发展需要自发进行建设，特别是服务城市管理"最后一公里"的社区级 CIM 基础平台具有较强的可复制性和推广性。

从上述分析可以看出，省级 CIM 基础平台建设的可参考案例少，相比市级平台的横向协调工作和县（区）级、乡镇级、社区级平台的数据协同优势，省级平台同时需要横向、纵向协同，协调难度大，且建设目标具有数据驱动和场景驱动的双重性，建设复杂程度相对较高（图 2）。

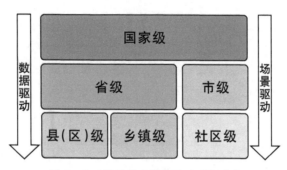

图 2　CIM 基础平台层级和建设驱动力

3　辽宁省 CIM 基础平台的定位及建设思路

3.1　平台定位

通过以上对 CIM 内涵、CIM 基础平台建设现状的梳理，根据省级 CIM 基础平台在国家、省、市等各级 CIM 基础平台体系中的枢纽作用，结合辽宁省实际，将辽宁省 CIM 基础平台定位为数字辽宁的核心基础数据底座（图 3）。

3.1.1　省级 CIM 基础平台的中枢和纽带作用

以"上联国家、纵向到底、横向到边、整体智治"为核心理念，将省级 CIM 基础平台打造为承上启下、统筹协调的枢纽，发挥综合性、协调性和约束性作用。纵向上，作为"国家—省—市"三级 CIM 基础平台体系的重要节点，对上按照国家级 CIM 基础平台的要求落实省级平台职能，按需将省级 CIM 基础平台的任务事项和数据归集成果上传至国家 CIM 基础平台，对下接入市级 CIM 基础平台，汇入市级数据，并对市级平台的运行情况进行监督监管；横向上，对接省政府各厅局，打通现有业务平台和数据壁垒，集成相关技术，建设横向到边、纵向到底、互联互通的省级 CIM 基础平台。

3.1.2　以省级 CIM 基础平台为数据基础底座

辽宁省 CIM 基础平台作为数字辽宁的基础数据底座，是基础性、关键性的新型基础设施。通过全省海量多源、多层级、多领域数据的汇聚融合与协同共享，促进数字辽宁跨领域、跨层级、跨部门、跨平台的智慧化应用场景建设，为辽宁省数字政府、数字经济、数字社会、数字生活等领域的智慧化建设提供有力支撑，为数字辽宁建设提供底层驱动力。

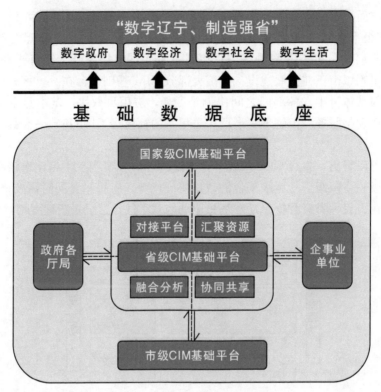

图3　省级CIM基础平台定位

3.2　建设思路

总体建设思路：以标准为引领，以数据、算法、算力为核心，以应用为导向，以政府统筹管理能力为保障，建设多维数据聚合与协同共享服务的辽宁省CIM基础平台（图4）。

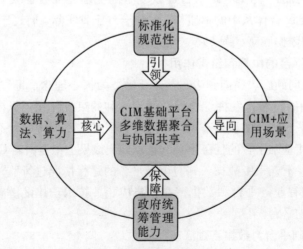

图4　省级CIM基础平台建设思路

以标准规范建设为引领，先行建设一套标准规范体系，统筹建立技术体系和管理机制，指导省级CIM基础平台建设。例如，编写数据协同共享规则、平台运维管理与数据更新规范等相应规范文件，特别是《辽宁省城市信息模型（CIM）基础平台与国家级、市级 CIM 基础平台互联互通规范》的编制，在省级平台搭建、数据共享交换、运维管理等建设标准的基础上，规范了国家级、省级、市级 CIM 基础平台的上下衔接与互联互通规则。

将数据、算法、算力作为省级 CIM 基础平台建设的核心。在数据方面，根据辽宁省 CIM 基础平台的定位，通过把横向、纵向的全要素数据融合汇聚与高效治理，建设多种粒度、空间和时间维度的省级 CIM 基础平台数据库；在算法方面，由于省级平台接入的数据规模和数据量巨大，需要借助机器学习、神经网络、知识图谱、区块链等人工智能技术对海量数据汇聚融合、数据加载与渲染、数据计算分析等模型算法开展研究，通过模型治理、算法合规等相关技术将通用模型算法标准化，支撑省级 CIM 基础平台的数据业务及应用场景建设；在算力方面，可将辽宁省大数据中心统一政务云资源作为平台的算力保障。

以多场景应用为导向，建设具有实用性、持续性和可扩展的省级 CIM 基础平台，充分考虑数字辽宁建设各领域应用扩展与延伸的需求，实现多场景 CIM＋应用。辽宁省 CIM 基础平台通过建立"多源数据与应用需求"映射机制，从住建领域 CIM＋应用场景建设逐渐向数字政府、数字辽宁多领域场景扩展，先期建设城市体检智能分析决策、工程建设项目审批智慧管理、住建多元应用"一张图"智能可视化等应用场景。

以政府高位协调作为项目建设的保障。成立辽宁省 CIM 基础平台建设工作领导小组，由省政府主要领导和各厅局负责人组成，全面协调项目建设过程中所需的各厅局和各地市数据资源、技术资源和相关业务等事项，保障项目的高效顺利开展。

4 辽宁省 CIM 基础平台总体架构研究

辽宁省 CIM 基础平台建设充分与辽宁省数字政府的"基础保障、资源要素、应用支撑和业务应用"总体架构衔接，在总结数字辽宁和各地 CIM 平台建设经验的基础上，对《城市信息模型（CIM）基础平台建设导则》（修订版）中的通用架构进行修改，通过构建数据中台、技术中台、业务中台实现平台的数据共享与能力复用，在功能方面更加突出省级平台的纵向和横向数据汇聚、监督监管及互联互通的作用，CIM＋应用场景先期聚焦住建领域的省级应用探索，逐步夯实数据、平台、制度基础后扩展跨领域场景，形成辽宁省 CIM 基础平台总体架构（图5）。总体上，构建了五个层次和两大体系，包含形成"1＋1＋1＋N"的核心内容，即编制一套标准体系、建立一个省级数据库、开发一个基础平台、建设 N 个 CIM＋应用场景。

设施层由计算资源、存储资源、网络资源、软件资源、物联感知设备等整合形成，基于辽宁省政务云中心，支持可按需动态扩展的高性能计算环境、大容量存储环境，满足海量数据存储、高并发的用户应用需求。

数据层是辽宁省 CIM 基础平台的核心，通过横向纵向数据对接、关联融合，建立集二维 GIS 数据、三维模型数据、物联感知数据和各类信息关联数据于一体的海量、多源、多类型、不同颗粒度的省级 CIM 数据资源体系，为平台应用和 CIM＋场景提供数据支撑。

平台服务层是实现各类应用与服务的工具，省级 CIM 基础平台功能以多源数据接入、融合汇聚、高效展示与渲染、智能统计分析、综合监管监测为主，同时兼具市级平台的数据治理、协同共享、三维分析等功能，满足不具备 CIM 基础平台建设条件地市的使用要求。

应用层是面向多领域的 CIM＋应用场景建设，先期建设跨平台、跨层级的省级城市体检智能分析决策、省级工程建设审批智能监管和省级住建"一张图"应用场景。

用户层覆盖省级各政府部门、无条件建设市级 CIM 基础平台的地级市以及相关企业，为决策者、专业人员、基层用户提供 Web 端、移动端和领导驾驶舱等多端应用。

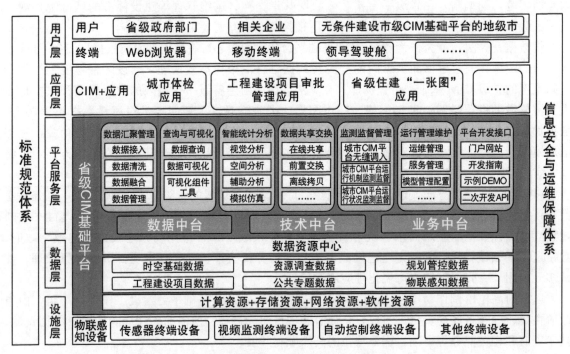

图 5　辽宁省 CIM 基础平台总体架构

标准规范体系和信息安全与运维保障体系是省级 CIM 基础平台建设与运维的保障,一方面指导平台和相关制度的建设,另一方面为数据安全、网络安全、软硬件安全等提供安全保障。

5　辽宁省 CIM 基础平台工作模式研究

5.1　高位协调的组织管理模式

鉴于省级 CIM 基础平台横向跨部门、纵向衔接国家和地市的特点,成立辽宁省 CIM 基础平台建设工作领导小组,由省级主要领导担任组长,省大数据管理局、省住房和城乡建设厅、省自然资源厅主要领导任副组长,其他各厅局分管领导和各地市主要领导为小组成员。领导小组负责统筹组织和协调省 CIM 基础平台建设的相关事宜,指导各地开展 CIM 基础平台建设工作,并对项目建设过程中的重大问题进行研究决策。

领导小组下设办公室,作为项目的日常管理与实施机构,负责推进项目实施,研究制定保障项目顺利完成的各项制度、措施及协调机制,规范项目实施过程,检查验收项目建设成效。办公室设在省住房和城乡建设厅建筑节能与科学技术处,办公室主任由住房和城乡建设厅分管领导担任。

5.2　专业化技术研究与实践模式

为了科学、准确、高效地开展省级 CIM 基础平台建设及相关领域研究,借助研究机构和高校的科研资源、企业的实践经验,联合组建辽宁省新型智慧城市与 CIM 技术创新实验室。实验室成员包括中科院自动化所、东北大学等高校研究机构,辽宁省规划院等城市规划与城市研究的实践型企业,以及中国联通、奥格科技等在新型智慧城市、数字政府建设方面具有丰富经验的数字化生态公司，形成专业化的技术研究与实践团队，长期从事 CIM 技术体系研究、新一代信息技术在新型智慧城市和数字政府建设中的应用研究、CIM 基础平台建设顶层设计、相关配套管理制度与体制机制研究等工作。同时，构建技术研究与项目实践同步开展、转化促进的模式，在建设实践过程中持续开展相关技术、机制等创新研究探索，通过技术迭代促进 CIM 基础平台建设等不断优化升级。

通过基础建设、人才队伍建设和技术研究实践，未来将实验室打造成为资源整合、共享开放的数字生态平台，引进国内外数字化领域权威的专家学者和企业，共同开展技术研究、成果孵化等工作，使实验室成为辽宁省数字生态建设的新引擎。

5.3　"省市统筹、有序推广"的建设模式

（1）在省市平台建设统筹方面，目前黑龙江省 CIM 基础平台采用省市统建模式，即省级 CIM 基础平台建成后对省内城市开放使用，各市只负责数据建设，不再单独建设平台。辽宁省 CIM 基础平台采用省市统建与省市分建相结合的模式，沈阳、大连、沈抚示范区等有条件的城市及区域先期启动建设，接入省级 CIM 基础平台；其他暂不具备建设条件的城市可以直接使用省级 CIM 基础平台，接入数据即可，这要求省级 CIM 基础平台兼具市级平台的功能。

（2）在省市平台建设时序方面，由于目前辽宁省内各城市均未开展 CIM 基础平台建设，为了省市平台统一标准、对接方便，提高统筹管理效率，辽宁省采用省级平台与市级平台同步规划、同步建设、同步运行的模式。

（3）在省级平台建设内容方面，采取"夯实基础，有序推广"的模式，在基础数据汇聚和平台功能建设的基础上，先期重点开展住建领域的数据汇聚和 CIM＋应用场景建设，不断夯实基础、扩展应用，逐渐向全要素、全周期、全领域业务应用推广。

6　结语

笔者在 CIM 基础理论、技术架构和标准体系尚不完善的阶段，在缺少省级 CIM 基础平台建设案例的情况下，基于辽宁省数字化建设的研究与实践，探讨了省级 CIM 基础平台的建设思路，初步探索提出了辽宁省 CIM 基础平台的定位、总体架构及建设模式，为省级 CIM 基础平台建设提供有价值的参考。

由于省级 CIM 基础平台需要汇聚关联全省的空间模型和各类属性信息，其对海量数据的存储、快速加载、高效渲染、融合分析和跨领域应用模型等技术要求较高。下一步，还需依托辽宁省新型智慧城市与 CIM 技术创新实验室的组建，对海量多源异构数据的汇聚及融合技术、高效组织与轻量化技术、高效图形渲染技术、人工智能相关技术、多模态 CIM 数据储存检索及分析技术、基于大数据分布式的部署技术等进行深入研究。

［参考文献］

［1］段志军. 基于城市信息模型的新型智慧城市平台建设探讨［J］. 测绘与空间地理信息，2020，43（8）：138-139，142.

［2］杜明芳. "十四五"CIM 驱动城市数字化转型［J］. 中国建设信息化，2021（1）：28-31.

［3］刘长岐，孙中原，孙成苗，等. 城市信息模型（CIM）政策及动态研究［J］. 建设科技，2021（8）：38-42.

［4］武鹏飞，李建锋，胡子航. 城市信息模型（CIM）的建设思考［J］. 科技创新与应用，2021，11

（31）：55-58.

［5］陈晓璇．基于 CIM 新型智慧城市管理平台可扩展性架构设计探究［J］．土木建筑工程信息技术，2021，13（5）：58-63.

［6］季珏，汪科，王梓豪．赋能智慧城市建设的城市信息模型（CIM）的内涵及关键技术探究［J］．城市发展研究，2021，28（3）：65-69.

［7］于静，杨韬．城市动态运行骨架——城市信息模型（CIM）平台［J］．规划师，2022（6）：8-13.

［作者简介］

李鹏飞，高级工程师，辽宁省城乡建设规划设计院有限责任公司信息中心主任。

张立鹏，教授，高级工程师，辽宁省城乡建设规划设计院有限责任公司董事长。

赵伟峰，高级工程师，奥格科技股份有限公司长春分公司总经理。

王蒙，高级工程师，就职于辽宁省城乡建设规划设计院有限责任公司信息中心。

基于"多规合一"业务协同平台的用地清单制实践与思考

□韦景尧，李健文

摘要："多规合一"在当前工程建设项目审批改革、优化营商环境的背景下，发挥着重要的支撑作用，其中"多规合一"业务协同平台更是一个重要的抓手。随着改革的深入推进，各地都在努力探索"多规合一"信息化技术创新方法，以适应新的改革发展需求。本文以推进社会投资项目用地清单制改革为契机，以江门市基于"多规合一"业务协同平台的用地清单制实践为例，在梳理相关政策、文献和地方实践的基础上，提出基于"多规合一"协同平台用地清单制的建设思路、框架设计、功能实现及成效思考。本文旨在坚持政策引领，以政策驱动信息化建设，为各地开展用地清单制改革工作提供一些信息化建设思路，推动工程建设项目审批改革提质增效，优化营商环境。

关键词："多规合一"业务协同平台；用地清单；规划条件；营商环境；工程建设项目审批改革

1 引言

近年来，在深化"放管服"改革、优化营商环境等背景下，国务院先后出台了系列工程建设项目审批制度改革的政策文件，全国各地积极响应，制定了系列改革措施，在"多规合一"信息化建设推动改革创新方面积累了大量实践经验。广州、厦门等地的实践经验表明，"多规合一"不仅是实现规划成果共享的平台，还是落实规划管控的有力工具，依托该平台，各部门可在项目落地前期对项目落地条件进行充分论证，促进重大项目生成，有效提升项目行政审批效率。目前看来，这些实践经验大多集中在信息平台建设、通过"一张蓝图"统筹项目实施、项目策划生成、开展合规性审查、信息共享和辅助规划编制等方面，基于"多规合一"的用地清单制实践相对较少。2021年，国务院提出首批营商环境创新试点改革事项清单，推进社会投资项目用地清单制改革事项被列入其中。广东作为改革的先行者，早在2019年的《广东省人民政府关于印发广东省全面开展工程建设项目审批制度改革实施方案的通知》（粤府〔2019〕49号）中就明确提出推行项目建设条件和管控要求清单制。

基于上述背景，笔者结合广东省江门市地方实践，通过在现有江门市"多规合一"业务协同平台（以下简称"多规合一"平台）框架基础上升级优化，充分运用信息技术创新手段，探讨基于"多规合一"平台的用地清单制建设思路、框架设计、功能实现和实践成效。进一步挖掘数据价值，深化多平台的融合，扩充应用功能，压缩审批时间，优化江门市的营商环境。

2 用地清单内涵及意义

对于用地清单制，《国务院关于开展营商环境创新试点工作的意见》（国发〔2021〕24 号）提出了相应的主要内容。结合江门市的改革实践，在落实国家、省提出的评估内容和建设要求基础上，制定符合本市实际的用地清单制实施细则，其内涵是：在出让土地前，对规划条件、环保条件、绿色建筑、水资源保护、防空地下室建设标准、电力接入要求、给水接入要求等多个项目建设的管控要求、技术设计要点和市政公用基础设施连接设计、迁改要求进行明确，并形成一张清单，在出让土地时连同规划条件一并交付用地单位，并作为项目审批管理、技术审查的重要依据。由此，可以大大节省企业的时间成本，做到"让群众少跑腿，数据多跑路"，加快了建设项目落地。笔者实践的项目是社会类投资项目。

3 相关实践综述

笔者从政策、文献及地方实践等方面梳理了近年来各地基于"多规合一"的实践探索，主要有如下几个方面：

一是早期在试点城市开展的"多规合一"探索，侧重于规划协调工作的实践。2014 年 9 月，国家发展和改革委员会、国土资源部、住房和城乡建设部、生态环境部四部委联合发文开展 28 个试点城市的"多规合一"探索。主要做法是通过规划对接和部门协商，使得涉及空间的规划内容基本一致，形成"一张蓝图"，从而释放出因规划矛盾而沉淀的建设用地指标，并搭建信息平台以促进信息公开、提高审批效率。这些实践探索的本质是把"多规合一"视为一项技术协调工作，在短期内缓解规划之间的矛盾。

二是在智慧城市、"放管服"、工程建设项目审批改革背景下，"多规合一"成为全面深化改革的一个重要抓手。各地在"多规合一"平台建设、项目策划生成、协同办公、信息共享、并联审批等方面进行系列探索和实践。例如，厦门市创新推广了"一张图"共享、"一表式"审批模式，从立项到办理产权登记审批都进行了信息共享、工程建设项目多部门联动审批。上海市、深圳市、武汉市、广州市等地也在"多规"体制创新、技术优化、辅助城市决策等方面积累了丰富的经验。

三是 2021 年之后，国务院通过制定新的政策，将推进社会投资项目用地清单制改革作为优化营商环境的一个重要抓手。除了北京市、上海市等试点城市外，天津市、北海市等地也相继出台了相应的实施细则。而包括广州市、江门市在内的广东多个设区市早在 2019 年就开展用地清单制的实践，并制定了多项配套政策。其中，江门市还结合"多规合一"平台创新用地清单制的应用管理。

总体而言，目前"多规合一"的实践主要集中在平台建设、合规性审查、辅助项目选址、信息共享等方面，在用地清单的信息化实践研究方面的相关文献及实践相对偏少。为此，笔者结合江门市的经验做法，探讨一些新的思路。

4 基于"多规合一"平台的用地清单制实践

4.1 建设思路

实施用地清单制是工程建设项目改革、优化营商环境的一项新举措。不同城市有不同的做法，相比传统做法，本实践坚持以目标为导向，依托"多规合一"平台，结合江门市经验，以自然资源部门为牵头主体，通过信息化技术创新手段，探讨"用地清单＋规划条件"便捷交付至业主单位的最优解，为此提出如下思路：

第一步，梳理政策，理顺关系。这是关键一步，通过对广东省及江门市的《全面开展工程建设项目审批制度改革实施方案》《江门市土地资源和技术控制指标清单实施细则》等政策文件进行充分解读后，进一步厘清主要涉及的市工程建设审批管理平台系统、"多规合一"平台和市自然资源管理系统之间的衔接关系，为下一步信息化流程的优化提供支撑。

第二步，在理顺政策的基础上，开始尝试搭建框架，运用信息化技术解决优化流程、多平台对接等问题，力求做到跨平台无缝衔接，实现全流程线上办理（图1）。

第三步，通过实际例子验证用地清单制的可行性，在实践中不断优化调整，使操作更"接地气"。为更直观地诠释基于"多规合一"平台的用地清单线上办理全流程，笔者通过江门市某工业项目用地清单办理事项的实践来阐述整个建设思路（图2）。

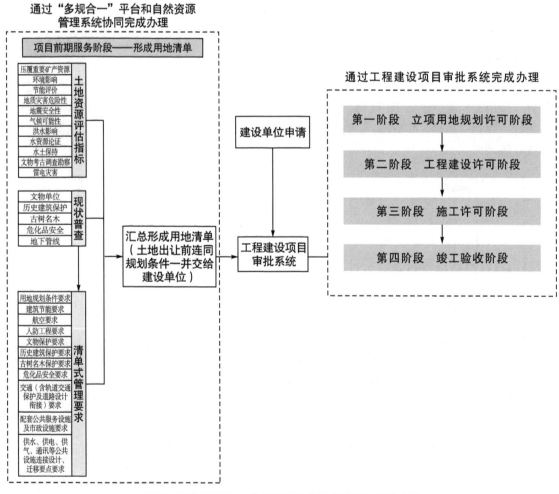

图1 社会类投资工程建设项目审批全流程办理示意图

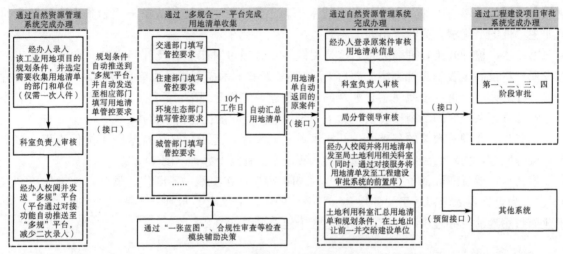

图 2　用地清单全流程办理示意图

4.2　总体框架设计

　　平台升级以现有"多规合一"空间数据库为基础，依托现有平台，通过"云平台"进行服务配置，采用面向服务的 SOA 架构、消息中间件、ESB 总线等技术手段，实现项目综合展示、查询统计、数据交换、工作管理、运维管理等服务。总体技术架构包括基础层、数据层、服务层和业务层（图 3）。

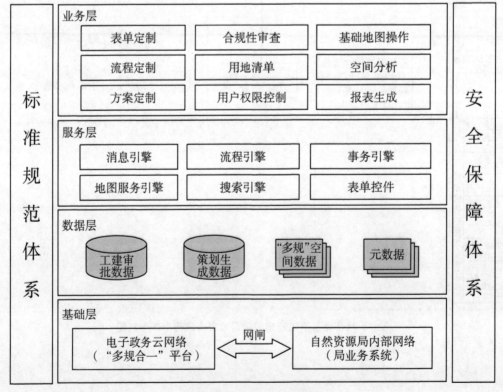

图 3　平台总体框架示意图

基础层为平台提供基础的硬件支撑环境，本项目基础层沿用"多规合一"平台和市自然资源局管理系统现有的软、硬件和网络环境。

数据层是整个建设项目的数据基础，主要是空间数据和业务数据。本实践是在原有"多规合一"空间数据的基础上更新和扩充数据资源，丰富了空间数据类型，强化了现势性；业务数据包含项目基本信息、项目意见信息等，支撑了业务应用场景构建。

服务层是业务层与数据层之间的桥梁，为业务层提供基础地理服务、缓存服务、文本服务、接口服务等。该层次实现各种应用系统跨数据库、跨平台的集成，为上层业务系统的应用提供一个支持信息访问、传递及协作的集成化环境。

业务层依托于基础层、数据层、服务层，在原有业务基础上，针对用地清单业务进行设计、扩展与实现功能模块，满足用户业务应用需求，同时构建业务应用接口，打通数据鸿沟，实现跨平台业务一体化应用。

各层次均在现有的安全保障体系和标准规范体系下开展运营。

4.3　关键技术

4.3.1　跨平台业务一体化技术

作为一个高度集成的平台，通过融合市工程建设审批管理平台、"多规合一"平台、市自然资源管理系统的业务数据，形成一体化业务办理应用。多个平台之间通过中间库的方式开展数据交换，在保证相互关联的同时又让系统具有独立性，且对现有业务不造成影响。

4.3.2　分布式微服务技术

平台底层统一基于领先的 Spring Cloud 分布式微服务体系构建，支持分布式服务化部署方式，保证了包括 BPM 工作流平台、智能表单平台、二三维地图平台、移动开发平台等在内的整个平台系统的松耦合、高性能、健壮性和扩展性。

4.3.3　面向服务体系技术（SOA）

引入面向服务的理念和技术，通过完善的服务接口和契约来集成不同服务的组件，使用开放标准，封装标准服务，形成面向业务的应用功能。

4.3.4　数据服务共享与互操作技术

依据统一建设标准、接口标准和数据共享规范，依托政务云，以 GIS 地图服务的形式进行数据共享。在线服务管理子系统对 GIS 地图服务进行在线代理管理，实现对地图服务真实地址的隐匿，对地图服务调用的申请进行审核、使用流量监控、使用指定的电脑 IP 等，保证数据共享过程中的安全性。部门内部通过系统自带数据交换功能模块，将数据库中的数据转换成通用 GIS 数据交换格式，实现数据共享。

4.3.5　大数据挖掘分析技术

平台基于人工智能、统计学、数据库等挖掘分析技术，通过对所汇聚的工程建设项目审批及用地清单等数据的归纳推理分析，挖掘出潜在的模式，做到快速检索，精准输出查询结果、促进信息快速传递。

4.4　功能实现

4.4.1　平台既有功能回顾

鉴于篇幅有限，笔者仅对平台既有功能作简要概述，其重点将放在用地清单功能的实现上。在工程建设项目政策法规和标准等文件指导下，"多规合一"平台先后建有"一张蓝图"、项目策划生成、区域评估、政策法规查询、流程管理和运维管理六大主要功能模块（图4）。提供地图展示、项目检索、图属关联、空间管控数据共享、"三线"（城镇增长边界、永久基本农田保护红线、生态保护红线）检测、项目选址、合规性检查、区域评估成果录入、政策文件获取、统一身份认证等服务；实现项目策划生成全过程在线办理，并与广东省工程建设项目审批管理系统成功对接，实时推送审批数据，大大优化了审批流程，压缩了审批时间，提高了工程建设项目审批效率。

江门市"多规合一"平台

图4　江门市"多规合一"平台功能模块示意图

4.4.2　功能升级——立足自然资源业务领域

本次实践依托"多规合一"平台，以数据和共享服务为基础，以政策法规、标准规范和安全体系为保障，进一步优化用地清单传统办理流程，主要升级了平台对接、合规性审查、数据管理体系建设等多项功能。

一是实现多平台对接融合。为强化"一次入件"，推动用地清单"无纸化办公"，根据用地清单应用需求，对内通过市自然资源局业务系统开展业务办理，对外通过"多规合一"平台实现业务应用创建，平台间通过数据接口实现连通。接口采用前置库的方式（图5）进行对接，通过打通数据壁垒，拉通数据关联，实现多平台互联互通，并将办理结果自动汇总形成一张清单。在办理土地出让时，将用地清单和规划条件一并交付给用地单位。此外，平台还升级预留了国土基础信息平台接口、市全程用地监管系统及市土地不动产平台接口，便于日后进行功能扩展。

二是升级合规性审查功能，更好辅助用地清单办理。在现有合规性审查功能的基础上，对业务进行补充，将自然资源内部合规性审查复核流程嵌入到"多规合一"平台主流程中，同时也将"一张蓝图"模块嵌入自然资源内部系统，面向自然资源，形成一体化业务办公。新增缓冲分析、图层分析、图层渲染等功能；新增了控制性详细规划检测、土地利用规划检测、永久基本农田分析、村庄规划分析、自然保护地规划分析、海洋功能区分析、海洋生态红线分析等检查分析模块工具；强化了业务协同和项目合规性审查能力，进一步提升了协同平台的用户体验，科学辅助规划决策。

三是重构数据管理体系，优化核心数据库。在现有"多规合一"平台的基础上，升级数据管理功能，实现对数据专题的管理、切换和共享，满足灵活的数据权限控制体系建构需求。主要包括专题应用管理、专题授权、专题图层管理、图层字段配置、地图视窗升级和图层控制功能升级。

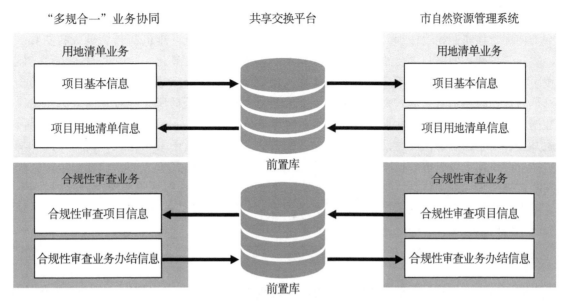

图5 前置库信息交换示意图

5 成效与思考

5.1 亮点成效

5.1.1 创新服务模式，优化办理流程

用地清单主要以自然资源部门为主导，通过相关部门单位协同的方式办理。传统做法多以公文函件的形式完成，由于政府部门和行业单位内部管理制度存在差异，往往需要经办人反复催办方能完成，长此以往，极大地削弱了经办人办理的积极性。本次实践以政策为引领，驱动业务信息化，在理顺部门间协同关系的基础上，以工作需求为导向再造业务流程，通过多平台的对接服务，打通"任督二脉"，实现无纸化办公，全流程线上办理，大大减少了公文发函、来函等烦琐程序的消耗。优化后，通过"多规"平台办理用地清单的数量在逐步增加。

5.1.2 压缩时间和成本，助力效能提升

优化调整后，部门单位可通过并联审批完成办理。改造前，办理完成时间不固定，有时候1个月仍在办理中；改造后，各部门单位在10个工作日内能提出对项目建设的具体管控要求。平台还设置超时短信提醒和逾期自动回收功能，继而减少"缝隙时间"不可控等问题。每个节点业务平均办理时限由2天缩短至1.4天，平均缩短了30%左右，释放了行政资源，大大压缩了办理时间成本。另外，通过数据共享对接，充分挖掘数据的价值、扩充系统的应用边界，将各类成果通过"一张蓝图"共享给相关系统调用，节约了功能重复开发费用。

5.1.3 提高办理便利度

项目实践打通了多平台的数据和业务链条，避免二次录入，减轻了业务办理人员的工作量；通过信息共享，方便部门及单位结合"一张蓝图"进行合规性审查复核，辅助用地清单的审批决策。

5.2 思考

通过实践，笔者总结出几个值得思考的问题：第一，政策制度的再优化问题。由于"多规"

平台更多用于项目策划生成前期阶段，与建设审批阶段不同，不涉及核发相关许可证，现有的约束管理和考核机制相对较少。这样一来，基于制度驱动信息化办理的执行力就大打折扣。第二，空间管控数据问题，主要涉及数据坐标转换、格式转换、矢量化、脱密共享等方面。既存在技术力量薄弱、经费保障不足、数据未能导入协同平台使用等问题的，又有提出一些历史资料只是图片、表格的电子形式，没有地理信息坐标，甚至只有纸质版，导致无法录入平台。没有数据基础，就谈不上合规性审查，更谈不上构建"一张蓝图"。另外，由于部分办理人员习惯纸质办公，对于信息系统的建设有抵触情绪。第三，关于数据脱密共享问题，自然资源领域空间数据可尝试向上级申请数据脱密接口，完成数据脱密操作，但其余大部分的部门单位往往无法判断数据是否属涉密数据，或是对脱密方法、渠道不了解，无法实现脱密操作。

综上，用地清单在制度完善和数据建设管理方面仍需深挖探索，以更好地寻求在一定建设发展时期内的最优解方案，服务工程建设项目改革。

6　结语

实施用地清单制是一项重要的优化营商环境的举措。"多规"平台提供了一个很好的载体，通过"小切口，大作为"，以信息化技术为创新驱动，使项目实现多平台无缝衔接和全流程线上办理，既丰富了"多规"平台的功能，又使项目实践达到预期效果，成效明显。在工程建设项目改革进程中，本实践项目仅仅是一个小侧面，基于"多规"平台的扩展应用在不断地探索中。此外，正所谓"三分技术，七分管理"，在改革的背景下，政策制度仍有待进一步完善，相信日后依托"多规"平台的实践将逐步走向成熟，更好地服务工程建设项目审批，提升政府精细化管理能力，继续助力工程建设审批改革提质增效。

［参考文献］

[1] 谢英挺，王伟. 从"多规合一"到空间规划体系重构 [J]. 城市规划学刊，2015 (3)：15-16.

[2] 江青龙，程朴，陈玫. 广州市、厦门市"多规合一"信息平台案例分析与思考 [J]. 规划师论丛，2015 (10)：32-34.

[3] 胡文涓，袁星，洪珑梅. "多规合一"推动下厦门市城市规划审批流程改革的思考 [C] // 规划师论丛，2015：44-50.

[4] 吴文龙，张丽萍. 基于"多规合一"信息平台的建设项目全生命周期管理应用探索——以 zs 市"多规合一"信息平台为例 [J]. 卫星电视与宽带多媒体，2019 (5)：40-41.

[5] 高兵武，黄锦凤. 一个平台协同审批 一张图上在线办理——聚焦湖南"多规合一"信息化建设 [J]. 资源导刊，2020 (6)：54-55.

[6] 胡宁溪. 珠海市"多规合一"信息平台建设研究 [J]. 建设科技，2021 (16)：17-20.

［作者简介］

韦景尧，信息系统项目管理师，注册城乡规划师，就职于江门市城市地理信息中心。

李健文，建筑工程测量工程师，就职于江门市城市地理信息中心。

面向建筑规划审批的 CIM 基础平台设计

——以武汉市为例

□雷媛，付雄武，吴荡，万恒

摘要：建筑规划设计方案审查是建筑工程建设获得建设工程规划许可证的核心环节，对于城市精细化管理有重要意义。当前的建筑规划设计方案审查主要依赖于人工经验判断，具有专业性强、工作量大的特点，且缺乏统一的标准和规范指导，从而影响了审查效率。此外，审查以二维 CAD 图纸为基础，无法满足城市三维空间精细化管理的需求。三维 BIM 与 GIS 等新型信息技术的发展为建筑规划设计方案审查工作的数字化转型提供了坚实的技术支撑。为贯彻落实国家对于深化工程建设项目审批制度改革的总体要求，本文以提升武汉市建筑规划审批质效为目标，以管控要素标准化、管理手段智能化为抓手，开展了面向建筑规划审批的 CIM 平台设计，并详细阐述了 CIM 基础平台建设的总体思路和技术框架，以期为后续系统的实施与应用研究提供借鉴。

关键词：规划审批；城市信息模型（CIM）；地理信息系统（GIS）；二三维一体化

1 引言

建筑规划设计方案审查是保证设计方案符合建设要求并具有可实施性的重要手段，也是城市规划管理的重要环节。建筑规划设计方案审查内容涵盖了城市的空间形态、功能结构、交通组织、建筑色彩、材质等内容，也包括了规划条件、城市设计，以及各类相关国家规范、标准和技术规定等，涉及审查项繁多。因此，审查工作具有专业性强、工作量大等特点。随着城镇化进程的加快和建设项目的激增，传统的二维人工审查方式无法快速准确处理繁多的审批项目，无法满足复杂三维空间的城市精细化管理需求。针对这一问题，住房和城乡建设部等三部委于2020 年 9 月联合印发了《城市信息模型（CIM）基础平台技术导则》，明确指出要建立二三维一体化的城市信息模型（CIM）基础平台，促进建设项目三维电子化报建以及基于 CIM 的共享协同。在互联网技术和信息化手段高速发展的大背景下，运用信息化和智能化手段开展建筑规划设计方案审批工作是新时代提高社会治理效能的具体要求，对深化工程建设项目审批制度改革与优化营商环境等具有重要的现实意义。

目前建筑规划设计方案智能化审批的探索尚处于起步阶段，早期审批系统以二维 CAD 图审为主，在二维指标定量分析方面有一定基础，但难以满足城市三维空间信息的要求。随后，三维 GIS 技术的发展使得建筑空间环境的三维可视化分析成为建筑规划审批发展的主要方向。深圳、上海和武汉等城市陆续开展了三维规划辅助审批管理的试点，但当前三维系统大多重可视化而轻量化分析，实用性欠佳。部分学者关于三维辅助建筑规划设计方案审批系统的研究也局限于限高、建筑密度、容积率等简单指标的量算。综上，现有平台不能充分面向审查需求、深入解读审查标准、全面覆盖审查要点，没有形成兼具视觉效果直观真实、分析功能高效完备的审查系统。

为贯彻落实住房和城乡建设部、自然资源部对CIM基础平台建设的总体要求，提高城市设计与规划管理的精细化水平，笔者以武汉市建筑规划设计方案审查业务为切入点，结合实际审查业务需求及信息化发展现状，探讨了面向建筑规划审批的CIM基础平台设计思路，为后续精细化管理环境下的城市二三维一体化建筑规划审批平台研发与应用指明方向。

2 建筑规划审批现状问题及需求分析

2.1 现状问题

2.1.1 审批效率有待提升

（1）规划查询烦琐。建设方案上位规划的核查依据包括总体规划、分区规划、各类专项规划、控制性详细规划、城市设计、审批信息、权属信息等，各类审查依据以纸质材料为主，查询过程烦琐。

（2）各项指标人工计算与审核工作量大。项目方案除依据用地规划许可及土地出让合同外，还需参考各类相关的行业设计规范、地方法规，涉及的审查要点及技术指标较多，审查工作量大。

2.1.2 审批的标准化和规范化有待加强

（1）报建文件没有形成统一的标准。不同的设计机构、不同的设计师的绘图习惯及对规范的掌握程度均不同，因此不同项目的图纸表达在准确性、规范性、图纸深度上亦有不同，报建文件没有形成统一的标准。

（2）方案审查内容没有形成统一的标准。除常用的国家、省市相关规范标准，不同类型的建筑有其相应的行业性规范，且部分审查规则涉及的概念缺乏明确判定标准，在方案审查过程中存在一定程度的人为主观性，缺乏统一的标准和规范来指导审查。

2.1.3 三维空间管控要素难以在审批阶段有效落实

为响应国家围绕"提质提风貌"出台的系列政策要求，武汉市采用城市设计引导、政策法规管控等多种形式，进一步细化了城市三维空间管控要求，这也对武汉市建管审查工作提出了更高的要求。传统的二维CAD图纸存在表现形式的局限性，无法满足天际线、开敞度、视线通廊、建筑群体组合等对提升城市空间环境品质有重要意义的三维空间管控要素的审查需求，无法满足新时期建管审查工作的审查需求，进一步导致相关管控要素难以在审批阶段有效落实。

2.2 需求分析

2.2.1 规划成果标准化管理需求

为应对规划成果查询管理难题，需制定统一的数据标准，将城市设计、控规导则、控规细则、规划设计条件等二三维规划成果基于统一的空间尺度进行整合，建立多源、多维数据融合的空间数据库，实现城市设计成果的标准化、信息化管理与便捷化查询。

2.2.2 建筑规划方案智能化审批需求

总结提炼相关行业设计规范、地方行政法规涉及的审查要点及技术指标，综合分析城市设计、控规细则、规划条件审查需求，提炼建筑方案审查指标库、规则库，统一审查标准与审查内容，降低主观因素的干扰。基于统一的数据库、指标库和规则库，研发二三维一体化建管智能审批平台，以三维应用拓展二维表现张力，以二维基础深化三维应用深度，实现对城市二三维空间管控要素的交互式查询展示与量化评估，助力提升审批效率及审查的规范性。

3　平台设计思路

3.1　建设目标

CIM 是以建筑信息模型（BIM）、地理信息系统（GIS）等技术为基础，整合城市地上地下、室内室外、历史现状未来多维多尺度信息模型数据而形成的三维数字城市信息有机综合体，它在城市要素信息的集成融合、语义建模、可视分析等方面具有显著优势，具备数据更加多源、信息更加丰富、表达更加直观的特点，因而被广泛应用于城市规划、建设、运行、管理、决策等各个方面。笔者以武汉市为例，以辅助规划成果管理及建筑规划方案审批业务为目标，基于多源多维的城市信息模型，建立集 GIS、CAD、BIM 数据一体化的综合业务系统，实现现状、规划、实施数据的二三维一体化融合仿真展示、动态查询分析与智能协同审查，从而助力提升审批质效。

3.2　总体框架设计

针对规划管理工作的实际需求，平台采用"三库一标准一平台"的总体框架，如图 1 所示，通过搭建建管审批专题数据库、管控指标库、审查规则库，并借助统一的数据标准在二三维一体化信息平台集成，面向各类用户提供规划成果展示查询及建管智能化审批服务。

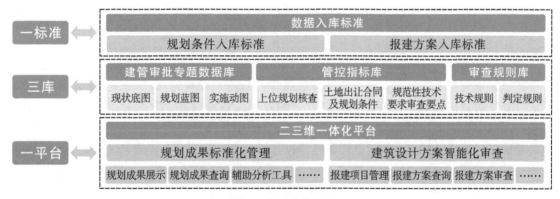

图 1　平台总体框架

3.2.1　三库

一是建管审批专题数据库。以审批需求为导向，并按用途将数据划分为现状底图、规划蓝图及实施动图三大类，三者按照统一标准、空间参考和分类体系入库，并结合实际需求进行拓展，形成内容完整、相互协同的建管审批专题数据库，为建筑设计方案审查提供基础数据支撑。其中，现状底图需包括地形、影像、街景及三维倾斜模型等反映城市发展现状的数据，以及人口、房屋建筑、用地权属等反映土地社会经济属性的数据。规划蓝图不仅应包含总体规划、分区规划、专项规划、控规细则等上位规划核查所需的数据资源，还应包括城市设计、规划条件等审查依据，且城市设计数据应包含总体城市设计基础数据、控规单元及地块层次级三维基础数据、管控要素三维数据等。实施动图应包含土地利用全流程的"批、征、供、用、补、查、登"等审批信息，以及建设单位汇交的报建方案信息，如报建方案 BIM 语义模型、CAD 图纸、表格及相关说明文档。

二是管控指标库。根据武汉市相关规划成果、规划设计条件、建设工程规范性文件的技术审查要点，提出管控合理、要素清晰、衔接到位的建管审批指标库，包括 3 大类 65 小类审查指标项，如图 2 所示。同时，评估各项指标的量化分析特性，将指标进一步细分为智能审查指标、半智能审查指标、人工审查指标三大类。其中，智能审查指标项指可通过计算机定量分析并自动生成审查结果和处理意见的指标项，如建筑密度、容积率、建筑间距等。半智能审查指标项指定性与定量相结合的指标项，如建筑后退蓝线绿线，可由计算机审查建筑高度、退让距离、建筑开敞度和展开面的值，人工补充审查观赏视点、天际线韵律等控制要素，从而保障审查要点的全面性和完整性。人工审查指标项指缺乏一般性审查规定，需借助人工经验判断的管控要素，如建筑色彩与风格、活跃界面等。

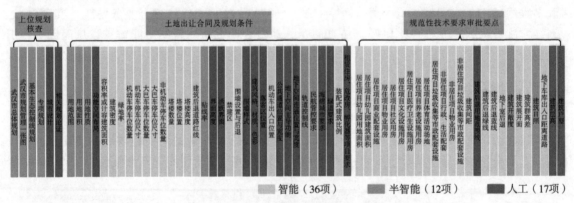

图 2 建筑规划设计方案审查指标体系

三是审查规则库。总结提炼各类相关行业设计规范、地方行政法规涉及的各指标项管控要求，形成机器审查技术规则库和判定规则库。其中，技术规则库指将相关技术规定及技术标准转译成计算机语言后形成的定量审查规则库，如停车位数量核算、建筑后退道路红线核算等；判定规则库指参考相关法律法规、规范标准所制定的相关概念认定规则，如建筑高度起算面、建筑外轮廓面等的认定标准。两者共同指导管控指标的智能化审查。此外，为了适配不同区域、不同用地性质的项目的差异化审查需求，或是有效应对规范新增、规范修订等多种情况，应采用配置式设计来支撑规则库的定制，以拓展智能审批功能的应用场景。例如，武汉市东湖新技术开发区住宅项目幼儿园配建标准高于其他区域，应与其他区域区分，配置独立的审查规则库。

3.2.2 数据标准

数据标准是对平台数据内容输入及输出形式的总体规范，主要包括规划条件入库标准及报建方案入库标准。其中，规划条件入库标准是通过建立标准化的规划条件模板，方便计算机自动提取规划条件中的控制要求，并以条目式拆解到对应指标项。报建方案入库标准主要是指对审查过程中涉及的数据项的命名、数据类型、长度及计算口径等的统一规范，以及对语义属性的赋予，便于数据的标准化管理和语义化解译，保障数据的完整性、一致性、规范性。数据标准的建立可帮助计算机建立各项指标的规划条件要求值与报建方案设计值之间的映射关系，从而自动比对报建方案是否满足规划要求。

3.2.3 二三维一体化平台

面向建筑规划审批的 CIM 基础平台应充分利用 CIM 技术"可展示、可查询、可审查、可分析"的优势，实现数字化报建和智能化审查，从而提升审批效率。"可展示"强调以建管审批专题数据库为支撑，实现现状、规划、实施信息的二三维一体化交互融合展示。"可查询"强调对建设项目审批所需的规划成果及报建方案的快速检索与关联查询。"可审查"强调平台应提供面向建设项目审批全过程的智能化解决方案，包括管控指标自动提取、管控规则在线配置、报建方案语义识别、管控要素智能比对等功能，实现建设项目审批从二维平面到三维立体、从定性引导到定量管控、从人工判读到机器解译的突破，促进城市建设管理的精细化、智能化。"可分析"指可以提供智能化辅助分析工具，如建设项目选址评估、规划方案在线比选、用地指标智能核算等功能，辅助城市设计及建管审批各阶段的智慧决策。

4 功能设计

围绕提升审批效率和加强审批规范性两大核心需求，根据城市设计成果标准化管理、规划报建方案智能化审批的平台建设目标，结合建筑规划方案审查工作经验，设计了七大功能模块，分别是报建清单、管理项目、审查项目、查询项目、图层控制、分析工具和用户权限管理，平台功能框架如图 3 所示。

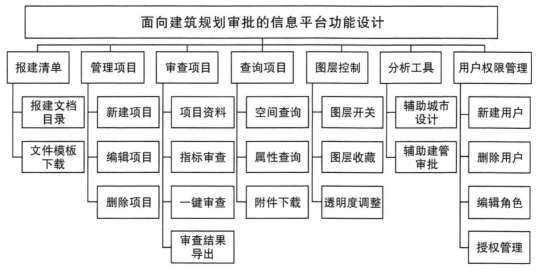

图 3 平台功能设计图

4.1 报建清单

面向建设单位，提供报建方案的文档清单及标准数据格式。该模块规定了报建文档结构目录和文件名称、类型。其中，表格类数据包含承诺函、主要经济技术指标表等。对于图纸类数据，如建筑设计总平面图、地下空间布局图等，平台通过制图说明来规定图纸数据坐标系、图层内容及制图规范。

4.2 管理项目

管理项目模块面向数据人员，支持对规划成果、建设项目及方案等的信息录入和集成管理。

平台需提供城市设计、控规细则、规划条件、建设项目等的新建、编辑、删除等功能，并可进行基本的信息查询和成果目录管理。平台应支持对 BIM 模型的交互式展示，通过在三维场景上集成项目位置信息，形成项目索引"一张图"，实现空间、属性、档案信息的一体化关联展示。

4.3　审查项目

审查项目模块面向审批业务人员，提供智能化审批功能，包括审查要素选取、审查规则配置、一键审查、审查报告生成、审查台账统计服务。依据建管审批指标库和规则库，从上位规划核查、土地出让合同及规划条件、规范性技术要求审批要点三个方面，对报建方案中的 65 个指标项开展人机交互审查，支持按模板生成审查结果与审查意见表，反馈给行政主管部门，做到审查全程留痕。

4.4　查询项目

查询项目功能模块面向授权用户，支持快速查询和定位所需项目并查看项目详情。提供按类型、范围、条件查询的功能，查询结果以列表和图形两种形式呈现，并支持两者之间的交互式联动展示，如点击列表可查看详情并同步定位到对应的二三维模型。

4.5　图层控制

图层控制模块面向授权用户，提供基础信息、现状信息、规划信息、建设方案等二三维图层的叠加展示功能，用户可控制图层开关并设置透明度，按业务需要组织三维场景展示效果。

4.6　分析工具

提供辅助城市设计和辅助建管审批两大类分析工具。其中，辅助城市设计类主要面向规划设计人员，提供"多规"查询、选址评估等二维用地分析工具及通视分析、天际线分析、视域分析等三维空间分析工具，支持规划方案的一键上传、用地指标智能核算、规划方案在线比选等功能；辅助建管审批类主要是面向管理人员，提供容积率、建筑间距、规划限高、建筑规模、建筑密度、建筑后退等审批工具的快捷入口。

4.7　用户权限管理

提供对用户账户信息的管理和用户角色权限的控制。当前平台目标用户及职能划分如图 4 所示，不同用户类型的职能及业务不同，需采用基于角色的访问控制模型，对用户进行角色分类并对不同角色加以权限控制，将针对用户赋权转换为针对角色赋权，从而保证各项功能符合不同层级用户的使用要求。系统角色配置如下：

一是收件人员。主要负责建筑规划方案设计及项目资料收集。需具备访问报建清单模块查看报建文档目录及格式规范，并下载相关的模板文档的权限。

二是数据处理人员。主要负责报建数据坐标转换及格式上传。需具备管理项目、查询项目、图层控制模块权限，可进行建设项目的信息查看、新增和编辑。

三是审查人员。主要负责项目信息校核和指标审查。需具备审查项目、查询项目、图层控制及分析工具模块权限，且各审查人员仅能看到当前所负责的审查项目。

四是技术负责人。主要负责审查结果的校核及审查报告编写。需具备管理项目、审查项目、查询项目、图层控制、分析工具模块权限，且能看到所有建设项目的审查进度。

五是系统管理员。具备所有权限，并可管理用户角色权限配置。

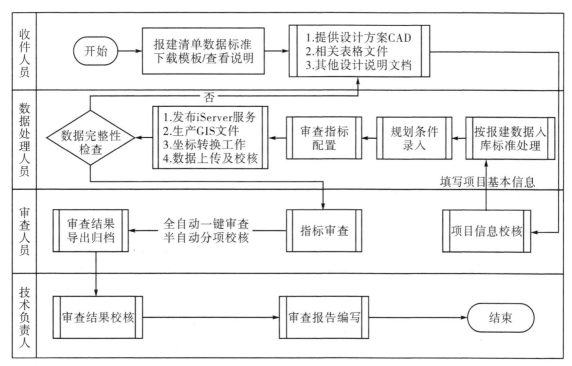

图4　审查业务流程图

5　结语

党的十九大报告提出，要运用信息化和智能化手段开展城市规划工作，提高社会治理智能化水平。研发面向建筑设计方案智能化审查的信息平台，是推进城市治理体系和能力现代化的重要举措。笔者总结了现有二三维审批系统在功能性和实用性方面的不足，并结合当前实际业务中的审查效率及规范性方面的核心痛点，针对性地开展需求分析，创造性地提出了以二三维融合为手段，以数据库、指标库、规则库为支撑，以数据标准为保障，面向建筑规划审批的CIM基础平台的总体设计思路，明确了建管审批专题数据库的核心内容，构建了建管智能审查指标库和规则库，形成了规划条件入库标准及审查数据入库标准，完善了平台的功能设计。平台的建设有助于实现建筑设计方案技术审查的标准化与智能化，在运用信息化手段提高城市规划社会治理水平方面具有重要的示范意义。平台已应用于武汉市自然资源和规划局建筑设计方案审查业务，笔者以期为其他城市的建筑设计方案管理及辅助审批决策系统建设提供参考借鉴。

[参考文献]

[1] ZHU Q，GONG J，ZHANG Y. An Efficient 3D R-tree Spatial Index Method for Virtual Geographic Environments [J]. Isprs Journal of Photogrammetry&Remote Sensing，2007，62（3）：217-224.

[2] 孙钊，吴志华，熊伟. 基于三维数字技术的城市设计研究与应用 [J]. 城市规划学刊，2009（Z1）：239-241.

[3] 龚竞，张新长，唐桢. 三维城市规划辅助审批系统的设计与实现研究 [J]. 测绘通报，2010（6）：51-53，77.

[4] 庄奕铖，黄玲. 统一数据服务平台在电子报批系统中的应用 [J]. 城市规划，2011，35（S1）：84-87.

[5] 段新民. 电子报批在城市规划管理中的应用与发展——以广州市规划局电子报批应用为例 [J]. 城市规划，2012，36（4）：93-96.

[6] 汪旻琦，冯琰，顾星晔，等. 上海市3维城市规划辅助审批系统建设与应用研究 [J]. 测绘与空间地理信息，2013，36（7）：97-100.

[7] 彭雷，汤圣君，刘铭崴，等. BIM与GIS集成的建筑物间距规划审批方法 [J]. 地理信息世界，2016，23（2）：32-37.

[8] 李红英. 城乡规划电子报批系统的设计与实现 [D]. 苏州：苏州大学，2016.

[9] 彭雷. BIM与GIS集成的城市建筑规划审批系统设计与实现 [D]. 成都：西南交通大学，2016.

[10] 王磊，方可，谢慧，等. 三维城市设计平台建设创新模式思考 [J]. 规划师，2017，33（2）：48-53.

[11] 郑君伟. 建设工程规划管理中建筑设计方案审查的研究 [J]. 居舍，2019（36）：104.

[12] 许镇，吴莹莹，郝新田，等. CIM研究综述 [J]. 土木建筑工程信息技术，2020，12（3）：1-7.

[13] 郑荣斌. 建设工程规划设计方案审查研究 [J]. 江西建材，2020（12）：83-84.

[作者简介]

雷媛，工程师，就职于武汉市土地利用和城市空间规划研究中心。

付雄武，正高级工程师，就职于武汉市土地利用和城市空间规划研究中心。

吴荡，工程师，就职于武汉市土地利用和城市空间规划研究中心。

万恒，高级工程师，就职于武汉市土地利用和城市空间规划研究中心。

疫情常态化背景下招商项目落地的空间要素保障研究

——以厦门市为例

□袁星，郑虹倩

摘要： 招商空间是国土空间中用于生产力布局、保障产业经济发展的重要支撑要素之一。近年来，新冠肺炎疫情的复杂性与不稳定性给招商引资面对面洽谈带来了严峻挑战，传统招商引资模式下存在的机制协同性不足、信息不透明，导致选址不科学、"项目等地"耗时长等问题更加凸显。因此，亟须多维度、多渠道强化招商空间要素保障力度。本文在总结深圳、上海、苏州、厦门等城市相关举措的基础上，提出构建招商项目落地全周期空间要素保障体系，并提出实施路径：一是全面梳理招商空间，通过合理规划新增产业发展空间与挖掘盘活存量低效闲置空间，安排农转、林转、征收、收储等时空计划，保障产业用地数量；二是创新协同机制与供地模式，前期资源规划部门提前介入意向招商项目选址，中期打通各业务环节实现产业项目供地"零时耗"，从而加快后期项目落地效率；三是强化信息技术支撑，通过空间平台、智能化工具等手段，打破空间资源数据壁垒，保障招商空间信息透明公开。疫情常态化背景下强化创新招商空间保障是国土空间治理体系和治理能力现代化的一次实践，旨在加快招商引资项目落地投产效率，实现从"项目等地"到"地等项目"再到"地找项目"的转变，提升营商环境综合竞争力。

关键词： 招商空间；空间要素保障；招商空间全周期保障体系

1 引言

招商空间属于"三生空间"中的生产空间，由农转、征收或城市更新等方式整备而来，为招商引资项目落地提供空间资源，是保障生产力布局、产业经济发展的重要支撑空间。自2018年机构改革以来，原规划、国土等相关部门职能合并，组建自然资源部，履行"两统一"的职责，为发挥规划引领、强化土地要素保障创造了重要条件。招商项目从引入到落地涉及空间规划审查、用地预审与选址、土地要素报批、土地供应、建设审批、竣工验收等各个环节，摸清空间资源底数、提前做好要素保障，是实现招商项目快速落地的先决条件。在疫情常态化防控的背景下，国际社会环境趋于复杂和不稳定，做好招商空间要素保障，支撑招商项目早落地、早投产，对于保障经济平稳发展具有重要意义。

2 疫情常态化背景下招商空间保障必要性

2.1 新冠肺炎疫情的不稳定性带来严峻挑战

2.1.1 疫情不稳定对招商洽谈产生负面影响

联合国贸易和发展会议发布的《2021年贸易和发展报告》显示，2022年全球经济增长将放缓至3.6%，全球收入水平将比疫情前的增长趋势低3.7%，疫情造成的损失比全球金融危机更大。一是因根据新冠肺炎疫情防控需要和防疫政策要求，各国的交通、物流将受到影响，人员流动和招商项目商务洽谈活动受限；二是新冠肺炎疫情目前仍具有长期的反复性，有可能导致新一轮经济萎缩，市场主体投资意愿低迷。新冠肺炎疫情对市场经济造成负面影响，而招商引资是促进经济发展的重要动力，因此各地对优质招商项目的竞争愈加激烈，政府部门将更加重视招商空间要素保障以提升综合竞争力。

2.1.2 信息不对称造成招商项目选址不科学

招商项目信息与空间信息的不对称导致了招商项目选址过程冗长，并存在选址不科学、论证不充分等问题。招商项目选址的影响因素很多，在市场主体用地需求方面，包括区位条件、交通条件、面积大小、场地现状、市政配套等；在政府部门土地资源配置管理方面，需要综合考虑国土空间规划、产业布局规划、发展行动计划等因素。受疫情影响，市场主体现场勘探难度增大，且线下沟通交流机会减少，政府之间、政府与企业之间信息不对称，可能造成一些隐藏的落地难题。例如，规划衔接不够，无法办理相关手续；土地指标或占补平衡指标无法落实导致项目难以落地等。

2.1.3 机制不协同导致招商项目落地周期长

招商项目落地投产涵盖诸多环节，涉及发改、商务、工信、资源规划等诸多政府部门，任何一个环节的中断或暂停都可能延长招商项目的整体落地周期。在传统的招商模式下，有关政府部门之间缺乏一套相互衔接与协同推进的机制，加上新冠肺炎疫情相关防控政策的影响，导致"项目等地"耗时长。

2.2 招商空间要素保障的重要意义

2.2.1 充足的空间资源是支撑产业高质量发展的重要基础

土地资源是支撑产业发展的重要载体，在产业高质量发展中具有重要的基础和保障作用。在土地资源紧缺、增量逐渐转向存量发展转型的大背景下，为产业项目发展预留充足的空间能够让土地要素更好地为企业提供服务，为项目落地提供有力支持。此外，盘活存量土地资源、优化资源配置、提高土地利用效率等是引导产业转型升级的有效手段。

2.2.2 加强土地要素保障是促进招商项目落地提速的动力

破解招商项目落地难、周期长等难题，强化土地要素保障，有利于加快招商引资项目落地效率。土地要素保障涉及土地的合规性，以及农转用、林转用、征收、收储等供地前期工作，通过提前谋划布局招商空间、构建土地要素保障与项目落地的协同机制，将大大缩短土地整备、报批的时间，从而提升项目供地效率。

2.2.3 优质的空间及保障机制有利于提升营商环境竞争力

产业用地供应和保障能力是营商环境综合竞争力的重要影响因素。在国家《优化营商环境条例》及相关城市优化营商环境举措中，土地要素供给保障被列为市场环境、产业环境的重要内容。提升招商空间要素保障的效率，有利于留住企业，提升企业服务水平，营造高效便捷的营商环境。

3　疫情常态化背景下招商空间要素保障相关举措

为减轻疫情常态化背景下外部环境复杂性对招商引资及项目落地带来的影响，较多城市推出了强化空间要素保障等相关举措。笔者梳理了深圳市、上海市、苏州市、厦门市 2020 年以来的相关政策文件，其中要素保障的相关举措重点体现在招商空间整备、产业用地供应、空间信息公开等几个方面（表 1）。

表 1　深圳市、上海市、苏州市、厦门市在招商空间整备及供应方面的相关做法

一级	二级	深圳市	上海市	苏州市	厦门市
招商空间整备	空间数量	2022 年在"十四五"规划中提出深入推进"拓展空间保障发展"十大专项行动，推出 30 km² 产业用地面向全球招商	2020 年公布产业新空间超过 60 km²，包括大于 25 km² 的可供产业用地	2020 年公布 68.8 km² 的近期可供产业用地	2020 年公布 188 km² 可利用空间，每年滚动推出 15 km² 的优质空间
	整备模式	以政府主导的方式开展土地整备工作，以政府统筹、企业合作的方式开展连片改造工作	将存量变流量、流量转增量、增量扩容量	划定工业和研发用地面积不低于 100 万亩，实施五年 100 km² 产业用地更新	本岛以存量更新为主，岛外四区以用途转用增量空间为主
	分类施策	"两个百平方公里级"产业空间，包括 100 km² 的保留提升工业区和 100 km² 的连片改造工业区	以产业地图为指引，将产业空间分为产业定位、空间信息、载体信息、政策信息	分为产业基地、产业社区、工业区块 3 级	分为产业功能区、成熟招商空间与备选招商空间 2 级
产业用地供应	供应方式	重点产业项目用地出让年限按照 30 年确定，租赁年限不少于 5 年且不超过 20 年	20~50 年弹性年期出让	弹性出让年期以 5 年为单位，合理设定 10 年、15 年、20 年等出让年限，一般不超过 30 年	—
	供应效率	"五个一批"产业直供	—	"交地即开工""竣工即登记"	"成交即发证"、协同机制、土地供应"零时耗"
	用地效益	探索国土空间提质增效综合改革	四个"论英雄"、土地供应与绩效挂钩、全生命周期管理	工业用地提升容积率奖励	工业企业用地增资扩产提容增效
空间信息公开	平台载体	深圳市产业用地用房供需服务平台	上海市投资促进平台	开放创新合作热力图	厦门招商地图、招商项目资源规划要素保障服务信息平台

3.1 招商空间整备

一是挖掘可供招商空间资源。在土地资源紧缺和国内外环境复杂的双重背景下，各城市以充足的招商空间作为吸引市场投资的重要因素之一。其中，深圳市、上海市、苏州市、厦门市等城市分别推出不同规模的可供招商空间。2020年，上海市公布产业新空间超过60 km²，包括大于25 km²的可供产业用地；苏州市发布68.8 km²的近期可供产业用地；厦门市公布188 km²的未利用空间，每年滚动推出可供招商空间约15 km²；2022年，深圳市发布《深圳市国土空间保护与发展"十四五"规划》，提出深入推进"拓展空间保障发展"十大专项行动，并公布了30 km²产业用地面向全球招商。各城市均开展了空间梳理相关工作，挖掘自身的空间潜力，突出空间资源优势。

二是实行增存结合的整备模式。深圳市、上海市已进入存量发展时期，上海市提出存量变流量、流量转增量、增量扩容量，进一步挖掘产业空间潜力；深圳市一方面通过政府主导的方式开展土地整备，另一方面通过政府统筹、企业合作的方式开展连片改造；苏州市作为工业大市，在三条控制线的基础上，提出工业和研发用地面积不低于100万亩，并实施五年100 km²产业用地更新；厦门市岛内外发展不均衡，本岛以存量用地更新为主、岛外四区以用途转变为主的方式拓展新增产业用地。四个城市产业空间的整备包括新增与存量两类，因土地利用现状不同而各有侧重。

三是可供招商空间分类施策。深圳市将招商空间划分为"两个百平方公里级"高品质产业空间，其中在100 km²的保留提升工业区内，有增资扩产需求的企业可通过产业项目遴选、创新型产业用房租赁等方式在整备改造区内布局；在100 km²连片改造工业区内，通过建立招商引资项目对接机制，引入有丰富园区开发运营经验的平台型企业。上海市以产业空间地图为指引，将产业定位信息、空间信息、政策信息进行相互融合，为招商项目落地提供指引。苏州市按照"产业基地、产业社区、工业区块"三级分类体系，区分不同类型的产业空间。厦门市与上海市类似，将产业功能区与招商地块进行融合，同时对招商地块进行分类，按照农转、征收、合规性等土地要素成熟情况将招商空间划分为成熟空间、备选空间。各城市均将可供招商空间分为不同的类别，其目的是为不同类型的招商项目落地提供参考决策依据。

3.2 产业用地供应

一是产业用地供应方式更加灵活。疫情对部分企业发展造成一定冲击，为进一步降低企业土地成本，工业用地出让年限的制定需要考虑企业发展周期，深圳市、上海市、苏州市等城市实行工业用地出让"弹性年限"，以及先租后让、租让结合等供地模式。除了用地年限外，用地性质也更加灵活，上海市、深圳市、厦门市及江苏省等省、市推行新型产业用地或混合用地，适应传统工业向高新信息技术、协同生产生活空间、组合生产活动空间及总部经济、2.5产业等转型升级的需要，具有出让成本低、开发强度大及功能混合度高的特点。

二是产业用地供应效率不断提升。2021年深圳市出台《产业空间直供计划实施方案》，提出了"五个一批"直接供给产业空间的方式。苏州市推出了"产业定制地"供应模式，将"标准地"和不同产业类型项目定制化需求有机结合，先行做好前期开发和评价工作，明确准入产业类型和投入产出要求，完成标准化动作，"定制"则体现在对企业用地个性化需求的满足。此外，随着我国进一步深化"放管服"改革的要求，苏州市、厦门市等城市推出"成交即发证""交地即开工""竣工即登记"等加快土地审批的举措。各城市推行不同的机制政策，不断加强土地供应效率，从而营造良好的营商环境氛围。

三是鼓励工业用地提容增效。苏州市出台《中共苏州市委 苏州市人民政府关于开放再出发的若干政策意见》，鼓励工业制造业和生产性研发项目出让用地提高容积率，对项目出让用地容积率高于 1.5 的，每增加 0.1 容积率，建成后可根据产业水平和门类给予不超过出让价格 4% 的奖励。厦门市出台《厦门市人民政府关于印发工业企业用地增资扩产提容增效管理办法的通知》，鼓励在工业控制线内的企业，在既有工业用地范围内通过申请新建、改扩建、拆除重建等方式增资扩产，探索国土空间提质增效综合改革路径。上海市推行四个"论英雄"、土地供应与绩效挂钩、全生命周期管理等政策，加强土地用地效益监管。总体来看，各城市通过容积率奖励、鼓励改扩建、用地效益准入标准等方式不断提高土地利用效益。

3.3　空间信息公开

疫情在一定程度上推动了数字经济的发展，为打破产业空间信息壁垒，各地基于互联网信息平台载体推介招商空间信息。其中，深圳市搭建了深圳市产业用地用房供需服务平台，发布的创新型产业用房项目共 115 个，用房面积共 747.13 万平方米。上海市搭建了"上海市投资促进平台"，汇集了 400 多项各级政策、200 多个各类园区、26 个特色产业园区、3000 多座商务楼宇和 20 余万条产业配套设施的信息，提供载体推介、政策咨询、智能选址、落地对接等服务。苏州市、厦门市分别搭建了开放创新合作热力图、厦门招商项目资源规划要素保障服务信息平台等信息载体，提供产业规划布局、产业用地信息、产业政策等相关信息资讯。招商空间的透明公开，一方面有利于推进商务、发改、资源规划等相关部门之间的信息共享，另一方面有利于畅通政府、企业间的信息获取渠道，为市场主体提供招商空间资源和投资机会清单。

3.4　小结

综合来看，近年来有关城市都在积极探索招商空间要素保障的模式与机制，出台土地供应及体制机制等相关政策，采取招商空间整备推介等相关行动措施，破解疫情常态化背景下招商引资落地难题。其中，在招商空间整备方面，主要为产业落地提供充足的空间资源，包括梳理可供招商图数信息、加快整备增量与存量土地、分类管理使用等，为项目落地提供空间载体支撑与指引；在产业用地供应方面，重点解决供地效率、节地提效等问题，主要包括构建项目落地协同机制、推行混合用地、实行弹性供地、制定用地标准等；在空间信息方面，搭建了相关的平台载体，将可供招商空间资源向其他政府部门、市场主体、公众等开放，进一步提升招商空间信息的透明度，从而凸显地区招商空间资源优势。

4　招商项目落地全周期空间要素保障体系构建及实施路径

笔者基于对相关城市招商空间要素保障举措机制的分析，结合厦门市招商空间梳理、选地、报批、供地等环节的实践探索，提出构建招商项目落地全周期空间要素保障体系，并提出了实施路径。

4.1　构建招商项目落地全周期空间要素保障体系

招商项目落地全周期空间要素保障体系按照土地梳理、整备、选址到供应全周期时序，可划分为前期找地、中期选地、后期供地三个阶段（图 1）。

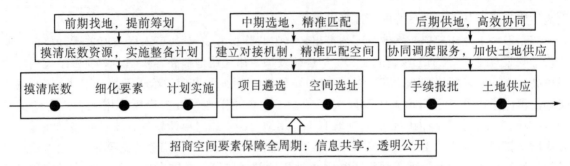

图1 招商项目落地全周期空间要素保障体系

在前期找地阶段，一是要摸清全市招商空间的底数资源，包括经营性公共服务设施项目、商业办公项目、工业项目、物流仓储项目等各类招商空间数量及空间分布情况。二是要细化要素条件，即统计从计划可利用的空间到真正供应还需经农转、林转、征收、收储或城市更新、成片开发等手续的空间的面积情况，从而明晰各类用地条件。三是合理安排实施计划，将可供招商空间按照产业园区、工业控制线等进行划分，并结合国土空间规划、产业发展布局等规划计划，将优先发展的重点区域、用地条件较为成熟的地块先行开展土地整备工作，形成年度要素保障清单，调度资源规划部门提前介入土地要素保障，从而为项目落地提供空间支撑保障。该阶段的特点是将土地要素保障提前，并有计划地实施整备工作，从而加快实现后期"净地"出让，提升项目用地报批与供应效率。

在中期选地阶段，一是构建项目对接机制，在商务洽谈时获取企业项目空间需求，科学引导企业合理用地选地，避免乱占耕地、林地或用地面积规模过大、空间浪费等问题。同时，建立项目落地遴选机制，综合评估项目用地是否符合用地效益标准、空间布局等相关准入要求，评估项目落地可行性。二是精准匹配用地要求，综合考虑各相关因素开展招商项目选址，所选空间既要符合产业发展布局要求，又要满足招商项目所需的区位条件、用地规模、企业用工、生活配套、市政设施等条件。招商项目精准选址是加快后期项目快速落地的重要前提。

在后期供地阶段，一是形成土地报批相关业务部门的协同机制，加快土地农转、征收等要素报批，针对要素保障的重点难点，组织调度会议重点解决土地供应问题。二是进一步深化"放管服"改革，优化营商环境，推行弹性年限供地、混合用地或新型用地，以及"交地即交证""拿地即开工"等机制举措，促进土地供应更灵活、更贴合产业转型发展要求，保障项目快速落地，从而节约企业时间和资金成本。

4.2 招商项目落地全周期空间要素保障实施路径研究——以厦门市为例

2021年，厦门市城镇化率达89.41%，招商空间拓展以本岛存量、岛外增量相结合的模式推进。近年来，厦门市政府加大力度开展招商项目空间要素保障探索实践，笔者以厦门市为例，探究招商项目落地全周期空间要素保障的实施路径。

4.2.1 梳理招商空间资源，分类施策

广义的可供招商空间包括新增的产业用地、存量的产业用地及楼宇空间三个部分（图2）。其中，新增建设用地指的是规划期间农用地和未利用地部分转变为建设用地，且规划用途为产业用地的土地。存量建设用地指的是在变更调查数据中为建设用地以及在农转用有效期内完成农转用审批的土地，前者大多为闲置低效的产业用地，可通过更新改造进行开发利用。楼宇空间指的是二级市场上尚可租售的可供招商楼宇空间。

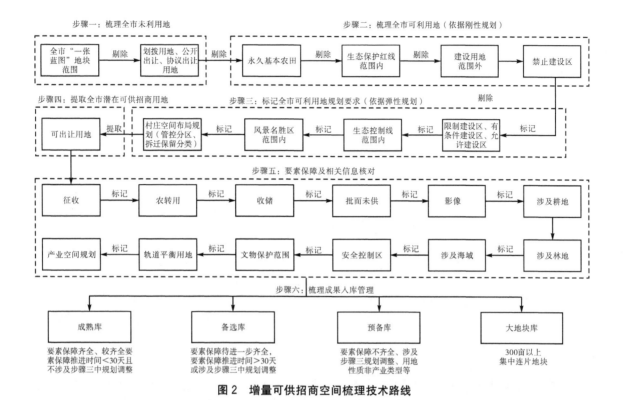

图2　增量可供招商空间梳理技术路线

第一，招商空间底数梳理。笔者主要以新增产业用地和存量产业用地为例，探讨招商空间底数梳理的技术路线。在新增产业用地挖掘方面，一是梳理全市未利用地，从"一张蓝图"中扣除已供的用地，包括划拨、公开出让、协议出让等类型，得到全市未利用地。二是逐步梳理全市潜在可利用地，从未利用地中剔除永久基本农田、生态保护红线、城镇开发边界等不可使用范围，将剩余的作为可利用地。三是提取可供招商用地，根据用地性质，提取可出让用地作为潜在可供招商用地。在存量产业用地整备方面，整合批而未供、供而未用、低效用地、闲置用地等土地资源，按照土地征收置换的难易程度、土地面积的大小、重点发展区域等进行分类管理、分步实施，逐步盘活存量空间。

第二，招商空间分类施策。一是细化要素条件，叠加国土空间规划、农转用、林转用、林地、海域、压覆矿产等业务数据和遥感影像数据，再进一步比对涉耕、涉林、涉海、农转用、征收、收储、文物保护区、安全控制区等要素保障情况。二是划分地块成熟级别（表2），根据规划符合情况、土地整备情况、其他特殊情况判断地块用地条件的成熟程度，从而对可供招商空间进行成熟级别划分。三是梳理成果分类建库，构建招商成熟库、招商备选库、招商预备库、大地块库4类数据库。其中，招商成熟库为要素保障齐全、较为齐全地块（即符合规划，且不涉及或已完成农转用、用地用林用海、征地拆迁等工作），招商备选库为要素保障待进一步齐全（涉及规划调整、征地拆迁或土地转用等工作）的地块。四是合理计划土地整备时序，综合衔接产业发展空间布局、城市规划建设时序安排、招商目标要求等，统筹安排土地整备计划，优先整备重点发展片区；按照成熟一片、开发一片、建设一片的原则，优先整备土地成熟级别较高的地块。

表 2　地块成熟级别划分依据

推介级别	判断依据
成熟级一	全要素符合、条件成熟，可直接供地
成熟级二	地块要素保障尚未齐全，涉及农转用或者征拆
成熟级三	地块要素保障不齐全、供地难

4.2.2　优化产业供地模式，提质增效

提高产业用地供地效率的关键在于构建协同机制，加强有关政府部门之间的联合协作。以厦门为例，针对土地出让前期、土地出让实施、合同签订及审批手续核发等供地全流程，建立招商项目主管部门与土地供应主管部门之间的"零时耗"的协同服务机制，加强各个环节之间的衔接和关联。

土地出让前期，各区政府、指挥部作为招商主体部门，在开展招商项目谈判初期，及时将意向单位的意向选址范围告知市资源规划部门。资源规划部门作为土地出让的主管部门，应立即组织规划编制单位启动规划图则编制。同时，分批组织规划条件审查，加快规划图则编制及完善，实现"带规划指标招商"。

土地出让实施中期，在用地出让方案经市土资委会研究同意后，市土地发展中心发布出让公告并接受用地申请。在接受申请时间内，资源规划部门应主动对接，提前完成与用地意向单位的协商洽谈，并开展《国有建设用地使用权出让意向书》及土地出让合同编制工作。

合同签订及审批手续核发后期，在确定用地单位后，资源规划部门负责立即与用地单位签订《国有建设用地使用权出让意向书》。地块出让公告期内，市资源规划部门应主动对接用地单位，对建设方案开展预审查，并指导方案优化调整。同时，通过内部信息共享，主动核发打印《建设用地规划许可证》。另外，符合"交地即交证"政策条件的企业，按照"交地即交证"操作规程，在 7 个工作日完成不动产权证办理。

4.2.3　依托信息技术支撑，共享资源

打破招商数据资源信息壁垒，为招商项目落地空间要素全周期协同机制提供交流的线上平台，同时提供招商选址、项目遴选等智能化工具，对促进信息透明公开、提升招商空间保障效率具有重要作用。以厦门市实践经验为例，一是搭建招商云图，将产业布局指引、可供招商地块、可供招商楼宇按照不同层级进行展示，面向招商部门共享招商空间资源，从而在商务洽谈时能够获取一手的数据资料。二是搭建项目云库，打通市商务局的招商引资平台，摸清招商项目用地需求底数，建立资源规划和招商部门用地需求项目联动清单，更好地调度招商项目要素保障进展情况，以实现全市招商项目"一本账"。三是建设空间选址与项目遴选智能工具（图3），构建从服务意向选址、键入遴选指标、生成评估报告、推介政策案例全过程的遴选场景。在意向选址环节，通过智能选址、用地拾取、上传边界等方式保障招商项目选好用地空间；在智能遴选环节，输入项目用地、建设、投资等数据信息，快速生成遴选评估报告，同时推介相关政策与案例资料，辅助招商人员精准研判。四是建立政策管家（图4），汇聚招商项目用地相关政策文件，提取政策关键内容，并从产业用地、集约用地、房地产市场调控、土地市场监管、乡村振兴等方面为政策贴上标签，辅助快速查询索引。

图3　建设空间选址与项目遴选智能工具

图4　招商空间相关政策咨询公开

5　结语

疫情常态化防控时期，从案例城市的做法来看，破解招商空间项目落地的难题应充分做好空间要素保障，构建一套全周期的保障体系与实施路径。总体而言，该体系与路径具有以下四个特性：

一是计划性。将国土空间规划、产业布局规划、土地整备计划与招商引资计划进行充分衔接，统筹实施土地整备。在同一时期，开展土地资源整备的资金投入是有限的，也并非可供招商空间越多越好，"供大于求"可能会导致"批而未供"土地产生，造成土地资源的闲置与浪费。因此，有计划地开展土地资源整备一方面能够为招商项目用地的落地服务，另一方面有利于土地资源的合理配置利用。

二是精准性。针对招商项目用地、落地需求，更加精准、精细地服务市场主体。精准性是提高项目落地效率的关键因素之一，如精准匹配招商项目选址需求，避免反复选址导致项目落地难；精准匹配市场主体经营生产的要求，出台相应的土地供应相关政策，合理编制包括土地出让年限、土地使用用途等内容的土地出让方案，有利于降低企业土地成本，激发市场主体活力。

三是协同性。招商空间项目落地仍需要一套协同高效的机制体制作为支撑，将相关部门的业务流程进行合理的编排和重构，厘清前后置、并联串联的关系。例如，在商务部门洽谈时，可由资源规划部门介入谈判，共同明确企业的用地需求，提供招商空间选址服务。

四是透明性。招商空间信息需要一定程度地对外开放，为了保障推出的招商空间具有准确性、真实性、动态性，可将重点发展建设区域用地条件较为成熟的可供招商空间信息，向商务部门及市场主体公开，并借助平台载体，促进政府部门之间数据共享，扩大地区招商引资的影响力和竞争力，发挥数据资源的价值。

[参考文献]

[1] 丁红军.工业用地出让应考虑企业发展周期 [J].中国土地，2015 (8)：56-57.

[2] 李韵，丁林峰.新冠肺炎疫情蔓延突显数字经济独特优势 [J].上海经济研究，2020 (4)：59-65.

[3] 杨银峰.新冠肺炎疫情下招商引资面临的挑战及对策 [J].企业改革与管理，2020 (12)：44-45.

[4] 李梦莹，方遥，袁嘉彤，等.需求导向视角下新型产业用地发展研究 [J].智能建筑与智慧城市，2021 (12)：51-53.

[作者简介]

袁星，就职于厦门市规划数字技术研究中心。

郑虹倩，就职于厦门市规划数字技术研究中心。

基于"双碳"目标的全域土地综合整治碳汇能力研究

——以山东省庆云县尚堂镇为例

□李金融，姚丽

摘要："双碳"目标的实现是国家重点任务之一，应在节能减排的同时提升生态碳汇能力，有效发挥森林、草原、湿地、海洋、土壤和冻土的固碳作用，提升生态系统碳汇增量。本文以山东省庆云县尚堂镇为例，采用实地调研、系统分析和专家咨询等方法，分别从农用地整理、建设用地整理、乡村生态保护修复和历史文化保护等方面入手进行全域土地综合整治，探究其对生态碳汇的影响，提出减排增汇的实施路径及建议，以期为全域土地综合整治助推"碳达峰、碳中和"提供参考。结果表明：①不同生态系统固碳量分布情况与生态系统分布相吻合。尚堂镇现耕地面积占比最大，为 56.09%；年总固碳量为 14188.97 t，耕地年固碳量最多，林地的碳汇能力最强。②全域土地综合整治增汇措施有利于生态碳汇能力提升。不考虑土地整治的碳汇能力提升时，年总固碳量为 14057.51 t。在考虑增汇措施后，年总固碳量为 15204.17 t，与整治前相比增加 1015.20 t，与未考虑增汇措施相比增加 1146.56 t。耕地年固碳量最多，比整治前增加，而林地固碳量与整治前相比减少。基于此，提出从机制上加强对生态系统碳汇能力和碳汇量化计算标准研究，制定适用的标准；研发推广碳增汇技术，构建生态固碳和区域经济发展相结合的新模式，促进生态文明建设。

关键词：全域土地综合整治；"双碳"目标；碳汇；国土空间规划

1 引言

气候变化是人类社会面临的挑战之一，温室气体排放是引起气候变化的主要原因。2020 年，我国提出 CO_2 排放量力争 2030 年前达到峰值，2060 年前实现碳中和的目标（简称"双碳"目标），被中央经济工作会议列为 2021 年的重点任务之一。根据相关研究数据，全球 73.2% 的温室气体来源于能源消耗，18.4% 来源于农业、林业和土地利用领域。故在控制温室气体排放的同时，也应加强对于农业、林业和土地利用方面的重视。全域土地综合整治是以国土空间规划和村庄规划为引领，以农用地整治、农村建设用地整治、乡村生态保护修复为主要内容的一种土地整治模式。近年来，全域土地综合整治得到国家政策的大力支持。2019 年底，自然资源部印发了《关于开展全域土地综合整治试点工作的通知》，开始在全国部署开展试点工作，探索全域土地整治新路径。

如期实现"双碳"目标是全国各行各业共同努力的目标，其重点在于提升生态碳汇能力，有效发挥森林、草原、湿地、海洋、土壤和冻土的固碳作用，提升生态系统碳汇增量。改变土地利用方式、开展生态保护修复均对减排增汇有积极影响。目前，关于"双碳"目标的研究主要集中在调整能源结构、"双碳"目标与生态修复关系方面，全域土地综合整治方面的研究多以发展路径模式、乡村振兴研究为主。而目前对于"双碳"目标与全域土地综合整治结合的研究极少，探索全域土地综合整治对于生态系统增加碳汇，助力实现"双碳"目标是目前研究的一个新的方向。本文基于"双碳"目标实现路径，以山东省庆云县尚堂镇为例，采用实地调研、系统分析和专家咨询等方法，分别从农用地整理、建设用地整理、乡村生态保护修复和历史文化保护等方面入手进行全域土地综合整治，探究全域土地综合整治对生态碳汇的影响与关联，为全域土地综合整治中减排增汇的实施路径提出相关建议，以期为全域土地综合整治助推"碳达峰、碳中和"提供参考。

2　研究区概况

尚堂镇位于山东省德州市庆云县，全镇总面积为 105.38 km²，辖 66 个行政村，户籍总人口 67642 人，总户数 22533 户，地处黄河下游冲积平原，地势平缓，微地貌比较复杂，形成了西南高、东北低的地势，镇域西南部地势最高，地面坡降约 1/6000。境内地貌根据形态和成因等因素可分为河圈地、河滩高地、高坡地、平坡地、洼坡地、浅平洼地、背河槽状洼地、沙质河槽地 8 种类型。尚堂镇属暖温带湿润季风气候，年平均气温 12.6 ℃，年平均降水量 552.1 mm，全年日照 2510.1 小时。庆云县土壤主要有潮土类和岩石类两种，质地分为沙质、壤质和黏质，以质地适中的壤质土为主。笔者研究的全域土地综合整治区域为全镇域。

3　研究方法

3.1　生态碳汇体系构建

碳汇是指从大气中去除二氧化碳的过程、活动或机制，即固碳的过程。生态碳汇是指森林、草原、湿地、海洋、土壤和冻土等生态系统所发挥的固碳作用，总体可分为陆地碳汇和海洋碳汇两大类，或分为植被、土壤和水体三大类（图 1）。

目前生态碳汇的研究多集中于林地、草地、湿地和耕地 4 类生态系统的碳汇，如方精云等研究了中国陆地生态系统固碳效应，针对森林、灌丛、草地和农田生态系统的固碳现状、速率和潜力进行了评估。

笔者针对尚堂镇的林地、草地、湿地和耕地 4 类生态系统的碳汇进行计算分析。

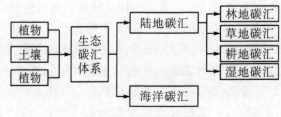

图 1　常规生态碳汇体系

3.2　碳汇计算方法

植物在太阳光的作用下，通过光合作用，能利用内部叶绿体固定 CO_2，减少温室气体排放，

释放 O_2 和生成有机物质，其化学反应方程式为：

$$6CO_2 + 6H_2O \rightarrow C_6H_{12}O_6 + 6O_2$$

经过光合作用，以净初级生产力为基础，每生产 1.00 kg 干物质能固定 1.63 kg 的 CO_2、释放 1.20 kg 的 O_2，从而得出植物固碳物质量。

植被净初级生产力（Net Primary Productivity，以下简称"NPP"）是指在单位面积和单位时间内，绿色植物积累的有机物质量。它是生态系统功能状况的重要指标，反映了气候变化及人类活动对陆地植被覆盖综合作用的结果。《森林生态系统服务功能评估规范》（GB/T38582—2020）中固碳的计算公式如下：

$$G_{碳} = 1.63R_{碳} \cdot A \cdot B_{年} \cdot F$$

式中，$G_{碳}$ 为生态系统年固碳量，单位为 $t \cdot a^{-1}$；$R_{碳}$ 为二氧化碳中碳的含量，为 27.27%；A 为面积，单位为 hm^2；$B_{年}$ 为初级净生产力，单位为 $t \cdot hm^{-2} \cdot a^{-1}$；F 为森林生态系统服务修正系数。

参考国内学者对净初级生产力的研究成果，推算尚堂镇耕地、林地、草地生态系统的年碳汇量。张岩等研究三江源区植被净初级生产力，得到耕地模拟平均值为 4.23 $t \cdot hm^{-2} \cdot a^{-1}$。很多学者的研究模拟值均在 4.00～8.00 $t \cdot hm^{-2} \cdot a^{-1}$，所以笔者选取 4.23 $t \cdot hm^{-2} \cdot a^{-1}$ 作为耕地的净初级生产力。尤海舟等研究与山东临近的河北省的森林生态系统固碳释氧服务功能价值，得到森林的平均生产力为 5.80 $t \cdot hm^{-2} \cdot a^{-1}$，固碳量为 2.58 $t \cdot hm^{-2} \cdot a^{-1}$。姜立鹏等对中国草地生态系统服务功能进行遥感估算，得到草地的年平均 NPP 为 2.39 $t \cdot hm^{-2} \cdot a^{-1}$。张静等研究干旱大陆性季风气候区汾河中下游土地生态系统固碳释氧，得到其他用地的 NPP 物质量为 1.83 $t \cdot hm^{-2} \cdot a^{-1}$。张岩等研究三江源区植被净初级生产力，得到其他用地模拟平均值为 1.24 $t \cdot hm^{-2} \cdot a^{-1}$。笔者采用两者平均值，即 1.54 $t \cdot hm^{-2} \cdot a^{-1}$（表1）。

表1 不同生态系统的NPP

生态系统类型	研究学者	NPP ($t \cdot hm^{-2} \cdot a^{-1}$)	单位面积固碳量 ($t \cdot hm^{-2} \cdot a^{-1}$)
耕地	张岩等	4.23	1.88
林地	尤海舟等	5.80	2.58
草地	姜立鹏等	2.39	1.06
其他用地	张静、张岩等	1.54	0.68

土地综合整治的根本目的在于提高土地利用率和生产率，增加有效耕地面积，改善农村生产、生活条件和生态环境。对于土地综合整治中耕地整治的效果，可以从耕地整治后的农作物产量水平和耕地的自然质量两个方面进行评价。笔者选用农作物产量水平代表土地综合整治后对耕地整治的评价。用同区域具有同等生产条件标准的土地综合整治后农作物的产量与土地综合整治前确定的农作物产量进行比较，确定土地综合整治优化系数，即：

$$S = Y_2 / Y_1$$

式中，S 为土地综合整治优化系数；Y_1 为土地整治前农作物产量；Y_2 为土地整治后实际产量。研究区主要种植的农作物为小麦、玉米，根据相关学者对土地综合整治的研究，确定耕地的土地综合整治优化系数为 1.10，则对于实施增汇措施的耕地生态系统的单位面积固碳量为

$2.07 \ t \cdot hm^{-2} \cdot a^{-1}$。

4 案例分析

4.1 不同生态系统整治前碳汇

生态系统碳汇是植物通过光合作用吸收空气中的 CO_2 转化为有机物的过程，不同植物的光合作用能力不同，所以不同生态系统的碳汇能力各不相同。

笔者对尚堂镇现状林地、草地和耕地生态系统类型面积占比和空间分布进行统计，并分析镇域内植物的生态碳汇功能分布差异。镇域内生态用地较多，占镇域面积的 67.68%，这为生态碳汇的产生提供了良好的生态本底。其中，耕地面积最大，占 56.09%，分布较为均匀；其次为林地，主要分布在镇域中北部和东部；草地呈零散分布，面积较小，仅占镇域面积的 0.46%。

根据生态系统类型的植被碳汇能力，可得到尚堂镇整个镇域的碳汇能力及分布情况。尚堂镇每年的总固碳量为 14188.97 t。其中，耕地生产的固碳量最多，占 78.32%，因为耕地面积最大，所以其可固定的 CO_2 量最多。林地的固碳量也较多，占总固碳量的 21.32%，远超其面积的占比，这是因为林地的碳汇能力最强，单位面积固碳量最多。不同生态系统的固碳量分布情况与生态系统分布占比相吻合（表2）。

表 2 不同生态系统面积与固碳情况

生态系统类型	面积（hm²）	面积占比（%）	固碳量（t·a⁻¹）	固碳量占比（%）
草地	48.28	0.46	51.18	0.36
耕地	5910.78	56.09	11112.26	78.32
林地	1172.69	11.13	3025.53	21.32
其他用地	3406.38	32.32	—	—
合计	10538.12	100.00	14188.97	100.00

4.2 全域土地综合整治内容与方法

4.2.1 全域土地综合整治内容与基本方法

基于生态保护原则对尚堂镇进行土地综合整治，整治内容主要包括农用地整理类、建设用地整理类、乡村生态保护修复类和乡村历史文化保护类4类项目。项目实施后，耕地数量增加、耕地质量提升，同时还通过统筹利用农业生产空间，聚焦农用地整理，打造用地集约高效的标杆。合理布局生活空间，调整优化建设用地结构与布局，打造乐活美居的样板。在整治过程中需要坚定践行"绿水青山就是金山银山"的理念，统筹自然资源全要素，通过山水林田湖草一体化的保护与修复策略，构建山清水秀生态空间格局。以"严格保护、永续利用"为原则，正确处理乡村历史文化的保护、利用与发展关系。

全域土地综合整治可通过发展循环农业、智慧农业、低碳型土地整治等技术，促进农业空间减碳增汇。适应发展现代农业和适度规模经营需要，统筹推进耕地质量提升及农田基础设施建设等工作，在优化耕地布局、增加耕地面积的同时，提高耕地质量和连片度，为农业适度规模化经营和发展现代农业创造条件。农用地整理主要指对实施区域低效园地、残次林地等农用地进行整治。在道路两侧栽植防护林带，用以防风护路及改善田间小气候和生态环境。在路肩上撒播草籽，并进行必要的管护，逐步形成林草共生的防护林带，具有景观、生态及保持水土的功能。在主要沟渠种植挺水植物，利用其根系的吸附和吸收作用改善水质，既美化了河道，又净化了水体。

建设用地整理充分考虑"双碳"目标的实现，主要方式是进行能源结构的调整。在严控建设用地规模的前提下，通过建设用地腾挪转化促进产业项目落地，这个过程中应兼顾产业发展和"双碳"目标，研究制定产业项目准入制度，严控高能耗产业，推进绿色低碳型项目建设。严控高能耗、高排放量项目准入，是从源头上倒逼能源产业结构优化提升的有效手段。

按照"点线联动、产城一体、融合发展"的思路，推进农村新型社区和新农村建设，积极推动农村建设用地整理。通过规划拆旧安置，优化农村建设用地结构与布局，节约集约利用土地，节约的建设用地指标专用于农村产业发展。安置区建设及基础设施配套工程等基础设施应充分利用太阳能，推广节能环保新建筑，优化生活方式，提升生活品质。

乡村生态保护修复应在保护各生态要素和生态系统的前提下，通过森林质量提升、生态公益林营造、提升土壤固碳能力、生物多样性保护等措施，挖掘森林、海洋、土壤等领域的碳汇潜力，并开展低碳土地整治和水生态、矿山、海洋保护修复及拆旧复垦等工作，进一步提升生态系统固碳能力。对尚堂镇域内的德惠新河、双龙湖水库等，提出水生态系统修复策略。实施水体净化工程，包含生态补水、生态沟渠打造、河滨过滤带建设三个重要措施，同时进行沟渠边坡修复、坑塘景观提升。这将能提高生态环境质量，有利于生态系统碳汇能力的提升，实现"双碳"目标。

应注重乡村历史文化保护。在对历史文化资源进行修复和改造时，应减少大拆、大整、大开发，最大限度保持历史原貌。在乡村改造中要鼓励使用太阳能、节能灯、新型保温性材料等绿色高效节能技术，减少碳排放。

4.2.2 全域土地综合整治碳汇提升方法

以"双碳"目标为指导，对尚堂镇农用地、建设用地进行科学规划，在保证耕地增加的同时，提高全域生态环境，增强生态碳汇能力以减少碳排放，促进生态文明建设。加强减排增汇技术研究与全域土地综合整治领域的结合，加大现有减排增汇技术研究成果的应用和推广，结合NbS、低碳型土地整治，优化碳汇空间布局。

有研究表明，减少耕地翻耕、施用绿肥等有机肥、秸秆还田有助于提升土壤有机碳含量，降低土壤碳排放。在农用地整理过程中，应落实耕地保护，保障农业碳汇本底。对目前零散、破碎的耕地须进行再划分和整理，促进耕地的连片布局，尽量避免孤立的斑块状耕地存在，形成成片规模化的种植区域，以连片集聚的空间布局保护优质耕地资源、提高耕种效率和碳汇总量，提升耕地的碳汇能力。

提升区域植被碳汇功能，核心在于植被生物量的增加。在考虑生态承载力的基础上，优选自身生物量较大的植物（特别是高植硅体含量植物），并构建乔灌草混交、复层和深浅根搭配的乡土适生植物群落结构，充分利用植被垂直生长空间提升单位面积的植被生物量。相关研究表明，植被碳汇量和植物体生物量紧密相关。赵魁研究了不同生态系统年净固碳量，结果为：大乔木林＞小乔木林＞灌木丛＞草地。在传统的提高植物净初级生产力措施的基础上，采取硅肥或硅－磷复合肥等含硅材料施加和种植竹类等高硅植物等措施均可提高陆地生态系统植硅体碳汇潜力。

优化土壤结构，改良土壤质量。土壤环境因素对植被生长有很大影响，因此应优先对土壤结构和养分状况进行治理，同时加强植被栽植后的养分、水分和生长调节等管理工作，提升植被的单株生长速度和质量。

提升土壤碳汇,加强生物多样性保护。采用生物炭技术和秸秆还田方式增加土壤有机碳含量,提高土壤微生物多样性,施加微生物肥料,加快有机物的分解,进而提升土壤质量,形成良性碳循环。

植被碳汇的提升对"双碳"目标的实现十分重要,同时节能减排也至关重要。在建设用地整理中增加低碳理念,加大对绿色生态社区建设等新技术的研究力度,采用绿色低碳城市规划设计,利用新能源新材料,发展低碳产业,并加强在建设用地整理和乡村历史文化保护领域中的应用和示范推广力度。

4.3　全域土地综合整治后碳汇变化

尚堂镇在完成全域土地综合整治后,生态用地面积与整治前大致相同。其中,耕地面积增加,林地和草地面积减少,地块更加集中连片,连通性增强。林地主要分布在西侧沿河地带、县域北部和东部,草地呈零星分布,面积较小,约占10%。

土地综合整治的实施对于生态碳汇影响最大的因素为耕地面积的增加,若不实施相应增汇措施,镇域内碳汇总量可能降低。通过实施土地综合整治中农用地的相关增汇措施,增强了耕地生态系统的碳汇能力增强。

根据生态系统类型的植被碳汇情况,计算得到尚堂镇全域土地综合整治后的碳汇能力及分布情况,对比增汇措施实施前后固碳量变化(表3)。不同生态系统的固碳量分布情况与生态系统分布相吻合。计算过程未考虑土地整治带来的不同生态系统碳汇能力的增加时,尚堂镇每年的总固碳量为14057.51 t。在考虑增汇措施后,尚堂镇每年的总固碳量为15204.17 t,固碳量与整治前相比增加了1015.20 t,与未考虑增汇措施相比增加了1146.56 t,这是因为土地综合整治提高了土地利用率和生产率,同时也增加增汇措施,使得耕地碳汇能力增强。耕地生产的固碳量最多,占比为82.96%,与整治前相比有所提高;林地固碳量占比为16.93%,与整治前相比有所降低。

表3　全域土地综合整治后不同生态系统面积与固碳情况

生态系统类型	面积占比（hm²）	面积占比（%）	固碳量（t·a⁻¹）	固碳量占比（%）	增汇后固碳量（t·a⁻¹）	增汇后固碳量占比（%）
草地	15.57	0.15	16.51	0.12	16.51	0.11
耕地	6099.26	57.88	11466.61	81.57	12613.27	82.96
林地	997.83	9.47	2574.39	18.31	2574.39	16.93
其他用地	3425.65	32.51	—	—	—	—
合计	10538.31	100.00	14057.51	100.00	15204.17	100.00

5　结语

第一,不同生态系统的固碳量分布情况与生态系统分布相吻合。尚堂镇现状耕地面积最大,占比为56.09%;每年的总固碳量为14188.97 t,其中耕地生产的固碳量最多,占比为78.32%。林地的固碳量也较多,占总固碳量的21.32%。这是由于林地的碳汇能力最强,单位面积固碳量最多。

第二，全域土地综合整治增汇措施有利于生态碳汇能力提升。计算过程在不考虑土地综合整治带来的不同生态系统碳汇能力提升时，尚堂镇每年的总固碳量为14057.51 t。在考虑增汇措施后，尚堂镇每年的总固碳量为15204.17 t，固碳量与整治前相比增加了1015.20 t，与未考虑增汇措施相比增加了1146.56 t。耕地生产的固碳量最多，占比为82.96%，相比整治前有所增加；林地固碳量占比为16.93%，与整治前相比有所减少。

第三，以"双碳"目标为指导，对尚堂镇农用地、建设用地进行科学规划，在保证耕地增加的同时，提高全域生态环境，增强生态碳汇能力以减少碳排放，促进生态文明建设。

综上，为达到"双碳"目标，应从机制上加强对不同区域不同生态系统碳汇能力和碳汇量化计算标准的研究，尽快制定适用的标准；研发和推广碳增汇技术，构建生态修复、生态固碳和区域经济发展相结合的新模式，促进生态文明建设。

[参考文献]

[1] 姜立鹏，覃志豪，谢雯，等. 中国草地生态系统服务功能价值遥感估算研究 [J]. 自然资源学报，2007 (2)：161-170.

[2] 许乃政，刘红樱，魏峰. 土壤碳库及其变化研究进展 [J]. 江苏农业科学，2011，39 (2)：1-5.

[3] 国家林业局. 碳汇造林项目方法学 [R]. 北京：国家林业局，2013.

[4] 赵魁. 煤矿塌陷复垦区土壤呼吸及碳平衡研究 [D]. 淮南：安徽理工大学，2013.

[5] 段正松，何燕珠，李羡. 标准样地在土地综合整治项目分析和评价中的应用探讨 [J]. 中国农业资源与区划，2013，34 (4)：37-42.

[6] 张黎明，张绍良，侯湖平，等. 矿区土地复垦碳减排效果测度模型与实证分析 [J]. 中国矿业，2015，24 (11)：65-70.

[7] 方精云，于贵瑞，任小波，等. 中国陆地生态系统固碳效应——中国科学院战略性先导科技专项"应对气候变化的碳收支认证及相关问题"之生态系统固碳任务群研究进展 [J]. 中国科学院院刊，2015，30 (6)：848-857，875.

[8] 张岩，韦振锋，黄毅. 1999—2012年三江源区植被净初级生产力及固碳释氧量测评 [J]. 水土保持通报，2016，36 (1)：100-105，2.

[9] 胡志华，李大明，徐小林，等. 不同有机培肥模式下双季稻田碳汇效应与收益评估 [J]. 中国生态农业学报，2017，25 (2)：157-165.

[10] 尤海舟，王超，毕君. 河北省森林生态系统固碳释氧服务功能价值评估 [J]. 西部林业科学，2017，46 (4)：121-127.

[11] 张静，任志远，张嘉琪. 汾河中下游土地生态系统固碳释氧动态测评 [J]. 干旱地区农业研究，2018，36 (2)：242-249.

[12] 李寒冰，金晓斌，杨绪红，等. 不同农田管理措施对土壤碳排放强度影响的Meta分析 [J]. 资源科学，2019，41 (9)：1630-1640.

[13] 敖佳，张凤荣，李何超，等. 川西平原全域土地综合整治前后耕地变化及其效益评价 [J]. 中国农业大学学报，2020，25 (8)：108-119.

[14] 袁发英，王霖娇，盛茂银. 作物植硅体形态的应用及其封存有机碳研究进展 [J]. 中国生态农业学报（中英文），2020，28 (12)：1932-1940.

[15] 许恒周. 全域土地综合整治助推乡村振兴的机理与实施路径 [J]. 贵州社会科学，2021 (5)：144-152.

[16] 张守攻. 提升生态碳汇能力 [N]. 人民日报，2021-06-10 (13).

[17] 冯帆，薛云，王美菊. 全域土地综合整治推进乡村振兴浅议——结合山东省的实践 [J]. 中国土地，2021 (7)：47-48.

[18] 郭义强. 生态保护修复有助于碳中和 [N]. 中国自然资源报，2021-03-10.

[19] 曲衍波，张彦军，朱伟亚，等. "三生"功能视角下全域土地综合整治格局与模式研究 [J]. 现代城市研究，2021 (3)：33-39.

[20] 陈凯. 全域土地综合整治的现实困境及政策思考——以广东省为例 [J]. 中国国土资源经济，2021，34 (10)：44-49，54.

[21] 郭冬艳，杨繁，高兵，等. 矿山生态修复助力碳中和的政策建议 [J]. 中国国土资源经济，2021，34 (10)：50-54.

[22] 吴家龙，苏梦园，苏少青，等. "双碳"目标下全域土地综合整治路径探究 [J]. 中国国土资源经济，2021，34 (12)：77-83.

[23] 张全斌，周琼芳. "双碳"目标下中国能源 CO_2 减排路径研究 [J]. 中国国土资源经济，2022，35 (4)：22-30.

[24] 张凤荣. 秸秆覆盖还田是基于自然的黑土地保护方案 [J]. 中国土地，2021 (8)：10-12.

[25] 罗明，翟紫含，应凌霄，等. 探索自然的力量助力碳中和 [N]. 中国自然资源报，2021-04-07.

[26] 刘祥宏，阎永军，刘伟，等. 碳中和战略下煤矿区生态碳汇体系构建及功能提升展望 [J]. 环境科学，2022，43 (4)：2237-2250.

[作者简介]

李金融，助理工程师，就职于山东省城乡规划设计研究院有限公司。

姚丽，副总工程师，工程技术应用研究员，就职于山东省城乡规划设计研究院有限公司。

借力"碳中和"实现城市建设的科学合理规划

□邱晨

摘要：为了适应经济社会的系统性变革，国土资源部门在城市规划设计的实施过程中，必须充分结合当下环境改善和人类可持续发展的形势，在"碳中和"项目的控制推动下，构建有利于"双碳"的国土空间开发保护新格局，完整准确地做好有关国土空间的规划编制、设计施工工作，发挥"碳中和"在城市规划建设施工中所应起到的积极作用。本文具体论述了依托国土空间规划建设"碳中和"城市、实现"碳中和"纲领性需求重在碳排放的数字化控能、"碳中和"与城市的市政建设之关联作用等内容。

关键词：碳中和；生态文明建设；规划编制；国土空间；开发保护新格局

1 引言

中国是全球二氧化碳排放大国之一，面临着巨大的减排降耗压力。在中国的建筑规划设计中，"碳中和"与建筑的关系既是解决处理好人类的社会生活和生产方式的关键，又是应对建筑的能耗指标的项目课题，其中就包括系列化产能指标是否能够与社会资源达成一致的共同性目标。

在气候支撑的目标下，全球性的能源体系必将发生重组重塑与深刻变革，今后清洁化的能源供应结构更具优势，其开发方式也更加分散化。高度电气化的能源终端消费网络和高度智能化的能源服务正在发展完善。新能源体系下的能源输运、生产和存储都极有可能引发新一轮的空间资源需求。各个层次的国土空间规划设计皆需前瞻思考、提前布局，最终实现以"碳中和"促进绿色建筑发展的目标。

2 建设"碳中和"的新型城市，可依托于国土空间规划

实现"碳中和"的目标，已经成为国土资源城市规划行业内的热点话题，同时也是我国"十四五"期间的一项重要工作。在目前世界性温室效应、极端气候等问题不断加重的情况下，让控排减碳和生态文明建设挂钩，已是刻不容缓之事。为实现"碳中和"目标，笔者建议城市规划管理部门做好以下工作。

2.1 严格落实"碳中和"的项目指标

在目前中国的城市空间规划体系中，应该从需求侧的角度出发研究低碳约束下的"碳中和"场景中城市或区域性的能源需求之上限，更需从供应侧的立场出发研究保障现代化城市或关键

区域能源安全的供应系统，并且平衡各类能源的系统优化与协调供应结构，最后在此基础上，全面准确地完成城市建设后续的天然气、电力、油品、煤炭、可再生能源供应通道，并完善其设施的规划布局及设计用地配置。对位于城镇边界线以外的能源通道施工，以及重大设施的用地，必须予以严格的落实、周密的加持，保障整个城市生命系统。

传统观念下的城市规划与碳约束新规则下的能源规划必然有着诸多不同，在旧有的规划模式中，石墨能源对于城市自然具有基本的保障作用，且供应不受限制，新规划模式必须与之相反。

2.2 用城市规划引导市政设施建设

城市规划要引导健全的低碳市政设施体系，借以推动整个城市的市政设施减碳脱碳项目工程项目建设。能源的消费与合理开发利用属于城市"碳中和"市政建设的重点调控内容，在这一领域内，城市空间的规划需要高度重视低碳能源的基础设施建设与系统优化方案是否达到了预期的目标。中国热力与电力的生产约占能源相关碳排放的一半左右，电力部门的脱碳降耗，将会是"碳中和"这一工作的关键一步。在规划的制订实施过程中要高度重视运用以可再生能源为主、以碳捕捉核能为辅的技术多样化组合式的发电设施，循序渐进地淘汰常规燃煤发电设施，建立起"互联网＋"智慧型能源供给的设施系统，通过环节控制、终端入手与源头优化，建立起匹配城镇基层的能源负荷需求，生产供应、传输通道和储备调峰互联共享的智能化的能源供给通行网络，向着以新能源与可再生性能源为主体的低碳能源新体系转型。其最终目标即降低碳的排放。

此外，还需不断完善绿色低碳环保的设施，升级垃圾资源回收利用处理系统，全面推动垃圾的分类、运输和处理操作。包括优化提升垃圾焚烧的无害化运作技术与热能热力的再利用方式，充分利用固体废弃物的剩余价值，以减少和消除废弃物处理所带来的碳排放副作用，全面实现对固体废弃物的无害化、减量化和资源化的正确处理。

实施"碳中和"项目，是当前一场广泛而深刻的经济社会资源体系的系统性变革，这对于新时代的国土空间规划来讲，是一个新的挑战和机遇。在此背景下，相关部门需要尽快建立起可以应对的逻辑路径和碳定量的方法，以及形成多情景的模拟基础性技术储备形态，同时有效纳入"五级三类四体系"的总体框架模式来予以统筹考虑。

初步的实践表明，"碳中和"的城市建设，完全可以借力于国土空间的规划设计。在规划设计的前期阶段，融入低碳规划的理念和碳排放量的管控措施，要协调组织城市规划建设的各部门，全方位落实"双碳"战略目标，最终推动城市的生活生产"碳达峰"，继而实现"碳中和"。

2.3 在城市规划中融入低碳理念

在城市规划中融入低碳理念，建立起科学规划的协调机制，需要充分发挥各种类别的国土空间规划对于能源的碳减排促进作用。一方面要充分发挥出总体规划的协调作用，即与当地的碳排放总量和控制目标相融合，也就是在分析碳排放总量控制的目标下设定地区性的碳排放源所占用的空间和非化石能源发展空间的土地资源利用需求与管控的目标，高度统筹高耗能高排放的火力发电、工业行业和非化石能源等项目建设。另一方面，专项规划的编制要与城市建设总体规划、行业减排目标、行业发展目标做好对等衔接。

此外，在编制详细规划之时，应对具体涉及的碳减排能源、交通、商业等行业，以及是基础设施项目的规划许可，一并实施监督落实工作。

3 实现"碳中和"纲领性需求重在碳排放的数字化控能

运用数字化赋能可以推动国土空间规划中能源碳排放的科学精细化管理。国土空间的 CIM 基础平台、基础信息平台应集成各个项目的城市建设管理工作智慧，在此系统基础之上，再建立起可以满足能源碳排放精细化管理需求的专属综合功能模块，如全域性的建设用地能源利用之碳排放估算、重点项目的碳排放核算监测，还有与此相关的各种门类的数据集成，即可打破碳排放的信息孤岛，为国土空间规划、空间布局的优化、项目建设与碳排放效应的评估、碳排放控制目标的衔接提供便利，为实现"碳中和"目标作出贡献。

3.1 多管齐下助力"碳中和"的实现

首先，"碳中和"的实现需要完善城市建设用地的分类标准，实现标准的低碳用途管制，严格执行时下关于国土空间规划、调查、用途管制、用地管理的政策，特别是工业企业的用地，要对环境污染的程度划分若干限制等级。站在城市规划的角度，不能只是从能耗和碳排放的维度来识别低碳行业和高碳和的用地类型，也不能够只是识别同为电力工业的火电及可再生的能源发电。至于公共设施用地日常中的供电用地，尚无进一步储备能量、细分输配电网及分布式能源系统等多个不同类型的基础设施。而目前城市规划的部门机构面向碳减排的国土空间规划与用途管制需要对能源相关项目用地所进行的精准化识别与管理，还没有进入投入使用阶段，因为目前的相关政务，即土地利用分类，还不足以满足这种精准的纲领性需求。

其次，针对目前能源利用碳减排的目标，应考虑对相关的土地利用二级分类进行更加富有针对性的类别细分，使各个不同的行业以及不同类型的电力供应设施用地的布局在国土资源空间的规划中得到真正的落实，以便于发挥国土空间规划对能源碳减排的管控、引导和监督作用。

最后，还要基于智慧城市和园区的智慧管理平台，采用智能传感器等方法采集数据，对于不同尺度的排放源，进行详细周到的用能用电监测摸排，还有自动核算碳排放量的智能型可视化、数字量化的辅助决策等，均可实现对建筑施工、交通服务、经营运作等数量多而散的排放源施以精细化的管理，对面向碳减排的详细规划设计编制、监督实施执行提供一个最为坚强有力的工具性支撑和支持。

国土空间的规划设计，既是生态文明建设的重要支撑，又是可助全方位规划管控的重要运作点，可以在能源、工业、交通、建筑等多个领域内多管齐下，推动起城市的碳达峰之"碳中和"，提升生态性的碳汇能力，从减碳排和增碳汇的两个方面出发，积极主动地建设"碳中和"城市。

3.2 构建碳排放动态数据库

以碳排放的动态数据库为工具，实现城市建设的碳氧平衡监督与有效预测。从过去的城市总体规划与相应的土地利用总体规划，一直到如今的国土空间规划，都没有能够有效量化细化城市的碳排放，而规划师一般都比较缺乏一个城市碳赤字问题的全能识别工具，还有碳氧平衡的绝对调控依据，这样一来，就很难对城市的碳排放数据进行全程监控、有效预防。现在建设碳排放动态的数据库，将会是"碳中和"城市规划建设的一个极为重要的步骤。要严格遵循"多源性数据—核算的规则—用地之核算"的思路来开展工作、推动建设，即理顺并适应国土资源空间规划"一张图"和城市环境信息的系统建设，应基于土地利用、交通线路、设施点分布、人口密度及能源消费等多源性的时空数据，充分利用《省级温室气体清单编制指南》《IPCC 国家温室气体清单指南》等关于能源消费碳排放的核算规则标准，来开展对于工商业用地、交通道路用地、粮食耕地、森林地带等各个不同性质的用地来进行碳排放和碳汇的核算，构建起碳排放的动态性数据库。

城市规划管理部门的碳排放的动态数据库，要对用地之实时碳排放与碳汇情况进行有效的监测，为城市建设的设置选址、产业排列布局、人居环境人性化的改善等提供科学有效的数据支撑，这将有助于城市的优化、绿色基础设施布局和区域性的多功能混合开发，以真正实现微尺度范围内的"碳中和"与区域性涵盖气候改善的目标。

3.3 推动国土资源空间多功能转型

怎样才可以推动国土资源空间的多功能转型以助力实现"碳中和"？第一必须要对国土资源空间的碳源汇功能及国土资源空间的多功能项目有较为清晰的基本认知。中国国土资源空间多功能的形成，主要是以生物化学过程和信息技术为基础的物理联合，由生物化学和信息技术联合和区域物理联合的三种模式构成，建立于这三种模式基础之上的还有 Land Sharing 和 Land Sparing 两大资源空间规划的新型模式，并且还可进一步构建以国土资源空间的转型助力"碳中和"的分析框架。

基于空间分离与实践分离原理可开展的碳源汇空间模拟，即"碳中和"的实证研究与实际探索，其步骤大致如下：将 20 世纪 90 年代以来的碳排放能力的时空变化和中国固碳能力进行分析，并相应的模拟出 2030 年和 2060 年的碳源汇时空，就可以得到 2020～2060 年中国的碳源汇功能区之时空变化图。

如何实现生态空间的转型以促进新时期的"碳中和"？基于城镇空间转型图景、空间融合的原理探索生态空间转型图景和农业空间的低碳发展图景，在未来的生态空间转型上，充分利用全国性的数据，对过去数十年的碳源汇功能区之景观格局空间化予以集成分析研究，进而会发现其聚集程度和连通度两个指标都有所下降。

土地资源管理视野下的"碳中和"，应构建低碳性质的国土空间格局新体系。在推进全球可持续发展、应对全球性的气候变化的新形势下，"碳中和"正日益成为全世界的共识。如何才可以更加积极地发挥国土资源空间格局优化的巨大推动作用，构建起符合低碳排放要求的土地利用结构，努力践行回归绿色复苏的自然气候治理新思路新路径？保证推进实现 2060 年所预期的"碳中和"战略目标，是相关规划部门当前必须高度重视的一个课题。

4 "碳中和"与城市的市政建设之关联作用

城市建设必须重点强调资源环境承载力，尤其是碳汇能力的大提升，要在新概念指导思想下重视绿色的基础设施建设与"场地—中心—廊道"的城市生态基底。

4.1 打造"碳中和"新城市布局

借力于国土资源的空间规划设计工作，努力建设高效优质的"碳中和"新城市布局。我国的城市规划必须对气候的变化作出适当可行的安排和部署。这是中国可持续发展的内在要求，同时也是一个负责任大国所应尽的国际义务。在 2060 年前实现"碳中和"的宏伟目标，就是"十四五"时期的重要规划内容之一。根据《生态文明体制改革总体方案》要求，国土空间规划对"碳中和"目标的实现非常关键，必须借助于全方位的规划管控手段，从建筑建设领域入手，结合城市更新和城市管理服务，多管齐下地推动城市的碳达峰与提升生态碳汇能力，从"减碳排"和"增碳汇"两大方面出发，建设起符合标准的"碳中和"新城市愿景。

最为直观的一点，就是要"处处见绿、户户垂杨"，要以场地的布局空间来增加社区的绿植覆盖。在"窄马路、密路网"的现代城市网格内，构建"300 m见绿、500 m见园"的新格局，合理地布置路旁树丛和街边绿地以及口袋公园等休闲场所；倡导居室屋顶的绿化、墙角楼边等建筑周边的立体绿化，在详细规划中，大量引入观感性极强的绿容率、可上到屋面的绿化面积，以及透水的地面面积比例等；系列化管控指标，大力增加生活社区的绿植覆盖，有效调节全域社区的微气候，优化量化居住区域的休憩体验。

4.2 "碳中和"与国土空间规划编制

完整有效地实现"双碳"目标，是当前中国社会所要面临的一场广泛而深刻的经济社会系统性大变革，这将会对新时代的国土空间规划编制提出新的要求和新的诉求。从国外各大城市应对气候变化的规划设计实践中可以发现，国土空间规划完全能够作为重要的手段被纳入整体的路线图中，并且实现在交通建筑、土地利用等关键领域里，发挥增碳汇、减碳排的重要推动作用。特别是在"碳中和"的目标大背景下，国土空间规划要把减碳的目标纳入各层级之全过程，尽快建立起应对的逻辑路径，进行碳定量方法、多情景模拟等基础性的技术储备、落实举措，做好重点领域的策略路径之选择，并且全面纳入专项体系的总体框架内，予以统筹考虑、合理安排。可见"碳中和"模式下的城市建设，可借力于国土空间规划体系，在规划设计中融入低碳的规划理念与碳排放的管控措施，全方位、大尺度地落实"碳中和"之重大部署，切实推动城市生产生活的"碳中和"，有力地增加"蓝色碳汇"与"绿色碳汇"。这是保证生态文明建设与生态系统的保护所必须落实的一项极为重要的内容，是具有战略意义的一个关键举措、重要方针。

4.3 以低碳市政设施体系助力"碳中和"

"碳中和"要以低碳市政设施体系为重要抓手，必须要率先推动市政设施的减碳脱碳行动。在目前来看，我国的市政工程设施仍然是能源的一个极为重要的消费端与生产经营的供应端，建立起清洁、高效、低碳的市政设施体系，将会是建设"碳中和"城市的关键举措。

要做好相关的设施升级工作，注重电力的脱碳与智慧能源的供给供应。能源的消费是"碳中和"城市建设一个极为重要的重点调控领域。国土空间规划，需高度重视低碳能源的基础设施建设和系统系列的优化。中国的热力生产电力产业，大约占比能源相关碳排放的一半以上，各地电力部门的脱碳将会是"碳达峰"最为关键的一步，在规划设计过程中，要高度注重以可再生性能源为主、以核能源和碳捕捉为辅的多样多项化的技术组合发电设施建设，逐步淘汰常规的燃煤发电固有设施。建立起"互联网＋"智慧型能源供给设施新系统，通过环节控制、终端入手和源头优化，建立起城镇区域内的能源传输通道、负荷需求、生产供应，以及储备调峰互联共享的智能化的能源供给新网络机制，向着以新能源与可再生性能源为主体的低碳化的能源体系有利转型，有效降低高污染传统化石能源的消费量之高碳排放。

5 结语

"碳中和"项目的达标意味着新都市建设的成就。新型智慧化崭新城市建设，必然会与"碳中和"的低能耗、高效能密切相关。虽然所制订的目标在实现过程中面临着诸多的严峻挑战，但一经落实，即可获得城市建设所带来的效益。现今在国家倡导的智慧城市建设的创新发展阶段，每一个积极推进的规划设计和各个领先部署的领域内，都已经开始重视起包括"碳中和"在内的"双碳"战略的适时研究与落地实施，笔者坚信透过中国"双碳"战略目标的早日达成，一个前所未有的新型智慧城市建设，在新一代数字技术的助力下，必然可以逐步升级、超强赋能。

在"双碳"领域的商业模式之下，努力探索建设完善优美的智慧城市，需重视"双碳"战略，结合城市建设，建立起长效运营的活力新机制。

[参考文献]

[1] 王新利，黄元生. 河北省能源消费碳排放强度影响因素分解 [J]. 数学的实践与认识，2018，48（23）：49-58.

[2] 杨长进，田永，许鲜. 实现碳达峰、碳中和的价税机制进路 [J]. 价格理论与实践，2021（1）：20-26，65.

[3] 屈博，刘畅，李德智，等. "碳中和"目标下的电能替代发展战略研究 [J]. 电力需求侧管理，2021，23（2）：1-3，9.

[作者简介]

邱晨，注册城市规划师，国土空间规划专业和建筑专业工程师，就职于济宁市土地储备和规划事务中心。

基于多目标优化算法的项目选址研究

——以岳阳市平江县食品产业园区为例

□王柱，尹靖雯

摘要：近年来，随着多源数据的深入应用，在多源数据驱动下的"智慧决策"为选址分析提供了强有力的支持。项目选址是具有复杂性的问题，涵盖了多方利益主体的需求。本文对岳阳市平江县食品产业园的选址进行分析，构建了"决策层＋因子层"的多目标层次结构选址模型，来寻求选址的最优解，以期为项目选址分析提供一种较为合理的多目标决策优化算法。

关键词：项目选址；多目标优化算法；产业园区

1 引言

食品产业与国民生活息息相关，项目选址不仅要紧紧围绕国土空间总体规划，坚持功能明确、合理布局、集约发展的原则，更需要统筹考虑周边环境、交通区位、建设成本等因素。岳阳市平江县"十四五"规划提出依托"一园两区"着力推进产业基础高级化、产业链现代化，培育引导产业集聚发展，并以打造千亿级休闲食品产业为目标，进一步完善食品产业链，从而推进食品工业化、信息化、绿色化进程，创建"中国休闲食品之乡"。为此，平江县拟在三阳乡、安定镇、三市镇3个与平江县城接壤的乡镇进行食品产业园选址工作，共拟定4个备选地块（图1）。

笔者基于多源数据，构建"决策层＋因子层"的食品产业园选址多目标结构模型，从4个备选地块中确定最优选址，为平江县食品产业园选址提供支撑。（特别说明：此选址方案为过程方案，最终选址以官方发布为准。）

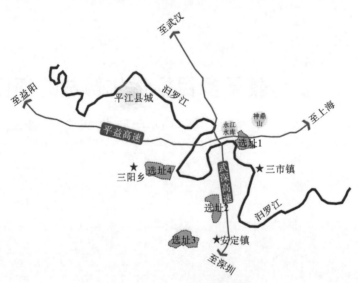

图1　食品产业图选址示意图

2　技术方法与数据

2.1　技术方法

　　食品产业园的选址与待选区域的经济发展情况、地理地址条件、居民生活区域等多方面相关，须涵盖经济性、时效性、安全性等多个目标原则。笔者将多维数据和信息降低到一维的目标最优值，通过构建"决策层＋因子层"的食品产业园选址多目标结构模型，利用层次分析方法分析选址影响因素、设置多目标权重，结合多目标优化模型对选址方案进行定量分析与优化（图2）。

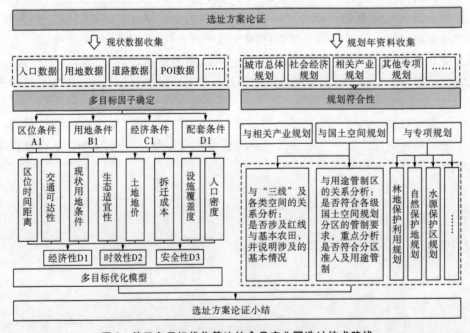

图2　基于多目标优化算法的食品产业园选址技术路线

2.2 研究数据

文中涉及的数据主要为传统数据源与新型数据源（表1）。

2.2.1 传统数据源

主要涉及国土"三调"数据、永久基本农田、生态保护红线、数字高程模型（DEM）、地形图等传统数据源。其中，DEM数据源自地理空间数据云平台GDEMV2数据集，空间分辨率为12.5 m，由此生成坡度、坡向数据。

2.2.2 新型数据源

主要涉及手机信令、交通时耗、信息点（POI）、交通路网等新型数据源。其中，手机信令数据来自中国联通运营商提供的2020年6月湖南省全域信令数据，经过数据清洗后利用核密度分析进行人口密度的识别；POI数据来自2021年高德地图的网点数据POI；交通时耗数据来自高德交通出行实时接口数据；交通路网数据主要来源于Open Street Map（OSM）的道路网数据。

表1 各分析对应的数据要求

数据应用	所需数据类型
区位条件	OSM的道路网数据、交通时耗数据
用地条件	数字高程数据（DEM）
经济条件	地形图（拆迁户数）
配套条件	高德POI数据、手机信令数据
规划条件	国土"三调"数据、永久基本农田、生态保护红线

3 影响因子分析

影响食品产业园选址的因素是多方面的，涉及交通、人流、用地、建设、资金投入等方面，在结合国内众多产业园区项目的实操经验后发现，产业园选址主要有战略性、规划导向性、土地集约性、交通便利性、生态性6个原则。因此，笔者拟从区位条件、用地条件、经济条件、配套条件、规划条件5个维度对产业园区选址进行影响因子分析。

3.1 区位条件分析

区位分析可以反映选址地块与周边地域的交通通达便利性。通过采集截止到2020年OSM的道路网数据建立了交通网络数据集，基于车行交通方式构建以县政府为起始点的5分钟间隔等时圈，判断各选址方案的交通可达性。

首先构建研究区域20 m×20 m网格，以各网格中心点为到达点，以平江县县政府所在地为起始点，通过高德交通出行时耗接口计算起始点至到达点的车行时长，其次以网格的车行时长进行空间克里金插值的计算。结果显示，从平江县县政府出发，可以实现30分钟等时圈各选址方案的全覆盖，但受地形及现有交通路网的限制，选址1的交通可达性最低，按照区位条件分析，选址优劣排序为：选址4＞选址2＞选址3＞选址1。

3.2 用地条件分析

用地条件是各选址方案建设的基础条件。通过获取12.5 m的DEM数字高程数据，对各选址方案的用地坡度与高程进行定量化分析。结果显示，在地形地貌方面，安定镇、三市镇、三阳乡3个镇整体呈现出东、南、西部高，中间低的态势，预期选址的4个方案均位于中部地势较为平坦的地区；从三镇的坡度及坡向来看，整体而言，4个选址均属于海拔较低的丘陵地区，适宜开发建设。选址2有0.08%面积的土地坡度大于25°（表2），若要开发建设则需加强对水土流失的保护措施。

表2　各选址地块内地形地貌数据统计

选址	总面积（hm²）	高程范围（m）	坡度范围	坡度＞25°面积占比
选址1	208.9	68	0.20°～23.86°	—
选址2	207.8	53	0.32°～26.54°	0.08%
选址3	333.0	48	0.19°～16.08°	—
选址4	347.3	65	0.10°～13.93°	—

按照单因子权重赋值的方法，对项目选址范围内的高程与坡度分析结果进行赋值，选址优劣排序为：选址3＞选址4＞选址2＞选址1。

3.3　经济条件分析

经济分析需要考虑地价、造价、拆迁等诸多因子。在地价方面，由于各选址方案临近镇区，且距离较近，在地价单价上差别不大，总地价则主要受面积影响；在造价方面，假设园区建设采用同一套建造工艺，单位用地面积上的造价单价相当，则园区的建设成本主要受面积影响；在拆迁方面，影响土地拆迁成本的是不同用地类型的拆迁单价及用地面积，本研究为简化处理主要采用拆迁总建筑面积进行测算，则园区的建设成本计算公式如下：

$$C = \sum_{i}^{n} h_i p + \sum s \times q + \sum s \times w$$

式中，C为园区总建设成本，h_i为第i栋拆迁房屋的总建筑面积，p为每平方米建筑拆迁费用，s为园区总用地面积，q为园区每平方米的建设成本，w为园区每平方米的土地地价。

从地形图中提取建筑轮廓线与建筑层高，以此计算选址区域中的建筑总面积，结合各选址总用地面积进行测算，则计算得出选址2所需开发成本最低，选址优劣排序为：选址2＞选址1＞选址3＞选址4（表3）。

表3　各选址内拆迁面积统计

	地块总面积（hm²）	宅基地面积（hm²）	总建筑面积（万 m²）	平均拆迁成本（万 m²/hm²）
选址1	208.9	18.53	27.80	0.13
选址2	207.8	11.91	20.25	0.10
选址3	333.0	18.89	34.00	0.10
选址4	347.3	17.06	27.30	0.08

3.4　配套条件分析

结合高德地图POI数据、联通手机信令数据对4个选址方案进行人口密度及服务设施配套条件分析，识别选址的热点地区，以判断选址的优劣性。

通过调用 2021 年 10 月的高德 api 接口获取 POI 设施点，去重筛选后得到 485 个，将其分为公共设施、公司企业、科教文化、生活服务、医疗服务、休闲服务 6 类，具体数量如表 4 所示。从设施的数量来看，安定镇的设施总数远高于其余两镇，整体发展潜力与活力较高。

表 4 各镇各类服务设施统计

单位：个

乡镇名称	总数	公共设施	公司企业设施	科教文化设施	生活服务设施	医疗卫生设施	休闲服务设施
安定镇	228	4	49	25	79	49	22
三市镇	117	1	38	20	30	24	4
三阳乡	140	1	41	16	67	10	5

通过对 POI 数据进行核密度分析，得到配套设施的空间分布特征，得出以下结论：配套设施的完善度呈现出由县城中心向外扩散的迹象。此外，湖南省省道 308 线的周边有较多的配套设施，生活、产业的品质较高，而选址 3 刚好位于此省道周边，产业发展潜力值较高。

基于手机信令数据开展三镇的人口活力测算（核密度），分析结果显示，人口主要沿交通干线分布，尤其是平汝高速与湖南省省道 308 线的附近，人口活力与配套设施空间分布特征结果一致。

从人口密度与服务设施密度来看，安定镇是全县的人口大镇，两个选址周围附近的人口密度较大，利于劳动招工。选址 3 北部是爽口工业园区，有大量人口聚集。而选址 1 距离镇政府有一定距离，周边人口密度较小，且安定镇的配套设施数量要明显多于三市镇，尤其是在生活服务设施方面，POI 数量是三市镇的 2.5 倍。因此，在配套条件分析中，选址优劣排序为：选址 3＞选址 2＞选址 1＞选址 4。

3.5 规划条件分析

基于"三调"数据对选址合规性展开规划条件分析，4 个选址方案虽未涉及生态保护红线，但均有永久基本农田的占用（表 5），其中方案 1 占用永久基本农田的面积最大，为 0.63 km²，若选用此方案则后期需要开展大量的调规及土地平衡工作，工作量较大。因此，在规划条件分析中，选址优劣排序为：选址 2＞选址 3＞选址 4＞选址 1。

表 5 各选址占用永久基本农田面积及比例

选址	总面积（hm²）	占永久基本农田（hm²）	占比（%）
选址 1	208.9	63.50	30.39
选址 2	207.8	17.15	8.25
选址 3	333.0	39.62	13.12
选址 4	347.3	54.68	15.74

4 多目标决策分析

在进行食品产业园选址时，需要多角度考虑。综合比较选址优劣时，并不是某个因素或者某几个因素完全影响最后的决策结果，而是根据重要程度的不同来排列各因素的影响程度。笔者从交通优先、经济优先、活力优先 3 个目标导向构建决策层目标，排列在不同决策目标导向下的因子影响权重各有不同，选择最均衡的方案作为多目标决策的最优方案（表6）。

表6 各影响因子下选址优劣对比

影响因子	选址优劣排序
区位条件	选址4＞选址2＞选址3＞选址1
用地条件	选址3＞选址4＞选址2＞选址1
经济条件	选址2＞选址1＞选址3＞选址4
配套条件	选址3＞选址2＞选址1＞选址4
规划条件	选址2＞选址3＞选址4＞选址1

构建"决策层＋因子层"的食品产业园选址多目标结构模型后，利用层次分析法，根据决策层对因子层的影响程度，得到食品产业园选址的多目标决策权重表（表7）。

表7 不同决策目标下的因子权重配置

决策目标	交通优先 D1	经济优先 D2	活力优先 D3
区位条件 C1	0.49	0.18	0.20
用地条件 C2	0.12	0.10	0.10
配套条件 C3	0.15	0.13	0.37
规划条件 C4	0.09	0.14	0.15
经济条件 C5	0.15	0.45	0.18
总和	1	1	1

由于多目标优化问题难以突出某个或某几个目标的重要性，难以选择最优解，因此研究将多目标问题进行转化并作为单目标决策问题的求解，并根据文中确定的多目标因子权重配置进行计算，公式如下：

$$S = \sum_i c_i w_j$$

式中，S 为选址加权总值，c_i 为第 i 个影响因子的选址位序值，w_j 为第 j 种的决策目标权重。

为便于统计计算，将选址优劣方案按照位序从4、3、2、1进行赋值，利用上述公式计算出结果：选址1多目标决策值为4.68、选址2多目标决策值为10.11、选址3多目标决策值为8.19、选址4多目标决策值为7.02。综合来看，选址2在交通优先、经济优先、活力优先3个决策目标中叠合各目标的权重设定，在最终计算结果中位列第一。因此，笔者认为选址2为多目标优化下的最优选址地，其次为选址3、选址4、选址1。

5 结语

笔者在解读食品产业园选址影响要素的基础上，展开了单因子与多目标优化的选址论证研究，研究得出：首先，在单因子的考虑情况下，选址2的经济条件最好，选址3的用地条件最好，选址4的区位条件最好。其次，从区位条件来看，选址4最好；从用地条件来看，选址3最好；从经济条件来看，选址2最好；从配套条件来看，选址3最好；从规划条件来看，选址2最好。最后，带入多目标模型进行求解后，在多目标导向下选址2分值最高，为最佳选址方案，其次为选址3。文中部分因子分析由于数据收集问题，做了简化处理，如规划条件还需结合城市发展方向、重心进行选址研判，未来需要开展更为详细的论证工作。

[参考文献]

[1] 胡永宪，贺思辉. 综合评价方法 [M]. 北京：科学出版社. 2000.

[2] 杨保安，张科静. 多目标决策分析理论、方法与应用研究 [M]. 上海：东华大学出版社，2008.

[3] 李远富，薛波，邓域才. 铁路选线设计方案多目标决策模糊优选模型及其应用研究 [J]. 西南交通大学学报，2000（5）：465-470.

[4] 杨丰梅，华国伟，邓猛，等. 选址问题研究的若干进展 [J]. 运筹与管理，2005（6）：1-7.

[5] 万波，杨超，黄松. 基于层级模型的嵌套型公共设施选址问题研究 [J]. 武汉理工大学学报：信息与管理工程版，2012，34（2）：218-222.

[6] 彭玲，吴同，李高盛，等. 基于智慧城市多源时空数据脉动规律认知的城市病研究 [J]. 地理信息世界，2017，24（4）：29-35.

[7] 唐刚. 基于手机信令数据的城市商业中心辐射区域特征分析模型研究 [D]. 重庆：重庆邮电大学，2017.

[8] 韩阳阳. 出租车与 POI 数据对城市噪声影响的分析方法研究 [D]. 西安：西安理工大学，2018.

[作者简介]

王柱，高级工程师，湖南省建筑设计院集团股份有限公司大数据中心主任。

尹靖雯，就职于湖南大学建筑与规划学院。

基于"需求—供给"视角的生活圈社区养老设施配置评价与配置策略研究

——以天津市南开区为例

□于靖，武爽，邢晓旭，宫媛，李刚，孙保磊，刘茂

摘要：我国人口老龄化进程加快，且不断呈现出基数大、高龄化和空巢化等鲜明特点。社区养老作为居家养老的支撑环节和机构养老的过渡环节，是提高整个社会养老水平的着力点。本文基于"需求—供给"两侧，以社区为基本单位，从生活圈视角，基于老年人口分布特征、生活健康状态、出行特征等，结合老年人对养老设施需求的偏好进行调研，研究老年人对不同生活圈范围内各项养老设施的需求，确定社区养老设施需求评价因素及权重，对照现有社区养老设施规模及分布现状，结合相关养老设施配置标准规范，构建社区养老设施评价体系，并以天津市南开区为例开展了日间照料中心和社区食堂等社区养老设施的配置评价分析，为科学配置全面的社区养老设施、整合设施资源、实现医养结合等提供参考。

关键词：老年人口；社区养老设施；生活圈；设施配置分析评价；设施配置策略

1 引言

我国人口老龄化进程加快，且不断呈现出基数大、高龄化和空巢化等鲜明特点。居家养老结合社区养老已成为主要的养老模式，其中社区养老作为居家养老的支撑环节和机构养老的过渡环节，既可为居家养老的老年人提供丰富的设施，使其在熟悉的环境中享受服务，又能缓解机构养老设施资源紧俏带来的社会压力，是提高整个社会养老水平的着力点。《国务院办公厅关于推进养老服务发展的意见》指出推动居家、社区和机构养老融合发展，支持养老机构运营社区养老服务设施。《国务院关于印发"十四五"国家老龄事业发展和养老服务体系规划》要求发展社区养老服务机构，构建15分钟居家养老服务圈。但现存的社区养老设施项目种类单一，并且布局合理性不足，对特殊类型社区的差异化考虑欠缺，设施供应缺失和过剩现象并存。

基于此，笔者提出基于"需求—供给"视角的生活圈社区养老设施空间配置评价研究，从老年人口基本情况、生活健康情况等出发，结合生活圈老年人出行轨迹，探究老年人对社区养老设施的实际需求，分析社区生活圈内各类养老设施分布和使用情况，对社区养老设施配置情况进行评价，进而得出全面的社区养老设施规划配置策略，最终解决社区养老需求与设施配置不到位之间的矛盾。

2 社区养老设施评价体系构建及配置提升策略研究

基于"需求—供给"视角，以社区为基本单位，基于老年人口分布特征、生活健康状态、出行特征等，结合老年人对养老设施的需求与偏好进行调研，研究老年人对不同生活圈范围内各项养老设施的需求，确定社区养老设施需求评价因素及权重，结合相关养老设施配置标准规范，构建社区养老设施评价体系。在实际应用过程中，通过老年人数量及特征，分析其对社区养老设施的实际需求，研究对比当前社区养老设施配置情况，从规模及空间布局两方面对社区养老设施配置进行评价，最后针对存在的问题，研究配置提升策略，技术路线如图1所示。

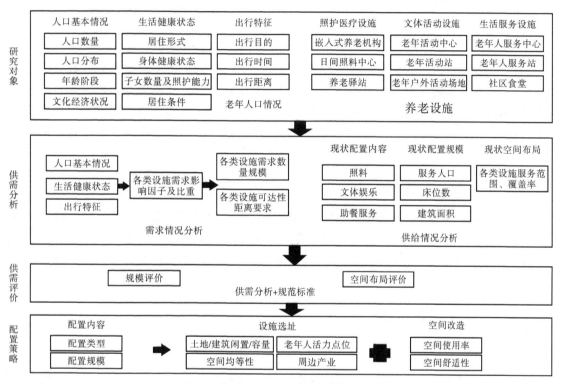

图1 社区养老设施评价体系技术路线图

2.1 老年人社区生活圈需求分析

在当前老龄化逐渐加剧的情况下，从老年人的生理、心理等个体实际需求出发，分析老年人的日常出行特征，考虑老年人的消费接受水平等客观情况，对社区养老设施的合理配置具有重要意义。基于此，本研究以社区为基本单位，以社区生活圈为研究视角，分析老年人口基本情况、生活健康状态、出行特征等与其对社区养老设施需求偏好间的关联关系，构建不同生活圈下的养老设施需求评价因子及权重，进而根据老年人口实际情况确定其对社区养老设施的实际需求。

老年人口基本情况包含人口数量、人口分布、年龄阶段、教育水平、收入/消费水平等；生活健康状态包含身体健康状态、居住形式、居住小区年代、子女照护能力等；出行特征包含出行频率、出行距离、出行目的等。通过问卷调查、社区调研等实地调研分析老年人口各类特征与社区养老设施类型及服务内容需求间的关联关系（如生活不能自理的老年人更需要日间照料中心或嵌入式养老机构，生活自理老年人更需要老年食堂等），确定社区养老设施需求主要影响因素及其权重，进而进行设施需求量化计算。

2.2 社区养老设施供给情况分析

社区养老设施包含照护医疗设施、文体活动设施、生活服务设施3类。其中，照护医疗设施包含嵌入式养老机构、日间照料中心、养老驿站；文化活动设施包含老年活动中心、老年活动站、老年户外活动场地；生活服务设施包含老年人服务中心、老年人服务站、社区食堂。社区养老设施的空间布局、规模、服务内容、价格等直接影响老年人对该项设施的需求情况。因此，确定各类社区养老设施供给分析内容包括空间布局、规模、服务内容和价格。

2.3 社区养老设施供需评价分析

以社区为基本单位，获取社区老年人基本情况、生活健康状态、出行特征等数据信息，依据所确定的不同生活圈下的养老设施需求评价因子及权重，分析该社区老年人对养老设施类型及服务内容的实际需求。获取社区内养老设施配置空间布局、规模、服务内容等相关数据，结合相关标准规范，与实际需求进行对比分析，评价社区养老设施配置合理性及是否存在缺口或过度饱和情况等，进而为设施配置策略提升提供参考依据。

2.4 社区养老设施配置策略提升

依据社区养老设施评价分析结果，针对不同情况进行设施配置策略提升。对于存在缺口的社区，分析确定需增加的配置类型、配置规模及配置内容，基于老年人活力点位、土地/建筑闲置/容量、周边产业、空间均等性等因素开展设施选址分析。针对过度饱和的社区，分析可削减的设施或服务类型等。

3 研究对象与数据基础

3.1 研究对象

笔者研究区域为天津市南开区，南开区2018年被民政部、财政部确定为全国第二批居家和社区养老服务改革试点地区。区域面积为44.64 km²，辖区包含12个街道173个社区，2020年常住人口为89.04万人，其中60岁以上老年人口为24.99万人，占比28.07%，远高于国家平均老龄化率。

我国目前形成了"9073"的养老格局，即90%左右的老年人都居家养老，7%左右的老年人依托社区养老，3%的老年人入住机构养老。以社区为依托，以老年人日间照料、生活护理、家政服务和精神慰藉为主要内容，以上门服务和社区日托为主要形式，并引入养老机构专业化服务方式的居家养老服务体系将成为主流。因此，笔者选取了南开区日间照料中心和老年人食堂为研究对象，以南开区老年人口为需求方。

3.2 数据基础

依据社区养老设施评价分析需求，笔者构建了南开区人口数据、养老设施数据、基础数据、需求偏好等4类12项GIS数据。

人口数据来源于南开区统计局、南开区大数据中心、百度慧眼、社区调研等渠道，包含南开区"七普"数据、南开区人房数据、南开区居住人口画像数据、社区人口数据，用以支撑养老设施需求分析。其中，"七普"数据包含老年人人口数信息；人房数据包含老年人口数、独居老人等特殊老人标签；居住人口画像数据包含居住人口数、居住人口画像、老年人口数；社区人口数据为社区调研成果数据，包含老年人口数量、老年人口画像（教育水平、收入水平、生活状态等）等。

养老设施数据来源于民政局官方网站，依据设施地址信息进行空间化，包含南开区日间照料中心和南开区老年人食堂；日间照料中心数据包含地址、负责人、联系方式、运营单位；老年人食堂数据包含级别、地址、联系人、联系电话。上述数据用于开展社区养老设施供给情况分析（表1）。

基础数据包含南开区街道范围、社区范围、社区网格范围、小区范围、路网数据等，数据来源于南开区大数据中心及四维电子地图。

需求偏好为问卷调查数据，来源于社会调研，问卷内容包含老年人口年龄、教育水平、收入/消费水平等基本信息情况；居住形式、身体健康状态等生活健康状况；出行频率、出行目的、出行距离等出行特征情况；社区养老设施配置情况、使用情况、需求情况等设施偏好特征。用以支撑不同老年人特征与对设施需求的影响的关联关系构建。

表1　南开区社区养老设施评价分析数据

序号	数据类型	数据名称	数据粒度	数据内容
1	人口数据	南开区"七普"数据	社区	老年人人口数
2		南开区人房数据	社区	老年人口数、独居老人等特殊老人标签
3		南开区居住人口画像数据	100 m×100 m网格	居住人口数、居住人口画像、老年人口数
4		社区人口数据	社区（某一社区）	老年人口画像（教育水平、收入水平、生活状态等）
5	养老设施数据	南开区老年人食堂	空间点位	级别、地址、联系人、联系电话
6		南开区日间照料中心	空间点位	地址、负责人、联系方式、运营单位
7	基础数据	南开区小区范围	面数据	小区名称
8		南开区社区网格范围	面数据	社区网格名称
9		南开区社区范围	面数据	社区名称
10		南开区街道范围	面数据	街道名称
11		南开区路网	线数据	路名
12	需求偏好数据	问卷调查数据	—	老年人口基本情况、养老设施需求等

4　社区养老设施配置评价分析实例

4.1　老年人口特征分析

一是老年人口概况。南开区60岁以上老年人人数为249916人，占比为28.07%。老年人口最多的街道为万兴街道（37035人）及王顶堤街道（35960人），老年人人口最少的街道为鼓楼街道（8919人）（图2）。

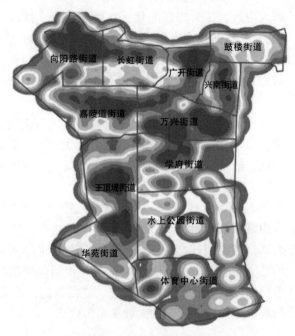

图2　老年人口热力分布

二是老年人口画像。以社区为单位，开展不同年龄阶段老年人分布情况分析。南开区60～80岁老年人口较多的社区主要位于向阳路街道、万兴街道、广开街道；80岁以上老年人口较多的社区主要集中在学府街道、万兴街道、向阳路街道（图3、图4）。

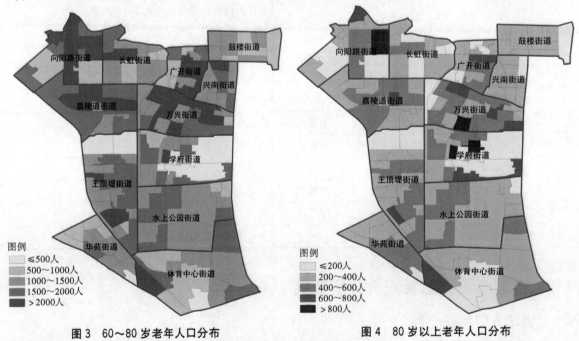

图3　60～80岁老年人口分布　　　　　图4　80岁以上老年人口分布

三是家庭结构分析。南开区家庭结构1人户平均占比为23.12%，2人户平均占比为34.42%，3人户平均占比为25.68%，4人户平均占比为9.28%，5人户及以上平均占比为

6.37%。在家庭劳动力情况中，1人劳动力平均占比为40.88%，2人劳动力平均占比为38.41%，3人劳动力平均占比为14.25%，4人及以上劳动力平均占比为5.33%（图5、图6）。

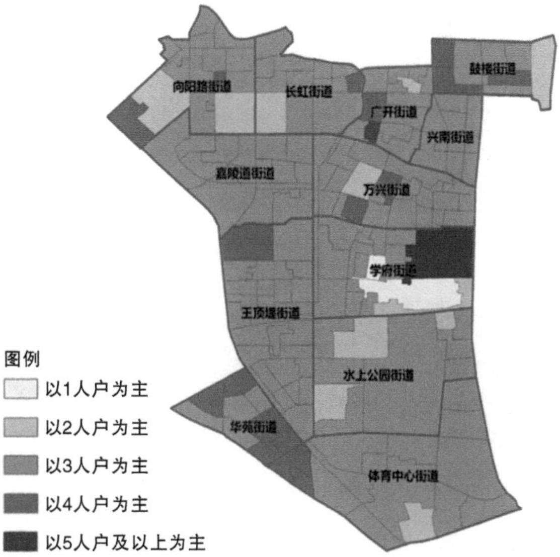

图5 家庭结构分析

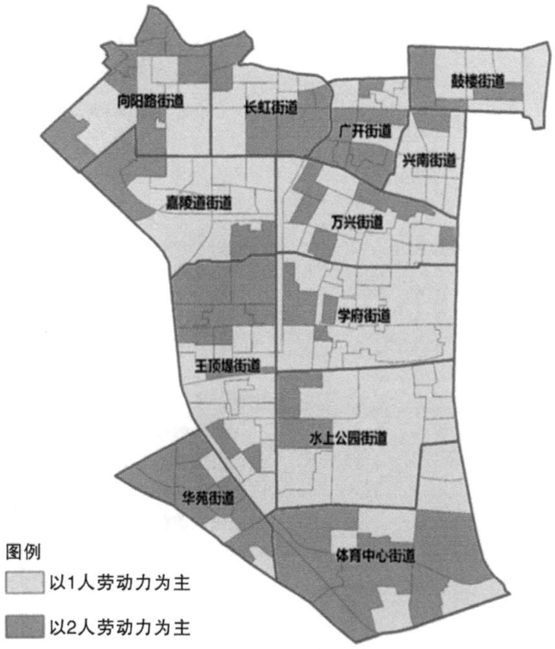

图6 劳动力情况分析

4.2 社区养老设施需求偏好分析

通过社会问卷调查结果开展社区养老设施需求偏好分析。老年人服务中心需求人数最多，占比为43%；其次是老年食堂，占比为31%。在日间照料中心所提供的服务类型中，健康服务类（康复理疗、个人照顾、医疗咨询、保健讲座）需求最多，其次是文体服务（老年大学、阅读、书法、歌舞、棋牌），最后是生活服务（餐饮、休息、家政、保洁）。老年人对日间照料中心距离接受水平普遍为5分钟以内，每月在养老服务上愿意接受的费用普遍为1000元以下。

4.3 社区养老设施配置评价分析

一是日间照料中心配置评价分析。南开区共有21家社会化运营日间照料中心，其中，向阳路街道、水上公园街道日间照料中心数量最多，鼓楼街道、广开街道及体育中心街道未设置日间照料中心。

以15分钟生活圈开展日间照料中心覆盖情况分析，15分钟可达范围覆盖了114个社区，服务68.19%的老年人口，未覆盖社区主要分布在体育中心街道、学府街道及鼓楼街道，80岁以上老年人较多的阳光壹佰国际新城社区、天大四季村社区、云阳里社区存在日间照料中心缺口，下一步可优先考虑在这三个社区进行日间照料中心的部署建设（图7）。

图 7　日间照料中心 15 分钟生活圈覆盖情况分析

二是老年食堂配置评价分析。南开区共有 182 家老年人食堂，以 5 分钟生活圈开展老年食堂覆盖情况分析，5 分钟可达范围覆盖了 171 个社区，服务 99.31％的老年人口，基本实现了老年人口全覆盖（图 8）。

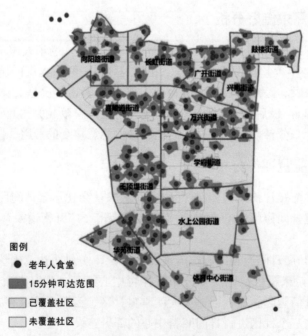

图 8　老年食堂 5 分钟生活圈覆盖情况分析

三是养老机构配置评价分析。南开区共配置 41 家机构养老设施，其中鼓楼街道及学府街道未设置机构养老设施。以 15 分钟生活圈开展机构养老设施覆盖情况分析，15 分钟可达范围覆盖

129 个社区，服务 75.79％的老年人口，未覆盖社区集中分布在学府街道、万兴街道、水上公园街道及鼓楼街道。未覆盖社区 80 岁以上老年人均值为 389 人（图 9）。

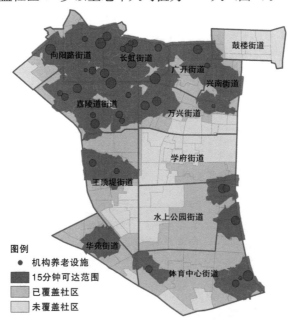

图 9　养老机构设施 15 分钟生活圈覆盖情况分析

5　结语

目前，生活圈规划下的养老设施建设成为居住区规划中配套设施建设的硬性要求，社区养老服务体系的构建成为我国养老服务未来发展的重点。与此同时，如何构建系统化的养老设施体系成为亟须解决的问题。笔者遵从"以人为本"的理念，从老年人的生活健康状态、日常行为、心理需求等出发，结合相关技术标准规范，研究构建不同生活圈层下社区养老设施评价体系，从设施选址、设施规模、空间布局和空间环境等方面研究提升配置策略，旨在平衡供给和需求，实现养老设施及养老服务的精准配置。基于官方数据及社会调查成果，以天津市南开区为例开展了社区养老设施配置评价分析，通过研究发现，社区养老设施服务内容的配置应充分考虑社区老年人口需求偏好及经济接受能力，不能只追求大而全，可由街道统筹，社区根据自身特征个性化确定设施规模、配置设施服务内容，并充分考虑周边产业配套，建设与老年人需求相匹配的社区养老设施体系。

［参考文献］
[1] 赵志庆，钱高洁.生活圈视角下的社区老年人医养设施布局策略研究——以北京市展览路街道为例 [J].建筑与文化，2021（2）：158-159.
[2] 程坦，刘丛红，刘奕杉.生活圈视角下的社区养老设施体系构建方法研究 [J].规划师，2021，37（13）：72-79.

［作者简介］
于靖，工程师，就职于天津市城市规划设计研究总院有限公司。

武爽，助理工程师，就职于天津市城市规划设计研究总院有限公司。
邢晓旭，工程师，就职于天津市城市规划设计研究总院有限公司。
宫媛，正高级规划师，就职于天津市城市规划设计研究总院有限公司。
李刚，正高级工程师，就职于天津市城市规划设计研究总院有限公司。
孙保磊，高级工程师，就职于天津市城市规划设计研究总院有限公司。
刘茂，工程师，就职于天津市城市规划设计研究总院有限公司。

15 分钟社区生活圈服务设施建设评估探索

——以无锡市经开区为例

□王子强，赵元元

摘要：《社区生活圈规划技术指南》首次提出要建立生活圈的"评估—规划—实施—治理"的全生命周期动态机制，明确前期评估对于生活圈建设的重要意义及地位。但目前相关研究多依托大数据进行服务设施的指标测度，对于生活圈评价体系的建立以及问题背后的复杂原因探讨略显不足。本文以无锡市经开区为例，提出建立"宏观—中观—微观"完善的生活圈设施评价体系，以求更好地识别目前生活圈内设施建设的短板。基于现状评估出的实际问题，从"规划—建设—运营"角度入手，力求探究深层次原因，希望为后续生活圈评估及建设提供更多的思考。

关键词：生活圈评价；服务设施评价体系；无锡市

1 引言

生活圈的概念始于日本，随后扩展至韩国等亚洲国家，随着《上海市 15 分钟社区生活圈规划导则》的发布、北京城市副中心与河北雄安新区在社区生活圈规划方面的探索，以及《城市居住区规划设计标准》的实施，生活圈这一概念逐步成为社会关注的焦点。那么，如何评判生活圈建设的好坏，也成为民众关注的重要内容。

为此，自然资源部发布《国土空间规划城市体检评估规程》，提出城市体检要坚持以人民为中心，建设人民城市，围绕"宜业、宜居、宜乐、宜游"，从老百姓日常最基本的需求出发，通过"15 分钟各类公共服务设施覆盖率""人均公园绿地面积""每万人拥有幼儿园班数"等指标的设定，客观评价城市基层服务设施建设情况，映射生活圈建设水平。2021 年，自然资源部又发布《社区生活圈规划技术指南》，进一步明确要充分发挥社区生活圈的基础性和综合性作用，建立"评估—规划—实施—治理"的动态机制，强化前期评估工作，结合城市体检，了解社区生活圈的实际建设情况与服务质量，并实时监测服务要素运营情况和建立各类需求要素反馈机制，形成以社区为单位的数据管理单元，通过定期开展评估工作，及时调整规划及实施计划。自此，开展生活圈建设评估工作被正式纳入生活圈建设的全生命周期动态工作机制当中，成为前期深入分析现状问题、充分了解居民诉求的重要一环。

2　关于生活圈建设评估的相关研究

从目前实际开展的生活圈评估工作看,学界及业界研究重点主要聚焦在两个方面:一是关于生活圈内设施建设的客观评价,包括生活圈评价因子的选择及权重的确定、设施布局的均衡性及密度分布研究等;二是关于设施使用效果的主观调研,如居民实际使用满意度调查等。

2.1　设施建设的客观评价

关于设施建设的客观评价,多依托开源的 POI 数据集,并运用 ArcGIS 相关分析,科学有效地描述各类设施的覆盖率和集聚情况。例如,萧敬豪以 POI 数据为基础,运用决策树原理,组织构建社区生活圈测度评价方法,提出地区开发强度、人口密度、地铁站距离是决定社区生活圈发展条件的关键因子;赵彦云基于全量 POI 数据对北京市"15 分钟社区生活圈"空间分布进行了测度,识别出设施布局不合理区域;崔真真通过 POI 等开放数据进行城市生活便利度指标评价体系建设,以及城市生活便利度指数计算,获得城市平均生活便利度指数;李朝旺利用POI 数据及 GIS 核密度分析方法,研判津南区公共服务设施配置情况。

2.2　设施使用效果的主观调研

设施使用效果的主观调查研究,主要是伴随新技术的运用,通过问卷发放或者大数据舆情调查来获得人群对设施建设的总体评价,评判方法也日趋多元。周岱霖通过问卷调查,调研广州典型社区居民的日常出行距离、设施类型需求并进行满意度评价,探讨现行设施供给与居民需求的分异问题。刘玲通过文献阅读、实地观察等方式,探索兰州市公共服务设施满意度的影响因素。陈凯文运用 Web Service、大数据技术搭建开放共享的决策系统框架,通过网络文本语义的挖掘识别个性化客群需求。

3　关于社区生活圈设施评估的思考

关于社区生活圈的评估方法,业界和学界已进行了诸多探索,但是如何构建自上而下、主观与客观相融合的评价体系,以及由表及里剖析挖掘评估结果背后的深层次问题,仍有待进一步探索。笔者认为未来的生活圈设施评估工作,应关注以下两个方面。

3.1　通过"大数据＋传统数据"构建"宏观—中观—微观"的设施评价体系

目前,社区生活圈建设评估多依托网络 POI 点数据,以实现区域的整体评价。POI 数据虽具有更新速度快、位置精度高、信息准确性好和数据获取方便等优点,但却缺少设施规模、使用品质等关键性信息。因此,依靠现有的 POI 数据仅能从宏观层面去评判生活圈服务设施的有无,无从得知微观视角下设施供需、现实使用的实际情况。若能补充传统数据及主观评价数据作为评价考量因子,则可以有效地构建"宏观—中观—微观"的设施评价体系,实现生活圈设施的评价从"大区域"逐步聚焦到"小圈子",在关注设施客观表征的同时,也能兼顾使用者的主观评价,更好、更细、更准地摸清生活圈建设的短板,实现后续规划的有的放矢。

3.2　从单纯的空间测度评估延伸至背后深层次问题的剖析

现有的设施评估研究多聚焦于技术逻辑,通过科学建立评价体系,抑或是创新探索评价方法,以精准分析设施空间的布局特征。研究结论多聚焦于空间布局的现实缺项,形成的结论多为"设施覆盖率不足、设施密度与人口密度不匹配、人均标准过高或过低"等常规性结论。但是，关于设施为何存在供需矛盾，就其背后原因，是管理失控、建设失序，亦或是规划本身存在考虑不周，抛开表象的更深层次的思考与探讨却很少涉及，评价结论难免粗浅、大同小异，难以从更高层次、更深维度为后续规划管理工作提供技术支撑。因此，挖掘现实矛盾背后的内在逻辑显得尤为重要。

4 无锡市经开区的设施评估探索

4.1 片区开展生活圈设施评估的背景

无锡市经开区于 2007 年启动建设，作为城市"一城双核"的重要组成部分，是城市南进战略扩张主阵地，更是未来城市提供高品质服务的高地。

从发展现状与预期上看，伴随着人口规模激增与结构变化，多元化人群结构对生活圈服务设施也提出了更高的要求。2010 年至 2019 年，经开区新增近 20 万常住人口，增长速度高于全市。新建各类安置小区 14 个、商品小区 19 个，呈现由北往南梯度开发的态势。其中，北侧太湖街道近老城区，启动建设较早，居住区建成度较高，居民以老师、律师、医师、工程师、公务人员群体为主；南侧华庄街道以增量用地发展为主导，呈现半城半乡的风貌，居民以安置居民为主。已建区与新建空间并存状态极为明显，不同人群呈现集聚化趋势。因此，完善精准服务生活圈的配套设施是实现高质量发展的必然举措。

从民生设施配建上看，作为城市"一核"，以往更多聚焦"大设施"，而忽略了"小圈子"的配套。片区现拥有诸多城市大公建（市政府、博览中心）、大项目（万象城、尚贤河湿地公园）、大基建（S1 线、S2 线、苏锡常都市快线）。与之形成鲜明对比的是，由于早年行政区划拼接，对于民生类小设施关注不足，设施密度与人口密度还存在错配问题，比如华庄街道尚锦城社区、华庄社区人口稠密，但基层公共服务设施配置明显不足。随着人民城市建设理念深入人心，从"城市发展大战略"转变到"社会民生小圈子"，聚焦老百姓的"家长里短"、关注居民的实际获得感逐步成为区域发展的新态势，生活圈评估工作也应运而生。

4.2 太湖新城生活圈设施评估体系的建立

为科学建立生活圈设施建设的评估体系，笔者提出应从三个维度入手：宏观维度重点评估设施布局远不远，按照生活圈服务半径，聚焦经开区内每个居住区公共服务设施的覆盖情况，识别服务盲区；中观维度关注设施规模供给够不够，按照配套标准，判断各个街道公共服务设施是否达标；微观维度关注服务品质好不好，科学划定生活圈，以人的需求作为出发点，从生活圈的沿街功能界面、道路断面、整体品质上进行综合评价（图 1）。

4.2.1 宏观维度：经开区层面

一是指标设定。构建 8 个一级指标和 23 个二级指标，其中一级指标按照"文化、教育、健身、医疗、养老、便民服务、购物、出行"大类进行设置，二级指标统筹考虑服务半径与服务能级。

二是权重设置。在指标确立的基础上，科学设置指标权重，统筹考虑实地调研时群众的反馈意见，并借鉴其他城市生活圈评价指标权重因子，最后通过 AHP 综合评价确定权重。由于评价数据源于网络 POI 与传统资料收集，考虑到指标量级的差异，需要对各类指标进行归一化处理，以保障评价结果的科学合理（表 1）。

■从哪些方面去评估？

| 评估维度 | 评估内容 | 评估介绍 |

宏观视角 → **设施种类多**（设施覆盖，是否有盲区） → 按照生活圈服务半径，聚焦**开发区**内每个居住区公共服务设施的可达数量的情况

中观视角 → **设施规模够**（设施够用，是否有缺口） → 按照配套标准，判断**各个街道**公共服务设施是否达标

微观视角 → **行走体验好**（设施好用，是否有品质） → 选取1个生活圈，从人的视角出发，从沿街功能界面、道路断面、整体品质方面进行评价

图1 生活圈的评估方法

表1 无锡市经开区生活圈设施评估

一级指标	一级指标权重	二级指标	二级指标权重	生活圈	POI点数量（个）
便民服务	0.12	餐饮	0.06	10分钟	1684
		生活服务	0.06	10分钟	1766
购物	0.18	大型购物中心	0.02	—	4
		大型农贸市场	0.04	15分钟	9
		社区商业、小型菜场	0.08	10分钟	9＋138
		便利店	0.04	5分钟	258
教育设施	0.15	中学	0.04	15分钟	5
		小学	0.05	10分钟	9
		幼儿园	0.06	5分钟	25
医疗	0.12	综合医院	0.02	—	3
		社区服务中心	0.06	15分钟	2
		卫生服务站、药店	0.04	10分钟	10
健身	0.11	市区、街道级体育设施	0.02	—	1
		健身公园	0.04	10分钟	16
		社区健身点	0.05	5分钟	108

续表

一级指标	一级指标权重	二级指标	二级指标权重	生活圈	POI 点数量（个）
文化	0.09	市区级文化设施	0.02	—	6
		街道级文化设施	0.02	—	4
		社区级文化设施	0.05	10 分钟	14
养老	0.12	市区级养老设施	0.02	—	1
		街道养老服务中心	0.04	—	2
		社区养老服务中心	0.06	10 分钟	32
交通	0.11	公交站点	0.08	5 分钟	7
		轨道交通	0.03	15 分钟	179

三是系统评价。对 8 类设施逐个进行系统评价，识别区域公共服务设施短板。以购物设施为例，太湖街道万象城、华润万家周边购物设施集聚度较高，华庄街道围绕华庄商业广场、集贸市场以沿街购物设施形成一定人气的购物商圈。相比之下，观山片区尚存在一定服务短板。

四是综合加权。对设施逐项进行科学研判，最终按照因子进行加权，获得设施综合覆盖情况。总体上看，太湖街道新建商品房小区、华庄农贸市场周边居住区设施覆盖率较高，尤其是太湖国际、万科、周新苑、落霞等小区及华庄街道。在加权叠加计算中，便民服务权重为 0.12，购物设施权重为 0.18，教育设施权重为 0.15，医疗设施权重为 0.12，健身设施权重为 0.11，文化设施权重为 0.09，养老设施权重为 0.12，交通设施权重为 0.11，优质小区权重为 0.37～0.53，良好小区权重为 0.25～0.37，中等小区权重为 0.11～0.25，待更新小区权重为 0～0.11。

4.2.2　中观维度：街道层面

从商业设施及公共服务设施两个方面进行评估。

一是商业设施。一方面万科、华庄部分社区邻里商业整体适宜，但局部过剩或短缺。邻里级商业设施规模总量适宜，但分布失衡。太湖街道商业人均建筑面积 0.77 m²，其中万科社区商业设施规模高达 8.9 万 m²，规模占总商业规模的 5 成以上。华庄街道商业人均建筑面积 1.11 m²，仅华庄商业广场占总商业规模 6 成以上。邻里商业规模分布不均衡，部分社区邻里商业短缺。另一方面，华庄街道落霞苑"小而散"的社区级商业设施偏大，以华庄街道为例，常住人口约为 13 万，人均社区级商业面积约为 2.02 m²（图 2）。

二是公共设施。在教育设施方面，部分学校学位供给不足，甚至存在生源超标问题；在文体设施方面，部分 5～10 分钟的社区文体活动站建筑面积不达标，部分社区由于开发商配建滞后，缺配文体活动站，如华庄街道尚锦城小区。在医疗设施方面，社区卫生服务中心服务过载，床位不足；基层卫生服务站普遍服务过载，服务半径过大。社区养老服务中心：达标率高，个别社区面积不足。

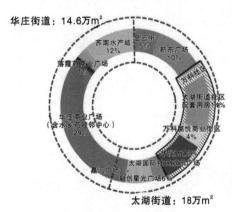

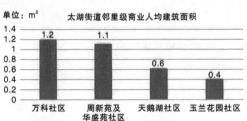

其他城市邻里级商业设施配置规模一览表	
城市	备注
上海	《上海市社区商业设置规范》人均0.7 m²
苏州园区	按人均1 m²配置
昆山	《昆山市商业网点布局规划》人均0.45~0.6 m²

华庄街道落霞苑"小而散"的社区级商业设施偏大

以华庄街道为例，常住人口约13万
➤ 人均社区级商业面积约2.02 m²

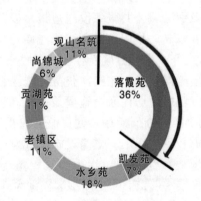

华庄街道社区商业设施规模统计表	
项目名称	商业建筑面积（万平方米）
落霞苑	9.5
凯发苑	1.96
水乡苑	4.75
老镇区	3
贡湖苑	3
尚锦城	1.6
观山名筑	2.8
合计	26.61

其他城市社区级商业设施配置规模一览表	
城市	备注
上海	《上海市社区商业设置规范》人均0.45 m²
苏州园区	居住级商业按总建筑面积1%计算
苏州相城	《苏州相城区商业网点规划》社区3万~5万人，人均≥0.9平方米；社区1万~1.5万人，人均≥0.45平方米；社区0.3万~0.5万人，人均≥0.15平方米
昆山	《昆山市商业网点布局规划》人均0.45~0.6 m²

图2　无锡市经开区商业设施评估

4.2.3　微观维度：生活圈层面

科学合理划定生活圈是微观层面开展生活圈评估的基础，在划定生活圈时，要统筹考虑以下6方面要素：一是规模适宜，按照现状实际步行距离预测，经开区15分钟生活圈服务人口约为4万～4.5万人，因此在具体划定时要统筹考虑人口规模，避免服务人口的过载或不足。二是社区划分要兼顾现状社区边界，生活圈尽量与社区管理相匹配。三是居住属性要考虑现状人群属性特征，尽量将拆迁安置区域与商品房社区进行区分，在后续公共设施配置时可以因地制宜、有的放矢。四是道路分割尽可能不跨主干道，实现步行空间的连贯一体。五是用地预留需核对控规，统筹考虑未来睦邻中心规划情况。六是管理单元要求生活圈与既有控规编制单元的衔接。最终，片区综合划定15个生活圈和3个工作圈。

笔者以万科生活圈为例，介绍评估的过程。重点选取连接生活圈内重要设施的两条城市街道，现状街道两侧界面零碎、街道尺度感不适，局部D/H尺度较大，显得压抑或空旷，街道氛围感不佳。同时，人行空间局促、退界空间消极；北部以一块板为主，无单独非机动车道，人行道的宽度仅有1.2 m，步行空间狭小；中南部人车混行，沿路停车、防护绿化隔离，断面整体消极。整段道路缺乏可互动、可停留、可阅读的空间（图3）。

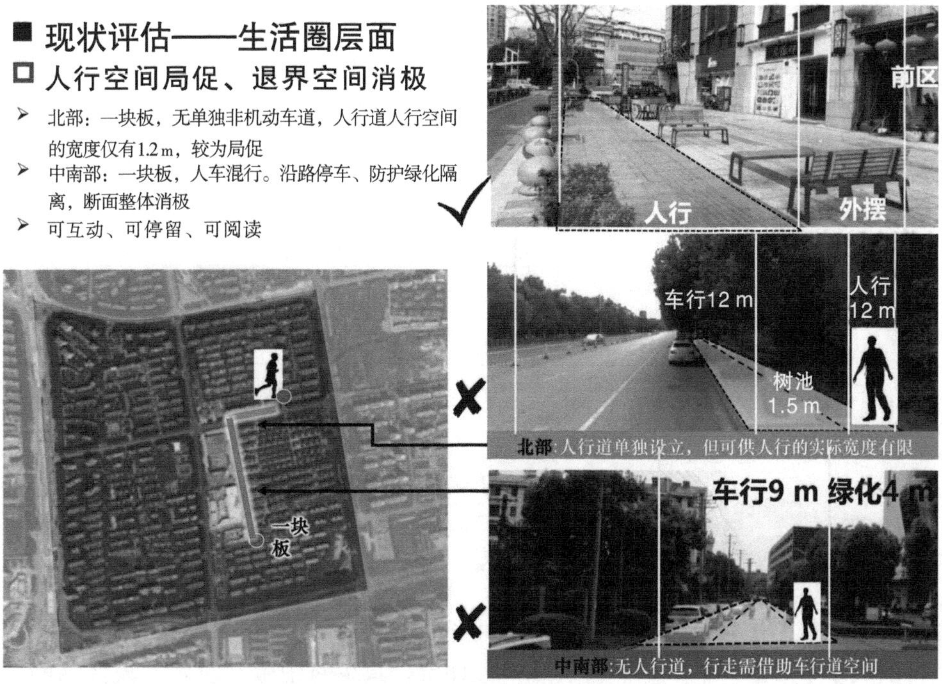

图3 无锡市经开区生活圈层面现状评估

4.3 对太湖新城生活圈设施现存问题的剖析

总体上看，太湖新城公共服务设施目前存在供给不足、布局覆盖不全、设施品质不高的矛盾。就其本质而言，笔者认为其在"规划—建设—运营"的全流程管控方面尚存在一定纰漏，因此引发了设施建设的表征矛盾。

4.3.1 睦邻中心空间布局"缺章法"，服务人口区域跨度大

现状生活圈组织多以睦邻中心为载体，但睦邻中心平均服务人口为 6.9 万，远高于现状生活圈服务人口的 4 万。另外，睦邻中心整体服务人口不均，服务人口在 1.6 万～14.5 万，不利于睦邻中心便民设施的标准化配置。

4.3.2 建设管控"有漏洞"，开发商未按约定交付设施

以经开区东侧某住区为例，开发商优先建设了住宅地块，并申请竣工验收，但待建的公共服务设施却存在滞后现象，影响了社区居民的正常使用。部分开发商为实现利益最大化，采用化零为整的策略，将多处零散的底层用房作为社区配套用房移交给社区使用，虽然整体面积加和达标，有利于居民就近开展文体活动，但是由于空间过于零碎，单体面积较小，在具体使用时造成了诸多不便。此外，由于生活圈建设涉及多个部门条线，难免会造成"多龙治水"、各职权部门只管"各扫门前雪"的情况，导致设施建设后期"走样"，如城市公共空间建设整体品质欠佳。

4.3.3 运营实施"有走样"，公共服务设施配置比例较低

经开区的睦邻中心建设充分借鉴了苏州工业园区邻里中心的建设理念，但在实际的运营实施过程当中，却存在公共服务设施配置比例过低的问题。以已建睦邻中心为例，商业设施比例高达 76%，但公共服务配套较少，公益性服务设施比例不足 30%，远低于苏州工业园区的45%，而杭州的公益类服务设施占比更是高于 70%（图4）。

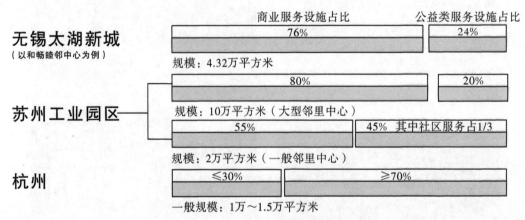

图 4　各市商业服务设施与公益服务设施占比

5　结语

　　开展生活圈评估工作是充分了解居民诉求，缓解生活不便、职住失衡、交通拥堵等城市病的基础。目前关于生活圈评估多聚焦在宏观指标评价，缺少对中微观设施建设使用的评估测度，笔者希望建立"宏观—中观—微观"更加完善的生活圈设施评价体系，以求更好地识别生活圈内设施建设的短板，并且基于现状研判的现实问题，从"规划—建设—运营"角度入手，力求探究其内在原因，希望为日后生活圈建设评估提供一定的借鉴与参考。

　　城市生活圈的研究是一个漫长且复杂的过程，伴随着大数据行业的快速发展，相信会有更多数据应用在生活圈的评价当中，也将为后续生活圈规划建设提供新的切入点。

[参考文献]

[1] 崔真真，黄晓春，何莲娜，等. 基于 POI 数据的城市生活便利度指数研究 [J]. 地理信息世界，2016，23 (3)：27-33.

[2] 萧敬豪，周岱霖，胡嘉佩. 基于决策树原理的社区生活圈测度与评价方法——以广州市番禺区为例 [J]. 规划师，2018，34 (3)：91-96.

[3] 赵彦云，张波，周芳. 基于 POI 的北京市"15 分钟社区生活圈"空间测度研究 [J]. 调研世界，2018 (5)：17-24.

[4] 周岱霖，黄慧明. 供需关联视角下的社区生活圈服务设施配置研究——以广州为例 [J]. 城市发展研究，2019，26 (12)：1-5，18.

[5] 陈恺文. 面向智慧城市的公共服务设施建设决策研究 [D]. 南京：东南大学，2016.

[6] 刘玲. 兰州市公共服务设施公众满意度测评研究 [D]. 兰州：兰州大学，2021.

[7] 李朝旺，何佳琳，任利剑. 生活圈视角下公共服务设施评估与问题识别——以天津市津南区为例 [C] //面向高质量发展的空间治理——2020 中国城市规划年会论文集（19 住房与社区规划），2021：761-769.

[作者简介]

王子强，注册城乡规划师，就职于江苏省规划设计集团苏州分院。

赵元元，注册城乡规划师，就职于江苏省规划设计集团苏州分院。

儿童友好型公园设计中数字技术场景化应用研究

——以福州闽江公园北园为例

□吴小洁，郭宇涵，张志雄，杨雪雯，孙恺

摘要：随着当下全国儿童友好型城市建设的大力开展，对儿童友好型公园的建设水平和服务功能提出了越来越高的要求。数字技术是提升儿童友好型公园的设计、建设、管理、服务水平的重要技术途径。本文在分析儿童友好型公园的设计要点的基础上，将数字技术融入儿童友好型公园设计，提出数字技术在儿童安全、学习和交往三方面的场景化应用技术与方法。最后，提出数字技术在福州闽江公园北园提升设计中的场景化应用，具体包括安心趣园、创智天地和童享客厅三大场景化应用实践。

关键词：儿童友好；数字赋能；多维场景；提升路径；闽江公园

1 引言

近年来，国家、省、市层面重点关注儿童友好城市建设，2021年9月国家发展和改革委员会、住房和城乡建设部等23部门联合印发《关于推进儿童友好城市建设的指导意见》，深圳、长沙、苏州等城市率先开展儿童友好城市研究与建设。2022年初，福州也同步开展了《福州市创建国家儿童友好城市方案》编制工作，儿童友好成为评价城市建设成效的重要指标，而儿童友好型公园是儿童友好城市建设的主要践行区之一。

随着国家"双减"政策的发布，儿童拥有了更多可支配的休闲时间，儿童对于儿童友好型公园的需求不断增加，这对儿童友好型公园的质量、建设水平和服务功能也提出了更高的要求。而传统的公园在保障儿童安全、激发儿童学习、满足儿童交往需求等方面存在一定的局限性，近年来，智慧儿童公园因体验感强、互动性高等特点，备受儿童青睐。因此，数字技术是提升儿童友好型公园的设计、建设、管理、服务水平的要求的重要技术途径。将数字技术与儿童友好有机融合，为孩子打造一个尊重其玩耍权利、确保其安全、引导其学会探索与分享的智慧型公园，是笔者研究的主要方向。

2 儿童友好型公园的定义与设计要点

2.1 儿童友好型公园的定义

1992年，联合国儿童基金会在纽约会议上首次提出了"儿童友好型"概念，会议认为应该把儿童的需求和权利摆在城市规划政策的首要地位，满足儿童的需求，完善儿童的生活环境，让儿童在身体、心理、认知和社会性上得到发展。因此，儿童友好型公园是能满足各年龄段儿童进行安全、健康、愉快的活动的公园，同时儿童也可通过这些活动锻炼身体、促进心智的健康成长和提高认知自然、社会的能力。

2.2 儿童友好型公园的设计要点

2.2.1 安全性

不同于室内儿童活动场地的封闭、狭小、局限、不自由，公园因其公共开敞、自然生态、自由无拘束的特点受到儿童与家长欢迎，然而这些优点也带来了一定的安全隐患。主要表现在两方面：一方面，开放空间存在一定的安全隐患，如滨水且未设置护栏的观景平台或通透式围栏、自由堤岸等空间（图1、图2），易发生因看管上的疏漏导致的儿童落水事件。传统的公园设计往往采用简单的设计手法，如设置围墙、护栏等防护设置，把儿童限定在一定的活动范围内。而防护设施限制了儿童的活动范围，且高大的防护设施对儿童极其"不友好"（图3、图4）。另一方面，公园的开放性及公共性造成公园的使用人群较为复杂，大部分公园缺少有效解决儿童被拐带等社会安全风险的预防措施，给家长照看儿童带来了很大的压力，监护人难以在满足自身社交活动需求的同时对儿童进行看护。

因此，提高公园的安全性，确保在公园中玩耍的儿童的物理空间安全及社会安全是儿童友好型公园建设的基础。

图1 上海滴水湖公园滨水无防护措施实景图

图2 福州闽江公园北园滨水防护栏杆实景图

图3 波兰Paprocany湖滨水防护栏实景图

图4 抚顺十里滨水公园阻隔墙实景图

2.2.2　趣味性

一般城市公园设计偏重视觉表现，体验多是依靠视觉感官，成年人拥有丰富的感官体验，通感能力较强，对于成年人来说，公园是放松身心的好去处，但儿童仅靠视觉是无法充分认知周围环境的，他们需要调动触觉、嗅觉及味觉等多种感官来确定身体感受和增强记忆，仅具有观赏性的公园会令儿童感到索然无味。滑梯、秋千等设施是城市公园增强儿童体验感的常用手段，但这类活动是以调动儿童的肌肉运动为主，只能满足低龄儿童最原始的玩耍需求，大多情况下青少年儿童的其他需求被忽视。总而言之，偏重视觉体验和拥有简单游乐设施的城市公园，其服务功能单一，体验感不足，无法带给儿童更多的趣味性。

同时，在教育"双减"的背景下，儿童探索知识能力弱等问题更为突出。一般儿童对于外界事物环境总是充满新鲜感、好奇感和探知欲，在游戏过程中更偏好趣味性空间。有趣的自然空间对儿童具有更大的吸引力。因此，增强公园的趣味性，引导儿童主动探索，使他们更好地认识自然，使每个年龄段的儿童都能找到自己的游乐场所，是城市公园真正实现儿童友好的重点之一。

2.2.3　共享性

大多数户外儿童活动空间没有根据儿童自身的特点和场地的特色进行定制化设计，导致活动空间同质化，缺乏活力和吸引力，缺少同龄儿童间的群体式互动考量。

"分享"是人际交往中重要一环，而"共享"是应对孩子"喜新厌旧"天性的方式。共享的方法可以解决儿童玩具的"痛点"，而构建复合共享的功能性空间等新的生产生活方式正在改变人们创造空间和使用空间的方法，规划服务应回归以人为本。儿童活动需要共享交流网络，应充分激发场地活力，打造有温度、有活力、能共享的儿童活动空间。

3　数字化技术与儿童友好型公园的契合

3.1　数字化技术赋能儿童友好型公园的儿童安全

为保障儿童物理空间安全与社会公共安全，笔者提出通过数字化、智慧化的提升辅助手段，砌筑数字柔性屏障及织补无形安全智网，提升公园游玩环境的安全性，让儿童在尽情享受游玩带来的乐趣的同时，也能让看护者放心地享受在公园中游憩的乐趣。

3.1.1　数字柔性屏障

针对传统公园设计通过设置围墙、护栏等防护设置保障儿童安全这个"不友好"的设计手法，笔者提出：通过数字技术的应用，将常规硬质化的物理防护设施设计成智能化、柔性化的数字屏障，打造更为友好的"柔性"安全屏障。如借助人脸识别技术、触控预警机制及感应式喷水装置，通过设定不同的识别区，感应式判定临水儿童所处的不同危险场景，对踏入危险区域的儿童实施"警报提示"或"柔性阻挡"。

3.1.2　无形安全智网

针对社会公共安全的问题，大部分传统公园提供的不是预防性方案，而是无济于事的事后补救措施。想保护儿童的社会公共安全，仅仅依靠看护者的时刻盯梢及公园的安保系统是远远不够的。笔者提出：通过织补看不见的无形安全边界来保护公园中自由玩耍的儿童的安全，在不造成物理阻隔障碍的基础上，提高安全性及工作效率。依托智慧平台，借助人脸识别系统，构建家长、儿童配对模块，实时定位、及时追踪家长与儿童所处的空间位置，通过智慧看护的方式从前端守护儿童社会公共安全，有效降低公园中儿童走失、被拐的风险，让家长与儿童在公园中放心、安心游玩。

3.2 数字化技术赋能儿童友好型公园的儿童学习

通过数字体验联盟、智慧交互系统和个性定制服务三大数字化策略，以充满趣味的形式让儿童在玩耍的同时，增强儿童创作、探索知识的能力，提高学习效率。

3.2.1 数字体验联盟

通过实时投屏、AR 技术、全息技术等手段，助力儿童将探索公园与深层体验数字化相结合，营造一个多数字技术融合的数字体验联盟。一是将实时投屏运用到儿童的创作和表演中，让儿童的创作和表演得到更多人的关注，提高儿童创作的积极性，锻炼儿童的勇气，同时也增加了创作和表演的趣味性。二是通过 AR 技术将儿童的娱乐休闲和知识探索结合起来，巧妙融合吸引儿童探索的虚拟信息与真实场景，并借助各种传感设备让儿童沉浸其中。三是利用全息技术营造吸引儿童的梦幻氛围，激发儿童的想象。

3.2.2 智慧交互系统

运用数字技术让儿童游玩与学习知识探索形成智慧交互，以"玩游戏"的模式进行知识探索，儿童能随时随地获取眼前知识、了解获取相关知识的途径。设定吸收知识的时间约为 10 分钟，以匹配儿童"注意力不长久"的特性。通过这种方式培养儿童的成长型思维，让他们在学会探索的同时，也学会解决困难的方式。该智慧交互系统要实现以上目标需具备多窗口、强链接两个功能，多窗口是指儿童进入知识探索的途径要多元化，如手机扫描、语音对话、按钮播放、人脸识别等；强链接是指知识之间既要相关度高，又要具有一定的延展性，链接的界面或模式要基于儿童的行为习惯设计。

3.2.3 个性定制服务

传统公园提供的服务是同质化的，体验感的强弱因人而异，但是每位儿童获取信息的内容和方式基本是固定的，即便是经常来同一个公园，知识的探索也可能是重复且不连续的，儿童对公园的知识探索模式是不可持续的。儿童公园可以通过 AI 数字化技术，让公园记住每一位来过的儿童，针对每位儿童的兴趣爱好、对公园的了解程度等情况，智能推送个性化服务，不断激发儿童的探索兴趣，丰富儿童的知识面，真正让公园成为户外学习的"第二课堂"。

3.3 数字化技术赋能儿童友好型公园的儿童交往

笔者提出通过数字化技术，搭建功能型数字平台，实现数字与空间联动，让儿童参与分享、学会合作，实现共享。同时，实现儿童与人以及儿童与环境之间的互动，加强彼此之间的沟通与交流，激发创造力，提高参与性。

3.3.1 搭建儿童线上议事平台

将"单循环"变成"多跨协同"、数据共享的"多循环"模式，将智慧应用转化为服务儿童公园空间的优化能效；通过"线上＋线下"联动，从儿童实际需求出发，通过数据采集、共享、处理、反馈，搭建一个为儿童"双享"（分享、共享）互动服务的儿童友好数字平台。

3.3.2 打造儿童友好"会客厅"

在空间中通过游戏设施的数字交互式设计，提升儿童的兴趣和参与度。选择合适区域设置 AI 数字化平台，借助互动装置录入儿童可分享的玩具及用品，实现对玩具用品的识别以及与其归属人的配对。儿童可通过该数字化平台分享自己的玩具给其他人，也可共享其他人的玩具。通过分享、共享给儿童带来体验感，使儿童活动空间回归到一个集参与、互动、体验、休闲娱乐于一体的综合性空间。

4　儿童友好型公园设计中数字技术场景化应用实践

4.1　目前福州闽江公园存在的问题

4.1.1　安全隐患、缺少保障

作为综合公园，福州闽江公园包含的活动内容丰富、空间类型多样。但是，可供儿童玩乐的空间也存在一定的安全隐患，如公园北部滨水设置的沙滩园，其滨水的沙滩空间吸引了大量儿童，但在保障儿童滨水安全性方面，仅通过设置稀疏的铁链栏杆进行围挡以及大字标语进行警示，这对于自我防范意识较弱的儿童群体而言形同虚设（图5）。再如公园南部的桥梁园，其滨水空间非但没有设置相应的围挡或警示，反而做成了高差较大的台阶，不仅无法保障儿童的安全，还造成了更大的安全隐患（图6）。

图5　福州闽江公园北园沙滩园实景图

图6　福州闽江公园北园桥梁园实景图

4.1.2　功能单一、缺少体验

福州闽江公园北园是福州市内最大的开放式休闲公园，功能以观赏和游览为主，有一些具有特定的内容和形式的区域园，如桥梁园、植物园等（图7、图8），对儿童有一定的科普教育意义，但公园功能普遍单一，且景观和设施多年固定不变，对儿童的吸引力弱，体验感差，无法满足儿童探索学习的需求。

图7　福州闽江公园北园植物园实景图

图8　福州闽江公园北园桥梁园实景图

4.1.3 模板化设计、缺少互动

福州闽江公园现有儿童游乐设施仅考虑儿童单独玩耍的需求，缺乏不同儿童间群体式互动分享体验的功能，公园内大多数儿童只能各自玩耍，与其他儿童之间的交流甚少。儿童作为公园主要使用群体之一，缺乏能与同龄人分享、共享的机会和场合（图9、图10）。

图9 福州闽江公园北园儿童游乐设施实景图

图10 福州闽江公园北园儿童游乐场地实景图

4.2 数字技术场景化应用

针对现状公园存在的安全、探索、共享等层面的需求问题，为更好地打造以儿童友好为目标的公园，笔者以数字空间为抓手，以物质空间为落脚，提出构建"闽江惠童"平台，将数字化的提升策略落实到空间层面，具体细化出三大儿童友好型公园智慧化提升策略（图11）。同时，方案设计了安心趣园、创智天地、童享客厅三大数字化场景（图12）。

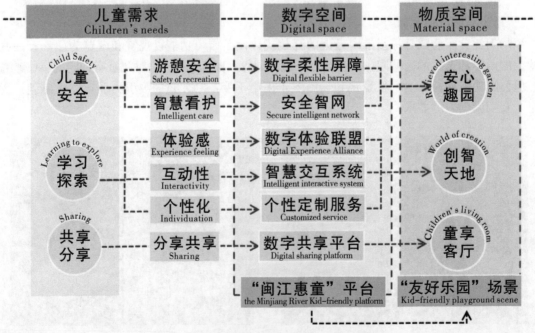

图11 儿童友好型公园智慧化提升策略示意图

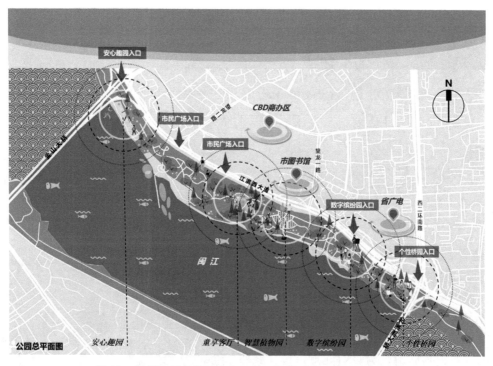

图 12　福州闽江公园儿童友好型公园数字化场景应用区位图

4.2.1　场景1：安心趣园

沙滩园位于闽江公园北园北侧、靠近金山大桥，现在主要有滨江的沙滩及滑梯、转盘等供儿童游乐的设施，但由于缺乏滨水安全设施，儿童在其中玩耍具有较大的安全隐患。为更好地提升空间的物理、公共安全性，笔者借助数字化的手段，将沙滩园打造为数字赋能安心趣园，具体设计措施如下。

一是构筑安心趣园"数字柔性屏障"。拆除沙滩园滨水空间安全系数不高、视觉效果不佳的阻隔护栏，依托"闽江惠童"平台，融合智慧灯杆、距离感应器、全景人脸识别系统、数字防护水屏等，搭建双层次的数字柔性屏障。其中，第一层次为数字有声屏障，在距离水岸边2 m宽的地面上等距铺设距离感应器，结合智慧灯杆、"闽江惠童"平台及全景人脸识别系统，对踏入数字有声屏障内的脱离看管的儿童发出警报。第二层次为数字防护水屏，其设置于滨水一线，正常状态下人们发觉不到其存在，不会对滨水空间产生视觉阻碍；警戒状态下同样结合智慧灯杆、"闽江惠童"平台及全景人脸识别系统，通过水幕喷射装置，快速形成一道1.2 m高的水幕屏障，对独自超越滨水一线的儿童起到柔性阻隔作用。通过设置双层次的数字柔性屏障，让公园内滨水区域的家长共同担当"街道眼"的角色，在全方位保护儿童在物理空间中安全的同时，让儿童更好地亲近自然（图13）。

二是织补安心趣园"无形安全智网"。借助等距布设的智慧灯杆围合出沙滩园安全智网边界，依托"闽江惠童"平台，搭载家长儿童安全配对系统，对进入安全智网的家长和儿童自动开启匹配代码，并通过云端链接手机、智能手表等各种便携式数字终端。当儿童独自离开或与代码不匹配的成年人一同离开智网区域，则会触发智慧灯杆中的安全警示数字系统就近发出警示信息，同时相关数据会实时传送至绑定的各种数字终端。"无形安全智网"通过智慧"看护"的方式从前端守护儿童社会公共安全（图14）。

图 13 安心趣园"数字柔性屏障"示意图

图 14 安心趣园"无形安全智网"示意图

4.2.2 场景 2：创智天地

缤纷园和植物园亦可通过数字手段进行改造。

第一，利用数字技术提升缤纷园的体验感。缤纷园位于闽江公园北园的南部，内部有一处大广场和阶梯看台，由于场地空旷、色彩偏灰，儿童一般很少在此地驻留。为吸引儿童，本方案将借助数字技术营造一处探索和体验深度融合的数字缤纷园，主要有以下三个策略：一是运用数字影像实时互动联屏，将儿童的画作、设计作品实时投影到 AR 屏幕，画作可通过区块链连入云端，同步生成专属知识产权。二是利用 AR 屏幕播放

图 15 数字缤纷园改造示意图

舞蹈的分解动作，一方面能辅助舞蹈教学，矫正舞蹈动作；另一方面分解动作能增强舞蹈美感，引导儿童参与。三是通过对无特色台阶和废弃水池进行改造，打造全息水幕、钢琴台阶等网红节点，增强高科技体验（图 15）。

第二，通过智慧交互系统让植物园寓教于乐。植物园位于闽江公园北园的北部，内有诸多植物及中药药材，部分植物可通过扫码获取文字介绍信息，但单一的获取方式和文字表达形式很难吸引广大儿童。为赋能儿童自然环境学习，通过智慧交互系统，将探索自然环境与学习深度融合起来，笔者制定了如下策略：增加植物信息的获取方式（如 AI 语音、按钮等），丰富信息的呈现方式（如语音讲解、文字投射等）；扫描二维码可链接其相关书籍在市图书馆的位置，方便儿童进行深入学习；设置"植物知识 PK 大屏幕"，通过竞赛的方式提高学习趣味性，帮助儿童增强记忆力（图 16）。

第三，打造个性桥梁园。桥梁园位于闽江公园北园的南部、尤溪洲大桥旁，内有多座桥梁模型，目前仅通过刻碑文字简要介绍桥梁信息，儿童无法深入了解桥梁的其他相关知识。为有针对性地为儿童提供个性化的探索途径，吸引儿童不断参与其中，笔者提出的主要策略如下：利用大数据及人脸识别技术，为每位儿童设置专属 ID 账户，将每个儿童的浏览记录、参与活动、历史足迹等进行标签化设置，逐渐形成立体式的儿童成长云记录；针对儿童了解过的桥梁知识，提出问题进行互动式学习，让儿童边玩耍、边体验，进阶式获取知识，增加儿童探索的趣味性（图 17）。

图 16 智慧植物园改造示意图

图 17 个性桥梁园改造示意图

4.2.3 场景 3："童享客厅"

针对儿童玩具分享、共享问题，规划在闽江公园北园中段的市民广场入口处儿童游乐区搭建以下两个平台。

一是"童享客厅"数字平台。"童享客厅"数字平台为纳入管理的每个儿童设置专属"儿童码"，每个父母账号下可绑定多个儿童账户。对每个儿童账户的浏览记录、参与活动、历史足迹进行标签化设置，标签随着账户的使用逐渐丰富，描绘出立体式的儿童分享成长状态，实现数据精准画像。

儿童可以在平台的"玩具能量存折"版块录入自己的玩具信息，获得"爱心能量"，可作为活动报名的儿童信用分，累积"爱心能量"实现成长，还能兑换学习用品、益智玩具等礼品。此外，儿童还可以参加在"儿童议事厅"版块选举"厅长"、与"共享伙伴"交流"共享玩具"等活动。平台动态捕捉儿童需求，不断优化调整服务内容，实现儿童和平台共建共育共享共发展。

二是"童享客厅"游乐空间。AI 视觉识别机器人作为数字终端，孩子们可以在其搭载的"玩具能量站"等数字游乐空间中存入玩具并提取其他孩子的玩具，实现玩具的分享、共享与交换。存入玩具时，AI 视觉识别机器人通过人脸识别，配准并录入玩具分享人。取回玩具时，AI 视觉识别机器人可快速识别并定位出对应的玩具所处位置（图 18）。

图 18 "童享客厅"示意图

5 结语

随着儿童友好型城市建设的大力开展，社会对儿童友好型公园的建设水平和服务功能提出了越来越高的要求。少年儿童是祖国的未来，数字建设是城市发展的方向，应用数字技术来提升儿童友好型公园的设计、建设、管理、服务水平，是有效应对当下人们要求的重要技术途径。儿童友好型公园，它不仅是一座五彩缤纷、安全无忧的"游乐场"，更是让儿童学会分享与探索的智慧场。一个城市为儿童所创造的空间环境形态，是城市可持续发展的保障。

［参考文献］

［1］简·雅各布斯，美国大城市的死与生［M］．金衡山，译．南京：译林出版社，2005．

［2］刘冠兰，周晨，欧阳丽，等．浅析"儿童友好型"公园的规划与设计［J］．湖南农业大学学报（自然科学版），2012，38（S1）：61-63．

［3］孙施文，武廷海，李志刚，等．共享与品质［J］．城市规划，2019（1）：9．

［4］刘冠兰．"儿童友好型"公园规划设计研究［D］．长沙：湖南农业大学，2013．

［5］李爽．基于儿童友好型公园理论的城市公园设计探索［D］．北京：北京林业大学，2019．

［6］刘蓝蓝．基于儿童行为模式的儿童友好型公园规划设计研究［D］．北京：北京林业大学，2019．

［7］刘堃，高原，魏子珺，等．儿童友好社区规划中游戏化儿童参与方法研究［C］//2018中国城市规划年会论文集（07城市设计）．2018：213-225．

［作者简介］

吴小洁，高级工程师，注册城乡规划师，就职于福州市规划设计研究院集团有限公司。

郭宇涵，工程师，注册城乡规划师，就职于福州市规划设计研究院集团有限公司。

张志雄，工程师，就职于福州市规划设计研究院集团有限公司。

杨雪雯，高级工程师，就职于福州市规划设计研究院集团有限公司。

孙恺，助理工程师，就职于福州市规划设计研究院集团有限公司。

第三编
信息技术与空间识别

基于多系统视角的长三角网络结构演化研究

□张欣毅

摘要： 在推动区域一体化高质量发展的背景下，本次研究以长三角三省一市（江苏省、浙江省、安徽省和上海市）为研究对象，选取了以交通和信息系统为代表的空间基础类系统及以创新和产业系统为代表的经济强化类系统，构建了两层次四系统的分析框架。通过对各类系统结构演化特征的直观描述、对网络结构发展阶段的拓扑分析、对面板数据属性指标的定量研究，总结了多系统共同作用下区域一体化的发展机制。研究发现各类系统共同促进了区域结构向多中心、网络化、均衡化的方向演变。但目前长三角区域的多系统协同发展仍处在较低的水平，各类系统在结构演化、发展重点和深入方向等方面仍存在不协调、不匹配的问题，仅形成了较为初步的、自发的相互作用，无法充分满足区域整体高质量发展的需求。

关键词： 多系统；城市网络；结构演化；长三角；区域一体化

1 引言

区域作为一定范围内邻近地理单元及各类资源要素有机结合形成的复杂整体，其所呈现的空间结构和网络联系是内部多个系统长期共同作用的结果，不同系统所具有的差异化特征及彼此间的耦合互动决定了各级各类城镇节点的组织关系，进而深刻影响着区域整体结构的发展演变。

系统网络间的协同发展在区域一体化过程中发挥着重要作用。随着多系统建设的高速推进与新兴技术的广泛使用，区域内城市间各类设施基本连通，逐步形成彼此匹配、协同发展的多维设施网络。高效紧密的功能网络体系重构了地理单元的互动模式，改变了各级各类城市节点的秩序关系，促进了基于要素流动的区域结构演变。

本次研究选取长三角区域交通、信息、创新和产业功能网络，以三省一市（江苏省、浙江省、安徽省和上海市）2010—2019年各类要素流动的实际数据为基础，构建了两层次（空间基础层、经济强化层）四系统（空间系统、交通和信息系统、经济系统、产业和创新系统）的分析框架，深入分析了各类系统功能网络在长期演化过程中呈现的属性特征，明确了多系统网络对区域整体结构演化的影响及网络间的互动关系，总结了现阶段长三角多系统协同演化的一般规律与问题，并提出了相应的规划思考。

2 研究综述

2.1 多元数据的城市网络研究进展

随着经济全球化水平的提升和信息技术的发展，区域和城市间的联系逐步跨越地理界限，呈现出网络化的特征。杨永春总结，关于城市网络的研究先后经历了"有属性但无关系"的城市等级研究、重视要素联系的城市体系研究和全球化背景下城市网络研究3个阶段。

进入21世纪，全球化与世界城市研究小组（GaWC）突破原有研究局限，开始采用基础设施、企业联系、跨国移民等多种联系数据研究世界城市网络。近年来，李迎成主要从公司组织、基础设施、人群活动、社会文化和创新等多个层面进行了研究。其中，基础设施联系研究开展较早，Smith于2001年利用航空乘客流数据研究了世界城市间的联系程度；企业组织路径在城市网络研究中被广泛运用，在欧洲多中心区域城市研究中，Hall将其作为衡量城市网络关联度的重要依据；唐子来、赵渺希等则运用生产性服务业企业联系对长三角和全国城市网络体系进行了相应研究；社会文化网络联系重点关注政治、社会与文化要素推动下形成的城市网络关系，GaWC基于非政府组织在全球城市中构建的办公网络研究了世界城市社会网络联系，甄峰则利用微博数据研究了我国城市社会网络特征。

2.2 多系统网络间互动关系的相关研究

相关研究从社会经济环境、空间网络结构、设施建设等方面对多系统间的互动关系进行了分析。在社会经济方面，论证了交通和信息等基础设施的外部溢出效应、产业集聚效应及区域发展效应。Ozbay的研究认为基础设施建设对区域经济发展具有一定的外溢作用，但这种外溢作用会随着与区域中心距离的增加而递减，并且基础设施建设对产出的增加存在着一定的时间滞后效应，而良好的基础设施可以在一定程度上促进技术进步和企业发展效率的提高。通过分析交通设施与要素生产率之间的关系，刘秉镰指出交通系统建设对全要素生产率的提升具有显著的正向影响。此外，Yena和董晓霞指出，区域内产业的发展离不开交通和信息系统的支撑，一个地区产业结构的变迁也会受到设施条件的影响。

在空间结构方面，金凤君指出基础设施建设会引起空间经济形态规律性的变化，我国区域范围内发展轴线的规划是在既有基础设施体系基础上制定的。胡序威认为在主要核心城市周围及主要核心城市之间沿交通走廊的轴线地带，产业和空间正在加速集聚，有较强经济实力的中小城市在迅速崛起。汪明峰、宁越敏提出，进入信息时代，在互联网这种新的信息基础设施架构之上产生了我国城市体系的新格局，互联网基础设施建设正在重塑城市的竞争优势。

近年来，我国系统设施建设的高质量发展问题受到关注。汪鸣认为按照国家战略和发展需要，精准进行多系统设施布局，提高基础设施的发展质量，是基础设施高质量发展的必然要求。张永军则认为需要在节约资源的基础上提升基础设施建设的质量，从而增强各类资源配置的能力，提升抵御自然灾害的能力，为推动新型城镇化高质量发展提供保障。顾朝林认为系统设施的高质量布局应关注经济问题、人口问题、空间问题及基础设施本身存在的问题，需要进一步发挥传统物质基础设施的作用，也应该关注硬基础设施的现代化和软基础设施的数字化。

3 理论框架与研究方法

3.1 理论研究框架

笔者选取长三角区域交通、信息、创新和产业系统为研究对象，一方面考虑到其作为推动型系统，在现阶段我国城镇化快速发展的背景下对节点间要素联系情况具有显著影响，可以较为清晰地揭示一定时期内区域整体结构各项特征的演变过程。这四个系统中既包括由各级政府主导建设、反映统筹谋划布局的交通和信息系统，也包括由参与者决定、反映多元主体选择意愿的创新和产业系统，涵盖了影响区域整体发展的多个方面。另一方面考虑到设施建设的先后关系，研究分别选取了代表建设过程的交通和信息系统，以及代表建设结果的创新和产业系统，力图对区域一体化建设的全过程进行较为全面的评价测度。

依据不同系统的特性，进一步将其归纳为空间基础类系统和经济强化类系统。其中，空间基础类系统包括交通和信息系统，这类系统通过相应设施的建设为区域内的人流、物流、信息流等提供了物质载体，是城镇间各类要素流动的基础，对区域整体发展起到了支撑作用；经济强化类系统包括创新和产业系统，这类系统反映的是城市间技术和资金的流动情况，产业联系密集分布的地区可视为现阶段区域发展的重点，而创新联系集中分布的地区可认为具有较强的发展潜力。这两者虽不是有形的物质实体，但都对城市间建立密切联系、推动区域整体发展起到了强化作用。基于上述对系统选取依据及分类方法的说明，研究形成了两层次四系统的分析框架。

依托这一框架，研究首先分析了近年来各系统空间网络的演化特征，通过考察各系统中不同等级、不同职能城镇节点的空间分布情况及节点间要素联系的强度，直观描述了两类系统空间结构的变化过程及网络结构的发展阶段；其次分析了两类系统对区域整体结构多中心、网络化、均衡化三项特征的影响，运用社会网络分析方法定量研究了不同系统对区域内核心节点联系强度、整体联系覆盖范围以及密集联系分布情况的影响作用；最后通过比较各系统在区域发展中作用的异同，结合相关关系检验考察了各类系统间的耦合互动关系，形成了对多系统共同作用下区域一体化发展机制的认识。

3.2 研究数据与研究方法

笔者所用交通系统数据来源于 2010—2019 年长三角城市间铁路客运列车班次，其中 2010—2016 年数据获取自中国铁道出版社印制发布的《全国铁路旅客列车时刻表》，2017—2019 年数据由上海铁路局提供。信息系统所用分析数据为 2010—2019 年长三角城市间搜索指数的年平均值，数据通过在百度指数网页界面以各城市名为关键词搜索，并按地域分类获取。创新系统所用分析数据为 2010—2019 年长三角城市间每年的专利合作数量，将国家知识产权局中国专利信息中心作为数据检索平台，在表格检索页面，将申请日、申请人及申请人地址作为检索条件获得原始数据。在产业系统方面，选取长三角区域内上市公司与其分支机构间的联系表征城市间产业联系强度，以 2010—2019 年国家工商总局注册企业数据库为基础，按照所属城市分别统计企业位于不同城市分支机构的数量，得到城市间产业联系强度。

基于上述研究数据，笔者结合两层次四系统的分析框架，围绕区域结构发展过程中所呈现的多中心、网络化、均衡化特征，构建了空间—网络结构模型与动态面板数据模型；依循从静态到动态、从系统到网络、从部分到整体的研究逻辑，综合运用地理空间分析、社会网络分析、定量统计分析等研究方法，通过提出理论假设、收集整理数据、构建分析模型、相关关系检验四个步骤，探究了各系统空间网络特征、多系统对区域结构演化影响、系统间的相互作用关系，总结了多系统作用下区域一体化的发展规律。

4 多系统功能网络发展特征

4.1 多系统功能网络结构特征

总体来看，各系统经过长时间的发展建设均呈现出网络化、多中心、均衡化的结构特征。首先各类功能设施的逐步完善为区域内人员、物资、信息、技术和资金的流动提供了载体，显著提升了节点间资源要素流转的效率，从而促进了城市间各类联系的产生和加强。在此基础上，各类系统均已形成了网络化的结构组织关系。由于城市节点的资源禀赋、发展条件不同，设施的选址建设也有所侧重，导致不同城市在网络中的作用强度和资源支配能力有所差别，进而形成了多个处于中心地位的专业节点。此外，节点间的联系越发频繁，功能网络的覆盖范围显著扩大，加之高等级节点的辐射带动作用逐步增强，越来越多的中小型城市融入整体结构，呈现出一定的均质化趋势。

4.1.1 空间基础层系统网络结构特征：设施依赖性强、覆盖范围广、联系强度高

空间基础层系统是城市间要素流动的物质载体，其功能网络的形成较为依赖各类设施的建设，且设施的建设多以串联较多城市节点为目标，因此往往具有覆盖范围广的特征。同时，设施的建设存在先后顺序，城市节点间更偏好依赖发展成熟、稳定性好的设施建立联系，因此部分建成年份较早、建设品质佳的设施，往往承载了节点间稳定而高强度的联系。

交通系统网络结构具有以下特征：整体结构由点轴模式向网络化模式转变；次级结构沿交通干线向边缘延展；局部结构呈现差异化特征，如江苏省交通联系主要集中于沪宁铁路沿线，浙江省表现出明显的网络化特征，安徽省仍为中心放射状结构。

信息系统网络结构具有以下特征：整体结构网络化特征明显；次级结构经由多级节点对外辐射；局部结构呈现出不同程度的网络化趋势，如浙江省因其信息技术的先发优势网络化程度较高，江苏省南京市至上海市沿线城市间的信息联系强度较高，安徽省内仅在省会与周边城市之间形成了小范围的信息网络。

4.1.2 经济强化层系统网络结构特征：联系稳定、"强核弱边"、逐步扩散

经济强化层系统反映了区域内技术交流、信息交换、人员交往的整体特征，是区域要素流动与空间组织的集中体现。整体来看，中心城市间形成了稳定的网络化联系，因其合作关系由来已久，联系强度显著高于中小型城市，形成了"强核弱边"的结构特征。同时，中心城市也在逐步发挥辐射带动作用，引领周边城市发展，从而促进系统网络结构逐步由中心向外扩散。

创新系统在发展过程中表现出以下特征：整体结构网络化程度较弱；次级结构依托沿海发展轴线，南北两翼城市间协同创新强度有所提升；局部结构逐步由中心放射向网络化转型，跨省创新联系强度较弱。

而产业系统在发展过程中表现出以下特征：整体形成了稳定的网络化结构，并逐步向周边城市扩散；在次级结构方面，核心网络不断巩固加强，南北两翼均衡发展，次级网络逐步扩散；局部结构靠近主体结构的城市间逐步形成了网络化的经济联系，位于区域边缘的城市与其他城市的联系相对较少。

4.2 多系统功能网络演化特征

4.2.1 功能网络演化共性特征：持续性、阶段性与周期性

持续性是指随着设施建设完善，各系统网络化的程度也在持续增强；阶段性是指各系统网络化程度的加强是一个分阶段的过程，不同阶段网络化演进的速度和强度有所差别；周期性是指由于相关设施和技术的迭代升级，具有先发优势的地区会在短时间内形成较强的联系，在网络结构图上即表现为核心强联系和周边弱联系，意味着该系统进入下一个建设周期（图1）。

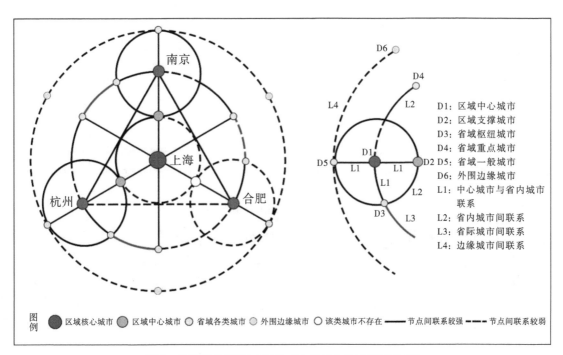

图 1 系统网络阶段示意图（以 2018 年产业系统为例）

4.2.2 空间基础层系统网络演化特征：阶段性、周期性、政策导向

由于空间基础层系统的发展依赖区域内设施的建设，随着各类设施分批次落成，其网络结构也呈现了阶段性的特征。周期性是指一个周期内通常核心节点之间优先形成稳定的网络联系，并逐渐向外围扩散，外围节点联系先增强后减弱、周而复始的过程。此外，各系统局部网络结构的完善具有一定的方向性，设施建设集中的区域会优先形成稳定的网络联系（图2）。

具体来看，交通系统的演化具有以下特征：整体处于网络化的发展阶段；核心网有所增强，特别是南京—杭州和南京—安庆的交通联系越发紧密；主体网趋于完善，区域交通系统覆盖了较多的中小型城市，各省内城市之间普遍形成了网络化的交通联系；周围网尚未形成，位于区域边缘的城市之间交通联系较弱，跨行政单元的交通网络建设较为缓慢。

信息系统的演化具有以下特征：整体处于网络化的成熟阶段；核心网联系稳定，中心城市之间均已形成紧密的信息联系；主体网较为完善，由原先的以上海为信息中心到逐步建立起多中心的信息网络格局，省会城市与本省城市间的联系明显提升；周围网尚在发展，考虑到信息传递对设施的依赖性较弱，即便是位于区域边缘的城市之间也已形成了稳定的联系。同时值得注意的是，信息系统的演化已经出现了周期性更替的特征，随着新型基础设施的建设，中心城市又重新处于信息网络中的支配地位，并逐步向外扩散影响力。

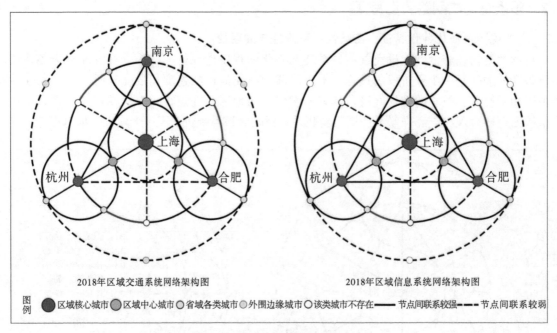

2018年区域交通系统网络架构图　　　　2018年区域信息系统网络架构图

图例 ● 区域核心城市 ◉ 区域中心城市 ◎ 省域各类城市 ○ 外围边缘城市 ○ 该类城市不存在 —— 节点间联系较强 ----- 节点间联系较弱

图 2　基础层系统网络阶段比较图

4.2.3　经济强化层系统网络演化特征：稳定性、持续性、结果导向

　　经济强化层系统的结构演化稳定且持续，其对单一设施建设的直接依赖较小，通常不因某类设施的集中建设而产生结构上的突变，更倾向于在长期积累的过程中逐步发展，因此具有较强的稳定性和持续性。此外，经济强化层系统的结构发展往往是区域内多元主体自主选择的结果，这也使得其结构的演进具有较强的惯性，整体呈现出逐步有序扩散的特征，较少出现局部结构的突然增强或衰退（图3）。

　　具体来看，创新系统的演化具有以下特征：整体处于网络化的起步阶段；核心网发育尚不健全，各省会城市之间的创新联系仍然处在较低水平；主体网建设较为缓慢，中小型城市之间初步形成了有限的创新联系；周围网尚未起步，一方面跨行政单元的创新联系强度较弱，另一方面位于区域边缘的城市并未参与创新网络的建设，多为孤立的节点。

　　产业系统的演化则具有以下特征：整体处于由发展阶段向成熟阶段过渡的时期；核心网联系稳定，中心城市间产业联系强度进一步提升；主体网趋于成熟，特别是江浙两省各城市间的联系进一步加强，融合发展趋势明显；周围网发展较为缓慢，密切的产业联系主要集中于长三角核心区域，位于边缘的中小型城市之间产业联系较弱，产业系统网络化结构仍有待进一步完善。

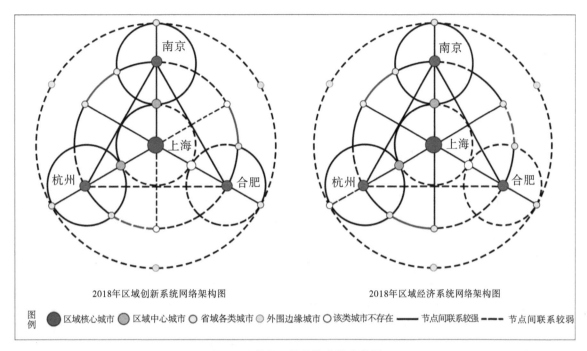

2018年区域创新系统网络架构图 　　　　　 2018年区域经济系统网络架构图

图例 ● 区域核心城市 ● 区域中心城市 ○ 省域各类城市 ○ 外围边缘城市 ○ 该类城市不存在 —— 节点间联系较强 ----- 节点间联系较弱

图3　强化层系统网络阶段比较图

4.3　多系统功能网络对区域整体结构演化的影响

4.3.1　多系统共同促进了区域内城市间要素联系的增强

随着相关设施的快速建设，各类功能系统不断得到完善，区域网络联系的强度明显提升，整体结构更加紧密，一体化进程稳步推进。信息和创新系统作为新兴功能系统，建设起步较晚但发展较为迅速，特别是随着通信技术的迭代升级，系统网络密度提升较快。产业和交通系统的建设时间较长，但初期已形成了一定基础，网络密度的提升较为平稳（图4）。

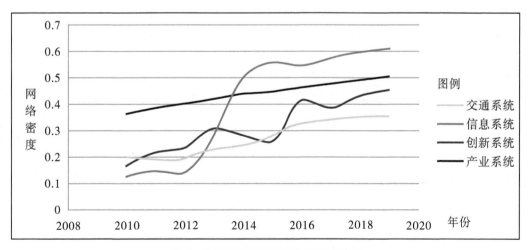

图4　各系统网络密度变化情况示意图

4.3.2　高等级节点仍具有重要作用，多中心趋势初显

各功能系统的中心势保持在一个较高的水平波动震荡，说明高等级节点在区域中的联系较

多且高强度联系的占比较大（图5）。目前各类要素联系仍主要集中于沪宁合杭甬发展主轴及其周边的城市之间，中小型城市间的联系不足，特别是跨行政边界的城市联系较弱，地理邻近的城市之间也未能形成稳定的协同发展关系。同时，可以注意到随着通信技术的升级和移动互联网的建设，信息系统的中心势在2013—2015年快速下降，此后也维持在一个相对较低的水平，这说明区域结构具有多中心发展的潜力和趋势。虽然在此前长时间的发展过程中区域内已经形成了相对稳定的结构组织关系，先发城市因其逐步积累的资源底蕴在网络中发挥着中心作用，但新技术的形成和发展有可能改变固有格局，塑造新的区域中心。

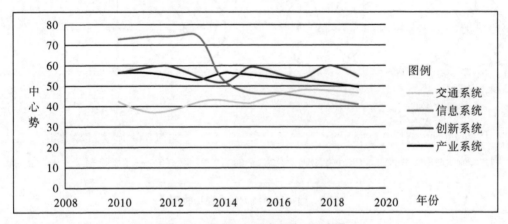

图5　各系统中心势变化情况示意图

4.3.3　区域整体结构逐步均衡

　　各功能系统凝聚子群指标的变化趋势存在差异，但是都在逐步趋近于一个相对稳定的值（图6），说明在各类系统的共同作用下，区域整体结构正在向着稳定而均衡的方向发展。其中，交通系统凝聚子群指标呈现上升趋势，说明随着区域内高铁干线的建成通车，越来越多的城市节点被串联起来，逐步形成了数个较为稳定的通勤圈。产业、创新和信息系统的凝聚子群指标呈现波动的趋势，说明区域原有以上海市为单一核心的格局正在变化，分化出了数个围绕省会和地区中心节点的城市集群，在整体网络化的结构之下逐步分化出更为丰富的局部结构。

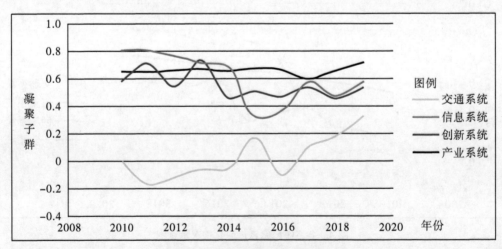

图6　强化层系统网络阶段比较图

5 多系统功能网络发展演化规律总结

5.1 多系统功能网络间出现了协同演进的趋势

5.1.1 空间主体结构相近，整体联系越发广泛紧密

空间上各类系统具有相似的主体结构，上海市、杭州市、南京市、合肥市、苏州市、宁波市等核心节点在多个功能网络中均发挥着核心枢纽的作用，沪宁合杭甬发展轴沿线城市在各类联系中共同组成了区域空间结构的支撑骨架，是长三角城市间要素流动的大动脉。同时，在主体结构的辐射带动下，中小型节点间的联系强度亦有显著提升，各系统网络覆盖范围逐步扩大，局部结构不断完善，共同促进了长三角区域一体化的协调发展。

5.1.2 圈层式网络结构稳定，由核心逐步向外扩散

通过对具有相同特征的城市节点和要素联系进行归类分析，可将各系统的空间结构转化为圈层式的网络结构。可以看到，各类系统均形成了较为稳定的核心网，上海市作为区域结构的中心与各省省会及周边临近城市之间均建立了稳定而密切的联系，并且各省重点城市之间也在逐步形成更为直接的合作关系。同时，各省重点城市与省内城市间的联系显著增强，越来越多的中小型城市可以通过省内网络经由枢纽节点接入区域整体结构之中。

5.1.3 各系统之间存在显著关联以及相互作用关系

笔者进一步采用 QAP 分析法检验不同网络间的相关性，通过对两个矩阵中的各个格值进行置换比较，给出两个矩阵间的相关系数，定量分析各功能网络之间是否存在显著的协同关系。分别以各网络矩阵为因变量计算其与其他网络间的关系，结果显示调整后的 R^2 值多位于 0.3～0.4，这表示模型对网络间相关关系具有较好的解释力，即各个网络之间存在一定的相关关系，这说明现阶段长三角各系统之间自发形成了一定的协同组织关系，不同系统的发展不仅在空间网络结构演化过程中具有相似的特征，还会对其他系统产生影响（表1）。

表 1 检验拟合效果（以 2018 年产业系统为因变量）

R^2	调整后的 R^2	显著性	样本体积
0.352	0.352	0.0000	1722

5.2 多系统发展过程中仍存在不协调、不匹配的问题

5.2.1 各类系统空间结构的发展方向不同

由于设施载体、建设力度、制约条件等因素的不同，各系统网络在发展方向和发展逻辑上存在一定差异。空间基础层系统通常依赖区域性设施，同时受到一定的政策引导，需要尽可能串联较多的城市节点。因此，其在演化过程中呈现出由核心城市向区域边缘多向延展的特征，网络覆盖范围较大，具有较强的指向性。经济强化层系统作为区域内各类要素流动的综合体现，对具体设施的依赖性较小，且呈现出一定的自发性。其在演化过程中呈现由核心向外扩散的圈层式结构特征，临近核心节点的城市通常会优先发展，距离越远的城市参与区域一体化发展的程度越低，网络覆盖范围有限而指向性较弱。

5.2.2 各系统处在网络化发展的不同阶段

在网络结构发展阶段方面，各类系统的差异较为明显。信息系统网络已建设成熟，顺应通

信技术升级迭代周期，在区域内形成广泛联系的基础上进一步深化网络建设成果，围绕先发城市提升信息系统品质。交通和产业系统发展建设时间较长，具有稳定的结构基础，重点城市间已形成直接而密切的联系，整体处在由传统点轴模式向网络化结构转型的时期。创新系统起步较晚，长三角区域创新协同机制体制尚不成熟，仅在少数科研要素集聚的城市间形成了网络化的联系，整体仍处于系统网络建设的起步阶段。

5.2.3 各系统响应速度和发展周期不同

各系统结构演化过程中各项指标变化的幅度、趋势与频率不同，说明各系统对设施建设的响应速度及系统演化发展的周期存在差异。在响应速度方面，空间基础层系统受到设施建设的直接影响而具有较快的响应速度，经济强化层系统作为设施建设的结果，对单一设施的发展变化并不敏感，响应时间较长。在周期变化方面，空间基础层系统的周期性明显，结合设施建设通常以三年为一个周期变化，而经济强化层系统的变化周期在五年左右，且滞后于空间基础层系统。

5.2.4 各个系统之间尚未形成稳定的协同发展关系

进一步通过 QAP 回归分析定量分析各类系统间的相互影响，比较不同网络间的匹配程度。在以产业系统为因变量的模型中，信息系统对区域产业联系的影响最强，创新系统次之，交通系统的影响最弱。在以创新系统为因变量的模型中也表现出相似的特征，信息系统的影响最强而交通系统的影响较弱，说明各系统在发展过程中，各系统既有一定的相互影响，也存在不匹配、不协调的情况（图 7）。

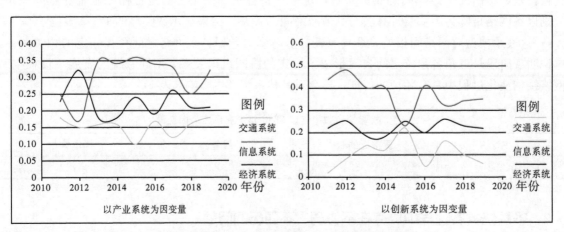

图 7　以经济强化层为因变量的回归分析结果示意图

6　结语

整体来看，长三角区域内各城市以空间系统为基础，通过经济系统的强化，形成了密切而广泛的要素联系，同时两层次四系统形成了初步的、自发性的协同关系，共同促进了区域结构向多中心、网络化、均衡化的方向演变。但目前长三角区域的多系统协同发展仍处在一个较低的水平，由于发展逻辑、设施布局和建设力度的不同，各类系统在结构演化、发展重点和深入方向等方面仍存在不协调、不匹配的问题，仅形成了较为初步的、自发的相互作用，无法充分满足区域高质量一体化发展的需求。

基于现有研究成果，就区域多系统协同发展问题，笔者从总体目标、系统完善和城市建设三个方面提出一些规划思考。

在总体目标方面，兼顾区域整体发展的统筹考虑和一城一地对自身发展权利的合理诉求，针对发展建设过程中必然存在的争议，需建立良好的沟通协调机制。

在系统完善方面，应结合多功能网络自身发展特征，统筹规划制定各类系统在不同尺度、不同时期的发展框架。同时，精准识别并改善现有系统中存在的问题，在现有设施的基础上，进一步提升服务水平，激发要素流动潜力。

在城市建设方面，城市自身既要注重土地高效利用、城市风貌改善、开放空间布局、配套设施提升等硬件条件的建设，也应重视政策制度、市场环境、人才策略和城市形象等软实力的提升，以期通过空间单元与功能系统的联动，从根本上推进区域整体高质量发展。

[参考文献]

[1] 钱学森. 论宏观建筑与微观建筑 [M]. 杭州：杭州出版社，2001.

[2] TAYLOR P J, DERUDDER B, SAEY P, et al. Cities in Globalization：Practices Policies and Theories [M]. London：Routledge，2007.

[3] GEOFFREY H, 2006. The Polycentric Metropolis：Learning from Mega–city Regions in Europe [M]. London Routledge，2006.

[4] ROSENSTEIN–RODAN P N. Europe Versus America ：Implications of the " New Order" [J]. International Affairs Review Supplement，1942，19 (10)：555-556.

[5] 周一星，杨齐. 我国城镇等级体系变动的回顾及其省区地域类型 [J]. 地理学报，1986 (2)：97-111.

[6] RIETVELD P. Infrastructure and Regional Development [J]. The Annals of Regional Science，1989，23 (4)：255-274.

[7] ASCHAUER D A. Is public Expenditure Productive? [J]. North–Holland，1989，23 (2)：177-200.

[8] BRUINSMA F，RIETVELD P. Urban Agglomerations in European infrastructure Networks [J]. Urban studies，1993，30 (6)：919-934.

[9] 胡序威. 沿海城镇密集地区空间集聚与扩散研究 [J]. 城市规划，1998 (6)：22-28，60.

[10] GRAHAM S. Constructing Premium Network Spaces：Reflections on Infrastructure Networks and Contemporary urban Development [J]. International journal of urban and regional research，2000，24 (1)：183-200.

[11] 金凤君. 基础设施与区域经济发展环境 [J]. 中国人口·资源与环境，2004 (4)：72-76.

[12] 汪明峰，宁越敏. 互联网与中国信息网络城市的崛起 [J]. 地理学报，2004 (3)：446-454.

[13] 方创琳，宋吉涛，张蔷，等. 中国城市群结构体系的组成与空间分异格局 [J]. 地理学报，2005，60 (5)：827-840.

[14] 王凯. 50 年来我国城镇空间结构的四次转变 [J]. 城市规划，2006，(12)：9-14，86.

[15] 李震，顾朝林，姚士媒. 当代中国城镇体系地域空间结构类型定量研究 [J]. 地理科学，2006 (5)：5544-5550.

[16] 董晓霞，黄季焜，SCOTT ROZELLE，等. 地理区位、交通基础设施与种植业结构调整研究 [J]. 管理世界，2006 (9)：59-63，79.

[17] 唐子来，赵渺希. 长三角区域的经济全球化进程的时空演化格局 [J]. 城市规划学刊，2009 (1)：38-45.

[18] 刘秉镰，武鹏，刘玉海. 交通基础设施与中国全要素生产率增长——基于省域数据的空间面板计量分析 [J]. 中国工业经济，2010 (3)：54-64.

[19] 胡鞍钢. 基础设施的外部性在中国的检验：1988—2007 [J]. 经济研究，2010，45 (3)：4-15.

[20] 杨永春，冷炳荣，谭一洺，等. 世界城市网络研究理论与方法及其对城市体系研究的启示 [J]. 地理研究，2011，30 (6)：1009-1020.

[21] 赵渺希. 全球化进程中长三角区域城市功能的演进 [J]. 经济地理，2012，32 (3)：50-56.

[22] 熊丽芳，甄峰，王波，等. 基于百度指数的长三角核心区城市网络特征研究 [J]. 经济地理，2013，33 (7)：67-73.

[23] 唐子来，李涛. 长三角地区和长江中游地区的城市体系比较研究：基于企业关联网络的分析方法 [J]. 城市规划学刊，2014 (2)：24-31.

[24] 陆天赞. 长三角城市创新协作关系的社会网络、空间组织及演进—基于专利合作数 [C] //2015 中国城市规划年会论文集，2015：1-12.

[25] 王启轩，张艺帅，程遥. 信息流视角下长三角城市群空间组织辨析及其规划启示——基于百度指数的城市网络辨析 [J]. 城市规划学刊，2018，(3)：105-112.

[26] 李迎成. 中西方城市网络研究差异及思考 [J]. 国际城市规划，2018，33 (2)：61-67.

[27] SMITH D A, TIMBERLAKE M F. World City Networks and Hierarchies，1977－1997：An Empirical Analysis of Global Air Travel Links [J]. American Behavioral Scientist，2001，44 (10)：1656-1678.

[28] 王炜，张豪，王丰. 信息基础设施、空间溢出与城市全要素生产率 [J]. 经济经纬，2018，35 (5)：44-50.

[29] 顾朝林，曹根榕，顾江，等. 中国面向高质量发展的基础设施空间布局研究 [J]. 经济地理，2020，40 (5)：1-9.

[作者简介]

张欣毅，规划师，就职于上海同济城市规划设计研究院有限公司。

山东省各县（市、区）房价空间分布格局及其影响因素研究

□王德宇，于善初，张晓飞，肖庆锋

摘要： 本文以山东省各县市 2018—2020 年商品住宅价格数据和相应的社会经济地理数据为基本数据，通过地理信息系统的空间分析方法对山东省各县市住房价格的空间分布特征进行分析，研究山东省各县市住房价格的空间分布格局和发展趋势。研究发现，山东省各县市房价空间分布特征与山东省发展规划总体格局基本一致，房价空间格局呈现以济南市、青岛市为"双核心"的分布态势，梯度空间结构明显。在此基础上，遴选出经济、社会、行政和人力等资源要素类型，利用地理加权回归模型进一步对山东省各县市房价空间分布格局以及影响因素进行分析。

关键词： 住房价格；GIS；空间分布；回归模型

1 引言

随着社会主义市场经济体制的完善，中国房地产市场化的步伐不断加快。伴随着城市住房产业的持续发展，商品住宅价格持续上涨，但是城市群体内部房地产市场发展有很大差异，而我国一直倡导区域协调发展，因此研究区域内部房价的分异变化不仅有利于区域房地产市场的健康发展，还有助于区域的统筹协调发展。近年来，研究城市住房价格空间分布规律的文献不断增加，其中对于国内发达城市的住房价格时空格局的研究较多，如虞晓芬、湛东升分析了中国 70 个大中城市房价指数空间格局与影响因素；徐丹萌、李欣、张苏文对沈阳市住房价格空间分异格局及其影响因素进行研究；高姝、刘纪平、郭文华等对北京市房地产价格空间分布变化进行了研究；徐芳、孙立坚、李盼盼研究了武汉市人口集聚对城市房价空间分布的影响。城市商品住宅价格的空间分布不仅可以为大众购房提供参考，而且可以反映城市地域的社会经济状况，是认识城市及其空间结构的一个重要视角。此外，城市住房价格与地理位置也有着密切的关系，房地产价格区域差异明显，城市住房价格的空间分异归根到底是城市社会空间的分异，而社会空间分异的一般形式是社会空间的异质性和不平等性。根据研究区域尺度的差异，可将研究对象分为两类：一是对单个城市区域住房价格分布格局的研究，主要针对一些大城市或特大城市，比较注重对城市内部微观影响因素的研究，如区位特征、建筑特征、邻里特征、居住环境和城市规划等因素；二是对多个区域住房价格分布格局的研究，注重对城市间宏观影响因素的研究，如研究城市经济发展水平、行政等级、房地产投资水平、人口规模、人均消费水平、公共服务水平等与住房价格的关系。

笔者基于地理信息系统（GIS）的空间分析方法和地理加权回归模型对山东省 2018—2020

年各县市的房地产价格进行分析，研究山东省各县市住房价格的空间分布格局及其影响因素，从多个角度来深入探讨山东省各县市房价空间的分异规律。

2 研究区域与研究方法

2.1 研究区域

山东省位于中国东部渤海与黄海之畔，是中国经济强省之一，改革开放以来全省经济持续快速发展，自2007年起经济总量始终位居全国第三位，成为中国经济发展中不可或缺的一部分。但由于自然条件、经济发展水平和政治区位的空间差异，山东省内部不同区域的经济发展存在较大差异，导致其内部房价空间分异格局存在差异。目前山东省共辖16个地级市，分别是济南市、青岛市、淄博市、东营市、枣庄市、聊城市、潍坊市、济宁市、泰安市、烟台市、日照市、威海市、临沂市、德州市、滨州市、菏泽市，共有136个县级行政区。

2.2 研究方法

2.2.1 热点分析

热点分析主要对数据集中的每个要素计算 Getis－Ord G_i^*，通过得到的 Z 得分和 P 值，得出低值或高值要素在空间上发生聚类的具体位置。因此，热点分析可以研究山东省各区域房价空间分布特征，找到冷点和热点分布趋势。Getis－Ord 局部统计可表示为：

$$G_i^* = \frac{\sum_{j=1}^n W_{ij} X_j - X \sum_{j=1}^n W_{ij}}{s\sqrt{\frac{[n\sum_{j=1}^n W_{ij}^2 - (\sum_{j=1}^n W_{ij}^2)^2]}{n-1}}}$$

其中，W_{ij} 是要素 i 和 j 之间的空间权重，X_j 是要素 j 的属性值，n 为要素总数。

2.2.2 相关性分析

房价的形成机制复杂，影响因素很多，因此需要将各种影响因素与房价进行相关性分析，保留相关系数高的因子。使用 Pearson 相关系数可以衡量定距变量之间的线性关系，其计算公式为：

$$r = \frac{\sum_{i=1}^n (X_i - \overline{X})(Y_i - \overline{Y})}{\sqrt{\sum_{i=1}^n (X_i - \overline{X})^2}\sqrt{\sum_{i=1}^n (Y_i - \overline{Y})^2}}$$

其中，$\overline{X}$ 和 $\overline{Y}$ 分别表示因变量和自变量的平均值，r 表示相关系数，n 表示变量个数。当 $r > 0$ 时表示正相关，当 $r < 0$ 时表示负相关，相关系数的绝对值越大，相关性越强，即相关系数越接近于 1 或 -1，相关性越强；越接近于 0，相关性越弱。

2.2.3 地理加权回归（GWR）分析

地理加权回归模型充分考虑了数据与地理位置的变化关系引起的变量间关系或结构变化的空间非平稳性和数据的空间自相关性，充分考虑了样本的平稳性假设，并且扩展了传统的回归分析模型，容许局部而不是全局的参数估计，通过在线性回归模型中假定回归系数是观测点地理位置的位置函数，将数据的空间特性纳入模型中，为分析回归关系的空间特征创造了条件。GWR 模型表达式如下：

$$Y_i = \beta_0(u_i, v_i) + \sum_{k=1}^p \beta_k(u_i, v_i)x_{ik} + \varepsilon_i \qquad i=1, 2, \cdots, n$$

式中，(u_i, v_i) 为第 i 个样本的位置坐标（如经纬度），β_k 为第 i 个采样点上的第 k 个回归参数，其随着空间位置的变化而发生变化，$\varepsilon_i \sim N(0, \sigma^2)$，$Cov(\varepsilon_i, \varepsilon_j) = 0$ $(i \neq j)$。

GWR 直接采用高斯函数来评估权重，GWR 模型在运算过程中需构建最优带宽来提取解释变量，因此这里采用赤池信息量准则 AIC 的校正值 AICc 来确定最优带宽，AICc 的计算公式为：

$$AICc = -2 \ln L \; (\hat{\theta}_L) + 2q$$

其中，q 为未知参数的个数，$\hat{\theta}_L$ 为 $\hat{\theta}$ 的极大似然估计。当 AICc 最小时，模型的精度最大，解释变量之间的相关程度最小，带宽最佳。

3 空间分异格局研究

3.1 房价空间变化研究

笔者利用 Python 采集了山东省 2018—2020 年 16 个地级市 136 个县级行政区的在售楼盘均价数据，利用 ArcGIS 对山东省 2018—2020 年房价分布进行分析，得出房价空间格局呈现以济南市、青岛市为"双核心"的分布态势，梯度空间结构明显。房价空间分布特征与山东省发展规划总体格局一致，即"两圈四区、网络发展"的总体格局，作为"两圈"的济南都市圈和青岛都市圈也同时是山东省区域经济的两个核心区，因此在房价分布上，济南市和青岛市一直位居全省前两名，"两圈"中的其他城市如淄博市、东营市、泰安市等在"两圈"的辐射影响下房价处于全省中上游位置。"四区"分别为烟威、济枣菏、东滨、临日四个省级都市区，与"两圈"中的城市相比，房价较低，房价增长量区域差异明显，呈现组团式块状分布。房价涨幅较大的区域分别为青岛市的崂山区、市北区、市南区、李沧区、黄岛区、城阳区和即墨区，以及济南市的天桥区、槐荫区和市中区，涨幅超过 1 万元；其余增长量较大的地区还有济南市的长清、齐河、济阳等周边区县，以及青岛市的胶州市、聊城市的东昌府区和阳谷县、菏泽市的曹县和单县、枣庄市的滕州市等。

3.2 房价空间热点分析

笔者利用 ArcGIS 对山东省 2018—2020 年县域房价以及县域房价增长量进行热点分析，得到房价高值或低值在空间中发生聚类的位置，找出热点和冷点分布趋势。根据 2018—2020 年山东省各个县市房价热点分析，得出山东省的房价总体趋势高价分布相对集中在济南市、青岛市两地，低价趋向于均衡分布。

4 影响因素分析

4.1 变量选取

城市住房价格的高低受内部因素和外部因素的共同影响。内部因素有房屋结构、土地价格、开发商品牌等；外部因素包括经济因素、社会因素和政治因素三大类。笔者研究了宏观层面县域房价影响因素，着重分析外部影响因素，从经济、社会、政治三类变量类型中选取了 12 个指标变量，如表 1 所示。

表 1　城市住房价格外部影响因素解释变量及其定义

变量类型	变量	解释变量	定义
经济因素	X_1	居民收入	人均 GDP（元）
	X_2	地区经济发展水平	单位面积地区生产总值（万元/平方千米）
	X_3	房地产投资水平	单位面积房地产开发投资额（万元/平方千米）
	X_4	居民消费水平	社会消费品零售总额/常住人口（元/人）
社会因素	X_5	教育条件	大中小学学校总数/常住人口（个/万人）
	X_6	医疗条件	三级医院数量/常住人口（个/万人）
	X_7	人才状况	大学本科以上学历人口/常住人口（%）
	X_8	交通条件	单位面积地区公路里程（千米/平方千米）
政治因素	X_9	城市规模	小城市；中等城市；大城市；特大城市；超大城市
	X_{10}	行政等级	地级市；副省级城市；省会城市
	X_{11}	房地产政策	无限售令；有限售令；严格限售
	X_{12}	主体功能	禁止和限制开发区；重点开发区；优化开发区

　　笔者选取了居民收入、地区经济发展水平、房地产投资水平等 12 个指标变量数据，数据主要来源于《山东省统计年鉴 2020》《2020 年山东省国民经济和社会发展统计公报》，以及山东省 16 个地级市 2020 年统计年鉴、各地市 2020 年国民经济和社会发展统计公报。

4.2　相关性分析

　　由 Pearson 相关系数计算公式，计算 2020 年山东省各地区房价数据与 12 个影响因素指标变量之间的相关系数，最终分析得出 6 个相关性较强的变量，计算结果见表 2。

表 2　Pearson 相关性分析计算结果

变量	Pearson 相关性	显著性
地区经济发展水平	0.778	0
房地产投资水平	0.840	0
居民消费水平	0.673	0.001
医疗条件	0.695	0.001
人才状况	0.769	0
行政等级	0.799	0

　　由表 2 可知，相关系数最高的变量为房地产投资水平，达到了 0.84；相关系数在 0.7 以上的还有行政等级、地区经济发展水平和人才状况。根据一般情况下变量相关强度判断标准，房地产投资水平、行政等级、地区经济发展水平和人才状况与 2020 年山东省各地区房价数据相关强度达到了极强相关，医疗条件和居民消费水平与房价数据相关强度达到了较强相关。

4.3　地理加权回归分析

　　根据 ArcGIS 的探索性回归对 2020 年山东省各城市住房价格进行 GWR 模型和全局最小二

乘法（OLS）模型对比分析（表3），发现GWR模型的残差平方和、赤池信息准则的AICc和标准化剩余平方和（Sigma）都小于OLS模型，且AICc两者之差远远大于3。此外，从R^2来看，GWR模型对数据的拟合明显优于OLS模型。

表3 GWR模型和OLS模型对比结果

模型参数	GWR模型	OLS模型
Residual Squares	26790658.693	38791396.197
Simgma	1637.581	1878.729
AICc	302.738	338.125
R^2	0.771	0.739
R^2 adjusted	0.657	0.618

从GWR模型分析结果来看，山东省房价数据与影响因素回归模型的R^2值为0.771，说明回归模型中自变量和因变量存在较大的相关性，表明这6个变量可以解释77%的房价影响因素。这6个变量对山东省各县市房价的空间影响见表4。

表4 GWR模型回归系数统计

变量类型	变量	平均值	最大值	最小值
经济因素	截距	6712.87	6715.19	6709.41
	地区经济发展水平	0.587402	0.587453	0.587347
	房地产投资水平	4.124	4.131	4.119
	居民消费水平	-0.0816	-0.0814	-0.0818
社会因素	医疗条件	-0.9217	-0.9210	-0.9227
	人才状况	5.384	5.399	5.367
政治因素	行政等级	20.29	23.71	18.69

根据GWR模型分析的数据结果，从经济、社会、政治三个角度对山东省房价的影响因素进行说明：

一是经济因素对房价的影响程度最大，主要是地区经济发展水平、房地产投资水平和居民消费水平等因素。地区经济发展水平与房价呈正相关，平均影响系数为0.587402；房地产投资水平与房价呈正相关，平均影响系数为4.124；居民消费水平与房价呈负相关，平均影响系数分别为-0.0816。居民收入对房价无明显影响，这也解释了2020年东营市人均GDP位居全省第一，但是房价却处于中等水平的原因；聊城市人均GDP居全省第十六，但房价位居全省第四。

二是社会因素对房价的影响程度较大，其中人才状况对山东省房价产生显著影响。人才状况与房价呈正相关，平均影响系数为5.384；医疗条件与房价呈负相关，平均影响系数为-0.9217。交通条件和城市规模对房价影响不大。

三是政治因素对房价的影响程度居中，其中行政等级对山东省房价影响显著，其他因素影响较小。行政等级与房价呈正相关，行政等级越高，房价越高，平均影响系数为20.29。城市规模、房地产政策、主体功能对房价无明显影响。

5 结语

笔者通过研究发现山东省各县市房价空间分布特征与山东省发展规划总体格局一致，即"两圈四区、网络发展"的总体格局。从2018—2020年山东省各县市房价热点分析的时空分布来看，山东省的高房价分布相对集中在济南市、青岛市两地，低房价则均匀分布。利用相关性分析和回归模型分析发现山东省房价的影响因素主要为地区经济发展水平、居民消费水平、人才状况、房地产投资水平、医疗条件和行政等级，其中地区经济发展水平、房地产投资水平、人才状况和行政等级对山东省房价水平影响较大。

笔者运用地理加权回归模型对城市住房价格与影响因子进行研究，发现了影响城市住房价格的因素，通过建模分析得到的结论与实际结论相互吻合，不仅加深了对房价空间分布格局的理解，还为房地产业的调控提供了参考依据。后续将进一步加强对山东省各城市的房价数据分析，全面探讨房价演变机理和特征。

[参考文献]

[1] 吴启焰. 大城市居住空间分异研究的理论与实证研究（第二版）[M]. 北京：科学出版社，2016：42-84.

[2] 梅志雄，黎夏. 基于ESDA和Kriging方法的东莞市住宅价格空间结构 [J]. 经济地理，2008，28（5）：862-866.

[3] 骆学韧，江燕. 我国房地产调控失灵的体制性障碍——从市场和政府"双失灵"的角度分析 [J]. 中南财经政法大学学报，2011（6）：18-22.

[4] 汤庆园，徐伟，艾福利. 基于地理加权回归的上海市房价空间分异及其影响因子研究 [J]. 经济地理，2012，32（2）：52-58.

[5] 曹飞. 公共选择理论视角下的高房价成因分析 [J]. 经济体制改革，2013（1）：27-31.

[6] 谷兴，周丽青. 基于地理加权回归的武汉市住宅房价空间分异及其影响因素分析 [J]. 国土与自然资源研究，2015（3）：65-66.

[7] 郑晓燕，周鹏. 武汉市房价的空间分布格局及其影响因素分析 [J]. 国土与自然资源研究，2016（2）：26-27.

[8] 尹上岗，宋伟轩，马志飞，等. 南京市住宅价格时空分异格局及其影响因素分析——基于地理加权回归模型的实证研究 [J]. 人文地理，2018，33（3）：68-77.

[9] 韩艳红，尹上岗，李在军. 长三角县域房价空间分异格局及其影响因素分析 [J]. 人文地理，2018（6）：87-88.

[10] 王晶晶，程钰，曹欣欣. 山东省区域创新产出空间演化与影响因素研究 [J]. 华东经济管理，2018，32（11）：14-21.

[11] 张璐璐，赵金丽，宋金平. 京津冀城市群物流企业空间格局演化及影响因素 [J]. 经济地理，2019，39（3）：125-133.

[12] 张金亭，赵瑞. 基于地理加权回归的环渤海城市群房价影响因子研究 [J]. 国土与自然资源研究，2019（1）：87-93.

[13] 张明霞，罗津，俎晓芳. 南昌市住宅价格空间分异及其影响因子研究 [J]. 江西科学，2019，37（5）：670-676.

[14] 徐丹萌，李欣，张苏文. 沈阳市住房价格空间分异格局及其影响因素研究 [J]. 人文地理，2021，36（6）：125-134.

［15］高姝，刘纪平，郭文华，等．北京市房地产价格空间分布变化研究［J］．测绘科学，2021，46（9）：150-156.

［16］徐芳，孙立坚，李盼盼，等．武汉市人口集聚对城市房价空间分布的影响［J］．测绘科学，2021，46（7）：173-181.

［17］虞晓芬，湛东升．中国70个大中城市房价指数空间格局与影响因素分析［J］．华中师范大学学报（人文社会科学版），2022，61（1）：40-51.

［18］王钺，周鹏辉，潘海泽，等．路网形态与住宅价格的多尺度空间关系研究——基于空间网络分析与多尺度地理加权回归模型［J］．地理与地理信息科学，2022，38（1）：103-109.

［19］李妮．西安普通商品住宅价格空间格局及其演变分析［D］．西安：西北大学，2009.

［20］连志远．武汉市房价时空演变特征与影响因素研究［D］．赣州：江西理工大学，2021.

［作者简介］

王德宇，助理工程师，就职于山东建筑大学设计集团有限公司。

于善初，工程师，山东建筑大学设计集团有限公司规划研究中心主任。

张晓飞，助理工程师，就职于山东建筑大学设计集团有限公司。

肖庆锋，助理工程师，就职于山东建筑大学设计集团有限公司。

基于 MSPA 的济南市国土空间形态格局演变研究

□于涵，高瑞

摘要：为了深入探寻区域国土空间形态特征，本文以山东省济南市为例，利用基于 landset 影像处理的 2000 年、2005 年、2010 年、2015 年和 2020 年土地利用数据，在 ArcGIS 10.6 和 Guidos Tool box 2.8 软件进行 MSPA（形态学空间格局分析），确定了每类土地覆被的 7 种形态指标，提取形态格局中的核心指标，研究该区域的国土空间形态格局演变和发展特征，探讨区域国土空间综合演变存在的问题并提出相应建议。

关键词：土地利用；形态演变；MSPA；空间格局

1 引言

2019 年，中共中央、国务院发布《关于建立国土空间规划体系并监督实施的若干意见》，提出融合统一主体功能区规划、土地利用规划、城乡规划等多项空间规划，建立并监督实施"五级三类"的国土空间规划体系，推动各个地区全面实现"多规合一"的目标。因此，国土空间格局演变特征对于确定地区土地发展策略以及量化各类用地的发展关系有着重要的参考价值。

区域国土空间形态格局是城乡长期发展和生态环境长期相互作用的产物，区域土地形态格局中又包括不同大小和形状的廊道、核心和连接桥等类型。近年来，诸多学者对国土空间格局类型进行了研究，如戴菲等通过形态学空间格局分析方法，从时间维度、生态空间格局类型及其与相关用地政策的关系三个角度，对伦敦绿地系统进行了探究。陈明等基于 MSPA 对城市绿色基础设施空间格局进行了研究。李怡欣等基于 MSPA 对贵阳市的景观连通性进行了评价与时空特征分析。郑群明采用 MSPA 方法识别生态源地，筛选重要的生态廊道并提出生态网络优化的相关策略。张国杰从景观角度，对 1990—2015 年广州市国土空间格局时空演变及主导因素进行了特征总结。廖雨利用土地利用数据，分析了林州市国土空间转化类型以及相应时空格局特征。杨静系统总结了武汉市发展的四个阶段国土空间格局演变的特征，以武汉市的国土空间格局为例，分析了全球大都市空间结构发展的一般规律。上述研究针对国土空间格局分析方法主要应用在城市景观及生态方面的形态研究，而对多用地类型角度的国土空间形态格局研究涉猎较少。由此，笔者利用 MSPA 方法，对山东省济南市域国土空间形态格局演变进行分类研究，旨在为完善区域国土空间开发结构提供借鉴和参考。

2 数据来源及处理方法

2.1 研究范围

笔者选择山东省济南市域作为研究范围。济南市总面积 10244.45 km^2，位于山东省的中部，地理位置介于北纬 $36°02'\sim 37°54'$，东经 $116°21'\sim 117°93'$ 之间，南依泰山，北跨黄河，地处鲁中南低山丘陵与鲁西北冲积平原的交接带上，地势南高北低，是中国东部沿海经济文化大省重要的交通枢纽。地形可分为三带：北部临黄带，中部山前平原带，南部丘陵山区带。截至 2020 年 7 月，济南市共辖 12 个县级行政区，包括 10 个市辖区 2 个县，分别是历下区、市中区、槐荫区、天桥区、历城区、长清区、章丘区、济阳区、莱芜区、钢城区、平阴县、商河县。

2.2 数据来源

笔者选取 2000 年、2005 年、2010 年、2015 年和 2020 年的 30 m 分辨率济南市土地利用数据进行研究。土地利用数据来自基于 Landsat 的中国年度土地覆盖数据系列集（Annual China Land Cover Dataset，CLCD），空间分辨率为 30 m。经谷歌地球随机样点验证 2000 年、2010 年、2015 年土地利用数据精度均达 75% 以上，kappa 系数均大于 0.7。

2.3 数据处理

根据研究需要对五个年份的土地利用数据进行解析分类，将土地利用类型分为不透水面、水域、农用地（包括耕地、园地）、草地、林地、荒地及灌木七大类。在 GIS 中提取济南市范围内的土地利用栅格数据，按照七类土地覆被类型进行重新分类。将各年份的七类覆被类型单独提取出来，形成单一覆被类型的 35 层土地类型数据集，在 GIS 中进行二值化分类，在数据集中筛选出变化特征最明显的五类土地覆被类型，分别为不透水面、农用地、林地、草地、水域。由于林地、草地的相关性极高，因此选择合并分析。最后将数据导出为 Guidos Toolbox 2.8 软件支持的 Geo TIFF grid 格式，以便在软件中进行 MSPA 指数分析。

将变化特征明显的五类覆被转换格式后导入 Guidos Toolbox 2.8 软件进行 MSPA，MSPA 参数设置 Edgewidth 选择 1，勾选 FGconn、Transition、Intext，将导入的土地利用数据进行预处理，调整数据的最终格式并分析赋值，进行 MPSA。

3 国土空间形态学类别分析

3.1 指标选取

形态指数是反映形态学空间格局结构的定量指标，可分为核心区（Core）、孤岛（Islet）、孔隙（Perforation）、边缘区（Edge）、连接桥（Bridge）、环岛（Loop）及支线（Branch）等七大类 25 小类。本文中某些单个指标的研究分析无法体现形态空间格局的变化特征，故选取最能体现空间格局结构以及变化幅度的核心区类型作为主要分析指标，力求较为合理地分析济南市域范围内的国土空间形态格局演变。形态指数包含指标及其含义见表 1。

表 1　形态指数包含指标及其含义

景观类型	概念	形态学含义
核心区	前景像素点远离背景像素点的举例大于指定大小的某个参数的像素集合	大型斑块、自然核心、森林保护区、城市建设集中区等
孤岛	未连接任何前景区域的斑块，并且面积小于核心区的最小阈值	彼此不相连的孤立、破碎的小型斑块
孔隙	中心区内部的孔洞，由背景构成前景外部的边缘	空间核心区内部的其他类型空间
边缘区	前景外部的边缘	是核心区和其他用地之间的过渡，具有边缘效应
连接桥	至少有 2 个点连到不同的核心区	连通核心区之间的袋状用地
环岛	至少有 2 个点连接到同一核心区	连接到同一核心区的走廊
支线	仅一边连接到边缘区、桥接区或环岛区	仅与核心区一段联系的斑块，连接度较差

3.2　土地利用类型结构变化

依据上文的七种土地利用类型，在 ArcGIS 10.6 中进行用地分类并进行可视化，得到 2000 年、2005 年、2010 年、2015 年和 2020 年的土地覆被类型分类图。

利用 GuidosToolbox 2.8 软件进行 MSPA，得到五个年份的各类用地的形态学指数，分类汇总五个年份的各类形态学核心区面积。从软件分析和提取的数据见表 2。

表 2　济南市历年土地利用状况　　　　　　　　　　　　　　　　单位：hm²

类型	序号	2000 年	2005 年	2010 年	2015 年	2020 年	2000—2005 年变化	2005—2010 年变化	2010—2015 年变化	2015—2020 年变化
农用地（耕地、园地）	1	673297	661760	629105	604297	595225	−11537	−32655	−24808	−9072
林地	2	108928	104208	107588	117179	124852	−4720	3380	9591	7673
灌木	3	2	2	1	17	14	0	−1	16	−3
草地	4	69770	64143	66331	63827	51295	−5627	2188	−2504	−12532
水域	5	8894	11963	13082	12484	13109	3069	1119	−598	625
荒地	6	17	38	134	71	41	21	96	−63	−30
不透水面	7	160861	179655	205529	223894	237233	18794	25874	18365	13339

2000—2005 年，农用地、林地和草地的用地面积减少，其中农用地面积减少最多，减少了 11537 hm²；林地和草地面积分别减少了 4720 hm² 和 5627 hm²。水域、荒地、不透水面的面积均有不同程度的增长，其中不透水面面积增长最为突出，增加了 18794 hm²，水域面积增加了 3069 hm²，荒地面积增加了 11 hm²。

2005—2010 年，农用地继续减少且减少幅度上升，共减少农用地面积 32655 hm²，减少量约为前五年的三倍，其余类型用地均处于稳定或有不同程度的面积增长，其中不透水面面积增长幅度最大，增加了 25874 hm²，林地面积增加了 3380 hm²，草地面积增加了 2188 hm²，水域面积增加了 1119 hm²，荒地面积增加了 96 hm²。

2010—2015 年，共有四种类型用地面积出现不同程度的减少，农用地面积减少 24808 hm²，草地面积减少 2504 hm²，水域面积减少 598 hm²，荒地减少 63 hm²。林地、不透水面面积出现较大幅度的增长，其中林地面积增加了 9591 hm²，不透水面面积增加了 18365 hm²。

2015—2020 年，有三种类型用地面积继续减少，与其他年份不同，草地面积的减少量最大，减少了 12532 hm²，农用地面积减少了 9072 hm²，荒地面积减少了 30 hm²。

2000—2020 年，农用地面积持续减少，共减少了 78072 hm²，草地面积减少了 18475 hm²，林地和水域面积有小幅度增长。面积明显增加的用地类型为不透水面，增加了 76272 hm²，远远超过其他几类用地的增长总和。

从土地利用状况可以得知研究区域范围内最主要的土地利用类型为农用地，五个年份的农用地所占面积均在总面积的 58% 以上。其次是不透水面，约占总面积的 20%，林地和草地两种用地类型约占总面积的 18%，其余用地面积占总面积的 2% 左右。其中，农用地和草地的占比呈下降趋势，说明在经济社会发展过程中生态环境受到了大量的污染和侵蚀。不透水面占比不断上升，在 2000—2010 年增长势头迅猛，在 2010—2020 年处于快速扩张状态，但增长势头稍稍放缓，结合在城乡建设过程中农用地和草地减少的情况分析可知，济南市可能出现占用基本农田和草地进行开发建设等破坏环境的行为。

3.3　类型水平景观格局指数分析

将研究区域范围内五个时间段的栅格数据土地利用分类图按照既定分类提取单一覆被类型，并转化为二值图 geo－tiff 文件，然后将 geo－tiff 文件导入 Guidos Toolbox 2.8 软件中，进行形态学空间格局分析，将软件的分析结果以及分类表格分别导入 ArcGIS 10.6 和办公软件 Excel，得到形态学空间格局指数变化表（表 3）以及带有空间地理信息的 tiff 文件。

表 3　形态学空间格局指数变化　　　　单位：%

年份	类型	核心区	孤岛	孔隙	边缘	连接桥	环岛	分支	背景
2000	农用地	51.97	0.61	5.16	5.38	0.52	0.55	1.75	34.06
2005		50.17	0.64	4.95	5.94	0.56	0.66	1.88	35.20
2010		47.01	0.75	4.18	6.57	0.52	0.64	1.93	38.40
2015		44.76	0.80	4.06	6.46	0.51	0.63	1.95	40.83
2020		43.80	0.75	4.14	6.66	0.47	0.59	1.89	41.70
2000	不透水面	8.66	1.09	0.20	4.11	0.17	0.30	1.23	84.24
2005		9.91	1.09	0.24	4.50	0.18	0.36	1.32	82.40
2010		11.66	1.07	0.37	4.96	0.20	0.44	1.42	79.88
2015		13.05	1.06	0.44	5.25	0.22	0.45	1.46	78.07
2020		14.18	1.05	0.54	5.36	0.21	0.43	1.46	76.77
2000	林地和草地	11.39	0.38	0.77	3.52	0.20	0.29	0.89	82.56
2005		10.49	0.46	0.64	3.38	0.21	0.31	0.95	83.56
2010		11.19	0.39	0.66	3.32	0.21	0.33	0.87	83.03
2015		12.11	0.32	0.74	3.20	0.21	0.30	0.78	82.34
2020		11.95	0.30	0.75	3.16	0.16	0.18	0.69	82.81

续表

年份	类型	核心区	孤岛	孔隙	边缘	连接桥	环岛	分支	背景
2000	水域	0.53	0.05	0	0.22	0	0.01	0.04	99.15
2005		0.74	0.06	0	0.29	0	0.02	0.06	98.83
2010		0.78	0.07	0	0.33	0	0.02	0.07	98.73
2015		0.78	0.09	0	0.27	0	0.01	0.06	98.79
2020		0.88	0.06	0	0.29	0	0.01	0.05	98.71

从表3可以得出：农用地类型在形态学空间格局分析中，所有年份的核心区形态所占比例远远高于其他形态，核心区的具体指数在发展过程中逐渐减少，由2000年的51.97%到2020年的43.80%，指数变化幅度最大的区间在2005—2010年，减少的指数量约3%，其次是2010—2015年，减少核心区指数约2.2%。七种形态类型中占比最低的三类形态为孤岛、连接桥和环岛。孤岛类型占比少说明绝大部分的农用地呈现集中连片的态势。连接桥的占比较少说明不同片区农用地核心区的连接程度较低，农用地核心区面积虽大，但呈现不同区域多点分布的特征。环岛形态占比低也从连接度方面说明核心区的分布呈现多点状态。除核心区之外，边缘形态占比处于第二位，说明农用地形态与其他类型用地的边缘接壤度较高，区域土地利用的缝合度较高。孔隙形态占比处于第三的状态，说明核心区内部存在少量的其他用地类型。分支形态数量占比较少，体现斑块的数量较少，解读意义与连接桥和环岛类似。

不透水面在形态学空间格局分析中，由于本身在区域中的占比不高，在核心区的形态指数占比中未达到整体的20%，从用地类型的角度分析，可能与背景占比过高相关。在剔除背景之后，核心区仍然在七类形态指数中占据首位，并且呈现逐年上升的态势，与农用地核心区类型相呼应，增长幅度最快的区间在2005—2010年，增长约1.8%。其次为2010—2015年，增长约1.4%。从整体上看，核心区形态占比从2000年的8.66%提升至2020年的14.18%。孤岛的形态占比在研究年份中几乎没有变化，五个年份的形态占比分别为1.09%、1.09%、1.07%、1.06%和1.05%，呈现微弱的减少态势。孔隙在七类形态中占比较低，最高的为0.54%，但从长期的发展趋势上看，孔隙具有扩张趋势，说明在不透水面核心区域内部混杂着其他类型的用地。边缘形态占比逐年上升，2000—2020年分别为4.11%、4.50%、4.96%、5.25%、5.36%。可以看出在发展过程中该形态占比约提升1.2%，说明不透水面核心区有扩张态势。连接桥和环岛从一定程度上反映了不透水面核心区之间的连接度较低。分支形态占比虽然总体不高，但是在背景占据绝大部分形态占比的状态下，可以得出不透水面的分支较多，较为零碎。

林地和草地在形态学空间格局分析中核心区的发展态势不明显，剔除背景占比，核心区依旧处于首位，而且核心区形态面积占比较为稳定，约占总面积的11.5%。2000—2020年，核心区占比分别为11.39%、10.49%、11.19%、12.11%、11.95%，从占比中可以说明林地和草地在发展过程中出现过波动，但在近五年趋于稳定。孤岛形态占比分别为0.38%、0.46%、0.39%、0.32%、0.30%。孔隙形态占比分别为0.77%、0.64%、0.66%、0.74%、0.75%。边缘形态占比分别为3.52%、3.38%、3.32%、3.20%、3.16%。连接桥形态占比分别为0.20%、0.21%、0.21%、0.21%、0.16%。环岛形态占比分别为0.29%、0.31%、0.33%、0.30%、0.18%。分支形态占比分别为0.89%、0.95%、0.87%、0.78%、0.69%。从总体上看，林地和草地在空间形态演变中的变化不大，核心区较为稳定。

研究区水域用地类型在原本的土地类型中占比最低，所以在形态学分析过程中核心区形态占区域总面积不到 1%，其他形态占比则更少。从仅有的分析数据中，可以发现 2000—2020 年核心区面积占比分别为 0.53%、0.74%、0.78%、0.78% 和 0.88%。水域核心区依然处于扩张态势。

从整体上看，主要分析的五种用地类型的形态演变既有各自的特点，又具备共同之处。农用地核心区的减少和不透水面核心区的增加在一定程度上体现了互补的关系。林地和草地核心区处于波动状态，水域核心区面积缓慢上升。

通过上述分析，可以明确核心区形态在各类形态中占据主体。在 ArcGIS 10.6 软件中依据 MSPA 得出的 geo-tiff，提取出各年份、各种用地类型的核心区进行面积计算，依照各用地类型的特点制定提取标准，从而得到在核心区形态中面积最大、范围最广的几处核心区。将其与所在年度核心区的总面积以及不同年份的几个首要核心区之间进行几何分析，结果如图 1 所示。

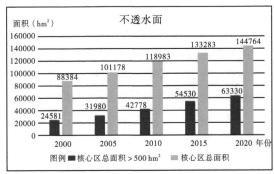
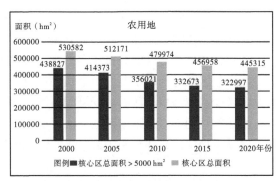
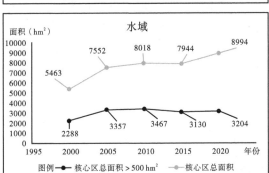
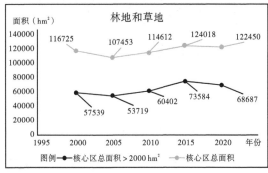

图 1 2000—2020 年济南市主要用地类型核心区状况

在不透水面核心区中，设定核心区面积大于 500 hm² 的为首要不透水面核心区。2000 年不透水面核心区面积大于 500 hm² 的首要核心区约占总核心区面积的 25%，并且随时间的增加，首要核心区的面积占总核心区面积的比重越来越大。

在农用地核心区形态中，设定面积大于 5000 hm² 的为首要农用地核心区，随时间的增加，首要农用地核心区面积占总核心区面积的比重逐渐降低。

在林地和草地核心区中，设定核心区面积大于 2000 hm² 的为首要林地和草地核心区，并随时间的增加，林地和草地首要核心区面积占生态核心区总面积的比重逐渐提高。

在水域核心区中，设定核心区面积大于 500 hm² 的为首要水域核心区，随着时间的增加，首要水域核心区面积占水域核心区总面积的比重逐渐降低。

对最大核心区面积指数观察发现，首要农用地核心区的面积指数最大，远超其他三种类型的首要核心区。这表明从整个地区来说，农用地作为主要形态类型要素在区域中占有绝对的面积优势。近年来不透水面、林地和草地的首要核心区面积也不断增大，说明研究区域的开发建设量不断升高。

4　形态格局时空演变分析

4.1　农用地时空演变分析

依据各类用地的特点设定相应的标准，然后提取首要核心区，并且在 GIS 中进行空间可视化分析。所得研究区农用地核心区总体分布以及首要核心区的分布状态如图 2 所示。

农用地核心区在 2000 年分布最广，并且首要核心区在研究区内的空间连接度在五个年份中最高。核心区最密集的区域位于研究区域北部的商河县和济阳区，该区域的首要核心区分布广，面积占比大。除研究区北部，济南市东南部的章丘区、莱芜区以及济南市西南部的长清区、平阴县也有大量农用地核心区和首要核心区分布。随着年份的增加，市中区、历下区、天桥区以及历城区几个区域的农用地核心区逐渐减少，其他农用地核心区在济南市域的分布状态较为稳定。

在耕地首要核心区的分布状态中，可以明显看出济南市中部东西向的首要核心区分布逐渐减少，章丘区东北部的首要农用地核心区逐渐消失。位于长清区的首要农用地核心区面积较之前大大减少。中部核心区的减少可能与济南市的总体规划发展战略以及其他用地的供给政策相关。西南部平阴县以及东南部莱芜区的首要农用地核心区在 2005—2010 年部分减少，进入 2010 年之后趋于稳定。北部核心区最密集的区域出现孔隙增多的现象。

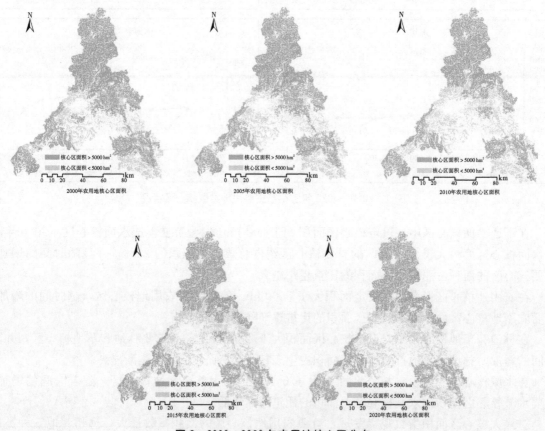

图 2　2000—2020 年农用地核心区分布

4.2 不透水面时空演变分析

不透水面核心区经过 20 年的发展，在空间上呈现出明显的扩张态势。将核心区面积大于 500 hm² 的区域设定为首要不透水面核心区，结果如图 3 所示。

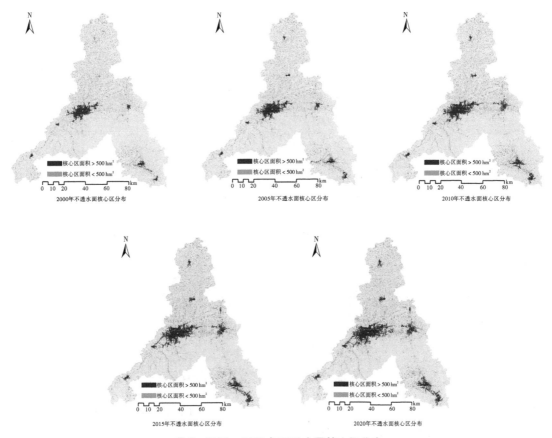

图 3 2000—2020 年不透水面核心区分布

从 2000 年的核心区分布状况看，不透水面核心区主要集中在济南的中西部，在东部的章丘区以及东南的莱芜也有少量首要核心区分布。济南北部没有首要核心区分布。从 2005 年的核心区分布状态看，中部核心区略有扩张态势，北部开始出现不透水面首要核心区。从 2010 年不透水面核心区分布状态可以看出，中部首要核心区的连接度明显提高，并且出现东西核心区融合的态势，东南部莱芜区首要核心区也逐渐有扩张态势。2015 年核心区空间分布状态可以说明，北部、西南部核心区趋于稳定，东部章丘区的核心区开始扩展，东南部不透水面核心区进一步扩大。从 2020 年的不透水面核心区分布状态可以发现济南市中部首要核心区进一步扩张，东部首要核心区出现向四周蔓延态势。

结合以上各年份的不透水面核心区分析发现，济南市的不透水面主要集中在中西部以及中东部地区，区域核心区的融合态势明显。在首要核心区中，面积最大的中西部核心有向东扩展移动的迹象。

4.3 林地和草地时空演变分析

林地和草地核心区中，首要核心区面积设定为 2000 hm² 及以上，经过 GIS 可视化之后得到

图 4 的结果。

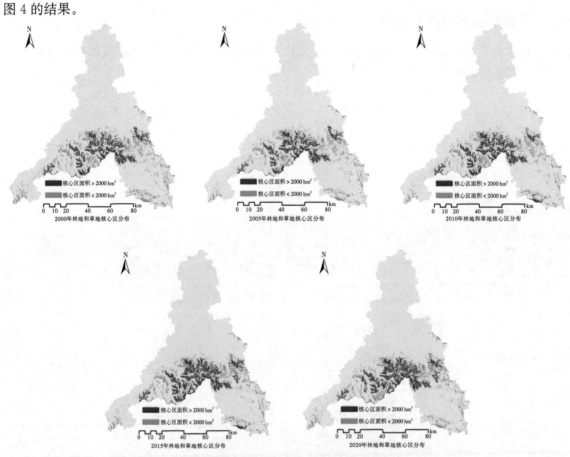

图 4 2000—2020 年林地和草地核心区分布

从 2000 年林地和草地核心区分布状况可以看出，济南市的首要林地和草地核心区几乎均处在南部山区一带，在此区域首要核心区面积大且分布密集，林地和草地核心区与对于自然环境的要求高，济南市北部几乎不存在林地和草地核心区。从 2005 年林地和草地核心区分布状况可以看出，林地和草地核心区相比于其他集中用地类型核心区更为稳定，核心区分布与 2000 年的所差无几。2010 年林地和草地核心区的可视化分析结果显示，东部首要林地和草地核心区面积减少，东南部开始出现首要林地和草地核心区。2015 年林地和草地核心区以及首要核心区的面积与其他四个年份相比，面积最大，首要林地和草地核心区域最多，东部林地和草地核心区出现面积增长的态势。2020 年的林地和草地核心区分布相比 2015 年有略微减少，东南部及西南部核心区面积有小幅度减少。

4.4 水域时空演变分析

在水域核心区中，设定面积超过 500 hm² 的核心区为水域首要核心区，可视化结果如图 5 所示。

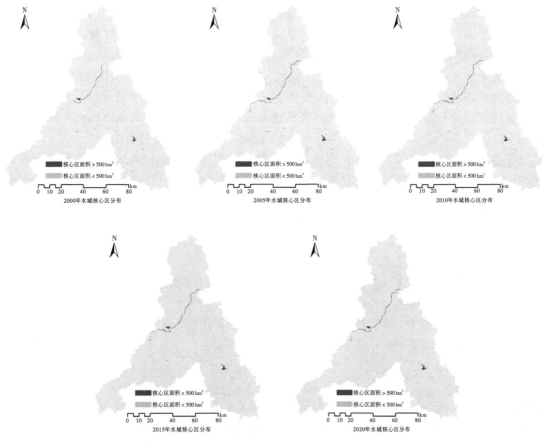

图 5　2000—2020 年水域核心区分布

水域核心区相较于其他类型核心区，呈现出面积小，分布稳定，增长缓慢的态势，这些特征与水域的本身特性有密切关系。从五个年份的核心区以及首要核心区分布情况可以看出，济南市北部被黄河流经，是绝对的首要水域核心区。除此之外，莱芜区的雪野湖作为济南市最大的湖泊，也是重要的水域核心区之一。

4.5　小结

结合近年来济南市的总体规划和社会经济发展情况分析可以看出，济南市在土地开发的同时也对景观和生态保护给予了重视。在农用地类型中，相较于 2000—2010 年，2010—2020 年的农用地面积虽有所下降，但首要核心区的面积一直处于稳定状态。在不透水面方面有着较为清晰的供地思路，济南市东西向的发展轴线明确，为区域融合创造了基础。在林地和草地保护方面，核心区总面积及首要核心区的总面积保持相对稳定。

5　结语

从区域总体形态格局水平看，济南市具备良好的农用地格局、较为集约的不透水面格局以及稳定的生态核心区。但依然存在不透水面核心区空间分布不均衡等问题，且区域农用地核心连接度有待加强。其中研究区域北部空间形态较为单一，在形态格局演变中，优势景观对于整体的控制力强，且研究区域的生态核心分布不平衡。根据上述问题，主要提出以下建议：

一是严格遵守农用地保护政策红线。通过近 20 年的土地利用类型演变分析可以明显看出，济南市市域范围内的农用地面积不断减少，且农用地核心区面积也在日渐收缩。但 2015—2020 年期间农用地面积开始逐渐平稳，在新一轮国土空间规划中，永久基本农田红线摆在"三线"的首要位置，落实农用地保护对于城乡地区长远发展具有不可替代的基础支撑作用。

二是加大对不透水面的管控。从济南市 2000—2020 年不透水面形态格局分析可知，不透水面发展整体规则度不高，与济南市自然环境及区域经济基础存在一定联系。因此，在保护生态的前提下还要优化不透水面的结构，促进不透水面的节约利用和多方位供给。

三是保护形态格局多样性，平衡用地结构。优化农用地、林地、草地、不透水面及水域的布局结构，对优势的空间形态类型继续加以保护。挖掘农用地的内在潜力，改善农业格局和生态环境。水域则可进行适当的整理，将河流湖泊梳理成为连续贯通的体系。同时要加强对草地与湿地的保护，通过科学技术手段对生态环境进行修复及合理保护利用。

[参考文献]

[1] 陶德凯，杨晨，吕倩，等. 国土空间规划背景下县级单元新型城镇化路径 [J/OL]. 城市规划：1—13 [2022—07—04]. http：//kns. cnki. net/kcms/detail/11. 2378. tu. 20220619. 1448. 002. html.

[2] 戴菲，毕世波，郭晓华，等. 基于形态学空间格局分析的伦敦绿地系统空间格局演化及其与政策的关联性研究 [J]. 国际城市规划，2021，36（2）：50-58.

[3] 陈明，戴菲. 基于 MSPA 的城市绿色基础设施空间格局对 PM2.5 的影响 [J]. 中国园林，2020，36（10）：63-68.

[4] 李怡欣，李菁，陈辉，等. 基于 MSPA 和 MCR 模型的贵阳市 2008—2017 年景观连通性评价与时空特征 [J]. 生态学杂志，2022，41（6）：1240-1248.

[5] 郑群明，扈嘉辉，申明智. 基于 MSPA 和 MCR 模型的湖南省生态网络构建 [J]. 湖南师范大学自然科学学报，2021，44（5）：1-10.

[6] 张国杰，杨睿. 广州市国土空间格局时空变化及优化对策研究 [C] //. 面向高质量发展的空间治理——2021 中国城市规划年会论文集（10 城市影像）. 2021：2-10.

[7] 廖雨，冉丹阳，张丽芳，等. 山地丘陵区林州市的国土空间格局与生境演变分析 [J]. 生态科学，2020，39（5）：26-33.

[8] 杨静，王立舟. 武汉市国土空间格局演变及优化对策 [C] //. 面向高质量发展的空间治理——2021 中国城市规划年会论文集（20 总体规划），2021：570-575.

[9] 佚名. 济南概况 [EB/OL].（2021—07—29）[2022—05—10]. http：//www. jinan. gov. cn/col/col129/index. html.

[10] 佚名. 济南市行政区划名录 [EB/OL].（2021—8—26）[2022—5—10]. http：//jnmz. jinan. gov. cn/art/2020/8/26/art_30768_4576693. html.

[11] YANG J, HUANG X. 30 m annual land cover and its dynamics in China from 1990 to 2020 (1. 0. 0) [DB/OL]. [2022—05—10]. https：//doi. org/10. 5281/zenodo. 5210928.

[作者简介]

于涵，山东建筑大学在读硕士研究生。

高瑞，山东建筑大学在读硕士研究生。

基于多源数据的厦门市城市空间结构识别与思考

□陈志诚，谢嘉成

摘要：城市空间结构是国土空间总体规划编制重要内容之一。本文基于三调、POI、公安人口、手机信令等多源数据，对厦门市就业、游憩、高峰时段人口密度以及各类功能设施点进行聚合分析，识别城市中心功能与等级结构；通过职住平衡度、职住通勤OD、人流就业吸引分析，判别厦门市城市空间布局与组团发展成熟度。同时，结合厦门市国土空间总体规划的编制实践，对2020年版厦门市城市总体规划实施效果进行评估，面向2035年提出对厦门市城市空间结构实施路径的思考，探讨多源数据下城市空间结构研究在国土空间规划编制中的应用思路与方法。

关键词：城市空间结构；大数据；厦门市；国土空间规划

1 引言

城市空间结构历来是城乡规划领域的研究重点，同时也是新时期国土空间规划的重要内容，《市级国土空间总体规划编制指南（试行）》中明确提出优化城市功能布局和空间结构的相关编制内容要求。传统城乡规划城市空间结构识别主要基于自然地形地貌、交通条件分隔、城市物质空间形态、土地利用性质等，结合规划师主观分析进行定性研判，以物理状态"静态"识别为主。新时期国土空间规划编制要求创新规划工作方法，强化城市设计、大数据、人工智能等技术手段对规划方案的辅助支撑作用，提升规划编制和管理水平。

随着大数据分析应用技术的快速发展，基于大数据对城市空间结构进行量化分析逐渐成为近年的研究热点。钮心毅等以上海中心城为例，提出了利用手机定位数据识别城市空间结构的方法；张亮等以杭州市为例，从人口密度、土地价格、交通设施密度、夜间灯光强度等要素出发，利用GIS空间分析、剖面线分析等方法测度城市空间结构；谷岩岩等基于POI和出租车轨迹数据，定量探究北京市城市功能区空间分布及其相互作用关系。对城市空间结构的研究越来越趋向于进行多源数据综合分析，在空间要素分布"静态"识别的基础上，增加空间功能联系"动态"分析，反映城市空间结构实际绩效，同时发挥多源数据互为补充、互为校核和互为支撑的作用。

厦门是著名的山海花园城市，其以秀丽的山体为背景、开阔的海面为基底、山海联通的绿楔为生态廊道，这往往使得人们对厦门市城市空间结构的认知局限于山海自然格局上。截至2021年6月，笔者通过知网共搜索到与厦门市空间结构密切相关的论文67篇，对厦门市城市空间结构研究以定性归纳为主，定量分析相对较少，主要基于LBS大数据从人流活动特点、职住平衡研究厦门城市空间结构特征，数据来源或分析维度相对单一。本文基于三调、POI、公安人口、手机信令等多源数据，对应 2020 年版厦门市城市总体规划中心等级结构、城市空间布局结构，从多维度"动""静"结合分析识别厦门市城市空间结构，对 2020 年版厦门市城市总体规划实施效果进行评估，结合 2035 年版厦门市国土空间总体规划编制，提出厦门市城市空间结构实施路径思考，探讨多源数据下城市空间结构研究在国土空间规划编制中的应用思路与方法。

2 研究对象及数据概况

2.1 厦门市空间结构规划

早在《1985—2000 年厦门经济社会发展战略》中，厦门市就提出要采取分散式的总体布局规划，即以厦门市本岛和鼓浪屿为中心，以集美文教风景区、杏林工业区、海沧新工业区为衬托，形成"众星拱月"型的城镇结构。

2004 年厦门市启动完成 2020 版城市总体规划，从形态的角度延续"众星拱月"组团结构特征，将厦门市城市空间布局结构描述为"一心两环、一主四辅（八片）"的组团式海湾城市空间。"一心"指本岛，"两环"为环西海域发展区、环东海域和同安湾发展区；"一主"为本岛（含鼓浪屿），"四辅"为海沧辅城、集美辅城、同安辅城、翔安辅城，每个辅城划分为两个组团，包括海沧辅城的海沧、马銮组团，集美辅城的杏林、集美组团，同安辅城的大同、西柯组团，翔安辅城的马巷、新店组团。主城与辅城、辅城与辅城、辅城的组团片区之间由海湾、自然山体或防护绿廊分隔，总体形成城市与自然环境相互融合的生态型结构模式。厦门市城市中心等级结构为"一主两副三次"，本岛为城市主中心，作为全市的政治、经济和文化中心；城市副中心为马銮城市副中心和翔安城市副中心，分别作为岛外西部、东部地区中心；局部性的城市次中心分别为海沧城市次中心、杏林湾城市次中心、同安大同城市次中心。

2.2 多源数据概况

研究多源数据主要包括三调、POI、公安人口、手机信令等，其中三调、POI、公安人口数据为城市静态数据，手机信令数据为动态城市大数据。三调是国家层面统一开展的自然资源调查，其数据成果可以全面客观反映城市最新土地利用状况，通过梳理三调建设用地数据，可以明确用地类型及城市空间结构研究范围；公安人口数据主要通过"一标三实"、公安局地址库、人社局参保数据库等方式获取，包含人口类型、居住地址、出生日期、性别、就业单位、年龄等十余项人口属性，定期实时获取公安人口数据，可通过人口密度分布情况识别城市人口居住与就业集聚区域；POI 为设施点数据，由于其数据量大、涵盖信息详细、获取方便等特点，是目前规划领域研究最常用的数据，对设施点进行类别划分，分析空间点密度分布，能得出城市各类功能设施点集聚程度，识别城市中心区主要功能。

手机信令数据是运营商记录下来的手机用户在通信网络中活动时的位置信息，将用户的位置周期性发送至附近基站并记录，手机信令数据不涉及手机用户的个人私密信息，移动用户在三大运营商中占据主导，因此本文采用厦门市中国移动用户数据，截取 2021 年 5 月 1—31 日整月数据，共计 461 万名用户，用户数量达到第七次人口普查人数的 70%。将厦门市以 250 m×250 m 的网格进行划分并唯一编码，以此为单元，统计每一个网格中驻留用户人数，对手机信令数据进行时空分析，揭示城市空间要素集聚、联系特征和作用机制。相比交通出行、LBS 大数据、网络开放性大数据等动态城市大数据，移动手机信令数据由于其稳定性、用户量大、覆盖面广等优势，能更便捷和全面地展现居民活动的时空规律。

3 中心等级结构识别与评估

3.1 分析方法

城市中心区是城市公共活动高度聚集地区，笔者围绕居住、工作、游憩与交通四大城市活动，结合不同时段工作、游憩和高峰人流高度集聚的综合特征，采用识别特定时间段手机用户密度的高值区分析不同活动行为集聚情况。对于就业行为的判断，在工作日 9:00 到 17:00 观测用户的驻留网格，取白天驻留最长网格且驻留天数超过 10 天的用户，为区分特别人群，白天驻留地不能与夜晚一致；对于游憩休闲行为的判断，选取 2021 年 5 月份每个周末用户白天的出行目的地，取白天驻留最长网格，为区分游憩行为与日常行为，游憩出行目的地不能与就业、居住地一致。

就业时段取 2021 年 5 月 10—14 日移动手机信令数据，统计这 5 个工作日各网格工作时段（9:00—17:00）的就业人数，取均值；休闲时段取 2021 年 5 月份移动手机信令数据，统计 5 月份所有周末各网格的出行人数，出行目的地排除居住地和工作地，取均值；高峰时段取 2021 年 5 月 10 日（工作日）移动手机信令数据，统计 5 月 10 日下班高峰时段（6:00—7:00）单元网格人数。依据网格的经纬度坐标与网格内人数分别进行核密度分析，以 300 m 为搜索半径，按每一网格内的用户数进行密度计算，在 ArcGIS Pro 软件中分析得出用户在空间上的密度结果，以 100 m×100 m 的栅格表示，根据 300 m 搜索半径能够覆盖网格的覆盖范围以及临近两个网格中心点之间的平均距离，采取自然间断点分级法划分级别。依次对就业人口、游憩人口、高峰期人口进行空间密度分布运算分析，通过加权人口密度分析结果，识别城市中心等级与分布。

笔者根据 2021 年 8 月份公安人口数据，进行就业人口热力分析，对手机用户就业密度数据进行校验。城市中心用地性质主要为商业服务业设施用地，结合三调用地数据，对城市中心分布进行校核修正。通过分析办公、商业设施及文体休闲 POI 设施点密度，对比城市中心分布情况，进一步判断城市中心功能特征。

3.2 识别结果

从就业时段手机用户密度分布情况看，本岛主要围绕中山路片区、火车站—吕厝片区、东部会展—两岸金融中心—软件园二期片区、东北部万达广场区域、湖里高新科技园、湖里老工业区形成一级高值密度聚集区，沿周边往外呈圈层式分布，形成较大范围二级、三级密度聚集区；岛外密度层级较低，仅海沧新阳片区、集美学村存在小范围一级高值密度集聚区，二级密度聚集区连片分布在海沧南部海沧湾片区、海沧新阳片区，集美杏林片区与集美学村，同安、翔安二级密度聚集区范围较小，岛外区域大范围为三级、四级密度聚集区。对比公安人口数据进行就业人口热力分析可知，手机用户数据与公安人口数据具有较高的匹配性，进一步校验了处理后手机用户数据分析的可靠性。

休闲时段数据分析显示，本岛中山路片区、火车站—吕厝片区形成较强的一级、二级密度集聚区，岛内东部、北部零散分布一级高值密度集聚点；岛外各区零散分布一级高值密度集聚点。值得注意的是，岛外高值密度集聚点很多分布于老城与城中村，一定规模的二级密度集聚区位于海沧南部海沧湾片区、集美杏林片区与集美学村，同安、翔安密度集聚区层级相对较低，高值密度集聚区范围较小。

高峰时段，本岛一级、二级密度集聚区范围特征明显，其中中山路片区、火车站—吕厝片区形成较强的一级、二级密度集聚区，本岛东部、北部一级高值密度集聚区范围相对较小，东部围绕会展中心—两岸金融中心—软件园二期分布，北部围绕各类园区、商业点、城中村呈散点式分布；岛外海沧新阳片区、集美杏林片区、集美学村局部区域形成一级高值密度集聚点，二级、三级密度集聚区主要分布在海沧南部海沧湾片区、海沧新阳片区、集美杏林片区、集美灌口镇与集美学村、同安大同老城片区、翔安马巷、新店老城片区。

结合三个时段手机用户密度分布特征进行叠合分析，扣除工业用地范围，从中心密度值的具体分布情况可知，本岛中山路片区、火车站—吕厝片区存在面积最大的高密度连续分布区，同时在本岛东部、北部、西北部形成相对高密度区块；岛外海沧南部海沧湾片区、海沧新阳片区、集美杏林片区、集美学村片区、同安大同老城片区和翔安马巷老城片区形成次一级密度区块，其他片区中心特征并不明显。

通过行政办公、商业、文体、医疗等各类POI设施点密度分析，进一步识别出本岛高密度集聚中心区集聚有行政办公、商务办公、商业服务、文体休闲、医疗服务等生产性服务业及生活性服务业综合功能，岛外较高密度集聚中心区主要为商业服务、文化休闲、医疗服务等生活性服务业功能。

3.3 实施评估

通过手机用户密度分析，识别厦门市城市中心等级结构为"一主六次"。其中，本岛中心由中山路—火车站—吕厝片区一级密度区和东部、北部、西北部三个二级密度区构成，组成厦门市主中心；岛外形成六个城市次中心，由三级密度区构成，分别为海沧、新阳（马銮东南）、杏林、集美、大同和马巷片区中心。由此可见，2020版厦门市城市总体规划中的"一主两副三次"中心等级结构并未完全形成，本岛持续强化作为厦门市城市主中心，岛外仅海沧、大同城市次中心与规划契合，岛外中心体系整体发育不明显，尤其是副中心发展与规划预期目标差距非常大，马銮城市副中心和翔安城市副中心并未形成，杏林湾城市次中心特征不明显，部分城市次中心偏离规划组团中心位置，如海沧区海沧组团、马銮组团等。同时，岛外中心与本岛中心能级相差较大，普遍不具备商务办公等生产性服务功能，规模较小、影响力弱，缺少等级层次。

4 空间布局结构识别与评估

4.1 分析方法

城市组团是指空间相对独立、基本服务功能完善、与中心城区分工合理、联系密切的城区，具有职住平衡度较高、功能相对综合等特点；相比城市组团，城市功能区是指承担城市特定功能的区域，功能相对单一，职住平衡度较低。

对应2020版厦门市城市总体规划"一主四辅（八片）"的空间布局结构，结合三调建设用地数据，将厦门市划分为本岛单元、大同单元、西柯单元、马巷单元、后溪单元、灌口单元、集美单元、新店单元、杏林单元、东孚单元、马銮单元、海沧单元12个空间单元。通过三调建设用地连片区域界定辅城范围；依据职住平衡特征测算空间单元职住平衡度，将职住平衡度高的单元识别为组团，职住平衡度低的单元识别为功能区；对单元进行职住通勤OD分析，衡量单元之间功能联系紧密度，并以组团作为出行目的地，分析人流就业吸引规模。

笔者采用2021年5月1—31日移动手机信令数据，基于手机信令数据嵌入的位置服务，对用户在不同时间点的轨迹进行记录与定义，按日计算用户进入、离开网格时间，统计用户在工作时间段（9:00—17:00）与居住时间段（0:00—6:00）各网格驻留时长，汇总整月数据，取白天、夜间驻留时间最长网格且驻留天数超过10天的用户，辨析出手机用户的就业位置与居住位置。职住平衡度以单元内居住并在本单元就业的人员与该单元就业人员总数的比值为测度依据，测算公式为：

$$H = \frac{D}{O} \times 100\%$$

式中，H 是单元职住平衡度，D 是职住出行目的地均在本单元内的用户数，O 是单元内职住出行的总用户数。

从夜间常驻到白天常驻是上班，从白天常驻到夜间常驻是下班，以夜间常驻位置和白天常驻位置确定起始位置与终点位置，进行单元职住通勤 OD 分析；针对识别出的组团，统计在组团内就业但在组团外居住的用户数，通过吸引组团外就业规模判别对外吸引能力强弱。

4.2　识别结果

本岛单元职住平衡度最高，达到81%；岛外建成区逐渐发展成片，海沧、马銮、杏林、集美、大同、马巷单元的职住平衡度较高，其中大同、马巷单元的职住平衡度达到60%及以上，海沧、马銮、杏林、集美单元职住平衡度均高于40%；西柯、新店单元以及东孚、灌口、后溪单元职住平衡度较低，均低于40%。

在城市职住通勤 OD 联系上，本岛单元与海沧、杏林、集美单元联系紧密度最高，与马銮、西柯、大同、马巷、新店单元联系紧密度次之，与外围东孚、灌口、后溪单元联系紧密度较弱；岛外各单元之间，海沧与马銮、杏林与集美、西柯与大同单元之间联系紧密度相对较强，马銮与杏林、灌口与杏林、马巷与新店单元之间联系紧密度次之，其余单元之间联系紧密度较弱。总体来看，城市职住通勤 OD 联系主要集中在本岛与岛外，大大强于岛外单元之间的联系。在本岛与岛外单元联系方面，与西部湾区的联系紧密度高于东部湾区，呈西强东弱的格局，岛外联系相对较强的单元主要位于同一行政区内。

4.3　实施评估

从识别分析结果来看，本岛作为厦门市主城区保持"一岛独大"，岛外各区内部单元之间联系度相对较强，如海沧区海沧与马銮单元、集美区杏林与集美单元、同安区西柯与大同单元、翔安区新店与马巷单元，单元之间呈连片发展态势，形成四大辅城空间形态，其中海沧、集美、同安辅城范围与规划符合度较高，翔安辅城相比规划预期范围较小。以职住平衡度40%作为组团划分标准，岛外形成海沧、马銮、杏林、集美、大同、马巷六片组团，西柯、新店单元及东孚、灌口、后溪三个外围镇单元为城市功能区，形成"一主四辅（六片）"的空间布局形态，西柯、新店单元未能发展为城市组团。

进一步分析组团吸引力，本岛主城区吸引岛外就业规模在25万人左右，集美、杏林组团吸引组团外就业规模均为10万人左右，海沧组团、马銮组团、大同组团、马巷组团吸引的就业规模在5万～7万人。从综合职住通勤 OD 联系强弱可以看出，除本岛主城区外，岛外集美区辅城发展最为成熟，与本岛功能联系最为紧密，其次为海沧区辅城、同安区辅城，翔安区辅城相对最弱。

总体来看，2004年实施跨岛发展战略以来，厦门市以岛外新城建设为抓手，不断推进岛外各区建设，岛外成片开发建设渐成规模，形成"一心两环、一主四辅（六片）"的城市空间布局结构，除规划西柯、新店组团未形成外，基本符合 2020 版厦门市城市总体规划"一心两环、一主四辅（八片）"的预期要求，根据第七次全国人口普查统计，厦门市 2010—2020 年人口增加了 163 万，岛外常住人口占全市常住人口比重达 59.14%，接近 60%，相比第六次全国人口普查的 47.29% 提高了近 12 个百分点，岛外人口增量大大高于本岛人口增量，跨岛发展战略实施取得了较大成效。相比城市空间布局结构，城市中心等级结构与 2020 版厦门市城市总体规划"一主两副三次"的规划预期差距较大，岛外新增商务、商业功能设施建设非常零散，岛外新城建设未能培育新的城市副中心，各区仍主要围绕老城与城中村形成次级中心，本岛中心要素强度高值区分布广、层次体系分明，极化效应明显，岛外中心发展强度远低于本岛中心。这一结果在一定程度上说明，岛外城市空间布局结构受行政力量影响较大，而人口转移、产业集聚、功能联系等内生因素和市场因素的影响滞后于规划建设推动下的空间布局结构转变，导致中心体系发育与多中心规划目标脱节。

5　厦门市 2035 年空间结构实施路径思考

最新编制的厦门市国土空间总体规划（公示版）提出构建"一岛、两湾、多组团"的城市空间结构。"一岛"即厦门本岛，应积极疏解非核心功能，培育创新、金融和高端服务等核心功能。"两湾"指东部湾区和西部湾区，其中东部湾区（同安区、翔安区）是未来重点开发区域，推进凤翔片区（东坑湾）、厦门科学城、同翔高新城、厦门新机场片区、海洋高新产业园等建设；西部湾区（集美区、海沧区）加快建设马銮湾新城，优化提升集美新城，加快完善海沧新城，强化自贸区和国际航运中心功能。中心等级结构仍划分为"城市主中心—岛外新城—区级中心"三个层级。通过自然山水格局与蓝绿空间保护，构建十大山海通廊，形成本岛组团和多个环湾发展的城镇组团。

国土空间总体规划丰富了本岛内部中心体系层次，对岛外中心布局进行相应调整，强化了中心体系各级中心之间的联系。如何培育形成岛外新城，加强不同层级中心之间的功能联系，是规划后续传导与落地实施面临的现实问题。对 2020 版厦门市城市总体规划空间结构实施成效的评估分析表明，从空间功能联系视角审视新一轮规划城市空间结构，往往能更好地把握实施路径本质要求。基于现状城市空间结构特征识别，面向 2035 年的规划目标，笔者认为，首先要积极创造厦门市多中心建设的区域支撑条件，由于厦门市发展规模总量不大、腹地小，辐射范围受限，现有基础尚不足以支撑岛外新城副中心建设，现状区域性的发展条件难以培育厦门市的多中心，有必要进一步强化区域协作协同，大力推进厦漳泉都市圈、粤闽浙城市群、海峡西岸经济区合作，并与长三角洲、粤港澳大湾区进行衔接，利用好国家重大政策，把握机遇并进行战略空间预留。其次，要着力推进岛外组团产城融合发展，目前以自然形态隔离划分的组团规模普遍偏小，规划开发较为零散，建议结合人口分布、产业结构、职住通勤等功能联系重新划定组团范围，根据现实基础和产业发展的阶段特征，选择不同的产城融合方式方法。西部湾区现状发展相对成熟，需以改造完善生活配套、优化提升产业结构为主，逐步植入市级乃至区域级功能，东部湾区未来发展潜力更大，要加大优质资源倾斜，以高标准进行组团建设，形成高品质生活中心，重点预留未来机遇战略空间，打造区域级功能中心，通过产业提升提高就业吸引力，实现组团职住平衡与岛内外一体化发展。最后，要注重强化组团差异化功能定位，避免岛外各区各新城建设各司其职，避免商务办公、商业设施开发零散建设，逐步形成新城集聚中心，发挥各组团间的比较优势与规模优势，建立功能联系的内在动力机制，从而在岛内外之间、岛外组团之间形成合理的关联强度，构建多核心、多层次、网络化的城市空间结构。

6　结语

在国土空间规划编制中，运用大数据分析手段能够更好地识别城市空间结构内部特征，找出存在的本质问题，进而提出针对性实施路径与策略，不断提升国土空间规划编制水平与可操作性。本文基于三调、POI、公安人口、手机信令等多源数据，结合城市中心人群活动特征，对就业、游憩、高峰时段人口密度以及各类功能设施点进行聚合分析，识别城市中心功能与等级结构；通过职住平衡度、职住通勤 OD、人流就业吸引分析，判别城市空间布局与组团发展成熟度。随着大数据分析广泛应用于国土空间规划编制，值得注意的是，在把握城市发展规律、满足应用场景需求前提下，选择适宜的计算方法，定量准确表达自然资源与空间要素特征至关重要。不同的计算方法往往分析结果差异较大，如职住平衡率的测算算法多种多样，衡量职住平衡的量化标准也不尽相同，如何创新大数据分析在规划编制中的应用思路与方法，需要持续不断地深入探索与研究。

［参考文献］

[1] 钮心毅，丁亮，宋小冬. 基于手机数据识别上海中心城的城市空间结构 [J]. 城市规划学刊，2014（6）：61-67.

[2] 李峰清，赵民，吴梦笛. 论大城市"多中心"空间结构的"空间绩效"机理——基于厦门 LBS 画像数据和常规普查数据的研究 [J]. 城市规划学刊，2017（5）：21-32.

[3] 张亮，岳文泽，刘勇. 多中心城市空间结构的多维识别研究——以杭州市为例 [J]. 经济地理，2017（6）：67-75.

[4] 谷岩岩，焦利民，董婷，等. 基于多源数据的城市功能区识别及相互作用分析 [J]. 武汉大学学报，2018（7）：1113-1121.

[5] 黄建中，胡刚钰，许晔丹. 基于人流活动特征的城市空间结构研究——以厦门市为例 [J]. 城市研究，2019（5）：62-67.

［作者简介］

陈志诚，高级工程师，厦门市城市规划设计研究院有限公司综合技术管理办公室副主任。

谢嘉宬，工程师，就职于厦门市城市规划设计研究院有限公司。

POI 数据和夜光遥感数据空间关联研究

——以济南市中心城区为例

□范开放，于瑞鹏，吴启琛，闫馨文，董兵

摘要：POI 数据和夜光遥感数据在区域和城市研究与规划实践中应用广泛。本文以济南市中心城区为研究区域，分别选取 500 m、1000 m、1500 m 的网格单元，将 POI 数据和夜光遥感数据的分析结果连接到网格单元上，采用空间自相关分析方法探索两种数据的空间集聚及空间关联特征。结果表明：在单变量分析模式下，POI 核密度和夜光遥感数据在不同尺度下均存在空间正相关特征。济南市老城区是 POI 核密度和夜光遥感数据"高—高"集聚区域，"低—低"集聚区域则分布于中心城边缘。在双变量分析模式下，POI 核密度和夜光遥感数据在不同尺度下均存在明显的空间关联特征，POI 核密度高的区域通常平均灯光密度值也高，并且随着网格尺寸的增大，两者莫兰指数呈现增大趋势。

关键字：POI；夜光遥感；空间自相关；济南市

1 引言

POI（兴趣点）数据是点数据，在 GIS 中属于矢量数据；夜光遥感数据（平均灯光密度）作为遥感对地观测数据的一种，属于栅格数据。这两类数据作为近些年来新兴数据的代表，均具有数据量大、数据更新快的特点，在区域和城市研究与规划实践中应用广泛。

POI 数据来源于互联网地图，是随着移动通信技术的不断发展以及互联网的广泛应用出现的，与人们的生活紧密相关。张景奇等总结了 POI 数据在中国城市研究中的应用，主要包括城市功能区划分、城市中心区和边界识别、查明业态集聚分布及兴趣点推荐四个方面。研究方法包括密度分析、聚类分析、相关分析等。如郭亚峰等以北京市中心城区为例，对研究区域中 117 万条 POI 数据进行重分类，基于公众认知度对重分类数据进行权重赋值，并利用 ArcGIS 对处理后的数据进行频数密度分析，实现北京市中心城区功能区的识别；薛冰等基于零售业 POI 大数据，利用核密度估计法提取沈阳市零售商业中心分布格局，比较了不同零售业态布局的差异性特征，并运用局域 Getis—Ord Gi* 指数法进一步探究了零售业热点街区。

相比于普通遥感卫星影像，夜间灯光遥感是能够探测夜间微光的光学遥感技术，可获取白天遥感无法获取的信息。夜光遥感可更直接地反映人类活动的差异，广泛地应用于社会经济领域。如许正森等基于 1992—2012 年 DMSP/OLS 和 2012—2018 年 NPP/VIIRS 夜间灯光遥感数据，对长江三角洲城市群时空演化格局进行监测；李岩林等利用夜光遥感、土地利用、人口等数据，运用多元回归和地理加权回归分析，对 2015 年河南省经济空间格局进行了分产业精细化模拟。

POI 数据和夜光遥感数据均可以反映城市人文、社会经济发展状况。但目前将两者结合起来进行城市研究的文献不多。刘加伶等以重庆市主城区为例，基于 POI 数据与夜光遥感，构建耦合度模型，研究了零售业空间布局与人口分布的空间耦合关系；高岩等通过核密度分析将 3 个年份 POI 数据和夜光遥感数据的处理结果进行网格化后叠加分析，使用双因素制图法对 3 个年份耦合相同与相异的地区进行可视化，并将结果与城市空间结构进行对比，实现对城市空间结构的分析。但目前少有对两种数据进行空间关系建模的研究。因此，笔者以济南市中心城区为例，探究 POI 数据和夜光遥感数据是否在空间分布上存在关联与依赖特征，以期能为济南市的国土空间规划、城市发展提供科学依据。

2 研究区域概况与数据来源

2.1 研究区域概况

济南市是山东省政治、经济、文化、科技、教育和金融中心，是山东省重要的交通枢纽，也是国务院批复确定的环渤海地区南翼的中心城市。截至 2020 年，全市辖 10 个区 2 个县。根据第七次人口普查数据，截至 2020 年 11 月 1 日零时，济南市常住人口为 9202432 人。

本文的研究对象济南市中心城区是《济南市城市总体规划（2011—2020）》划定的范围（图 1），面积为 1022 km²。该范围东至东巨野河，西至南大沙河以东（归德镇界），南至南部双尖山、兴隆山一带山体及济莱高速公路，北至黄河及济青高速公路。

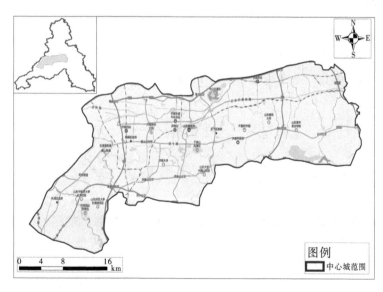

图 1 济南市中心城区范围

2.2 数据来源

本文所用的 POI 数据来源于高德地图，通过编写网络爬虫程序获得济南市中心城区共计 27 万余条数据，数据获取时间为 2019 年 8 月；夜光遥感数据源自我国自主研发的武汉大学珞珈一号全球首颗专业夜间灯光遥感卫星，其空间分辨率约 130 m，数据获取时间为 2018 年 11 月 23 日；济南市中心城区范围依据现行的《济南市城市总体规划（2011—2020 年）》，根据济南市中心城用地规划图地理配准矢量化后而得。

2.3　数据预处理

POI 数据的预处理包括数据去重、数据空间化、坐标转换（高德坐标转为 CGCS2000 坐标）、裁剪等步骤；珞珈一号夜光遥感 LJ1－01 数据已提供系统几何校正，数据质量远高于传统灯光数据，可以有效解决亮度饱和的问题，且 LJ1－01 数据中负像元已被去除，因此不需要对数据进行饱和校正以及负值像元处理，下载完数据后只需进行辐射亮度转换。珞珈一号 01 星产品辐射亮度转换公式如下：

$$L = DN^{3/2} \times 10^{-10} \qquad\qquad 公式（1）$$

式（1）中，L 为绝对辐射校正后辐射亮度值，单位为 $W/(m^2 \cdot Sr \cdot \mu m)$，$DN$ 为图像灰度值。

本文选用的 POI 数据、夜光遥感数据和中心城区范围线坐标均统一到投影坐标系 CGCS2000＿3＿Degree＿GK＿CM＿117E。同时，为了方便不同类型的数据进行比较与分析，本文以济南市中心城区为范围，分别建立边长 500 m、1000 m、2000 m 的正四边形网格，将珞珈一号夜光遥感数据与 POI 数据分析结果进行矢量化，使用连接工具与网格进行连接，最终分别形成了夜光遥感数据与 POI 数据的网格图。

3　研究方法

3.1　核密度分析

核密度估计法是探测地理实体点格局常用的方法，该方法认为地理事件可以发生在空间的任何位置上，但在不同位置上事件发生的概率不一样，点密集的区域事件发生的概率高，点稀疏的地方事件发生的概率低。某个空间位置 x 的核密度为其窗口范围内所有实体密度之和，表达公式为：

$$fn(x) = \frac{1}{nh} \sum_{1}^{n} K\left(\frac{d(x, x_i)}{h}\right) \qquad\qquad 公式（2）$$

式（2）中，n 表示距离阈值范围内包含的 POI 数量，$K\left(\dfrac{d(x, x_i)}{h}\right)$ 表示核密度方程，h 表示距离阈值，$d(x, xi)$ 表示 POI 两点之间的欧氏距离。常用的核密度函数主要有高斯核密度和四次多项式核函数。实际应用表明，不同的核函数对结果的影响很小。需要注意的是对距离阈值的选择，ArcGIS 软件从 10.2.1 版本开始，默认距离阈值是基于空间配置和输入点数，应用 Silverman 经验法则计算得到，这种方法可以更正空间异常值（距离其他输入点非常远的点），这样可以避免搜索半径过大。

3.2　平均灯光密度

一般而言，某区域的平均灯光（灯光密度）强度可以反映该区域的灯光特征，可通过构建区域平均夜间灯光指数获得，计算公式为：

$$\mathrm{ANLI} = \frac{\sum_{i=1}^{n} DN_i}{n} \qquad\qquad 公式（3）$$

式（3）中，DN_i 为区域内每个栅格单元的像元辐射值，n 为区域内栅格的数目，ANLI 为某区域内平均灯光指数。

3.3 变量归一化处理

为了消除量纲影响及变量自身变异大小和数值大小的影响，同时为了便于对实验结果的分析，需要对原始数据进行标准化处理。本文使用归一化算法（极值标准化）将 POI 核密度结果和夜光遥感数据分析结果控制在 0～1，计算公式为：

$$S_i = \frac{x_i - x_{\min}}{x_{\max} - x_{\min}} \qquad 公式（4）$$

式（4）中，S_i 代表夜光遥感数据或 POI 核密度数据归一化的结果，x_i 为待归一化的夜光遥感数据或 POI 核密度数据的值，$x_{\max}$、$x_{\min}$ 分别为研究区夜光遥感数据或 POI 核密度数据的最大和最小值。

3.4 空间自相关分析

空间自相关反映的是一个区域单元上某种地理现象或某一属性值与邻近区域单元上同一现象或属性值的相关程度，其思想来源于 Tobler 提出的地理学第一定律，即地理系统中所有事物间都是有联系的，空间距离相近的地理事物的相似性比距离远的事物相似性大。

空间自相关分析按度量方法分为全局空间自相关和局部空间自相关。全局空间自相关用于描述某现象是整体分布状况，反映的是空间邻近区域单元的属性值的相似程度。全局空间自相关性一般用 Moran 指数和 Geary 系数来测度。笔者采用 Moran 指数来衡量 POI 核密度值和区域平均夜间灯光指数的全局空间自相关性大小，其计算公式如下：

$$I = \frac{n \sum_{i=1}^{n} \sum_{j=1}^{n} w_{ij} \ (x_i - \overline{x}) \ (x_j - \overline{x})}{\sum_{i=1}^{n} \sum_{j=1}^{n} w_{ij} \sum_{i=1}^{n} \ (x_i - \overline{x})^2} \qquad 公式（5）$$

式（5）中，I 为 Moran 指数，其取值范围为 $[-1，1]$，$[-1，0)$ 表示存在正的空间自相关性，取值为 0 表示不相关；x_i、x_j 分别为位置（区域）i 和 j 的观测值；w_{ij} 为空间邻接矩阵，笔者采用简单的二进制邻接矩阵，当区域 i 和区域 j 相邻接时，w_{ij} 取值 1，不邻接时取值 0；$\overline{x}$ 为 x_i 的平均值。

由公式（5）得到的 Moran 指数可以用标准化统计量 Z 来检验其显著性，Z 的计算公式为：

$$Z = \frac{I - E \ (I)}{\sqrt{VAR \ (I)}} \qquad 公式（6）$$

式（6）中，$E \ (I)$ 和 $VAR \ (I)$ 为理论上的均值和标准方差。显著性水平可以由标准化 Z 值的 P 值检验来确定，通过计算 Z 值的 P 值，再将它与显著性水平 α 进行比较，决定拒绝还是接受零假设；如果 P 值小于给定的显著性水平 α，则拒绝零假设，Moran 指数存在空间自相关性。否则，接受零假设，Moran 指数不存在空间自相关性或空间自相关性不显著。

全局空间自相关只能从总体上反映地理要素之间是否存在空间联系，若要进一步考虑哪个区域单元对于全局空间自相关的贡献更大，如是否存在 POI 核密度值和区域平均夜间灯光指数的高值或低值的局部空间集聚，就需要进行局部空间自相关分析。局部空间自相关分析方法包括 LISA、G 统计、Moran 散点图。笔者采用 LISA 中的局部 Moran 指数 I_i 来揭示 POI 核密度值和区域平均夜间灯光指数是否存在高值或低值的局部空间集聚，局部 Moran 指数 I_i 的计算公式为：

$$I_i = \frac{(x_i - \overline{x})}{S^2} \sum_j w_{ij}(x_j - \overline{x}) \qquad 公式（7）$$

式（7）中，$S^2 = \frac{1}{n} \sum_i (x_i - \overline{x})^2$，其他各变量的含义与公式（5）相同。$I_i > 0$ 表示该区域单元周围相似值（高值或低值）的空间集聚，$I_i < 0$ 表示非相似值（高低或低高）的空间集聚。

局部 Moran 指数 I_i 也用标准化统计量 Z 来检验其显著性，其计算公式为：

$$Z\,(I_i) = \frac{I_i - E(I_i)}{\sqrt{VAR\,(I_i)}} \qquad\qquad 公式（8）$$

双变量是两个变量的联立分析，用于探索两个变量之间是否存在关联及其强弱程度，或者两者之间的差异性及显著程度，其全局空间自相关和局部空间自相关 Moran's I 指数计算公式为：

$$I_{ab} = \frac{n \sum_{i=1}^{n} \sum_{j\neq 1}^{n} w_{ij} X_i^a X_j^b}{(n-1) \sum_{i=1}^{n} \sum_{j\neq 1}^{n} w_{ij}} \qquad\qquad 公式（9）$$

$$I_i^{ab} = X_i^a \sum W_{ij} X_j^b \qquad\qquad 公式（10）$$

其中，X_i^a 为区域 i 内 a 变量值，X_j^b 为与 i 邻近的区域 j 的 b 变量值，W_{ij} 为空间权重矩阵。a、b 变量值为 POI 核密度值和区域平均夜间灯光指数。

4 结果分析

4.1 POI 核密度分析结果

在默认搜索半径 519.1378 m 下，通过对中心城区 274712 条 POI 数据核密度进行分析，结果发现中心城区 POI 核密度值变化范围为 0～9077 点/平方千米，京沪高铁线以东、二环南路以北、济广高速以南、济南绕城高速以西区域为 POI 核密度高值集中分布区域，结果如图 2 所示。

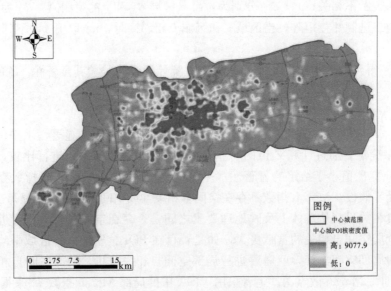

图 2　中心城区 POI 核密度分布图

将 POI 核密度空间分布图分别赋值到边长 500 m、1000 m、1500 m 的网格上，取每个网格的核密度平均值，得到结果如图 3 所示。

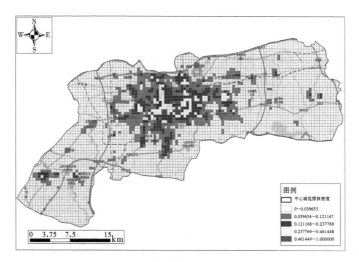

边长 500 m

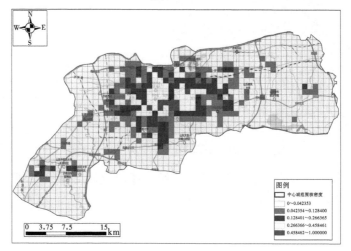

边长 1000 m

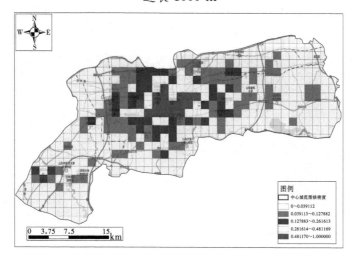

边长 1500 m

图 3 不同网格尺寸下 POI 核密度图

4.2 平均灯光密度结果

应用 ArcGIS "栅格计算器"工具，根据公式（1）得到中心城区夜间灯光辐射亮度值分布（图 4）。从图 4 可知，珞珈一号夜光遥感 LJ1−01 数据空间分辨率高，路网纹理非常清晰。

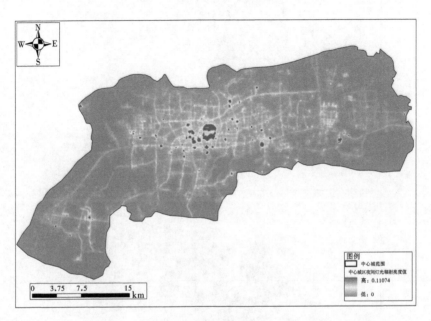

图 4　中心城区夜间灯光辐射亮度值分布图

应用公式（3）和公式（4），将夜间灯光辐射亮度值空间分布图分别赋值到边长 500 m、1000 m、1500 m 的网格上，取每个网格的平均值得到平均灯光密度，结果如图 5 所示。

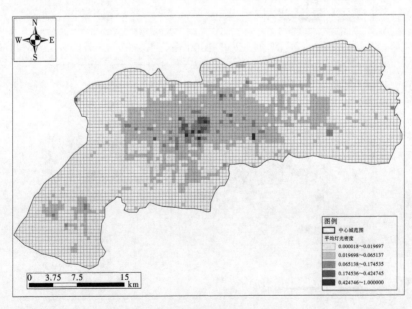

边长 500 m

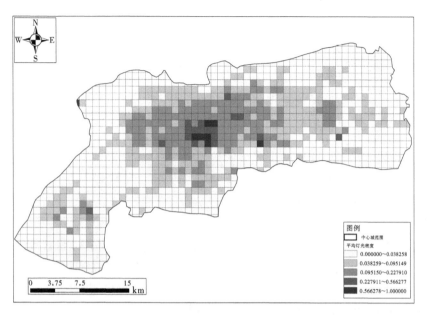

边长 1000 m

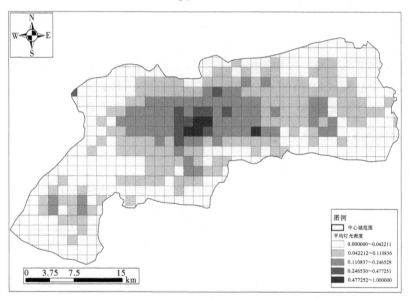

边长 1500 m

图5　不同网格尺寸下平均灯光密度图

4.3　单变量空间自相关分析结果

4.3.1　单变量全局空间自相关分析结果

应用公式（5），基于 GeoDa 软件平台，分别设置 500 m、1000 m、1500 m 网格大小进行 POI 核密度和平均灯光密度全局空间自相关分析，得到结果如表1所示。

表 1 单变量空间自相关分析结果

网格大小	变量名称	Moran 指数 I	Z 值	P 值
500 m	POI 核密度	0.7937	100.1800	0.001
	平均灯光密度	0.4036	52.6348	0.001
1000 m	POI 核密度	0.7536	47.7468	0.001
	平均灯光密度	0.5623	36.5149	0.001
1500 m	POI 核密度	0.7617	33.3951	0.001
	平均灯光密度	0.5717	25.0094	0.001

由表 1 可知，POI 核密度和平均灯光密度在不同网格大小下 Moran 指数均大于零，Z 值均大于 2.58，对应的 P 值均通过 0.01 的显著性水平检验，表明 POI 核密度和平均灯光密度均存在明显的空间集聚特征。其中，随着网格尺寸变大，平均灯光密度对应的 Moran 指数呈增大趋势，而 POI 核密度对应的 Moran 指数则总体呈下降趋势。

4.3.2 单变量局部空间自相关分析结果

应用公式（7），基于 GeoDa 软件平台，得到 POI 核密度和平均灯光密度局部空间自相关分析结果，POI 核密度和平均灯光密度局部空间自相关结果"高—高"集聚主要位于济南市老城区范围，POI 核密度"高—高"集聚的面积大于平均灯光密度"高—高"集聚面积；"低—低"集聚则主要分布在中心城区边缘；"低—高"和"高—低"两种集聚面积很小，其中"低—高"集聚多位于"高—高"集聚边缘；其余区域则局部空间自相关性不显著。

4.4 双变量空间自相关分析结果

4.4.1 双变量全局空间自相关分析

应用公式（9），基于 GeoDa 软件平台得到双变量全局空间自相关分析结果，如表 2 所示。

表 2 双变量全局空间自相关分析结果

网格大小	第一变量	第二变量	Moran 指数 I	Z 值	P 值
500 m			0.4434	71.4872	0.001
1000 m	POI 核密度	平均灯光密度	0.5722	43.3998	0.001
1500 m			0.6063	30.3382	0.001

从表 2 可知，不同网格大小下 POI 核密度和平均灯光密度双变量 Moran 指数均大于零，Z 值均大于 2.58，对应的 P 值均通过 0.01 的显著性水平检验，表明 POI 核密度和平均灯光密度均存在明显的空间依赖关系。

4.4.2　双变量局部空间自相关分析

应用公式（10），基于 GeoDa 软件平台，得到 POI 核密度和平均灯光密度双变量局部空间自相关分析结果。在不同网格尺寸下，POI 核密度和平均灯光密度均存在明显的空间关联特征，POI 核密度值高的区域，平均灯光密度值也高，"高—高"集聚同样集中分布在老城区；"低—低"集聚则主要分布在中心城区边缘。

5　结语

通过上述研究可知：一是在单变量分析模式下，POI 核密度和夜光遥感数据在不同尺度下均存在正的空间自相关特征。济南市老城区是 POI 核密度和夜光遥感数据"高—高"集聚区域，"低—低"集聚区域则分布于中心城边缘。二是在双变量分析模式下，POI 核密度和夜光遥感数据在不同尺度下均存在明显的空间关联特征，POI 核密度高的区域通常平均灯光密度值也高，并且随着网格尺寸的增大，两者莫兰指数呈现增大趋势。

[参考文献]

[1] 徐建华. 计量地理学 [M]. 北京：高等教育出版社，2006.

[2] 王远飞，何洪林. 空间数据分析方法 [M]. 北京：测绘出版社，2007.

[3] 邓敏，刘启亮，吴静. 空间分析 [M]. 北京：测绘出版社，2015.

[4] 刘湘南，王平，关丽，等. GIS 空间分析（第三版）[M]. 北京：科学出版社，2017.

[5] 薛冰，肖骁，李京忠，等. 基于 POI 大数据的城市零售业空间热点分析——以辽宁省沈阳市为例 [J]. 经济地理，2018，38（5）：36-43.

[6] 芦志霞，王国力. 住宅房价水平与繁荣程度的空间关系研究——以太原市为例 [J]. 国土与自然资源研究，2019（6）：16-19.

[7] 钟亮，刘小生. 珞珈一号新型夜间灯光数据应用潜力分析 [J]. 测绘通报，2019（7）：132-137.

[8] 李德仁，张过，沈欣，等. 珞珈一号 01 星夜光遥感设计与处理 [J]. 遥感学报，2019，23（6）：1011-1022.

[9] 李黔湘，郑晗，张过，等. 基于夜间灯光影像的珞珈一号指数分析 [J]. 测绘地理信息，2020，45（3）：8-15.

[10] 李岩林，程钢，杨杰，等. 夜光遥感数据支持下的区域经济空间格局精细化模拟——以河南省为例 [J]. 地域研究与开发，2020，39（4）：41-47.

[11] 张景奇，史文宝，修春亮. POI 数据在中国城市研究中的应用 [J]. 地理科学，2021，41（1）：140-148.

[12] 余柏蒗，王丛笑，宦文康，等. 夜间灯光遥感与城市问题研究：数据、方法、应用和展望 [J]. 遥感学报，2021，25（1）：342-364.

[13] 许正森，徐永明. 整合 DMSP/OLS 和 NPP/VIIRS 夜间灯光遥感数据的长江三角洲城市格局时空演化研究 [J]. 地球信息科学学报，2021，23（5）：837-849.

[14] 刘加伶，刘冠伸，陈庄. 基于 POI 数据与夜光遥感的零售企业空间布局与人口耦合关系研究——以重庆市主城区为例 [J]. 现代商业，2021（12）：100-103.

[15] 郭亚峰，蓝贵文，范冬林，等. 基于 POI 数据的城市功能区识别 [J/OL]. 桂林理工大学学报，1－9 [2022-08-01]. http://kns. cnki. net/kcms/detail/45. 1375. N. 20210913. 1350. 002. html.

[16] 高岩，张焕雪，邢汉发. 夜光遥感与 POI 数据耦合关系中的城市空间结构分析——以深圳市为例 [J]. 桂林理工大学学报，2022，42（1）：122-130.

[作者简介]

范开放，工程师，就职于山东省第一地质矿产勘查院。

于瑞鹏，注册测绘师，高级工程师，就职于山东省第一地质矿产勘查院测绘地理信息中心主任。

吴启琛，注册测绘师，工程师，就职于山东省第一地质矿产勘查院。

闫馨文，会计师，就职于山东济钢集团型材科技有限公司。

董兵，工程师，就职于济南市规划设计研究院。

多源数据支持下的城市公共活动中心识别与特征研究

——以厦门市为例

□李萌，邱晓伟

摘要：公共活动中心是城市空间结构研究的重点之一。厦门市经济和地理条件独特，具有特殊的研究价值。本文以厦门市为例，以手机信令数据反映的城市游憩活动强度为基础，结合土地利用数据等静态数据，识别出厦门市内 17 个公共活动中心，并将公共活动中心按照面积和活动强度分为四个层级。随后，从空间分布、势力范围、外来人口三个方面对公共中心的特征进行分析。从公共活动中心分布来看，厦门岛内公共活动中心数量多，等级高；岛外中心数量少等级低，岛内外的公共服务仍然有较大的差距。从公共活动中心势力范围来看，岛内中心服务岛内，岛外中心服务岛外，岛内外界限分明。根据外来人口分布特征分析公共活动中心的区域职能，可以发现许多公共活动中心有一定的服务区域的能力，不同类型的中心服务方式不同。整体来看，旅游景区、商务中心承担了较多的区域服务职能，各级中心都是城市功能不可缺少的一部分。

关键词：厦门市；手机信令数据；公共活动中心；游憩活动强度；势力范围

1 引言

公共活动中心承担着重要的城市功能，是城市空间结构重要的组成部分，也一直是城市相关研究的重点之一。随着数据时代的到来，多种新型数据尤其是手机信令数据的发展为城市研究提供了更加科学化、人本化和精细化的研究途径，也为城市公共活动中心的研究提供了全新的视角。厦门市是东南沿海的重要城市，也是我国经济特区之一。厦门市城市空间形态特殊，厦门岛内外被海域分割，造成了厦门岛内外发展差异大、城市单中心结构不堪重负等一系列问题，对城市健康有序发展造成了一定的阻碍。因此，合理规划公共活动中心体系，平衡岛内外差距，是厦门市相关规划中亟待解决的重要问题。在这样的背景下，笔者使用手机信令数据，对厦门市域内的公共活动中心及其等级体系进行识别，并从分布、服务范围等方面着手分析公共活动中心的特征，以期为厦门市总体规划、公共设施专项规划、商业中心专项规划等提供参考。

2 概念界定与研究方法

2.1 公共活动中心概念

在《城市规划资料集》中，对公共活动中心的定义为"城市公共活动中心是城市开展政治、经济、文化等公共活动的中心，是居民公共活动最频繁，社会生活最集中的场所"。在这一概念基础上重点研究某一种公共活动，形成了"城市商业中心""城市会展中心"等相关研究。笔者借助《雅典宪章》中提出的"公共活动是在公共场所发生的非居住和就业的游憩活动"这一定义，将公共活动中心定义为城市中除居住和工作以外的游憩服务集聚的场所，游憩活动包括休闲娱乐、购物餐饮、文化体育等，不包括医疗教育等专业活动，也不包括需要离开日常生活的城市到其他城市进行的旅游活动。

2.2 公共活动中心识别方法

公共活动中心研究的传统方法主要结合研究经验确定位置，结合人口普查、经济普查、问卷调查等确定公共活动中心的位置和等级体系。随着技术的发展，以手机信令为代表的新型数据为公共活动中心的识别和特征研究提供了更加有效、直观的途径。其中，手机信令数据能够直接反映个体的活动信息，与公共活动中心的内涵最为符合，目前出现了关于城市商业中心、城市生活中心等特定类型公共活动中心的研究，也有部分研究从所有公共设施出发，关注城市活动中心整体的发展情况，相关研究受到业界广泛关注。

从研究方法来看，处理手机信令数据得到人群游憩活动强度，进而根据强度识别公共活动中心的方法得到了广泛的应用。在此基础上，结合城市静态数据，如用地数据、POI数据、建筑轮廓数据等，对识别出的活动强度高值区进行进一步的判断和矫正也是相关研究必不可少的环节。在现有研究中，手机信令数据本身并不能区分活动目的，因此应该使用哪种人群在哪些时间的活动作为游憩活动还未有定论。本文根据公共活动中心的定义，使用常住人口在休息日的非通勤出行作为游憩活动强度计算的标准，并结合静态数据识别城市公共活动中心，同时结合手机信令数据反映个体活动的特点，对公共活动中心的特征进行分析。

3 研究数据

3.1 手机信令数据

笔者使用中国移动通信集团有限公司提供的2020年5月手机信令数据进行研究。研究范围为厦门市的同安区、集美区、海沧区、湖里区、思明区、翔安区。

通过计算某一通信设备在2020年5月出现在厦门市的天数可以区分人口停留属性，出现10天及以上的人口为常住人口，10天以下的为外来人口。在区分人口类型的基础上，分析不同人群的活动规律，就可以得到反映城市运行的数据指标。

对于厦门市的常住人口，使用累计时间法识别常住人口的居住地和工作地，共识别出有居住地的常住人口2411304人。分析常住人口停留位置，记录每个常住人口每日停留15分钟以上的非职住地，以此作为游憩的目的地。一个常住人口一天内可能有多个游憩目的地，常住人口的居住地到不同的游憩目的地之间按时间顺序排列，就构成了一系列游憩出行OD。在2020年5月的数据中共找到了275329366个游憩出行OD，以游憩出行OD的目的地作为游憩活动强度计算的基础。对于职住地均不在厦门的外来人口，识别他们在人群活动活跃时间（6:00—24:00）

的位置，记录每个人累计停留超过 1 小时的地区，作为外来人口在厦门市的日间停留地，共找到 381736 人次的停留地。

除人群停留数据外，手机信令数据还可以通过记录某个时刻的人群分布得到每个小时的人口热力数据。在研究中，通过记录每个网格每日整点的人数，再根据人口特征，对常住人口和短期驻留人口分别进行统计，就可以得到常住人口和短期驻留人口的每日每小时人口热力分布，汇总后的数据每个小时的数据量均超过 1 亿条，这不同于居民停留的城市人群分布特征，可以反映出城市活动的不同方面。

3.2 其他静态数据

使用静态数据对城市公共活动中心边界进行辅助识别和校正。具体的数据包括土地使用数据、建筑数据和遥感信息数据。土地使用数据提取自 2020 年 9 月版的厦门市现状"一张图"，主要提取公益性用地和商业性用地，其中公益性用地主要提取 A2 文化设施用地、A4 体育用地、A7 文物古迹用地，商业性用地主要提取 B1 商业服务用地和 B3 娱乐康体用地。建筑数据为 2020 年 3 月提取的百度地图建筑轮廓及高度数据，共有 94150 个。遥感信息数据为 2020 年 6 月的厦门市 1 m 分辨率遥感影像图。

土地使用数据、建筑数据和遥感信息数据与手机信令数据时间相近，可以基本反映城市空间的硬件支撑情况，为城市公共活动中心的识别提供参考。除此之外，参考厦门市不同年代的城市总体规划、各区分区规划，可以对识别出的公共活动中心进行符合通常认知的命名和进一步的范围校正。

4 厦门市公共活动中心的识别

4.1 公共活动中心识别过程

在相关研究中，活动强度通常作为公共活动中心识别的基础，一般采用直接设定阈值，或者局部加权回归的方法判断高值区域，但这两种方法容易遗落面积较小和密度相对较低的中心。引入局部空间自相关（Local Moran's I）这一指标可以有效改善这一问题。因此，笔者综合以上方法，进行了如下的识别过程：

一是识别常住人口在休息日以及"五一"小长假中的非通勤出行的目的地，得到游憩活动强度的目的地分布，作为游憩活动强度。以活动强度为基础，结合局部空间自相关中显著性较高的"高高（HH）"区、"高低（HL）"区，识别城市游憩活动的高值集中区，作为公共活动中心识别的基础。

二是参考土地使用数据、建筑数据和遥感影像划定公共活动中心的具体范围，并结合相关空间规划对识别的中心进行筛选和命名，出于符合城市一般认知和对应现有空间规划的考虑，一些没有连续的高值区域也识别为一个中心，最终得到边界清晰的公共活动中心。

三是最终识别出 17 个公共活动中心，其中岛内 11 个，岛外 6 个，面积在 40～250 hm²。

4.2 公共活动中心等级体系

在相关研究中，公共活动中心的活动强度和服务半径是中心等级划分的重要依据。但笔者使用的手机信令数据与 250 m 网格直接对应，没有使用核密度对数据进行平滑，因此存在相邻网格活动强度差异极大的问题，难以从活动强度单一指标对中心的等级进行判断。在结合实际街道、用地的边界后，许多网格被分割。对于很多位于公共活动中心边缘的网格，在计算时纳入游憩密度，也会使整体游憩密度变小。另外，由于厦门市地理环境特殊，岛内岛外存在天然的交通屏障，岛内面积小，人口密度高，设施服务半径小；岛外面积大，人口分布广、密度低，设施服务半径反而更高。因此无法从服务半径这一单一角度判断城市公共活动中心的等级。公共活动中心的土地使用类型相似，因而有较大范围的游憩高值区，也可以在一定程度上代表公共活动中心的等级。基于此，研究选取平均活动强度和高值区面积两个指标，使用 K‑means 聚类方法，将中心分为四级（图1）。

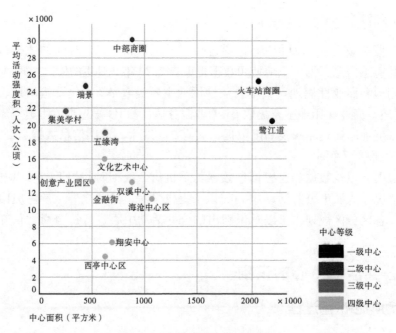

图1 公共活动中心聚类结果

一级中心有两个，它们是面积较大、活动强度也很高的公共活动中心，由多个商业中心、商业街、城市广场等各种类型的城市公共空间组成，范围跨越多个街区，是城市公共活动最活跃的地区。二级中心也有两个，它们是范围较小、活动强度很高的城市中心，通常围绕着一到两个核心的商业中心形成。三级中心的活动强度和活动范围低于二级中心，四级中心的低于三级中心，部分四级中心（海沧中心区、西亭中心区）的面积没有达到城市规划的预期，这是因为受城市建设时序的影响，形成若干个不连续、面积较小的城市活动高值区。从不同等级的公共活动中心的数量看，高等级公共活动中心较少，低等级公共活动中心较多，一二三级公共活动中心数量差距不明显，与规划中的公共活动中心等级体系还有较大差距。

5 厦门市公共活动中心体系特征分析

5.1 公共活动中心分布特征

厦门岛的岛内公共活动中心范围大、等级高，岛外中心范围小、等级低，岛内和岛外差距巨大。从行政区来看，思明区的公共活动中心最多，共7个，集中了大多数高等级的公共活动中心；湖里区仅有4个公共活动中心，数量和等级都低于思明区。在岛外各区中，集美区的公共活动中心最多，有3个，其中有岛外唯一的三级中心集美学村。集美学村周边分布着多所大学，也是著名的旅游景点，是岛外等级最高的公共活动中心。同安区、海沧区和翔安区均只有1个公共活动中心，且等级较低。体现出这些区域人口较少，居民活动强度较低的特点。整体来看，厦门岛内岛外差异巨大，岛外尚未形成与岛内规模相当的公共活动中心。

5.2　公共活动中心势力范围

势力范围是指公共活动中心吸引力占优势的地区，能直观反映不同地区居民日常主要使用的公共活动中心，可以体现公共活动中心的主要服务范围。参考相关研究，通过游憩出行 OD，分析每个网格内的居民使用的公共活动中心，记录每个网格居民的游憩出行 OD 总数和去往不同中心的数量，计算出每个网格中的居民去往不同中心出行次数的占比。当某个网格中居民去往一个中心的游憩出行 OD 占所有游憩出行 OD 的比例超过一定数值时，认为这个网格属于某一中心的势力范围。研究计算了这一比例为 50％和不设定阈值只显示最大比例的中心这两种情况，除了翔安区南部部分地区是岛内中心的势力范围，基本上岛内的中心服务岛内，岛外的中心服务岛外，岛内外界限分明。岛外中心少、服务范围大，基本沿着行政界限分布；岛内中心多、服务范围小，行政界限影响不大，更多的是向周边的扩散，形成圈层式的结构。

湖里区北部、同安区南部、翔安区南部等地区的公共活动中心与其他公共活动中心的差距较小，属于不同公共活动中心的争夺区，如湖里区北部高崎机场在最大比例时属于火车站商圈的势力范围，绕过了毗邻的文化艺术中心和创意产业园，成为火车站商圈公共活动中心的一个飞地，这可能是受地铁三号线的影响，也体现出这一地区缺乏公共活动中心，使居民不得不选择距离更远的高等级中心。总体来看，这些地区缺乏对应的城市公共活动中心，可以作为城市未来公共活动中心建设或者交通水平提升的重点地区。

5.3　公共活动中心外来人口分布特征

传统数据无法统计城市短期驻留人口，也无法记录这些人口在城市中的活动规律。随着手机信令数据应用逐渐深入，短期人口在城市设施规划和城市空间结构研究中的作用开始得到重视。在公共活动中心的相关研究中，外来人口占比是评价公共活动中心的重要指标之一，体现了公共活动中心的多元性和活跃程度，也是公共活动中心的影响范围超越城市，开始承担区域公共职能的体现。

研究使用两个指标反映外来人口对厦门市公共活动中心的使用情况，分别为公共活动中心内的外来人口热力分布和外来人口停留地分布。记录外来人口在 6:00—24:00 的每小时的人口热力分布，累计休息日和小长假的每个网格的人口数量，得出厦门市公共活动中心中，具有旅游和交通服务的厦门大学、鹭江道、火车站商圈等是外来人口停留最多的几个中心，符合厦门市作为重要的旅游城市的特点。但记录的外来人口停留地的数据却与人口热力产生较大差异，外来人口停留地记录的是外来人口在 250 m 边长的某一网格内超过 1 小时的停留，体现了外来人口在小范围内的长时间停留。思明区的会展中心、湖里区金融街等具有商务功能的公共活动中心平均活动密度最大，而且岛内、岛外公共活动中心停留人次数的差距由上百倍缩小到十几倍，许多岛外中心也有较多周边城市人口长期停留。这体现了公共活动中心不同的功能特征，鹭江道、厦门大学等公共活动中心是城市对外展示的窗口，外来人口在这些中心大量聚集、短暂停留，而会展中心等是外来人口在某一地点长时间停留的地区，体现着厦门市和其他城市之间的如商务合作、会议展览等功能联系。岛外各区虽然人口较少，城市活动强度整体较低，但是也与外地城市有一定的联系，在工业园区周边的西亭中心、双溪中心长时间停留的人口比例都比较高，体现了在产业协作方面厦门市和其他城市的人员频繁往来。

6 结语

本文以手机信令数据反映的城市游憩活动强度为基础，结合土地使用数据、建筑数据、遥感影像数据等静态数据，共识别出 17 个公共活动中心，将公共活动中心按照面积和活动强度分为四个层级，识别出了厦门市目前的公共活动中心体系。

研究发现，从等级体系来看，厦门市高等级公共活动中心较少，低等级公共活动中心较多，高等级中心之间差距不明显，但总体上与规划的四级公共活动中心体系有较大的差距。从公共活动中心分布来看，厦门岛内公共活动中心数量多、等级高；岛外中心数量少等级低，岛内外的公共服务仍然有较大的差距。从公共活动中心势力范围来看，岛内中心服务岛内，岛外中心服务岛外，岛内外界限分明。岛外中心少、服务范围大，基本沿着行政界限分布；岛内中心多、服务范围小，行政界限影响不大，地理阻隔对城市的分割十分明显。湖里区北部、同安区南部、翔安区南部等地区公共活动中心服务不足，应该考虑增加公共活动中心的布局。从外来人口分布特征分析公共活动中心的区域职能，可以发现许多公共活动中心有一定的服务区域的能力，不同类型的中心服务方式不同。整体来看，旅游景区、商务中心承担了较多的区域服务职能，是城市发展区域协作的重点地区。

"岛内大提升，岛外大发展"是厦门市城市空间发展的主要战略，从研究结果来看，岛内外发展仍然十分不平衡，岛外中心亟待发展，岛内外公共服务水平相差较大。推进岛内外一体化，不仅应大力推动部分城市核心职能外迁，还应该出台有力政策提升岛外公共服务设施水平。同时，城市新增的职能如新引进的商务办公、商业、体育等功能，应集中建设在岛外新区，加速岛外新城的集聚发展，形成分布合理、科学有效的城市公共活动中心体系。

[参考文献]

[1] 黄羊山. 游憩初探 [J]. 桂林旅游高等专科学校学报，2000 (2)：10-12.

[2] 仵宗卿，戴学珍. 北京市商业中心的空间结构研究 [J]. 城市规划，2001，25 (10)：15-19.

[3] 李健，宁越敏. 1990 年代以来上海人口空间变动与城市空间结构重构 [J]. 城市规划学刊，2007 (2)：20-24.

[4] 杨俊宴，章飙，史宜. 城市中心体系发展的理论框架探索 [J]. 城市规划学刊，2012 (1)：33-39.

[5] 王德，段文婷，马林志. 大型商业中心开发的空间影响分析——以上海五角场地区为例 [J]. 城市规划学刊，2013 (2)：79—86.

[6] 钮心毅，丁亮，宋小冬. 基于手机数据识别上海中心城的城市空间结构 [J]. 城市规划学刊，2014 (6)：61-67.

[7] 晏龙旭，张尚武，王德，等. 上海城市生活中心体系的识别与评估 [J]. 城市规划学刊，2016 (6)：65-71.

[8] 丁亮，钮心毅，宋小冬. 上海中心城区商业中心空间特征研究 [J]. 城市规划学刊，2017 (1)：63-70.

[9] 施澄，陈晨，钮心毅. 面向"实际服务人口"的特大城市空间规划响应——以杭州市为例 [J]. 城市规划学刊，2018 (4)：41-48.

[10] 阮一晨，刘声，李王鸣. 基于多源数据的城市公共中心体系识别——以杭州市萧山区为例 [J].

经济地理，2019，39（2）：103-109.

［11］钮心毅，谢琛. 手机信令数据识别职住地的时空因素及其影响［J］. 城市交通，2019，17（3）：19-29.

［12］钮心毅，康宁，李萌. 都市圈视角下的上海城市公共中心体系重构探讨［J］. 城市规划学刊，2019（3）：42-49.

［13］金忠民，周凌，邹伟，等. 基于多源数据的特大城市公共活动中心识别与评价指标体系研究——以上海为例［J］. 城市规划学刊，2019（6）：25-32.

［14］殷振轩，王德，晏龙旭，等. 重庆市中心城区生活中心的识别与评估［J］. 规划师，2019，35（7）：77-83.

［15］宁越敏，黄胜利. 上海市区商业中心的等级体系及其变迁特征［U］. 地域研究与开发，2005，24（2）：15-19.

［16］毕瑜菲，张佶，李洋. 基于多源数据的东莞市公共中心体系识［C］//面向高质量发展的空间治理——2020中国城市规划年会论文集（05城市规划新技术应用），2021.

［17］陈洋，周凌. 基于手机信令数据的上海市公共活动中心识别与评估［C］//持续发展 理性规划——2017中国城市规划年会论文集（05城市规划新技术应用），2017.

［18］GIULIANO G，Small K A. Subcenters in the Los Angeles Region［J］. Regional Science and Urban Economics，1991，21（2）：163-182.

［19］MCMILLEN D P. Nonparametric employment subcenter identification［J］. Journal of Urban Economics，2001，50（3）：448-473.

［20］VASANEN A. Functional polycentricity：Examining metropolitan spatial structure through the connectivity of urban subcenters. Urban Studies，2012，49（16）：3627-3644.

［作者简介］

李萌，工程师，就职于厦门市城市规划设计研究院有限公司。

邱晓伟，助理工程师，就职于厦门市城市规划设计研究院有限公司。

基于改进两步移动搜索法的轨道站点可达性研究

——以天津市津城区域为例

□张政，蔡军

摘要：可达性是评价交通基础设施的重要指标，研究轨道站点可达性有利于进一步优化其服务水平。两步移动搜索法由于能同时考虑供给规模、需求规模和交通成本，被广泛应用于测度轨道站点的可达性。本文首先针对传统两步移动搜索法存在的交通条件理想化、人口分布精度低等问题，以 Python、GIS、高德 API 技术为支撑，提出时间成本、人口栅格、衰减函数等改进方法。其次选取天津市津城区域作为研究范围，以研究范围内已经开通运营的 165 个轨道站点为研究对象，从供需角度评价轨道站点的空间可达性，发现津城区域轨道站点空间可达性存在圈层状变化、空间差异明显、资源分配不均等问题。轨道站点密集地区受高需求的影响，实际服务效率与可达性较低；站点稀疏地区居民需求相对低，反而呈现出较高的可达性和服务水平。最后将空间可达性计算结果应用于轨道站点选址对比分析，测算不同目标导向下的轨道站点建设优先级别，为未来天津市轨道交通规划建设提供实证参考。

关键词：可达性；轨道站点；开放地图；路径规划；两步移动搜索法

1 引言

随着我国机动化进程的不断加快，交通拥堵现象日益严重。轨道交通由于其快速、准时、舒适、运量大的特点，逐渐成为解决大城市交通拥堵的首选方案。站点可达性作为轨道交通评价指标之一，体现了居民获取其服务的难易程度。合理准确地评价站点可达性状况，对优化城市布局结构、改善居民出行条件、提升轨道交通服务品质具有重要意义。

当前针对轨道站点可达性的研究主要分为两个方面：一是从轨道站点供给能力出发，基于重力模型法、网络分析法等讨论轨道站点的服务范围、服务能力和覆盖人口数；二是从人口对轨道站点的可获性出发，基于空间句法、最小距离法等关注居民到达轨道站点的最近距离。这些研究在一定程度上反映了轨道交通站点的可达性情况，但仍具有一定的局限性，比如仅从供给侧或需求侧进行单一研究，未考虑因居民非均匀分布而造成的需求差异。因此，有必要综合站点供给能力、人口空间分布、交通成本等因素，对轨道站点可达性评价方法作进一步探讨。

两步移动搜索法（2SFCA）操作简单，不仅考虑了设施供给情况，还将需求的分布及供需之间的交互关系纳入计算，在诸多公共设施可达性评价中都有广泛的应用，但受限于传统时空数据的精度，传统两步移动搜索法在时效性、空间精度上还存在一定的局限性。本文选取天津市津城区域为研究范围，通过时间成本、人口栅格、衰减函数等方式改进传统两步移动搜索法，提高其计算结果的精确性、有效性，考虑站点供给能力、居民需求分布及交通成本，综合测度轨道站点空间可达性。

2　研究路线

2.1　研究范围及研究对象

天津市是我国最早拥有轨道交通的城市之一，截至 2021 年底已开通地铁 1 号线、2 号线、3 号线、5 号线、6 号线、6 号线二期、4 号线南段和津滨轻轨 9 号线共 8 条线路。本文以《天津市国土空间总体规划（2021—2035 年）》所划定的津城区域为研究范围，包括红桥区、河北区、南开区、河西区、河东区、和平区市内六区，以及北辰区、津南区、西青区、东丽区环城四区共十个市辖区，并选取研究范围内已经开通的 165 个轨道站点为研究对象。

2.2　数据来源及预处理

首先通过 Python 编程在高德地图中截取天津市轨道站点 POI 数据，收集轨道站点的名称、经纬度坐标和穿越该站点的地铁线路数量；其次通过 ArcGIS 进行坐标纠偏，保留津城区域内现有的所有轨道站点；最后使用 OSM（开源地图）、WorldPop（世界人口数据）分别获取天津市路网数据和100 m精度人口统计数据，依据谷歌卫星地图和天津市第七次人口普查结果对数据进行修正。

2.3　研究思路及框架

影响轨道站点可达性的因素较多，从供需角度而言，主要包括以下三个方面：一是轨道站点供给能力。除站点自身的空间布局外，穿越站点的线路数量、站点的发车间隔、设施完善程度都会影响轨道站点的供给能力。例如，多条线路穿越的换乘轨道站点吸引力一般高于普通轨道站点。二是居民需求水平。人口在空间上并非均匀分布，现实居民空间分布情况也会对轨道站点可达性和服务水平产生影响，人口过密会造成站点的供应不足，而人口过少又会降低使用效率。三是交通成本。居民在使用轨道站点时一般结合了步行出行，而出行距离、交通条件都会影响居民对站点的选择意愿。因此，笔者综合以上三个方面的因素构建整体研究框架（图 1）。

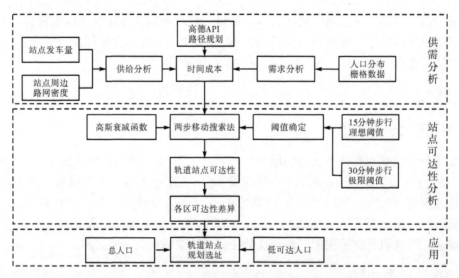

图1　天津市津城区域轨道站点影响因素研究框架

3　改进两步移动搜索法

3.1　传统的两步移动搜索法

两步移动搜索法衡量的是一定阈值范围内行政单元内双方的潜在关系，即人口需求与供给空间的比值，此方法最早由 Radke&M 提出，后经 Luo 等进一步改进。具体操作主要分为两步：第一步对每个供给点 j，搜寻所有在阈值范围 d_0 内的人口需求 P_k，以供给规模 S_j 计算供给程度 R_j；第二步对每一个人口需求点 i，搜寻所有在阈值范围 d_0 内的供给点 j，对所有的 R_j 进行求和得到 i 点的可达性指数 Ai，计算公式如下所示：

$$\begin{cases} R_j = \dfrac{S_j}{\sum_{K \in \{d_{kj} \leqslant d_0\}} P_k} \\ A_i = \sum_{j \in \{d_{ij} \leqslant d_0\}} R_j = \sum_{j \in \{d_{ij} \leqslant d_0\}} \dfrac{S_j}{\sum_{k \in \{d_{ij} \leqslant d_0\}} P_k} \end{cases} \qquad 公式（1）$$

3.2　改进模型构建

3.2.1　时间成本

传统两步移动搜索法通常使用两点之间的直线距离或者OD成本矩阵中最小成本矩阵判定交通成本。直线距离虽测量简单，但并未考虑实际路网的存在，并不符合居民真实出行情况；OD成本矩阵考虑路网要素但将道路通行条件完全理想化，忽略了现实交通情况。高德API（应用程序编程接口）中的路径规划功能操作便捷、考虑实际路网距离和实时交通状况并可用于计算出行时间。为提高测算的准确性，本文使用高德API路径规划模拟居民从多个起始点到多个目的地的步行出行行为，获得居民实际出行时间成本。

3.2.2　衰减函数

传统两步移动搜索法采用二分法进行距离衰减，仅考虑需求点是否在搜寻范围之内，而不考虑在搜索范围内距离的远近对于可达性和服务水平的影响。现实情况中，在搜索范围内离供应点较近的需求点可达性与获取的服务更好，即越靠近轨道站点的居民越容易获得轨道交通服务。为使计算结果更接近实际情况，笔者比较各函数的特征发现高斯函数的函数值在出行时间较小和接近搜寻阈值时衰减较慢（图2），与居民出行规律相接近，因此选取由 Dai 提出的高斯函数衰减法进行衰减处理。

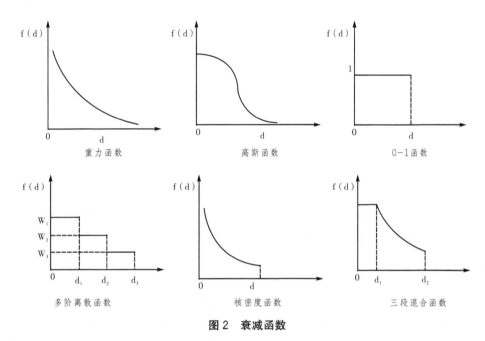

图2 衰减函数

3.2.3 人口栅格

在两步移动搜索法实现过程中，人口分布是关键的因素之一。以往研究常用市（县）、街道、乡（镇）等行政区作为人口分布最小单位，划分范围较大，数据精度无法满足城市轨道站点可达性评价的要求。笔者在研究区域内划分 500 m × 500 m 的渔网栅格作为居民分布最小单位，以其中心点作为居民出发点，对人口分布进行精细化处理，突出人口的非均匀分布对轨道站点可达性产生的影响。

3.3 改进两步移动搜索法实现步骤

第一步：以地铁站点供给点 j 为出发点，选定一个时间阈值 d_0，以实际步行时间搜索落在对应阈值内的居民需求点 i，引入高斯函数 $G(d_{ij})$ 衰减，由此得到 R_j，计算公式如下所示：

$$\begin{cases} R_j = \dfrac{S_j}{\sum_{K \in \{d_{kj} \leqslant d_0\}} G(d_{ij})} \\[4mm] G(d_{ij}) = \dfrac{e^{-\frac{1}{2} \times (\frac{d_{ij}^2}{d_0}} - e^{\frac{1}{2}}}{1 - e^{\frac{1}{2}}} \quad (d_{ij} < d_0) \end{cases} \qquad 公式（2）$$

式（2）中，d_0 为搜索时间阈值；R_j 表示居民需求单元的需求规模；d_{kj} 表示居民需求单元到轨道站点的出行时间；S_j 为轨道站点 j 的供给量。$G(d_{ij})$ 为值在 0~1 的高斯距离衰减函数，意味着居民出行时间越长，二者之间的吸引力越小，当 $G(d_{ij}) = 1$ 时，该方法退化为传统两步移动搜索法。

第二步：以居民点 i 为出发点，依据时间阈值 d_0，以实际步行时间搜索落在对应搜寻半径内的轨道站点 j，使用高斯函数再次衰减，得到居民点 i 处的轨道站点可达性指数，计算公式如下所示：

$$A_i = \sum_{j \in \{d_{ij} \leqslant d_0\}} R_j = \sum_{j \in \{d_{ij} \leqslant d_0\}} \frac{S_j}{\sum k \in \{d_{ki} \leqslant d_0\} \ G\ (d_{ij})\ P_k} \qquad \text{公式（3）}$$

式（3）中，A_i 为各居民需求点轨道站点可达性。A_i 越大，轨道站点服务的空间内可达性越好，阈值范围内的居民享受轨道站点服务的阻碍就会越小；反之表示轨道站点越匮乏，其服务空间内可达性越差。

4 轨道站点可达性评价

4.1 轨道站点供给能力测算

一般而言，轨道站点可乘坐线路数、周边路网密度都会影响其供给能力。王磊在使用两步移动搜索法研究焦作市公共交通站点可达性过程中，以公交站点所经过的公交线路总数作为站点供给能力。考虑到天津市轨道交通各线路每日运行时间和发车间隔存在差异，部分站点为换乘站有多条线路穿过，导致各站点总发车量不同。因此，笔者采用搜索阈值内路网密度和轨道交通站点每日发车量来反映站点的供给能力。

4.2 居民需求能力测算

从人口普查数据开放程度来看，获得具体的各个住区的现状常住人口数量较为困难。笔者使用 WorldPop 中国 2020 年 100 m 精度人口统计数据和天津市第七次全国人口普查数据综合测算天津市津城区域现状人口数量，将计算并修正过的人口数据关联到 500 m×500 m 的空间栅格上，用于表示居民需求。

4.3 搜索阈值

2019 年天津市发布《十五分钟生活圈实施规划》，将轨道交通站点作为交通类便民服务设施纳入 15 分钟生活圈规划中。因此，笔者将 15 分钟步行时间作为理想搜索阈值，测度理想情况下轨道站点的可达性。

出行者步行出行的时间存在一定容忍限度，超过此限度，出行者就会选择其他出行方式，降低轨道站点的使用概率。一般而言，步行者出行的最大心理承受时限不会超过 30 分钟。张万松在研究步行出行时间分布情况时发现，时耗在 32.5 分钟以内的出行人数占据了总出行人口的大多数。综合以上研究，将 30 分钟步行时间作为极限搜索阈值，测度极限情况下轨道站点的可达性。

4.4 评价结果

4.4.1 可达性总体评价

通过改进后的两步移动搜索法分别计算 15 分钟和 30 分钟搜索阈值内各人口需求点的轨道站点可达性，将结果关联到栅格空间数据上，使用自然间断点法将其分为 10 级，考察其空间分异情况。

从可达性空间分级结果来看，天津市津城区域轨道站点可达性由内向外呈现出低—高—低的圈层式变化规律，空间差异比较明显。研究范围最内部区域虽然地铁站点数量较多、分布密集，但是因需求人口过多导致轨道站点供需比例失衡，所以整体呈现出低可达性。最外围边缘区域由于轨道线路并未延伸至此，轨道站点数量少，虽然居民需求较低，但是由于供给严重不足，同样呈现出低可达性。边缘区域唯一可达性较高的站点为津城东南部地铁9号线站点，这是由于天津市为双城发展模式，地铁9号线连接津城和滨海新区，从而将一部分居民需求较少的边缘区覆盖。

高可达性居民单元较为集中，多分布于环城四区和市内六区的交界处，这是由于环城四区和市内六区的交界处有一定数量轨道站点覆盖，同时其人口数量也较为适中，居民需求和地铁站点供给相匹配，因此呈现出较高的可达性。

笔者采用自然间断点法将可达性水平分为极低、低、中等、高、极高五级，进一步统计站点可达性分级结果，如表1、表2所示。在两种搜索阈值下，轨道站点都可以服务到大多数城市居民，但整体服务水平较低、不同地区可达性水平差异大。从30分钟步行时间来看，81.41%的居民虽然能享受到轨道站点的服务，但是总体可达性较低，中等以上可达性水平的居民占比为3.62%。从15分钟步行时间来看，站点服务总人口占比为68.56%，比30分钟步行时间的占比下降了12.85个百分点，中等以上可达性水平的居民占比仅为2.84%。

表1　15分钟搜索阈值数据统计

可达性水平	栅格数量（个）	栅格占比（%）	人口数量（人）	人口占比（%）
无服务	6744	78.59	2867696	31.43
极低	1269	14.79	6117905	67.04
低	325	3.79	110698	1.21
中等	142	1.65	21581	0.24
高	65	0.75	3527	0.04
极高	38	0.44	2600	0.03

表2　30分钟搜索阈值数据统计

可达性水平	栅格数量（个）	栅格占比（%）	人口数量（人）	人口占比（%）
无服务	5555	64.72	1696559	18.59
极低	2123	24.73	7170557	78.58
低	594	6.92	219342	2.40
中等	192	2.24	29117	0.32
高	84	0.98	7501	0.08
极高	34	0.40	2027	0.02

4.4.2 可达性差异评价

天津市津城区域轨道站点可达性空间差异明显，以市辖区为单位统计其内部轨道站点可达性差异，使用离散系数 C_0 表示各区内轨道站点可达性离散程度，反映轨道交通为各区居民提供服务的公平程度。

$$C_0 = \frac{\sigma}{\mu} \qquad\qquad 公式（4）$$

式（4）中，σ 为各市辖区内居民需求点可达性 A_i 的标准差，μ 为各市辖区内居民需求点可

达性 A_i 的平均值。C_0 为离散系数，C_0 越大则各区内部轨道站点可达性差异越大，轨道交通为区内居民提供的服务越不公平，反之则各区内部轨道站点可达性差异越小，轨道交通为区内居民提供的服务越公平（表3）。

表3 津城区域内各市辖区可达性变异系数

阈值	北辰区	津南区	西青区	东丽区	红桥区	河北区	南开区	河西区	河东区	和平区
30 分钟	2.5426	2.2022	3.3900	2.1558	0.4984	0.7069	1.0487	1.0484	0.4726	0.6135
15 分钟	3.4498	3.3141	4.6585	3.4372	0.7322	0.9995	1.4644	2.3533	0.8666	0.8061

从统计数据来看，市内六区各区内部可达性差异小，而环城四区各区内部可达性差异大。导致这一现象的主要原因：虽然市内六区居民需求单元可达性低，但是由于其人口分布均匀，轨道站点数量多，覆盖面广，使所有的居民都能享受到相似轨道站点的服务，从而整体差异不大。环城四区由于各区面积大，人口呈多点聚集分布，在轨道站点覆盖区域内居民需求单元可达性极高，但仍有大量居民位于站点覆盖范围之外，无法享受轨道交通的服务，因而形成了较大差异。

5 可达性计算结果应用

5.1 轨道站点选址评价

轨道站点作为城市公共服务设施，其规划选址应保障城市居民使用便利性，并考虑现状弱势群体的使用情况。为探讨天津市规划新建站点选址的合理性和建设优先级，笔者在改进两步移动搜索法计算出的现状可达性的基础上，以规划新建轨道站为起点，截取30分钟步行时间内的位置点集，形成30分钟等时圈。以规划轨道站点30分钟等时圈内所服务的总居民数量代表轨道站点的最大化使用程度，以低、极低可达性居民占比代表轨道站点建设的必要程度，使用四象限法对地铁7号线、地铁4号线北段30个规划新建的轨道交通站点选址进行初步对比评价。

5.2 选址对比结果

将计算结果绘制成散点图，如图3所示，根据散点图上各点的分布情况，进行轨道站点选址对比评价。从图3中可以明显看出，当以轨道站点最大化使用、服务人群最多为首要目标时，东北角站、六里台站、黄纬路站的横坐标较大，是较优的选址；而在优先考虑现状低可达人群使用、关注弱势群体的条件下，芦北路站、幸福道站、双街站、柳滩站、黄纬路站的设置较为合理。综合来看，位于第一象限的东北角站、黄纬路站、鼓楼站、天塔站等覆盖总人口较多，而低可达性人口比重大应最先进行建设并投入使用。

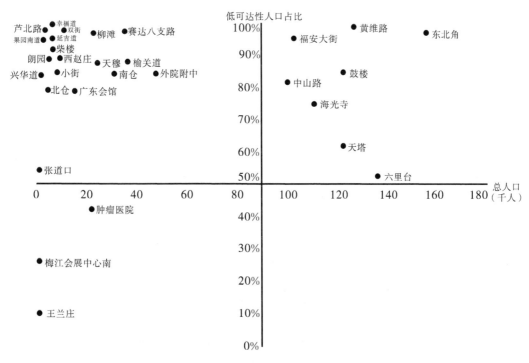

图 3 规划站点指标散点图

6 结论与讨论

6.1 结论

综上所述，天津市津城区域轨道站点密度和人口数均呈现出以中心为高值聚集区向外围圈层递减的分布特征。当考虑供需关系时，津城区域轨道站点可达性由内向外呈现出低—高—低的圈层式变化规律。人口较少的市内六区和环城四区交界处，仅需要少量站点即可拥有较高的可达性；人口较多的中心地区虽然站点分布密集，但是轨道站点高压使用导致实际可达性较低。在未来轨道站点选址建设时，应根据现状可达性水平分区进行规划。津城中心地区轨道站点需求最为急迫，应优先考虑；最外围边缘地区应结合人口聚集点适当建设轨道站点；而在市内六区和环城四区交界处，应在维持现状的情况下寻找可达性洼地，补充性建设轨道站点。

6.2 讨论

两步移动搜索法是近几年在公共服务设施可达性和服务水平研究中应用较为广泛的测度方法之一，与其他方法相比，它的优势是可以同时考虑设施供给、人口需求及交通成本对于可达性的影响。但这一方法存在一定的缺陷，如未考虑实际交通条件、出行距离等因素对可达性的影响。针对上述缺陷笔者引入 Python 编程、高德开放地图 API、GIS 等技术，使用时间成本、人口栅格、衰减函数等对其进行改进，并以天津市津城区域为例进行轨道站点可达性和选址评价。

笔者提供了评价轨道站点可达性的全新视角，但在研究过程中尚有一定不足，如数据获取复杂、仅从轨道站点发车量和路网密度评价轨道站点供给能力而忽略了其他影响因素。随着大数据技术的逐渐深入和普及，未来的研究可以从提高数据精度和加强计算结果有效性等方面展开。

[参考文献]

[1] LUO W, WANG F. Measures of Spatial Accessibility to Health Care in a GIS Environment: Synthesis and a Case Study in the Chicago Region [J]. Environment and Planning B: Planning and Design, 2003, 30 (6): 865-884.

[2] DAI D. Black Residential Segregation, Disparities in Spatial Access to Health Care Facilities, and Late-stage Breast Cancer Diagnosis in Metropolitan Detroit [J]. Health & place, 2010, 16 (5): 1038-1052.

[3] 魏冶, 修春亮, 高瑞, 等. 基于高斯两步移动搜索法的沈阳市绿地可达性评价 [J]. 地理科学进展, 2014, 33 (4): 479-487.

[4] 王磊, 程钢, 原东方, 等. 改进两步移动搜索法的焦作公共交通可达性 [J]. 测绘科学, 2016, 41 (12): 151-156.

[5] 焦柳丹. 城市轨道交通利用效率研究 [D]. 重庆: 重庆大学, 2016.

[6] 吴韬, 严建伟. 城市轨道交通站点可达性度量及评价——以天津市为例 [J]. 地理与地理信息科学学, 2020, 36 (1): 75-81.

[7] 张万松, 蔡军, 宋振昂. 步行出行距离分布规律研究综述 [J]. 城市建筑, 2021, 18 (13): 80-82, 89.

[8] 张昕怡, 安睿, 刘艳芳. 武汉市急救资源可达性分析及站点优化选址 [J]. 南京师大学报 (自然科学版), 2022, 45 (1): 49-54.

[9] 马书红, 唐大川, 李逍, 等. 基于辐射范围的城市轨道站点可达性研究 [J]. 深圳大学学报 (理工版), 2022, 39 (3): 296-304.

[10] 洪颖. 重庆南坪组团轨道站点可达性研究 [D]. 重庆: 重庆大学, 2015.

[11] 邵美琪. 基于改进两步移动搜索法的公园绿地可达性及服务水平评价研究——以武汉市江岸区为例 [C] // 面向高质量发展的空间治理——2020 中国城市规划年会论文集 (07 城市设计), 2021.

[12] 陈鹏, 李宗艺. 城市轨道交通站点可达性研究——以深圳市福田区为例 [C] // 面向高质量发展的空间治理——2020 中国城市规划年会论文集 (06 城市交通规划), 2021.

[作者简介]
张政, 大连理工大学建筑与艺术学院研究生。
蔡军, 教授, 大连理工大学建筑与艺术学院副院长。

基于 POI 数据的厦门市轨道站点影响区功能特征分析研究

□徐灏铠，黄斌

摘要：城市轨道交通基础设施的发展带动了站点影响区的城市空间和土地利用的演变，不同类型的轨道站点满足了居民不同的出行需求，轨道交通网络不断完善和发展，带动了城市空间结构发展。研究利用 POI 数据，通过 ArcGIS 软件定量分析，对厦门市在营 3 条地铁线和 8 条 BRT 线路的站点进行功能类型划分，分析其沿线的城市功能结构特征，以期为轨道站点与周边空间的关系提升及周边用地发展提供相关建议。

关键词：轨道站点；城市功能；影响区；POI 数据

1 引言

随着轨道交通网络的加速建设，我国大中型城市轨道交通发展取得了长足的进步。在城市建设的宏观层面，城市的轨道交通建设有利于推动城市与轨道交通的耦合性空间发展，而在轨道站点的建设上，可引导站点周边土地利用的集约化，发挥城市功能的集聚效应，带动其他城市功能的均等分布。轨道站点是城市轨道城市网络的"细胞"，其将轨道网络连接起来，形成完整的轨道交通系统。目前，我国许多城市正处于轨道建设和城市建设的发展时期。在此背景下，对轨道站点周边地区用地功能进行深入研究具有重要意义。我国对轨道站点周边受影响区域的相关规划研究起步较晚但进展很快，段德罡通过对轨道站点周边的不同交通工具接驳时间进行定性和定量分析，对轨道站点周边的区域进行分类并对土地利用进行相应的优化调整。吴华果根据轨道交通车站的功能导向，对轨道站点进行划分，进而对其用地功能、开发强度等进行深入探讨。舒波研究发现，客流量与站点在城市空间上的分布直接影响了轨道站点周边城市功能的结构特征。大数据的兴起为城市轨道交通的研究提供了新的方法和视角，笔者以厦门市地铁和 BRT 线路为例，探讨了轨道站点周边城市功能分布的结构特征，分析了不同轨道站点的功能定位，并对城市轨道交通的发展和建设提出了建议。

2 研究方法及数据采集处理

2.1 概念定义

轨道站点的影响区域是研究站点与其周边关系的重要前提，国内学者李培、潘海啸等人将轨道站点影响区定义为站点附近的对土地利用产生了直接环境影响的范围，张哲宁等人利用多源数据研究了轨道站点的影响范围，提出站点周围 800 m 为直接影响区，自行车与公交车的连接距离为间接影响范围。根据住房和城乡建设部于 2015 年颁布的《城市轨道沿线地区规划设计导则》，将距离站点入口步行约 15 分钟的范围或者距离站点 500～800 m 的范围定义为与轨道功能密切相关的区域。

2.2 研究对象及范围界定

厦门市在 2017 年随着地铁 1 号线开通运营，逐步形成"一岛一带双核多中心"的城市格局，岛内外的城市功能分布与数量不断实现均等化，轨道交通网络为"中心放射，环湾联络"的结构，里程达 400 km。轨道交通建设对城市发展模式产生深远影响，促进了区域间的联系，优化了区域内公共服务设施的布局。

笔者以厦门市在运营的地铁 1 号线、2 号线、3 号线和 7 条 BRT 线路沿线的站点作为研究对象，共涉及 221 个轨道交通运营站点（表 1）。结合国内外学者对轨道站点影响区的相关研究并参照《城市轨道交通沿线地区规划设计导则》，以 500 m 为半径划定轨道交通站点的影响区域，并通过对缓冲区和以轨道交通站点为中心的泰森多边形进行叠加分析，进一步确定了研究范围。

表 1 厦门市轨道站点梳理

类型	路线	站点数量（站）	换乘站点名称	开通时间
地铁	地铁 1 号线	24	火炬园、吕厝、湖滨东路、厦门北站、文灶站	2017 年
	地铁 2 号线	32（运营 30 站）	体育中心、吕厝、五缘湾、东宅站、蔡塘站	2019 年
	地铁 3 号线	21（运营 16 站）	五缘湾、火炬园、体育中心、湖滨东站、厦门火车站、湖里创新园站	2021 年
BRT	快 1 线：第一码头站—厦门北站	28	文灶站、厦门北站、蔡塘站、火车站、双十中学站	2008 年
	快 2 线：第一码头站—同安枢纽站	34	文灶站、蔡塘站、火车站、双十中学站	2008 年
	快 3 线：第一码头站—前埔枢纽站	14	文灶站、火车站	2008 年
	快 5 线：第一码头站—同安枢纽站	24	火车站、双十中学站	2015 年
	快 6 线：第一码头站—厦门北站	16	厦门北站、双十中学站	2016 年
	快 8 线：第一码头站—高崎机场	17	文灶站、蔡塘站、火车站、双十中学站	2018 年
	快 9 线：高崎机场—前埔枢纽站	18	蔡塘站、双十中学站	2018 年

2.3 研究方法

通过对轨道站点影响区范围内的各类功能设施 POI 数据进行核密度分析，以站点 500 m 为辐射半径建立缓冲区，与泰森多边形叠加得出轨道站点影响区，并将各类 POI 数据与轨道站点影响区进行空间连接，从而得出每个站点影响区内城市功能的结构特征。

2.4　数据采集与处理

POI数据作为重要的地理空间数据，可涵盖城市大部分的功能设施，相比于对轨道站点与周边土地利用的研究不同的是，POI数据具有样本量大、开放性、信息完整等优势，能有效识别主导功能，较为准确地描述轨道站点功能的复合程度，目前POI数据被学者们广泛应用于城市功能分区的识别研究。

笔者所使用的POI数据来源于高德地图API平台，包括名称、大小类、区域信息和地理坐标等。参考《城市用地分类与规划建设用地标准》（GB 50137—011）以及相关POI数据分类研究，通过提取高识别度的数据，将POI重新分为九个类别，并将高德地图POI数据的火星坐标系GCJ−0统一转换为通用的WGS−84地理坐标系，共得到115641个数据（表2）。

表2　POI数据采集与分类

序号	大类	小类
1	办公	公司企业、园区
2	居住	住宅、公寓
3	商业服务	餐饮、美容、超市、购物中心、酒店住宿
4	休闲娱乐	影剧院、KTV、酒吧等
5	生活服务	邮政快递、电信营业厅
6	文化教育	学校、文化活动中心、图书馆、展览馆、博物馆
7	行政管理	政府机构、社会团体
8	医疗保健	医院、药店、疗养院、体验中心
9	交通设施	停车场、公交站、加油站

3　厦门市轨道站点影响区的城市功能特征分析

3.1　轨道站点与城市空间结构的耦合关系

厦门市的轨道交通建设与发展模式顺应厦门市的山水空间特征，以厦门本岛为起点向岛外辐射发展，形成"双心放射，环湾联络，主轴—网格状"的快速轨道系统发展模式，轨道交通系统的建设极大地加强了城市中心区与岛外四区的通达性，推动了城市公共设施的合理布局和城市功能的优化配置，改善了城市中心区与边缘地区的联系。轨道交通站点是连接城市各级空间的重要节点，需满足以轨道交通站点为核心区的可达性要求。因此，轨道交通站点与城市用地及功能布局关系成为近年来国内外相关领域关注的热点问题之一，且关于两者间的相互作用机理尚未形成统一结论。边经卫通过对城市轨道交通和城市空间形态模式选择的研究，得出城市空间格局受轨道交通站点影响，且轨道交通沿线构成了城市发展轴。利用ArcGIS对各类城市功能设施数据进行重分类，再加权求和分析得出城市整体城市功能设施空间分布图，从城市宏观层面上看，岛内城市功能设施分布均等，岛外海沧、集美、同安、翔安各区呈现明显的组团集聚分布形式，城市功能集聚程度随着远离各区中心逐渐递减，且不同类型的城市功能在城市空间分布上差异较大。

3.2 基于 POI 数据的轨道站点分类

以轨道站点建立半径 500 m 的缓冲区，并用泰森多边形均等化划分厦门市城市空间，得到厦门岛轨道交通站点影响区的分布。为得出不同功能类型的站点，将不同类型的 POI 数据空间连接到站点影响区的研究范围，以自然断裂法分 10 类，将每个站点影响区范围内的各类型 POI 点个数进行汇总，计算不同城市功能类型的比例，根据轨道交通站点分类标准，总结得出各站点的城市功能定位。

参考王焕栋等学者的相关研究，提出根据站点影响区内 POI 数据的优势度和均匀度来划分轨道交通站点的类型，结合厦门市轨道交通的实际情况分为居住类、办公类、交通类、商业服务类、公共服务类五种类型站点（表 3）。该方法针对不同类型的 POI 数据，定量分析了站点影响区的城市功能特征，通过两个指标的定量计算，可互相验证轨道交通站点的准确性，计算方式如下：

$$D = Y_{\max} - Y \qquad\qquad 公式（1）$$

$$E = Y/Y_{\max} \qquad\qquad 公式（2）$$

$$Y_{\max} = \ln(n) \qquad\qquad 公式（3）$$

$$Y = -\sum_{k=1}^{n} p_k \ln(p_k) \qquad\qquad 公式（4）$$

计算公式中，D 代表轨道交通站点影响区域的 POI 优势程度指标，Y 代表 POI 的多样性指标，E 代表轨道交通站点所影响区域的 POI 均匀度指标，n 代表轨道交通站点所影响区域内 POI 种类的总数量，而 P_k 代表不同类型的 POI 所占总数百分比。

通过 ArcGIS 的 POI 数据空间分析与上述计算公式所得出的轨道站点类型基本吻合，且精度更高。

表 3　轨道站点分类指标

站点类型	站点类型确定标准			
	站点	用地特征	POI 优势度指数	POI 均匀度指数
居住类	两岸金融中心（地铁站）、东安站、东亭站、东芳山庄站、蔡店站、龙山桥站、新阳大道（地铁站）、凤林站、诚毅广场（地铁站）、杏林村站、塘边站、乌石浦站、文灶站、将军祠站、马青路站、东界站、后村站、建业路站、林前站、浦边站等	站影响范围内以居住类 POI 为主，其数量所占比例大于 35%	＞0.45	＜0.85
办公类	产业研究院站、集美软件园（地铁站）、田厝站、美峰站、潘涂站、湿地公园（地铁站）、滨海新城（西柯）枢纽站、天水路（地铁站）、火炬园地铁站 4 号口、高崎（地铁站）、岭兜（地铁站）、湖里创新园（地铁站）、翁角路（地铁站）、软件园二期（地铁站）、轻工食品园站、工业集中区站、四口圳站等	站点影响区范围内以企业办公 POI 为主，其数量所占比例大于 45%，且居住类比例小于 25%	＞0.25	＜0.93

续表

站点类型	站点类型确定标准			
	站点	用地特征	POI 优势度指数	POI 均匀度指数
交通类	园博苑（地铁站）、第一码头、T4 候机楼站、厦门北站、高崎机场、蔡厝站、洪坑站、洋塘站、东渡路站等	站点影响区范围内以交通设施 POI 为主，其数量所占比例大于 25%，且居住类 POI 所占比例小于 15%	＞0.30	＜0.85
商业服务类	集美学村（地铁站）、古地石（地铁站）、洪文站、市行政服务中心站、华侨大学站、镇海路（地铁站）、大学城站、莲坂站、后田站、开禾路口站、同安枢纽站、嘉庚体育馆站、诚毅学院站、新垵（地铁站）、双十中学站、官任站、马銮中心站、马銮西站、海沧 CBD 站、观音山站、湖里公园站等	站点影响区范围内以商业服务服务业态 POI 为主，其数量所占比例大于 45%，且居住类比例小于 10%	＞0.45	＜0.80
公共服务类	天竺山（地铁站）、中科院站、文灶（地铁站）、育秀东路（地铁站）、钟宅（地铁站）、体育中心站、湿地公园站、长庚医院站、五缘湾南站、高殿站、芦坑站、马銮北站、翔安中心站、海沧大道站、湖滨中路站等	站点影响区范围内以公共服务业态 POI 为主，其数量所占比例大于 30%，且其余比例皆小于 25%	＞0.30	＜0.87

3.3 轨道站点影响区功能集聚特征

轨道站点是城市居民与轨道网络连接的媒介，且对站点影响区内的土地利用产生了很大的影响，对不同类型的 POI 数据进行核密度分析，并进一步重分类与加权求和得出各类城市功能的空间分布图，由此可得出各类城市功能呈组团式布局，聚集于区域中心，功能分布数量由岛内湖里区向海沧区、集美区、同安区和翔安区逐步递减，不同类型的城市功能在城市空间分布上差异明显。厦门市岛内地铁 1 号线和 BRT 线路由湖里区到思明区向东西两端延伸的站点影响区内城市功能聚集特征明显，功能设施数量众多（如乌石浦站、吕厝站、莲花路口站、莲坂站、思北站和镇海路站等），其余站点 POI 均匀度指数接近 1。

在公共基础设施的建设上，厦门市岛内湖里区和思明区相较于岛外四区城市功能密度更大、分布也更为均匀，而岛外呈现多个聚集中心点，如集美区的集美学村站、嘉庚体育馆站和诚毅学院站，海沧区的马青路站、海沧行政中心站和海沧湾公园站，同安区的同安枢纽站、城南站和第三医院站。岛外各区轨道沿线站点除各区区域中心站点的影响区内城市功能较为平均，其余站点城市功能特征较为单一，企业办公类的站点如地铁 2 号线翁角路站和软件园二期站与快 5 线轻工食品园区的城市功能占比均为 55% 以上，其余城市功能均在 25% 以下。商业服务类站点如集美学村地铁站、镇海路地铁站、开禾路口站、嘉庚体育馆站和诚毅学院站的城市功能占比为 45% 以上，且交通类与办公类的城市功能也在 10%～15%，可以说明轨道站点影响区内的主导的城市功能带动了其他城市功能的发展。

3.4 轨道站点影响区的客流量特征

目前厦门市轨道交通地铁与 BRT 线路强化了集美区、海沧区、翔安区和同安区与岛内思明区与湖里区的交通联系，因轨道交通的运量大、准时可靠等优势，满足了城市居民在更大范围内工作与生活的需求，并且轨道交通的发展有效缓解了城市交通拥堵的压力。而在轨道交通站点影响区内聚集了城市大部分的客流量，《2020 年度厦门城市交通发展报告》显示，厦门市轨道站点上下客流量主要集中在厦门岛内，除换乘站吕厝站外，地铁 1 号线客流量最大的站点为镇海路、乌石浦和园博苑三个站点，2020 年地铁 2 号线最大客流断面出现在吕厝—江头站，说明轨道交通客流量受到轨道交通站点的城市区位以及城市功能特征的影响。随着轨道交通网络的不断完善，轨道交通站点影响区的可达性得到加强，吸引城市的经济活动沿轨道交通沿线开展并向轨道交通沿线两侧延伸，轨道交通站点作为建设轨道城市中重要的一个节点，可促进城市居民在轨道交通站点影响区内的聚集，因此需要对不同类型的轨道交通站点影响区内的用地进行合理布局，混合利用，有的放矢。

4 厦门市轨道站点提升策略建议

4.1 梳理轨道交通线路，联动岛内外发展

目前厦门市城市空间分布有不同的空间组团，需增补轨道交通线路，提升线网的密度，丰富轨道交通网络的层次，同时完善轨道交通站点的主导功能类型，同时完善岛内外轨道交通沿线的功能与用地布局，减少城市居民在岛内聚集。随着轨道交通沿线城市功能的平衡布局，厦门市各区的常住人口将合理分布，市域内各轨道交通站点的客流量也将随之提升，岛内外居民生活交往与经济活动实现良性循环。

4.2 强化轨道站点多方式换乘，建立一体化轨道交通网络

随着轨道网络线路的不断增加，轨道交通枢纽的数量也相应增加，同时需加强轨道线路之间的互联互通。轨道交通的方式仅是点对点，需加强地铁站和 BRT 站点与常规公交、出租车、小客车停车等交通方式的无缝衔接，如在地铁 1 号线与 BRT 线路文灶站、厦门火车站和莲坂站，地铁 2 号线与 BRT 线路蔡塘站减少换乘距离，以轨道交通站点为基础，对常规公交线路进行优化调整，进一步扩大轨道交通站点影响区的范围，推动轨道交通网络的一体化建设，提高轨道交通的换乘效率。

4.3 以轨道站点的类型，差异化组织站点影响区用地布局

不同类型的轨道站点的功能特征各不相同，需协调站点类型与站点影响区的用地功能，明确站点定位，结合站点影响区内的实际用地情况进行优化布局。高密度建成区域相对集中，宜紧凑混合地开发建设轨道交通站点影响区；低密度开发区域应围绕站点对站点影响区内的土地进行集约利用，对增量土地施行 TOD 模式的开发建设，以点轴开发完善轨道交通线路布局，提升其城市功能复合度，带动站点周边的轨道交通客流量增长。

4.4 完善轨道站点影响区的公共服务设施，实现居民职住平衡

以轨道站点为核心，集中且均等地完善公共服务设施，引导城市居民沿轨道交通线路居住

与工作，如 2018 年深圳市的轨道站点 800 m 范围内已覆盖全市 75％的居住中心及 84％的就业中心，以轨道站点为中心，形成高度聚集、逐级递减、功能复合的土地开发模式，围绕轨道走廊重塑职住关系，在轨道走廊沿线初步实现职住平衡。

5　结语

笔者研究通过使用 POI 数据，对当前厦门市轨道站点影响区内城市功能的实际特征进行分析，虽 POI 数据具有采集快、时效性强等优势，但其本身存在局限性，忽略了设施点的规模和面积等属性，仅通过不同类型的 POI 数据赋予权重，会与实际情况产生误差。未来进一步的研究有必要结合城市的经济发展、产业构成和建成环境等相关影响因素，更准确地把握轨道站点影响区内的土地利用特征。

厦门市目前正处在轨道交通快速发展与建设的阶段，未来轨道站点影响区的建设将对城市的空间结构、人口与资源的合理分配带来新的机遇与挑战，应针对不同的类型及区位的站点，在合理范围内对城市功能及空间结构等进行调整，推动城市轨道交通网络的发展。

[参考文献]

[1] 边经卫. 城市轨道交通与城市空间形态模式选择 [J]. 城市交通，2009，7 (5)：40-44.

[2] 段德罡，张凡. 土地利用优化视角下的城市轨道站点分类研究——以西安地铁 2 号线为例 [J]. 城市规划，2013，37 (9)：39-45.

[3] 潘海啸，卞硕尉，王蕾. 城市外围地区轨道站点周边用地特征与接驳换乘——基于莘庄站、共富新村站和九亭站的调查 [J]. 上海城市规划，2014 (2)：37-42.

[4] 吴华果. TOD 视角下城市轨道交通车站对站点周边土地利用类型的影响 [J]. 城市地理，2016 (6)：92.

[5] 舒波，陈阳，崔晋，等. TOD 模式下地铁站点周边城市功能结构特征初探——基于成都市地铁沿线 POI 数据的实证分析 [J]. 华中建筑，2019，37 (5)：79-83.

[6] 王焕栋，马红伟. 基于站点兴趣点的城市轨道交通站点分类方法 [J]. 交通与运输，2020，36 (4)：33-37.

[7] 李培. 城市轨道交通站点周边土地利用研究 [D]. 郑州：郑州大学，2016.

[8] 张哲宁，王书灵，孙福亮，等. 精细化数据背景下的城市轨道交通站点影响范围研究——以北京市为例 [C] //品质交通与协同共治——2019 年中国城市交通规划年会论文集，2019.

[9] 王泽林，刘丰铭，袁红，等. 城市中心型轨道交通站点影响区步行可达性研究方法探讨 [C] //智慧城市与轨道交通 2020，2020.

[作者简介]

徐灏铠，华侨大学建筑学院硕士研究生。

黄斌，华南理工大学建筑学院硕士研究生。

基于多源数据的西安市主城区中心空间识别

□金山，刘一瑾

摘要： 在国土空间规划全面开展的背景下，优化城市结构、明确城市空间格局、提升城市综合竞争力对城市未来多中心空间结构发展有着至关重要的作用。本文应用多源数据技术，对西安市主城区中心空间进行识别，并提出优化建议。首先，以西安市主城区为研究范围，梳理范围内手机信令数据、高德地图 POI 数据、土地利用现状数据和建筑轮廓等多源数据；其次，运用核密度分析法研究其在主城区范围内的空间分布特征，并通过空间聚类分析识别综合中心空间；最后，结合现状数据与上一轮城市总体规划成果，对主城区中心空间的空间分布延续、用地构成占比和建设开发强度等进行分析评估。本文以期为西安市国土空间总体规划编制工作提供中心空间格局识别与优化的参考借鉴。

关键词： 多源数据；中心空间识别；西安市主城区

1 引言

城市空间格局研究是城乡规划从业者研究的重要方向。合理、完善的城市空间结构可以带动居住、就业的正向重新分布。城市中心空间作为城市空间结构的基本要素，是研究城市规划与发展的重要内容。随着我国城镇化进程的高速推进，众多城市经历了从单中心结构到多中心结构发展的阶段。城市中心空间在特定地理范围内集聚、扩散和迁移，并在空间分布上从单个点状发展走向独立但有机联系的多中心体系。

针对城市快速扩张而产生的多中心问题，已有研究应用过动态数值模拟、比较静态分析和数学建模分析等方法，但相关理论与实践之间依然存在一定偏差，这导致在规划编制工作中出现城市定位不明晰、中心空间识别不准确等问题。随着国土空间规划的全面开展，准确识别特大城市现有中心空间结构，与规划定位进行对比分析，一方面有助于辅助规划从业者在编制国土空间规划时及时发现问题、深入剖析原因、精准进行优化；另一方面可以明确国土空间规划的重点，构建更加清晰、科学的城市空间结构。

2 研究综述

20 世纪初期，城市通常会在产业集聚的空间周围扩张，形成单中心结构。彼时单中心的发展方式具备高效的运作模式，但也会导致人口数量激增、城市过度扩张等一系列问题。随着城市规模的不断扩大，单中心的城市结构逐渐无法满足社会发展需求。为解决单中心城市结构带来的相关问题，欧洲、北美、日本等地区相继探索实践了多中心结构的城市发展模式。早在

1923 年，伯吉斯（E. w. Burgess）提出了基于同心圆的土地利用分层理论，将城市从中心向外划分了中心商务区、过渡带、工人居住区、中产阶级居住区及富人居住区。19 世纪 40 年代初，海特（H. Hoyt）对同心圆理论进行了修正，认为城市中心是沿主要交通干线或最小阻碍路径向外延伸的扇形结构。在同心圆理论基础上，1945 年哈里斯（Harris）和乌尔曼（Ullman）等人提出多中心城市结构理论，研究了公共服务要素与城市中心的互动关系，认为城市是由多个不连续地域组成的，而不是围绕同一个中心发展起来。上述理论通过不同模型分析了城市空间变化及功能分异的规律，讨论了城市空间结构的形态特征演进过程。

21 世纪以来，我国由高速城镇化向高质量城镇化转变，城市空间结构也产生了不同的变化，许多特大城市的空间结构逐渐从单一城市中心转向多中心发展模式。针对城市中心识别的研究方法也经历了从传统数据定性分析向多源数据定量分析的变化。例如，王桂新等通过就业人口对上海市城市空间结构进行了分析，发现上海的空间发展符合城市中心结构的相关理论。孙铁山等通过传统经济普查数据对北京的就业中心体系进行了定性分析。基于广州市第五次全国人口普查、第六次全国人口普查常住人口数据，蒋丽等运用单中心和多中心密度模型对广州市人口的空间分布和多中心空间结构进行了研究。近年来，通过多源数据进行城市公共中心识别为城市结构判断提供了更为准确有效的途径。与传统数据相比，多源数据具有样本量更大、覆盖范围更广、时效性更强的特征。如今越来越多学者通过手机定位数据、微博签到等新兴大数据技术手段对城市空间结构进行识别判断。截至目前，多源数据识别城市中心空间已有一定进展，但相关研究主要集中于对公共设施布局的分析，对城市综合中心空间、用地构成与开发强度研究评估的内容相对较少。

在以人为本的新时代规划理念下，基于公众参与的国土空间规划体系成为各城市吸引先进产业、落实可持续发展的重要引擎。利用更加高效准确的多源数据识别城市空间结构，判断城市发展存在问题，主动谋划城市中心体系成为国土空间规划未来发展趋势。通过多源数据分析识别城市中心空间，可以促进产城融合、提升人居环境品质、完善城市功能结构，推动城市科学发展。

3 研究区域及方法

3.1 研究区域概况

西安市是陕西省省会城市，地处关中平原中部，北濒渭河、南依秦岭，是关中平原城市群核心城市，中国西部地区重要的中心城市和交通枢纽。西安市下辖 11 区 2 县，总面积 10752 km²。西安市历史底蕴深厚，经济发展迅捷。但在近年发展进程中，由于规划滞后于城市建设，产生了如建设效率欠佳、资源聚集效应不明显等问题。

笔者研究范围为西安市主城区，总用地面积 786 km²，主要涉及莲湖区、碑林区、新城区、雁塔区、未央区、灞桥区和长安区共 7 个行政辖区。在西安市第四轮城市总体规划，即《西安城市总体规划（2008—2020 年）》（2017 年修订）（简称《总体规划》）中提出在主城区内确定"一主、四副、多节点"的空间发展结构。其中，"一主"为钟楼核心空间；"四副"分别为小寨片区副核心、幸福林带片区副核心、经开区片区副核心和土门片区副核心；"多节点"包括北客站节点、奥体中心节点、汉城湖节点、大明宫节点等在内的 18 个节点片区（图 1）。

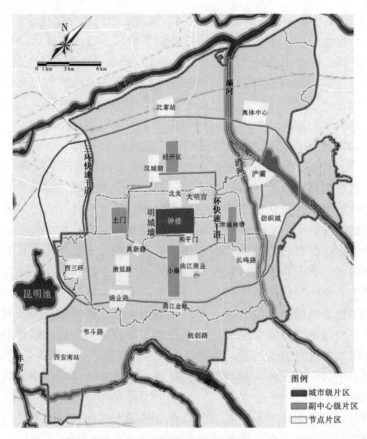

图 1　西安市主城区中心空间分布

3.2　数据获取

结合研究综述与西安市主城区实际情况，本文采用以下四种类型的数据（表 1）。

表 1　基础数据统计

数据类型	具体内容		数据总量（条）	来源及时效
手机信令数据	经济活动人口空间分布坐标		600000	中国移动（2020 年 1 月）
高德地图 POI 数据	交通配套	公交站点	8331	高德地图 2022 年 1 月
		地铁站点	139	
		城市道路	52374	
	商业服务	零售商业	16064	
		酒店宾馆	1169	
		餐饮服务	6183	
		商务办公	554	
土地利用现状数据	第三次全国土地调查成果数据		64008	第三次全国土地调查 2021 年 4 月
建筑轮廓数据	高德地图建筑轮廓数据		138267	高德地图 2022 年 1 月

3.2.1 手机信令数据

数据来源为中国移动运营商，通过筛选工作日工作时间内手机用户在某一位置停留半小时以上的坐标，由于数据量过大，在对数据进行随机选取后将其可视化处理来判定西安市主城区内经济活动人口密度分布情况，数据时间为 2020 年 1 月。

3.2.2 高德地图 POI 数据

数据来源于高德地图网站公开数据。POI 即"兴趣点"，一种通过点状地理坐标标注真实地理实体的数据格式，可以体现该实体的类型、名称、位置等诸多信息。本次研究通过网络爬虫技术在高德地图网站上获取西安市主城区相关 POI 数据，数据时间为 2022 年 1 月。通过数据整理与清洗，整合出交通配套和商业服务两大类七小类共 84814 条 POI 数据。

3.2.3 土地利用现状数据

数据来源于第三次全国土地调查成果，以《西安市国土空间总体规划编制规划基数转换导则（试行）》为依据，将其转化为国土空间规划用地用海分类，为西安市主城区中心空间识别提供现状用地基础，数据时间为 2021 年 4 月，数据累计 64008 条。

3.2.4 建筑轮廓数据

数据来源于高德地图网站公开数据，数据内容包括西安市主城区内现状建筑轮廓及层高信息，数据时间为 2022 年 1 月。通过数据整理与清洗，梳理出数据 138267 条。由于数据来源限制，本次建筑轮廓数据不包含村庄建筑。

3.3 研究方法

首先，将西安市主城区划分为 300 m×300 m 的网格单元，在 ArcGIS 系统将多源数据进行归一化处理，再通过核密度分析处理并嵌入至网格单元中。其次，应用局部空间自相关的局部统计量（Getis－Ord Gi*）对多源数据的分布情况进行空间聚类分析，通过自然间断点分级法（Jenks）对分析结果中的 GiZScore 值（简称 Z 值）进行分级，识别不同维度下的城市中心空间。最后，通过对不同维度城市中心空间聚类分析结果进行赋值与叠加分析，判断出西安市主城区综合中心空间。

3.3.1 核密度分析法

核密度分析是一种将点要素的集合转换为栅格数据的手段，通过核函数根据点或折线要素计算单位面积的量值来计算整个区域的数据聚集情况，从而产生一个联系的密度表面。其原理是以栅格像元为中心，以一定的搜索半径画圆，对落在搜索区域内的点、线赋以相同的权重并求和，再除以搜索区域的大小，进而得到密度值。核密度估计方法是一种非参数估计方法。设 $(x_1, x_2, \cdots\cdots, x_n)$ 是独立同分布的 n 个样本点，于是有概率密度如公式（1）所示。

$$p^\wedge(x)\ In\sum_i=InKh(x-x_i)=Inh\sum_i=InK(x-x_ih) \qquad 公式（1）$$

式（1）中，$x-x_i$ 在 $[-1, 1]$ 之间，h 为带宽。带宽越大曲线越平滑，距离远近通过 $x-x_i$ 的大小来衡量。

3.3.2 高/低聚类（Getis－Ord Gi*）

Getis－Ord Gi* 是地理学中用来描述局部空间是否存在具有集聚特征区域的方法，通过 Z 值和 P 值进行判断。在 Z 得分的绝对值高且 P 值小的情况下，空间存在集聚现象；若 Z 的绝对值接近于零时，表示要素的空间分布为低聚类，计算方式如公式（2）所示。

$$G_i{}^* = \frac{\sum_{i=1}^n W_{ij}X_j - X\sum_{j=1}^n W_{ij}}{s\sqrt{\dfrac{n\sum_{j=1}^n W_{ij}^2 - (\sum_{j=1}^n W_{ij})^2}{n-1}}}$$

$$X = \frac{\sum_{j=1}^{n} x_j}{n}$$

$$s = \sqrt{\frac{\sum_{j=1}^{n} x_j^2}{n} - (\overline{X})^2}$$

公式（2）

式（2）中，Gi^* 为 Z 得分，x_j 是第 j 个区域面积，$\overline{X}$ 为所有区域面积的均值，W_{ij} 为不同区域的权重系数，n 为区域数量。本文通过对人口数据、交通配套设施 POI、商业服务业设施 POI 和公共服务设施进行空间聚类分析和自然间断点分级，根据 Getis－Ord Gi* 识别其中高聚类区作为城市的主城区中心空间。

4 基于多源数据的西安市主城区中心空间识别

主城区中心空间作为城市社会、经济、生活和服务高度集中的空间载体，承担着城市最为重要的职能，是体现一座城市发展阶段与历程的最佳展示面。本文以多源数据为基础，从经济活动人口、交通配套设施、商业服务业设施和公共服务设施四个方面开展量化分析，并在 ArcGIS 系统中进行叠加分析，从多维度识别西安市主城区中心空间的空间分布，并对其结果进行校核研判（图2）。

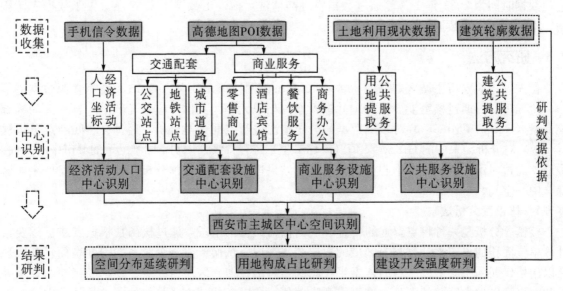

图2 主城区中心空间识别技术路线

4.1 识别分析

4.1.1 经济活动人口中心识别

将经济活动人口数据嵌入到网格单元中并对其进行空间聚类分析，得出基于手机信令数据的西安市主城区经济活动人口中心分析图（图3）。从经济活动人口中心分布上看，空间聚类 Z 值最高分主要集中在明城墙以外、二环快速干道以内，且南侧聚集度整体高于北侧，与西安市城市格局发展相似。同时可以发现，三环快速干道内沿西安市南北中轴线区域相比于其他区域人口聚集更高，这与西安市对中轴线沿线（经开区片区、北关片区、钟楼片区、小寨片区、曲江金融片区）的高品质打造有一定联系。高新路片区、唐延路片区、锦业路片区和土门片区作为近年来西安市发展的重点区域，其人口聚集度也处于较高层级。纺织城片区位于东二环以外东三环以内，规模较大、人口聚集较高，是西安市东部片区的政治、文化和经济中心。

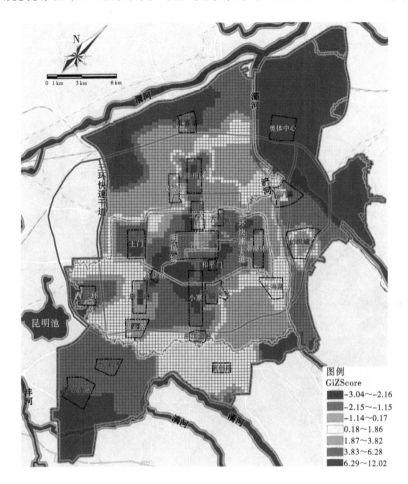

图3 西安市主城区经济活动人口中心识别

4.1.2 交通配套设施中心识别

将交通配套POI数据中的公交站点、地铁站点和城市道路数据分别嵌入网格单元并进行空间聚类分析，对各自分析结果的Z值进行均值叠加，得到西安市主城区交通配套设施中心分析图（图4）。从交通配套设施中心分布可以看出，交通配套设施聚类整体呈现南高北低、西高东低的趋势。空间聚类Z值最高分主要集中在钟楼片区、南二环沿线、高新路片区、曲江片区和锦业路片区等区域。以上区域为西安市重点发展且配套较为完善的区域，日常工作与娱乐人流相对较密，且路网密度密集，拥有大量公交站点与地铁线路换乘点，在公交出行与自驾出行方面相对便利。同时，Z值在北侧的经开区片区和大明宫片区、东侧的纺织城片区和幸福林带片区也处于较高水平，这些片区大多为近年来西安市重点发展的区域，交通设施配套建设速度较快，已取得较为明显的成效。

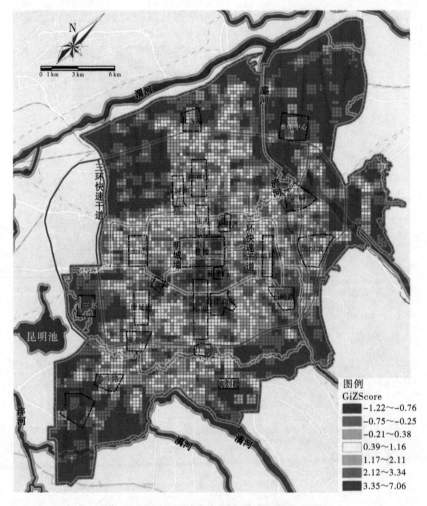

图 4　西安市主城区交通配套设施中心识别

4.1.3　商业服务设施中心识别

　　将商业服务 POI 数据中的零售商业、酒店宾馆、餐饮服务和商务办公数据嵌入网格单元并进行空间聚类分析，对各自分析结果的 Z 值进行均值叠加，得到西安市主城区商业服务设施中心分析图（图5）。从商业服务设施中心分布可以看出，西安市主城区内商业服务设施聚集程度呈现南高北低、高度集中的趋势。最高值集中在钟楼片区、高新路片区、经开区片区和小寨片区，沿城市南北中轴线聚集程度普遍较高，这与西安市近年来城市骨架的发展方向相匹配。北关片区、土门片区、和平门片区、唐延路片区和锦业路片区得分相对较高，其中有像北关片区、土门片区等发展较久的老城片区，也有类似唐延路片区、锦业路片区等近年发展起来的新兴商务区，此类片区呈现出多节点并行发展的趋势。

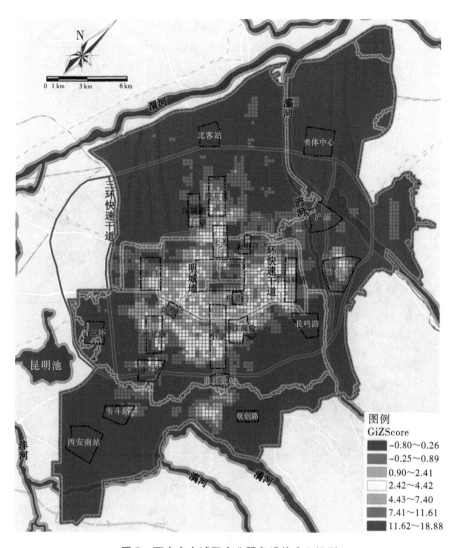

图5　西安市主城区商业服务设施中心识别

4.1.4　公共服务设施中心识别

　　提取出土地利用现状中的公共服务设施类用地,与西安市主城区建筑轮廓数据进行叠加,得出西安市主城区公共服务设施建筑数据,将数据嵌入网格单元并进行空间聚类分析,得到西安市主城区公共服务设施中心分析图(图6)。从公共服务设施中心分布可以看出,西安市主城区公共服务设施主要聚集在城市南北轴线两侧,包括北关片区、钟楼片区、小寨片区和曲江商业片区。中轴线以外片区中纺织城片区配套设施聚集程度较高,其余片区均欠佳。

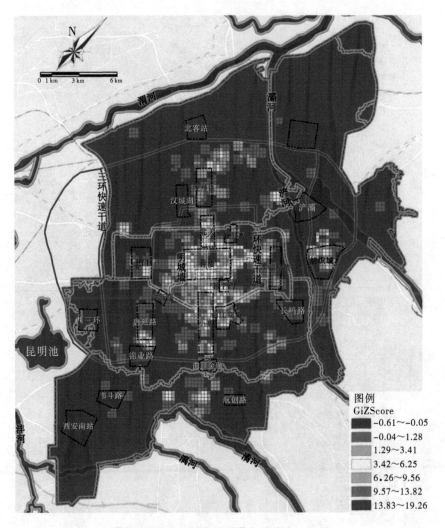

图 6　西安市主城区公共服务设施中心识别

4.1.5　西安市主城区综合中心空间识别

　　将经济活动人口中心、交通配套设施中心、商业服务设施中心和公共服务设施中心四类数据进行均值叠加，得出西安市主城区综合中心空间分析图（图7）。根据综合中心空间分析图，西安市主城区内中心空间聚集程度呈现出由两个中心空间向外围逐层降低的趋势。两个城市级中心空间为钟楼片区和小寨片区，依靠这两个城市级中心空间串联的城市南北中轴线发展出了北关片区、经开区片区、和平门片区和曲江商业片区等副中心级中心空间。东西方向则依赖土门片区、幸福林带片区和纺织城片区构成副中心级中心空间。西安市高新区作为西安市现阶段发展最为迅速的开发区，其辖区范围内形成了高新路片区、唐延路片区和锦业路片区副中心级中心空间。其余如北客站片区、奥体中心片区、西三环片区、长鸣路片区和西安南站等主要分布在三环快速干道以外的片区，由于处在开发建设、招商引资或规划蓝图阶段，现状尚未形成中心空间。在《总体规划》中，南北中轴线最南侧的航天城片区未被划定为中心空间，但依托现状地铁、商业等资源，在近几年快速发展中形成了一定规模的空间聚集效应。

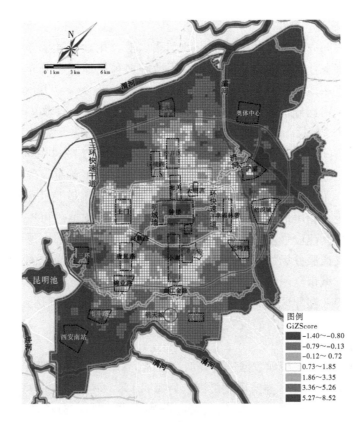

图7　西安市主城区综合中心空间识别

4.2　西安市主城区中心空间格局特征

4.2.1　空间分布延续研判

从数据识别的西安市主城区中心空间结果来看，西安市现状发展与《总体规划》中提出的"一主、四副、多节点"空间发展结构存在一定错位。就城市级中心而言，钟楼片区与《总体规划》定位一致。在除钟楼片区外的"四副"中，小寨片区的经济活动人口平均密度超过了钟楼片区，在交通、商业服务业设施和公共服务设施层面与钟楼片区的聚集程度相近，成为自发形成的另一城市级中心。

在副中心级中心空间分布中，北关片区、和平门片区、纺织城片区、曲江商业片区与其他副中心级中心空间集聚程度相近，与《总体规划》内幸福林带商业服务业副中心、土门商业服务业副中心、经开商业服务业副中心形成现状的"七副"中心。

航天城片区与《总体规划》中其他"多节点"的发展程度相近。奥体中心片区、西安南站片区、西三环片区现状尚未形成要素聚集，发展不及规划预期。其中，奥体中心片区由于2021年全运会，发展进程较快，现状已经形成一定规模。但由于数据时效有一定滞后，研究中未识别出其中心功能。

在《总体规划》中，航天城片区未被划定为主城区中心空间，但现状已形成一定规模。根据本次数据识别，西安市主城区中心空间现状结构呈现为"两主、七幅、多节点"的特点，反映了现阶段西安市主城区中心空间结构与《总体规划》定位出现一定错位，可借助新一轮国土空间规划的编制机会，通过规划管理手段对空间格局进行优化。

4.2.2 用地构成占比研判

现状主城区中心空间内，各公共中心的土地利用以混合用地模式为主，城镇住宅用地、城镇村道路用地、商业服务业设施用地、科教文卫用地等多种用地混合分布。在各中心空间叠加统计中发现，城镇住宅用地在各中心用地中占比最高，达到26.25%，其次为城镇村道路用地和商业服务业设施用地，占比分别为14.09%和13.61%。工业用地、科教文卫用地、农村宅基地、其他林地占比分别为7.95%、6.11%、5.47%、6.35%，其余用地类型占比均未超过5%。

根据西安市中心空间用地现状分析，可发现城市级和副中心级公共中心的城镇村道路用地、城镇住宅用地、公用设施用地、机关团体用地、科教文卫用地和商业服务业设施用地6类用地占比高于整体平均值。而采矿用地、公路用地、公园与绿地、轨道交通用地、果园、旱地、交通服务场站用地、物流仓储用地及乡村用地类型均低于整体平均值。可以研判，高级别城市中心空间的住宅与周边配套建设强度更高，同时更重视产业发展和内部交通。节点级公共中心分布相对偏远，呈现以交通服务场站用地、物流仓储用地和村庄用地为主的特征。各中心的用地构成状况与片区位置、城市路网骨架和大型公共服务配套用地选址等多种因素相关。值得注意的是，高新路片区和锦业路片区的商业服务业设施用地占比最高，分别达到了47.6%和39.1%，远超其他片区，符合两个片区自身的发展定位。

4.2.3 建设开发强度研判

将现状建筑轮廓、层数与用地数据进行叠加，在ArcGIS中计算得到各片区的建筑密度及容积率（图8）。可发现，钟楼片区建筑密度最高，为39.21%，其次是大明宫片区及"四副"中的土门片区、幸福林带片区、小寨片区，建筑密度分别为27.6%、31.01%、27.89%、26.4%。"四副"中经开区片区建筑密度处于中游。建筑密度最低的为西三环片区，为0.12%。容积率最高的片区为高新路片区及钟楼片区，分别为2.04和2.01。"四副"及曲江商业片区的容积率均超过1.3。容积率最低的片区为西三环片区，仅为0.05。通过分析各片区的开发强度，可发现《总体规划》中的城市级公共中心、副中心级公共中心的建筑密度和容积率位于各片区前列，实际建设与规划预期相匹配。

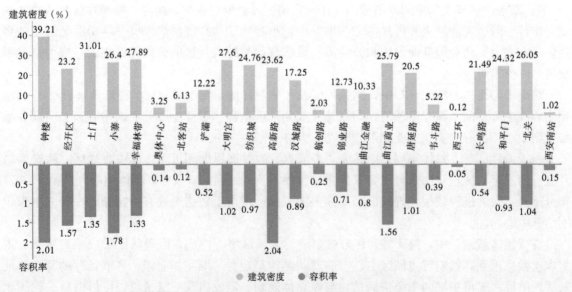

图8　西安市主城区中心空间现状建设开发强度统计

5 结语

本文采用手机信令数据、高德地图 POI 数据、土地利用现状数据和建筑轮廓数据等多源数据叠加识别西安市主城区中心空间结构，并将其与《总体规划》中确定的中心空间结构进行对比，对中心空间内部用地构成占比、建设开发强度进行分析，研判出西安市主城区现状中心空间发展概况，通过数据分析得出现状发展与规划预期之间的差异。

通过识别现状中心空间并将其与《总体规划》中确定的中心空间进行对比，可以明确西安市国土空间规划中应坚持发展多中心模式。首先，打造以人民为中心的高质量城市空间结构，着力构建"钟楼—小寨"两大城市级中心连片形成的南北中轴线空间，以线带面拉动城市骨架发展，拓展城市发展空间。其次，进一步疏解中心空间内的非主导功能，实现中心空间用地结构的合理化调整，同时强化各中心空间主导功能，围绕主导功能打造全要素用地布局，增强集聚效应。最后，引导节点级中心空间规模化发展，以节点级中心空间为引擎，构建丰富全面、便捷实用、精准复合、动态适应的生活服务圈，满足生活圈范围内居民日常生活生产所需，践行"以人为本"的基本理念。

[参考文献]

[1] MACEACHREN A M，GAMEGAN M，PIKE W, et al. Geovisualization for knowledge construction and decision support [J]. IEEE Computer Graphics and Applications，2004，24（1）：13-17.

[2] 王桂新，魏星. 上海从业劳动力分布变动与城市空间重构 [J]. 人口研究，2006（5）：64-71.

[3] 杨俊宴，章飙，史宜. 城市中心体系发展的理论框架探索 [J]. 城市规划学刊，2012（1）：33-39.

[4] 孙铁山，王兰兰，李国平. 北京都市区人口——就业分布与空间结构演化 [J]. 地理学报，2012，67（6）：829-840.

[5] 蒋丽，吴缚龙. 2000—2010 年广州人口空间分布变动与多中心城市空间结构演化测度 [J]. 热带地理，2013，33（2）：147-155.

[6] 钮心毅，丁亮，宋小冬. 基于手机数据识别上海中心城的城市空间结构 [J]. 城市规划学刊，2014（6）：61-67.

[7] 李霖，杨蕾. 公众参与的兴趣点数据有效性效验方法 [J]. 测绘科学，2015，40（7）：98-103.

[8] 潘碧麟，王江浩，葛咏，等. 基于微博签到数据的成渝城市群空间结构及其城际人口流动研究 [J]. 地球信息科学学报，2019，21（1）：68-76.

[9] 晏龙旭，王德，张尚武. 城市中心体系研究的理论基础与分析框架 [J]. 地理科学进展，2020，39（9）：1576-1586.

[10] 李臻. 基于 POI 数据的武汉市主城区城市中心识别 [J]. 城市建筑，2020，17（12）：54-55.

[作者简介]

金山，注册城乡规划师，工程师，就职于西安市城市规划设计研究院。

刘一瑾，助理工程师，就职于陕西省城乡规划设计研究院。

"新杭州人"群体空间分布和出行特征研究

——基于手机信令数据的分析

□毛琦，倪彬，郭崇文

摘要：当前中国正面临着人口自然增长逐年放缓、"老龄化""少子化"问题加剧等一系列人口危机。在各地爆发"抢人大战"的背景下，杭州作为浙江建设共同富裕示范区的城市范例，人才资源是其发展和竞争不可或缺的重要资源。本文从每年流入杭州的"新杭州人"切入，借助手机信令数据对"新杭州人"群体进行识别和特征分析，结果显示"新杭州人"在空间上主要集聚于未来科技城、滨江区和下沙高教园三大板块，且这些区域内"新杭州人"的职住联系较强。接着对"新杭州人"群体进行细分分析，发现学历是影响其空间分布的主要因素，学历较高的青年大学生群体从空间上更倾向集聚在三大板块内，学历较低的外来务工群体从空间上广泛分布在城市近郊区域。以上结论可为提升"新杭州人"的居住空间、公共服务设施和开敞空间品质，进而帮助杭州更好地吸引并留住人才提供分析支撑。

关键词：新杭州人；空间分布；出行特征；手机信令数据

1 引言

1.1 研究背景与意义

随着我国城镇化进入高质量发展阶段，城乡之间的人口流动逐年趋缓，城镇之间的人口流动比例日益提升，人口持续向核心城市集聚。恒大研究院的研究显示，在全国 337 个地级以上行政单元中，人口净流入的城市从 2001—2010 年的 155 个下降为 2016—2019 年的 120 个。此外，第七次全国人口普查数据显示，2010—2020 年深圳、成都、广州、西安、郑州、杭州、重庆、长沙等城市新增常住人口超过 300 万人，年均新增 30 万人以上。其中，杭州凭借着蓬勃发展的数字经济产业、优美舒适的人居环境和较为宽松的人才政策，吸引了大量的外来人口来杭州就业和定居。2016 年 G20 杭州峰会的成功举办，极大地提升了杭州在国际上的影响力和知名度，也为杭州广纳人才创造了更具有吸引力的环境，此后杭州的常住人口呈现加速增长态势，并跻身成为常住人口规模超千万的特大城市。在将杭州建设成社会主义现代化国际大都市和共同富裕示范区城市范例的目标下，人才作为第一资源和第一生产力，完善流动人口服务管理是大势所趋。

人口研究是城市规划工作最重要的研究基础之一。笔者研究的意义在于：一是有助于更好地服务"新杭州人"群体，进一步为杭州引人聚才、优化城市空间结构提供分析支撑；二是站在长三角一体化和"后峰会、前亚运"的重要历史机遇期，帮助杭州更好地筑巢引凤，让更多人到杭州就业创业，有利于提升杭州的人口红利，积极应对老龄化，增强杭州的发展后劲；三是在杭州打造共同富裕示范区城市范例的战略背景下，进一步推进外来人口的发展机会、社会保障、公共服务的均等化，助力杭州"扩中提低"，包容和接纳更多流动人口，促进不同人群共同富裕。

1.2　相关概念

1.2.1　"新杭州人"

城市的发展需要源源不断的外来人口输入。"新杭州人"作为杭州市常住人口的重要组成部分和影响未来城市发展的关键要素，对于城市的发展、活力、消费、服务等至关重要。早在2011年，杭州市就出台了《关于切实加强领取〈新杭州人求职登记证〉人员就业援助的通知》，提出了"新杭州人"的概念，并规定"新杭州人"是指在杭州主城区稳定就业并在主城区连续缴纳社会保险费6个月以上的非杭州地区户籍进杭务工人员（注：杭州市部分行政区划调整前，主城区包括上城、下城、江干、拱墅、西湖、滨江六区，2020年杭州市部分行政区划调整后，主城区包括上城、拱墅、西湖、滨江四区）。随着杭州城市的不断扩展和对人力资源价值理解的提升，这一概念无法满足研究需要。因此，本文将"新杭州人"的概念进行拓展，将原户籍登记地不在杭州，由于工作、求学等原因来到杭州并成为杭州常住人口的外来群体定义为"新杭州人"。

1.2.2　手机信令数据

手机信令数据是手机用户在发生通话、发短信或移动位置等事件时，被运营商的通信基站捕获并记录同一用户信令轨迹所产生，并经过脱密、脱敏、扩样等处理后的时空大数据。与传统的统计数据相比，手机信令数据的优势在于：一是全覆盖性，覆盖范围广、用户持有率高，能更好地反映人口流动的时空规律；二是安全性，没有任何个人属性信息，不涉及个人隐私；三是被动性，非自愿收集数据，用户被动提供信息无法干预调查结果；四是实时动态性，能准确反映在连续时间区段内，不同时间点手机用户所在的空间位置，为定量描述区域内人群流动轨迹提供了可能。随着手机信令大数据应用场景的不断拓展及算法的不断优化，将信令数据结合空间数据的技术手段，能够获取大量动态的、带有空间信息的个人数据，可以开展对特定场景、特定人群的空间分布和流动特征的分析，丰富和提升空间规划的覆盖广度和研究深度，从而支撑大数据时代国土空间规划的相关研究。

2　"新杭州人"识别和特征分析

2.1　"新杭州人"大数据识别

基于手机信令数据，对"新杭州人"的识别主要包括以下几个步骤：

一是常驻地和岗位地识别。运用手机信令数据，识别每个样本在一年内的3—12月夜晚驻留时间最长的位置点，根据累计驻留天数的长短分别标记为第一常驻地、第二常驻地等。对岗位地的识别同理，即识别每个样本在一年内的3—12月白天驻留时间最长的位置点，根据累计驻留天数的长短分别标记为第一岗位地、第二岗位地等。

二是常住人口标记。将一年内位于杭州市域内各常驻地累加大于等于150天的人，标记为当年的常住人口。

三是"新杭州人"标记。将上一年为非杭州市常住人口，当年为杭州市常住人口的人，标记为当年的"新杭州人"。如某样本 2019 年没有杭州常住人口标签，2020 年有杭州常住人口标签，则将该样本标记为 2020 年"新杭州人"。

通过以上分析得出 2020 年"新杭州人"群体的规模为 226 万人（扩样后），约为当年手机信令杭州市常住人口的 18%，是当年公安登记杭州市流动人口的 38%。

2.2 "新杭州人"整体结构特征

结合手机信令数据绑定的用户身份信息，对识别的 2020 年"新杭州人"的性别、年龄、学历、来源地等信息进行分析。

一是性别结构。2020 年"新杭州人"性别比约为 1.38∶1，高于当年统计的实有人口（1.12∶1）和杭州市第七次全国普查常住人口（1.09∶1）的性别比。说明流入的"新杭州人"中男性多于女性，且男性比女性多约 16%。

二是年龄结构。2020 年"新杭州人"以 15～64 岁的劳动人口为主，约占"新杭州人"总数的 95%，14 岁及以下儿童约占总数的 1%，65 岁及以上老年人约占总数的 4%。由于手机信令数据结构的局限性，对儿童和老年人用户的覆盖面较小，计算出的年龄结构与真实情况有所偏离。

三是学历结构。2020 年"新杭州人"中大专及以上学历占比约为 31%，高中及以下学历占比约为 69%。高学历人口比例略高于杭州市第七次全国人口普查的平均水平。由于手机信令对学历算法的局限性，计算出的大专及以上学历比例偏低，这说明"新杭州人"中高学历人口的比例较常住人口更高。

四是来源地分布。2020 年"新杭州人"中来自省外的比例为 37%，来自省内其他地市的为 11%，其余的 52% 为上年度的杭州市暂住人口。省外来源地中，前五位分别是安徽、河南、上海、江西、江苏；省内其他地市来源地中，前五位分别是绍兴、温州、金华、宁波和嘉兴。

2.3 "新杭州人"职住空间分布特征

通过上述步骤，将"新杭州人"识别的常驻地和岗位地分别落到以村庄（社区）为基本单元的空间中，总结出 2020 年"新杭州人"的常驻地和岗位地总体分布特征如图 1、图 2 所示。

"新杭州人"的常驻地和岗位地在空间分布上大体接近，整体上职住分布较为均衡。"新杭州人"主要分布在距离市中心（武林广场）10～20 km 的圈层内，以及临平、富阳、临安的城区，岗位地的空间分布相对于常驻地更加集聚。在未来科技城、滨江区、钱江新城—世纪城、下沙高教园及大学城北等重点城市板块，"新杭州人"的集聚趋势尤为明显，这些区域主要承担了为新增人口提供居住空间和就业岗位的职能。

另外，从常驻地的分布可以看出，受到居住成本和空间供给等因素的影响，居住在杭州主城区的"新杭州人"数量并不多，大量的"新杭州人"居住在主城区周边的萧山、余杭、临平、钱塘等地区，而这些区县中靠近主城的区域，由于兼具成本低廉和能够较好地享受到城市公共服务配套辐射的两个优势，吸引了较多的"新杭州人"居住。

从岗位地的分布可以看出，未来科技城、滨江区、钱江新城—世纪城、下沙高教园及大学城北四大板块为"新杭州人"提供了大量的就业岗位，而这些板块大多数距离高校较近，有助于实现校企联合，形成"产学研"一体化的创新圈层，为杭州市的经济发展、产业升级和人才储备提供了源源不断的动力。

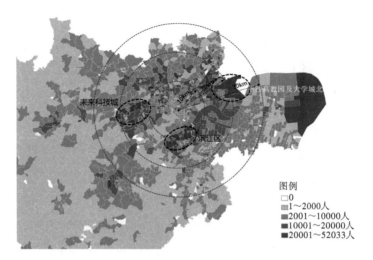

图1　2020年杭州市"新杭州人"常驻地分布

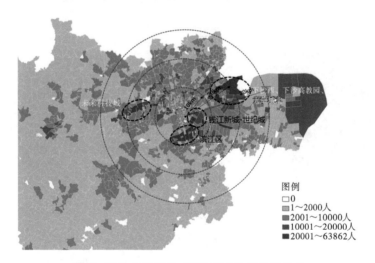

图2　2020年杭州市"新杭州人"岗位地分布

2.4　"新杭州人"出行联系特征

一是通勤时长和通勤距离。根据手机信令数据，筛选2020年某典型工作日期间，"新杭州人"和杭州常住人口上班通勤的出行记录，统计两类人群的通勤时长和通勤距离如下：

从通勤时长上看，"新杭州人"和杭州常住人口单程通勤时长不超过15分钟的人群比例分别为43％和34％，单程通勤时长超过一小时的人群比例分别为12％和15％（图3）。从通勤距离上看，"新杭州人"和杭州常住人口单程通勤距离不超过2 km的人群比例分别为43％和34％；单程通勤距离超过10 km的人群占比分别为14％和18％（图4）。由此可知，相对于杭州常住人口，"新杭州人"的短距离通勤比例更高，长距离通勤比例更低。由于大量的"新杭州人"租房居住或住在单位提供的住房中，常驻地距离岗位地相对较近，而杭州常住人口拥有自住房的比例较高，因此"新杭州人"群体的平均通勤时长和距离要小于杭州常住人口。

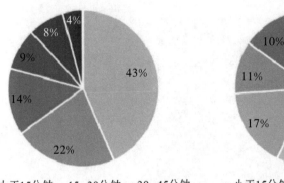

"新杭州人"　　　　　　　杭州常住人口

图3　2020年"新杭州人"和杭州常住人口通勤时长分布

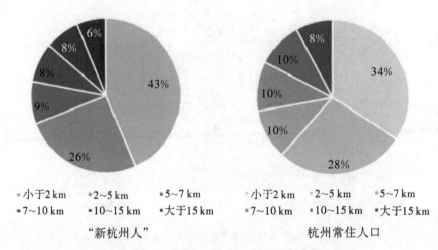

"新杭州人"　　　　　　　杭州常住人口

图4　2020年"新杭州人"和杭州常住人口通勤距离分布

二是跨乡镇职住联系情况（图5）。根据手机信令数据，对拥有固定就业岗位的"新杭州人"进行筛选和出行统计。结果表明，78.4%的"新杭州人"职住地均位于同一乡镇（街道），跨乡镇出行的比例为21.6%。其中职住联系最紧密的区域位于未来科技城（仓前街道—五常街道）和滨江区（西兴街道—长河街道），此外，未来科技城（余杭街道—仓前街道—五常街道—闲林街道）、良渚新城（三墩镇—良渚街道—仁和街道）、九乔地区（九堡街道—乔司街道—下沙街道）和江南新城（滨江区、萧山老城、市北）等区域跨乡镇职住联系较为紧密。杭州主城区之间的职住联系呈现出低强度、均质化的网络空间特征，临平、富阳、临安等距离杭州主城区较远的区县，其主要职住联系体现在其与周边乡镇的联系，与杭州主城区之间的联系较弱。

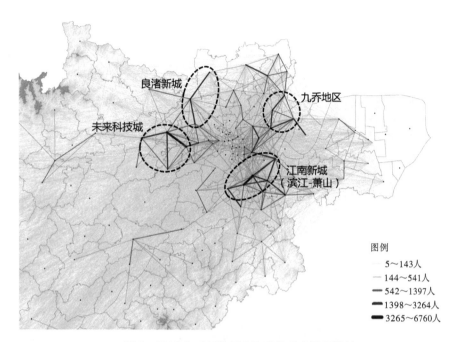

图例

—— 5～143人

—— 144～541人

—— 542～1397人

—— 1398～3264人

—— 3265～6760人

图5　2020年"新杭州人"群体跨乡镇通勤情况

3 "新杭州人"细分群体空间分布和出行特征分析

3.1 "新杭州人"细分群体职住空间分布特征

　　劳动就业人口，尤其是青年就业人口是支撑城市发展的核心群体。为了进一步了解2020年"新杭州人"中不同年龄、不同学历群体之间的空间分布和出行联系特征，结合手机信令数据对"新杭州人"群体进行细分，重点选取16～35岁的青年大学生群体和16～64岁的外来务工群体进行详细分析。

　　一是青年大学生群体。在2020年"新杭州人"中，通过追加"年龄16～35岁"和"大专及以上学历"两组条件，筛选出青年大学生群体的数量约为33万（扩样后），约占当年"新杭州人"总数的15%。

　　青年大学生群体的常驻地和岗位地空间分布较为集中，主要集聚在未来科技城、滨江区和下沙高教园的三大板块（图6、图7）。未来科技城和滨江区均为杭州重要的产业平台（前者位于城西科创大走廊核心区，后者属于杭州高新技术产业开发区），经过多年的开发，城市建设较为完善，公共服务设施配套齐全。两大板块内集聚了多家以科创研发和互联网经济为主导的知识密集型企业，提供了大量的就业岗位，吸引了许多外来的高学历人口在此工作和生活。下沙高教园是浙江省最大的高教园区，集聚了14所高校和超过20万名师生在此工作和求学，由于距离主城区较远，该板块形成了以师生需求为导向的、相对自给自足的配套设施体系，为许多刚毕业的大学生提供了廉价的居住和创业空间。

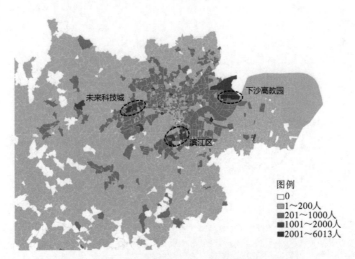

图6　2020年杭州市青年大学生群体常驻地分布

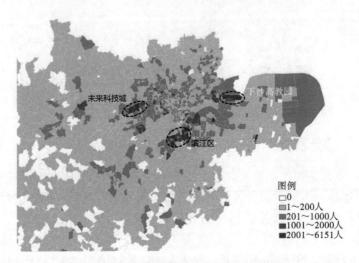

图7　2020年杭州市青年大学生群体岗位地分布

　　此外，钱江新城—世纪城、浙大玉泉—黄龙、浙大紫金港、小和山等地区，由于区位条件优越或距离高校近等原因，亦吸引了大量的青年大学生群体就业和就近居住。

　　二是外来务工群体。在2020年"新杭州人"中，通过追加"年龄16～64岁"和"高中及以下学历"两组条件，筛选出其中学历较低的外来务工群体的数量约为91万（扩样后），约占当年"新杭州人"总数的40%。

　　相比青年大学生群体，外来务工群体在空间分布上更为分散。外来务工群体的常驻地主要分布在距离市中心（武林广场）10～20 km的主城外围圈层（图8），包括余杭良渚、仁和、临平崇贤、乔司，萧山宁围、新街等地区，在未来科技城、滨江区和下沙高教园（包括大学城北）三大重点区域集聚特征也较为明显。由于城市中心区相对外围地区能够提供更多的就业岗位，因此外来务工群体的岗位地分布更加倾向于往主城区集聚（图9），未来科技城、滨江区、下沙高教园（包括九乔地区、大学城北）和钱江新城—钱江世纪城等区域为外来务工人员提供了大量的制造业和服务业就业岗位，吸引了大量的外来务工者就业。庞大的外来务工群体不仅为城市提供了充足的劳动力和基础服务，同时还带动了经济消费、激发了城市活力。

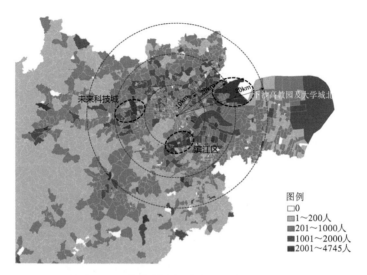

图 8　2020 年杭州市外来务工群体常驻地分布

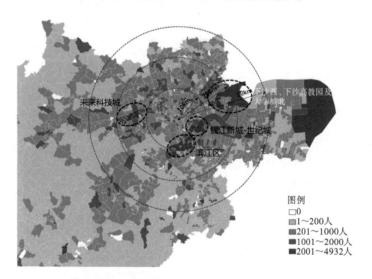

图 9　2020 年杭州市外来务工群体岗位地分布

3.2 "新杭州人"细分群体出行联系特征

根据手机信令数据，对拥有固定就业岗位的青年大学生群体和外来务工群体进行筛选和出行统计，结果如下：

在拥有固定就业岗位的青年大学生群体中，跨乡镇通勤的比例为 35.4%，高于全样本水平（图 10）。其中职住联系最紧密的区域位于未来科技城（余杭街道—仓前街道—五常街道）、良渚新城（良渚街道—祥符街道）和江南新城（滨江区、萧山老城）等地。

在拥有固定就业岗位的外来务工群体中，跨乡镇通勤的比例为 24.6%，低于全样本水平（图 11）。其中职住联系最紧密的区域位于未来科技城（余杭街道—仓前街道）、良渚新城（三墩镇—良渚街道—仁和街道—祥符街道）、城东新城（四季青街道—彭埠街道—笕桥街道）、九乔地区（九堡街道—乔司街道—下沙街道）和江南新城（滨江区、萧山老城、市北、宁围、新街）等地。临平、富阳、临安的城区和周边乡镇之间的联系亦较为紧密。

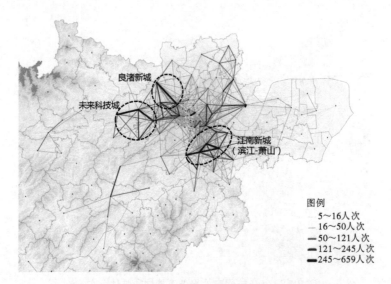

图10 2020 年杭州市青年大学生群体跨乡镇通勤情况

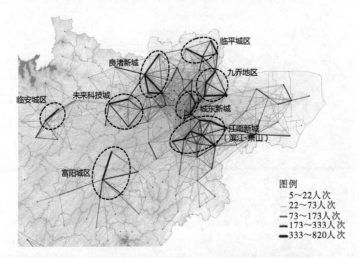

图11 2020 年杭州市外来务工群体跨乡镇通勤情况

由上述结果可以得出，青年大学生群体和外来务工群体的跨乡镇通勤比例均高于"新杭州人"全样本，且青年大学生群体跨乡镇通勤的特征更为明显，说明该群体愿意花费更长的通勤时间来换取居住生活品质的提升。外来务工群体跨乡镇通勤的比例相对较低，相当一部分人居住在岗位地或岗位地附近的宿舍中。

对比两类群体的职住地分布和出行空间联系特征可知：在下沙高教园，青年大学生群体创业人数较多，职住均在同一街道，因而跨乡镇通勤的比例较低。在良渚新城、城东新城、九乔地区等地，外来务工群体较多居住在城中村或城郊村中，距离岗位地较远，因而跨乡镇通勤的比例较高。在临平、富阳、临安等地，外来务工群体主要呈现出"工作在城区，居住在周边乡镇"的特征。

4 结语

从社会、经济的角度来看，人口流动是其他要素流动的"发动机"和"晴雨表"，在人类社会发展中起着至关重要的导向作用。大量的人口流动在给流入地的经济和社会带来积极影响的同时，也给流入地的城市运行和社会治理带来了不小的压力。随着我国人口红利的逐渐消失，"老龄化""少子化"等人口结构问题越来越严重，各大城市纷纷加入"抢人大战"的行列中，如何吸引并留住更多的人才，成为政府非常关心的问题。

笔者从每年大量流入杭州的"新杭州人"群体切入，借助手机信令大数据对该群体进行识别和特征分析，通过对"新杭州人"及重要细分群体的宏观结构、空间分布和出行特征等要素的分析，为下一步从空间供给的角度对居住空间、公共服务设施配置和开敞空间进行优化等提供参考，有利于为"新杭州人"群体打造更加宜居、舒适、便捷的城市空间，帮助政府更好地留住人才、吸引人才。

笔者研究的局限性在于：一是研究主要使用了移动手机信令数据对"新杭州人"群体进行分析。由于手机信令数据自身存在的结构性缺陷，无法对手机普及率不高的老年人和儿童群体进行准确统计，无法对真实的人口结构进行准确的还原，且由于部分算法不够成熟，对于学历、出行时间等特征描述的科学性还有待提高。二是出于对数据保密的要求，研究的基本单元为社区（村庄）单元而不是网格单元。社区单元由于尺度较大，以及在空间分布上不均衡，难以真实地反映"新杭州人"的职住空间分布和出行特征。三是研究局限在宏观层面的数据分析，缺乏微观层面的问卷调查和实地走访。因此对于"新杭州人"的职住空间分布和出行特征的分析更多地从宏观角度的解读，由于缺乏微观角度的案例佐证，使得分析结论不够充分。

[参考文献]

[1] 付磊，唐子来. 上海市外来人口社会空间结构演化的特征与趋势 [J]. 城市规划学刊，2008（1）：69-76.

[2] 方家，王德，谢栋灿，等. 上海顾村公园樱花节大客流特征及预警研究——基于手机信令数据的探索 [J]. 城市规划，2016，40（6）：43-51.

[3] 钟炜菁，王德，谢栋灿，等. 上海市人口分布与空间活动的动态特征研究——基于手机信令数据的探索 [J]. 地理研究，2017，36（5）：972-984.

[4] 钮心毅，谢琛. 手机信令数据识别职住地的时空因素及其影响 [J]. 城市交通，2019，17（3）：19-29.

[5] 徐婉庭，张希煜，龙瀛. 基于手机信令等多源数据的城市居住空间选择行为初探——以北京五环内小区为例 [J]. 城市发展研究，2019，26（10）：48-56.

[6] 仝德，高静，龚咏喜. 城中村对深圳市职住空间融合的影响——基于手机信令数据的研究 [J]. 北京大学学报（自然科学版），2020，56（6）：1091-1101.

[7] 黄伟，孙世超，孙娜. 基于手机信令数据的居住地人口分布辨识改进方法 [J]. 城市交通，2021，19（1）：95-101，12.

[8] 周文娜. 上海市郊区县外来人口社会空间结构及其演化的研究 [D]. 上海：同济大学，2006.

[9] 马春景. 基于手机信令数据的流动人口出行特性分析方法研究 [D]. 南京：东南大学，2016.

[10] 赵梓渝. 基于大数据的中国人口迁徙空间格局及其对城镇化影响研究 [D]. 吉林：吉林大学，2018.

[作者简介]

毛琦，中级工程师，就职于杭州市规划设计研究院。

倪彬，注册城乡规划师，中级工程师，就职于杭州市规划设计研究院。

郭崇文，注册城乡规划师，高级工程师，杭州市规划设计研究院规划研究中心副主任工程师。

南京市不同工作制群体职住空间的精准识别及布局特征

——基于手机信令数据的职住地识别技术改进

□张瑞琪，吴晓，何彦，邵云通

摘要：本文利用手机信令数据，对传统职住空间识别方法进行改进，该方法首次准确识别倒班工作制群体及其职住空间，同时提升识别白班工作制群体及其职住空间的精确度，识别率达到 70％以上（比传统方法提升约 20％）。同时，运用该方法对南京主城区不同工作制群体及职住功能单元进行精准识别并描述其空间布局特征，结果显示：白班工作制群体职住空间呈"圈层分布"，倒班工作制群体职住空间呈"面状分布"，倒班工作制群体在老城区外围通勤强度较高，主城区的就业和居住聚集区均符合"同心圆—扇形模式"。

关键词：手机信令数据；工作制；职住空间；南京主城区

居住与就业的空间组织是城市空间结构的重要组成要素。我国城市大规模郊区化和空间重构造成职住分离现象，导致交通拥堵、通勤时间长、环境污染、社会空间隔离等一系列城市问题，由此引发国内外学者对职住空间的关注和深入探讨。已有对城市居民职住空间的研究一般采用社会学、经济学、政治学等多种视角，数据来源包括普查数据、问卷调查数据和大数据等，但一般仅分析白班工作制人群的职住空间，而忽略倒班工作制及未就业的人群，可能导致就业人群职住地分布识别的精度不足。

工作制又称工时制，即工作时间制度，可根据上班时间和时长具体细分为白班工作制、倒班工作制等。以倒班工作制为例，有许多岗位必须保证 24 小时有人在岗，需要有几个班次轮流更替工作。研究表明，全球范围内有近 20％的劳动者在倒班工作。本文在区分工作制的前提下，改进基于手机信令数据的职住地识别方法，并以南京主城区为例先对不同工作制（白班工作制、倒班工作制）用户进行精准识别，再对不同工作制群体的职住空间进行精准识别，并得出其在南京市域范围的分布特征。

1 相关研究进展

1.1 不同视角下的职住空间研究

国外经典职住空间研究通常从社会学、经济学、政治学等多种学科视角切入，如通过因子生态分析、社会区分析等方法定量划分社会空间以研究居民职住空间的生态学派；研究城市居民在居住地、就业地区位和通勤成本，寻求经济效益最大化的经济学派；从城市住宅供给和分配制度角度分析居住选择问题的制度学派。

1.2　不同数据来源的职住空间研究

1.2.1　问卷与普查数据在职住空间研究中的应用

问卷与普查数据一直是城市职住空间研究中主要的数据来源之一。如湛东升等利用北京工商企业登记数据和第六次全国人口普查数据，分行业对北京城区职住空间结构及其类型区进行实证分析。刘志林等利用问卷和普查数据，讨论职住空间错位情况。然而，问卷与普查数据有一定局限性，问卷调查的样本量不足，不能反映城市整体的职住空间特征；普查数据为汇总数据，缺少个体信息，导致研究精度相对较低。

1.2.2　大数据在职住空间研究中的应用

为突破问卷和普查数据的局限性，近年来国内学者尝试利用大数据研究职住空间问题。如龙瀛等利用公交刷卡数据分析北京职住关系；申悦等基于 GPS 数据研究北京郊区居民活动空间；石光辉利用微博签到数据分析职住平衡与通勤特征。上述应用大数据的研究从个体用户行为入手分析职住空间特征，识别效果更精确，但也存在不足之处，如 GPS 数据不易大规模获得，而公交刷卡、微博签到数据仅能覆盖到较高频率使用公交、微博的居民，难以覆盖到更大范围的城市居民。

1.2.3　手机信令数据在职住空间研究中的应用

手机信令数据是一类反映个体用户行为的大数据。在职住空间研究领域，手机信令数据覆盖范围广、样本量大、实时性强等特点，使其相对于其他数据具有更明显的优势。钮心毅等将手机信令数据结合普查数据，分析上海市职住空间关系，得出中心城居民和郊区新城居民通勤范围的差异。陆振波等优化手机信令数据的处理方法，分析职住分布和通勤特征，并探讨内在原因。田金玲等通过对张江、金桥、陆家嘴三个区域的分析，根据职住空间和通勤特征的相关指标，将就业区划分为自我平衡型、单一生产型和城市互动型三种模式。上述研究成果均表明聚焦个体用户行为的手机信令数据可较准确地分析出城市职住空间和通勤特征，然而在研究过程中为了简化数据处理过程，只考虑白天就业、晚上居住的白班工作制的人群，而未考虑倒班就业人群和未就业人群，因此对于职住空间识别的精确度有限。总体而言，基于手机信令数据的职住空间研究领域仍有较大的开拓空间，有必要深入挖掘数据，以达到精准识别职住空间的目的。

2　研究方法

2.1　识别单元——信令小区

有关职住空间的研究均需要将某一空间范围作为研究单元，由于手机信令数据的位置信息为基站坐标，为使数据在空间中完整落位，本文使用泰森多边形算法，将已知基站坐标映射到特定泰森多边形面域，作为该基站所对应的信令小区——在手机通信网络中以基站为中心形成的面状服务区，即为本文的基本识别单元。根据移动通信网络的特点，手机并非一直连接最近的基站，而是连接某个邻近的基站。针对此类情况有必要设置某个空间聚合距离值，对某一用户，将其连接的邻近信令小区数据合并处理。由于基站信号覆盖范围约在 2 km 内，因此笔者将空间聚合距离值定为 2 km。

2.2　基本步骤

笔者根据用户在时间—空间上的对应关系识别出其工作制及职住空间，操作方法如下：先识别出用户的稳定停留地，再识别用户工作制类型，进而判断某一信令小区的职住功能类型，最后探究城市职住空间分布。手机信令数据处理基本步骤如下（图1）。

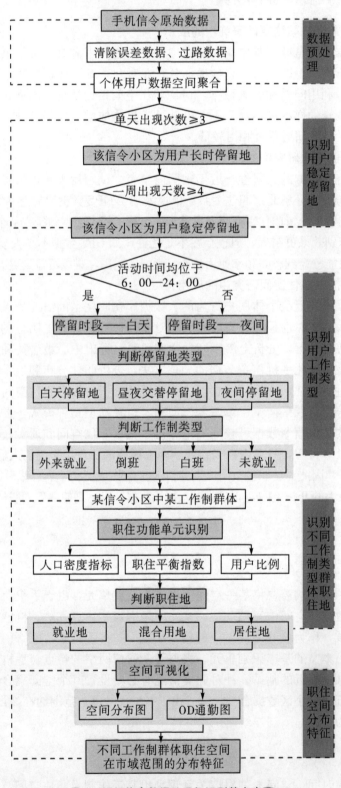

图1　手机信令数据处理与识别基本步骤

一是数据预处理。保证每人、每时、每地的唯一性，删除乒乓切换数据、漂移数据等误差数据，清除过路数据；采用空间聚合值2 km，合并同一用户在相邻时段停留的相邻信令小区数据。

二是识别用户稳定停留地。根据个体用户停留频率识别其稳定停留地。根据该用户在该信令小区停留的时段判断该信令小区属于该用户的哪一类停留地。

三是识别用户工作制类型。整合用户所有停留地数据，根据用户出现的停留地类型，判断其工作制类型。如果某一用户存在昼夜交替停留地，则该用户属于倒班工作制群体；如果既有白天停留地也有夜间停留地，则该用户属于白班工作制群体。

四是识别不同工作制群体职住功能单元。根据某一信令小区中就业、居住人口密度分位数和职住平衡指数，识别某工作制群体职住功能类型（居住、就业、混合）。选择几个典型街道，结合实际对识别结果进行校核。

五是职住空间布局特征分布。将上述识别方法得出的不同工作制群体职住空间在GIS中直观展现，得到就业密度分布图、通勤OD图，同时运用空间自相关方法探究职住空间圈层分布情况，归纳出不同工作制群体职住空间布局特征。

3 技术应用

3.1 数据来源

笔者研究的数据为南京市2015年11月16—22日的手机信令数据。该数据通过MDN对个体手机用户进行标记，可识别某时间点其连接的手机基站位置。

笔者使用的数据为日均稳定记录南京市347.67万个不同的手机识别号。在全市约20200个基站中，主城区基站间距为100～300 m，郊区基站间距较大，为1～3 km。笔者使用的手机信令数据能涵盖南京市域大部分范围，具有动态、连续、样本量大的特点，可较好反映个体用户的时空行为规律。

3.2 精准识别用户稳定停留地

3.2.1 识别方法

为识别不同工作制群体及其职住地，应识别个体用户单天长时停留地（用户某时所在信令小区位置），进而得出该用户的稳定停留地（用户在多天反复、长时间出现的停留地）。筛选某个体用户单天出现次数≥3次的信令小区，作为个体用户单天长时停留地。保留一周内出现天数≥4天的信令小区，作为该用户稳定停留地。若该用户在某一停留地出现时间点均位于6：00—24：00范围内，则该用户在该停留地的停留时段为白天，否则停留时段为夜间。

3.2.2 识别方法应用

根据上述识别方法，筛选得到南京市用户白天及夜间稳定停留地数据。选择南京主城区为研究范围，在GIS中计算每个信令小区白天、夜间稳定停留用户的密度（人/米²）和昼夜稳定停留用户人数比例。由此得出，老城核心区、主城边缘区和主要道路沿线具有最高的昼夜人数比。

3.3 精准识别用户工作制类型

3.3.1 识别方法

筛选用户的稳定停留地及其对应的停留时段后，根据不同工作制模式昼夜活动的特征，可判断出个体用户的工作制模式（图2）。

  首先通过该用户在该信令小区的停留时段判断该信令小区属于该用户的白天停留地、夜间停留地或昼夜交替停留地。随后根据上述停留地类型划分，整合用户所有停留地数据，如果存在昼夜交替停留地，该用户属于倒班工作制群体。在其余群体中，如果既有白天停留地也有夜间停留地，则该用户属于白班工作制群体；如只有夜间停留地，则属于未就业群体；如只有白天停留地，则属于外来就业群体。

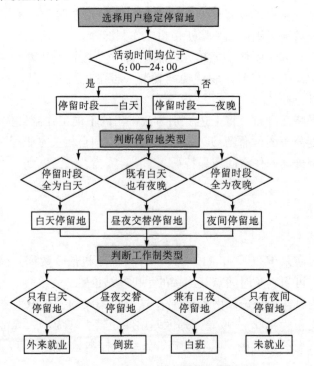

图2 用户工作制类型精准识别

3.3.2 识别方法应用

  在数量关系上，识别出南京市不同工作制用户总数。识别出的就业人数为160.32万人，占手机信令数据记录总人数的46.1%，考虑到部分近距离就业人员及部分用户手机信令数据未完整记录等因素，识别出的就业人口比例低于南京市统计数据中就业人口比（59.6%），此误差在合理的范围内。其中白班就业人数106.94万人，倒班就业人数39.25万人。

  在空间分布上，计算每个信令小区白班及倒班工作制用户的密度（人/米²），得到不同工作制群体在南京主城区范围内的分布情况：白班工作制群体在南京主城区范围内呈"中心集聚"分布——其中心为中央路南北绵延带—秦淮河以西居住片区；倒班工作制群体在空间中显示出均匀分布的特征。

3.4 精准识别城市用地中不同工作制群体职住功能单元

3.4.1 识别方法

  白班、倒班工作制群体职住功能单元识别方法如图3所示。

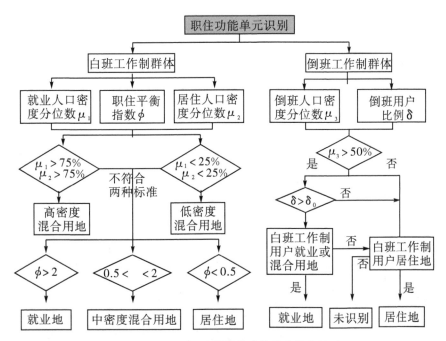

图 3 不同工作制群体职住功能单元精准识别

白班工作制群体职住功能单元。将每个白班工作制用户白天稳定停留地作为其就业地，夜间稳定停留地作为其居住地。得到特定信令小区就业人口数量 n_1，居住人口数量 n_2。参考王德等人运用手机信令数据对职住功能关系的评价方法，以就业、居住人口密度分位数 μ_1、μ_2 和职住平衡指数 ϕ 划分出五种职住功能单元——居住地、就业地、高密度混合用地、中密度混合用地和低密度混合用地。具体分类标准见表 1。

表 1 白班工作制群体职住功能单元识别方法

分类标准	职住平衡指数 ϕ	就业人口密度分位数 μ_1	居住人口密度分位数 μ_2	类型	备注
1	—	$\mu_1 > 75\%$	$\mu_2 > 75\%$	高密度混合用地	—
2	—	$\mu_1 < 25\%$	$\mu_2 < 25\%$	低密度混合用地	—
3	$\phi > 2$	—	—	就业地	当满足标准 1 或 2 时，优先判
4	$\phi \leqslant 0.5$	—	—	居住地	定为高密度混合用地或低密度
5	$0.5 < \phi \leqslant 2$	—	—	中密度混合用地	混合用地

倒班工作制群体职住功能单元。对于倒班工作制用户群体，只判断其就业地和居住地两种职住功能单元分布情况。选择特定信令小区，筛选以其为停留地的所有倒班用户数据，计算倒班用户比例 δ 和倒班人口密度分位数 μ_3。由于一般倒班工作岗位所在单位均包含白班工作岗位，倒班就业者居住地一般也是白班就业者居住地，因此当 $\mu_3 > 50\%$ 且 $\delta > \delta_0$，同时该信令小区为白班工作制用户就业地或混合用地时，判断其为倒班工作制群体就业地；当不满足上述条件时，如果该信令小区为白班工作制用户居住地，该信令小区为倒班工作制群体居住地；当上述所有条件都不满足时，则不能识别该信令小区职住功能（其中 δ_0 根据现状校核确定，本文取 $\delta_0 = 0.4$）。

3.4.2　识别方法应用

职住功能单元识别。白班工作制用户职住功能单元分布特征归纳见表2，而倒班工作制用户群体就业地在主城区中呈均匀的"散点分布"特征。

表2　白班工作制用户职住功能单元分布特征

序号	类别	居住密度	就业密度	分布特征	特征	举例
1	就业地	较低	高	圈层分布	以就业为主、居住较少	老城核心区、绕城路沿线主城边缘区
2	居住地	高	较低	圈层分布	以居住为主、就业较少	内环沿线、河西新城
3	高密度混合用地	高	高	带状分布	高强度开发、商住混合	中央路—中山路—中山南路、应天大街、北京路
4	中密度混合用地	较高	一般	圈层分布	以居住为主、功能混合	内环沿线、河西新城
5	低密度混合用地	低	低	局域成片分布	低强度开发、自然山水	紫金山、玄武湖、莫愁湖、七桥瓮湿地

职住功能单元核验。以上述白班、倒班两类工作制用户职住功能单元识别结果为基础，按城市圈层和街道职住功能类型分层抽样，按1∶12的抽样比例，在主城区48个街道中抽取4个街道内全部信令小区作为核验对象，采用卫星图观察和现场踏勘的方法判断职住功能现状，评估改进后方法的识别效果，并与传统识别方法作比较。核验结果显示，改进方法对于白班工作制群体的职住空间识别率达到70%以上，而传统识别方法识别率约为50%，改进前后识别率提高了20%，提升效果较为显著。同时，改进方法对于倒班工作制群体就业空间识别率为75%左右，准确识别出中烟工业集团、江苏省人民医院、江苏交通医院、南京山泉产业园等典型倒班工作单位，而传统方法不具备此项功能。

3.5　城市不同工作制群体职住空间布局特征

3.5.1　不同工作制群体职住空间特征

笔者以信令小区为单位，对就业密度运用插值分析，绘制两类工作制群体就业地分布图（图4）。其中白班工作制用户就业地在南京主城区范围内呈"同心圆—放射型"分布——以新街口为圈层中心，内圈层位于老城区，为城市高密度就业中心；中圈层沿内环—江东快速路一带分布；外圈层包括绕城路周边，有连续成片的就业区域。在圈层结构基础上，分别沿安德门大街、卡子门大街、汉中门大街等交通轴线，由内圈层向外圈层形成若干个带状放射区域。倒班工作制用户就业地在南京主城区范围内呈局域成片的"面状分布"及"内低外高、西密东疏"的特征。

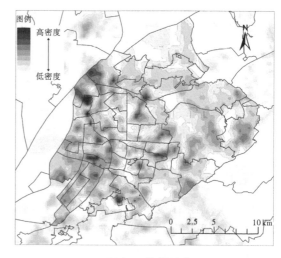

白班工作制用户　　　　　　　　　　　　　倒班工作制用户

图4　两种工作制用户职住空间布局

3.5.2　不同工作制群体通勤分析

汇总个体用户的职住地所在街道数据，对两种工作制群体职住比分布和OD通勤进行分析（图5）。结果显示，对于白班工作制群体，各街道间通勤强度具有"中心强外围弱"的特征——老城区职住比高，为典型的就业地，较多通勤人口流入街道内就业；河西居住片区（南苑街道、莫愁湖街道等）职住比低，为典型的居住地，较多通勤人口在街道内居住，流向其他街道就业。对于倒班工作制群体，各街道间通勤强度具有"分散分布"的特征——就业密集的街道分散在主城区的各个方位，较多倒班工作制通勤人口在老城区外居住且就业。

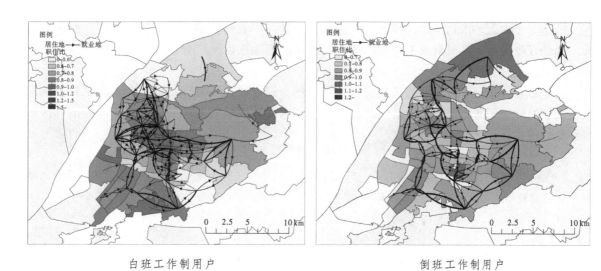

白班工作制用户　　　　　　　　　　　　　倒班工作制用户

图5　两种工作制用户通勤OD

3.5.3　白班工作制群体职住空间圈层分布特征

上述对于白班工作制群体职住分布空间的初步分析显示，南京市主城区范围内职住空间呈"同心圆—放射型"分布。由于南京市自然山体、城墙和交通网络分布并不规则，因此选择"交通等时圈"对城市圈层结构分布进行深入描绘。以新街口为中心，选择车行交通 10 分钟、15 分钟、20 分钟距离划定等时圈，其中 0～10 分钟为内圈层，10～15 分钟为中圈层、15～20 分钟为外圈层。三个圈层与南京城市主要交通线吻合程度较高。

将三个圈层根据主要道路分别划分为八个象限，进行局部自相关分析并计算职住比。结果显示，就业聚集区和居住聚集区均符合以新街口为圆心的"同心圆—扇形模式"。主城区由内圈层到外圈层就业功能减弱，而居住功能增强。不同方位的职住空间分布也有较大差异，西北部、南部和东南部区域以就业功能为主导，而西南部区域以居住功能为主导。

4 结语

本文对利用手机信令数据识别职住空间的传统方法作出改进，以达到精确识别不同工作制群体职住空间的目的，并利用改进后的方法研究南京主城区不同工作制群体职住空间分布情况。

主要识别步骤包括数据预处理、识别用户稳定停留地、识别用户工作制类型（白班工作制、倒班工作制）、识别不同工作制群体职住功能单元（就业地、居住地、高密度混合用地、低密度混合用地、中密度混合用地）。与传统方法相比，该方法实现了以下几个方面的改进：一是解决传统方法不能识别出倒班工作制群体及其职住空间的问题；二是提升传统方法识别白班工作制群体的精确度，减少未就业群体和倒班工作群体的干扰；三是提升识别职住功能单元类型的精确度，改进方法总体识别率约为 70%，相较于传统方法约 50% 的总体识别率提升了 20% 左右。

利用上述方法，得到南京市主城区范围内不同工作制群体及职住功能单元数据，通过插值分析、OD 分析及空间自相关分析等方法，分析出南京市主城区范围内不同工作制群体职住空间分布特征如下：

一是不同工作制群体职住空间具有不同的分布特征。白班工作制群体就业地呈现"西密东疏"的"圈层分布"特征；倒班工作制群体就业地呈现"西密东疏、内低外高"的局域成片"面状分布"特征。

二是对于白班工作制群体，各街道间通勤强度呈"中心强外围弱"特征，老城区及其周边地区通勤强度最高；对于倒班工作制群体，各街道间通勤强度呈"分散分布"特征，老城区外的各街道间通勤强度较高。

三是就业聚集区和居住聚集区均符合"同心圆—扇形模式"分布特征，由内圈层到外圈层就业功能减弱，而居住功能增强；西北部、南部和东南部区域就业功能占主导，而西南部区域居住功能占主导。

［基金项目：国家自然科学基金项目（51878142），职业视角下大城市进城务工人员的就业空间结构和时空轨迹研究——以南京市为实证］

［参考文献］

[1] ALONSO W. Location and Land Use [M]. Cambridge Mass：Harvard University Press, 1964：56-89.

[2] SIMMONS J W. Changing Residence in the City：A Review of Intra－Urban Mobility [J]. Geographical Review, 1968, 58 (4)：622-651.

[3] HARVEY D. Class monopoly rent, finance capital and the urban revolution [J]. Regional of Urban Economics, 1974, 8 (1)：239-255.

［4］刘志林，王茂军. 北京市职住空间错位对居民通勤行为的影响分析——基于就业可达性与通勤时间的讨论［J］. 地理学报，2011，66（4）：457-467.

［5］龙瀛，张宇，崔承印. 利用公交刷卡数据分析北京职住关系和通勤出行［J］. 地理学报，2012，67（10）：1339-1352.

［6］WRIGHT K P, BOGAN R K, WYATT J K. Shift work and the assessment and management of shift work disorder (SWD)［J］. Sleep Medicine Reviews，2013，17（1）：41-54.

［7］刘望保，侯长营. 国内外城市居民职住空间关系研究进展和展望［J］. 人文地理，2013，28（4）：7-12，40.

［8］申悦，柴彦威. 基于GPS数据的北京市郊区巨型社区居民日常活动空间［J］. 地理学报，2013，68（4）：506-516.

［9］王德，钟炜菁，谢栋灿，等. 手机信令数据在城市建成环境评价中的应用——以上海市宝山区为例［J］. 城市规划学刊，2015（5）：82-90.

［10］田金玲，王德，谢栋灿，等. 上海市典型就业区的通勤特征分析与模式总结——张江、金桥和陆家嘴的案例比较［J］. 地理研究，2017，36（1）：134-148.

［11］湛东升，张文忠，孟斌，等. 北京城市居住和就业空间类型区分析［J］. 地理科学，2017，37（3）：356-366.

［12］钮心毅，谢琛. 手机信令数据识别职住地的时空因素及其影响［J］. 城市交通，2019，17（3）：19-29.

［13］陆振波，龙振，余启航. 基于手机信令数据的昆山市职住分布与通勤特征分析［J］. 现代城市研究，2019（3）：50-55.

［14］史宜，杨俊宴. 基于手机信令数据的城市人群时空行为密度算法研究［J］. 中国园林，2019，35（5）：102-106.

［15］石光辉. 利用微博签到数据分析职住平衡与通勤特征——以深圳市为例［D］. 武汉：武汉大学，2017.

［作者简介］
张瑞琪，东南大学建筑学院硕士研究生。
吴晓，东南大学建筑学院教授，博士生导师。
何彦，东南大学建筑学院博士研究生。
邵云通，东南大学建筑学院硕士研究生。

基于多源数据的城市夜间经济活力测度及影响因素分析

——以桂林市中心城区为例

□秦志博，龙良初

摘要：为应对新冠肺炎疫情对经济的冲击，适应新时代的消费需求，夜间经济成为当前城市经济发展的重点。本文以典型旅游城市桂林市中心城区为研究范围，基于珞珈一号夜间灯光数据、POI数据等多源数据构建城市夜间经济活力测度指标体系，运用ArcGIS、地理探测器等软件从夜间经济活力的外在表征和影响因素两个维度对桂林市夜间经济活力进行分析。研究结果表明：桂林市夜间经济呈"主副双核"集聚分布格局，主核心位于桂林历史城区，副核心位于临桂区行政中心周边区域；桂林历史城区周围的秀峰街道、象山街道、七星区街道、叠彩街道的夜间经济活力较高，草坪回族乡、黄沙瑶族乡等中心城区西北、东南部街道的夜间经济活力均较低，夜间经济格局不均衡；影响因素中餐饮、住宿、购物、酒吧设施密度对夜间经济活力有较强的影响力，常住人口密度的影响力最弱；各影响因素交互结果均为双因子增强关系，常住人口密度和餐饮设施密度交互后影响力最强。最后对桂林市夜间经济活力的研究结果进行讨论，并针对性地提出优化提升策略。

关键词：夜间经济活力；夜间灯光数据；POI；影响因素；桂林市中心城区

1 引言

随着我国经济发展进入新时期，人们生活品质逐步提升，消费能力也日益提高。但近年来受新冠肺炎疫情的影响，全球经济持续低迷，扩大内需、促进消费成为推进城市经济发展的重点。夜间经济作为现代城市重要的新兴业态之一，在国内夜间消费中的比重已达到60%左右，是构建以国内循环为主体、国内国际双循环新发展格局的有力支撑，成为各大城市刺激消费、推动经济复苏的重要举措。2019年国务院办公厅印发《关于加快发展流通促进商业消费的意见》，首次提出要培育消费热点，活跃夜间商业和市场。随后上海、北京等地纷纷出台推动夜间经济发展的文件，夜间经济成为城市经济发展的焦点。

夜间经济是20世纪90年代英国为实现城市中心区经济复兴而提出的经济学名词，由学者Montgomery正式提出。一般来说，夜间经济指从当日18:00至次日凌晨6:00所包含的经济文化活动，包括夜间餐饮、购物、休闲娱乐等多种业态。在国外的相关研究中，多数学者对夜间经济与饮酒、娱乐产业的联系以及对经济方面的影响进行了研究。Crawford Adam等对夜间经济中酒吧和舞蹈俱乐部顾客使用非法药物与娱乐类型、场地类型之间的关联进行了研究；Füller

等研究了夜间经济在柏林城市发展中的协同效应，指出游客在游玩时也会进行其他消费活动，从而带动夜间经济集聚区乃至整个城市的经济发展。

国内的相关研究起步较晚，来有为基于美团数据对北京、上海等16个城市夜间经济发展的情况进行分析，并提出了上海市发展夜间经济的措施；陈世莉等以广东省为例，根据夜间灯光数据对不同尺度的经济活动进行预测，研究发现在不同尺度二者均呈正相关，并且尺度越大预测精度越大；刘前媛等通过POI、夜间灯光等多源数据对比分析了国内外大都市夜间经济集聚区的功能业态特征，并分析了成都夜间经济集聚区的优劣势，为城市夜间经济发展提供了科学支撑；柳富满等基于POI数据，运用平均最邻近指数、核密度估计法，从空间分布形态、空间分布模式和空间集聚区三个方面研究了武汉市夜间经济载体空间分布格局。

综上所述，国外的研究起步较早，但研究多集中在社会学、经济学方面，对国内研究借鉴价值不大。国内的研究近年来逐步由定性走向定量，开始利用POI、夜间灯光等多源大数据和多种空间分析方法对夜间经济进行研究，夜间灯光数据被广泛用作表征夜间经济活力的指标，但研究的方法较为单一、研究尺度较大，不能满足精细化治理的需求，并且研究多停留在夜间经济的分布特征层面，较少深入探究影响夜间经济发展的因素。

因此，笔者以典型旅游城市桂林市中心城区为例，以各城区街道为基本研究单元，基于POI数据、珞珈一号夜间灯光数据等多源数据，运用ArcGIS空间分析工具对桂林市中心城区的夜间经济活力进行测度，并利用地理探测器探析夜间经济发展的影响因素，深化城市夜间经济活力的研究，为桂林市夜间经济现状研究及未来发展提供理论依据，进而助力桂林打造世界级旅游城市。

2　研究范围、数据及方法

2.1　研究范围

桂林市是世界著名的风景游览城市、首批国家历史文化名城，辖6区10县和1个县级市，总面积2.78万 km^2，常住人口约493万人。桂林市"十四五"规划中明确提出，要积极培育新型消费，大力发展夜间经济，建设国际消费中心城市。但目前对于桂林市夜间经济的研究较少，并且规划决策缺少定量研究支撑，因此本文选取桂林市中心城区为研究范围，包括秀峰区、七星区等6个市辖区的31个街道（乡、镇）对其夜间经济现状及影响因素进行量化分析，为描述方便，下文研究范围内的乡、镇统称街道。

2.2　研究数据

笔者所研究数据主要包括夜间灯光遥感、POI、路网以及人口数据。路网数据通过OSM开源地图获取，并对照桂林市路网测绘地图进行校对；人口数据来源于桂林市第七次全国人口普查数据；夜间灯光数据和POI数据的获取和处理如下。

2.2.1　夜间灯光数据

研究选择全球首颗专业夜光遥感卫星珞珈一号所提供的夜间灯光数据测度城市夜间经济活力，其分辨率可达130 m，与常用的VIIRS-DNB夜间影像数据2700 m的分辨率相比，更适合于进行精细化的夜间经济活力研究。为了便于存储数据，珞珈一号对辐射亮度进行了处理，因此在使用时应对夜间灯光数据进行辐射校正，校正公式如下：

$$L = DN^{3/2} \cdot 10^{-10}$$

公式（1）

式（1）中，*L* 为绝对辐射校正后的辐射亮度值，*DN* 表示图像灰度值。对夜间灯光数据进行校正后，在 ArcGIS 软件中对照路网节点对数据进行投影转换和地理配准，便于后续分析。

2.2.2 POI 数据

POI 数据通过高德地图开放平台获取，主要包括名称、类型、经纬度等字段信息。笔者结合国内外相关文献及纽约市、伦敦市等夜间经济发达城市的功能业态分类情况，以及桂林市旅游城市的特点，将 POI 数据分为餐饮、购物、酒吧、住宿、休闲娱乐、观光旅游、体育运动七种类型（表1）。

表1　桂林市 POI 分类及数量统计

POI 类型	主要内容	POI 数量（个）	比例（%）
餐饮	餐厅、小吃店、咖啡店等	14185	52.23
购物	商场、便利店、特色商业街等	8175	30.10
酒吧	清吧、酒馆等	157	0.58
住宿	星级酒店、民宿、宾馆等	2674	9.84
休闲娱乐	游乐场、桌游馆、电影院、KTV 等	1062	3.91
观光旅游	人文景点、公园、广场等	534	1.96
体育运动	篮球馆、羽毛球馆、体育馆等	374	1.38
总计	—	27161	100.00

2.3　研究方法

2.3.1　城市夜间经济活力测度指标体系构建

本文结合相关研究，从夜间经济活力的外在表征和影响因素两个维度进行测度，构建城市夜间经济活力测度指标体系。选择基于珞珈一号夜间灯光遥感数据的夜间灯光强度作为夜间经济活力的外在表征；结合大都市区夜间经济研究报告及数据的可获取性，选择人口因素、交通因素和功能因素 3 个指标维度 9 项指标作为夜间经济活力的影响因素（表2）。

表2　城市夜间经济活力测度指标体系

评价维度	指标维度	指标	量化方法
外在表征	经济活力	夜间灯光强度	将珞珈一号中获取的夜间灯光数据导入 ArcGIS 实现矢量化，按照自然断点法将灯光强度值重分类赋值分为 1~6 级，等级越高代表夜间经济活力越强
影响因素	人口因素	常住人口密度 x_1	各街道常住人口数量/街道面积
	交通因素	路网密度 x_2	各街道路网总长度/街道面积
	功能因素	餐饮设施密度 x_3	各街道内餐饮 POI 数量/街道面积
		购物设施密度 x_4	各街道内购物 POI 数量/街道面积
		酒吧设施密度 x_5	各街道内酒吧 POI 数量/街道面积
		住宿设施密度 x_6	各街道内住宿 POI 数量/街道面积
		休闲娱乐设施密度 x_7	各街道内休闲娱乐 POI 数量/街道面积
		观光旅游设施密度 x_8	各街道内观光旅游 POI 数量/街道面积
		体育运动设施密度 x_9	各街道内体育运动 POI 数量/街道面积

2.3.2　地理探测器

地理探测器是以空间叠加技术为基础用于探测某因子 X 与变量 Y 之间空间分布一致性的分析方法，本文用来探析城市夜间经济活力的影响因素，公式为：

$$q_x = 1 - \frac{1}{N\sigma^2} \sum_{h=1}^{L} N_h \sigma_h^2 \qquad\qquad 公式（2）$$

式（2）中，q_x 表示影响因素 x 对夜间经济活力的影响程度，q 的值域为 0～1，q 值越大表示 x 对夜间经济活力的影响程度越高；L 表示夜间经济活力 Y；N 和 σ^2 分别表示研究区整体的数量和方差；N_h 为层 h 的单元数，σ_h^2 为层 h 的方差。

3　桂林市夜间经济活力测度

为测度桂林市中心城区各街道的夜间经济活力，笔者将珞珈一号夜间灯光数据导入 ArcGIS 软件进行定义投影、地理配准和辐射亮度转换后得到桂林市夜间灯光分布情况，得出桂林市中心城区夜间灯光总体呈现出"主副双核"的集聚分布格局，主核心位于秀峰区、叠彩区、象山区的交界处，基本上与桂林历史城区的范围一致，这一片区集中了大量的商业、购物和旅游资源，是传统的经济中心；次核心位于临桂区东部，这一片区是桂林市政府所在地，也是重要的工业基地及交通枢纽。

夜间经济活力用平均夜间灯光强度表示，使用 ArcGIS 空间分析中的以表格显示分区统计工具，计算桂林市中心城区各街道的平均夜间灯光强度，按照自然断点法的分类分别赋值为 1～6，得到街道夜间经济活力的空间分布结果，结合各街道夜间经济活力强度（表3）可以看出，秀峰街道的夜间经济活力最高，主要原因在于该街道覆盖了桂林历史城区的核心部分，包含东西巷、正阳路步行街等特色商业街，餐饮、购物和娱乐等业态较多；夜间经济活力较高的街道依次为象山街道、叠彩街道、七星区街道，基本都与历史城区相邻，表明历史城区对桂林市夜间经济活力有很强的辐射能力。临桂镇虽包含较多夜间灯光高值区域，但夜间经济活力排在中间位置，这是因为临桂镇面积较大，而经济活跃地区仅在市政府所在地的中心位置，经济发展不均衡所导致。夜间经济活力较差的街道为草坪回族乡、黄沙瑶族乡和中庸乡等，基本都位于桂林市中心城区的西北部和东南部，表明桂林市的夜间经济发展不均衡，经济格局有待优化。

表3　桂林市中心城区各街道夜间经济活力强度

排序	街道名称	夜间经济活力强度	排序	街道名称	夜间经济活力强度
1	秀峰街道	4.85	17	柘木镇	1.22
2	象山街道	4.03	18	大埠乡	1.15
3	七星区街道	3.66	19	雁山镇	1.13
4	叠彩街道	3.61	20	两江镇	1.12
5	丽君街道	3.50	21	四塘镇	1.10
6	南门街道	3.38	22	五通镇	1.04
7	北门街道	3.31	23	桂林华侨旅游经济区	1.04
8	东江街道	3.24	24	中庸乡	1.04
9	穿山街道	3.00	25	宛田瑶族乡	1.03
10	漓东街道	2.43	26	茶洞乡	1.03

续表

排序	街道名称	夜间经济活力强度	排序	街道名称	夜间经济活力强度
11	甲山街道	2.37	27	黄沙瑶族乡	1.03
12	平山街道	2.25	28	会仙镇	1.03
13	大河乡	1.91	29	南边山乡	1.03
14	朝阳乡	1.89	30	六塘镇	1.02
15	临桂镇	1.81	31	草坪回族乡	1.01
16	二塘乡	1.28			

4 桂林市夜间经济活力影响因素分析

4.1 夜间经济活力相关性分析

为进一步探究桂林市夜间经济活力的影响因素，笔者运用地理探测器对3个指标维度9项指标进行分析。由于各项指标的数据来源及单位不同，因此在分析时要对指标数据进行标准化处理。为确定各项指标的相关性情况，笔者对桂林市中心城区各街道夜间经济活力与各影响因素之间进行因子探测，得到影响因素地理探测分析结果（表4）。

表4 夜间经济活力影响因素地理探测分析

指标维度	指标	q 值	q 值排序
人口因素	常住人口密度 x_1	0.845**	9
交通因素	路网密度 x_2	0.875**	6
功能因素	餐饮设施密度 x_3	0.912**	1
	购物设施密度 x_4	0.887**	3
	酒吧设施密度 x_5	0.881**	4
	住宿设施密度 x_6	0.905**	2
	休闲娱乐设施密度 x_7	0.854**	7
	观光旅游设施密度 x_8	0.853**	8
	体育运动设施密度 x_9	0.878**	5

注：*代表通过0.05级别置信度检验，**代表通过0.01级别置信度检验。

通过地理探测器分析结果可以发现9项指标与夜间经济活力的相关系数均通过0.01级别的置信度检验，说明本文选取的影响因素合理。根据表4可知，各影响因素均与夜间经济活力显著相关，餐饮设施密度（0.912）对夜间经济活力的影响力最大，说明桂林市夜间经济是以餐饮为主导的，夜排档、深夜食堂、烧烤、小吃等更能吸引人群夜间消费，带动经济活力提升；住宿设施密度（0.905）对夜间经济活力的影响力排第二，表明酒店、宾馆等住宿设施对夜间经济活力提升的效果显著，原因在于住宿的游客会在酒店周围进行各种消费，带动经济增长，这也符合桂林旅游城市住宿业发达的特点；购物设施密度（0.887）和酒吧设施密度（0.881）对夜间经济活力也有较强的影响力，这与近年来人们因工作时间多集中在夜晚休闲娱乐有关，酒吧是国外大城市如伦敦等夜间经济最重要的业态，在国内影响程度则处于中等水平，说明国内外夜间经济构成有较大差异；路网密度（0.875）和体育运动密度（0.878）对夜间经济活力的影响力相同，处于较高水平，表明交通可达性以及运动场所的分布都会影响夜间经济的发展；休闲娱乐设施密度（0.854）、观光旅游设施密度（0.853）对夜间经济的影响相对较弱，原因可能在于桂林市夜间休闲娱乐设施不完善、旅游景点夜间大部分不开放；常住人口密度（0.845）对夜间经济活力的影响力最弱，因为夜间经济活跃地区的用地性质多为商业用地，居住用地较少，并且本地居民在当地夜间出行的比例不高，因此常住人口密度与夜间经济活力的相关性较弱。

4.2　夜间经济活力影响因素交互作用探测

利用地理探测器软件中的交互作用探测器分析影响因素交互时对夜间经济活力的影响程度，得到桂林市夜间经济活力影响因素交互作用结果（表5）。

表5　桂林市夜间经济活力影响因素交互作用

交互因子	交互结果	交互因子	交互结果	交互因子	交互结果
$x_1 \cap x_2$	0.997 双因子增强	$x_2 \cap x_7$	0.962 双因子增强	$x_4 \cap x_8$	0.953 双因子增强
$x_1 \cap x_3$	0.998 双因子增强	$x_2 \cap x_8$	0.962 双因子增强	$x_4 \cap x_9$	0.949 双因子增强
$x_1 \cap x_4$	0.994 双因子增强	$x_2 \cap x_9$	0.955 双因子增强	$x_5 \cap x_6$	0.996 双因子增强
$x_1 \cap x_5$	0.983 双因子增强	$x_3 \cap x_4$	0.924 双因子增强	$x_5 \cap x_7$	0.986 双因子增强
$x_1 \cap x_6$	0.996 双因子增强	$x_3 \cap x_5$	0.985 双因子增强	$x_5 \cap x_8$	0.986 双因子增强
$x_1 \cap x_7$	0.987 双因子增强	$x_3 \cap x_6$	0.970 双因子增强	$x_5 \cap x_9$	0.930 双因子增强
$x_1 \cap x_8$	0.987 双因子增强	$x_3 \cap x_7$	0.978 双因子增强	$x_6 \cap x_7$	0.987 双因子增强
$x_1 \cap x_9$	0.985 双因子增强	$x_3 \cap x_8$	0.978 双因子增强	$x_6 \cap x_8$	0.987 双因子增强
$x_2 \cap x_3$	0.924 双因子增强	$x_3 \cap x_9$	0.988 双因子增强	$x_6 \cap x_9$	0.983 双因子增强
$x_2 \cap x_4$	0.916 双因子增强	$x_4 \cap x_5$	0.990 双因子增强	$x_7 \cap x_8$	0.859 双因子增强
$x_2 \cap x_5$	0.990 双因子增强	$x_4 \cap x_6$	0.944 双因子增强	$x_7 \cap x_9$	0.928 双因子增强
$x_2 \cap x_6$	0.909 双因子增强	$x_4 \cap x_7$	0.953 双因子增强	$x_8 \cap x_9$	0.928 双因子增强

注：设因子 x_1 与 x_2 交互后影响力为 $q(x_1 \cap x_2)$，若 $q(x_1 \cap x_2) > q(x_1) + q(x_2)$，为非线性增强；若 $q(x_1 \cap x_2) = q(x_1) + q(x_2)$，两因子独立；若 $q(x_1 \cap x_2) > \mathrm{Max}[q(x_1), q(x_2)]$，为双因子增强；若 $\mathrm{Min}[q(x_1), q(x_2)] < q(x_1 \cap x_2) < \mathrm{Max}[q(x_1), q(x_2)]$，为单因子非线性减弱；若 $q(x_1 \cap x_2) < \mathrm{Min}[q(x_1), q(x_2)]$，为非线性减弱。

由分析结果可知，9项影响因素指标交互结果均为双因子增强，表示不同影响因素交互作用时对夜间经济活力的影响程度均大于单独作用时的影响程度。其中，常住人口密度和餐饮设施密度的交互后影响力为0.998，交互后影响力最大，说明二者交互后对夜间经济活力的影响力最大；其余交互后影响力排名靠前的交互因子还有常住人口密度∩路网密度（0.997）、常住人口密度∩住宿设施密度（0.996）、酒吧设施密度∩住宿设施密度（0.996）、常住人口密度∩购物设施密度（0.994），从中可以发现，虽然常住人口密度单因子时对夜间经济活力的影响力相对最小，但其与其他因子交互后的因子影响力均显著增强，表明人口对各项指标均有显著正向促进作用。

5 结论与讨论

5.1 结论

笔者基于夜间灯光数据、POI 数据等多源数据构建了城市夜间经济活力测度指标体系，运用 ArcGIS 空间分析对桂林市中心城区各街道的夜间经济活力进行测度，并利用地理探测器深入探析了城市夜间经济活力的影响因素。研究发现：一是桂林市夜间经济呈"主副双核"集聚分布格局，主核心位于桂林历史城区，副核心位于临桂区东部行政中心区域。二是桂林市夜间经济活力高的街道依次为秀峰街道、象山街道、七星区街道、叠彩街道等，从空间上看这些街道都位于历史城区周边，表明历史城区对桂林市夜间经济活力有很强的辐射能力；夜间经济活力低的街道包括草坪回族乡、黄沙瑶族乡等街道，基本都位于桂林西北部和东南部，经济格局分布不均衡。三是各影响因素中餐饮、住宿、购物、酒吧设施密度对夜间经济活力有较强影响力，常住人口密度的影响力最弱；各影响因子之间交互结果均为双因子增强关系，常住人口密度和餐饮设施密度交互后影响力最强，常住人口密度在与各影响因素交互后均能显著提高影响力。

5.2 讨论

通过分析可知桂林市夜间经济活力总体分布不均衡，活力高的地方过度集中于历史城区周边街道和临桂区行政中心，其余街道夜间经济活力严重不足，这不利于桂林市整体经济发展。因此，首先应推进东西巷、正阳路步行街等夜间经济基础较好的核心商圈的夜间消费配套设施建设，包括建设夜景亮化、夜间标识、休闲设施等工程，营造良好的夜间消费氛围，打造桂林市地标性夜间消费集聚区；其次应建立夜间经济协调机制，优化市区夜间公共交通服务，建立夜间经济核心区至各街道的夜间公交线路，"以线带面"推动夜间经济优化配置、扩散发展，形成多中心夜间经济圈，提高中心城区整体夜间经济活力。

从夜间经济活力的影响因素来看，餐饮服务设施密度的影响力最大，因此应结合发展较好的商业街打造夜间特色餐饮街区，进一步促进夜间餐饮消费；其次住宿、购物、酒吧等业态对夜间经济的影响力也较强，应打造多种类型的特色夜市、酒吧一条街等为夜间消费提供多种选择，并在夜市、酒吧周围合理布局住宿设施，为人们游玩之后提供休息空间，形成功能复合的夜间经济集聚区。桂林作为旅游城市，中心城区集中了大量旅游景点，但研究结果显示观光旅游设施密度对夜间经济的影响相对较弱，因此在时间上，应推动中心城区的旅游景区适当延长开放时间，并充分挖掘历史文化资源，打造如《夜王城》等精品夜间文化艺术表演项目；在空间上，扩大环城水系夜游范围，提高景区山体夜游开放度，提升城市夜间山水旅游体验，在展示桂林旅游城市特色的同时带动夜间经济活力提升，助力桂林打造世界级旅游城市。

笔者对于夜间经济活力的研究尚存在不足之处，受数据获取及精度的限制，仅选取桂林市中心城区一个时间段的夜间灯光数据进行分析，未区分节假日、工作日等对夜间经济活力的影响，缺乏夜间经济活力在时间维度的演变情况分析，此外对于夜间经济活力影响因素的选取还不够全面。因此，针对上述不足之处，笔者将在后续研究中增加时间维度分析、扩充数据来源，增加问卷调查使定量研究与定性研究相结合，以期更好地指导城市夜间经济的发展。

［基金项目：桂林理工大学科研启动基金项目"桂林城乡规划发展历史研究"（编号：GUTQDJJ2017112）］

［参考文献］

［1］王劲峰，廖一兰，刘鑫. 空间数据分析教程［M］. 北京：科技出版社，2010.

［2］John Montgomery. Cities and theart of cultural planning［J］. Planning Practiceand Research，1990，5（3）：17-24.

［3］MEASHAM F，MOORE K. Repertoires of distinction：Exploring patterns of weekend poly drug use within local leisure lcenes across the English night time economy［J］. Criminology&Criminal Justice，2009，9（4）：437-464.

［4］FUELLER H，HELBRECHT I，SCHLUTER S，et al. Manufacturing marginality.（Un-）governing the night in Berlin［J］. Geoforum，2018，94：24-32.

［5］来有为. 上海夜间经济的发展特征、存在的主要问题及相关政策建议［J］. 上海经济，2019（5）：5-14.

［6］周继洋. 国际城市夜间经济发展经验对上海的启示［J］. 科学发展，2020（1）：77-84.

［7］陈世莉，陈浩辉，李郇. 夜间灯光数据在不同尺度对社会经济活动的预测［J］. 地理科学，2020，40（9）：1476-1483.

［8］柳富满，刘嗣明，朱媛媛. 武汉市夜间经济载体空间分布格局研究［J/OL］. 华中师范大学学报（自然科学版）：1-15［2022-05-10］. http://kns.cnki.net/kcms/detail/42.1178.N.20220307.1852.004.html.

［9］中国旅游研究院. 夜间旅游市场数据报告2019［N］. 中国旅游报，2019-3-15.

［10］刘前媛，范梦雪，徐本营. 夜间经济集聚区功能业态结构及多样性研究［C］//面向高质量发展的空间治理——2021中国城市规划年会论文集（14区域规划与城市经济），2021：394-405.

［作者简介］

秦志博，桂林理工大学土木与建筑工程学院在读硕士研究生。

龙良初，高级工程师，教授，就职于桂林理工大学土木与建筑工程学院。

地铁站点区域发展价值评估及开发潜力区域识别

——基于多源大数据的广州实践

□赵渺希，赖彦君，王慧芹，范含之

摘要：本文采用多源大数据，以广州地铁站点为研究对象，充分拟合市民生活导向，根据交通出行、城市交往、人居环境、公共服务等实际需求，基于层次分析法构建地铁站点区域发展价值的评价模型，分析得出高价值站点区域。研究发现：①广州老城区由于建设环境较为成熟，各类设施呈现高密度集聚态势，有较高的开发价值。②轨道交通服务半径及建成区范围决定了远郊地区出行的极限圈，位于外围片区中心的地铁站点区域汇聚了居民日常生活的各类设施，也获得较高的开发价值评分。基于评估结果采用二维象限分析法，增加市场价格、供需关系的研究维度，分别将地铁站点区域按住宅价格、发展价值评分及客流量、在售住房面积两组关系进行分类分析，并以此识别广州地铁沿线房地产的潜力区域。③综合价值分高、商品房签约均价较低的地铁站点区域，应是房地产投资的重点关注区域。④部分地铁站点区域存在一定的供需矛盾，客流量较大而市场住房供给规模较小，部分区域房地产开发的缺口相对较大。之后通过职住类型的甄别，以两个时间截面研判城市发展趋势，可提示一些易被忽视的投资机会。相关技术方法和研究结论能为轨道交通站点沿线区域的房地产价值评估提供参考依据，以期在存量时代更加科学地引导土地开发与控制。

关键词：城市轨道交通；多源大数据；发展价值评估；土地开发控制；潜力区域识别

1 引言

近年来，站城融合、公交都市等理念得到我国城市规划学者的普遍认同，学者们普遍认识到功能设施多样性、优先发展公共交通、配合高效集约的土地利用是建设紧凑型城市的重要手段。城市轨道交通作为一种高效出行、低碳环保的交通工具，不仅能发挥节点的交通价值，还对沿线土地价值、土地利用密度、人口集聚等有显著影响，日渐催生出多元的城市功能价值。同时，轨道交通站点与土地价值之间存在双向互惠的影响机制，轨道交通站点具有显著的外部效应，高可达性增加了沿线土地的开发强度及提高了服务设施密度，而繁荣的沿线土地经济能反哺轨道交通站点高昂的建设及管理费用。长期以来，轨道交通网络与城市空间结构难以融合，且缺乏从城市与轨道交通协同发展的角度，对轨道交通沿线区域进行规划引导和土地开发的理论研究。因此，进一步推动"站—城融合"发展，厘清以轨道交通为导向的土地开发模式及技术方法意义深远。

国内外学者对于轨道交通站点与房地产价值之间的影响机制研究多集中在轨道交通的地理空间影响范围、影响的时空变化效应、轨道交通对不同居住类型的影响差异等。在量化分析方面，长期偏重于以价格特征模型（HPM）分析其影响程度，或者基于地理回归加权模型探究轨道交通影响的空间异质性，而相关模型囿于数据样本量小、数据种类单一、模型参数主观性强等问题，容易造成结果的偶然偏差，直接影响结论的准确性，导致物业开发难以实际应用的窘境，因此对多源数据的应用模型还需深入探讨。

大数据的普及和相关技术的发展为房地产价值评估提供了精细化研究的可能性，手机信令数据、公共交通刷卡数据、GPS及地图影像数据、社交媒体数据等多源大数据凭借其储存规模大、数据精度高、时效性强等特点，弥补了以往研究中样本量小、数据质量低的不足。现已有学者利用多源大数据来揭示土地价值的影响因素及空间分布规律，但现有研究多数是宏观的描述性研究，或是基于一种简单的数学模型进行评估，对"3S"（GIS、GPS和RS）技术的运用较少。在大数据时代背景下，综合运用"3S"技术及多源数据的评价模型成为实证研究中的新方向。

广州作为我国中心城市和综合性门户城市、粤港澳大湾区区域发展核心引擎，截至2020年，地铁运营路线扩增至14条，站点扩增至238座，基本已形成"环线＋放射"的轨道交通网络，日均服务人次已超过常规公交，不仅有强化市区人口疏散的作用，还提升了轨道交通站点区域的土地价值和人口集聚效应。2035年，广州常住人口规模预计将达2000万人，在《广州市国土空间总体规划（2018—2035）》城镇建设空间不高于市域面积1/3的约束下，更应精准调控可开发/再开发用地，实现地铁站点的交通价值和城市功能价值。

为此，基于百度API数据、大众点评API数据、房地产交易数据、羊城通客流量、出租车客流量等多源大数据，结合广州市市域轨道交通线网规划（《广州市城市轨道交通第三期建设规划》），以251个地铁站点为研究对象，首先根据市民需求特征选择合理的特征变量，通过层次分析法构建发展站点区域价值评估体系并实施评估，其次利用二维象限分析法快速识别房地产投资的潜力站点区域，并基于企业数据、专利数据、赶集网招聘数据、链家网二手户数据的空间密度分析来判别该站点区域的职住类型，最后根据居住类、就业类、综合类站点的发展趋势，为站点开发提供不同类型地产的投资建议。以期相关技术方法和研究能为房地产价值评估提供参考，以及科学引导轨道交通站点沿线的土地开发。

2 地铁站点区域发展价值评估体系设计

2.1 评估体系

以往在构建轨道交通站点对周边区域的影响机制时，往往存在指标选取单一、数据样本量小、数据反馈结果有限等不足。王楠、杨少辉等指出已有研究仅涉及基础设施等静态指标，缺乏多维度多视角的全面考量。戴继锋、周乐认为，精细化的交通规划与设计不仅要考虑交通设施的通行功能，还应立足于交通实际参与者的视角，统筹考虑生活服务、城市交往、人居环境等居民生活需求。Amir Forouhar等研究发现，轨道交通站点不仅会影响周边房地产价格，还能促进周边人口集聚并形塑社区结构，实施评估应充分调查市民生活方式、交通偏好、社会文化特征等。AlQuhtani S等、Ilyina I等突破了以往研究中指标选取单一的不足，增加了商业活跃程度、交通可达性、社区规模等多元指标。Lirong Hu等、Zhang P等则在多种价值变量的基础上，采用了多种机器学习算法来动态评估地价变化。因此，在地铁站点区域发展价值的评估体系设计中应充分调研市民交通出行、生活服务、娱乐交往等现实需求，并采用多源大数据充实研究样本，构建拟合市民生活导向的评估模型。

因此，笔者旨在以人为本的角度构建评估体系，首先基于城市轨道交通影响房地产价值的相关研究，经过研判后初步确定指标体系，包括居民交通出行便捷性、公共服务设施密度、生活娱乐丰富度、互联网关注度四个方面的影响因子，随后采取问卷调查的形式遴选出市民住房需求中最为关注的指标，然后邀请专家学者参与评估过程，专家学者的评判标准由可测量性、相关性、有效性等准则构成，最终形成地铁站点区域价值评价指标体系。

笔者采用层次分析法（AHP）来确定多因子的权重，将上述对房地产价值产生影响的所有因子构建层次结构模型，得到两个层次共 5 个判断矩阵。安排专家小组根据各因素之间的相对重要程度，采用 9 度打分法来加以评判，经过多次校验后达成共识，对其特征向量作归一化处理，在通过一致性检验后计算得到各评价因子的权重（表1）。

表 1 地铁站点区域价值评价指标及各评价因子权重

探测指标	探测因子	各因子权重	总指标权重
交通出行便捷性	公共汽车站点密度	0.09	0.36
	公共汽车线路密度	0.09	
	主要道路密度	0.09	
	主要道路数量占比	0.09	
公共服务设施密度	文化体育类设施密度	0.02	0.37
	医疗卫生设施密度	0.10	
	教育设施密度	0.21	
	公园广场设施密度	0.03	
生活娱乐丰富度	餐饮设施密度	0.11	0.18
	商超酒店设施密度	0.01	
	商务服务设施密度	0.01	
	休闲娱乐设施密度	0.05	
互联网关注度	公共服务设施热度	0.08	0.10
	商业服务设施热度	0.02	

2.2 研究方法

由于中心城区和郊区轨道交通站点的人口覆盖率及开发建设水平存在较大差异，中心城区和郊区的轨道交通服务范围应有不同的界定标准。《上海市 15 分钟社区生活圈规划导则 (2016)》针对内环内、内外环之间、外环外建成区的社区公共服务设施用地提出不同的控制要求，且在住房类型规划建议中，将中心城区和郊区的轨道交通站点覆盖范围分别定为 600 m 和 1500 m。广州市在实际划定轨道交通服务范围时，发现其中心城区站点较为密集，1 km 的服务范围存在交叠情况。因此，笔者基于"最后一公里"的划定标准，结合房地产开发的一般经验进行调整，将二环高速公路以内的地铁站点服务范围半径定为 750 m，二环高速公路以外的地铁站点服务范围半径定为 1500 m。

为了避免不同站点设施量级差异的干扰，笔者采用比例法对各项探测指标进行赋分，继而基于自然间断分级法（Jenks）———一种根据数值统计分布规律来分级分类的统计方法，使得各个类之间的差异最大化，有利于将研究数据分割为性质最为相似的类别。

在上述原则要求下，交通出行便捷性通过公共汽车站点密度、公共汽车线路密度、主要道路密度、主要道路数量占比四个维度进行衡量，旨在模拟市民出行的选择多样性及交通转换的效率。具体计算公式如下：

公共汽车站点密度＝该站点的服务范围内的公共汽车站点数量/所有站点服务范围内的公共汽车站点数量；

公共汽车线路密度＝该站点的服务范围内的公共汽车线路长度/所有站点服务范围内的公共汽车线路总长度；

主要道路密度＝该站点的服务范围内的主要道路长度/所有站点服务范围内的主要道路总长度；

主要道路数量占比＝该站点的服务范围内的主要道路条数/所有站点服务范围内的主要道路总条数。

公共服务设施密度涵盖了文化体育类设施（图书馆、剧院、音乐厅、体育馆、羽毛球场、游泳馆等）、医疗卫生设施（医院、卫生所等）、教育设施（小学、中学、大学等）、公园广场设施，拟通过公共服务设施点在服务范围的密度来度量。同样的，生活娱乐丰富度可用餐饮设施、商超酒店设施（超市、宾馆、商场、批发市场等）、商务服务设施（银行、保险公司等）、休闲娱乐设施（电影院、酒吧、咖啡厅、棋牌、茶室等）的数量来衡量。具体计算公式如下：

公共服务设施密度＝某站点的服务范围内该设施数量/全部站点服务范围内该设施总数。

互联网关注度通过采集"大众点评"网络平台对上述设施的关注度、满意度数据，对超市、酒店、电影院等商业服务设施及图书馆、音乐厅、公园等公共服务设施进行互联网热度的综合评定，以模拟市民对高活力地段及高品质服务设施的选择倾向，具体计算公式如下：

互联网关注度＝某站点服务范围内高热度设施数量/全部站点服务范围内高热度设施总数。

3 广州地铁站点区域住房价值评估

交通出行便利性整体呈现多中心的分布规律，得到最高分值的站点区域集中于天河区西南部—越秀区—海珠区中部，位于非主城区的9号线的清布站—广州北站站、13号线温涌站—官湖站、6号线的香雪站等站点取得了次高的分值（图1）。公共服务设施在老城区高密度集聚，尤其是越秀区、荔湾区东北部、天河区西南部、海珠区北部片区，而9号线清布站—花都汽车城站、3号线的人和站—高增站、3号线市桥站—番禺广场站等新兴发展区域居次（图2）。中心城区整体在生活娱乐丰富度有较高的评分，相关设施众多且发展较为密集，而外围片区受限于远郊出行的极限圈，位于片区中心的地铁站点区域汇聚了居民日常生活所需的各类设施，也表现出了较高的价值评分，如9号线白鳝塘站—广州北站站、13号线庙头站—象颈岭站、21号线的增城广场站等（图3）。在互联网关注评估方面，通过采集"大众点评"平台的关注度、满意度数据，对市民喜爱度高及环境品质较好的公共基础设施及商业服务设施进行综合评定。互联网关注度高分值站点大部分分布于中心城区，外围地区的分值相对较低，但也有部分高值站点（图4），如9号线的白鳝塘站—广州北站站、14号线钟太和站、21号线增城广场站。

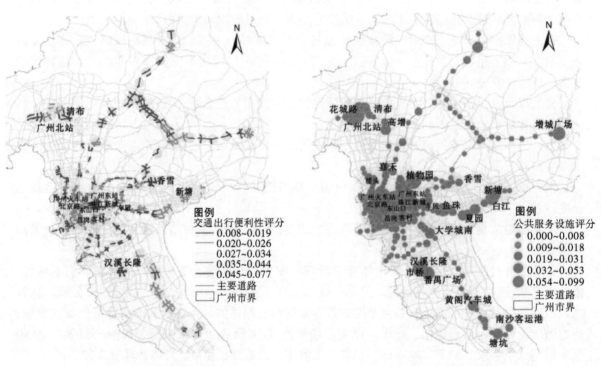

图1 交通出行便利性的综合评估

图2 公共服务设施密度的综合评估

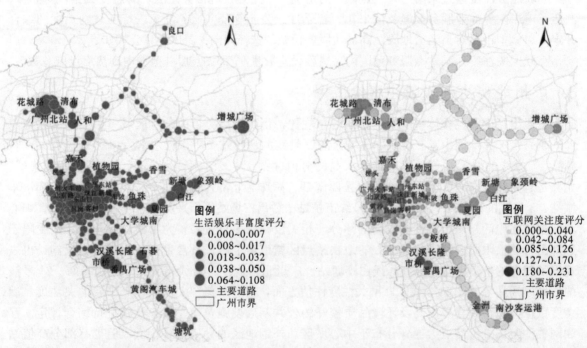

图3 生活娱乐丰富度的综合评估

图4 互联网关注度的综合评估

综上所述，按确定的权重将交通出行便利性、公共服务设施密度、生活娱乐丰富度和互联网关注度的评分计算得到各站点的综合价值评分，越秀区、荔湾区、海珠区南部、天河区西南部的地铁站点区域因建成环境较为完善，与其他主城区相比得到了较为均衡的得分。除广州市中心的站点以外，还有部分外围片区核心的站点表现出其未来发展的潜在价值，如4号线隶属番禺区的石碁站及南沙区的黄阁汽车城站、金洲站、塘坑站；花都区9号线上的白鳝塘站至广州北站站区段间的站点；白云区的3号线人和站至高增站；位于黄埔区的6号线香雪站；13号线位于黄埔区鱼珠站至新塘站区段间的站点；14号线江浦站和增城区、21号线增城广场站区域及从化区14号线上的江浦站（图5）。

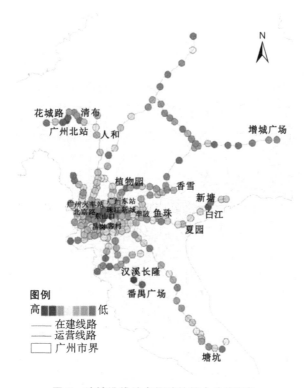

图5 地铁沿线站点区域的综合价值评估

4 广州地铁沿线房地产潜力区域识别

4.1 结果评析方法

在对广州地铁站点区域进行价值研判之后，发现若仅考虑地铁站点价值的单一维度，忽视了住宅价格、供需关系等市场因素，则难以反馈投资者的真实意愿。为此，应增加住宅价格、供需关系两个维度，引入以二维象限分析法为核心的评估方法。

二维象限分析法是以研究对象的两个属性作为分类依据，从而进行直观的分类分析的一种研究方法（图6）。其具体操作流程是将事物的两项重要属性量化后作为直角坐标系的x、y坐标轴，再以零刻度、中位数等为准则界线，将每一属性划分成相对好坏、大小、高低、是否等的两种表现，最终形成"田"字形的四种类别。这种分类方法有着操作简单、清晰直观的优点，在面对多种属性的分析时，还可发展为多维象限以适应更加复杂的分类分析。

笔者拟将地铁站点区域的住房价值、住房价格以及供应住房量、客流量两组属性分别进行分类分析，各象限分界线的数值通过中位数来确定，可以避免极端数据的影响，即将一组数据按大小依次排列，把处在最中间位置的一个数作为这组数据的象限分界值，那么两项属性的得分会决定某一地铁站点在四象限中的分布位置（图7）。此外，由于数据采集时期地铁站点存在不同程度的开发，因此将未建设及已在运营阶段的站点加以区分研究。

图6　二维象限分析法图示

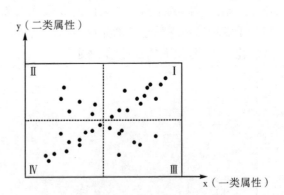

图7　高潜力地铁站点区域识别

4.2　基于住宅价格的潜力站点识别

基于地铁站点的综合价值评分，增加商品房市场价值的维度识别沿线房地产发展潜力区域，以商品房签约均价为横坐标、地铁站点综合价值评分为纵坐标，采用房地产价值评估同期数据——2016年第1季度至2017年第1季度的商品房签约均价进行综合衡量。

位属第二象限的站点表现出综合价值评分高、住房价格低的特点（图8），应是房地产投资的重点关注区域，其中高潜力站点有花都区的白鳝塘站—广州北站站区段站点、增城区的新塘站、东洲站、增城广场站等。落在第一象限的地铁站点代表住房价格和综合价值评分均高于平均水平，其开发建设水平及房地产市场发展已经较为完善，其囊括的站点主要集中在广州市中心区域，如北京路传统主中心的中华广场、团一大广场、东山口等区域，以及天河区主中心的珠江新城、体育西路等区域。第三象限的站点区域综合价值分低，但商品房签约均价较高，是房地产投资的重点回避区域，包括番禺7号线部分站点、海珠区番禺区8号线部分站点、白云区3号线部分站点等。最后是区域综合价值、商品房签约均价双低的第四象限，以远郊站点为主，其建设尚处于起步阶段，相应的房地产开发建设也较为迟缓，如南沙区的黄阁汽车城站—南沙客运港站，增城区13号线和21号线的部分站点，从化区14号线部分站点等，属于房地产投资的长期观望站点。

4.3　基于供需关系的潜力站点识别

通过客流量和在售住房面积数据来反馈区域住房市场的供需关系，在同一纬度下，由于出租车客流量远小于羊城通客流量，无法准确反映在建站点的居住需求饱和度情况，故将运营站点和在建设站点分开研究。运营地铁站服务范围内居住需求的饱和度通过链家在售二手房的面积和羊城通客流量来衡量，建设中的地铁站服务范围内居住需求的饱和度则通过链家二手房数据和出租车客流量来衡量。

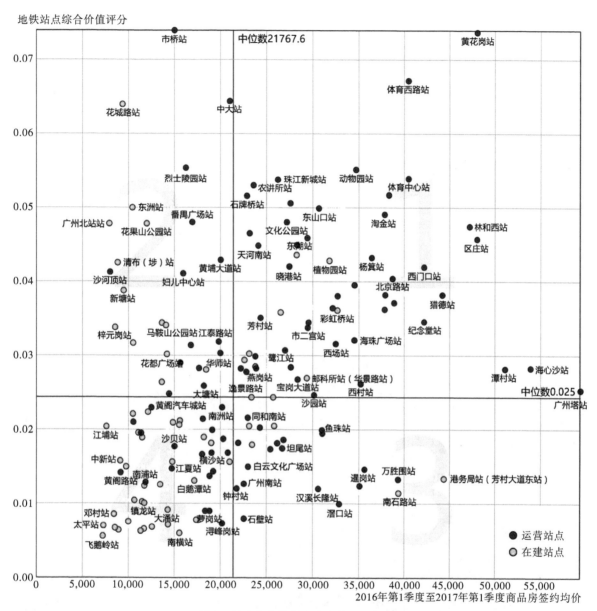

图 8　地铁站点沿线房地产潜力区域识别

　　基于羊城通一周的客流量，可知客村站、体育西路站、珠江新城站、广州火车站、公园前站、广州南站等地铁站点每日服务了最高量级的客流，通过 OD 图可直观看出，广州火车站、南站、东站等交通枢纽是城市走廊的重要节点，而兼具商业区、商务办公区、居住区功能的天河客运站—体育西路站—珠江新城站—广州塔站—客村站则形成了广州最具活力的城市走廊之一。可见，区域交通枢纽及通达的轨道交通网络吸纳了巨大的人流，而人口的集聚也促进了轨道交通沿线的土地开发及服务设施密度的提高，为沿线房地产价值提升提供了动能。

　　以区域客流量为横坐标、在售二手房面积为纵坐标（图 9、图 10），落在第一象限的地铁站点居住人口和在售住房面积均高于平均水平，住房市场较为饱和且区域供需关系也较为均衡，属于市场高度成熟区域，可进一步关注城市更新的机会。第四象限的地铁站点区域居住人口和在售住房面积均处于较低水平，人口居住密度较低并且对住房市场的需求量相对较小，此类站点以远郊站点为主，如番禺区的南浦站；第二象限的地铁站点客流量较小而住房供给量较大，是房地产投资重点回避的区域，如南洲站、长寿路站、南沙站、沙贝站等，应进一步识别影响其客流量的因素；第三象限的地铁站点区域存在一定的供需矛盾，客流量较大但市场住房供给总量较小，如白云区的三元里站、同和站、江夏站，黄埔区的大沙地站等，区域房地产开发的缺口相对较大，属于投资开发中的高潜力站点区域。

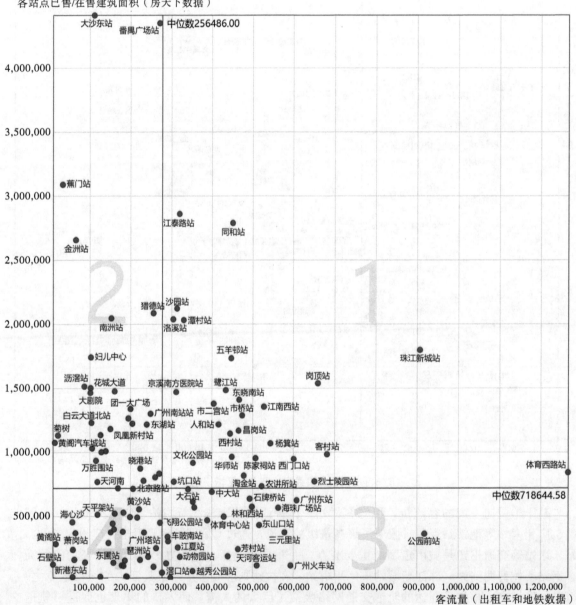

图 9　地铁站点（运营）沿线居住需求饱和度分析

各站点在售二手房面积（链家处理数据）

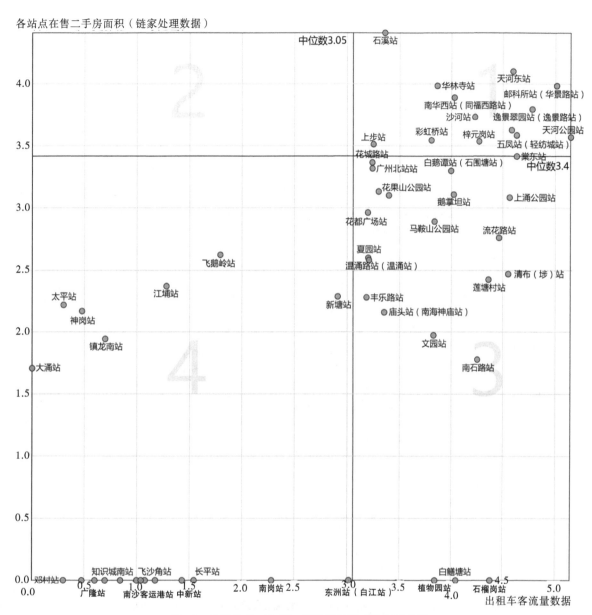

图10　地铁站点（在建）沿线居住需求饱和度分析

4.4　基于职住类型的潜力站点识别

通过企业数据、专利数据、赶集网招聘数据、链家网二手房户数据的空间密度分析来判别该站点区域的职住类型（产业区域或居住区域），为站点开发提供不同类型的投资建议。如在花都区的潜力站点分析中，根据企业数据、专利数据、赶集网招聘数据来识别产业区域，发现花都区的企业高集聚地主要在花都广场站、花果山公园站、花城路站至广州北站站；就业岗位高密度区域为白鳝塘站、清步站、莲塘村站等；创新创意区域主要以花都广场站—广州北站站为中心向外扩展，以上站点区域为花都区的主要产业区域。基于链家网的小区户数数据，发现花都区内小区户数高密度区域主要为地铁站点沿线，其最高值区域为花都广场站至飞鹅岭站沿线区域。

值得注意的是，通过 2014 年及 2017 年地铁打卡数据，可归纳出沿地铁线外溢的"睡城"类居住站点区域（图 11），即有用途单一、居住氛围浓厚等特点的站点区域，如横沙—浔峰岗沿线、江夏—永泰—同和三角区、车陂南—文冲沿线，并对比两个时间截面的数据变化，可体现城市职住趋势以及商铺和低级别写字楼、公寓的投资价值（高能级的纯"睡城"有发展成为错位偏居住型站点的潜力）。从就业类站点也可以观察到过去没有关注到的冷门新产业集聚区（高塘石—金峰—暹岗、谢村—万博—会江、番禺低涌），获取高度热门传统办公区域的扩散趋势，从而得到新兴产业集聚区的房地产投资机会，如越秀区的泛办公化趋势，纪念堂—海珠广场办公区域向东北扩散至越秀公园—小北—淘金及农讲所—北京路，与动物园—区庄连成片，可考虑在站点附近投资兴建产业园区、职工公寓等。同样的，从综合类站点可以观测到部分站点是由 2014 年的职住错位型站点演化而来的，提示我们可以关注一些量级较高的职住错位型站点的房地产价值投资机会，可考虑投资站点上盖购物、酒店、公寓综合体等。

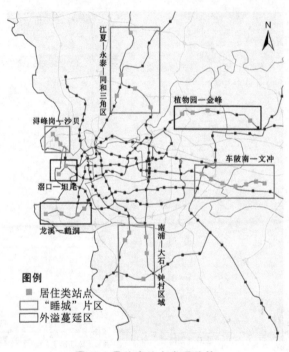

图 11 居住类站点发展趋势

5 结论与讨论

站城发展的价值实现离不开操作性的研究工具，笔者建构了面向开发实务的二维象限分析框架，基于百度 API 数据、大众点评 API 数据、房地产交易数据、地铁客流量、出租车客流量等多源大数据，围绕地铁站点区域房地产价值评估的技术方法展开探讨，在一定程度上弥补了现有理论模型的不足，同时为轨道交通沿线的土地开发与控制提供了研判工具。通过交通出行便捷性、公共服务设施密度、生活娱乐丰富度、互联网关注度等指标构建地铁站点区域价值评价模型，得到以下结论：一是广州老城区建成环境较为成熟，设施分布较为均衡，表现出高密度集聚态势，且高品质设施众多，呈现较高开发价值。二是轨道交通服务半径及建成区范围决定了远郊地区出行的极限圈，位于外围片区中心的地铁站点区域汇聚了居民日常生活的各类设施，也表现出了较高的价值评分，且整体呈现为不规则分散性多核心结构，反映了实际开发中站城区位价值与一般理论的偏差。基于二维象限分析法和空间密度分析法，首先将住宅价格、发展价值评分及客流量、在售住房面积两组关系分别进行分类分析，从住宅价格和供需关系的视角识别地铁沿线房地产的潜力区域，其次通过职住类型的甄别，以两个时间截面研判城市发展趋势，可以提示一些易被忽视的投资机会。三是对于区域综合价值分高、商品房签约均价较低的地铁站点区域，应是房地产投资的重点关注区，如花都区的白鳝塘站—广州北站站区段站点、增城区的新塘站、增城广场站。四是部分地铁站点区域存在一定的供需矛盾，如三元里站、同和站、江夏站，其客流量较大但市场住房供给量较小，区域房地产开发的缺口相对较大。五是高能级的居住类站点区域有错位发展的潜力，可关注周边商铺、低级别写字楼、公寓等的投资价值。六是传统就业类站点的集聚片区有一定的扩散趋势，应重视新兴产业集聚区的房地产投资机会。七是部分综合类站点由职住错位型站点演化而来，可考虑投资建设高量级职住错位型站点周边的项目。

与已有研究相比，站城开发价值评估不仅涉及基础设施等静态指标，还需综合考量市民生活中的交通出行、城市交往、人居环境、公共服务等实际需求；采用的研究数据种类较多且规模较大，在一定程度上减小了因数据质量带来的结果偏差；综合运用 GPS、GIS 等技术将数据结果反馈到地理空间中表达，评估方法及分析手段可为现有研究提供多元的视角。但与此同时，研究也存在着一定欠缺：一是房地产发展价值不仅与周边建设环境息息相关，住宅本身的属性（如建设年代、户型、所在楼层等）还会对住房价值产生不可忽视的影响，笔者立足于市民生活的便利程度构建评估体系，对以上具有显著影响的因子有所忽略，应在未来的研究中进一步改进及完善评估体系指标。在后续研究中建议采用多个时间截面的年度数据，更加广域和连续的时间序列数据可为今后的站城开发趋势判断提供参考。

［基金项目：国家社科基金重大项目（21&ZD107），信息基础设施推动大湾区产业链融合发展的路径与机制］

［参考文献］

［1］仇保兴. 紧凑度和多样性——我国城市可持续发展的核心理念［J］. 城市规划，2006（11）：18-24.

［2］TETLOCK P C. Giving Content to Investor Sentiment：The Role of Media in the Stock Market［J］. The Journal of Finance，2007，62（3）：1139-1168.

［3］张海姣，曹芳萍. 基于二维象限法的企业绿色管理分析［J］. 科技管理研究，2012，32（4）：194-197.

［4］李志，周生路，吴绍华，等. 南京地铁对城市公共交通网络通达性的影响及地价增值响应［J］. 地理学报，2014，69（2）：255-267.

［5］王福良，冯长春，甘霖. 轨道交通对沿线住宅价格影响的分市场研究——以深圳市龙岗线为例［J］. 地理科学进展，2014，33（6）：765-772.

［6］SEO K，GOLUB A，KUBY M. Combined impacts of highways and light rail transit on residential property values：A spatial hedonic price model for Phoenix，Arizona［J］. Journal of Transport Geography，2014（41）：53-62.

［7］戴继锋，周乐. 精细化的交通规划与设计技术体系研究与实践［J］. 城市规划，2014，38（S2）：136-142.

[8] 朱传广，唐焱，吴群. 基于 Hedonic 模型的城市住宅地价影响因素研究——以南京市为例 [J]. 地域研究与开发，2014，33（3）：156-160.

[9] 苏亚艺，朱道林，郑育忠，等. 轨道交通对城郊之间房价梯度影响研究——以北京西南部为例 [J]. 资源科学，2015，37（1）：125-132.

[10] Wen H，Tao Y. Polycentric urban structure and housing price in the transitional China：Evidence from Hangzhou [J]. Habitat International，2015，46：138-146.

[11] 林雄斌，刘健，田宗星，等. 轨道交通引导用地密度与地价的时空效应——以深圳市为例 [J]. 经济地理，2016，36（9）：27-34.

[12] SUN H，WANG Y，LI Q. The impact of subway lines on residential property values in Tianjin：An empirical study based on hedonic pricing model [J]. Discrete Dynamics in Nature and Society，2016.

[13] HUI E C M，LIANG C. Spatial spillover effect of urban landscape views on property price [J]. Applied geography，2016，72：26-35.

[14] 张润朋，刘玮. 广州城际轨道网络与城市空间结构规划适应性分析及协调策略 [J]. 规划师，2017，33（12）：117-123.

[15] 林雄斌，杨家文，丁川. 迈向更加可支付的机动性与住房——公交导向开发及其公平效应的规划解析 [J]. 城市规划，2018，42（9）：122-130.

[16] 何尹杰，吴大放，刘艳艳. 城市轨道交通对土地利用的影响研究综述——基于 Citespace 的计量分析 [J]. 地球科学进展，2018，33（12）：1259-1271.

[17] FOROUHAR A，HASANKHANI M. The effect of Tehran metro rail system on residential property Values：A comparative analysis between high-income and low-income neighbourhoods [J]. Urban Studies，2018，55（16）：3503-3524.

[18] WEN H，XIAO Y，HUI E C M，et al. Education quality, accessibility, and housing price：Does spatial heterogeneity exist in education capitalization? [J]. Habitat international，2018，78：68-82.

[19] 杨沛敏. 我国城市轨道交通规划建设现状分析及发展方向思考 [J]. 城市轨道交通研究，2019，22（12）：13-17.

[20] 刘佳，曹恺宁. 城市轨道交通沿线区域空间规划策略——以西安市地铁 4、5、6 号线及临潼市域线为例 [J]. 规划师，2019，35（24）：70-77.

[21] 阚博颖，濮励杰，徐彩瑶，等. 基于 GWR 模型的南京主城区住宅地价空间异质性驱动因素研究 [J]. 经济地理，2019，39（3）：100-107.

[22] Dziauddin M F. Estimating land value uplift around light rail transit stations in Greater Kuala Lumpur：An empirical study based on geographically weighted regression (GWR) [J]. Research in Transportation Economics，2019，74：10-20.

[23] 薛冰，肖骁，李京忠，等. 基于 POI 大数据的老工业区房价影响因素空间分异与实证 [J]. 人文地理，2019，34（4）：106-114.

[24] HU L，HE S，HAN Z，et al. Monitoring housing rental prices based on social media：An integrated approach of machine-learning algorithms and hedonic modeling to inform equitable housing policies [J]. Land Use Policy，2019，82，657-673.

[25] CHEN Y，YAZDANI M，MOJTAHEDI M，et al. The impact on neighbourhood residential property valuations of a newly proposed public transport project：The Sydney Northwest Metro

case study [J]. Transportation Research Interdisciplinary Perspectives，2019，3：100070.

[26] ALQUHTANI S，ANJOMANI A. Do rail transit stations affect housing value changes? The Dallas Fort-Worth metropolitan area case and implications [J]. Journal of Transport Geography，2019，79：102463.

[27] KAZAK J K，SIMEUNOVIć N，HENDRICKS A. Hidden public value identification of real estate management decisions [J]. Real Estate Management and Valuation，2019，27（4）：96-104.

[28] LI H，WEI Y D，WU Y，et al. Analyzing housing prices in Shanghai with open data：Amenity，accessibility and urban structure [J]. Cities，2019，91：165-179.

[29] 薛冰，肖骁，李京忠，等. 基于 POI 大数据的沈阳市住宅与零售业空间关联分析 [J]. 地理科学，2019，39（3）：442-449.

[30] 张煊宜，施润和. 城市服务设施对房价分布格局的影响力探究 [J]. 华东师范大学学报（自然科学版），2019（6）：169-178.

[31] 鲁颖. TOD4.0 导向下的深圳市轨道交通 4 号线"站城人一体化"规划策略 [J]. 规划师，2020，36（21）：84-91.

[32] 周雨霏，杨家文，周江评，等. 基于热力图数据的轨道交通站点服务区活力测度研究——以深圳市地铁为例 [J]. 北京大学学报（自然科学版），2020，56（5）：875-883.

[33] MA J，CHENG J C P，JIANG F，et al. Analyzing driving factors of land values in urban scale based on big data and non-linear machine learning techniques [J]. Land UsePolicy，2020，94：104537.

[34] 王楠，杨少辉，付凌峰，等. 中国主要城市轨道交通覆盖通勤空间特征研究 [J]. 城市交通，2021，19（5）：91-99.

[35] 张鹏，胡守庚，杨剩富，等. 基于多源数据和集成学习的城市住宅地价分布模拟——以武汉市为例 [J]. 地理科学进展，2021，40（10）：1664-1677.

[36] FOROUHAR A，LIEROP D V. If you build it，they will change：Evaluating the impact of commuter rail stations on real estate values and neighborhood composition in the Rotterdam-The Hague metropolitan area，the Netherlands [J]. Journal of Transport and Land Use，2021，14（1）：949-973.

[37] ZHANG P，HU S G，LI W D，et al. Modeling fine-scale residential land price distribution：An experimental study using open data and machine learning [J]. Applied Geography，2021，129：102442.

[38] Kang Y，Zhang F，Peng W，et al. Understanding house price appreciation using multi-source big geo-data and machine learning [J]. Land Use Policy，2021，111：104919.

[39] Lee J K. New rail transit projects and land values：The difference in the impact of rail transit investment on different land types，values and locations [J]. Land Use Policy，2022，112：105807.

[40] 宋丹丹. 新建商品住宅价格变化中的媒体作用 [D]. 武汉：中南财经政法大学，2019.

[41] ILYINA I，KOVALSKY E，KHNIKINA T，et al. Correlation between trends in the residential real Estate market and subway development in the metropolises of the Russian Federation [C] // E3S Web of Conferences. EDP Sciences，2021，284：11003.

［作者简介］

赵渺希，教授，博士生导师，就职于华南理工大学建筑学院。

赖彦君，华南理工大学建筑学院硕士研究生。

王慧芹，工程师，就职于广州市城市规划勘测设计研究院。

范含之，助理工程师，就职于合景泰富集团控股有限公司。

基于空间效率分析的商业服务设施空间格局研究

——以沈阳市浑南路片区为例

□李古月

摘要： 本文基于沈阳市浑南路片区内的商业服务设施POI数据，应用核密度分析法结合空间效率分析法，探究餐饮美食、休闲娱乐、零售购物、酒店宾馆和居民生活设施5类POI的空间分布。研究表明，城市商业服务设施具有沿交通干道分布的趋势，形成了多个明显的核心集聚区；不同类型商业服务设施的空间分布在方位和规模上存在差异，餐饮美食、娱乐休闲与居民生活服务设施的布局基本与研究区域总体商业服务设施的空间分布均匀，在较低等级以上的区域覆盖较广，酒店宾馆服务设施分布于小范围的城市区域，零售购物分布不均衡，过于集中在城市核心区；在空间区位选择倾向上，商业服务设施更靠近城市整体空间骨架，而居民生活设施具有较高的局部空间构成效率，更倾向于布局在局部核心区，像零售购物、酒店宾馆和休闲娱乐设施在空间区位选择上更多地受到设施规模和服务对象类型等因素的影响。

关键词： 商业服务设施；POI；集聚性；沈阳市浑南区

1　引言

城市基础设施是为顺利进行各项经济活动和其他社会活动而建设的各类城市生存和发展所需要具备的工程性基础设施和社会性基础设施的总称。作为城市政治、经济、文化活动所产生的物质流、人口流、交通流、信息流的庞大载体，城市基础设施已成为当今城市赖以生存和发展的重要基础条件。而商业服务设施更是城市基础设施中极其重要的组成部分，商业服务设施是指零售商业、住宿和餐饮业、居民服务和修理业等商业服务企业的经营场所，是商业服务活动的空间载体。商业服务设施POI作为一种新型的大数据潮流下简单易得而又极具代表性的点状数据，在公共设施布局、服务区位选择、位置的选取等一系列研究中更是发挥着重要作用。

笔者对城市商业服务设施POI点的分布特征进行分析，并利用多种可视化形式展示分布热点、密度、趋势等现状特征，同时从宏观上获取城市商业服务设施的空间分布特征，通过分析新区内各类商业服务设施的差异，以便更好地完善商业服务设施的规划布局，从而指导新区商业服务设施合理配置，为未来的城市管理提供决策服务。

2　研究区域选取

浑南新区位于沈阳市中心城区南部，拥有优美的河流岸线资源，发展条件优越。笔者选取浑南路片区作为研究区域，区域范围东西长约 20 km，南北宽 3～5 km，行政管辖区域总面积为 76 km²（图1）。沈阳市呈现出"七大都市商圈，十大区域商贸中心"的商业格局（图2），浑南新区作为依托高新技术产业和现代化新城区发展的新城区，重点建设商业服务设施，建设以浑河观光旅游、会展贸易为主体的高档次中央商务区，未来将会形成沈阳市南部都市贸易中心。

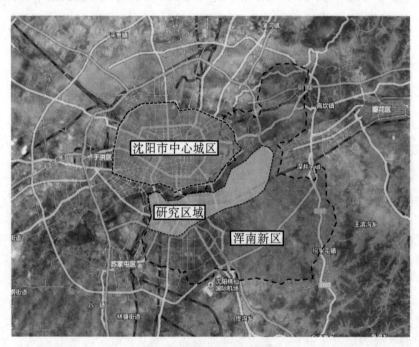

图 1　研究区域位置示意图

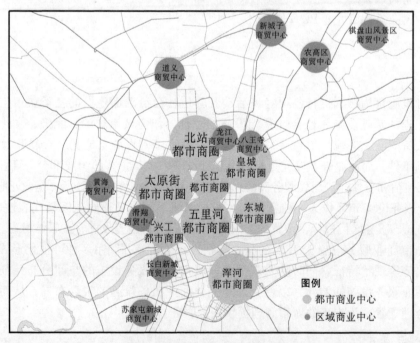

图 2　沈阳市商业中心分布示意图

3　数据资料来源与分析方法

3.1　数据资料来源

依据《国民经济行业分类标准（GB/T4754—2002）》和兴趣点 POI 分类标准将商业服务业设施分为餐饮、休闲娱乐、零售购物、酒店宾馆和居民生活服务设施五大类（表1）。

表 1　部分商业服务设施 POI 数据样本

名称	类型	具体地址	WGS84＿Lng	WGS84＿Lat
嘉合生活超市	零售购物服务	郎云街恒达路 6-66 号 3 门	123.469974	41.743191
居然装饰	零售购物服务	金卡路 8 号附近	123.457829	41.734703
钜匠设计平台	居民生活服务	胜利南街 459 号附近	123.396110	41.733761
中国福利彩票	居民生活服务	夹河路 12 号-2-5 门	123.392604	41.736645
醉亮串吧	餐饮服务	富民南街 8-18 号	123.462285	41.743275
炖道炖品快餐	餐饮服务	天赐街 6 号 51 门	123.460339	41.747976
威肯仕健身	休闲娱乐服务	世纪路 2 号新美景食博汇	123.450324	41.717530
宝盈棋牌社	休闲娱乐服务	学城路 2 号-1-7 门	123.500440	41.748242
盛凯酒店	酒店宾馆服务	肇工街北三路	123.334670	41.814150

3.2　数据空间落位

首先获取沈阳市浑南路片区商业服务设施的百度兴趣点数据，并通过 GIS 地理信息系统将这些带有地理坐标的数据导入浑南新区地图上，可以得到商业服务设施的分布现状图（图 3）。

图例
●餐饮美食服务设施
·休闲娱乐服务设施
●零售购物服务设施
●酒店宾馆服务设施
•居民生活服务设施

图 3　浑南新区商业服务设施的分布现状图

3.3 核密度分析法

本文主要研究方法是核密度分析方法和空间构成效率分析。密度分析是空间分析中常用的方法，核密度分析模型是分析空间要素数据集聚程度的常用模型。核密度分析法的计算公式可表示为：

$$D(x_i, \ y_i) = \frac{1}{ur}\sum_{i=1}^{u}k\left(\frac{d}{r}\right)$$

公式中，$D(x_i, \ y_i)$ 表示空间位置（x_i, y_i）处的核密度值；r 表示为距离衰减阈值；u 表示为与位置（x_i, y_i）的距离小于等于 r 的要素点数；k 表示为函数表示为空间权重函数；d 表示当前要素点与（x_i, y_i）两点之间的欧式距离。

3.4 空间效率分析法

总深度值在整个空间网络系统中代表了从起始点到达其他所有终点的出行过程之中所消耗的距离、能量或者时间等，这个值可以度量网络系统中的出行成本。而对于每对起始点和终点之间的空间要素而言，可通过穿行度计算得到这些空间线段元素的次数或者概率，即位于这些空间要素的人们不需要出行，所能获得的与其他人相遇的次数或概率，可以解释为他人出行为这些空间带来的收益。换言之，对于每个空间点，总深度代表人们到达其他空间点所花费的成本，而穿行度代表其他所有出行对该空间点带来的收益。因此，对于整个拓扑网络系统而言，总成本和总收益应该是守恒的。于是，每个空间点的收益与成本之商代表了该空间点的效率，穿行度与总深度之间的比值可视为空间效率。

因此，在不考虑角度变化的情况下，空间效率分布在一个有限的区间内，并且该变量是无纲量的，适用于不同城市或不同尺度之间的比较，称为"空间构成效率"。对于一个城市的空间网络系统，可以用这个值来度量空间区位的优劣。一个空间的空间构成效率越高，代表这个空间到达其他空间的真实距离越短，而且这个空间在整个空间系统中获得的穿行次数越多，说明该空间要素代表的位置区位越好。

4 浑南路片区商业服务设施空间分布分析

4.1 商业服务设施总体分布情况

商业服务设施分布高度集中的地区可视为城市商业活动的热点区域，同时也是城市商业空间结构的重要节点。商业设施分布高度集中的地区视为城市商业发展的热点区域，往往也是城市内部不同等级的商业中心。

由 POI 数据形成的商业设施核密度图显示，上述服务设施在空间分布上呈现出非均匀分布的特征，趋于多中心集中，根据商业服务设施分布的数量、种类和集聚程度，研究区域内主要形成了四个商业服务设施高密度值区（图4）。

4.1.1 奥体中心片区

青年大街东侧以奥林匹克体育中心为核心形成了奥体中心片区，这里是商业服务设施数量最多和种类最丰富的区域，包括青年大街西侧的高端居住区和以青年大街东侧奥体中心、兴隆大奥莱商业中心、万达广场等为主的商业中心区，该区域有浑南地区最大的城市交通枢纽，具有较高的可达性，商业服务设施高度集中。

图4　商业服务设施核密度分析图

4.1.2　长白岛片区

以居住功能为主的长白岛片区虽然商业服务设施数量较多，但是分布较分散，没有形成明显的集聚效果，而且商业服务设施的等级较低，多以社区级的居民服务设施与小型商业服务设施为主，考虑到长白岛以高层住区为主，商业集聚程度有进一步增强的潜力。

4.1.3　金地滨河片区

金地滨河片区有沈阳建筑大学和沈阳音乐学院南校区等高校资源，同时居住人口众多，给该片区的商业发展带来了很大的潜力。从核密度分析图看，该片区商业设施总体规模不大，但分布密度高，设施分布比长白岛片区更为集中。

4.1.4　沈阳理工大学片区

沈阳理工大学片区依托沈阳理工大学高校资源，发展有嘉华购物中心等大型商业设施，各类商业服务设施齐全，分布集中。在研究区东部的杨官片区也有一些商业服务设施，但规模和密度较小。上述设施均有邻近城市主次干路的趋势，显示了交通区位对商业服务设施选址的重要影响。

4.2　商业服务设施的总体密度分析

浑南路片区的商业服务设施可以分为五种类型，其中零售购物设施的分布数量最多，其次是居民服务、餐饮美食和休闲娱乐设施，最后是旅馆类设施。应用核密度分析法分别研究各类商业服务设施，并按照自然间断分级法对统一化后的密度图像进行分类，可以得出各类设施的分布特征（图5）。自然间断分级法是使用数据的方差来进行衡量，通过计算每类的方差，并进行分组，使各个类之间的差异最大化。

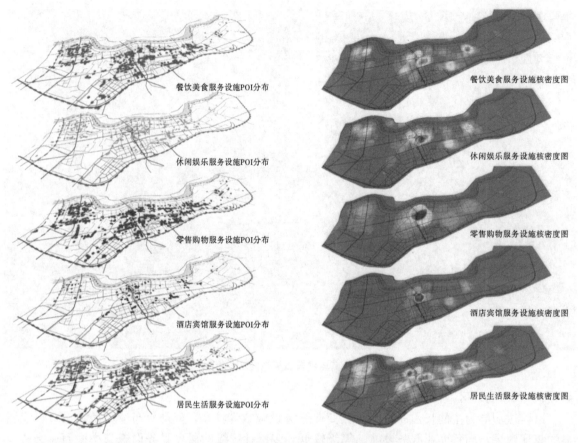

餐饮美食服务设施POI分布

休闲娱乐服务设施POI分布

零售购物服务设施POI分布

酒店宾馆服务设施POI分布

居民生活服务设施POI分布

餐饮美食服务设施核密度图

休闲娱乐服务设施核密度图

零售购物服务设施核密度图

酒店宾馆服务设施核密度图

居民生活服务设施核密度图

图5 各分类商业服务设施核密度分析图

4.2.1 餐饮服务设施：呈均质化分布

餐饮服务设施呈现出广泛化和均质化的分布特征，形成了以奥体中心片区和金地滨河片区为两个主要中心的多中心空间格局，在约45%以上的城市空间中均有分布，其中核密度较高的区域（奥体中心附近和金地长青湾附近）占3.8%，中等密度的区域占23.2%，在整个区域内的密度分布较为均匀。

4.2.2 休闲娱乐设施：呈多核心分布

休闲娱乐设施的分布与商业服务设施分布的总体情况较为类似，也显示出四个核心集聚区，中高核密度值区域占研究区的比例约为21.9%。在奥体中心片区形成了部分集聚，种类较丰富，多以体育运动为主；在沈阳理工大学和金地滨河片区也形成小规模的核心区，但是布局零散且类型单一，主要是网吧、桌游等服务于学生的娱乐类型。

4.2.3 零售购物设施：呈单一核心分布

零售购物设施数量和种类最多，形成以奥体中心为主的单极分布格局。奥体中心片区的零售业集聚程度远高于其他区域，核心区内形成了以兴隆大奥莱、亿丰时代广场和以凤祥新城为主的居住区三个小组团，其中在万达广场附近和沿营盘街形成了一段沿街商业区。其他区域内的零售业呈相对均质分布，在各个商业服务设施集中区有较弱的集中趋势，形成了相对独立、规模较小的商业零售区。

4.2.4 酒店宾馆设施：呈单一核心分布

酒店宾馆设施数量在各类商业服务设施中最少，中高核密度区域占总区域的6.1%，只有在奥体中心附近呈现较强的集聚态势，以大型酒店为主，为单核心空间格局。从核密度看，沈阳理工大学和金地滨河区域也有一定的旅馆商业集聚，但是设施分布密度不高。长白岛片区的旅馆类设施核密度不高，说明区位选择规律并不与商业服务设施总体倾向相一致。

4.2.5 居民生活服务设施：呈多核心分布

居民生活服务设施的分布形成"一主三副"的多核心空间布局，高密度区域占7.2%，中核密度区域占27.8%，分布广泛均匀，每个核心区的范围都有不同程度的扩大，而且在奥体中心区内以浑南中路和浑南南大街为界明显分出三个较小的集聚区域，分别是以万达广场为核心的组团、SR国际新城组团和浑南中路北端以伊丽雅特湾为主的居住区组团。

4.3 商业服务设施空间布局及空间效率特征

基于空间构成效率方法建立研究区的空间句法模型，设置250 m和2000 m两种半径，分别代表局部空间构成效率与全局空间构成效率。一般情况下，在半径在250 m左右的区域，人们以步行为主，代表步行可达性较好，半径为2000 m以上的区域则需要代步工具，如自行车、公交车等交通工具出行，代表车行交通可达性较好。基于这两个变量进行研究区的空间效率分析，其中深灰色表示效率较高，而浅灰色表示效率较低，得到研究区空间构成效率分析结果（图6）。

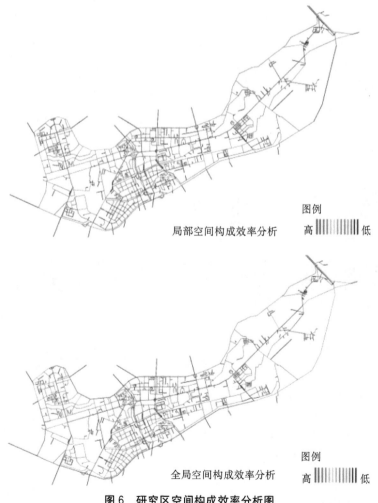

图6 研究区空间构成效率分析图

4.3.1 空间构成效率分析

首先，研究区内局部空间构成效率高的场所呈散点状分布，没有形成固定的模式，缺乏规律性，城市局部中心呈离散型分布；而全局空间构成效率高的地区较为均匀地覆盖了整个研究区，城市全局性中心较为连续，形成了城市的整体骨架。

其次，在局部空间构成效率分析中，中间地带从红色过渡到蓝色的中间色较为丰富，呈现出等级层次变化丰富的分布特征。然而，全局空间构成效率高的地区较为均均匀地覆盖了整个研究区，从城市中心和边缘的角度来看，暖色的空间相对分布均匀，构成了联系整个城市骨架，其中连接暖色空间的道路空间则是橙色的。

最后，奥体中心附近区域在局部和全局尺度下的构成效率都很高，这与研究区内商业服务设施集聚中心有一定的契合性，同时也说明了奥体中心区在研究区中的空间区位价值较高，重要的交通区位为商业集聚区的形成奠定了基础。

4.3.2 基于空间构成效率的商业服务设施布局分析

为研究在空间构成效率下的商业服务设施空间分布特征，笔者在每个商业服务设施兴趣点设置 60 m 缓冲区，计算每个缓冲区所包含道路空间构成效率的平均值，包括半径为 250 m 和 2000 m 区域的数值，作为该点的局部和全局的空间构成效率，赋予该兴趣点（图7）。

图7 商业服务设施布局与空间句法叠加分析示意图

各类商业服务设施并非是由某种统一的组合方式进行空间布局的，这些分布方式也受到某些非空间要素的影响。零售购物、餐饮设施具有更高的全局效率，表明这些功能更接近城市的整体空间骨架，而居民生活类设施具有较高的局部空间构成效率，表示该种服务设施更偏向布局于局部的空间中心。这也说明了像零售购物和餐饮这类具有较强盈利性的功能倾向于占据研究区域全局和局部区位良好的场所，而居民生活服务设施这样盈利功能偏弱的商业服务设施倾向于靠近局部和全局的中心地段。

4.4 商业服务设施空间布局及空间效率特征

从研究结果来看，沈阳市浑南路片区内盈利性较强的商业服务设施通常分布在全局和局部区位良好的位置，而盈利性较弱的服务设施具有特定的服务人群，布局偏离城市整体骨架；餐饮、休闲娱乐和居民生活三类设施的布局相对完善，但各个商业集聚区之间联系较少，设施主要还是集中在人口稠密地区，导致交通拥堵，人流疏导不方便，建设配套设施也不尽完善；对于零售购物这类服务设施发展相对不受限制，存在不均衡性，分布过于集中，导致出现布局呈现出城市中心区密集、城市郊区稀少的态势；而酒店宾馆服务设施存在发展较缓慢、质量较差等问题。综合以上分析，浑南路片区商业服务设施空间分布有以下特征：

4.4.1 整体呈"一主三副"的空间布局

浑南路片区商业服务设施呈现出"一主三副"、层次结构分明的整体空间格局。奥体中心片区的商业服务设施规模大、分布密度高、类型齐全，是最为重要的商业服务中心。而长白片区、金地滨河片区、沈阳理工大学片区的商业服务设施有一定程度集聚，但规模与密度相对较低，部分片区功能类型有欠缺，形成三个副中心。其他区域内也有一定的餐饮、零售、居民服务设施分布，主要分布于研究区域内的居住用地。

4.4.2 商业服务设施局部尺度呈分散布局，全局尺度呈规整布局

研究区内局部空间区位好的区域缺乏规律性，呈松散状分布的特征；而全局性空间区位好的区域构成较为连续，几乎涵盖了城市的整体骨架。在全局和局部尺度下，研究区中部（青年南大街偏西以及奥体中心附近的区域）都具有较高的空间效率值，说明研究区内中部区域具有很好的空间区位；而在研究区东部区域不管是在全局还是在局部尺度下空间构成效率都不高，呈现出整体空间区位偏低、空间效率偏低、空间构成不均衡的特征。

4.4.3 各类商业设施呈单核或多核布局

商业服务功能依托城市的主、次干路沿东西向展开，呈现出带状多中心布局的结构。五类商业服务设施中餐饮美食、休闲娱乐、零售购物和居民生活服务设施分布呈现多中心格局，酒店宾馆呈现单中心分布格局。其中零售购物服务设施的密度差异相对显著，奥体中心区的集聚程度远远高于地其他区域。

4.4.4 各类商业设施空间分布具有一定规律

各类商业服务设施并非是由某种统一的组合方式进行空间布局，这些分布方式也受到某些非空间要素的影响，如设施规模、服务人群和服务范围等。从空间构成效率与商业服务设施分布叠合分析上来看，像零售购物、餐饮美食这类规模较大且服务等级较高的设施具有更高的全局效率，说明这些功能更接近城市的整体空间骨架，具有较好的交通可达性，位于城市区域交通、空间的核心区域；而居民生活这类规模不大且服务范围广泛的设施具有较高的局部效率，与城市居民点生活息息相关，更贴近于社区级的空间位置，具有步行可达的特点，表示此类服务设施更偏向于局部的空间中心；像休闲娱乐和酒店宾馆服务设施，根据服务对象的特殊性，也会考虑到服务对象、区域、交通便利程度等因素进行一定空间布局，但整体上分布具有较大的差异性。

5 结语

利用大数据进行商业设施集聚空间分析有助于提升城乡用地布局分析的精确度和实践性，易获取、精度高、实时性强的商业服务设施兴趣点数据包含商业服务设施位置的空间信息和业

态类别的信息，能够提高城区商业中心区的热点识别以及商业服务设施集聚区特征分析的客观性和准确性，为城市尺度的商业空间布局规划提供了一种新的数据源，有助于解决城市商业设施研究难度大的问题。笔者提出的通过核密度分析法识别城市商业集聚区的空间分布情况，对城市商业服务设施规划具有积极作用。

[参考文献]

[1] 张小思，韩增林. 大连城市商业网点空间布局探讨 [J]. 经济研究导刊，2011（16）：129-132，156.

[2] 张玲. POI 的分类标准研究 [J]. 测绘通报，2012（10）：82-84.

[3] 丁娟，李俊峰. 基于 Web 地理图片的中国入境游客 POI 空间格局 [J]. 经济地理，2015，35（6）：24-31.

[4] 王爽，李炯. 基于城市网络空间的 POI 分布密度分析及可视化 [J]. 城市勘测，2015（1）：21-25.

[5] 禹文豪，艾廷华，刘鹏程，等. 设施 POI 分布热点分析的网络核密度估计方法 [J]. 测绘学报，2015，44（12）：1378-1383，1400.

[6] 武凤文，李烈航. 基于空间构成效率的历史古城人流空间分布研究——以平遥古城主要商业街道为例 [J]. 西部人居环境学刊，2020，35（3）：61-68.

[7] 王垚. 资源转型城市商业服务业设施布局及指标体系适宜性研究——以石嘴山大武口区为例 [D]. 西安：西安建筑科技大学，2015.

[作者简介]
李古月，工程师，就职于宁波市自然资源和规划研究中心。

基于 MST 聚类的区域传统村落分层协同网络构建探索

——以永州市传统村落集中连片保护利用为例

□姜沛辰，王柱

摘要：本文聚焦空间层面如何科学识别大尺度区域范围内传统村落空间集聚结构以及如何解决传统村落与周边资源协同两个关键问题。通过选择最小生成树（MST）聚类算法，提出包含传统村落及周边资源的分层协同网络构建的系统技术方法，依据网络结构分析为传统村落的分区保护提供指引。具体而言，首先通过对村落与村落、村落与周边资源间的保护与利用指标量化评估，确定 MST 网络权重，进而构建协同保护利用的分层网络结构，基于此结构进行聚类，识别出集中连片区域及网络结构特征，以此划定分区，并通过结构分析提出分区政策指引。研究结合 MST 聚类算法优势和对传统村落与周边资源协同保护与利用的科学评估分析，一方面在技术层面，通过引用 MST 作为结构构建的基础，继而进行聚类后图论分析，为传统村落空间结构的量化研究做出了新的探索尝试；另一方面在方法层面，提出分层协同网络结构，为解决传统村落集中连片区域与周边资源的协同发展提供了新的方向和思路。

关键词：最小生成树（MST）；集中连片；传统村落；分层协同网络；政策分区

1 引言

伴随着乡村振兴战略的推进，传统村落作为承载村落文化和历史的活态博物馆，逐渐成为盘活乡村经济和落实乡村振兴的重要抓手。近年来关于传统村落保护与利用的研究热度不断提升。在空间研究层面，大多关注单个村落及周边环境等小尺度研究，区域尺度的研究也大多将研究范围限定在传统村落群体内部，缺少从区域空间层面思考传统村落群体与周边其他资源群体间的协同以及如何量化识别两者空间结构特征的相关研究。笔者基于 MST 聚类，尝试从空间量化层面对传统村落与周边资源所形成的分层协同网络结构进行构建和分析，并据此结合传统村落集中连片示范区划定应用进行了试验性探索。

1.1 乡村振兴背景下强化传统村落与周边资源协同发展的需要

传统村落以其突出的艺术、文化、历史影响力，在一定空间范围与周边资源存在着紧密联系，包括具有一定资源但仍未被认定为传统村落的古村落、与乡村发展紧密结合的旅游景点，以及具有一定特色资源的村庄等。如何整合传统村落与周边资源，强化协同发展，增强协同效应对于乡村振兴的实施具有实际意义。

1.2 传统村落集中连片示范区划定及分区保护利用政策指引的需要

2020 年，财政部、住房和城乡建设部作出了传统村落集中连片保护利用示范工作部署，各地方基于工作要求提出工作实施方案，对于传统村落集中连片、特色突出的区域要求划定传统村落保护利用集中连片示范区。而如何科学识别传统村落区域特征以及科学划定集中连片示范区的研究对于今后结合分区制定政策指引具有实际意义。

2 研究思路与方法

2.1 研究思路

基于传统村落与周边协同发展以及科学划定传统村落保护利用示范区的目的，笔者选择一种面向区域层面的传统村落空间结构分析方法——最小生成树。最小生成树作为图论研究的重要方法，已经成为空间网络分析的重要方法，在空间结构的量化分析方面具有极大优势。因此，本次研究结合最小生成树算法探索了一种通过构建传统村落与周边资源分层协同网络的方式，结合聚类后的图论结构分析，科学识别传统村落集中连片区域并判断空间结构特征（图 1）。

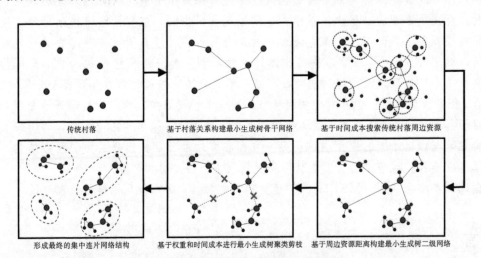

图 1　传统村落分层协同网络构建过程

在方法层面，首先构建传统村落分层协同网络。分别以传统村落及周边一定范围内的其他同类资源为对象，通过构建村落潜力关联度评价体系，基于时间成本和村庄综合潜力值，计算得出村落间的关系权重值。结合最小生成树算法对于构建最小成本网络的优势，构建传统村落一级网络结构，同时以传统村落为核心点搜索周边范围的其他资源点，以时间成本作为权重值，构建二级网络结构。其次在传统村落分层协同网络构建基础上进行聚类分析。通过基于综合权重和时间成本的聚类对网络结构进行剪枝，最终形成以传统村落为主节点、以周边其他资源点为二级网络节点的呈组团式集中连片分布的网络结构。最后基于聚类后的网络结构，一方面通过网络结构的量级分析，分级划定集中连片示范区；另一方面通过对网络结构中心度的分析，梳理传统村落间、传统村落与周边资源的等级结构关系，为传统村落的保护与利用相关政策的制定和落实提供依据和指引。

在实践层面，以永州市传统村落为对象进行研究。通过分析得到永州市传统村落与周边资源的分层协同网络，在此基础上通过聚类划分传统村落集中连片区域。依据集中区域内资源综合评分，最终划定三个等级共计 6 片传统村落集中连片示范区，同时结合区域结构特征分析为区域政策的制定提出指引（图 2）。

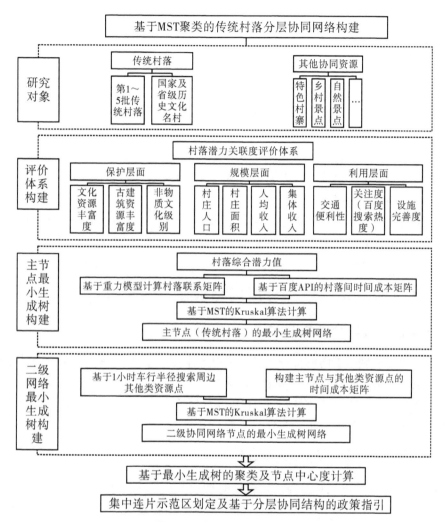

图 2　MST 聚类的传统村落分层协同网络构架框架

2.2　研究方法

基于分析需要，笔者选择以下四种主要的研究方法进行说明。

2.2.1　最小生成树算法（MST）

最小生成树算法是一种基于要素间的权重来表达要素之间最小成本关系的方法，又称"最小权重生成树"。通过计算要素间权重，保持最小生成树关系图中各要素之间所选择的边的权重总和是最小的。算法公式如下：

$$w(t) = \sum_{(u,v) \in t} w(u, v)$$

在无向图 G 中，(u, v) 代表连接顶点 u 与顶点 v 的边，而 $w(u, v)$ 代表此边的权重，若存在 MST 为 G 的子集，且为无循环图，使得的 $w(T)$ 最小，则 MST 为无向图 G 的最小生成树。根据算法差异，最小生成树算法包含 Kruskal 和 Prime 算法。基于分析的时间复杂度差异，本文选择 Kruskal 算法。

2.2.2 重力模型法（Gravity Model）

重力模型又称"引力模型"，是一种用于研究空间相互作用联系的数学方程，源于牛顿提出的万有引力定律和根据距离衰减的原理。算法公式如下：

$$F_{ij} = \frac{r_i \times M_i \times M_j}{D_{ij}^2}$$

式中，M_i 为传统村落 i 的综合潜力计算值，M_j 为传统村落 j 的综合潜力计算值，D_{ij} 为基于高德 API 计算的两地之间的时间，r_i 为区域调节系数，本次研究取 1。需要注意的是，最小生成树算法选择条件基于最小权重，因此本文用于最小生成树计算的权重 w 为 F_{ij} 计算结果的倒数。

2.2.3 层次分析法（AHP）

层次分析法是一种用于将与决策相关的要素结构化分解为目标层次并探究要素间权重关系的方法。本文主要用于传统村落综合潜力值计算过程中相关因子权重的判断。

2.2.4 基于高德 API 的路径规划

本文使用了高德地图开发平台提供的路径规划功能，通过调用该 API 计算两点之间的实际交通时间成本，用来计算传统村落以及其他资源点之间的实际交通成本，结合重力模型用于最小生成树权重值 w 的计算。

3 永州市传统村落集中连片分层网络构建及政策分区指引

3.1 研究对象概述及研究范围的界定

笔者选择永州市市域范围内的传统村落及与传统村落保护与发展紧密联系的周边其他资源点作为研究对象。其中传统村落数据来源于包括永州市范围内第 1~5 批共计 85 个传统村落。周边其他资源点通过百度 POI 及携程网等网络开源数据、采集后清洗结合调研数据增补后获得，主要包含特色村寨、乡村旅游景点、自然景点等，共计 383 个。

3.2 永州市传统村落潜力评价体系构建

基于传统村落保护与利用的需要，结合现有调研数据和网络开源数据资源，从保护层面、规模层面、利用层面三个维度，引入文化资源丰富度、传统建筑资源丰富度、非物质文化遗产级别、村庄人口、村庄面积、人均收入、集体收入、交通便捷性、网络关注度、设施完善度等 10 项指标数据进行评价（表 1）。

表 1 村落评价主要数据示例

村名	非遗级别	传统建筑数量（个）	历史文化名村	常住人口（人）	集体收入（万）	村民人均收入（元）	村域面积（km²）	村庄占地面积（亩）	百度搜索指数（活力）	设施完善度级别
江永县兰溪瑶族乡兰溪村	国家级	240	国家级	2000	1200	6500	10.4	8466	1120000	4
道县祥霖铺镇老村	市级	19	否	800	1	2900	4.7	90	684000	1
道县横岭乡横岭村	市级	18	否	1500	0.5	3000	12.31	400	598000	2
道县清塘镇达村	市级	19	否	2800	0	1500	6.17	300	593000	3
......										
新田县枧头镇龙家大院村	省级	78	省级	350	10	3500	1.59	280	110000	3

引入层次分析法，通过因子重要性两两比对，确定因子权重，对各因子值进行标准化处理，通过计算获得各个传统村落的综合潜力值（表2）。

表2　村落潜力评价权重

一级因子	二级因子	一级权重	二级权重
保护层面因子	文化资源丰富度	0.3815	0.13734
	传统建筑资源丰富度		0.15283
	非物质文化遗产级别		0.09133
规模层面因子	村庄人口	0.2783	0.10492
	村庄面积		0.05566
	人均收入		0.04611
	集体收入		0.07161
利用层面因子	交通便捷性	0.3402	0.095256
	网络关注度		0.13608
	设施完善度		0.108864

3.3　基于最小生成树的分层构建及节点中心度计算

首先，以传统村落为对象构建分层网络中的一级网络结构。结合上一步得到的传统村落综合潜力值与基于高德 API 计算的节点间时间矩阵，基于重力模型计算传统村落节点的联系度，并将其作为村落间的关系权重值。通过 Python 语言编程，选择最小生成树中的 Kruskal 算法获得传统村落节点间的一级最小生成树网络结构。

其次，以传统村落为中心，搜索 2 小时车程半径范围内的资源点，以传统村落为中心构建传统村落与周边资源点的二级网络结构。计算节点间时间成本，并将其作为最小生成树权重，通过 Python 语言编程，选择最小生成树中的 Kruskal 算法获得传统村落节点与周边资源点的二级最小生成树网络结构。

最后，对该网络结构进行量化分析，引入网络分析中较为常用的节点中心度作为量化指标。基于网络结构的节点中心度表示该节点的区域联系等级，反映在指标上体现为中心度越高，其交通优势越突出，与周边关系越紧密，根据关系分为表征传统村落之间关系的一级中心度和表征传统村落与周边资源点关系的二级中心度。节点中心度计算成果与上一步获得的潜力值可以作为对传统村落集中连片网络结构进行量化分析的重要参考指标（表3）。通过分析可以发现潜力值与节点中心度绝大部分存在正相关的关系，也存在部分潜力值较低但中心度较高的传统村落，如道县的田广洞村，虽然其潜力值相对较低，但是其一级中心度较高，表现为地理区位优势显著，距离道州南高速互通仅需 19 分钟，与周边村庄联系紧密，可以作为传统村落保护和游览的枢纽性节点。同时还存在其他潜力值较低但二级中心度较高，即周边资源丰富，可以协同发展的情况。

表3　传统村落潜力值及中心度计算结果

村名	潜力值	一级中心度	二级中心度
江永县兰溪瑶族乡兰溪村	0.678920	6	15
道县祥霖铺镇田广洞村	0.143578	6	12
宁远县湾井镇下灌村	0.477844	6	16
零陵区大庆坪乡大庆坪社区	0.251740	6	21
祁阳县潘市镇董家埠村	0.240439	6	12
道县祥霖铺镇老村	0.228088	5	10
道县横岭乡横岭村	0.225397	5	8
双牌县理家坪乡坦田村	0.470812	5	14
宁远县清水桥镇平田村	0.350582	5	10
江永县夏层铺镇上甘棠村	0.501230	4	16
道县清塘镇达村	0.265989	4	17
宁远县禾亭镇琵琶岗村	0.297377	4	13
......			
祁阳县七里桥镇云腾村	0.045911	1	3

3.4　基于最小生成树聚类的集中连片分区

为对区域集中连片关系进行分类判断，在上一步得到的分层网络结构基础上，根据时间成本（两点间实际车行时长）和权重值（两点间关联度）大小对一级网络进行聚类，在最小生成树基础上，通过比较相邻边，如果某一边的权重值超过两步内与之相邻接的边权重值平均值与两倍标准差之和，同时两步内边累加时长超过1.5小时车行时长，该边则剔除，即所谓的剪枝。二级网络即传统村落与周边资源点的聚类依据相邻边的时间成本，若单边内累计时长超过1小时车行时长即被剔除。通过该方式完成基于最小生成树结构的聚类，判断剔除采用 Python 语言实现。

通过聚类，除江华瑶族自治县东田镇水东村因与周边节点累加时间成本超出被单独划为一类外，其他84个传统村落共形成6个传统村落集中连片聚集区，包含358个二级网络涵盖的周边资源点（图3）。

3.5　集中连片保护示范区划定及分层系统在政策分区指引的应用

3.5.1　集中连片保护示范区划定及等级判定

通过聚类得出永州市84个传统村落总体呈6个组团集聚分布，且与传统村落紧密联系的资源点有358个（表4）。通过对6个集中连片区域的资源总量进行分析，划定出三个等级的传统村落集中连片保护示范区。其中江永—道县传统村落集聚区和宁远—新田传统村落集聚区最大，涵盖了永州市67%的传统村落数量和74.7%的传统村落常住人口，可作为一级集中连片示范区，从整体性层面分析，其保护与利用价值最高，但人均收入远低于其他村庄，整体经济条件较弱，在区域政策层面应给予大量财政支持。二级和三级集中连片示范区也具有较大保护示范价值，特别是祁阳传统村落集聚区临近永州市主城区，周边协同资源丰富，为其保护性开发利用提供

了便利，但也对其保护提出了更多挑战，在传统建筑保护和非物质原真性维持方面应出台相关
政策予以把控。

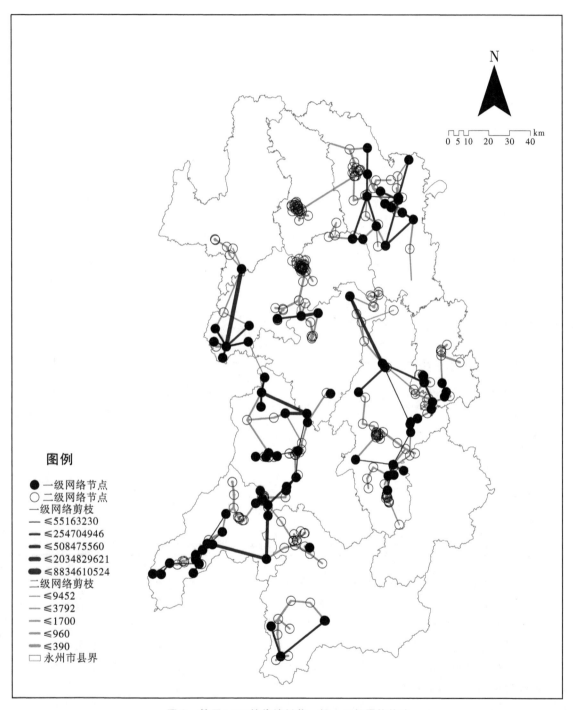

图3　基于 MST 的传统村落一级、二级网络构建

表4 集中连片保护保护示范区等级划定

区域等级	区域名称	传统村庄数量（个）	村庄常住人口（人）	传统建筑数量（个）	区域热度	周边资源（个）	村庄名录
一级	江永—道县传统村落集聚区	35	58793	2148	5496500	108	江永县源口瑶族乡清溪村、江永县源口瑶族乡古调村、江永县桃川镇大地坪村、江永县兰溪瑶族乡兰溪村、江永县夏层铺镇上甘棠村、江永县夏层铺镇东塘村、江永县夏层铺镇高家村等35个
一级	宁远—新田传统村落集聚区	21	40480	1715	1429700	91	宁远县九嶷山瑶族乡西湾村、宁远县湾井镇路亭村、宁远县湾井镇久安背村、蓝山县祠堂圩乡虎溪村、宁远县湾井镇下灌村、宁远县天堂镇大阳洞村、宁远县冷水镇骆家村、新田县金盆镇骆铭孙村、新田县金盆圩乡河山岩村、新田县石羊镇乐大晚村、宁远县中和镇岭头村、新田县石羊镇厦源村、新田县三井乡谈文溪村等21个
二级	祁阳传统村落集聚区	15	18367	1270	824500	78	祁阳县肖家村镇九泥村、祁阳县大忠桥镇蔗塘村、零陵区邮亭圩镇杉木桥村、祁阳县大忠桥镇双凤村、祁阳县进宝塘镇陈朝村、祁阳县进宝塘镇枫梓塘村、祁阳县潘市镇八角岭村、祁阳市潘市镇柏家村等15个
二级	零陵西传统村落集聚区	7	4939	407	494700	15	零陵区大庆坪乡芬香村、零陵区大庆坪乡大庆坪社区、零陵区大庆坪乡田家湾村、零陵区大庆坪乡夫江仔村、零陵区石岩头镇杏木元村、零陵区水口山镇大皮口村、东安县横塘镇横塘村
三级	江华瑶族特色传统村落集聚区	3	6622	331	230800	11	江华瑶族自治县河路口镇牛路社区、江华瑶族自治县大石桥乡井头湾村、江华瑶族自治县大圩镇宝镜村
三级	零陵南传统村落集聚区	3	3610	143	212600	55	双牌县五里牌镇塘基上村、双牌县泷泊镇平福头村、零陵区富家桥镇干岩头村

3.5.2 分区内传统村落的保护与利用联动政策指引

基于一级、二级中心度计算结果和传统村落潜力值三个主要结构指标进行综合判断，可为示范区内部传统村落之间协同联动的政策制定提供判断指引。以江永—道县示范区为例，对于一级、二级中心度计算值和潜力值均较高的兰溪村、坦田村和上甘棠村，在政策制定上可以依托其资源优势和交通区域优势，明确其为示范区展示中心的重要节点地位，结合周边资源，引领周边传统村落，承担交通换乘和展示门户的作用。对于一些一级同二级中心度均较高，而潜力值较低的村落，可以充分利用其交通便捷性优势，作为片区传统村落旅游的重要中转枢纽节点，在产业方面可以尝试引入民宿等过夜服务型业态，在政策上应注重基础服务设施建设完善方面的指引和财政支持。

3.5.3 分区内传统村落与周边资源联动政策指引

在传统村落与周边资源联动方面，一方面可以充分发挥传统村落与周边资源的设施共享共建优势，以零陵南传统村落集聚区的干岩头村为例，政府通过在干岩头村修剪停车场和游客服务中心，并提供电瓶车和单车换乘服务，周边旅游景点如临近何仙姑村的十里花海景点、高贤村的万亩荷花均可利用该设施，实现大型游览服务设施的共建共享，减少了乡村建设的重复性投入；另一方面，可以充分利用传统村落与周边资源的互补性，塑造品牌，协同打造精品旅游线路，如干岩头村作为传统村落和中国历史文化名村，结合周边临近的万亩荷花、十里花海、贤水河风光带等景点以"永州之野"为主题，整合资源，形成特色乡村郊野旅游精品线路品牌，作为永州市全域旅游的重要补充。

4 结语

笔者结合永州市传统村落集中连片保护利用实践，引入最小生成树算法，通过构建分层网络，针对如何科学划定传统村落集中连片区域以及如何协同传统村落与周边资源两个重要难题提供了一种新的技术方法，同时结合分层网络划定集中连片示范区，依据各分区指标特点以及分区内部空间结构关系，有针对性地提出政策指引建议。本次研究重在新的技术方法的探索与实践，在分析研究中仍存在不足，如聚类算法中关于剪枝条件的判定，在现阶段主要结合出行经验进行判定，未来计划结合根据专题调研，积累一定量的游客偏好数据后进行综合分析并判断，进一步深化和完善。

[参考文献]

[1] YAN Z, OLEKSANDR G, THOMAS F H. Clustering with Minimum Spanning Trees [J]. International Journal of Artificial Intelligence Tools：Architectures, Languages, Algorithms, 2011, 20 (1)：139-177.

[2] 蔡娇楠，孟妮娜，柴壮壮，等. 基于最小生成树算法的建筑物聚类 [J]. 测绘，2017，40 (6)：247-250.

[3] 张伟. 区域协同推进传统村落活化和可持续发展 [J]. 改革与开放，2017 (12)：58-59.

[4] 张大玉. 京津冀地区传统村落协同保护与发展研究 [J]. 北京建筑大学学报，2017，33 (1)：1-5.

[5] 张建. 国内传统村落价值评价研究综述 [J]. 小城镇建设，2018 (3)：5-10，31.

[6] 陈新. 基于最小生成树的聚类分析方法研究 [D]. 重庆：重庆大学，2013.

[作者简介]

姜沛辰，工程师，就职于湖南省建筑设计院集团股份有限公司。

王柱，高级工程师，就职于湖南省建筑设计院集团股份有限公司。

老龄化背景下城市医疗设施可达性与公平性测度

——以蚌埠市中心城区为例

□顾康康，汤晶晶，董冬，汪惠玲，马璐瑶，康婧妍

摘要：在城市人口老龄化背景下，医疗卫生服务需求急剧增长，本文运用高斯两步移动搜索法和医疗公平性模型，探讨老龄化视角下多级医疗—多出行时间阈值的医疗设施可达性和公平性空间格局及差异性，为老龄化程度高、人口密度高的城区的医疗服务公平与合理配置提供科学依据。结果表明：一是中心城区多级医疗设施可达性空间呈"核状—外缘减弱"差异，空间集聚特征显著，高可达性多聚焦在建成区；二是医疗设施呈集聚趋势，向高水平核心区方向集聚，且集中分布在中心城区核心范围，边缘区相对缺乏；三是63％社区医疗供需不足，城市核心区的医疗供需平衡大大优于外缘区，高需求—低供给的空间单元与集聚区相对一致；四是不同等级医疗设施在老年人群出行时间不同阈值下，B级公平性差距较大，A级医疗设施公平性差距悬殊，C级基层医疗设施公平性最差。

关键词：设施可达性；高斯两步移动搜索法；医疗公平性；老龄化；蚌埠市中心城区

1 引言

目前，中国正处于由初步老龄化社会向深度老龄化社会快速转变的阶段，2000—2020年，60岁及以上人口从0.88亿增至2.64亿，平均增长率为3.7％，人口占比从7.1％上升到18.7％，预计到2030年60岁及以上人口占比将达到25％，2035年进入超级老龄化社会。人口老龄化对国家经济社会可持续发展提出了严峻挑战，国家对医疗设施建设大力推行"老有所医"，合理规划医疗设施成为城市规划的重要任务。医疗设施作为重要的社会资源，其空间可达性关系到人民群众的福祉，决定着社会公共资源分配的公平、公正，通过老年人群及分级医疗设施探讨可达性与空间公平性是研究资源公平分配的切入点。

医疗资源空间分布和可达性是医学地理学的重要议题。研究证明，可以利用医疗资源可达性有效评估医疗资源可达性和服务的空间布局配置，确定医疗资源不足区域，优化医疗资源空间布局。目前，许多学者从不同模型和方法出发，研究供给、需求规模和供需距离对医疗资源可达性的影响，发展高斯两步移动搜索法、重力潜能模型法和核密度法等。考虑到距离长短对居民行为的影响，在医疗资源可达性的研究中，高斯两步移动搜索法是应用最广泛的一种方法。在研究规模层面，区县和街道是最常见的空间基本单元，随着数据可获得性的提高，学者开始对社区、居住用地、居住区、建筑尺度等进行研究。由于城市医疗资源空间分布和可达性不均

衡，供需空间分布不同，学者和政策制定者重点关注资源可达性和公平性方面的空间差异。在研究内容层面，国外从医疗设施需求和模式以及利用时空旅行的角度评估不同地区、不同社会群体和不同医疗设施之间的可达性差异。国内关注可达性和公平性的指标和测度方法，且逐渐聚焦到人，尤其是弱势群体的就医可达性。然而现有研究多运用 ArcGIS 网络分析方法对单一设施的可达性进行估算，或者强调个人、群体的医疗资源可获得性。因此，从老龄化角度，探索衡量多级医疗设施可达性的方法，可为更加全面地研究医疗资源空间分布的合理性、可达性及公平性提供科学依据。

近几年蚌埠市政府为适应老龄化的需求、打造区域医疗中心、提升医疗卫生服务能力颁布了《"健康蚌埠 2030"规划纲要》《蚌埠市银龄安康行动实施办法》《老年人健康管理》等一系列相关政策。蚌埠市应抓住医疗改革机遇，通过政府宏观调控、城市规划手段合理布局各等级医疗设施、转型升级医疗资源和健全管理机制等。

因此，笔者结合 OD 成本矩阵，构建基于老年人乘坐公交模式高斯两步移动搜索法对蚌埠市中心城区多级医疗设施可达性和公平性进行分析，解决以下问题：老年人接受公交出行方式后，蚌埠市多级医疗设施可达性具有怎样的空间特征和差异性？基于问卷调查老年人出行特点，多级医疗设施的可达性与老年人群空间匹配程度是怎样的？高斯两步移动搜索法的可达性和公平性程度是怎样的？通过实证分析，可以为老龄化程度高、人口密度高城区的医疗服务公平与合理配置提供科学依据。

2　研究区概况与数据来源

2.1　研究区概况

蚌埠市位于安徽省东北部，淮河中游，是淮河流域各大江大河人口密度之首，也是安徽省人口老龄化发展速度较快的城市之一。研究区域是蚌埠市中心城区，面积约为 969 km²，包括龙子湖区、蚌山区、禹会区、淮上区，2020 年常住人口为 133.61 万人，60 岁及以上老年人口占户籍人口的 17.09%，符合"超级老龄化社会"标准，具有较强的代表性。本文以中心城区 320 个社区为分析单元，选取 182 处医疗设施作为研究对象，其基本特征为医疗设施等基础服务设施主要集中在城市建成区，区域医疗设施分布不均衡。

在研究区进行医疗设施可达性与公平性测度，不仅有助于更合理地规划研究区的医疗设施，提高医疗设施利用效率，还能为其他具有类似特点的地区提供参考，这对研究老城区、高人口密度及老龄化城区的医疗设施分布和提高医疗设施的利用效率具有重要意义。

2.2　数据来源与处理

本文以社区点作为医疗设施可达性的最小空间尺度，能合理地反映空间内部和空间之间的差异性。所需数据主要包括：

一是社区及人口数据。来源于《蚌埠市统计年鉴 2020》、第七次全国人口普查数据及 2021 年蚌埠市城市体检调研分乡、镇街道、社区数据。2021 年蚌埠市中心城区 60 岁及以上老年人共 22.83 万人，社区人数差距较大，千人社区占比为 24.69%，主要集中在建成区。

二是医疗设施数据。根据蚌埠市卫生计生委和网络提供的信息，重点对所有为老年人群提供综合医疗救助的综合医院、社区卫生服务中心进行排查（不含专科医院、宠物社区卫生服务中心等），共收集了 182 处医疗设施，主要包括建筑面积和显示医疗设施提供服务能力的坐标。

本文根据医疗设施的规模、类型和性质分为 A、B、C 三级。其中，A 级为三级甲等或三级乙等资质认可医院，省属、市属医院共 6 家；B 级为三级医院以外其他医院，共有 53 家；C 级为社区卫生服务中心，共有 123 个。

三是道路数据。利用 Network Analyst 扩展模块分别以 320 个社区和 182 家医疗设施作为出发地和目的地的构建社区—医疗出行 OD 矩阵，基于老年人乘坐公交为 30 km/h 的最短出行时间。

3 研究方法

3.1 高斯两步移动搜索法

采用高斯两步移动搜索法，从社区医疗设施可获得性和老年人口需求的角度评估医疗设施的可达性，具体流程如下：

第一步，给 n 型医疗设施 j 设置相应的时间服务阈值，搜索 n 型医疗设施 j 在搜索阈值 d_0^n 内的社区质心，计算医疗设施 j 的供需比，即：

$$R_j^n = \frac{S_j^n}{\sum_{k \in \{d_{kj} \leqslant d_0^n\}} D_k G(d_{kj}, d_0^n)} \qquad \text{公式（1）}$$

公式（1）中，n 为医疗设施等级；j 为医疗设施；R_j^n 为第 j 个 n 型医疗设施在相应搜索阈值内的供需比；S_j^n 为医疗设施的供给能力，本文指医疗设施总建筑面积代表服务能力；D_k 表示需求点 k 社区老年人口数量；d_{kj} 表示社区 k 和医疗设施 j 之间的距离；d_0^n 为社区质心到 n 型医疗设施的最短出行时间；$G(d_{kj}, d_0^n)$ 是加入距离衰减函数的高斯函数，公式为：

$$G(d_{kj}, d_0^n) \begin{cases} \dfrac{e^{-1/2 \times (d_{kj}/d_0^n)2} - e^{-1/2}}{1-1/2} & （当 d_{kj} \leqslant d_0^n 时） \\ 0 & （当 d_{kj} > d_0^n 时） \end{cases} \qquad \text{公式（2）}$$

第二步，为需求点社区质心 i 搜索赋予阈值 d_0^n 范围内 n 型医疗设施所占的服务面积，利用高斯距离衰减函数方程，对搜索时间阈值内的 n 型医疗设施的供需比 R_j^n 赋以权重，对这些加权供需比 R_j^n 进行汇总。公式为：

$$A_i^n = \sum_{j \in \{d_{ij} \leqslant d_0^n\}} R_j^n G(d_{kj}, d_0^n) \qquad \text{公式（3）}$$

$$A_i = \sum_{n=1} A_i^n \qquad \text{公式（4）}$$

公式（3）（4）中，A_i^n 为各社区医疗设施可达性；A_i 是社区 i 的医疗设施可达性。

3.2 医疗公平性测度模型

基尼系数和洛伦兹曲线分析法是社会公平绩效评价常用的定量指标与方法，基于社会公平内涵进行的收入分配与公共资源分配具有相似性，近年来在环境公平领域得到广泛应用。为了反映蚌埠市中心城区医疗资源的分布公平性格局，笔者建立了基尼系数的医疗公平性模型来衡量医疗可达性差异，计算公式为：

$$G = 1 - \sum_{k=1}^{n} (R_k - R_{k-1})(S_k - S_{k-1}) \qquad \text{公式（5）}$$

公式（5）中，R_k 为空间分析单元内老年人口数（60 岁及以上人口数）的累积比例；S_k 为医疗设施可达性变量；k 为第 k 个空间分析单元的编号，即第 k 个社区。

4 结果分析

4.1 医疗设施可达性空间格局

基于上述方法得到每个社区的可达性值，考虑数据中出现的特征点、转折点，通过统计数值分布规律，运用克里金插值空间可视化和CIS自然断裂法进行分级，将可达性分成5级，分别是高可达性、较高可达性、一般可达性、较低可达性和低可达性；多级医疗设施服务阈值和范围、等级相关，结合蚌埠市调研得出老年人群公交出行特征下，A、B、C三级医院设施及整体医疗时间阈值分别为60分钟、30分钟、15分钟和32分钟。

不同级别医疗设施可达性具有较大的空间差异，呈现由中心城区建成区部分向外缘衰减的单核状特征。其中，可达性较低区域主要位于禹会区西南部、淮上区东北部等外缘区域，并在禹会区和淮上区部分达到最低值，这很可能与交通可达程度、城镇化速度有关，蚌埠市建成区部分具备连片发展和基础设施配备较全的特征，建成区外缘交通线路通达性不全，且基础设施配备不全。C级医疗设施可达性以建成区和核心部分呈圈层结构向外缘减缓，龙子湖区西北部、蚌山区北部为高值中心，淮上区北部呈点状较高可达性分布；大部分地区的医疗设施处于较低、低可达性，主城区建成区以外区域可达性接近于0。B级医疗设施空间分布连续性较强，中心核心部分可达性较高，呈市中心向外缘扩散，龙子湖区、蚌山区由于B级医疗设施数量多且较为分散，30分钟就医覆盖超过区域面积50%以上，在四个区中面积占比大，但由于两个区B级医疗设施多集中在区域北部，导致南部可达性差，与其他区相比优势减弱。A级医疗设施整体呈多核空间分布，主要核心与医疗设施分布一致，位于蚌埠市北部的两所医院部分弥补了蚌埠市中心A级医疗设施集中和现有辐射范围的不足，整体呈核心向外围延伸，与整体医疗可达性的空间布局基本一致，说明A级医疗设施服务范围广可为医疗服务贡献力量。

4.2 医疗设施可达性空间集聚差异

将多级医疗设施的空间可达性进行全局自相关分析，全局Moran's I 指数0.8609，P 值 $<$ 0.001，具有明显的空间自相关和集聚现象。这一方面表明蚌埠市中心城区的医疗设施空间可达性并非随机分布，而是在全局上已经形成明显的空间集聚效应，呈单核状由中心城区向外缘衰减特征，中心城区建成区部分（淮上区南部、禹会区东北部、蚌山区北部及龙子湖区西北部）可能与人口集中及建成区基础设施配备较为完善有关，导致医疗资源集中在中心城区。另一方面，医疗服务空间可达性、可获得性的高度集聚，也在一定程度上表明了中心城区医疗资源的空间集聚，特别是部分辐射范围的集聚、服务水平较高的高水平等级医院，往往导致医疗设施空间布局失衡。医疗设施高度集中地区能够为居民提供便捷和高品质的医疗服务，但也容易造成医疗资源冗余和浪费，因此在规划医疗机构布局时，要对医疗设施集聚的区域进行相应调整，提高医疗资源利用率。

将各级医疗设施可达性与局部Moran's I 结合，得到不同等级医疗设施可达性的LISA集聚图。A级医疗设施高—高集聚社区占比53.44%，低—低集聚社区占比12.81%。A级医疗设施在淮上区北部还有集聚区域，充分发挥扩散作用，通过医疗服务的普及，促进周边社区医疗资源的共同发展。C级医院设施的显著集聚现象（高—高集聚社区占比48.75%）无A、B级医疗设施（高—高集聚社区占比51.56%）及医疗整体（高—高集聚社区占比50.31%）区域广，整体医疗设施可达性与A级医疗设施集中程度非常相似性。具体来说，各级和综合医疗可达性集聚区域位于淮上区南部、禹会区东北部、蚌山区北部及龙子湖区西北部，位于核心区建成区部分向外缘逐渐减弱，这说明中心城区为蚌埠市医疗设施核心区，需要扩大医疗资源，带动辖区医疗服务水平的提高。

4.3 医疗设施可达性供需平衡

采用双变量空间自相关分析探讨各社区医疗设施空间可达性和老年人群匹配程度。GeoDa 1.8被用于计算全局和局部双变量空间自相关的结果，并在ArcGIS中进行可视化，局部双变量自相关的结果可分为高需求—高可达性、低需求—低可达性、低需求—高可达性、高需求—低可达性聚类四类。其中，高需求—高可达性聚类社区共118个，尽管这些社区老年人群基数多但医疗设施供给充足、可达性和匹配性较好，主要集中在淮上区南部、禹会区东北部、蚌山区北部及龙子湖区西北部，主要在主城区核心部分；高需求—低可达性聚类社区共6个，主要位于龙子湖中心区、禹会区与蚌山区A级医疗设施区位，具有一定向四周蔓延扩散的趋势，这些社区老年人群基数少、医疗设施可达性好，医疗服务供给状况较好；低需求—低可达性聚类社区主要位于禹会区、蚌山区南部及龙子湖区西南部，这些社区虽然老年群体基数少，医疗需求量不大，但医疗设施的供给仍存在一定缺口；禹会区东北部2个社区为低可达性—高需求聚类社区，即医疗设施可达性与老年人群需求不匹配，医疗服务供不应求，由于中心城区土地资源有限，这两个社区可在现有医疗设施的基础上适当增设床位，以满足周边老年人群对医疗设施的需求。

总体上，蚌埠市多级医疗设施可达性呈明显的"核状—外缘减弱"的空间差异。蚌埠市中心城区的核心医疗资源相对充足，而建成区外缘医疗资源相对不足。虽然老年人口相对较少，对医疗资源的需求相对较低，但是由于公民享有平等的获得公共服务的机会，政府应加大对基本医疗卫生服务的政策支持力度。然而在一定出行时间阈值下，大部分中心城区社区的医疗资源和机会较少，医疗资源的供给无法满足老年人群的需求，导致医疗资源处于供不应求的状态。鉴于医疗设施有限性，需要进一步探索医疗设施公平性的空间差异，以使各级医疗设施合理化。

4.4 医疗设施公平性空间分配差异

整体而言，蚌埠市中心城区多级医疗设施资源空间分布整体处于相对合理状态（医疗公平性指数为0.32）。根据洛伦兹曲线分析多层级—多时间阈值医疗可达性在中心城区的分配情况（图1），曲线弯曲越大说明医疗资源分配越不公平。基于联合国开发计划署确立的基尼系数等级，A级医疗设施为0.69、B级医疗设施为0.49、C级医疗设施为0.93，A、C级医疗设施差距悬殊，B级医疗设施差距较大。其中C级医疗设施基尼系数最高，因而属于城市规划中需要重点考虑和增补的社区卫生服务中心，老年人群最容易到达的基层医疗设施；B级医疗设施可达性最低（0.49），说明空间分布均衡程度高于其他医疗设施。

基于洛伦兹曲线可见，60%的老人在低于30%的A级医疗设施覆盖范围内，40%的B级医疗设施服务覆盖范围内，45%的C级医疗设施覆盖范围内。总体而言，蚌埠市中心城区60%的老人在42%的整体医疗设施服务覆盖之下，在阈值合理情况下，整体医疗设施总体相对合理，但是不同等级医疗设施在老年人群出行时间不同阈值下，老年人群较多却享受较少的医疗资源，呈现出医疗空间不公平现象，后期应分级有针对性地进行规划。

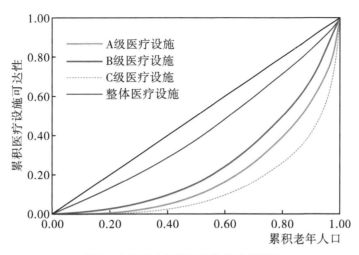

图 1　多级医疗资源分配洛伦兹曲线图

5　结论与建议

根据传统的高斯两步移动搜索法和基尼系数，考虑到社区内不同时间阈值和不同医疗设施水平的特殊老年人口的需求，计算多等级、多阈值医疗设施可达性，并从可达性角度测度医疗设施资源分配差异，对蚌埠市中心城区医疗设施可达性和公平性的格局与差异进行研究，可得出以下结论：一是中心城区多级医疗设施可达性存在明显"核状—外缘减弱"的空间差异，且空间集聚特征显著，高可达性多聚焦在建成区；二是中心城区 A、B、C 级整体医疗设施供给与老年人群需求不匹配，中心城区建成区核心部分医疗资源供需平衡性大大优于核心区外缘区，63％社区医疗供需不足，主要为核心区外缘区域，高需求—低供给的空间单元与集聚区相对一致；三是整体上医疗设施空间分布处于相对合理状态（医疗公平性指数为 0.32），60％的老人在42％的整体医疗设施服务覆盖之下，在阈值合理情况下，整体医疗设施总体相对合理，但是不同等级医疗设施在老年人群出行时间不同阈值下，均呈现不合理现象。

针对上述结论与存在的问题，笔者从老龄化视角下多级医疗设施可达性测度方法出发，为更全面地研究医疗资源的空间分布的合理性、可达性和公平性，提出以下建议：一是在医疗服务配置中应该关注不同群体的差异化需求，尤其在老龄社会化阶段，随着居民生活水平的提高，对医疗设施的需求量增加，应制定有针对性的医疗资源配置策略。二是对于高可达性—高需求聚类社区，尽管这些社区老年群体基数多，但医疗设施供给充足、可达性和匹配性较好，应适当提高医疗设施种类；高可达性—低需求聚类社区老年群体基数少、医疗设施可达性好，医疗服务供给状况较好，但医疗种类不足且老年人群自身医疗知识缺乏，可以在提升硬件设施的基础上，允许和鼓励知名医生在医院兼职，在硬件的基础上推动全科医生的教育培养；低可达性—低需求聚类社区虽然老年群体基数少，医疗需求量不大，但医疗设施的供给仍存在一定缺口，应提高医疗设施医治种类；低可达性—高需求聚类社区的医疗设施可达性与老年群体基数不匹配，医疗服务供不应求，由于中心城区土地资源有限，可以适当增加床位等。三是因地制宜，考虑人口的动态变化，在规划中适当预留综合医院用地，严格落实医院选址及规划建设标准，通过对各区域分级归档，合理设置医疗卫生机构数量和规模，以缓解医院布局不合理造成的不平衡。四是在医疗资源分配方面，除需提高空间可达性外，还必须提高整个社会的公平性，有关机构应从空间规划和政策制定角度考虑地区均衡、公平和效率，分级—多阈值进行针对性优化，保证医疗资源的合理和有效利用。

　　未来研究中需要进一步考虑医疗设施服务的医治种类与质量，并根据老年人口的年龄构成、收入或设施选择意愿等进行分类工作，可纳入人口或社会经济特征，使分析更加切合实际。

　　[基金项目：安徽省自然科学基金面上项目（2008085ME160、2008085QC132），安徽省高校省级自然科学研究项目（YJS20210500）]

[参考文献]

[1] 陈洁，陆锋，程昌秀. 可达性度量方法及应用研究进展评述 [J]. 地理科学进展，2007，26（5）：100-110.

[2] 杨林生，王五一，谭见安，等. 环境地理与人类健康研究成果与展望 [J]. 地理研究，2010，29（9）：1571-1583.

[3] DAI D. Black residential segregation, disparities in spatial access to health care facilities, and late-stage breast cancer diagnosis in metropolitan Detroit [J]. Health & Place, 2010, 16（5）：1038-1052.

[4] SIBLEY L M, WEINER J P. An evaluation of access to health care services along the rural-urban continuum in Canada [J]. BMC Health Services Research, 2011, 11.

[5] MAVOA S, WITTEN K, MCCREANOR T, et al. GIS based destination accessibility via public transit and walking in Auckland, New Zealand [J]. Journal of transport geography, 2012, 20（1）：15-22.

[6] 齐兰兰，周素红，闫小培，等. 医学地理学发展趋势及当前热点 [J]. 地理科学进展，2013，32（8）：1276-1285.

[7] LEE J E, KIM H R, SHIN H I. Accessibility of medical services for persons with disabilities：comparison with the general population in Korea [J]. Disability and rehabilitation, 2014, 36（20）：1728-1734.

[8] 李广娣，沈昊婧. 城市住房价格的空间分布格局研究——以沈阳市为例 [J]. 现代城市研究，2014（2）：80-84，94.

[9] CHENG G, ZENG X, DUAN L, et al. Spatial difference analysis for accessibility to high level hospitals based on travel time in Shenzhen, China [J]. Habitat international, 2016, 53：485-494.

[10] 曾文，向梨丽，张小林. 南京市社区服务设施可达性的空间格局与低收入社区空间剥夺研究 [J]. 人文地理，2017，32（1）：73-81.

[11] 张纯，李晓宁，满燕云. 北京城市保障性住房居民的就医可达性研究——基于GIS网络分析方法 [J]. 人文地理，2017，32（2）：59-64.

[12] 曾文，向梨丽，李红波，等. 南京市医疗服务设施可达性的空间格局及其形成机制 [J]. 经济地理，2017，37（6）：136-143.

[13] 许昕，赵媛. 南京市养老服务设施空间分布格局及可达性评价——基于时间成本的两步移动搜索法 [J]. 现代城市研究，2017（2）：2-11.

[14] 黄安，许月卿，刘超，等. 基于可达性的医疗服务功能空间分异特征及其服务强度研究——以河北省张家口市为例 [J]. 经济地理，2018，38（3）：61-71.

[15] 程敏，连月娇. 基于改进潜能模型的城市医疗设施空间可达性——以上海市杨浦区为例 [J]. 地理科学进展，2018，37（2）：266-275.

[16] CHENG L，CASET F，VOS J D，et al. Investigating walking accessibility to recreational amenities for elderly people in Nanjing, China [J]. Transportation Research Part D：Transport and environment，2019，76：85-99.

[17] 袁君梦，葛幼松. 养老设施空间分布及可达性研究——以杭州市主城区为例 [J]. 上海城市规划，2019 (6)：99-105.

[18] 陈小祥，岳隽，张文晖. 基于建筑物尺度的医疗设施可达性研究——以深圳市福田区综合医院为例 [J]. 山东建筑大学学报，2019，34 (1)：28-33.

[19] TAO Z，CHENG Y. Modelling the spatial accessibility of the elderly to healthcare services in Beijing, China [J]. Environment & planning B，2019，46 (6)：1132-1147.

[20] 李早，高岩琰，崔巍懿，等. 城市医疗设施布点的可达性分析及其适老化发展研究——以合肥市为例 [J]. 建筑与文化，2019 (5)：136-140.

[21] ZHANG S，SONG X，WEI Y，et al. Spatial equity of multilevel healthcare in the metropolis of Chengdu, China：a new assessment approach [J]. International journal of environmental research and public health，2019，16 (3).

[22] 吴媛媛，宋玉祥. 中国人口老龄化空间格局演变及其驱动因素 [J]. 地理科学，2020，40 (5)：768-775.

[23] GUIDA C，CARPENTIERI G. Quality of life in the urban environment and primary health services for the elderly during the Covid-19 pandemic：An application to the city of Milan (Italy) [J]. Cities，2020，110-124.

[24] 申悦，李亮. 医疗资源可达性与居民就医行为研究进展 [J]. 科技导报，2020，38 (7)：85-92.

[25] 李亮，申悦. 户主视角下医疗资源可达性对就医行为的影响研究——以上海市郊区为例 [J]. 上海城市规划，2020 (5)：15-21.

[26] CHENG L，YANG M，VOS J D，et al. Examining geographical accessibility to multi-tier hospital care services for the elderly：A focus on spatial equity [J]. Journal of Transport & Health，2020，19.

[27] 余思奇，朱喜钢，刘风豹，等. 社会公平视角下城市公园绿地的可达性研究——以南京中心城区为例 [J]. 现代城市研究，2020 (8)：18-25.

[28] CARPENTIERI G，GUIDA C，MASOUMI H E. Multimodal accessibility to primary health services for the elderly：a case study of Naples, Italy [J]. Sustainability，2020，12 (3)：781.

[29] WANG L，DI X，YANG L，et al. Differences in the potential accessibility of home-based healthcare services among different groups of older adults：a case from Shaanxi Province, China [J]. Healthcare，2020，8 (4)：452.

[30] 胡舒云，陆玉麒，胡国建，等. 基于多源大数据的深圳市医疗设施可达性与公平性测算 [J]. 经济地理，2021，41 (11)：87-96.

[31] 霍青兰，唐新明，王鸿燕，等. 六盘山地区医疗设施空间分布及可达性研究 [J]. 测绘科学，2021，46 (7)：189-195.

[32] 郭亮，彭雨晴，贺慧，等. 分级诊疗背景下的武汉市医疗设施供需特征与优化策略 [J]. 经济地理，2021，41 (7)：73-81.

[33] 王兰，周楷宸，汪子涵. 健康公平理念下社区养老设施的空间分布研究——以上海市中心城区为例 [J]. 人文地理，2021，36 (1)：48-55.

夯实数据底座·做强创新引擎·赋能多维场景

［作者简介］

顾康康，博士，安徽建筑大学建筑与规划学院副院长、教授、硕士生导师。

汤晶晶，安徽建筑大学建筑与规划学院硕士研究生。

董冬，博士，安徽建筑大学建筑与规划学院副教授、硕士生导师。

汪惠玲，博士，安徽建筑大学建筑与规划学院助理研究员。

马璐瑶，安徽建筑大学建筑与规划学院硕士研究生。

康婧妍，合肥工业大学硕士研究生。

· 420 ·

第四编
数字孪生与实景三维建设

实景三维赋能新一代国土空间基础信息平台

——以青岛市为例

□赵军，王海银，孙娜，张东，王鸿绪

摘要：在新时期，面对"十四五"发展的新需求，传统的国土空间基础信息平台已经无法满足"为国土空间和自然资源统一管理奠定信息基础，支撑自然资源信息化建设，提升空间治理能力和现代化水平"的定位和要求。本文围绕自然资源信息化建设需求，结合国土空间基础信息平台的发展历程、实景三维中国建设和新型基础测绘体系下的发展要求，提出新背景、新形势、新技术、新体系下的国土空间基础信息平台应该具备的建设定位、目标、平台架构和服务能力，并在此基础上建设"八位一体"的新一代国土空间基础信息平台，实现二三维一体的数据管理、服务分发、资源共享、运维管理和综合展示分析功能。平台的建设为智慧青岛建设提供了自然资源服务的统一支撑平台。

关键词：实景三维；国土空间基础信息平台；自然资源信息化

1　引言

2017 年的《国土空间基础信息平台建设总体方案》中最早提出的工作目标是："打造国土资源'一张图'的升级版，形成数据更全面、应用更广泛、共享更顺畅的国土空间基础信息平台，为各类与国土空间相关的规划、管理、决策、服务提供有力的信息支撑，有效提升国土空间治理能力的现代化水平。"但随着新时期自然资源信息化的发展，对国土空间基础信息平台提出了更高的要求，尤其是《"十四五"国家信息化规划》提出，要推进国土空间基础信息平台建设，提升自然资源和国土空间数据共享与服务水平。同时，随着实景三维中国建设进入快车道，充分集成新型基础测绘产品，为经济社会发展和各部门信息化提供统一的空间信息底座，是新时期自然资源信息化对国土空间基础信息平台的要求和展望。

笔者围绕自然资源信息化政策的发展历程，分析国土空间基础信息平台在不同时期的定位和要求，并以青岛市为例，将实景三维赋能新一代国土空间基础信息平台建设，提出新一代国土空间基础信息平台的定位、目标、平台架构和服务能力，探索实现平台建设的关键技术，并阐述国土空间基础信息平台的前景、应用展望及困难。

2　政策发展

国土空间基础信息平台最早出现于 2017 年国土资源部国家测绘地理信息局印发的《国土空

间基础信息平台建设总体方案》。2018 年 3 月自然资源部成立后，对国土空间基础信息平台的建设提出了新的标准和要求：2019 年 7 月，《自然资源部办公厅关于开展国土空间规划"一张图"建设和现状评估工作的通知》明确，推进国土空间基础信息平台建设，同时开展国土空间规划"一张图"实施监督信息系统建设；2019 年 11 月，《自然资源部信息化建设总体方案》发布，对国土空间基础信息平台的数据、应用和技术层面等内容进行了深化；2020 年 6 月，《自然资源部网络安全与信息化工作要点》再次明确要推进自然资源三维立体"一张图"和国土空间基础信息平台建设；2021 年 7 月，《国土空间规划"一张图"实施监督信息系统功能评定规则》发布，从统一底图、统一标准、统一规划、统一平台四个方面制定了初步评定和全面评定的量化打分标准，国土空间基础信息平台的功能有了量化机制；同年 9 月，《国土空间规划技术标准体系建设三年行动计划（2021—2023 年）》出台，对国土空间规划体系提出了明确的要求和目标（图 1）。

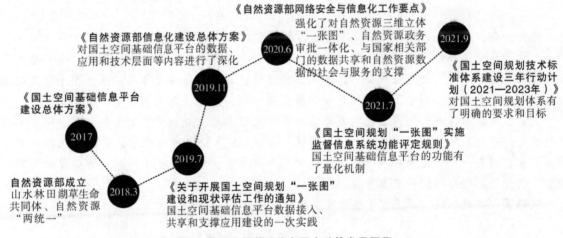

图 1　国土空间基础信息平台政策发展历程

此外，2021 年，按照新时期测绘事业"两支撑、一提升"的工作定位，自然资源部相继出台《新型基础测绘体系建设试点技术大纲》和《实景三维中国建设技术大纲（2021 版）》，实景三维成为新型基础测绘的标准化产品之一。2022 年 2 月发布的《自然资源部办公厅关于全面推进实景三维中国建设的通知》中明确要求，为国土空间基础信息平台提供适用版本的实景三维数据支撑。因此，新一代的国土空间基础信息平台对于海量实景三维数据承载和应用能力应该有更高的要求。

3　平台建设

3.1　平台定位

新一代的国土空间基础信息平台定位是对内为自然资源服务的统一支撑平台，对外为智慧城市的基础支撑空间平台。平台分三版分别运行于互联网、政务专网（内网）和政务外网。互联网版平台依托"天地图"进行应用和管理；政务专网版平台主要对内，重点支撑自然资源管理；政务外网版平台则主要对外，具备智慧城市时空大数据平台的服务能力，支撑各行各业需求，从而落实新时期测绘工作"两服务、两支撑"的根本定位。政务专网版平台和政务外网版平台的对比如表 1 所示：

表 1 政务专网版平台和政务外网版平台对比

内容	政务专网版平台	政务外网版平台
数据	现状数据、规划数据、管理数据、社会经济	基础时空数据、公共专题数据、物联网实时感知数据、互联网在线抓取数据
应用	支撑国土空间规划编制、自然资源统一管理、开发利用保护、行政审批、政务服务、资源监管、分析决策等应用	开展示范应用，服务各行各业，包括自然资源管理服务系统、智慧公安系统、智慧交通系统、智慧城管系统、智慧环保系统、智慧社区系统、智慧旅游系统等方面
共享	横向协同、纵向联动、互联互通的自然资源信息共享服务平台	侧重横向联通，自然资源主管部门与其他业务部门之间的业务协同

3.2 平台目标

习近平总书记强调国土空间规划工作"要按照统一底图、统一标准、统一规划、统一平台的要求，建立健全分类管控机制"。青岛市国土空间基础信息平台作为统一平台，实现二三维一体、地上地下一体、室内室外一体、海陆一体"八位一体"建设目标，充分发挥空间信息底座的支撑作用，主要目标如下：

一是打造自然资源领域统一平台，支撑围绕自然资源领域相关的国土空间规划、生态保护修复、地质灾害等业务应用，提供统一的信息化服务支撑。

二是作为数字青岛建设城市云脑四大支撑平台之一的基础地理信息服务平台（其余三个为物联感知接入平台、视频监控资源共享平台和 CIM 基础平台），支撑城市云脑及各部门、各行业的二三维地理信息应用需求，为青岛市城市云脑建设提供便捷化的二三维地理信息服务。

3.3 平台架构

随着实景三维等新技术、新体系和新政策的发展，新一代国土空间基础信息平台主要进行四个方面的升级和提升，包括强大的二三维服务支撑能力、最新的二三维一体的技术架构、海量数据运算支撑能力和强大的运维管理能力（图 2）。平台架构如图 3 所示。

强大的二三维服务支撑能力
兼容目前主流的跨平台二三维服务能力，包括目前主流的三种三维服务，发挥平台最大的价值

最新的二三维一体的技术架构
设计初期充分兼顾了实景三维中国、时空大数据平台和国土空间基础信息平台的最新要求

强大的运维管理能力
能够实现对外共享服务的管理、监控、分发和注销，支持对外服务的全局管理，保障服务共享的效率

海量数据运算支撑能力
能够无缝集成大数据运算中心的各项能力，依托平台赋能各业务系统

图 2 国土空间基础信息平台赋能升级分析

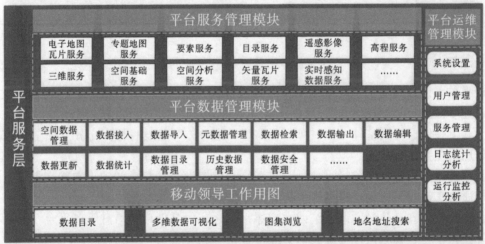

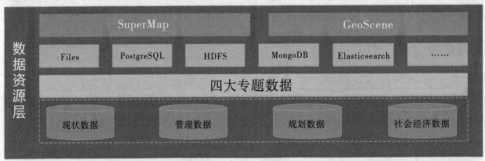

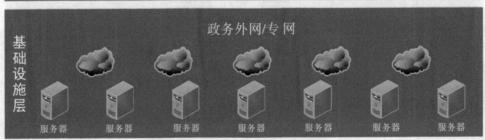

图 3　国土空间基础信息平台架构

一是基础设施层。基础设施层为平台提供存储、计算所需的 IT 资源，充分利用云原生和超融合服务器构建高性能云计算存储集群（图 4），基于政务云和私有云搭建混合云环境，实现海量国土空间数据资源的统一管理和维护。

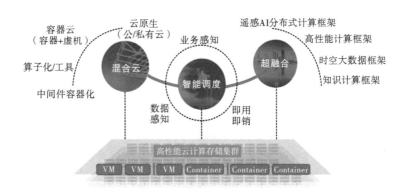

图 4　高性能云计算存储集群

二是数据资源层。数据资源层主要为现状、规划、管理和社会经济四大类专题数据提供存储、管理支持，依托 SuperMap、GeoScene 等基础引擎环境，提供标准、统一的基于 UGC 内核的空间大数据引擎，不仅为文件数据库、关系型数据库、国产数据库提供支持，还扩展了对分布式数据库、分布式文件系统的支持能力。

三是平台服务层。平台服务层是平台的基础内容，提供数据采集、数据管理、服务管理和运维管理能力，包括移动端领导工作用图、平台数据管理系统、平台服务管理系统和平台运维管理系统，支撑二三维地理信息从采集、管理到服务发布的全流程体系。

四是应用层。应用层通过平台提供的服务资源和能力，提供面向政务外网/专网用户的二三维地理信息服务，同时提供面向应急指挥、社会治理、国土空间规划等应用领域的多维地理信息服务。

平台总体采用 B/S 架构，基于 WebGL 引擎进行二三维系统的开发，数据库主要采用 Post-greSQL 和 MongoDB，后台服务基于 Spring Boot 进行运行环境的建设。

3.4　青岛市国土空间基础信息平台主要功能实现

3.4.1　综合展示中台

综合展示中台作为平台的地图可视化应用窗口，对标高德、Google Earth，持续打造二三维一体的青岛 Earth，实现全市域实景三维场景的浏览、查询、分析和应用，以及现状、管理、规划和社会经济四大类专题数据的叠加分析及其在国土空间规划中的应用（图 5）。

图 5　青岛市国土空间基础信息平台综合展示中台

3.4.2 统一门户

平台作为综合展示中台的控制台，提供统一门户，主要面向资源申请和二次开发用户，实现资源的预览申请、二次开发技术支持、用户反馈等服务，最大程度降低国土空间基础信息平台应用的二次开发门槛，进一步提升地理信息公共服务体验（图6）。

图6　青岛市国土空间基础信息平台统一门户

3.4.3 服务资源管理

平台实现二三维一体化的国土空间信息服务管理，提供空间数据服务的资源发布、管理与汇聚（图7），支持海量矢量数据、栅格数据"免切片"发布，包括地名地址引擎及服务、高程服务、二三维服务、矢量瓦片服务、空间基础服务和空间分析服务等，加强服务权限的管理，按照"我的服务，我做主"的原则，实现服务资源的注册、管理、分发共享，让合适的人看到适合的服务资源。

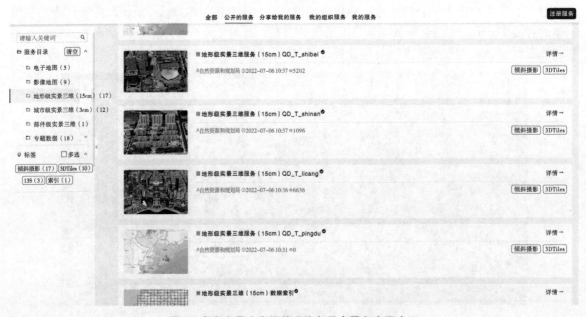

图7　青岛市国土空间基础信息平台服务资源中心

同时，平台可支持实时流数据、物联网数据的扩展接入（图 8），如农田保护相关的视频监控数据、地质灾害实时监测数据、地下水监测（电导率、水位、水温等信息）等，通过构建物联感知普适性中间件，实现物联感知数据的接入、管理和标准化输出，提高智慧城市的信息感知、数据汇聚、空间分析、共享分发能力。

图 8 青岛市国土空间基础信息平台视频流服务接入

3.4.4 综合数据管理

采用混合存储架构，综合利用空间数据库（分布式空间数据库）、分布式 NoSQL 数据库、存储系统，构建统一的数据存储资源池，并提供统一的地理空间数据存储模型、访问接口、编目组织等，实现关系数据、空间数据、文件数据及数据服务的统一存储访问。集成整合多源、海量、异构空间信息大数据，实现国土空间专题类数据的接入、空间化、入库管理、成果发布、历史数据管理、信息检索等全生命周期管理应用，实现数据的一体化管理（图 9）。

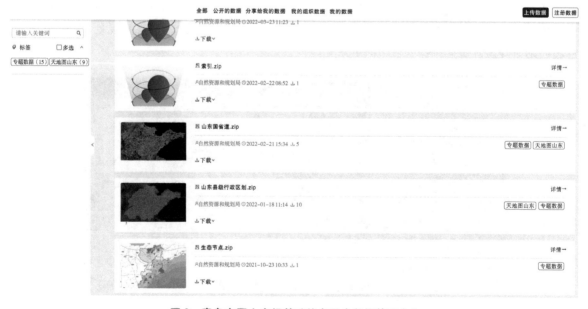

图 9 青岛市国土空间基础信息平台数据管理中心

3.4.5 运维保障

基于云资源管理和池化资源管理技术，实现对平台服务的日常管理维护，实现多源异构、海量多维时空数据资源共享分发的服务认证、加密转发、日志统计分析、运行监控、用户租户与权限管理等功能。建立安全可控的服务运行监控方案，促进长效服务，保障平台健康稳定运行（图10）。

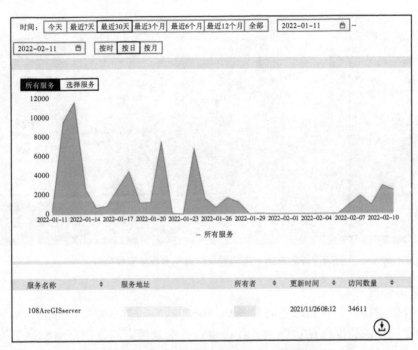

图10 青岛市国土空间基础信息平台服务监控

3.4.6 移动领导工作用图

平台开发移动端 APP，作为国土空间基础信息平台的掌上"阅读器"，共同构成平台在 B/S 客户端、大屏端及移动端三终端协同的应用场景，实现实时定位、查询、二三维一体化展示、重点规划专题叠加、重点要素采集、标绘等功能（图11），重点辅助国土空间规划、城市品质提升现场调研等重点工作，提升科学决策效率。

图11 青岛市国土空间基础信息平台移动领导工作用图

3.4.7　实景三维赋能平台

利用实景三维赋能，新一代国土空间基础信息平台在城市规划分析、低效用地开发、历史城区保护、综合应急保障等领域具有更广泛的应用前景，可全面提升基于平台构建国土空间业务推广应用的空间生态。

一是城市规划分析。将国土空间规划一张底图与实景三维场景进行叠加分析，可以清晰地查看、分析各类型地块与现状实景的布局关系，包括地形地势、坡度坡向、周边资源设施分布与"山水林田湖草"的空间关系，精准化辅助"一张蓝图"控规和详规设计，解决传统二维平台无法解决的难题，辅助提高市政府高层会议决策的水平和效率（图12）。

图 12　青岛市国土空间基础信息平台实景三维辅助城市规划

二是低效用地开发。以往主要通过传统的二维"一张图"系统查看和现场实地调研低效用地，效率低下、手段传统，而基于实景三维，无须现场调研，在指挥大厅就可以更加精准、高效地一键式查看低效用地的详情，包括用地开发现状、周边配套设施，同时可以进一步推进土地招商，实现实景三维"云上看地"（图13）。

图 13　青岛市国土空间基础信息平台低效用地开发

三是历史城区保护。基于实景三维可以快速获取历史城区真实的建筑、地物信息，用于判别违法违章建筑，辅助历史建筑的保护修复工作，评估新规划建筑与周边环境的协调性，实现对历史城区与自然风貌的有效保护和修复（图14）。

图14　青岛市国土空间基础信息平台实景三维辅助历史城区保护

四是综合应急保障。通过实景三维赋能综合应急保障，在城市防火、防汛、地质灾害应急、疫情防控等应用中，通过实景三维真实、立体的数据优势，宏观层面可以查看应急区域的全貌，实现"宏观统全局"；微观层面可以直观地调取周边的防火防汛资源，如上山应急通道分布、水囊分布、消防物资部署、防汛物资调度、疏散路径规划等，实现全要素信息调度，提升科学应急的效率。例如，在疫情防控过程中，利用高精度实景三维，围绕"地、楼、房、人"空间全要素基底，可以实现封控区、管控区、防控区精准化管理，全面掌握封控区或需要封控时单元空间的区划范围、出入口、周边环境、小区楼栋、层数、人口数等（图15），为精准防控提供辅助。

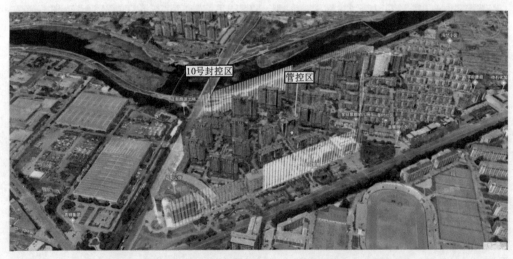

图15　青岛市国土空间基础信息平台实景三维助力疫情防控

4 关键技术突破

4.1 基于 NoSQL 实现 TB 级实景三维缓存数据的分布式存储

平台使用 MongoDB 搭建分布式集群，实现海量缓存数据的管理和高效分布调度；利用非关系型数据库和传统关系型数据库协同打造国土空间数据湖，实现数据的统一管理。

4.2 三维主流服务（S3M、I3S、3D Tiles）跨引擎统一支撑

平台支持目前国内外主流的 S3M、I3S、3D Tiles 三种三维服务的发布、预览与使用，打破了传统平台只支持单一服务的约束，可以做到不同类型服务的无感加载、切换，从平台底层实现对三维能力支撑的全覆盖。

4.3 海量自然资源专题数据二三维一体的高效渲染

对于百万级要素的专题数据，如自然资源"三调"数据，进行二三维一体的"贴倾斜"表达是可视化表达的难题，其瓶颈基本上是万级面要素的同时表达；平台利用服务端渲染的机制，将海量要素"单一化"，实现了近百万专题矢量要素在实景三维场景的秒级渲染，同时兼顾了属性信息的快速检索，解决了海量专题矢量要素在实景三维场景一体化表达的难题。

4.4 基于 OAuth2.0 跨平台二三维底图/专题服务的权限统一授权和访问控制

平台实现了可发布多种实景三维服务，并通过安全令牌的方式进行访问控制，兼容目前主流的多种三维服务。

4.5 实时计算的实景三维名称注记按需智能调度与自适应快速渲染

平台实现了一种面向俯仰角、方向角、三维视角高度、注记点权重等多参数的综合注记渲染策略，实现三维注记点的统一智能调度，提高了三维注记的显示效率。

4.6 多源矢量数据/服务的一键式叠加与可视化控制

平台支持 GeoJSON、KML 和 SHP 等多种主流离线数据/服务的叠加显示，数据的上传、解析与叠加均基于"无服务"模式进行，平台算法可在客户端对数据进行解析加载，在利用客户端算力的同时，减轻服务器压力和带宽传输压力与传输时间。同时，平台还支持加载已发布的矢量服务，将矢量数据/服务的加载显示做到"用户无感化"，用户在使用时感觉不到数据之间的区别，可提升用户的操作体验。

4.7 基于倾斜影像的实景三维模型增强显示

平台充分利用了实景三维建模的中间成果数据，在 B/S 平台上实现大规模影像数据与实景三维模型间的高精度融合显示，在大比例尺下用影像精准叠加在实景三维模型上，从视觉上弥补了实景三维模型可能出现的表面空洞、凹凸不平、存在空中悬浮物、显示模糊和精度不高等不足，更直观、真实地反馈实景现状，同时做到三维漫游操作过程中影像动态调度以及与模型之间的无缝切换，使得三维漫游操作和影像融合效果协调共生，不仅提高了成果数据的利用率，而且提升了实景三维的可视化效果，有助于实景三维的推广应用。

4.8　LDAP 开源体系下的用户管理开放式接入

平台支持已有 LDAP 协议的用户认证接入，作为全市统一的地理信息服务平台，实现了与青岛市已有政务用户体系的对接和统一（图 16）。

图 16　青岛市国土空间基础信息平台关键技术突破

5　结语

实景三维作为真实、立体、时序化反映人类生产、生活和生态空间的时空信息，是国家重要的新型基础设施，通过"人机兼容、物联感知、泛在服务"实现数字空间与现实空间的实时关联互通，为数字中国提供统一的空间定位框架和分析基础，是数字政府、数字经济重要的战略性数据资源和生产要素。

实景三维赋能新一代国土空间基础信息平台，作为青岛市城市云脑统一地理信息服务平台，既能作为自然资源的一体化平台面向自然资源管理提供信息化基础服务，又能有效支撑城市云脑及各部门、各行业在城市更新、品质提升及数字化建设等领域的多维地理信息应用需求，为青岛市城市云脑建设提供便捷化的时空信息服务，有利于充分发挥国土空间基础信息平台在新型智慧城市建设中的基础作用，提升测绘地理信息的综合服务水平，为数字青岛建设提供时空信息底座。

下一步，国土空间基础信息平台将增加对通用性业务模型的支撑，根据自然资源领域的城市空间规划、土地利用评估等领域的具体业务应用，建立业务模型池，"一次建设，多方应用"，避免重复投入。

［参考文献］

［1］王伟伟，张开洲，余文富. 省级国土空间基础信息平台建设关键技术研究——以甘肃省为例［J］.
国土资源信息化，2020（6）：40-45.

［2］陈治睿，胡小华. 基于高可用架构的国土空间基础信息平台部署与应用［J］. 国土与自然资源研究，2021（2）：15-17.

［3］赵鹏飞，赵敏，王亮. 省级国土空间基础信息平台建设关键技术研究［J］. 测绘与空间地理信息，2021，44（S1）：106-109.

［4］穆超，胡海潮，吴剑，等. 县级国土空间基础信息平台建设［J］. 地理空间信息，2022，20（1）：79-81.

［作者简介］

赵军，高级工程师，就职于青岛市勘察测绘研究院。

王海银，研究员，就职于青岛市勘察测绘研究院。

孙娜，高级工程师，就职于青岛市勘察测绘研究院。

张东，高级工程师，就职于青岛市勘察测绘研究院。

王鸿绪，助理工程师，就职于青岛市勘察测绘研究院。

实景三维支撑自然资源信息化的思考与实践

□华梦圆，田银伟，陈静，张耘逸

摘要：在全面推进实景三维中国建设和数字化转型的大背景下，本文首先分析实景三维在自然资源与规划领域的应用现状，并总结自然资源实景三维应用可以深化研究的方向，提出自然资源实景三维应用体系框架；其次针对目前自然资源实景三维应用潜力大的业务领域，梳理了国土空间规划、用途管制与开发利用、耕地保护、生态修复、体检评估与监督执法领域的三维应用场景，并分享相关项目案例实践；最后从多元新兴技术融合的角度，总结在实景三维建设中，融合规则数字化、人工智能（AI）、物联网（IoT）和大数据、游戏引擎、虚拟现实（VR）、增强现实（AR）等技术的优势与可行性。

关键词：实景三维；三维 GIS；自然资源信息化；三维应用场景；技术融合

1 引言

全面推进实景三维中国建设是自然资源部落实数字中国、数字政府战略的重要举措。《自然资源部信息化建设总体方案》（自然资发〔2019〕170 号）中明确提出，要推进三维实景数据库建设，建立三维立体自然资源"一张图"。《实景三维中国建设技术大纲（2021 版）》（自然资办发〔2021〕56 号文件附件）及以自然资测绘函〔2021〕68 号、自然资办函〔2022〕639 号印发的 7 份新型基础测绘与实景三维中国建设技术文件强调，实景三维是国家新型基础设施建设的重要组成部分。《自然资源部办公厅关于全面推进实景三维中国建设的通知》（自然资办发〔2022〕7 号）对全面推进实景三维中国建设的目标、任务、分工等提出了明确的要求。

这一系列政策的出台，推动测绘地理信息的改革，催生了三维 GIS 技术发展的又一个浪潮。多地政府、科研院校、事业单位与企业依托实景三维相关项目，在三维模型生产、数据存储管理、数据融合展示、智慧应用研发等方面的研究开展得如火如荼。以平面 CAD、GIS 为主的传统规划管理，向以实景三维、人工智能、物联网和大数据等技术融合为支撑的"全景式"自然资源管理与国土空间规划转型，是自然资源信息化发展的重要途径和重要趋势。

2 自然资源实景三维应用现状分析

在自然资源的多个业务领域已经开展对实景三维应用的探索实践。目前，不动产登记领域的三维应用相对比较多，如通过实景三维获取建筑物界址数据、自动化构建三维楼表盘、快速关联落宗、核发三维电子证照等。在自然资源调查监测领域，主要通过遥感卫星、无人机、激光雷达、监控摄像头等设备采集数据，并对调查监测数据进行整合、建库与二三维融合展示。

在国土空间规划领域，针对专项规划、城市设计已有一些相对成熟的理论研究与系统开发案例，如通过地下空间三维建模、截面分析、碰撞分析等应用来辅助地下空间专项规划编制，通过建立城市设计数字化谱系和管控规则体系，构建规则算法模型，辅助设计方案精细审查与比选，落实城市设计精准实施，但是在实景三维支撑国土空间总体规划、详细规划与村庄规划的编制与管理方面的研究较少。在国土空间用途管制与开发利用方面，以雄安新区、南京、厦门等工建改革试点为代表，对工程建设项目BIM报建与辅助审查应用开展了比较深入的应用研究与制度探索。在国土空间生态修复领域的三维应用，主要集中在对矿山修复项目、土地整治项目的实景三维建模、可视化与空间分析等方面。另外，在实景三维支撑自然资源执法监察方面也有少量研究，而针对城市体检、耕地保护的三维应用探索还非常少。

在实景三维技术方面，从数据生产的角度来说，倾斜摄影、人工建模、激光点云等三维数据都较为成熟，基于这些数据的三维模型单体自动生成、实体对象轮廓和图元提取等在小范围数据量时也有较好的实现案例，但面对大范围数据量时的数据生产效率仍较低；另外，在空地多角度、多源数据融合处理方面，产品级转化进程滞后。从数据应用的角度来说，现有的实景三维应用平台已初步满足规划对于实景三维数据的管理、渲染和分析需求，但仍需继续加强实景三维大数据管理、渲染分析等核心技术的攻关和创新。

总体来说，目前自然资源实景三维应用主要存在以下特点：一是实景三维应用在自然资源与规划各个业务领域的发展尚不均衡，主要集中在不动产登记、地下空间规划、城市设计、工程建设项目报建等领域；二是实景三维研究与项目实践在全国各地的发展尚不均衡，BIM和CIM试点城市、东部沿海发达城市相对走在前列；三是实景三维建设还处于边研发、边建设、边应用、边完善的建设应用一体化阶段，需要更多的落地应用来反哺技术革新。

3　自然资源实景三维应用体系构建

基于自然资源实景三维应用的发展现状，在全面构建数字政府、数字城市、智慧自然资源的大背景下，结合自然资源与规划管理工作中的需求和项目实践经验，笔者总结了需要进一步深化和拓展实景三维研究的业务领域与技术方向，提出了面向自然资源与规划的实景三维应用体系。

自然资源实景三维应用体系包含基础设施层、数据层、平台支撑层、应用层和用户层五个层级。其中，基础设施层包括实景三维数据采集设备、数据建模与处理软件、硬件基础设施；数据层汇集多源异构的二三维数据资源，构建基础地理、遥感影像、国土调查、国土空间规划、自然资源和不动产登记等数据库，配套数据标准规范，构建自然资源三维立体"一张图"数据库；平台支撑层的核心是三维GIS引擎，在此基础上，融合规则管理引擎、人工智能、物联网与大数据、沉浸式技术等新兴技术，提升三维GIS在数据融合、可视化效果、智能分析计算等方面的能力，通过国土空间基础信息平台形成搭载、融合、沟通自然资源各类数据和各种系统的支撑基础；应用层面向自然资源与规划关键业务领域，为自然资源调查监测、国土空间规划、用途管制与开发利用、耕地保护与生态修复、体检评估与监督执法、自然资源和不动产确权登记，提供实景三维智能应用支撑，形成立体化、科学化、精细化、智能化的决策方式；用户层包括各级自然资源与规划部门、其他相关政府部门、企事业单位和社会公众等主体（图1）。

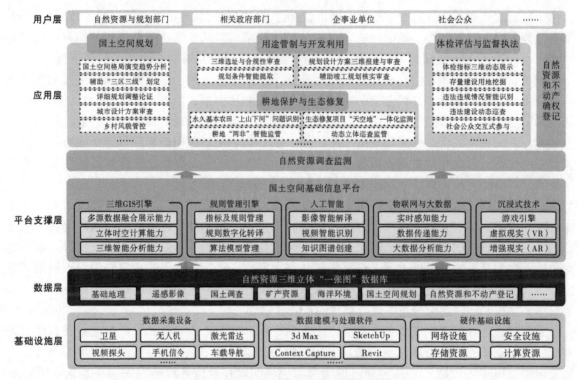

图 1　自然资源实景三维应用体系框架

4　自然资源实景三维应用场景

针对目前自然资源实景三维应用潜力大的业务领域，笔者认为可以从以下业务应用场景切入，进一步开展研究探索。

4.1　支撑国土空间规划

传统二维规划的局限在于平面数据底板携带的空间信息量有限，不能直观地显示地上、地表、地下的资源分布情况，难以对三维国土空间进行统一性规划。自然资源三维立体"一张图"汇集地形、地貌、地物等三维模型，能够直观反映自然地理格局和自然资源状况，从而为国土空间规划、城市设计的编制提供基础数据底板。同时，借助丰富的三维空间分析工具，可以为国土空间规划、城市设计的编制与审查提供重要的决策参考。

可以结合坡度坡向分析、淹没分析等三维分析工具，对坡耕地、永久基本农田"上山下河"等问题进行科学性识别，辅助"三区三线"划定工作（图 2）。在详细规划调整环节，可以通过建筑体块模拟规划调整前后的方案，自动计算方案的建筑密度、容积率、最大高度等指标，结合视线分析、日照分析等工具辅助详细规划调整论证。通过梳理国土空间规划、城市设计中的管控要求，构建三维空间管控规则体系，以加强不同层级、不同类型规划间的传导，落实规划精准实施。例如，在威海城市设计项目中，构建了"全市—单元—街区"三级空间尺度、"形态、公共空间、风貌、眺望、街道"五大类的城市设计管控规则体系，并将数字化规则录入系统，作为建筑设计方案精细审查、方案比选等应用的基础支撑。实景三维也可以用于乡村风貌管控引导，通过参数化建模、提供模型素材库等形式，进行民房选型、方案模拟，并结合实景三维预览建成效果，保障乡村风貌的协调性（图 3）。

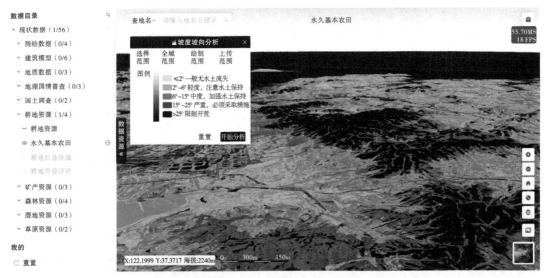

图 2　地形级实景三维辅助"三区三线"划定

图 3　城市级实景三维辅助空间形态管控与风貌指引

4.2　支撑用途管制与开发利用

以国土空间规划为引领，梳理、构建国土空间用途管制规则体系，强化规划管控内容与开发建设活动的有机衔接，保障项目建设有序开展。以工程建设项目为核心，在建设项目用地预审与选址、农用地转用和征收、建设用地规划许可、建设工程规划许可、土地核验与规划核实等环节的业务审批端接入三维服务，开展三维选址与合规性审查、规划条件智能提取、规划设计方案三维报建与审查、竣工规划核实审查等智慧应用，精确把控国土空间开发利用全过程。

例如，在瑞安市空间治理项目中，构建了三维智慧选址（图 4）、建筑设计方案三维报建与精细审查（图 5）等应用。在项目策划生成阶段，为有意向的项目进行选址时，在用地性质、用地面积等二维选址条件的基础上，引入日照条件、填挖方、坡度坡向等选址因子与场景。基于选址模型，自动筛查出符合要求的地块，并结合实景三维数据和三维空间分析工具，直观了解推荐地块的周边建设情况、地形情况、日照情况，自动估算土地平整土方量。在工程规划许可阶段，考虑到 BIM 建模成本较高、推广度较低，目前暂时没有条件推行 BIM 报建的地区，也可以通过设计单位常用的 3d Max、Sketch Up 软件制作的三维模型进行规划设计方案报建。制定三维报建标准规范、方案审查细则，通过计算机自动审查来辅助人工审查。由此实现建设项目全周期管控智能化，保障规划精准落地、要素精准配置，提高审批决策效率。

图 4　三维智慧选址

图 5　建筑设计方案三维报建与精细审查

4.3　支撑耕地保护

构建耕地保护三维立体"一张图"，融入遥感影像智能识别、人工智能模拟推演等新技术，建立"数据精心治理、业务精细管理、利用精准决策"的耕地保护监测监管体系，为耕地数量、质量、生态"三位一体"保护和管理决策提供支撑。

基于 DEM 数据，结合坡度坡向分析工具，可以对永久基本农田"上山下河"问题进行识别，也可以快速筛查出需要退耕还林还草的坡耕地，以及坡度大于 25°禁止垦造耕地的区域，并形成统计台账，提高业务人员的工作效率。同时，可以通过水情、雨情等情况的动态监测与预报信息，分析内涝发生的概率与时间周期，构建雨洪模拟算法模型，结合淹没分析工具，模拟河湖水面涨水影响范围与发展态势，对分析区域内的耕地淹没、生态退耕、灾损总量及发展潜力进行及时预警和研判。

4.4　支撑国土空间生态修复

在生态修复项目策划阶段，基于高精度实景三维，结合 AI 技术，可以实时监测生态修复项目范围内的地形地貌、绿地、水质等要素，对生态资源进行自动判读，减少现场调查的时间，辅助生态资源现状综合评估工作。

在生态修复项目实施阶段，结合卫星遥感、无人机、视频监控、电子围栏等感知设备和技术，打造"天空地"一体化的三维立体监测网，全景式呈现周边环境及项目实施进展情况，为项目提供从立项、实施到验收的全周期监测监管。同时，通过坡度坡向分析、填挖方分析、淹没分析等三维空间分析、测量工具，对修复情况进行研判，辅助项目审批决策。以矿山修复工程为例，利用多时相、多类型的高清遥感影像，提取监测矿山的区域地表变化，绘制矿区创面与修复面，制作修复情况对比图，对修复面面积变化进行计算，还可以基于三维矿山模型开展土石方量计算、断面分析等应用。

在生态修复项目管护阶段，基于三维实景，结合 AR、VR 技术为用户巡查监管提供丰富的环境信息和立面信息，可以动态定义巡检路线和对象；结合遥感影像识别技术，能够快速识别工程越界、非法占用、可疑车辆或人员作业等情况，实现对生态修复项目更丰富、更精确的巡查取证。

4.5　支撑体检评估与监督执法

通过采集、汇聚城市三维实景现状数据、国土空间规划数据、城市运行管理数据、社会经济发展数据、生态环境等大数据，运用三维空间分析计算工具，对城市运行体征进行诊断分析，对城市体检指标进行三维动态可视化展示，直观、灵活地呈现城市各个管理要素、服务对象的状态，针对问题指标及时预警。

在自然资源监督执法过程中，可以通过比对多时相高分辨率卫星遥感影像，识别出用地变化图斑。再将生成的用地变化图斑与实景三维数据、国土空间规划编制成果、审批数据等进行自动比对、核查，筛选出疑似违法违规图斑。同时，将疑似违法违规图斑进行人工核查，以确定违法违规建设情况。例如，在德清空间治理项目中，业务人员在桌面端获取疑似违法违规图斑，并对需要进行现场踏勘的地块做标记，同时在移动端可以看到桌面端指派的任务，针对这些地块，巡查人员可以创建巡查任务，并录入巡查信息、上传举证材料，让业务人员及时了解巡查情况。

5　实景三维技术融合

实景三维可以为自然资源综合管理提供统一的空间基底，除此之外，实景三维建设所涉及的多源、海量数据的生产、存储、分析和运营，需要与规则数字化、AI、物联网、大数据、游戏引擎、VR、AR 等新兴技术深度融合，从而实现实体化、语义化、全空间的实景三维应用，进而支撑自然资源管理，落实实景三维中国建设。

5.1 融合规则数字化技术

自然资源与规划管理工作中包含大量的管理规则，不同业务领域、审批环节的规则也不同。规则数字化技术就是在对管理规则进行分类梳理的基础上，制定规则描述规范，对规则进行标准化处理，再将文本语言转化为计算机语言的过程（图6）。数字化规则的确定性、稳定性可有效缓解自然资源管理现实中的不确定性，提高自然资源管理的科学性和高效性。

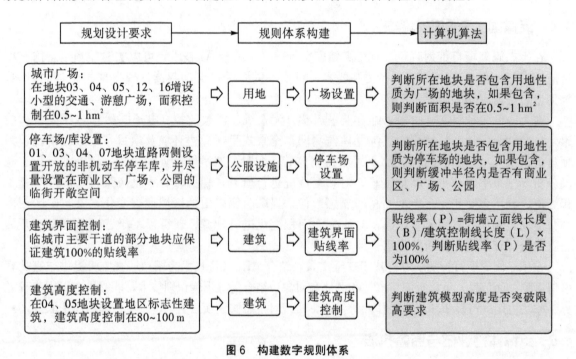

图6　构建数字规则体系

基于深度学习算法，利用规则样本库进行训练，从文本化的管理规则描述中提取空间条件、属性条件、管控强度等内容，并将提取的结果智能转译为三维GIS技术中对应的空间分析语言（如相交、相离等）、数值关系语言（如大于100 m、10％～20％等）、类型描述语言（如高、宽等）。依托规则管理引擎，将空间分析语言、数值关系语言、类型描述语言组合为一种或多种分析算法，构建资格类、验证类、计算类、流程类、权限类等多种规则类型的算法模型。将一条自然资源管理数字化规则与算法模型进行自动或手动匹配，形成一个自然资源管理规则算法服务。该服务可以通过共享方式进行调用，最终实现规则计算（图7）。例如，在威海城市设计项目中，实现对3万多条管控规则的数字化转译，基于此实现对三维建筑设计方案的人机联合审查；在瑞安空间治理项目中，构建建设项目选址条件库、合规性审查规则库、建筑设计方案审查规则库等多个规则库和对应的算法模型，作为智能应用开发的基础支撑。

此项技术可以实现自然资源管理规则的数字化转译、计算和分析，支持从文本规则到算法模型构建的完整流程，可以为自然资源实景三维应用提供底层技术能力。

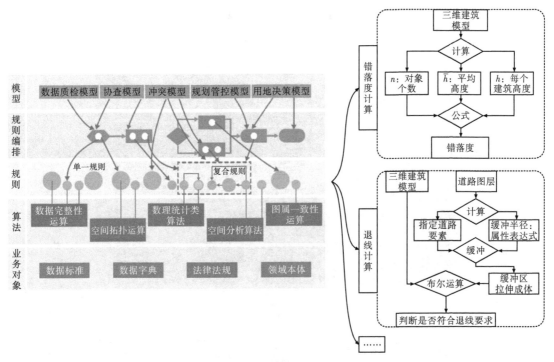

图 7　提取算法模型

5.2　融合人工智能技术

人工智能（AI）技术可以大幅提高识别、计算、分析、预测等方面的能力，提升地理信息服务的精确化、智能化水平，给实景三维应用带来了新的机遇和挑战。

遥感影像智能解译技术作为人工智能在遥感领域的关键技术之一，大幅提高了遥感影像解译的效率与质量。以多样化、高精度、海量的遥感影像样本库作为人工智能引擎的训练样本，基于深度学习算法，可对遥感影像进行高效、准确地分类、识别、检索、提取。例如，在徐州市城市体检项目中，基于 AI 技术，从高分辨率遥感影像中提取建筑基底轮廓与建筑层数信息，从而实现徐州市全域建筑白模的自动化生成（图 8），使用户能够以较低成本快速获取基础数据底板。另外，也可以采用特征搜索分析算法，对比和分析不同时相的遥感影像数据，可应用于耕地"非农化、非粮化"识别、城市低效用地识别等多个场景。

知识图谱是一种基于多源、海量数据构建的语义网络（Semantic Network），为"可解释的人工智能"提供了全新的视角和机遇，能够实现地理知识的形式化描述及推理计算，可促进地理空间数据与丰富的语义信息的结合。利用知识图谱可以具象化地表达自然资源要素特征，利用图神经网络、多模态知识学习等方法，构建地理知识图谱的深度学习模型，实现地理知识图谱推理及地理空间理解。

图 8　基于 AI 的遥感影像识别与自动建模技术

基于知识图谱技术，面向调查监测、规划编制、开发利用等自然资源核心业务，通过建立数据图谱对各类业务数据进行关联，并基于人工智能和机器学习，进行知识的深度挖掘和推理，快速精准地提取出各类数据在时间、空间、业务等各个维度的关联关系，为决策提供全方位的信息支撑，提升自然资源数据的应用价值（图 9）。例如，在陕西省自然资源厅项目中，构建了以地块为核心的知识图谱，可以追溯地块批、供、用、补、查、登全生命周期的全息信息，精准定位用地变更、报批转用、土地供应情况，快速发现前后环节用地性质冲突、多部门信息冲突和数据权威性问题。

图9　土地全生命周期知识图谱

5.3　融合物联网和大数据技术

通过物联网，如信息传感器、射频识别技术、全球定位系统、红外感应器、激光扫描器等，可以实时采集特定场景下的遥测数据、三维实景数据、视频监控数据等。例如，可以通过监控视频对矿山修复工程实施全过程监控，实时解析视频监控数据中的每帧图像，借助标定的监测元件的位置数据，计算每帧图像前景目标的空间位置，并基于投影纹理算法，将不同角度的视频监控数据与矿山三维实景数据融合，构建出一个监控视频与实景三维模型实时、动态融合的体系。

同时，由物联网产生的海量结构化数据与非结构化数据给实景三维的应用带来了很大挑战。可以通过Spatialite空间数据库，将实景三维数据与手机信令、GPS数据、人口数据等进行融合展示与统筹管理，实现多源异构数据的管理一体化、显示一体化、空间分析一体化和服务发布一体化。结合分布式存储和并行计算技术，可实现强有力的大数据能力，提供诸如职住平衡分析、交通流量分析、人口流动趋势分析等丰富的大数据应用场景支撑，为国土空间规划、城市体检等提供基础性数据及决策支撑。

5.4　融合沉浸式技术

基于超高仿真技术，依托游戏引擎平台，可使实景三维数据呈现出实时反射、凹凸有致等多种质感，实现地形、建筑、植被等实景三维数据的极致表达。同时，结合增强现实（AR）技术，将实景三维数据与现实场景进行叠加，如将三维建筑设计方案实时投射到项目现场，使规划设计师、建设单位能够直观查看设计方案与周边环境的协调关系，预知方案落地效果，对设计方案的合理性进行研判，打通现实与规划、当前与未来，加强多维空间交互。另外，可以结合虚拟现实（VR）技术，优化实景三维数据立体成像，实现海量三维数据的高效可视化。例如，在黔西南项目中，基于倾斜摄影数据，用户通过穿戴VR设备，可以在城市现状三维空间中漫游，实现身临其境的沉浸式体验和全方位观察，提高对城市建设环境的感知度，及时发现城市存在的问题。

6 结语

实景三维突破了二维信息表达的束缚,实现了自然资源各要素从平面到立体、从抽象到具象、从静态到动态的直观展示、分析与应用。笔者在梳理、总结自然资源实景三维应用现状的基础上,提出了自然资源实景三维应用体系,并阐述了可以进一步深化、拓展的业务应用场景,以及可以与实景三维深度融合的新兴技术。实景三维中国建设必将推动自然资源信息化领域的技术创新与应用服务升级,未来的实景三维将会更直观、更精准地支撑自然资源与规划工作,全面提升国土空间治理的数字化、智能化水平。

[参考文献]

[1] 李文俊,梁楠,周云畅,等. 基于三维 BIM 模型的规划报建审查原型研究 [J]. 物联网技术,2012 (4):71-73,78.

[2] 娄书荣,李伟,秦文静. 面向城市地下空间规划的三维 GIS 集成技术研究 [J]. 地下空间与工程学报,2018,14 (1):6-11.

[3] 汤梦霞. 三维 GIS 技术让不动产"立"起来 [J]. 城乡建设,2020 (23):15-17.

[4] 杨俊宴. 从数字设计到数字管控:第四代城市设计范型的威海探索 [J]. 城市规划学刊,2020,000 (2):109-118.

[5] 刘俊楠,刘海砚,陈晓慧,等. 面向多源地理空间数据的知识图谱构建 [J]. 地球信息科学学报,2020,22 (7):1476-1486.

[6] 蒋秉川,游雄,李科,等. 利用地理知识图谱的 COVID-19 疫情态势交互式可视分析 [J]. 武汉大学学报(信息科学版),2020,45 (6):836-845.

[7] 刘振东,戴昭鑫,李成名,等. 三维 GIS 场景与多路视频融合的对象快速确定法 [J]. 测绘学报,2020,49 (5):632-643.

[8] 张耘逸,罗亚. 规划引领数字国土空间全程智治总体框架探讨 [J]. 规划师,2021,37 (20):60-65.

[9] 王国成. 规则数字化:科技与人文交叉的逻辑内涵与融通理路 [J]. 科学·经济·社会,2021,39 (4):29-40.

[10] 张广运,张荣庭,戴琼海,等. 测绘地理信息与人工智能 2.0 融合发展的方向 [J]. 测绘学报,2021,50 (8):1096-1108.

[11] 王志华,杨晓梅,周成虎. 面向遥感大数据的地学知识图谱构想 [J]. 地球信息科学学报,2021,23 (1):16-28.

[12] 杨帆. 矿山环境治理实景三维设计软件的开发与应用 [J]. 地矿测绘,2022,38 (1):44-47.

[13] 柴少强,王雪,朱星昊. 基于三维全景视频融合技术的全时空监控方法关键技术探讨 [J]. 科技创新与应用,2022,12 (12):19-23.

[14] 赵玲玲. 建设实景三维中国打造统一空间基底 [N]. 中国自然资源报,2022-03-04 (1).

[15] 陆芬. 走向实景三维 [N]. 中国自然资源报,2022-03-15 (7).

[作者简介]

华梦圆,上海数慧系统技术有限公司产品经理。
田银伟,上海数慧系统技术有限公司技术经理。
陈静,上海数慧系统技术有限公司需求分析工程师。
张耘逸,上海数慧系统技术有限公司产品线副总经理。

基于自主可控的部件级实景三维建设应用研究

□刘从丰，邵晓军，王罕玲，朱瑞

摘要：自实景三维中国建设相关政策发布以来，各地区按照国家要求，积极开展实景三维建设的实践，部分先行先试地区已形成初步的建设成果，为经济社会发展提供了基础支撑。但当前实景三维建设多聚焦地形级与城市级实景三维，对部件级实景三维的研究与应用不足。本文从部件级实景三维建设出发，分析部件级实景三维建模工具现状，按照自主可控要求，提出部件级实景三维建模工具的建设思路、技术路线和应用特点，并以房屋类建筑物结构部件为例，阐述自主可控的部件级三维建模工具在设计、审批、管理阶段的实际应用。通过探索研究，形成一套数据精准、建模高效、渲染逼真、兼容性强的国产化建模工具，助力部件级实景三维的建设与应用。

关键词：实景三维；部件级；自主可控；建模；渲染

1 引言

新时期，经济社会发展和生态文明建设对地理空间信息提出了新要求，需克服当前存在的高程信息不直观、数据精细度低、语义信息不足、层次化表达缺乏等问题，实现对生产、生活、生态空间的立体、真实、时序化表达，构建实景三维中国，可以更好地服务数字中国建设。2021年印发的《实景三维中国建设技术大纲》指出，实景三维建设内容包含地形级、城市级、部件级实景三维，并要求在建设中要坚持创新驱动，通过科技创新实现关键技术安全、自主、可控。2022年印发的《关于全面推进实景三维中国建设的通知》提出，鼓励社会力量积极参与，通过需求牵引、多元投入、市场化运作的方式，开展部件级实景三维建设。

部件级实景三维主要用于精准表达和按需定制，精度要求较高，以单体化、实体化和语义化为主要特征，服务于个性化应用。作为实景三维中国的重要组成部分，加强部件级实景三维建设，推动技术安全自主可控，是促进自然资源管理和治理能力现代化，推进城市精细治理和高质量发展的必然要求。

2 实景三维建设现状

自新型基础测绘与实景三维中国建设相关政策发布以来，部分省、自治区、直辖市积极开展先行先试工作，并取得了一系列建设成果。

上海市完成了外环区域约 700 km² 的城市三维标准模型及陆家嘴、"一江一河"等重点区域超精细三维模型的建设工作，建立了城市三维空间库。成果涵盖倾斜 Mesh 模型、可量测实景影像、三维激光点云、全要素地形数据、全要素实景模型等，形成了以地理实体为核心的"四全"（全空间、全类型、全时态、全属性）空间数据模型，对"一网通办"和"一网统管"的建设工作起到了关键性作用。

武汉市生产了一系列丰富的三维成果产品，包含三维地形、模型三维、倾斜三维、全景三维、实景三维。地形级实景三维覆盖全市域 8569 km²，城市级实景三维覆盖全市域超过 1300 km²，实现了中心城区、长江主轴、长江新城核心区的房屋建筑、道路、地下建筑物、地质地层全覆盖。三维成果广泛应用于城市规划设计、城市环境整治、城市更新、交通运行管理、耕地保护和监控、生态修复评价、矿山治理、地质灾害评估和模拟等方面。

宁夏按照不同的应用需求，建立了三个层次、三种类型的实景三维模型。全区范围内利用 2 m 格网数字高程模型和 0.2 m 的正射影像，构建实景三维地形场景，城镇区域利用倾斜航空摄影建立覆盖全区 22 个市县区和主要开发区约 1400 km² 的实景三维精细模型，城镇区域以外叠加已有数字线划图成果与雷达点云数据，建立实景三维框架模型。数据成果真实还原宁夏全域地貌特征，以及地面各类地物要素的真实形态、空间分布和相互关系，为自然资源精细化管理夯实数据底座。

目前，各个地区的实景三维建设主要聚焦在地形级与城市级，对部件级实景三维的建设实践较少。部件级实景三维成果多用于地理实体外观信息和类别属性的可视化展示，缺乏对属性数据更深层次的管理和应用。

部件级实景三维是面向微观尺度的精细化表达，对现有的建（构）筑物结构部件、建筑室内部件、道路设施部件、地下空间部件等，可基于高精度的激光雷达数据、高精度倾斜三维模型等进行生产，对新增的部件级实景三维，需借助三维建模工具，从设计阶段入手，加强对部件级实景三维的生产把关，经过审批、建设、管理全流程，形成符合标准规范的部件级实景三维，动态更新实景三维数据资源。笔者现按照自主可控的要求，针对新增部件级实景三维模型构建进行研究。

3 部件级实景三维建模工具现状

目前，新增部件级实景三维模型制作多使用国外软件，如 3d Max、Sketch Up、Rhino、Revit 等，各软件基本情况、特点及对比见表 1。

3.1 3d Max

3d Max 是美国 Autodesk 公司开发的 PC 端三维建模渲染和动画制作软件，可应用于工业设计、建筑设计和工程可视化领域，提供可视化的操作环境和丰富的实用工具。三维建模通过二维矢量图的建筑轮廓线在软件内拉伸几何模型，模型纹理通过相机拍摄、照片修正进行贴图制作，拥有强大的点、线、面编辑功能，对复杂建模有很强的可操作性。

3.2 Sketch Up

Sketch Up 是美国 Trimble 公司开发的用于创建、共享和展示三维模型的软件。软件采用平面建模的方式，不需要借助功能繁杂的指令集，可自动识别、捕捉线条，由线构成面，在面的基础上挤压操作最终成型。建模过程流畅简明，操作界面简单直观，建模效率高，与 3d Max 等操作较为复杂的软件相比，Sketch Up 适合非专业人员使用，易上手。

3.3　Rhino

Rhino 是美国 Robert McNeel & Assoc 公司研发的专业 3D 造型软件，可应用于三维动画制作、工业制造、科学研究及机械设计等领域。软件集参数化技术和 NURBS 曲面建模于一体，可创建、编辑、分析、转换 NURBS 曲线、曲面和实体，对复杂度、角度和尺寸方面没有限制，在各种复杂、异形结构的建模中具有优势。

3.4　Revit

Revit 是美国 Autodesk 为建筑信息模型（BIM）设计的一款平台级三维建模软件，支持建筑设计、MEP 工程设计和结构工程设计。支持自由造型和参数化设计，并可检测、分析设计成果，为建筑信息模型的设计、施工、运营各阶段提供精细的模型与数据支持。

表 1　常用主流三维建模工具对比

软件名称	版权所有	应用领域	优点	缺点	属性信息
3d Max	Autodesk（美国）	工业、建筑设计和工程可视化	三维制作和渲染功能强大；模型效果逼真；扩展性良好，方便其他建模软件使用	界面复杂，操作烦琐，非专业人员使用难度大；面向设计的性能很弱；无法创建精确的地理位置，不支持信息查询、空间分析等交互操作	无
Sketch Up	Trimble（美国）	建筑、工业设计	对非专业人员友好，易于上手使用；插件丰富，模型资源丰富；建模效率高；扩展性良好	自由曲面的创建及操作较弱	无
Rhino	Robert McNeel & Assoc（美国）	建筑方案设计、三维动画制作、工业设计	硬件配置要求低，占用空间小，运行速度快；曲面功能强大，曲线是精度高的 Nurbs 曲线，流畅无棱角；自带功能丰富，无须借助更多插件；对建模数据的控制精度高	忽视建筑整体受力合理性；对于模型修改，缺少全参数化流程，无法通过历史步骤进行修改；面片式建模逻辑，3D 打印、实体模具制作等实际应用易出错	有
Revit	Autodesk（美国）	建筑信息模型（BIM）构建	支持可持续设计、碰撞检测、施工规划和建造，支持 BIM 全生命周期管理；模型精细程度高，细化至各个部件，便于深入应用	作为基本常规的建模软件，无法满足奇特造型建筑的应用需求；模型体量较大	有

在新增部件级实景三维模型构建中，我国长期依赖从美国等西方国家进口的软件工具，在复杂多变、制裁频出的国际环境下，存在"卡脖子"、信息安全隐患等问题。且部件级实景三维需兼具模型的外观与属性信息，国外部分软件存在只注重模型效果、忽略属性的短板，推动自主可控的部件级实景三维建模工具研究有利于保障信息安全，符合我国实景三维建设要求。

4　自主可控的内涵与必要性

4.1　自主可控的内涵

自主可控是依靠自身研发设计，全面掌握产品核心技术，实现信息系统从硬件到软件的自主研发、生产、升级、维护的全程可控。具体而言即核心技术、关键零部件、各类软件全部实现国产化，自己开发、自己制造，不受制于人。自主可控是国家信息化建设的关键环节，是保护信息安全的重要目标之一，在信息安全方面意义重大。

依据《信息安全技术信息技术产品安全可控评价指标》提出的安全可控要求，信息技术产品需实现保护应用方的数据支配权、产品控制权和产品选择权的保障目标，涉及产品研发、生产、供应、运维服务等生命周期各环节。其中，数据支配权保障应用方数据不被非授权收集、处理和使用，应用方具有数据自主控制与支配权；产品控制权保障应用方使用的产品不被非授权控制和操纵，应用方具有控制权；产品选择权保障应用方对产品的选择权不被剥夺、不被妨碍，不因相应选择付出不合理的额外代价。

4.2 部件级三维建模工具自主可控的必要性

4.2.1 打破技术受制于人的需要

近年来，中美贸易摩擦加剧，美国频频对我国高科技领域进行封锁和制裁，涉及通信、软件、技术、传感器等行业，以及华为、中兴、大疆等企业。在三维建模软件领域，我国长期依赖美国等西方国家的进口产品，不仅存在"卡脖子"的风险，也存在国家机密信息被泄露的隐患，为了打破关键技术受制于人的局面，需要加强核心技术研究，坚持自主创新，研发出自主可控的三维建模软件。

4.2.2 保障国家信息安全的需要

《国家信息化发展战略纲要》提出，到 2025 年，我国要形成安全可控的信息技术产业体系。《自然资源部信息化建设总体方案》提出，在应用中要不断完善核心技术，实现自主可控和安全高效。《关于全面推进实景三维中国建设的通知》要求，要统筹发展安全，在软硬件配备中坚持自主可控原则。加强自主可控的部件级三维建模工具研究，符合国家、自然资源部等的政策要求，有助于形成安全可控的信息技术产品，推动软件国产化，助力维护国家安全。

4.2.3 丰富部件级实景三维建设的需要

目前，各地方对部件级实景三维建设仍处于探索阶段，成果较少。国家鼓励各方力量积极参与，采用多种方式，推进部件级实景三维建设。开展自主可控的部件级实景三维建模工具研究，有利于拓展部件级实景的数据来源，丰富实景三维产品体系，为开展个性化应用提供精准的数据服务。

5 自主可控的部件级实景三维建模工具研究

按照自主可控要求，从底层框架、代码开发、应用功能等层面入手，在工具研发、生产、供应、运维服务各个环节保障数据支配权、产品控制权和产品选择权，实现部件级实景三维建模工具的安全可控。

5.1 建设思路

部件级实景三维建设内容包含建（构）筑物结构部件、建筑室内部件、道路设施部件、地下空间部件等。作为对城市级实景三维的分解和细化表达，数据要求精度高，几何精度、纹理精度、属性精度都要达到相关要求，以满足个性化、专业化应用需求。

立足部件级实景三维模型构建需求，自主可控的三维建模工具将三维建模、建筑知识和渲染效果有机融为一体。具体建设思路见图1。

5.1.1　做好三维建模

现实世界是立体空间，实景三维要实现对现实世界从二维表达到三维表达的转变，这就要求对数字化建模工具进行革新，实现从平面到立体的转变。基于便捷高效的设计理念，研发地形制作、智能道路、建筑设计、自由造型、智能构件、室内设计、场景优化等功能，为方案设计从无到有、由粗及精提供灵活的操作工具，实现高品质的方案设计，快速获得精美的设计成果。

5.1.2　融入建筑知识

针对部件级实景三维构建，系统梳理建筑专业知识，将《城市规划居住区设计规范》《住宅设计规范》等国家规范标准融入系统。在设计过程中，建筑实体均有专业属性（建筑编号、名称、类别、阶段、高度、层数、面宽等）与指标数值（规划总用地、绿地面积、建筑面积、容积率、绿地率、建筑密度、车位等），且随着模型编辑调整，实时联动变化；在设计完成后，提供日照分析、指标统计、指标校核、统计报表等实用工具，智能检测各类部件设计是否满足标准规范要求，提升部件级三维模型的设计效能。

5.1.3　增强渲染效果

为了实现对现实世界的真实模拟与映射，增强部件级实景三维的展示与应用效果，利用三维图形渲染引擎 Z3Dengine，采用 HDR、体积光、SSAO、SVOGI、延迟光照、SSR 等先进的渲染技术，使实体三维能够达到游戏引擎级别的渲染效果。渲染好的三维模型可输出平面彩图、仿真视频、经济指标表和精美效果图等成果，促进成果灵活应用。

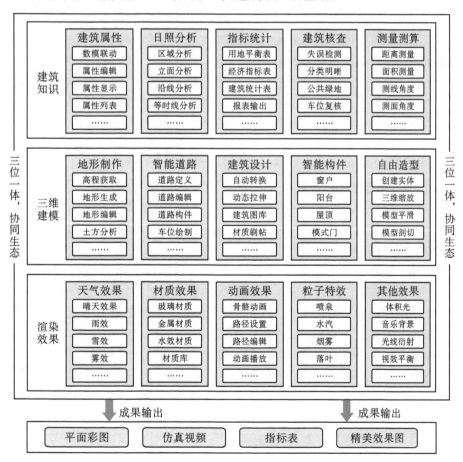

图 1　部件级实景三维建设思路

5.2 技术路线

当前，新增部件级实景三维数据主要通过对平面图纸进行转换、利用国外软件进行三维建模等方式产生。为实现对多源部件级实景三维数据的融合与运用，基于自主可控的部件级实景三维建模工具需具备良好的兼容性。

针对已有图纸的，可以将 CAD 平面图纸制作为三维模型，并自动生成经济指标。在软件中，可以对场景进行辅助决策，对方案进行综合分析、一键检测等。

针对 3d Max、Sketch Up 等软件生成的三维模型，可进行加载、编辑、渲染、增加属性信息等。

针对需新建的，利用软件生成部件级实景三维模型，根据部件级模型要求，对建（构）筑物结构部件、建筑室内部件、道路设施部件、地下空间部件等进行参数化建模、数图互动的编辑修改、模型成果的合规性检测以及效果渲染等，最终形成三维化、语义化、高精度、逼真的部件级实景三维。

5.3 应用特点

5.3.1 雕塑法建模，建模效率提升

当前的主流建模方式大多是基于点、线、面这些基础元素创建模型，建模方式较为单一，过程烦琐，效率较低。为提升建模的便捷程度和建模效率，可基于自主可控的部件级实景三维建模工具，采用雕塑法创建模型。

雕塑法建模是对建筑主体及其附属构件进行整体式塑造的一种建模方式，通过对基于数据支持的几何体进行快捷自如的拉伸变形，达到快速建模的目的。在建筑主体方面，通过楼层参数设置，快速生成楼层框架，借助简洁直观的造型工具，对主体进行自由地横竖向拉伸、任意角度的切削、立面和转角弧化，进一步调整建筑主体细节。在建筑附属构件方面，提供门、窗、阳台、雨篷、台阶和飘架等常见构件，既可按照标准化要求进行高效成组的批量化处理，又可针对个性化要求进行随机变化的单个创建。雕塑法建模方式兼顾标准化与个性化需求，使得建模更快捷、更精准，可大大缩短建模时间，在居住小区等标准化建筑建模时具有显著的优越性。

5.3.2 参数化建模，模型指标实时联动

实景三维与传统测绘产品相比，一个重要的转变是从"人理解"到"人机兼容理解"。这就要求在地理实体创建中，不仅需要实体的模型外观信息，而且需要实体的属性指标信息，以实现计算机可识别、可理解、可应用。

目前城市高楼大厦林立，建筑高度集群化，大部分建筑结构趋于相同，楼层、窗户、阳台等大都整齐划一、有序排列。在设计时，获取建筑物某一层的结构特征，即可得到整栋建筑物的结构特征，基于这种特征，参数化建模应运而生。参数化建模具有以下优势：一是建模自由、灵活度高，可根据实际情况，定义参数类别、参数项，定义的参数项越多，创建的模型精细程度越高，基于模型开展应用越便利；二是大量、重复性建模时，可快速批量生成，有效提高建模效率；三是修改维护便利，调整模型时只需重新定义三维模型参数，即可改变模型的形态。

3d Max、Sketch Up 等现有主流软件，只建造和展示模型的外观形体，不具备模型的属性信息，导致成果无法进行深层次的应用。为克服大多数建模软件缺乏属性的问题，基于自主可控的三维建模工具在设计中运用参数化建模的思想，采用模型与属性实时联动技术，可解决大多数建模软件缺乏属性、指标信息的问题。

在建筑及其构件、道路、地形、设施等各类模型创建中，模型与指标实时互动，便于直观

地查看场景中的各元素属性。系统融合建筑及规划行业专业知识库，在模型建造的同时，自动计算建筑各项规划指标数据，是否满足国家、行业相关标准规范。这种数图互动的模式，贯穿模型创建、编辑、修改、检测等流程，以准确的信息赋能部件级实景三维的深入管理与应用。

5.3.3　次世代渲染，提升模拟仿真效果

次世代意即"下一代"，通常所说的次世代技术主要指应用于游戏、建模、渲染等领域的高新技术。次世代渲染的最大特点是在三维可视化方面有了巨大的提升，让人有更接近真实世界的沉浸式体验。它的基本要求有精美逼真的画面，丰富多变的天气系统，全面支持光影、动态、粒子特效，震撼生动的音效等。

基于自主可控的三维建模工具运用游戏引擎级别的图形渲染技术，在系统中注入更加逼真精美的环境效果，高精度渲染设计方案，模拟真实场景。该技术采用离线光线追踪算法重建实体表面纹理，使场景建模效果更真实。基于屏幕空间实时反射（SSR）算法模拟玻璃、水面等物体的真实光线反射效果。利用 Mie scattering（米氏散射）在海平线附近的低空区域模拟一些大气浑浊效果，产生阴雨或雾霾之类的感觉；利用 Rayleigh scattering（瑞利散射）在海平线以上的高空区域进行染色，模拟太阳蓝光被大气散射后，天空偏红的效果，实现实时大气环境动态变化。根据场景的明暗对比，把 HDR 高动态范围光照非线性的 Tone Mapping 映射到显示器能显示的 LDR 低动态光照范围，尽可能保存明暗对比细节，使最终渲染效果更加逼真。

6　部件级实景三维建模工具应用

建筑物分为房屋和地下建筑两大类，笔者现以房屋类建筑物结构部件为例来说明部件级实景三维建模工具的实际应用。

6.1　设计阶段

在建筑物设计阶段，综合考虑各项因素，明确建筑结构体系，构建房屋方案模型，完成围护结构（柱、梁、墙、门、窗等）、顶部结构（板、梁、屋架、板洞等）、室外结构（楼梯、散水、阳台、雨篷、飘窗等）、室内结构（墙体、门窗、楼梯等）的建筑设计、自由造型、指标检测、效果渲染等。

6.1.1　建筑设计

为满足不同场景的应用需求，提供三种设计方式，针对已有 CAD 图纸的，制定一套图层规则，设计图纸导入后会自动生成建筑三维模型，模型与其属性数据完全对应（图2）。针对 3d Max、Sketch Up 等软件生成的建筑三维模型，可进行加载、编辑。针对新建建筑，分建筑主体和建筑构件两个层次进行创建、编辑。对于建筑主体，在场景中进行建筑定义，灵活动态拉伸建筑造型，基于海量的建筑图库资源，为高层、小高层、别墅、洋楼等各类型建筑设计提供灵感参考。对于建筑构件，一方面，可便利地进行窗户、阳台、门、屋顶、楼梯、玻璃幕墙、雨棚、飘架等室外构件的参数化定义；另一方面，支持建筑室内建模，包括绘制室内墙体、插入门窗、建筑去顶、层板挖洞、楼梯等，在建筑设计过程中，建筑模型与指标属性实时互动更新，实现实体和指标属性的一致性。

6.1.2　自由造型

在现实世界中，建筑物形态各异，不仅有规则的建筑造型，还有非对称、结构复杂的不规则建筑。针对造型独特的不规则建筑，运用自由造型工具提供的模型平滑、面细化、间隔选择、边界、切割、桥接、开放边、二次隐藏、放样、把选、变形、UV 编辑器等专业功能，创建灵活多变的点、线、面，增强处理各类复杂异型造型的能力。

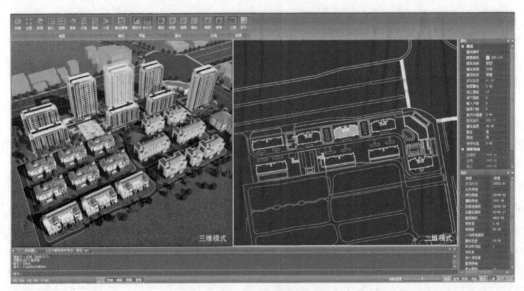

图2 部件级实景三维建筑设计

6.1.3 指标检测

在系统中植入《城市居住区规划设计规范》等规定,利用日照分析、失误检测、车位复核、公共绿地检测等各类功能,检测设计方案指标是否符合标准规范要求,实现分析检测智能化,确保方案设计的合理性。

6.1.4 效果渲染

为了使建筑物更贴近实际效果,提供水效、质感、粒子、灯光等工具(图3)。在自然环境模拟方面,调整部分参数即可模拟天空、大地、云、太阳、星辰等自然环境,风、雨、雾、雪等气象环境,白天和黑夜时辰环境。在场景环境模拟方面,根据光照原理设计射灯、泛光等灯型,通过参数调整改变灯光颜色、影响范围和强度等指标。设计喷泉、水汽、水花、烟雾和落叶等常用粒子实体,通过调整数量、寿命和速度等参数获得相应的效果。

图3 部件级实景三维效果渲染

6.2 审批阶段

建筑物设计完成后，需进行项目审批。在审批阶段，部件级实景三维可应用于项目上会和审批决策。

6.2.1 项目上会

借鉴二维PPT的操作方式，在三维场景的基础上，制作三维仿真PPT，场景自定义，生动表达设计者的思路，方便灵活，三维PPT编辑完成后可发布为独立执行的EXE文件。在项目上会中，支持多页、任意视角展示方案设计效果，包括基础模型、动画、粒子、布告板、路径、天气、三维立体声等元素，辅助专家、领导多角度、全方位浏览查看设计方案。

6.2.2 审批决策

在审批决策时，将建筑项目三维设计方案置于城市级实景三维大场景中，进行全面的规划分析，借助指标分析、容积率分析、建筑密度、建筑限高、天际线分析、配套设施分析、间距分析等功能，辅助宏观、微观多视角的项目审核，实现精准、科学决策。

6.3 管理阶段

在管理阶段，可用于建筑方案展示、精细治理等方面，助力个性化应用。

6.3.1 方案展示

规划审批完成后，进入方案公示阶段。为了方便社会公众参与规划、理解规划，在原有文字、图片、表格等公示材料的基础上，增加规划三维效果图和视频成果，方便公众通过互联网直观地了解规划前后效果的对比，规划建筑与周边已有建筑的关系和对周边环境的影响，以通俗易懂的方式，提高社会公众参与规划的积极性，获取反馈意见，提高城市规划质量。

6.3.2 精细治理

基于部件级实景三维，与物联传感设备对接，开展针对性、精准化应用。例如，针对楼宇管理，助力实现日常运维和安全防护的精细化、智能化。在日常运维方面，对接楼宇的能耗监测、照明、智能停车等设备，实时、全面地获取楼宇及内部设备设施的运行状况，提升楼宇物业管理质量，提高应急处理能力。在安全防护方面，通过对接楼宇的门禁、视频监控、消防监测、周界防控、应急广播等设备，在三维空间中呈现楼宇的安全态势，一旦发现异常，即时传递报警信息，促进事件快速处置，实现楼宇安全的全方位监管。

7 结语

当前，实景三维中国建设正全面推进，部分地区地形级、城市级实景三维已初具成果。部件级实景三维建设仍处于探索阶段，既面临挑战，又有新的发展机遇。笔者立足我国新增部件级实景三维建设现状，按照自主可控的发展要求，研究构建以三维建模为基础、融合建筑知识、强化渲染能力的部件级实景三维建模工具，以期能够促进软件国产化，保障信息安全，丰富部件级实景三维产品体系，为智慧城市建设、城市治理能力和治理体系现代化建设提供更为高效、精细、直观的数字空间基底。

［参考文献］

［1］肖建华，李鹏鹏，彭清山，等. 武汉市实景三维城市建设的实践和思考［J］. 城市勘测，2021
　　（1）：8-11.

［2］王维，王晨阳. 实景三维中国建设布局与实现路径思考［J］. 测绘与空间地理信息，2021，44
　　（7）：6-8，14.

［3］肖建华，李海亭，李鹏鹏，等. 实景三维的内涵与分类分级［J］. 城市勘测，2021（5）：5-10.

［4］王可. 信息安全"自主可控"［N］. 人民日报海外版，2014-04-05（8）.

［5］施舒. 次世代游戏角色及场景制作表现法［D］. 重庆：重庆大学，2013.

［6］张俊. 参数化的精细三维建模技术研究与实现［D］. 上海：华东理工大学，2016.

［7］尹鹏飞. 基于 Rhino 的自由形态空间网格结构建模研究与程序开发［D］. 武汉：武汉大学，2018.

［作者简介］

刘从丰，计算机软件注册高级咨询师，洛阳众智软件科技股份有限公司副总经理。

邵晓军，洛阳众智软件科技股份有限公司副总经理。

王罕玲，洛阳众智软件科技股份有限公司研究专员、系统规划与管理师。

朱瑞，工程师，注册测绘师，一级建造师，洛阳众智软件科技股份有限公司地信测绘院副总工程师。

浅谈实景三维在智慧城市中的应用

□张硕，柴竹峰，张硬，于靖

摘要： 近年来，自然资源部在全面推进实景三维建设工作，城市级的实景三维建设工作也在各地逐渐展开。实景三维作为真实、立体、时序化反映人类生产、生活和生态空间的时空信息，是国家重要的新型基础设施。目前倾斜摄影技术是获取实景三维模型的主流手段，可利用无人机搭载专业的测绘相机，通过既定的飞行航线获取建模范围内多个角度的图片，导入后期处理软件生成实景三维模型。传统三维模型构建主要通过 CAD 与实地照片进行手工建模，原始数据需求量大且工作周期较长。而倾斜摄影生成的三维模型与之相比，具有纹理真实感强、建模效率高等突出特点。三维数据已经逐渐代替二维数据，成为现今城市基础建设、规划的重要环节，是展示一个城市立体形象的重要手段。本文从倾斜摄影和实景三维模型的技术特点出发，结合天津市城市规划设计研究总院有限公司智慧平台的建设，采用天津南开区部分区域作为示例，论述实景三维在时空云中台、智慧招商、数字防疫等领域的应用。

关键词： 实景三维；倾斜摄影；智慧城市

1　实景三维的政策背景、概念及特点

1.1　政策背景

从 2019 年起，自然资源部多次就"实景三维中国"发文，旨在加快推进实景三维中国的建设。2019 年，自然资源部公布《自然资源部信息化建设总体方案》，推进三维实景数据库建设。2020 年，全国国土测绘工作会议宣布，大力推动新型基础测绘体系建设，构建实景三维中国。2021 年 8 月 11 日，自然资源部办公厅印发《实景三维中国建设技术大纲（2021 版）》。2022 年 2 月 24 日，自然资源部办公厅印发《关于全面推进实景三维中国建设的通知》，明确到 2025 年，50％以上的政府决策、生产调度和生活规划可通过线上实景三维空间完成。

1.2　概念

实景三维作为真实、立体、时序化反映人类生产、生活和生态空间的时空信息，是国家重要的新型基础设施，通过"人机兼容、物联感知、泛在服务"实现数字空间与现实空间的实时关联互通，为数字中国提供统一的空间定位框架和分析基础，是数字政府、数字经济重要的战略性数据资源和生产要素。

1.3 特点

实景三维相较于现有测绘地理信息产品有六个特点：一是从抽象到真实。从对现实世界进行抽象描述转变为真实描述。二是从平面到立体。从对现实世界进行"0—1—2"维表达，转变为三维表达。三是从静态到时序。实景三维不仅能反映现实世界某一时点当前状态，还可反映多个连续时点状态，时序、动态展示现实世界的发展与变化。四是从按要素、分尺度到按实体、分精度。从对现实世界的分尺度表达，转变为按实体粒度和空间精度的表达。五是从人理解到人机兼容理解。从机器难懂转变为机器易懂。六是从陆地表层到全空间。现有地理信息产品更侧重陆地表层空间的描述，实景三维实现"地上下、室内外、水上下"全空间的一体化描述。

2 实景三维数据获取

倾斜摄影技术是国际摄影测量领域近十几年发展起来的一项高新技术。该技术通过从一个垂直、四个倾斜、五个不同的视角同步采集影像，获取丰富的建筑物顶面及侧视的高分辨率纹理。结合无人机方便灵巧的特点，无人机倾斜摄影建模弥补了传统建模方式真实性差、精度低、周期长等缺陷，不仅能够真实地反映地物情况，高精度地获取物方纹理信息，还可通过先进的定位、融合、建模等技术，生成真实的三维城市模型（图1）。笔者在本文中采用天津市南开区部分区域作为示例。

图 1 实景三维数据获取流程

2.1 外业数据采集

2.1.1 硬件设备

无人机选用大疆经纬 M300 RTK，详细参数见表1。

表 1 大疆经纬 M300 RTK 详细参数

产品类型	四轴飞行器
产品定位	专业级
飞行载重	2700 g

续表

悬停精度	0.1～0.5 m
旋转角速度	俯仰轴为 $300°/s$，航向轴为 $100°/s$
升降速度	最大上升速度：S 模式为 6 m/s，P 模式为 5 m/s 最大下降速度（垂直）：S 模式为 5 m/s，P 模式为 3 m/s
飞行速度	S 模式为 23 m/s，P 模式为 17 m/s
飞行高度	5000 m（2110 桨叶，起飞重量≤7 kg） 7000 m（2195 高原静音桨叶，起飞重量≤7 kg）
飞行时间	55 分钟
轴距	895 mm
抗风等级	7 级

相机选用大疆禅思 P1，详细参数见表 2。

表 2　大疆禅思 P1 详细参数

产品类型	云台
外形尺寸	198 mm×166 mm×129 mm
产品重量	787 g
其他性能	防护等级：IP4X 支持机型：经纬 M300 RTK 系统功耗：13W 工作温度：-20～50℃ 存储温度：-20 ～ 60℃ 平面精度为 3 cm，高程精度为 5 cm* * GSD＝3 cm，飞行速度为 15 m/s，航向重叠率为 75%，旁向重叠率为 55% 传感器尺寸（照片）：35.9 mm×24 mm（全画幅） 传感器尺寸（最大视频尺寸）：34 mm×19 mm 有效像素：4500 万 像元大小：4.4 μm 支持的镜头：DJI DL 24 mm F2.8 LS ASPH（带遮光罩和配重环/滤镜），FOV 84°；DJI DL 35 mmF2.8 LS ASPH（带遮光罩和配重环/滤镜），FOV 63.5°；DJI DL 50 mmF2.8 LS ASPH（带遮光罩和配重环/滤镜），FOV 46.8° 支持的存储卡类型：SD 卡为传输速度达到 UHS-1 评级及以上，最大支持 128GB 容量；存储数据为照片/GNSS 原始观测值/拍照记录文件；图像尺寸为 3∶2（8192×5460）；工作模式为拍照模式，录像模式，回放模式；最小拍照间隔为 0.7 秒 快门速度：机械快门为 1/2000～1/8 秒，电子快门为 1/8000～8 秒，光圈范围为 f/2.8～f/16 ISO 范围：照片为 100～25600，视频为 100～3200，视频储存格式为 MP4，视频尺寸为 16∶9（3840×2160），视频帧率为 60fps，稳定系统为 3 轴（俯仰、横滚、平移），角度抖动量为 0.01°，安装方式为 DJI SKYPORT 快拆 可控转动范围：俯仰为-125°～40°，横滚为-55°～55°，平移为±320°纠错

2.1.2 航线规划

此次航线规划基于本地海拔高度，飞行航线选定了 210 m 的飞行高度，相片平均分辨率为 5 cm，航向重叠度为 80%，旁向重叠度为 70%，飞行时间为 10：00—15：00。由于飞行区域内包含高层建筑，因此在高层建筑群单独设计了环拍的飞行路线，保证高层建筑侧面纹理的丰富度（图2）。

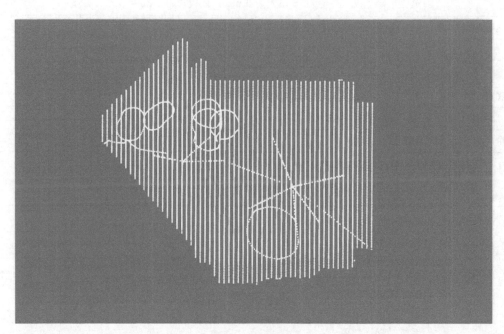

图2　航线规划

2.1.3 控制点布设

控制点布设密度一般设置为 10000～20000 倍的地面分辨率（GSD）。例如，地面分辨率为 4 cm，则每 400～800 m 布设一个控制点。控制点布设应均匀，切记不可布设成直线。控制点点位应清晰明了。若测区有明显特征点，可将其作为控制点；若测区无明显特征点，应人工制作控制点标志进行布设。

一是以明显特征点作为控制点（图3）。

图3　明显特征点作为控制点

二是以人工标志作为控制点（图 4）。

图 4　人工标志作为控制点

根据此次飞行区域大小，共布设 17 个控制点（图 5）。

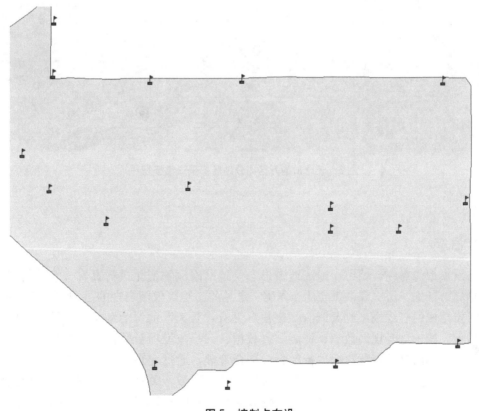

图 5　控制点布设

2.2　内业数据处理

2.2.1　数据整理

内业数据处理需要的原始数据包括 POS、相片、相片外方位元素、相机参数等，整理数据时也需对数据进行检查，需着重检查 POS 与相片数量是否一致。此次飞行任务共获取 16400 张相片。

2.2.2 空中三角测量

空中三角测量是立体摄影测量中，根据少量的野外控制点，在室内进行控制点加密，求得加密点的高程和平面位置的测量方法。其主要目的是为缺少野外控制点的地区测图提供绝对定向的控制点。此次飞行任务空中三角测量过后自动生成 319511 个连接点，符合要求。

2.2.3 生成三维立体模型

借由空中三角测量计算出的密集三维点云，内业软件会处理出一个由数十亿个三角面片组成的多分辨率格网模型，通过空间位置计算贴图补充纹理，生成三维模型（图6）。

图6 天津市南开区部分地区实景三维模型

3 应用

3.1 数字底座

实景三维模型能对一个城市、地区地表形态及地面附属物变化进行真实、完整的记录，具有信息、档案、证据、历史等多重属性和作用。常见的二维影像图表现的是城市的"表皮"，而通过倾斜摄影生成的三维模型则是既有"表皮"又有"骨架"的鲜活结构，以模型为底座，将时空基础数据、国土空间规划数据、资源调查数据、工程建设项目数据、公共专题数据和地籍数据等多维、异构的自然资源数据进行汇集、综合管理，通过配套矢量底面实现需要管理的各类地物的单体化，并赋予相应的属性信息。通过类别、区域、关键字等进行查询，形成"框架统一、逻辑一致、数据分级、互联互通"的城市空间资源服务体系，实现对数据、服务和共享的标准化与一体化管理（图7）。

图7　天津南开区时空云中台——数字底座

3.2　物联互通

物联网即"万物相连的互联网"，是在互联网基础上延伸和扩展的，将各种信息传感设备与网络结合起来而形成的一个巨大网络，能够实现任何时间、任何地点的人、机、物的互联互通。物联网是智慧城市中非常重要的元素，侧重于底层感知信息的采集与传输，以及城市范围内泛在网方面的建设。在智慧城市系统中，将物联设备与模型融合，再把实时视频与三维地图通过空间关系链接，使用者便可准确地找到想要观测的位置，并且可以看到相应的实时画面（图8）。

图8　天津南开区时空云中台——物联互通

3.3 招商引资

利用实景三维模型直观、立体的特性，将招商地块的矢量信息置于模型之上进行展示，可以作为向潜在合作方、客户群推介地块的重要展示平台，开发商可足不出户对需要开发的地块进行全方位浏览（图9），有利于展示布局招商引资以推动发展。

图9 云上读地系统

3.4 疫情防控

依托卫星遥感与倾斜摄影，整合疫情数据信息、筛查点信息、防范管控区域信息、医护人员信息等疫情相关要素数据，构建二三维数据资源库，结合实景三维模型可视化实时呈现效果（图10），可以帮助卫生医疗系统、应急管理部门、疫情指挥小组等更好地掌控疫情态势，科学合理地调度资源，进行科学防控、精准防控。

图10 南开疫情调度管理系统

3.5　现状数据采集

在国土空间规划编制的前期工作中，需要依赖大量的基础地理信息，而随着城市的发展日新月异，往往在可收集的基础数据上会面临数据时效性不足、坐标系差异以及数据完整性缺失等问题。利用实景三维模型可以快速、精准地对规划区域进行采集测量，生成正射影像图、数字线划图等成果，减少盲目地现状调查，为国土空间规划提供专题信息的统计、调查。

3.6　辅助分析

在规划编制阶段，将实景三维模型与城市设计研究、规划模型成果结合，利用实景三维模型具有高程信息的特点，可以进行通视分析、退线分析（图11）、日照分析、内涝分析（图12）等多种三维分析功能，更直观、更立体地展示规划区域内建筑物、地貌的各种特征，辅助规划方案的设计与编写，为规划师编制科学合理的规划方案提供数据支撑。

图11　天津南开区时空云中台——退线分析

图12　天津南开区时空云中台——内涝分析

3.7 与规划方案直观对比

在规划公示阶段，基于原有的文字、图片、表格等公示材料，可将实景三维模型与规划设计模型结合展示，直观地了解规划前后对比效果（图 13），既可以保留城市建筑的原有特征，又可以将规划区域内设计的新风貌一并呈现，展示规划建筑与周边已有建筑的关系和对周边环境的影响，获取社会公众的反馈意见，提高规划编制质量。在规划实施阶段，通过更新实景三维数据，可直观地了解规划的实施成效，实现规划全过程的三维化、立体化管理。

图 13 实景三维与规划设计模型对比

4 结语

随着科学技术的不断发展，数字城市建设已经成为现代城市信息化建设的主要目标。而实景三维技术正是推进数字城市建设的有效途径，能够有效地促进城市信息资源共享，提升信息资源应用价值。实景三维具备对国家地理实体"全要素"的信息表达能力，伴随实景三维数据的采集工具、后处理工具产品的发展和成熟，以此为基础的智慧应用会越来越丰富。

［参考文献］

[1] 贾益刚. 物联网技术在环境监测和预警中的应用研究 [J]. 上海建设科技，2010 (6)：65-67.

[2] 田野，向宇，高峰，等. 利用 Pictometry 倾斜摄影技术进行全自动快速三维实景城市生产——以常州市三维实景城市生产为例 [J]. 测绘通报，2013 (2)：59-65.

[3] 孙玉平，范亚兵，郝睿，等. 基于倾斜摄影技术构建实景三维产品的应用开发研究 [J]. 测绘与空间地理信息，2015，38 (11)：152-154.

[4] 周晓敏，孟晓林，张雪萍，等. 倾斜摄影测量的城市真三维模型构建方法 [J]. 测绘科学，2016，41 (9)：159-163.

[5] 褚杰，盛一楠. 无人机倾斜摄影测量技术在城市三维建模及三维数据更新中的应用 [J]. 测绘通报，2017 (S1)：130-135.

[6] 令狐进，郑跃骏，岳仁宾. 倾斜摄影在建筑密集区 1∶500 现状测量中的应用研究 [J]. 北京测

绘，2017（S1）：178-180.

[7] 于倩. 实景三维建设的必要性与可行性分析——以山东省为例 [J]. 科技创新导报，2020，17（8）：7-8.

[作者简介]

张硕，GIS 规划师，助理工程师，就职于天津市城市规划设计研究总院有限公司。

柴竹峰，数据工程师，助理工程师，就职于天津市城市规划设计研究总院有限公司。

张硬，GIS 规划师，工程师，就职于天津市城市规划设计研究总院有限公司。

于靖，工程师，就职于天津市城市规划设计研究总院有限公司。

基于实景三维的城市建筑风貌管控方法与实践

□张豪，尹长林，许文强

摘要：改革开放以来，在党中央、国务院的正确领导下，我国的城镇化进程有序推进，城镇化率由 1978 年的 17.9％提高到 2021 年的 64.72％，城市基础设施不断完备，城市各项功能日趋健全，城市人居环境显著改善。在城市高速发展的过程中，城市规划往往让步于城市建设，城市设计、风貌规划等规划成果得不到落实，导致大多数城市的城市建筑风貌在高速发展中逐渐迷失，历史文化、民族特色和城市特征逐渐淡化，"千城一面"现象越发凸显。因此，如何在城市高速发展过程中落实城市建筑风貌管控要求，是现阶段规划管控的重难点。本文以长沙市为例，剖析其风貌管控的现实困扰，并以现状问题和发展需求为导向，从长沙市城市设计和"百面长沙"等各类专项规划中提炼出了风貌管控指标，同时从要素化、可视化、智能化三方面梳理了二三维一体化管控支撑数据，搭建了风貌管控信息系统，探索了基于要素管控、三维实景和信息系统的风貌管控策略，为其他地区风貌管控提升实践提供参考。

关键词：风貌管控；要素管控；三维实景；信息系统

1 引言

风貌即风采容貌，是虚实结合的产物。城市建筑风貌是城市建筑外部形态构成的物理属性与自然景观、社会文化等特征的结合。而融入了建筑、地域环境的城市总体空间形态与地域文化等特征相结合，形成了城市风貌。改革开放以来，我国城市规划建设管理工作成就显著，城市规划法律法规和实施机制基本形成，基础设施明显改善，公共服务和管理水平持续提升，在促进经济社会发展、优化城乡布局、完善城市功能、增进民生福祉等方面发挥了重要作用。然而，在城市规划建设管理方面还存在特色缺失、传承缺失等诸多问题，制约了城市持续健康发展。《实景三维中国建设技术大纲（2021 版）》《自然资源部办公厅关于全面推进实景三维中国建设的通知》等规范和标准的颁发，标志着我国开始正式推动实景三维中国的建设，明确了实景三维是国家重要的新型基础设施，是测绘信息服务的发展方向和基本模式。因此，如何充分利用实景三维数据成果，落实城市建筑风貌规划、强化城市风貌品质，是当下各大城市发展必须面对和解决的重点问题。

2　情况分析

2.1　现状分析

城市设计等相关专项规划是落实城市规划、指导建筑设计、塑造城市特色风貌的有效手段，但大多数城市在实际规划项目审批中并没有充分落实城市设计相关要求，新规划建设的建筑形象是否与城市现状以及城市建设远景相协调，能否彰显城市的文化底蕴，能否体现城市精神与经济社会风貌，没有得到充分的考虑，缺乏一个完整的审核评价体系去落实城市设计风貌管控相关要求。

2.1.1　"管控不清晰"——风貌管控缺少要素化指标

大多数城市项目评审主要沿用城市设计和风貌管控专项规划等规划成果，对城市建筑风貌的具体管控要素指标缺乏梳理，导致项目评审方向不清晰、成果难以量化，无法准确地评估建设项目对城市建筑风貌的影响。

2.1.2　"成果墙上挂"——规划成果缺少可视化展示

目前大多数城市的城市设计及相关专项规划成果仍采用二维平面（图纸＋文字）方式进行展现，评审现场采用 PPT 或视频汇报形式介绍项目基本情况和规划要求，评审专家、领导往往需要在短时间内借助纸质材料查阅设计文本、掌握设计要点等内容，时间短、信息量大等因素让评审专家、领导对规划和项目的认知较为困难，项目方案评审的准确性无法得到有效保障。

2.1.3　"评审抽象化"——评审过程缺少智能化交互

项目方案评审过程中，评审专家和领导主要通过听取汇报人汇报项目信息的形式了解项目相关情况，在整个评审过程中处于较为被动的状态，缺少工具去主动、深入地了解项目区位现状、项目周边情况、城市建设现状等信息。同时，评审专家和领导在评审过程中只能通过设计方案与规划图纸抽象地了解项目本身的相关信息，项目建成后的预期成效，如视域长廊、贴线率、天际线等变化情况，缺少专业手段进行智能化预估和可视化展现，影响了项目方案评审的科学性。

2.2　新时期要求

中共中央、国务院于 2016 年印发了《进一步加强城市规划建设管理工作的若干意见》，明确提出了贯彻"适用、经济、绿色、美观"的建筑方针，治理"贪大、媚洋、求怪"等建筑乱象，着力转变城市发展方式，着力塑造城市特色风貌，着力提升城市环境质量，着力创新城市管理服务，对城市建筑风貌管控工作指明了具体的方向，对新时期城市建筑风貌管控提出了更新、更高、更严的管理要求。

3　方法实践

3.1　管控要素化

结合《长沙市城市和建筑景观风貌品质管控的有关规定》，从目标出发对城市设计中有关风貌的要素进行遴选，确定具有地方实际需求的核心风貌管控要素。

3.1.1　基于城市设计的风貌要素梳理

基于长沙市城市设计成果，对其中的管控要素进行梳理，将城市建筑风貌相关管控要素进行提炼和汇总，形成风貌管控要素表（表 1）。

表 1 风貌管控要素（部分成果）

序号	要素名称	子要素名称	控制等级	数据表达形式
1	风貌与特色定位	总体定位	刚性控制	文字描述
2	空间形态	重要高度引导区	弹性控制	高度区划（面）
		景观视廊	弹性控制	视线（线）
		门户和地标	刚性控制	位置（点）
		重要发展轴线	弹性控制	轴线位置（线）
		重要界面	刚性控制	界面位置（线）
3	开放空间	重要山体	刚性控制	山体范围（面）
		重要水体	刚性控制	水体范围（面）
		结构性绿地廊道	刚性控制	廊道位置（线）
		城市绿道	刚性控制	廊道位置（线）
		重要开放空间（城市公园绿地和广场）	刚性控制	范围（线）

3.1.2 基于长沙市实际需求的风貌要素遴选

为在城市设计的管控要素中突出风貌管控要素，从城市建筑风貌管控的目标出发，按照优化城市空间、完善城市功能、改善交通运行三大管控目标，从而涵盖《长沙市城市和建筑景观风貌品质管控的有关规定》所明确的八大要素，即空间形态与建筑高度、建筑风格与建筑立面、建筑色彩与材质、公共空间、户外广告/户外招牌与夜景照明、慢行系统、地下空间、景观环境。具体管控要素如图1所示。

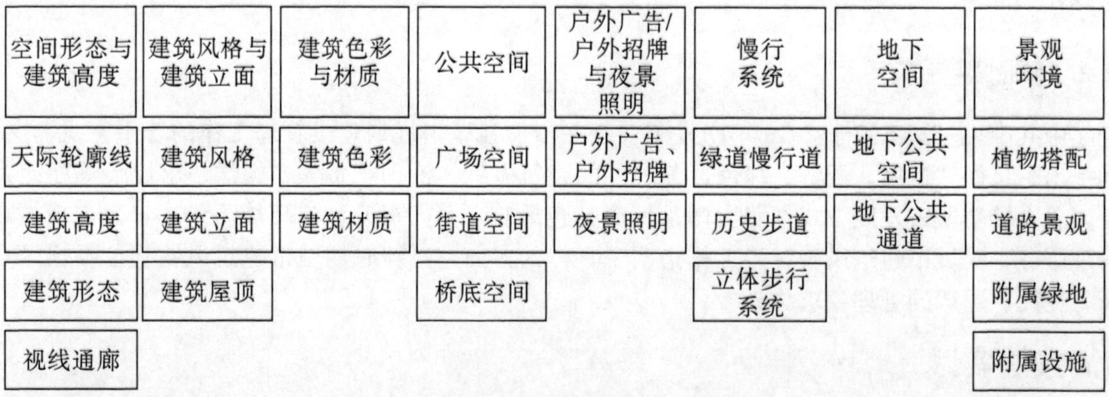

空间形态与建筑高度	建筑风格与建筑立面	建筑色彩与材质	公共空间	户外广告/户外招牌与夜景照明	慢行系统	地下空间	景观环境
天际轮廓线	建筑风格	建筑色彩	广场空间	户外广告、户外招牌	绿道慢行道	地下公共空间	植物搭配
建筑高度	建筑立面	建筑材质	街道空间	夜景照明	历史步道	地下公共通道	道路景观
建筑形态	建筑屋顶		桥底空间		立体步行系统		附属绿地
视线通廊							附属设施

图 1 长沙市城市风貌管控要素遴选结果

3.2 成果可视化

结合长沙市管控区域范围和管控核心要素，梳理基础地理数据、城市现状三维模型数据、项目三维模型数据、城市设计模型数据、控制性详细规划数据、专项规划数据等，建立城市和建筑景观风貌管控数据资源池，以实景三维"一张图"为载体，实现城市二维属性数据和三维仿真数据的有机结合，以可视化的形式为城市和建筑景观风貌管控提供基础数据支撑。

3.2.1　地理场景

　　整合现有基础数据成果，将全市域范围的影像数据、行政区划、地名地址、交通道路等数据成果进行整合、迁移和建库（图 2），主要包含数据准备、数据预处理、数据整合、数据检查、数据入库和数据更新等工作。

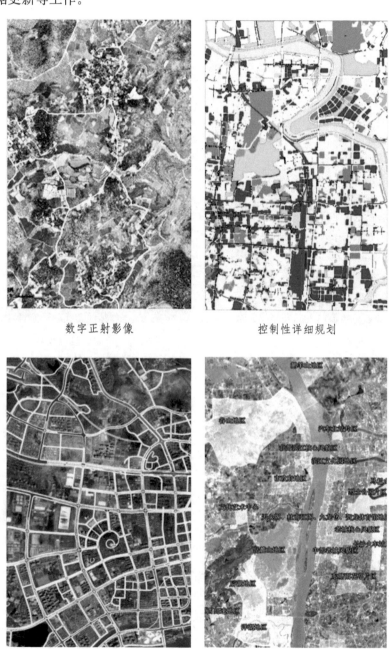

数字正射影像　　　　　　　　控制性详细规划

交通路网　　　　　　　　重点管控片区

图 2　地理场景

3.2.2 地理实体

整合长沙市自然资源和规划局格式不一、分散管理的现状三维模型数据，将已有各类实景三维数据成果进行融合，实现全市实景三维数据成果的统筹管理与应用。同时，将城市设计成果通过人工建模方式进行三维化，实现城市设计成果与城市建设现状的直观化融合展示（图3），为落实城市设计管控要求提供数据支撑。

规划模型　　　　　　　　　　　　城市设计模型

人工精细模型　　　　　　　　　　倾斜摄影模型

图3　地理实体

3.2.3 管控数据

收集已有的各类国土空间规划成果，包括总体规划、详细规划和专项规划，并与三维数据成果融合建库，形成二三维一体化数据成果。同时，根据各层面城市设计和专项规划成果，梳理形成前文图1中的八大要素的城市空间引导与控制要素（图4），指导城市各类建设项目的规划设计和管理。

机场控制高度管控

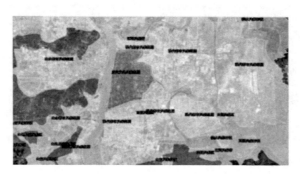

城市风貌特色分区管控

图4　控制要素（部分成果）

3.3　评审智能化

进一步加强长沙市城市和建筑景观风貌品质引导与管控，提升城市规划建设和管理水平，建设形成地上地下一体化、现状规划无缝衔接的城市和建筑景观风貌管控系统（图5），实现城市和建筑景观风貌品质管控区域内的建筑方案智能化评审（图6），着重对风貌管控要素进行引导与控制。

风貌评审	工程管理	数据创建	数据编辑
空间形态与建筑高度	工程设置	模型	旋转
建筑风貌与立面	创建图层	点	平移
建筑色彩与材质	地形设置	线	缩放
公共空间	……	面	……
户外广告、户外招牌与夜景照明	漫游浏览	规划管理	通用工具
慢行系统	浏览模式	控规盒子	导出EXE
地下空间	视图浏览	视域分析	场景出图
景观环境	场景导航	日照时长	变更要素
	……	……	……

图5　系统功能架构

会议集成化管理

方案可视化决策

方案智能化审查

成果全周期管理

图6　系统功能界面

3.3.1　会议集成化管理

面向规划用户、评审专家和领导，根据城市和建筑景观风貌管控专题审查的要求，对需要上会的建设项目进行统一管理，并支持项目会议列表的管理和会议材料的查看。

3.3.2　方案可视化决策

在城市和建筑景观风貌管控专题审查会中，支持以二三维一体化展示的方式对项目区位现状、规划情况、设计方案进行全面展示，整体、有序地反映项目现状和规划信息，让评审专家和领导快速、清晰地掌握项目情况。

3.3.3　方案智能化审查

根据梳理的前文图1中的八大要素要求，通过二三维一体化技术的应用实现对项目方案的可视化展示和要素化审查，辅助评审专家和领导科学决策。

3.3.4　成果全周期管理

落实项目建设全生命周期的管理，以"项目现状—城市设计—案审查—竣工验收"的建设时序为主线，分别对建设项目每个阶段成果进行查询和展示，便于用户快速了解项目的历史演变过程。

4　应用案例

以长沙市建设成果为例，展示基于实景三维的城市建筑风貌管控具体流程。

4.1　会前预审

借助系统以项目台账的形式对所有需上会审查的建设项目进行统一管理，实现项目信息的集成化管理。同时，借助微信小程序，将评审项目信息、三维模型、风貌要素直观呈现给评审领导和专家，便于评审人员在会前直观、便捷地了解上会项目。

4.2 会中评审

在项目会议评审过程中，对评审项目区位情况、规划情况、设计情况等内容进行展示比对，并以 23 类管控要素为导向，逐条对项目方案成果进行审查，确保项目方案满足该区域内风貌管控要求。

4.3 会后管理

借助信息系统，对同一项目不同阶段的评审成果按照评审顺序进行信息关联，准确了解评审项目以往的评审意见，实现信息回溯，落实项目全生命周期的管理。

5 结语

城市建筑风貌不仅是表层的城市形象问题，还蕴含着里层的城市文化内涵，是一个城市地域性、文化性、时代性和科学性的统一。面对城市建设千篇一律、风貌管控难以落实的问题，笔者以长沙市为例，探索基于实景三维的城市建筑风貌管控方法与实践，以要素化、可视化、智能化风貌管控为目标，提出对应的解决措施，以期有效解决以往风貌管控难以落地的问题，为其他地区风貌管控提升提供实践参考。

[参考文献]
[1] 路天. 基于要素管控的高新区风貌提升探索——以南京浦口高新区为例 [C] //面向高质量发展的空间治理——2020 中国城市规划年会论文集，2021：841-847.
[2] 张茜，任超，霍文虎. 全景真三维技术在城市规划建设中的研究与应用 [J]. 测绘与空间地理信息，2018，41 (4)：135-137.
[3] 卜文志. 关于加强城市与建筑风貌管理的分析与探索 [J]. 上海房地，2020 (8)：40-43.
[4] 纪晓东. 青岛市城市设计方法与管控要素研究 [J]. 智能建筑与智慧城市，2021 (12)：63-64.
[5] 张若曦，张乐敏，黄宇轩. 基于数孪技术的聚落风貌三维控制研究——以湄洲岛宫下片区为例 [J]. 城市建筑，2021，18 (19)：63-67，133.
[6] 刘杰. 强化城市与建筑风貌管控的思考和策略探究——以宁德市主城区为例 [J]. 福建建设科技，2022 (1)：1-4.

[作者简介]
张豪，就职于长沙市规划信息服务中心。
尹长林，就职于长沙市规划信息服务中心。
许文强，就职于长沙市规划信息服务中心。

成都市实景三维建设的探索与应用

□卢宝霖，杨小华，丁一，张丹

摘要： 实景三维作为新型基础测绘的标准化产品，是国家新型基础设施建设的重要组成部分，是服务生态文明建设和经济社会发展的基础支撑。成都市实景三维建设经过十多年的实践，通过技术创新和应用服务升级，搭建了成都市城市空间信息模型系统，基于一体化管理理念和立体可视化技术，汇集基础三维数据、地下管网数据、规划管理数据等多源二三维数据，形成地上地下一体化、室内室外一体化、多类型时空表达的立体三维实景模式，为城市建设及管理提供现势性强、精准度高的时空数据底座，为数字孪生和实景三维建设提供基础支撑。三维数据成果在自然资源管理和智慧蓉城建设中得到示范应用，取得了良好的效果，对推进城市级实景三维建设及应用具有实践意义。

关键词： 实景三维；数字孪生；倾斜摄影；时空数据

1 引言

党的十八大以来，习近平总书记多次赴地方考察信息化建设情况，强调要加快建设数字中国，更好地服务我国经济社会发展和人民生活改善。自然资源部也多次印发管理文件，明确提出"构建实景三维中国，为数字中国建设提供统一的空间基底"。作为信息基础测绘的标准化产品，实景三维具有丰富的多维可视化时空信息和属性信息，为城市智慧建设和精细化管理提供了现势性强、精准度高的时空数据底座，是支撑城市 CIM 建设和数字孪生城市建设的关键基础。成都市作为西部重要城市，通过加快实现技术转型以匹配实景三维中国建设的相关要求，构建了城市级实景三维，并在自然资源管理和智慧蓉城建设中进行示范应用，取得了良好的效果。

2 成都市三维城市建设历程

成都市自 2007 年开始进行三维模型数据的生产和应用试验，经过多年的实践探索和技术沉淀，于 2013 年实现了成都市中心城 660 km² 传统三维数据全覆盖，并搭建了"成都三维规划系统"。该系统广泛应用于规划编制、审批等业务，在成都市规划管理中发挥了重要作用。

随着地理信息技术的快速发展和不断进步，城市管理逐步从"数字城市"向"智慧城市"跨越，对基础地理信息的现势性、精准度和产品丰富性提出了更高的要求。成都市借助倾斜摄影测量和机载激光雷达数据采集技术，于 2018 年完成了中心城五城区 420km² 的实景三维数据生产。为了更好地支撑三维实景数据大场景展示和综合分析，搭建成都市城市空间信息模型管理系统，并制定技术规范和管理制度，建立了成都市实景三维体系。

3　成都市城市空间信息模型系统

2018—2021年，成都市城市空间信息模型系统经历了一期和二期的设计与开发工作，系统着眼于"看、查、用、管"四个方面，利用数据库技术和先进二三维GIS技术，在充分考虑系统建设的安全性、兼容性、可扩展性、可维护性的基础上，搭建了二三维空间数据库，实现了成都市全市域范围二三维一体化、地上地下一体化、室内室外一体化、多源数据统一可视化的展示，为数字孪生建设构建了地理信息空间数据底座，对提升城市规划管理软实力、增强可持续发展后劲起到了积极的推动作用。

3.1　总体架构设计

成都市城市空间信息模型系统总体架构包括支撑层、数据层、服务层和应用层四层（图1）。支撑层即系统运行所需要的服务器、网络、数据库、存储、基础GIS平台等相关基础设施。数据层即系统运行的数据基础，主要分为基础地理信息库、业务管理数据库和专题数据库。服务层主要基于基础三维地理信息平台，针对成都市三维数据管理需求，实现三维空间数据管理、三维空间分析等功能模块。应用层基于服务层功能模块，实现三维数据查询测量、规划分析、管网应用、社会公众应用等应用功能。

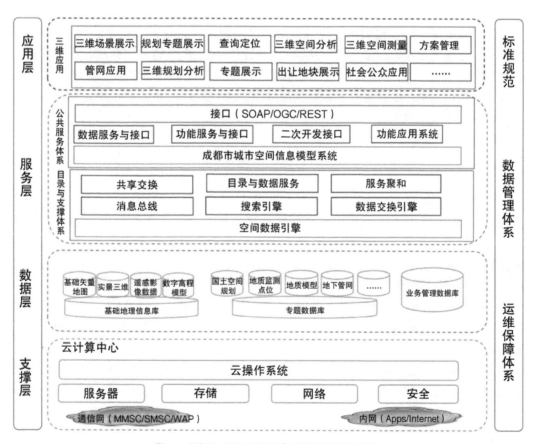

图1　成都市城市空间信息模型系统总体架构

3.2 多源数据融合，搭建实景三维"一张图"

系统搭建了数据汇聚与管理的多维数据中心，基于一体化管理理念和立体可视化技术，汇集各类三维数据，搭建实景三维"一张图"，形成了二三维数据一体化、地上地下一体化、室内室外一体化、多类型时空表达的立体三维实景模式，为多场景应用提供支撑。

3.2.1 三维建筑模型数据

一是覆盖范围广。成都市实现了市域 14335 km² 三维建筑模型的全覆盖，分为倾斜摄影模型、精细模型和简模三种模型。其中，倾斜摄影模型覆盖市域 485.63 km²，主要覆盖中心城五城区和彭州、邛崃建成区范围，采用多角度倾斜摄影和机载激光点云数据相结合的真三维自动化建模生产工艺，利用影像匹配算法技术，生成快速高效、模型纹理真实、数据精度高的三维数据，平面精度为 0.5 m，高程精度为 0.3 m，对于重点区域沿街建筑的纹理缺失，通过地面采集方式补充真实纹理。精细模型覆盖市域 560 km²，主要覆盖双流区、部分高新西区和南区范围，通过人工外业采集建筑纹理内业建模方式生产三维建筑模型，对模型纹理进行精修，让模型更精致并符合现状。简模覆盖市域13289.37 km²，主要覆盖二三圈层范围，利用成都市房屋矢量数据面，实现矢量面的简模数据生成，不仅有女儿墙细节，而且在模型纹理处理上模拟了固定太阳照射角度，给不同角度的墙面以不同亮度的纹理，在三维场景中可以直接表达建筑的明暗关系，节省系统资源，优化可视化效果。

二是数据质量高。随着精细化三维模型的体量不断增加，对原始模型的要求也越来越高，开展了模型质量优化方面的探索工作，从模型可视化效果、建筑物分栋错乱、模型纹理和面数冗余、模型拓扑关系错乱、纹理有效使用率低及分辨率不标准等方面对现有模型进行优化治理，从而提高三维数据质量，增强实景三维数据的地图服务效能和应用价值，满足各应用单位不断丰富和迫切的三维展示效果需求。

3.2.2 其他基础空间数据

接入了全市域高精度数字高程模型、高精度影像数据、全市 400 余万条房屋面数据、80 余万条 POI 数据。

3.2.3 地下管网数据

整合全成都市地下综合管网数据，包括综合管线及管线设施设备数据，包括电力、给水、排水、燃气、通信等五类地下管线数据。在三维系统中对管线进行三维渲染，并且实现地上地下一体化管理及展示。

3.2.4 自然资源相关数据

整合了成都市地下综合管网数据、国土空间规划等各类规划专题数据、地质灾害数据、社区防灾减灾数据、矿产资源数据和"多测合一"成果（图2）等自然资源二三维数据。

3.2.5 其他行业专项数据

包括其他行业部门涉及的全市公厕、教育、医疗、人口等专题数据，以及部分 IOT 数据的接入，进一步丰富系统数据类型，满足各行业三维发展需求。

分层分户

ID：91
楼层：25
楼高：3007

图 2　"多测合一"数据展示

3.3　系统功能

3.3.1　基础功能

系统支持定位查询、三维测量、标绘、场景旋转、通用图片格式出图等基础功能。通过运用前端 GPU 运输能力，还支持坡度坡向分析、淹没分析、挖填方分析、盒子剪裁、多边形剪裁等三维分析功能。

3.3.2　空间分析功能

依托三维地理空间框架体系中挂接各类规划专题及测绘成果信息，运用前端 GPU 的运算能力，结合相关算法，实现多种三维场景下的可交互三维空间分析和展示功能，包括三维空间关系判断、二三维缓冲区分析、叠加分析、通视分析、剖面分析、天际线分析、淹没分析、基于体元栅格的日照分析、建设强度分析等二三维基础分析能力，以及基于体元栅格场数据表达的噪声三维空间影响范围分析等可视化建模的复杂分析能力（图 3），助力多业务三维场景的辅助决策。

一是坡度坡向分析。基于三维场景中的 DEM 数据，在三维场景中绘制一个区域，系统根据绘制的这个区域，计算该区域三维地形的坡度和坡向。

二是淹没分析。在有三维数字高程模型的场景或者有建筑物的三维场景中进行区域的淹没分析，动态模拟某区域水位由最小高程涨到最大高程的淹没过程，分析指定区域在水位上涨时的淹没先后情况。

三是填挖方分析。基于三维场景中的 DEM 数据，在三维场景中绘制做挖填方分析的区域，设置开挖深度，模拟挖方效果，计算挖土方量或填方量。

四是盒子裁剪。在建筑物模型中设置一个裁剪盒子，通过裁剪盒子的长度、宽度、高度和旋转角度，从不同角度对当前建筑进行三维视觉裁剪。

五是多边形裁剪。在三维建筑物中绘制一个三维多边形，通过该多边形进行三维建筑裁剪，裁剪后在视觉层面只剩下绘制区域的建筑物模型。

| 通视分析 | 动态可视域分析 | 天际线分析 |

| 日照分析 | 地形坡度、坡向图 | 淹没分析 |

图3 支持多种三维空间分析

六是支持体元栅格表达的噪声影响。根据噪声在空气中传播时距离的衰减规律，可以计算出三维空间中距离噪声源不同距离、不同高度的区域的噪声强度。在系统中可以选择一条现状街道，在街道上设置几个噪声源进行噪声影响区域分析，利用三维体渲染方式，将分析结果在三维场景中进行展示，并且可以利用裁剪工具，对生成的体元栅格数据进行裁剪分析，查看每个断面的噪声污染情况，同时可以利用范围选择工具进行自定义范围分析（图4）。

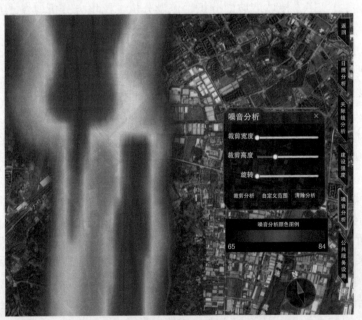

图4 体元栅格表达成都双流机场噪声影响范围

3.3.3 应用探索功能

一是创新利用成都市"多测合一"数据，运用坐标转换算法，低成本、快速生成高精度三维分层分户数据，支撑各类分户数据的挂接，可以关联单位机构、工商注册、人口、房屋用途、城市 POI 等多类别数据，给建筑赋予更精细化的数据应用管理能力。

二是将三维数据以数据服务方式接入游戏引擎。通过 GIS 插件与游戏引擎进行对接，将三维 GIS 存量数据接入游戏引擎（图 5），对天府五街和杉板桥区域的三维场景效果进行提升，美化场景展示。

图 5　游戏引擎接入

三是基于虚拟现实融合技术，支持将实时动态监控视频嵌入实景三维系统，通过虚拟三维场景可以获取摄像头的覆盖范围，未来可通过多路摄像头的汇总，对特定区形成三维融合视频。

4　多场景应用实践

4.1　支持规划与自然资源管理业务应用

4.1.1　规划专题展示

结合各类国土空间规划及专项规划数据，进行三维及动态专题展示和国土空间指标的宏观、中观、微观层面展示。例如，可查询控规地块相关属性信息，三维展示地铁线路及站点信息，分析展示经济指标及社会人文指标，高亮展示地震、防洪和消防（图 6）等专项规划信息等，为自然资源及其他相关行业的专业应用提供技术支撑。

防洪工程规划展示

消防工程规划展示

图 6　规划专题展示

4.1.2 三维管网展示

三维管网应用是在整合成都市地下管线的基础上，实现管线的三维符号化。包括对比查看同一区域不同时期或者地上地下的场景卷帘浏览，地下管网查询定位，横断面及距离分析，可通过手绘任意区域设施下挖深度进行三维开挖量分析和效果展示，可根据管线类型、管径分段、材质分类等指标按照地理范围来进行管线统计，统计结果以图表方式展示。

4.1.3 矿产资源管理

将矿产区域的地质体数据以三维体数据的形式整合到系统中，并且可以与地上建筑物模型进行综合叠加展示，包括地下地质体分布及属性信息展示。同时，可以基于三维地质体数据进行矿产地质体操作，包括裁剪、剖切、爆炸、清除，地质体开挖，地质体钻孔，地质体垂直拉伸等。

4.1.4 辅助建设项目规划全生命周期展示

一是成都市城市空间信息模型系统与规划政务电子信息系统进行了对接，实现建设项目规划选址、规划许可以及规划核实的全生命周期展示，通过数据共享与协调服务，可动态实时查询项目实施进度、项目建设方案，查看项目各阶段审批结果。

二是辅助土地出让决策。依托成都市城市空间信息模型系统中的土地出让展示及分析模块，在成都市五城区土地出让方案决策会上应用。系统支持将拟出让的土地范围导入实景三维场景中，实现出让地块与实景三维模型、规划专题数据的综合展示及分析。通过系统可以更直观、更真实地反映出拟出让地块的控制指标，以及与周边建筑物的位置关系，支撑对拟出让地块的位置、范围、周边现状关系及区域前景等进行综合评定。

三是辅助建设方案审批管理。依托多方案对比、建设强度分析、天际线分析等辅助规划决策功能，在规划业务办公中应用。城市设计、城市形态研究，建设项目规划条件确定、规划方案研究、建筑形态审查等工作可以通过系统进行方案对比（图7），天际线等功能从多方案、多角度、多方位的审视形态、体量、高度、色彩等方面确定最终方案，使规划审批更形象直观、科学可靠。

图7 方案对比

四是在方案审查环节，系统支持加载方案 BIM 三维模型，用于辅助规划审批。待项目竣工验收后，系统支持将方案三维模型更新为实景三维模型，以满足建设项目不同阶段模型展示的需求（图8）。

方案审查阶段模型　　　　　　　　　　　　竣工后实景模型

图 8　不同阶段模型展示

4.1.5　辅助"15 分钟"公共服务圈分析展示

将城市人口、公共服务设施数据整合到三维场景中，结合实景三维模型数据，在三维空间中对各类空间规划数据进行分析和展示，辅助规划编制、决策和咨询（图9）。

人口分析　　　　　　　　　　　　　公共服务设施分析

图 9　辅助公共服务圈分析展示

4.1.6　辅助城市更新管理

城市片区更新往往需要对某个区域的建设强度进行快速评估和分析，系统建设强度分析功能支持在实景三维场景中划定一片区域以快速得到建筑占地面积、建筑密度、容积率等指标信息，在分析区域开发建设、拆迁评估、土地经济测算及评价区域开发强度适宜性等方面发挥重要作用。

4.2　支持其他行业管理业务应用

4.2.1　城市形象展示及城市治理应用

将实景三维成果融入市网络理政办和市规划馆的大屏展示（图10），立体化展示成都市独具内涵的城市形象,为参观者提供身临其境的在城市中漫步的感受。

图 10 大屏展示

在中心城成华区、武侯区等区域将实景三维模型嵌入城市治理管理平台,通过将实景三维模型与城市治理业务结合,支持从宏观(整个区)到微观(街道等)的穿透查询与分析决策,为各区智慧治理、城市安防提供基础时空信息支撑,提升智能化管理水平。

4.2.2 助力智慧蓉城建设

一是助力智慧疫情防控。结合成都新冠肺炎疫情,创新运用 GIS 专业技术手段,在实景三维场景中实现确诊病例分层分户、新增病例轨迹相关数据的空间落地,形成 GIS 可视化数据成果,为成都市智慧疫情防控平台的高效应用提供了有力支撑(图11)。

确诊病例分户定位

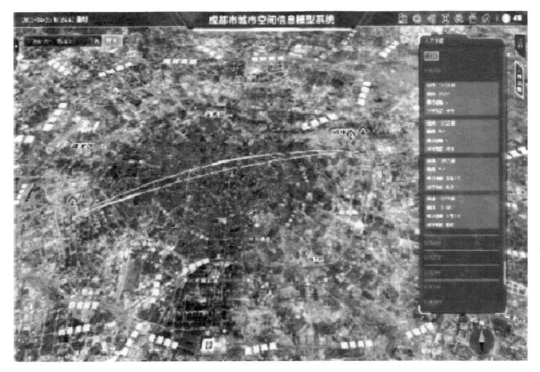

确诊病例活动轨迹

图 11　助力智慧疫情防控

　　二是辅助第 31 届世界大运会指挥调度工作。依托倾斜摄影技术，对大运会 7 家重点保障酒店构建高精度三维场景模型（图 12），通过智能化展示建筑分层布局、动态化展示建筑内部功能分区等方法，全面、立体、直观展示大运会酒店外部风貌和内部结构，为大运会人员入住管理和疫情防控组织方案提供技术支持。

洲际酒店全景

洲际酒店内景

图 12　大运会酒店三维展示

5　结语

　　实景三维建设是新型智慧城市建设、数字政府建设的重要基础，是未来各城市大力发展的方向。成都市通过搭建城市空间信息模型系统，建立了统一数据标准的成都市三维数字底盘，打造集室内到室外、地上到地下、静态动态结合的全三维空间展示与三维综合分析于一体的城市数字孪生呈现，为成都市新型智慧城市建设提供了有力支撑。目前，成都市已将实景三维建设列入成都市基础测绘"十四五"规划、成都市规划和自然资源信息化"十四五"规划，并积极扩展应用领域，推进实景三维业务化应用，赋能产业，力图将服务受众向各级政府、各行业部门乃至社会公众延伸，积极助力成都城市 CIM 建设和数字孪生建设。

[参考文献]

[1] 王斌，李朋龙，罗鼎，等．重庆市实景三维地理信息服务平台建设及应用［J］．地理空间信息，2017（10）：21-23，9．

[2] 李晓波，吴洪涛，张爱民，等．感知国土：挑战、机遇与策略［J］．国土资源信息化，2020（3）：3-8．

[3] 肖建华，李鹏鹏，彭清山，等．武汉市实景三维城市建设的实践和思考［J］．城市勘测，2021（1）：8-11．

[4] 蔡振锋，彭斌，季霞，等．地市级实景三维城市建设及应用——以实景三维临沂建设为例［J］．测绘通报，2021（11）：115-119．

[作者简介]

卢宝霖，高级工程师，就职于成都市规划编制研究和应用技术中心。

杨小华，高级工程师，就职于成都市规划编制研究和应用技术中心。

丁一，高级工程师，就职于成都市规划编制研究和应用技术中心。

张丹，高级工程师，就职于成都市规划编制研究和应用技术中心。

基于数字孪生技术的"四维＋"矿产资源储量监管应用系统设计

□廖娟，周丹，何兰玉，杨波

摘要：矿产资源是国民经济和社会发展的重要基础，解决其开发利用难度大、效率低等问题，对于稳定矿产资源市场和维护国家安全具有重要意义。本文以国家相关标准规范为依据，以矿产资源储量管理为主线，采用轻量化三维构建技术、全空间一体化技术、高性能空间分析引擎以及海量矢量数据动态快速渲染引擎等关键技术，全面整合矿产资源数据，打破数据孤岛，构建矿产资源三维时空数据库；基于国土空间基础信息平台，融合地上、地表、地下三维可视化模型模拟矿区矿山真实情况，并引入时间维度构建具体应用场景，建成基于数字孪生技术的"四维＋"矿产资源储量监管应用系统，实现"一图掌握矿产资源家底""一码追溯矿区前世今生""一轴展示矿山开采历程""一键智算矿山开采量""一屏辅助矿产资源决策"，为矿产资源管理决策提供智能支持，赋能矿产资源智能监测、高效管理。

关键词：数字孪生；矿产资源储量；全空间一体化；四维＋

1　引言

2020 年 4 月，自然资源部印发了《关于推进矿产资源管理改革若干事项的意见（试行）》，对建立和实施矿业权出让制度、优化石油天然气矿业权管理、改革矿产资源储量分类和管理方式等作出了一系列重大的制度创新，体现了矿业权管理理念的重大转变。

矿产资源储量管理是矿产资源管理的重要组成部分，对政府掌握矿产资源家底、保障国家资源安全、维护矿产资源国家所有者权益、保护和合理利用矿产资源等具有重要意义。矿产资源储量监管工作的目的在于有效维护矿产资源国家所有权、矿业权人对矿产资源的合法占有权，逐年摸清矿产资源储量家底，为矿产资源的科学、合理开发与利用提供可靠准确的储量依据。矿产资源储量管理具有业务涉及面广、数据繁杂、时效性强等特点。一方面，传统的管理方法直观性差、效率不高，难以达到储量动态监督管理的要求；另一方面，已有的软件系统功能、数据较为分散，不能全面支持储量动态监督管理业务。在新形势下，依靠科技进步，建立一套直观性强、自动化程度高、全面支撑矿产资源储量管理日常工作的软件平台是一项十分必要的工作。

数字孪生技术是由物联网、大数据和信息物理系统等技术发展而来的一种系统分析技术。其通过建立实体系统的多维、多时空、多尺度、多物理量的动态虚拟模型，利用传感系统实时感知实体运行状态，并利用仿真手段模拟实体模型在不同环境中的属性、行为、规则。随着数字孪生技术的快速发展，万物皆可孪生。数字孪生的核心是模型和数据，强调仿真、建模、分析和辅助决策，侧重于物理世界对象在数据世界的重现，通过集成物理反馈数据，并辅以深度学习、数据挖掘和软件分析，在信息化平台内建立一个数字化模拟模型。

　　本次系统建设基于数字孪生技术，采用轻量化三维构建技术、全空间一体化技术、高性能空间分析引擎以及海量矢量数据动态快速渲染引擎等关键技术，结合矿产资源储量数据真三维、动态变化的特征，构建地上、地下、地表三维可视化模型模拟矿区矿山真实情况，并引入时间维度构建具体应用场景，形成矿产资源管理部门、矿山企业、社会公众良性互动的矿产资源管理立体监管服务网络，建成基于数字孪生技术的"四维＋"矿产资源储量监管应用系统，服务资源量估算、优化矿山开采设计、资源储量动态管理、政府相关部门动态监管，实现对矿产资源储量的动态化、精细化、规范化管理，提升矿政管理治理能力现代化水平。

2　建设思路

2.1　设计思路

　　以矿产资源相关数据资源为抓手，以业务流程为链条，建设"四维＋"矿产资源储量监管应用系统。设计思路见图1：一是数据整合，汇集矿山企业、管理部门、测绘机构等单位的相关数据资源；二是通过对各类数据进行统一运维与管理，形成矿产资源三维时空数据库；三是通过国土空间基础信息平台实现数据的综合展示与分析，实现"用数据说话、用数据决策、用数据管理、用数据创新"；四是通过矿产资源储量监管应用系统，来协助实现矿产资源的资源管理及辅助决策。

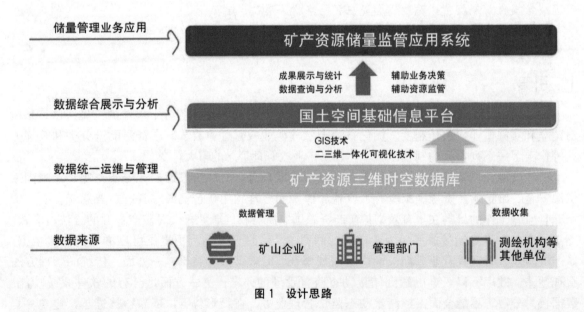

图1　设计思路

2.2　总体架构

　　遵循"先进成熟、稳定高效、安全有序"的原则，建设"四维＋"矿产资源储量监管应用系统，满足各功能高内聚、松耦合的要求，实现信息的纵横联通、共建共享、深度融合。总体架构包含"四横四纵"八大体系（图2），"四横"是基础设施层、数据资源层、平台支撑层、业务应用层，"四纵"是政策制度体系、标准规范体系、组织保障体系、网络安全体系。

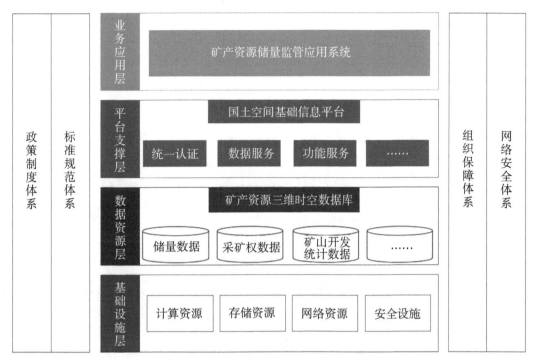

图2　总体架构

2.2.1　基础设施层

基础设施层主要提供软硬件和网络运行支撑环境，通过管理平台实现计算、存储、网络等资源的统一管理和调度，提供安全可靠、统一运维的服务。

2.2.2　数据资源层

归集治理相关数据，形成矿产资源三维时空数据库，实现对矿产资源数据的统一组织、存储、更新和管理，满足数据共享需求。

2.2.3　平台支撑层

以国土空间基础信息平台为支撑，提供统一身份认证、数据服务、大数据分析计算服务等平台支撑服务。

2.2.4　业务应用层

通过构建矿产资源储量监管应用系统，实现对矿区、矿山等矿产资源的全面监管。

2.2.5　政策制度体系

整合已有的政策和制度，形成政策制度体系，在已有的政策和制度体系之内进行系统的构建，指导业务应用建设全过程。

2.2.6　标准规范体系

建立统一的技术标准和管理规范，主要包括数据标准规范、服务标准规范、平台接入规范、运行维护规范等，指导业务应用的开发建设和运行全过程管理。

2.2.7　组织保障体系

加强组织领导与协调，建立专门的建设团队，明确方案、合理分工、落实责任、有力组织、科学实施，全面保障信息化规划的落地。

2.2.8　网络安全体系

建立安全管理机制，确保系统运行过程中的物理安全、网络安全、数据安全、应用安全、访问安全。建立运维管理机制，对系统的硬件、数据、应用和服务的运行情况进行综合管理，确保系统稳定运行。

3 关键技术

3.1 轻量化三维构建技术

基于浏览器端，采用基于钻孔数据的三维地质体快速建模方式构建轻量级三维地质模型，对于工程地质、水文地质等简单层状地质体，在根据建模范围和精度要求生成地形网格的基础上，从基础数据库中提取钻孔点位和分层信息生成地层面强约束点，从剖面中提取有关地层边界线信息，基于地形网格应用这两类数据进行插值计算并构造各地层面模型，最后根据地层之间的叠覆关系等地质信息生成地层实体模型。

3.2 全空间一体化技术

矿产资源储量监管应用系统需要对矿产资源管理数据进行整合与一体化管理，涉及一系列的地上、地表、地下三维数据，利用全空间一体化技术，可以实现地上、地表、地下全空间三维数据的一体化管理与可视化分析，主要体现在以下几个方面：

全空间一体化数据管理，平台能够将三维模型数据和二维矢量、地形影像存储到完全统一的数据库中，支持 3DS、OBJ 通用三维模型数据的导入，可根据需要选择数据导入为面、体，支持生成球面数据（球面数据可在球面模式显示数据）；支持面、体图层的直接创建；在此基础上提供全面的地上、地表、地下全空间一体化网络服务，实现 TB 级、分布式全空间信息的管理与发布，多尺度、多源、异构空间信息共享。

全空间一体化数据可视化展示，提供从平面模式到球面模式的转换，从灯光到交互，从色表到雾效应等丰富的场景，支持场景漫游、爆炸效果显示、模型切割展示等多样化的全空间展示效果和查询功能（图 3）。

图 3 全空间一体化数据可视化展示

全空间一体化数据分析，在全空间数据可视化表达的基础上，提供强大的空间分析能力。

一是所有二维分析功能都可以在三维场景中进行，支持将分析结果在全空间三维场景中用三维的方式予以展现；二是支持强大的全空间三维网络分析，如爆管分析等；三是提供高效的全空间三维分析功能，具备"即时分析、及时展现"的超强性能，包括填挖方分析、坡度坡向分析、可视域分析、表面分析、单点地形查询、日照分析、地形表面距离量算、洪水淹没分析、切割分析、动态剖析分析等。

3.3　高性能空间分析引擎

高性能空间分析引擎是在 IGSS 集群管理器集成的分布式空间分析引擎，充分利用 IGS 多个节点的性能，使用 IGSS 空间分析任务调度器，将耗时多、计算量大的空间分析任务进行细粒度的划分，并行地在多个 IGS 节点上执行空间分析子任务，待所有任务执行完成，最终将各个子任务的结果进行合并汇总，生成空间分析的结果返回给用户（图 4）。IGSS 集成智能任务调度系统、任务执行状态监测系统和任务故障转移系统。对空间分析任务进行智能调度，全程监控，确保任务高效完成。

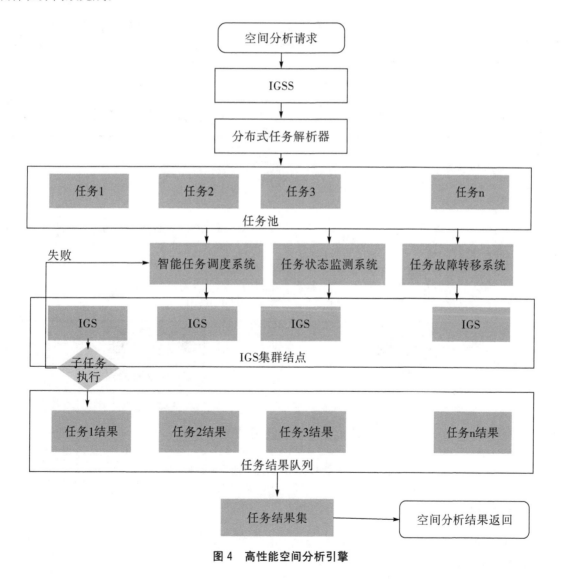

图 4　高性能空间分析引擎

3.4 海量矢量数据动态快速渲染引擎

建成的矿产资源储量监管应用系统面向自然资源部门、其他相关政府职能部门和社会公众等提供矿产资源信息服务，为了快速无缝地应对各部门、各行业多样化的信息服务需求，引入海量矢量数据动态快速渲染引擎。

海量矢量数据动态快速渲染引擎包含空间数据库数据读取、数据处理、数据渲染（图5）。数据读取主要包括数据过滤、数据输入/输出、数据缓存、数据索引四部分，数据处理主要包括数据化简、坐标转换、数据裁剪三部分，数据渲染主要包括并行渲染、地图缓存、硬件加速三部分。通过数据动态快速渲染引擎可将矢量数据显示速率压缩至秒级。

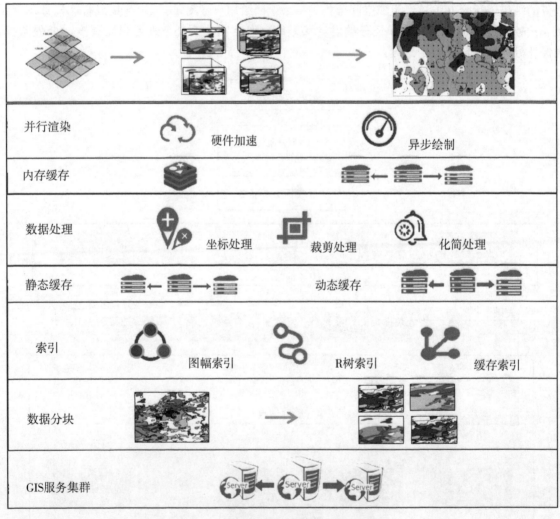

图5　海量矢量数据动态快速渲染引擎

4　应用特色

本文以广东省矿产资源国情调查项目为例，介绍基于数字孪生技术的"四维＋"矿产资源储量监管应用系统的应用特色。

4.1 一图掌握矿产资源家底

在三维场景下从矿种、矿区、矿山三个方面，通过图表联动的方式直观地展示各类矿产资源情况，实现一图掌握矿产资源家底。

4.2 一码追溯矿区前世今生

从时间维度对矿区全生命周期各个阶段的基本信息和文档材料进行管理，实现矿产资源的四维动态显示，方便管理者详细了解矿区普查、详查、勘探等各个阶段的勘查信息，提升矿产资源管理效率。

4.3 一轴展示矿山开采历程

从时间维度对矿山全生命周期的开采过程进行管理，动态展示地下矿体利用现状的空间信息及数量规模、与地表建设项目及生态环境各要素间的空间位置关系、各矿体间的空间位置关系，实现矿产资源全空间一体化动态展示。

4.4 一键智算矿山开采量

基于 WEB 端的填挖方实时计算技术，对比不同年度两期高精度倾斜摄影数据，智能计算矿山开采前后填挖方量，实现足不出户即可动态掌握露天矿山的开采位置及开采量。

4.5 一屏辅助矿产资源决策

从矿区、矿产组合、勘查程度、矿山、累计查明资源储量、年末保有资源储量、矿区利用情况七个方面，对矿产资源进行多维度、多尺度、多时期的展示、汇总、分析及综合研究，实现数据高效利用，提升矿产资源监管能力和决策水平（图6）。

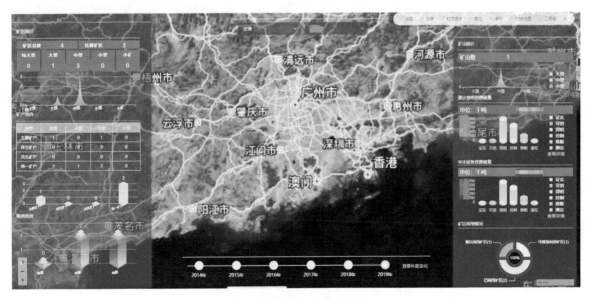

图6 一屏辅助矿产资源决策

5 结语

目前数字孪生技术已在各行各业得到了广泛应用，但应用于矿产资源储量监管方面的还较少。笔者介绍了一种全新的实践经验，建成了引入时间维度和具体应用场景的"四维＋"矿产资源储量监管应用系统，对矿产资源储量监管具有重要意义。矿产资源储量动态监管工作具有广阔前景和巨大生机，但目前的经验实践也存在许多不足，尤其在如今大数据、人工智能等新技术不断变革的浪潮下，GIS行业信息化也需要不断进行技术创新和应用创新，才能葆有持久的生命力。未来还需要不断探索和努力，在矿产资源规划实施监督、绿色矿山管理、矿产资源生态修复等领域打造一批具备特色亮点的应用场景，为不断提升矿政治理能力现代化水平贡献科技力量。

［参考文献］

[1] 杨庆峰，杨雪松，何育枫，等. 江苏省矿产资源储量动态监督管理系统设计与实现 [J]. 数字化用户，2017，23（33）：292-294.

[2] 陈敏，孟刚，苗琦，等. 我国矿产资源储量管理现状、问题及建议 [J]. 中国矿业，2020，29（7）：16-19，24.

[3] 邓院林，陈敏，王伟. 基于数字孪生的大坝施工智慧管理平台 [J]. 人民长江，2021，52（S2）：302-304，311.

[4] 陈传刚，方伟. 矿产资源储量动态监管工作 [J]. 能源与节能，2022（3）：222-224.

[5] 李强. 基于数字孪生技术的城市洪涝灾害评估与预警系统分析 [J]. 北京工业大学学报，2022（5）：477-486.

［作者简介］

廖娟，工程师，武汉中地数码科技有限公司项目经理。

周丹，高级工程师，武汉中地数码科技有限公司产品总监。

何兰玉，助理工程师，武汉中地数码科技有限公司项目经理。

杨波，工程师，武汉中地数码科技有限公司研发经理。

第五编

信息技术研究与实践

新形势下市级自然资源和规划信息化顶层设计之见

□徐云和，童秋英，杨晓明，罗长林，闫明阳，戴大鹏

摘要：各级自然资源和规划管理机构改革已陆续完成，其正面临着业务变革和技术变革的双重挑战，对信息化建设的要求也越来越高，因此亟须结合"数字政府"和"放管服"改革等要求，推进自然资源和规划信息化顶层设计，实现自然资源和规划业务一体化到平台一体化管理。本文总结了当前自然资源和规划信息化管理存在的短板，并根据实践经验提出了相应的应对措施，以期为地市级自然资源和规划管理信息化建设提供参考。

关键词：自然资源和规划；信息化；顶层设计

1　引言

2019 年 11 月 22 日，自然资源部发布了《自然资源部信息化建设总体方案》，正式推出了自上而下、协同推进的具有纲领性和指导意义的自然资源信息化顶层设计方案，为各级自然资源管理部门未来几年的信息化建设指明了方向。以该方案为指导，推进地市级自然资源和规划信息化顶层设计和有序建设，是加快融合发展"生产空间、生活空间和生态空间"、以自然资源新优势助推地方经济高质量发展的重要手段。笔者根据多年来在自然资源和规划信息化建设实践工作积累的经验，结合当前自然资源和规划信息化建设现状与短板问题，从"一张网、一张图、一个平台和三大应用体系"等方面提出自然资源和规划信息化建设顶层设计落地实施路径与策略，以期为各地推进自然资源和规划信息化建设提供思路借鉴。

2　现状及短板分析

2.1　网络和基础设施方面

全国大多市级自然资源和规划管理部门基本构建了满足工作要求的局域内网、政务网和互联网等基础运行网络环境，并实施了安全防护策略，保障了各类系统和数据库的可靠运行，但还存在建设维护分散化、网络安全防护和监管能力不够等短板，自然资源和规划管理行业的网络受攻击事件时有发生，面临的安全风险亦不断加大，需建立健全网络基础设施安全防护机制，防范风险。

2.2　数据资源方面

基本建立了包含基础地理、调查评价、规划编制、管理审批、执法监察等的自然资源"一

张图"核心数据库，实现了原国土和规划相关信息资源利用，但在数据覆盖面、数据标准规范、数据管理维护和数据共享交换等方面还存在一定的短板。一是尚未形成全口径、完整覆盖的自然资源和规划数据资源体系；二是尚未全面构建统一空间基准、统一数据格式、统一应用要求等标准规范；三是尚未有效建立统一数据存储、统一数据服务、统一运行监控、统一交换共享等数据管理维护体系；四是一些关键信息录入不及时、不完整、不准确以及相关数据关联融合不够等，不便支撑国土空间全链条动态管理和科学决策支持等应用。

2.3 应用系统方面

建立了包括综合办公系统、行政审批系统、综合"一张图"系统、档案管理系统及相关专题应用系统，能较好地支撑综合事务电子化管理、公文电子化管理和业务全流程网上审批等相关工作，但在底层架构、通用服务支撑和功能支撑方面还存在一定的短板。一是尚未建立一个统领支撑全局业务系统的底层架构，不能为其他相关系统提供底层框架保障，从而造成多个系统间技术架构不统一、不易整合和维护等；二是核心基础平台的通用服务支撑还不足，存在诸如现状分析、规划分析、重叠分析等通用分析服务在多个系统重复开发，而不是在一个核心基础平台中统一开发、在其他系统调用集成的问题；三是支撑智能审批和科学决策等核心应用能力不够。

3 建设思路与目标

3.1 建设思路

以深入推进"多审合一、多规合一、多测合一、多验合一"工程建设项目审批制度改革为契机，聚焦统管资源、统控空间、统建生态的核心职能，坚持立足已有基础、补短板、强弱项、创亮点的原则，按照总体规划、急用先行、分期建设和边建边用的思路，通过整合集成、优化完善和创新重构等手段，推进系统共建、数据共享、标准共用，开展信息化建设顶层设计并分年度实施，成熟一个上线一个，不断积累，最终覆盖所有的自然资源和规划管理业务，推动现代信息技术与自然资源管理和规划的深度融合，提升自然资源和规划的综合监管能力和形势预判能力。

3.2 建设目标

以集约建设、互联互通、云上应用、便民服务为出发点，围绕新形势下自然资源两统一新职能，充分运用云计算、大数据、移动互联网、人工智能等新一代信息技术，结合当前自然资源和规划治理能力现代化的需求，基于统一的标准体系、数据体系、技术体系、应用体系，构建面向政务服务、调查评价和监管决策等的自然资源和规划信息化应用体系，全面增强区域自然资源和规划政务"一网通办"与开放共享能力、动态监测与态势感知能力以及综合监管与科学决策能力，逐步形成"用数据审查、用数据监管、用数据决策、用数据创新"的管理新局面，全面提升自然资源治理体系和治理能力的现代化水平。

4 总体架构设计

以《自然资源部信息化建设总体方案》为参考，结合各地市级自然资源和规划管理实际情况，面向长远发展，按照统一规划、分步实施的原则，从网络架构、业务架构、数据架构、技术架构和应用架构等方面建立起支撑自然资源和规划全业务信息化的总体架构中台，以便增强平台化支撑能力，快速敏捷响应业务应用需求变化，为自然资源及规划管理相关系统建设提供统领、先进、可靠的系统框架体系、数据支撑服务及基础功能服务,同时亦可为各地国土空间规划编制、行政审批、监测监管、决策分析提供更智能的应用服务。

4.1 网络架构设计

按照云架构,统筹整合原有部门已建立的网络及计算机存储等资源并进行优化调整,建成包含业务专网、政务网和互联网的统一的自然资源和规划"一张网",并采用云计算、虚拟化等技术建立计算资源、存储资源等虚拟资源,从云资源池中动态提供数据库服务器、地图服务器、应用服务器和文件服务器等硬件资源,在各个资源服务器之间进行网络互联与安全策略防护,同时支持弹性扩展和具备集群能力,满足高可用性服务和负载均衡要求,为各级应用提供统一、安全、稳定、可靠的云基础设施服务。

4.2 业务架构设计

随着各级自然资源和规划机构改革落地以及系列审批制度改革措施的推行,需进一步梳理、优化自然资源和规划行政审批及各类技术服务涉及的板块、事项、流程、规则、表单等,并将各业务应用系统的业务逻辑和底层技术分离开来,形成以各类自然资源和规划审批业务融合为核心的业务中台,进一步提高审批服务效率和质量。

4.2.1 业务流程标准化

通过梳理整合及优化重组部门内部以及部门之间的业务办理流程,按照"减、转、并、放、调"的优化理念,对业务流程实行整合优化,形成支撑内部业务有序运转的标准化业务办理流程。

4.2.2 业务表单标准化

整合优化行政许可事项的申请材料和表单,将所有许可事项的申请表、指标表、文书表、审批表和证照表等统一格式,形成制式、标准化的表单文书模型。

4.2.3 业务规则标准化

以标准化业务流程和表单为基础,将各项业务按照"系统—模块—流程—功能—要素—规则"的组合进行业务规则梳理与标准化表达,建立业务规则管控模型。

4.3 数据架构设计

以《自然资源部信息化建设总体方案》中对自然资源"一张图"的建设要求为指导,结合各地数据实际情况,因地制宜地制定适应数据治理路径,梳理制定一套内容全面、标准统一的自然资源和规划数据资源目录与大数据治理体系,汇聚融合国土、规划、测绘以及社会经济等相关数据库,构建一个分布式存储、统一管理、统一服务的自然资源和规划大数据中心,提供数据资源管理、数据服务管理、数据运维监控等核心功能,并建立数据共享与更新维护机制,实现多源、多要素的自然资源和规划数据多层级、多渠道的内外互联与共享应用,保障数据的准确性、完整性和时效性,避免"数出多门"。

4.3.1 建立数据资源目录

全盘梳理数据资源,有计划、有组织、持续地汇集区域各类国土空间数据,厘清数据家底,建立数据资源目录。

4.3.2 建立数据标准体系

围绕自然资源和规划业务管理要求,对数据现状进行全盘分析,明确数据问题,构建数据治理路线,制定贯穿自然资源和规划管理相关数据汇集、数据清洗、数据整合到数据应用全类型、全环节统一的自然资源和规划数据标准体系。

4.3.3 建立运维管理系统

一方面，提供数据管理模块，进行自动化、规则化的数据资源统一入库管理与服务发布；另一方面，提供数据服务管理模块，实现各类数据服务的注册、发布与运维监控，动态监测数据服务运行和使用状况。

4.3.4 建立运行保障机制

构建数据更新维护机制，保障各类数据的动态持续更新，并在此基础上进行数据的挖掘应用，形成可扩展、可复用和可集成的数据成果。

4.4 技术架构设计

为强力支撑自然资源和管理信息化建设，满足插件式、敏捷化系统集成开发应用需要，采用微服务架构，构建一个统一、强大、灵活、易用的既可满足桌面化应用又可满足移动化应用的技术中台，同时建立自然资源和规划管理指标模型库，研发自然资源和规划管理所需的业务审批、日常统计、监测分析等专题应用功能服务，并结合 AI 人工智能算法应用，研发自然资源和规划管理所需的智能审批、规划实施评估预警等监管决策服务，满足所有系统在一个统一的开发技术框架体系下快速敏捷开发与集成，以便支撑各类业务的智慧管理应用需要。

4.4.1 建立微服务中心

采用微服务架构技术，把若干服务拆分为数个甚至数十个相互松耦合的服务，同时围绕具体的业务需求来创建相应的微服务。这些微服务可独立地进行开发、管理和迭代，最终目的是将功能分解到离散的各个服务当中，从而降低系统的耦合性，以支持服务资源的高效运行和动态伸缩，使得微服务应用各司其职，提升各个微服务应用之间的协调配合能力，有助于系统、快速地迭代开发，更快、更好地响应自然资源和规划业务管理频繁变化的要求。

4.4.2 建立共享交换中心

建成复杂网络环境下多源异构数据的共享交换中心，提供横向到边、纵向到底的数据共享交换能力，从不同层面面向不同类型数据解决共享交换需求，实现纵向上与部级、省级、区县级的数据交换共享，确保部、省、市、县数据的一致性和实时性；横向上与发改、经信、住建、环保等其他政府部门的数据交换。

4.5 应用架构设计

基于大数据中心和国土空间基础信息平台，搭建以调查监测为基础、以政务服务为重点、以监管决策为手段的纵横联通、共建共享、深度融合的三大应用支撑体系，广泛、全面、深入应用于支撑国土空间规划、调查监测、行政审批、监管决策等相关管理应用工作。

4.5.1 "互联网＋"自然资源和规划政务服务应用体系

按照党中央、国务院深化"放管服"改革和工程建设项目审批制度改革相关要求，再造、重构内部无缝贯穿与外部互动衔接的自然资源和规划业务模型，实现国土、规划、林业和测绘等业务审批事项的深度融合，强化信息化应用对线上办事的日常监管、专项督查、定期通报等作用，构建全新的以门户网站为基础、以综合办公系统为核心、以行政审批系统为重点、以移动办公系统为关键的"互联网＋自然资源政务服务"应用体系，实现受理入网、办事在网、办结出网、全程留痕、智能审批、督办监管与定期通报等，有效支撑"一窗受理、一网通办"面向社会的政务服务，形成"不见面"审批工作态势。

4.5.2　自然资源调查监测评价应用体系

一方面，以第三次国土调查为契机，按照自然资源部统一部署要求，逐步从国土调查深化至自然调查监测评价，整合基础"三调"等自然资源调查监测评价成果并研究构建自然资源调查监测数据分析评价指标体系，研发自然资源调查监测评价专题应用系统，实现多要素自然资源调查监测成果展示可视化、辅助决策智能化、共享服务与应用层次多样化，推进调查监测成果管理、更新和共享服务，充分发挥自然资源调查成果在服务经济发展和社会管理、支撑宏观调控和科学决策中的基础作用；另一方面，以现有不动产登记信息管理基础平台为基础，适时根据部省有关工作要求，进一步丰富、扩展自然资源确权登记业务，最终形成统一的自然资源确权登记数据库和信息平台，有效支撑各类自然资源的确权登记工作。

4.5.3　自然资源和规划监管决策应用体系

通过梳理打通和融合自然资源、规划、测绘等业务通道，综合应用知识库、规则库与人工智能等技术方法，建立不同层面的监管决策指标体系和面向不同业务主体的决策分析模型，打造以"自然资源大脑"为核心的自然资源智能决策应用中心，实现智能化的综合监管和辅助决策分析，全面支撑国土空间规划"一张图"实施监督、耕地保护监管、国土空间生态修复监管、自然资源开发利用综合监管、自然资源资产与市场监测监管、地质灾害预警监测以及自然资源执法和督察等应用，整体提升自然资源的态势感知能力、综合监管能力和形势预判能力。

5　结语

市级自然资源和规划信息化建设涉及面非常广，要求高，任重道远，笔者仅从设计思路和总体架构设计方面作了较粗浅的介绍。自然资源和规划业务管理需求仍在不断调整，信息化技术也在快速更新迭代。因此，信息化建设顶层设计需要精心策划、统筹规划、整体设计、突出重点、分步实施，不断积累经验，调整优化策略，以保障顶层设计思路的先进性、实际性、延续性和可操作性，最终构建一个"数据集中、标准统一、信息共享、部门协同、项目审批、评估考核、实施监管、服务群众"的自然资源和规划信息化体系。

[参考文献]

[1] 吴超，梁睿中，卢拉沙，等. 区（县）级自然资源信息化顶层设计实践研究［C］//智慧规划·生态人居·品质空间——2019年中国城市规划信息化年会论文集，2019：211-217.
[2] 吴洪涛. 自然资源信息化总体架构下的智慧国土空间规划［J］. 城乡规划，2019（6）：6-10.
[3] 李桂林. 市级自然资源信息化顶层设计思考与实践［J］. 中国信息化，2019（5）：86-88.
[4] 俞鹏程. 自然资源信息化建设趋势探究［J］. 中国房地产，2019（12）：36-39.
[5] 刘顺凤. 自然资源信息化建设发展探索［J］. 科技创新与应用，2020（9）：76-77.

[作者简介]

徐云和，高级工程师，速度时空信息科技股份有限公司高级副总裁。
童秋英，高级工程师（正高），就职于武汉市自然资源和规划信息中心。
杨晓明，工程师，就职于襄阳市测绘研究院。
罗长林，博士，高级工程师（正高），就职于速度时空信息科技股份有限公司。
闫明阳，工程师，就职于武汉市自然资源和规划信息中心。
戴大鹏，工程师，就职于武汉市自然资源和规划信息中心。

自然资源一体化信息平台设计与实现

——以上饶市广信区为例

□易志辉，张涵，徐超，姜清铨

摘要：为积极响应国家优化营商环境的号召，全面整合原国土资源、规划等部门的职责，以信息技术手段推动区域数字经济整体高质量发展已成为当前要务。目前县级自然资源部门存在数据孤岛、业务分散、耗时长等问题。本文引入多用户并发访问、长事务处理和一体化数据模型驱动建库技术等技术，以上饶市广信区构建县域自然资源一体化信息平台为例进行分析，以期能够全面提高基层单位信息化水平和开放共享能力，提升管理的精细化和智能化水平，对其他类似地区的建设工作具有一定的借鉴意义。

关键词：自然资源；多用户并发访问；长事务处理技术；数据模型驱动建库；一体化

1 引言

2019年11月，《自然资源部信息化建设总体方案》公布，对自然资源部门下一步信息化工作部署、业务布局和产业发展提出了要求，并提出建设自然资源"一张网""一张图""一平台"和自然资源监管决策、"互联网＋"一体化政务服务平台，构建自然资源调查监测评价三大应用体系。为积极响应国家号召，江西省上饶市广信区自然资源局挂牌成立，确定了使用信息化技术全面提升自然资源管理能力，大力优化营商环境，助力县域经济高质量发展的基本路线。

当前，县级自然资源部门存在业务整合协作审批耗时长、数据管理分散、应用孤岛效益明显的弊端，信息化方面也存在多头布置、融合不够等问题。传统纸质材料层层递进式审批仍是主流，多平台、多标准、质量参差不齐、坐标不匹配等数据方面的问题也进一步导致跨部门、跨业务数据共享和数据综合应用困难、数据利用率低。

在当前倡导自然资源管理工作"提质增效"的背景下，如何立足现状，以"两统一"职责为根本出发点，以信息化技术为抓手，围绕调查监测、资产管理、开发利用、国土空间规划、用途管制和生态保护修复，充分利用自然资源大数据，构建以目标和问题为导向、符合广信区自然资源局管理要求的多场景自然资源决策应用已成为当务之急。

2 总体架构

基于以上改革和管理需求，广信区自然资源一体化信息平台充分运用移动互联网、云计算、大数据和人工智能等新一代信息技术，搭建"一中心、两朵云、四平台"（自然资源数据中心，自然资源政务云、互联网云，国土空间基础信息平台、"互联网＋"自然资源政务管理平台、自然资源监管决策平台、自然资源三维立体"一张图"平台，各分支体系及其相互关系见图1）。构建以自然资源数据中心为核心的国土空间基础信息平台、面向内部的一体化协同审批的自然资源全业务平台、监管与决策应用的综合监管与决策支持平台和面向公众的"互联网＋公众服务"应用。

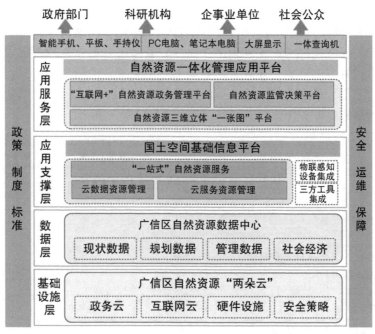

图1　广信区自然资源一体化信息平台总体架构

3　系统建设内容

"一中心"指的是通过搭建标准的自然资源数据中心，承载自然资源局内各项业务、规划、土地、影像等数据，为后续科学决策、精准管理、精准监管和高效协同管理提供统一的数据支撑。围绕"整体智治"新理念，结合广信区的实际情况，开展数据治理工作并明确了数据治理标准、共享标准、应用服务标准等，从而形成统一入库、集成融合、持续更新的广信区自然资源大数据体系。

"两朵云"指的是通过池化服务器、存储资源等基础设施，搭建自然资源政务云和互联网云，建立安全可靠、性能高效的自然资源专有云，保障多源异构海量自然资源数据"进得来、出得去、理得清、用得好"，一站式提供自然资源数据汇聚、管理、分析、共享和应用的整体解决方案，实现自然资源数据中心的统筹管理和价值展现。

"四平台"包括国土空间基础信息平台、"互联网＋"自然资源政务管理平台、自然资源监管决策平台和自然资源三维立体"一张图"平台，为自然资源局内日常管理、政务审批、业务管理、移动应用等多方面业务提供支撑。其中，"互联网＋"自然资源政务管理平台囊括全业务、内外网一体的行政管理内容，实现自然资源全业务审批管理的一体化、精细化和智能化；自然资源三维立体"一张图"平台利用各类数据成果，构建自然资源三维立体"一张图"，全面真实地反映自然资源现实状况和地理格局；国土空间基础信息平台为国土空间规划编制、行政审批、监测监管、决策分析等提供空间数据和信息技术保障；自然资源监管决策平台利用大数据技术手段，加大对自然资源管理工作的前期预警、中期评判和后期评估力度，促进自然资源监管的精准化、决策的科学化。

4 数据库建设

4.1 数据库框架

广信区自然资源一体化信息平台数据库包括各类结构化和非结构化数据、空间数据和非空间数据。该平台面向新时代自然资源管理工作需求，秉承已有的技术规范标准，对全区自然资源空间基础信息数据资源进行统一规划，形成涵盖基础数据、空间规划数据、业务管理数据等多类型数据，内容完整、标准权威、动态鲜活的数据分类体系，主要包括基础数据库、规划数据库、空间监测数据库、业务管理数据库和社会经济数据库（图2）。

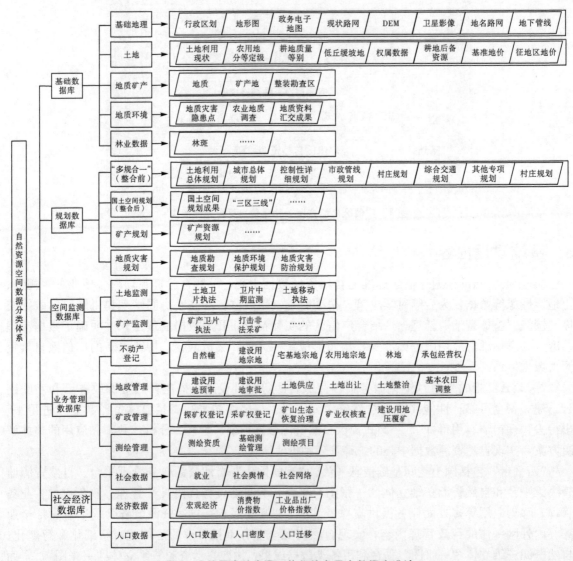

图2 广信区自然资源一体化信息平台数据库设计

4.2 数据资源规划

数据库设计是建立大数据中心及其应用系统的核心和基础，通过构建性能一流的数据库模式，并在此基础上建立国土空间基础信息平台，使平台能有效管理数据，满足用户的各种应用需求。在数据库设计过程中，通过对数据进行功能分区，能够有效优化数据库的数据管理模式，更加灵活地支撑空间数据的生产、管理、服务与应用。一体化信息平台数据中心功能分区见图3。

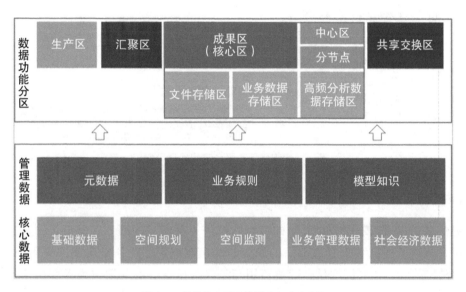

图3 一体化信息平台数据中心功能分区

4.3 数据存储机制

通过建立一整套完整的数据标准（分层、结构、编码），按"子库—大类—小类"的原则组织，根据数据用途和类型对数据进行分级细化，增强整个数据库的逻辑性，提高数据的访问效率，使用户可以方便地提取各类专题信息，实现不同类型数据的叠加调用。根据数据格式采用不同的存储机制，对矢量数据采用 SDE 提供的 GEODATABASE 模型对数据建模，通过面向对象的技术将数据库对数据的操作细化到具体的某一个空间实体；对栅格数据本着务实、可行的原则，采用压缩软件和文件管理的方式实现数据的存储（图4）。

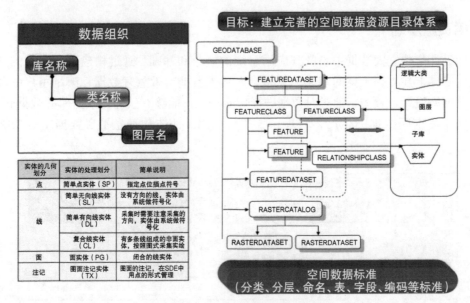

图4　一体化信息平台空间数据存储

5　关键技术

传统的信息化管理系统仅需对大量的信息数据进行存储、调阅。在新形势下，自然资源一体化信息平台整合了现有多个管理部门的职责职能，数据量、业务量远超原有国土资源部门。如何在网络传输协议、实时访问量、带宽占用等条件约束下，实现用户请求和结果数据的有效传输，是系统建设面临的一个重要问题。

一个成功的自然资源一体化信息平台，不仅要具备空间数据操作、发布功能，而且要具备处理大量用户的并发访问和长事务（多用户环境下的空间分析是一个长时间的事务，因此称之为"长事务"）技术的能力，确保系统响应的速度和对服务器资源的最少占用，使服务工作顺利开展。如何实现多用户并发访问、快速有效地传输数据，是迫切需要解决的关键技术问题。

5.1　多用户并发访问技术

用于自然资源信息应用与服务的 WebGIS 系统是基于 Windows Server 平台的 Web 服务器 IIS 建立，为确保系统响应的速度和占用的服务器资源最少，笔者通过对比分析 CGI 与 ISAPI 扩展的优缺点，确定了在 WebGIS 服务器扩展部分采用 ISAPI 的方案。

为了使 WebGIS 应用服务器与 ISAPI 配合，真正发挥服务器对大量并发访问的有效响应，可采用 Windows Server 特有的先进的多线程和命名管道技术。在 WebGIS 应用服务器中，由主进程针对每一个用户请求创建一个线程来响应，服务器可以充分利用多线程机制，让各子线程分别处理用户的请求，达到并行处理的效果，保证了系统对请求的快速反应。同时，各子线程独立工作，完毕后自动结束，释放系统资源，保证系统始终处于良好的运行状态，保证了在网络大量用户并发访问时，WebGIS 服务器能够快速有效地做出反应。

5.2　长事务处理技术

针对长事务完成时间长短不一的特点，采用将 HTML 技术和 PUSH 技术相结合的解决方案进行事务处理工作。一是用户发出空间分析请求，通过 Web 服务器传输到 GIS 服务器；二是 GIS 服务器通过读取空间数据和属性数据，进行各项空间分析，将分析结果存储在特定的主页中；三是事务完成之后，用户端可以使用标识和密码，查询空间分析结果，也可以进行下载、公布或删除等操作；四是若使用 PUSH 技术，服务器在事务处理完成后，将分析结果自动发送给用户。此方案对于在互联网上大量使用自然资源信息数据进行空间分析操作有着十分重要的意义。

5.3 一体化数据模型驱动建库技术

一体化信息平台采用统一的时空框架、数据治理标准和资源目录体系进行设计，以数据结构、逻辑组织和业务驱动为核心，开展数据动态整合、逻辑统一组织、物理分离存储与应用服务管理，实现一体化数据模型驱动下的建库技术。平台根据不同数据源的特征，采用核心元数据、扩展元数据等手段，实现各类数据的动态持续建模，满足数据治理、动态整合的需求。考虑多维数据资源存储和查询效率，一体化信息平台将数据分为资源注册库和资源发布库进行存储。资源注册库负责各类基础数据、管理数据的入库管理，资源发布库将资源注册库的元数据进行规则化的编目动态生成后，形成标准的发布方案。

6 建设成效

6.1 精材料压时限，打造优质营商环境

广信区自然资源一体化信息平台以自然资源管理为核心，充分梳理自然资源行政权力和公共服务业务事项，优化传统审批流程，实现统一在线并行、带图收件智能化审批（图5）；同时，基于自然资源一体化信息平台，建设网页、APP 等多端自然资源政务服务网上办事系统，并下沉至乡镇自然资源所，在互联网和乡镇末端实现自然资源政务服务事项"一网通办"，让公众企业及基层百姓随时随地可申请，并提供 24 小时全天候服务。

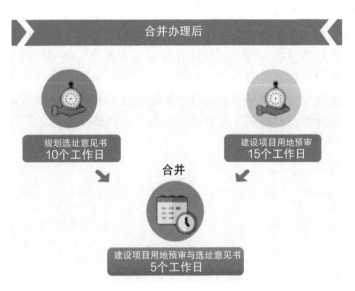

图 5　建设项目用地预审与选址意见书审批

6.2 理清资源资产，构建自然资源"一本账"

为打破自然资源各类资源碎片化、孤岛化信息壁垒，广信区自然资源一体化信息平台依托各类评估指标，全面摸清广信区现有土地利用、耕地、建设用地、矿产等资源资产家底，动态掌握各类资源资产变化过程，辅助经济发展转型形势研判和生态评估，实现自然资源资产"一本账"管理（图6），全面提升政府信息资源资产在配置和利用中的价值与意义，提升政府部门基层治理能力和服务水平。

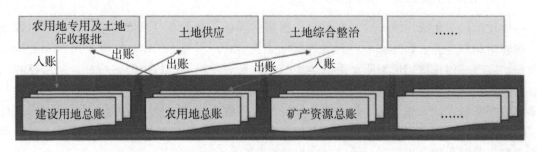

图6 自然资源"一本账"

6.3 强化数据共享，提供统一的数字底图

面向新时代数字化改革和自然资源管理工作的需求，以自然资源、空间规划、测绘成果和土地利用等各类数据为基础，聚合政府和社会各类经济、人口等数据，采用统一的数据标准构建全面、翔实、准确、权威的数据资源体系，通过建立健全制度、利用统一的共享服务门户，面向政府及其他单位提供标准化的国土空间"一张图"数据服务和应用服务（图7），为空间管理决策及数字经济发展提供技术支撑。

6.4 全面监督监管，辅助政府科学决策

一方面，从自然资源全业务监管角度出发，以制约和监督权力运行为核心，通过自动化校验模型和多类型督办机制相结合的方式，从办理材料是否齐全、办理过程是否合规、办理时限是否超期等方面进行监督监管，有效提高政府部门依法行政和反腐倡廉的能力；另一方面，创新各项专题监管，构建包括审批、项目、地块、矿山全生命周期的自然资源监督监管应用，打造支撑综合监管、形势分析预判和宏观决策的自然资源监测监管体系（图8），实现全业务领域分专题、多层次、更精准的综合管控。

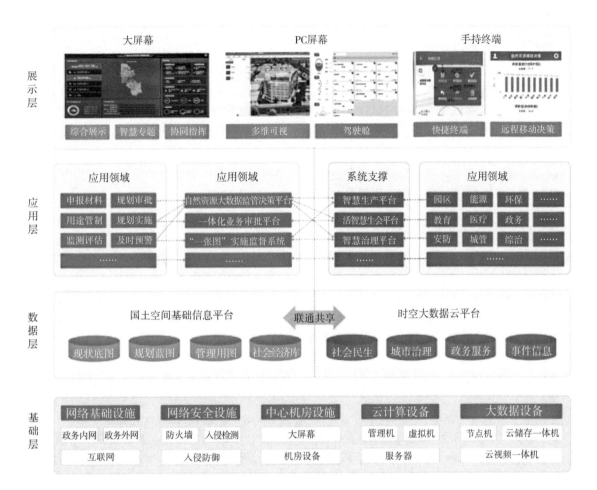

图7 统一的数字底图

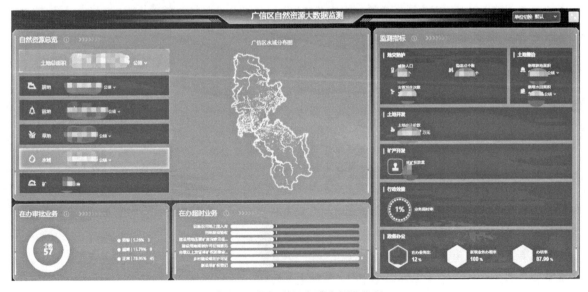

图8 广信区自然资源大数据监测

7 结语

　　笔者基于县级自然资源部门信息化现状，梳理了广信区自然资源局各部门职责、业务、数据现状，以大数据、云计算、人工智能等新一代信息技术，搭建了广信区自然资源一体化信息平台，实现了自然资源全业务网上办理、网上运行、一窗受理、下沉乡镇及全生命周期监管。目前，广信区自然资源一体化信息平台运行良好，能够满足自然资源局内日常办公及政务服务运转。但是，自然资源边界和范围目前尚未明确界定，各类自然资源管理机制体制、标准规范、业务职责等仍在探索中，下一步广信区将进一步完善平台建设，明确江西省统一的县级自然资源一体化信息平台建设标准，履行好服务"两统一"的工作职责。

［参考文献］

［1］强海洋，杨丽丽.国土资源规划指标体系构建研究［J］.中国国土资源经济，2015（9）：17-21.

［2］张定祥，李宪文，李荣亚，等.空间大数据技术在土地基础数据集成管理系统建设中的应用［J］.国土资源信息化，2018（6）：19-24.

［3］乔朝飞.机构改革后测绘地理信息工作业务调整初探［J］.地理信息世界，2018，25（6）：1-4.

［4］黄炎，屠龙海，陈舒燕，等.统筹国土（自然资源）空间基础信息平台建设的实践与思考［J］.浙江国土资源，2019（2）：36-38.

［5］唐华，王梁文敬，周海洋.自然资源二三维一体化数据整合及管理应用模式研究［J］.国土资源信息化，2019（3）：35-40.

［6］苏荣泽."互联网＋政务"流程再造研究［J］.经济研究导刊，2019（3）：157-158.

［7］洪武扬，王伟玺，苏墨.全域全要素自然资源现状数据建设思路［J］.中国土地，2019（5）：47-49.

［8］石永阁，余磊，雷杨.自然资源基础大数据服务平台研究［J］.地理空间信息，2019，17（7）：1-5，9，35.

［9］范雁阳，熊祖熊，何燕君.数据"看得见"　管理"摸得着"——广西自然资源遥感院科技创新成果应用侧记［J］.南方国土资源，2019（8）：9-11.

［10］吴勤书，赵卓文，张时智.新时代测绘地理信息服务于自然资源管理的思考［J］.测绘通报，2019（S1）：168-170.

［11］张欣欣.基于GIS的规划项目全周期动态管理和监测［J］.北京测绘，2020，34（8）：1041-1045.

［12］陈波，崔蓓，丁鑫.自然资源一体化政务服务系统及数据融合建设——以南京为例［J］.测绘通报，2020（12）：75-78.

［13］余启义.厦门市自然资源一体化信息平台建设［J］.北京测绘，2021，35（7）：932-936.

［14］郝起礼，周佳薇，徐培罡，等.延安市自然资源监管"一张图"应用实践［J］.测绘通报，2021（12）：130-133.

［15］云端.呼和浩特市国土资源数据管理问题及对策研究［D］.呼和浩特：内蒙古大学，2018.

［作者简介］

易志辉，高级工程师，江西省地质局地理信息工程大队副主任。

张涵，博士，高级工程师（正高），江西省地质局地理信息工程大队副队长。

徐超，工程师，江西省地质局地理信息工程大队项目经理。

姜清铨，工程师，江西省上饶市广信区自然资源局总工程师。

GIS 技术在昆明历史文化名城保护规划中的应用

□宁德怀，车勇

摘要： 本文以昆明历史文化名城保护地理信息系统的建设和应用为例，从数据的获取分类、空间数据库的建立、空间数据的管理和应用分析等方面着手，阐述了昆明历史文化名城保护地理信息系统的组成模块和功能应用情况，通过统计相关的历史城区文化数据，并对数据进行深入挖掘分析，为历史文化名城保护规划提供详细的参考数据和决策依据。

关键词： GIS；历史文化名城；空间数据库；空间分析；保护规划

1　引言

昆明是首批国家级历史文化名城之一。在城市演化过程中，人们采集和保存了大量的历史文化数据，这些数据往往和地理空间相关。通过建立历史文化名城保护地理信息系统，能高效地存储、组织和管理各类历史文化名城数据，实现对数据的查询、分析和挖掘，以便更科学、全面、真实、合理地做好城市历史文化的永续规划和保护。

2　数据的获取、分类和组织

多年研究积累的大量历史村镇、历史街区和历史建筑保护等与历史文化名城保护相关的数据是 GIS 管理和分析的重要数据源。从 GIS 的角度看，历史文化名城数据包括空间数据和属性数据，以及 CAD 图件等形式的数据。从数据采集获取的角度看，历史文化名城数据包括野外常规测量和调查数据、GNSS 监测数据、TLS 地面激光扫描数据、RS 遥感影像图以及其他文本、图片和视频数据等。数据按照一定规则进行分类分层组织并存储于地理空间数据库中（表 1），平面坐标采用北京 54 坐标系延伸的昆明 87 坐标系，高程采用 1985 国家高程基准，地图投影采用 Gauss‐Kruger 中的 3 度带投影，以控制历史城区的长度、面积和角度变形。

表 1 空间数据要素分层及属性

工程目录树				要素类型编码
一级	二级	三级	四级	层代码
保护规划	晋城古镇保护规划	用地规划图	土地使用规划 _ 晋城	TDSYGH _ JC
			建设控制区 _ 线 _ 晋城	JSKZQ _ X _ JC
		……	……	……
		保护界线规划图	核心保护区 _ 线 _ 晋城	HXBHQ _ X _ JC
			核心保护区 _ 面 _ 晋城	HXBHQ _ M _ JC
			建设控制区 _ 线 _ 晋城	JSKZQ _ X _ JC
			建设控制区 _ 面 _ 晋城	JSKZQ _ M _ JC

3 空间数据库的建立

历史文化名城保护地理信息系统是以空间数据库为基础建立的，通过将数据进行结构化（表 2），由 DBMS 统一管理和控制，实现空间和属性数据的联合管理与分析，以达到数据共享和使用的目的。作为历史文化名城数据管理最新技术的数据库系统，其数据量的大小是一个城市信息化程度的重要标志之一，用 RDBMS 管理的数据之间是有联系的，是能永久存储、有组织和可共享的。多种表现形式的大量数据经过数字化后存入数据库，以供进一步加工处理，提取有用信息。利用 GIS 空间数据库中存储和管理的大量复杂历史文化名城数据，可快速统计和汇总出各属性数据在空间中的分布状况，以便充分地共享和利用这些宝贵的历史文化名城信息资源。

表 2 文物保护单位结构

字段代码	字段名称	字段类型	字段长度
BSM	标识码	Int	10
YSDM	要素代码	Text	10
XH	序号	Int	10
MC	名称	Text	50
JB	级别	Text	10
SD	时代	Text	50
LB	类别	Text	50
DLWZ	地理位置	Text	50
GBSJ	公布时间	Text	10

4 空间数据的管理和应用分析

通过数据分析，能进一步明确和挖掘昆明历史文化名城的价值和特色，提出综合保护与利用的策略及措施，从而对昆明历史文化遗产进行有效的科学管理。

4.1　系统的组成

昆明历史文化名城保护分为历史文化名城、历史文化街区和文物保护单位三个层次，在此基础上还增加市域、环滇池地区、历史建筑及非物质文化遗产四个部分的保护内容。历史文化名城重点保护山水形胜、传统格局、历史地形。整个历史文化名城地理信息系统构建了相对较完善的文化遗产保护体系，其保护对象由文物单体到重要的历史文化地段，再到城市整体的历史风貌和空间形态，涵盖的内容齐全。

4.2　历史文化名城保护

历史文化名城部分的建设内容包括历史城区范围、古城变迁展现、历史名村名镇、现状图和规划图等。古城变迁展示了南诏拓东城、元中庆城、明清云南城府、清末昆明城和民国昆明城范围。现状图包括历史城区古树名木现状分布图、土地利用现状图、建筑高度现状图和传统城市空间结构分析图。规划图包括历史城区保护范围图、城市轴带保护规划图、历史城区用地规划图、历史建筑保护规划图等。

4.3　历史文化街区

历史文化街区主要对昆明文明街、南强街、晋城古镇、官渡古镇、翠湖周边历史地段等区域进行核心保护范围、建设控制地段范围、风貌协调区，以及现状图纸和规划图纸的展现。这些研究都是以保护历史文化名城、协调保护与建设发展为目的开展的，都属于城市总体规划中的专项规划。历史文化街区隐含着大量人、地、房相结合的真实信息，可将建筑和空间定位数据、属性数据、人口信息、土地利用数据等进行关联查询与分析应用。

4.4　文物保护单位

文物保护单位分别从国家级、省级、市级和区级四个层面展现不可移动文物的分布状况和分布规律。登记文物和第三次文物普查成果分别作为两个图层展现。为了表现地图的美观和使用的方便，系统具有逐级显示功能，地图比例尺越大，显示越详尽，这能实现地图要素的自动概括。除实现空间查询外，也可实现鼠标直接单击即能显示相关属性信息。

4.5　历史建筑

历史建筑数据分别从 2002 年第一批历史建筑、2006 年第二批历史建筑、2018 年第三批历史建筑和滇池流域历史建筑普查四个方面来组织、管理和分析。空间数据和属性数据是相互联系的，可以将历史建筑对象的属性、图片及相关文件文本关联到历史建筑图形数据上。

同时，历史文化名城地理信息系统也关联了历史文化名城保护规划编制成果、研究成果及其相关法律、法规、条例等。可以说，整个历史文化名城保护地理信息系统数据丰富，不仅管理了大量多源异构的空间数据和属性数据，还能与规划管理信息系统、控规分析应用系统集成，为日常规划审批管理提供技术支撑，以便共享数据及进一步统计、分析、挖掘和应用数据。

4.6　周边用地分析

城市规划的格局和地块的用途直接影响每个细分地块的用地性质等指标。笔者仅以昆明翠湖周边历史地段为例，对规划用地数据进行深层次的分析和信息挖掘，统计用地性质、用地面积、容积率、建筑密度、建筑高度、绿地率、配套设施代码、停车位等相关指标（表3）。通过对周边地块数据进行专题分析、统计和综合评价，可为历史文化名城的保护规划编制提供多源多尺度基础数据。

表3 细分地块指标

地块编号	用地性质	用地面积（m²）	容积率（%）	建筑密度	建筑高度（m）	绿地率（%）	配套设施代码	停车位
XS—MLS—E—02—03	A2	1354.786	1.8	30	12	30	GF0405	1
XS—MLS—J—01—03	A33	19050.111	1.2	35	24	30	GF0201	0.4
XS—MLS—G—05—02	A33	3207.061	1.0	35	24	30	GF0207	0.3
XS—MLS—E—03—01	R2	24357.442	1.4	25	12	40	GF0803/GF0312	1
WH—NP—B5—03—04	A1	1840.680	2.5	35	50	40	GF0104	1

分析的历史区域地段东至盘龙江，南至环城南路，西至滇缅大道，北至一二一大街。为保证数据的现势性，采用截至2018年12月14日入库更新的成果。分析区域规划地块的用地性质包含29种，利用GIS的分析功能，可以制作输出每种用地性质的规划地块分布图，并统计分析相关指标，进行用地动态平衡分析。

根据ArcGIS分析可知，分析区域总用地面积约为5277842 m²，规划地块数量为754个；南北端的历史文物古迹用地较多，文物古迹地块数量为41个，占地面积合计约为102792 m²（图1），占分析区域总用地面积的1.95%（图2）。

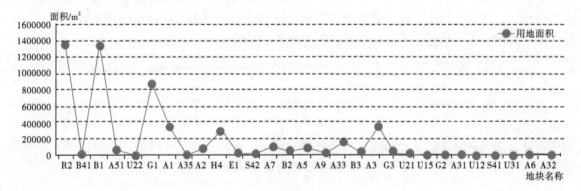

图1 用地面积统计

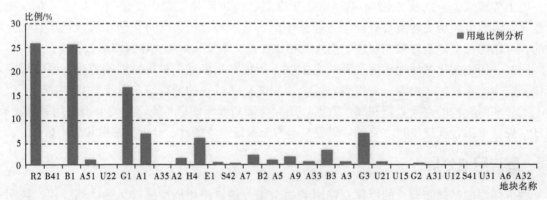

图2 用地比例分析

由图1、图2可知，二类居住用地面积占比25.43%，商业用地面积占比25.13%，二者面积占比合计约50.56%。这说明，现代化城市建设对历史文化名城的保护工作造成一定障碍，高速的城市建设对历史文化资源造成巨大威胁。

根据相关标准和规范，可对分析区域的规划用地面积按照用地性质进行大类、中类、小类的统计汇总和分析（图3），统计图能直观地反映出各类用地所占的比重，为历史文化名城的保护规划提供详细的数据参考，以便科学地做好规划决策。

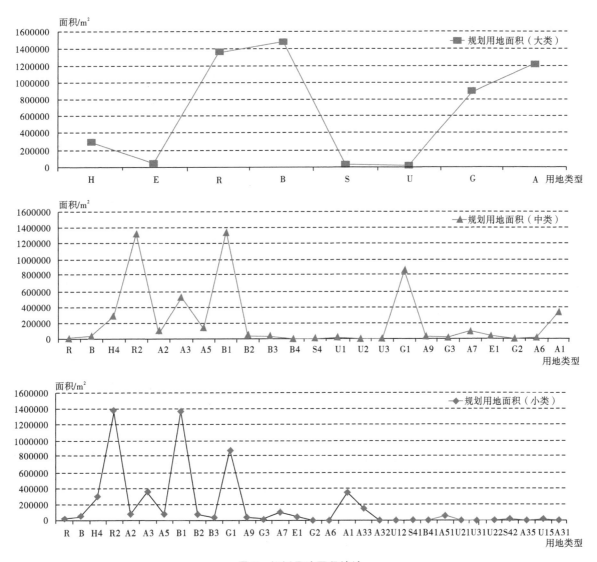

图3　规划用地面积统计

5　结语

通过昆明历史文化名城保护地理信息系统的建设和应用实践，将历史文化名城、"控规一张图"和规划管理信息系统进行集成，并通过空间数据库调用各子系统的数据，以服务日常规划审批工作。通过GIS定性化、空间化的数据汇总、统计和深度分析，可为历史文化名城的保护提供决策支持，能有效地促进历史文化资源的长期保护和利用。

[参考文献]

[1] 胡明星，金超. 基于 GIS 的历史文化名城保护体系应用研究 [M]. 南京：东南大学出版社，2012.

[2] 孙翔. 历史文化保护区保护规划编制工作探讨——以广州市小洲村为例 [J]. 规划设计，2008，24（12）：71-75.

[3] 吴博，吴俐民. 基于 GIS 的西安市历史文化名城保护规划信息系统构建 [J]. 湖州师范学院学报，2012，2（34）：89-92，97.

[4] 李林燕. 基于 GIS 的历史文化名城档案信息系统——以苏州古城为例 [J]. 苏州科技学院学报，2014，27（4）：73-76.

[5] 夏青. GIS 在青岛历史文化名城及风貌保护规划中的应用 [J]，科技信息，2018，29：316-321.

[作者简介]

宁德怀，工程师，就职于昆明市规划编制与信息中心。

车勇，工程师，就职于昆明市规划编制与信息中心。

数字化改革背景下的消防"一张网"应用场景建设

——以宁波市奉化区为例

□李宇，蔡赞吉，徐沙，卢学兵，朱林

摘要：面对数字化改革的要求，传统消防工作需要逐步向智慧消防转型，从而提高消防安全处理能力。本文针对消防应急场景和常态管理，通过打通政府部门间的数据壁垒，全面整合消防管理要素，以"挂图作战"模式来消灾灭火，以"智能预防"体系来进行日常管理，构建"防战结合"的消防"一张网"数字化应用场景，探索消防业务流程重塑、消防政策制度改革和消防管理模式创新。

关键词：消防；数字化；改革

1 项目背景

1.1 "十四五"规划对消防事业提出新使命

"十四五"期间，我国将迈向全面建设社会主义现代化强国新征程，进入全新的高质量发展阶段，以国内大循环为主体、国内国际双循环相互促进的新发展格局正在形成。统筹发展和安全，建设更高水平的平安中国已成为一项十分重要的工作。为了建设平安中国示范区，消防事业要放在推进国家治理体系和治理能力现代化大局中，进一步提高适应新发展阶段特征的抵御消防安全风险的能力，满足人民对高品质生活的需求。

1.2 综合救援任务对消防工作提出新要求

伴随着浙江省大湾区、大花园、大通道、大都市区建设的推进，人口和生产力向都市区集聚，以绿色石化、现代纺织等为代表的"415"先进制造业集群培育速度加快，火灾防控和应急救援任务变得更加复杂、艰巨。"十四五"时期，浙江省要根据经济社会发展水平、产业发展特点，进一步增强综合应急救援能力，强化消防救援队伍建设，构建"全灾种、全地域、全天候"的一体化专业救援力量体系。

1.3 数字化改革趋势对消防工作提供新支撑

2021年2月发布的《浙江省数字化改革总体方案》要求加快建设"数字浙江"，要瞄准推进省域治理体系和治理能力现代化，打造全球数字变革高地的改革方向；要把握一体化、全方位、制度重塑、数字赋能、现代化的改革特征；要聚焦党政机关、数字政府、数字经济、数字社会、数字法治五大领域的改革重点，努力成为"重要窗口"的重大标志性成果。面对化解重大安全风险的时代重任，消防工作需要把握数字化改革的趋势，努力建设与现代化强国相匹配的数字化应急救援防范体系。

2 建设需求

2.1 各级政府的要求

近年来，国务院、公安部、应急管理部等部门发布多个文件，要求传统消防工作逐步通过数字化改革向智慧消防转型升级；浙江省委 2021 年发布的《浙江省消防事业发展"十四五"规划》表明了要通过完善社会消防治理体系，推进数字智慧支撑体系建设，提高防范化解重大消防安全风险、应对处置各类灾害事故的能力；宁波市委 2021 年发布《宁波市数字化改革总体行动方案》，提出各政府部门要积极进行数字化改革，提升政府工作能力和效率。

2.2 建设消防大数据中心的要求

消防工作需要大量的数据支持，通过将涉及消防相关的所有数据进行有效整合，形成消防大数据中心，为消防业务工作提供数据底座以及数据分析、应用场景支撑。

2.3 提高消防决策水平的要求

防火管理、灭火救援决策必须以大量的信息数据为基础，通过统一的消防大数据可视化建设，汇集并梳理各类数据资源，建立信息资源仓库，为提高消防决策水平打下坚实的信息基础。

2.4 提高火灾防控水平的要求

通过移动巡查、实时记录的手段，能够及时发现、处置火灾隐患，提高消防巡检的工作效率。通过对巡查数据的分析，可以更好地对消防设施、消防监管对象进行有效管理，为常态化管理提供数据支撑。

3 建设目标

高举习近平新时代中国特色社会主义思想伟大旗帜，奋力打造"重要窗口"，坚持以人民为中心，统筹发展和安全，全面推进消防治理体系和治理能力现代化，夯实消防基层建设，加快建设具有国际视野、具备浙江省特色、走在全国前列的消防救援队伍，完善形成与经济社会发展水平相匹配、相适应的"全灾种、大应急"综合救援体系，全面提高火灾防控和综合应急救援能力，为争创现代化先行区和平安中国示范区提供消防安全保障。

4 总体思路

消防的基本职责为针对应急场景和常态化管理，围绕消防业务开展工作。消防"一张网"即针对基本职责展开工作，以"挂图作战"模式来消灾灭火，以"智能预防"体系来进行日常管理，从而构建一套"防战结合"的智慧消防系统（图 1）。

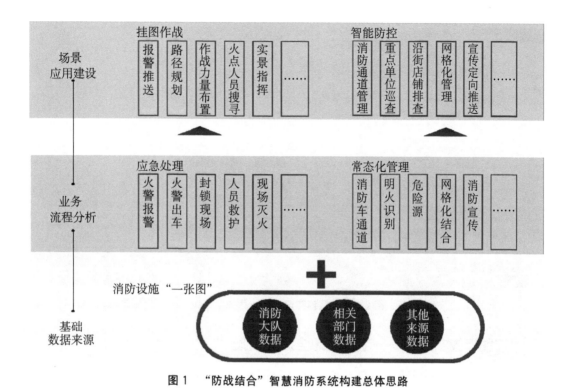

图 1　"防战结合"智慧消防系统构建总体思路

5　建设内容

5.1　"数据底座"——消防管理全要素整合

充分重视数据资源对消防"一张网"的驱动作用，利用数据支撑系统的建设，通过系统倒逼数据共享，打通政府部门间的数据壁垒，如自然资源和规划局的三维建筑数据、水资源数据、道路地图数据，公安局的摄像头数据，民政局的居民信息数据，推进数据资源的深度整合与大数据开发应用。

消防设施"一张图"是对"数据底座"的立体表达（图2），其重点在于将消防站、消火栓、消防队伍、取水口、地下水池、消防重点单位、消防车道、沿街店面居住情况等相关数据通过空间矢量化，实现数据可视化管理，以提高消防数据利用能力，实现消防业务系统、政府部门、社会单位、公众等数据共享，为相关场景建设和业务模型分析提供有效支撑。

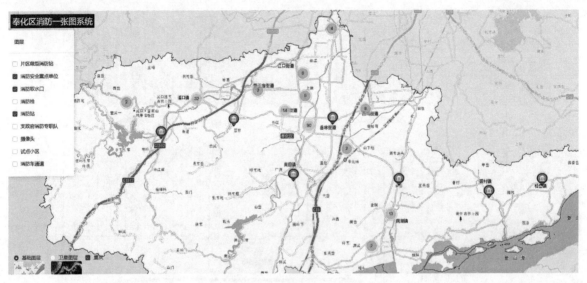

图 2 奉化区消防设施"一张图"系统

5.2. "挂图作战"应用——救援应急全流程管理

火灾确认发生后,系统页面将自动切换为"挂图作战"系统,用于辅助灭火救援流程,通过展示火灾相关的各类要素,实现联动指挥。

5.2.1 火灾报警联动系统

当消防报警信息发送时,系统通过地图图标闪烁、信息图标警报等形式显示报警信息。同时高亮出火灾周边的消防队伍情况,并自动将报警的具体情况推送给附近的消防队伍,便于第一时间确认、处理消防报警案情,提高消防报警处理效率。

为方便指挥中心查看火灾现场,系统收集主要道路上的摄像头数据,第一时间掌握火灾现场情况与特征。系统接收报警信息后,指挥中心可以点击"查看视频"查看报警点位视频信息,快速、直观了解火警位置的现场情况。

5.2.2 灭火救援辅助系统

当发生火灾时,需要对火灾现场的周边环境有一定的认知。通过对重点地区进行精细化城市建模、建筑建模等,全方位数字模拟仿真建筑、地貌、道路、消防设施等要素(图3),动态展现灾情演变和消防作战情况,辅助指挥员开展灭火救援的数字化实战指挥。

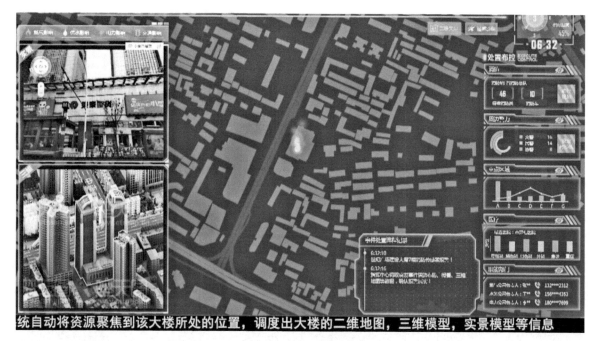

图3　灭火救援辅助系统

5.3 "智能防控"应用——日常防控全方位覆盖

"智能防控"应用主要将各系统中的日常巡查检查情况、火灾隐患情况、消防安全预警情况、消防单位安全评价情况和消防力量布置、消防基础设施、大数据决策分析、大数据报表分析等集中在一个系统中展示。

"智能防控"应用是消防安全"防"的环节，通过体系建设实现对消防相关的设备、资源、单位、人员、危险源等进行科学、有效、便捷的管理，同时满足日常消防工作中的日常巡查检查需求。

5.3.1 消防移动巡检系统

巡检管理是指针对社会单位内部的消防设备设施监管，包括巡检任务生成、任务指派、巡检反馈、巡检统计等内容。巡检人员可通过图片、视频、文字描述的方式上报巡检结果，形成标准化、规范化的巡检台账，方便日常消防监管，保证消防执法的客观、及时。

一是灵活配置巡查任务。系统可灵活配置巡查任务，巡查频次可按需要进行个性化设置，包括日巡查、周巡查、月巡查、年巡查等。

二是下发巡查任务。根据巡查点所处位置（单位、建筑、楼层）或设备类型将巡查计划分配给指定巡查人员，形成个人巡查任务。巡查人员通过手机APP接收查询任务，对消防设施展开向导式巡查，逐一完成设施检查，检查完成后，将结果上传到系统服务器。

三是巡查过程标准化。系统通过明确各项重点消防设施的检查标准，并通过现场检查、文字描述、照片留痕等方式，让巡查过程明确到人、精确到事，方便巡查监督。

四是异常上报。巡查人员在执行巡查任务的过程中，如发现有设备异常项，可通过拍照、文字描述、语音的方式将故障情况上报系统。

5.3.2 消防资源监测系统

当发生火灾时，各类有效的消防资源是灭火的重要基础。因此在日常管理中，需要保证各类消防资源时刻可用，以应对突如其来的火灾。

一是消防车道规范管理。为避免已建成小区内消防通道因物业擅自改造导致消防通道过窄、堵塞、未形成环路等情况，可利用小区内摄像头对消防通道进行监督，通过图像识别的算法进行消防车道占用情况自动识别分析，判断消防通道是否存在相应问题（图4）。

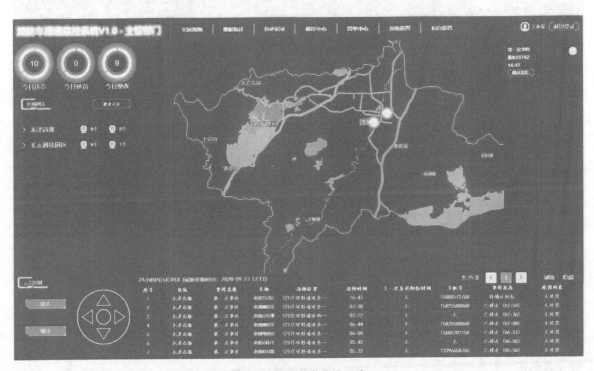

图4　消防车通道监控系统

二是消防水源监管。实现对消防水源管网水压的准确、实时多点并发监测，通过对水压值动态分析，保证消防水箱和消防水池的水位处于正常水平范围内，保证消防管网系统通畅。当水位或管网系统发生异常时，能够迅速发出报警信息，及时排查消防水源隐患。

5.3.3　重点单位监管系统

重点单位监管系统是为重点单位提供消防安全服务的第三方值守系统，主要为重点单位提供7×24小时消防安全值守服务。

一是展示重点单位地图。展示联网单位位置地图，并采用红、黄、绿三种不同的颜色分别代表各单位火警、故障、正常三种状态，实现消防管理"三色管理"。同时，对各单位的报警统计、设备状态统计、人员统计、巡查统计等统计分析数据进行展示，可以直观查看各重点单位特征。

二是监控值班情况。通过安装远程视频系统对值班人员进行监控，做到人员离岗自动判别，并进行预警提示。

三是监控消防室远程联网情况。系统实现消防重点部位可视化监管，利用单位自身监控设施，加装联动模块；实现感烟探测报警，联动摄像机，准确高效预警，让消防预警可视化。同时，也可以通过视频查阅的方式远程确认火灾预警情况，大大增强了消防系统的可靠性。

6　创新亮点

6.1　重塑业务流程

基于消防"一张网"数字化改革应用场景，全面反映自然资源、水利、应急、气象等数据链路和业务流程，并以消防应急救援和常态安全防控管理为重点，通过数字赋能，将消防安全监管贯穿于业务流程中，提升不同部门之间的业务协同能力。

6.2　供给政策制度

形成消防"一张网"标准建设规范等系列规范。依照国家、省（自治区）、市新型智慧城市建设标准和数字化改革规范要求，结合消防业务特点、管理模式，探索消防数字技术框架，编制采集感知、信息安全及基础设施、大数据中心、专业模型、应用开发等技术规范，构建管用实用、适度超前的消防"一张网"标准体系，保障后续应用建设的有效衔接、充分共享、业务协同、互联互通。

6.3　创新消防管理模式

通过采集消防安全物联网数据、行业监管数据、消防安全网格化数据、城市基础数据、各行业数据等动态信息，实现对上述消防安全运行状况的数字化管理，并结合历史等其他相关数据对上述数据进行整合分析，实现对运行状况的实施监测，根据实际情况和需要，采取有效措施，有效遏制各类火灾隐患，提高全社会火灾防控能力和运行效率，提高消防工作现代化治理能力。

[参考文献]

[1]　李宇，罗双双，蔡赞吉，等. 数字化赋能乡镇污水管网近期建设规划——以宁波市为例［C］//创新技术·赋能规划·慧享未来——2021年中国城市规划信息化年会论文集，2021：154-161.

[2]　丁祥郭."智慧消防"建设与发展的思考［J］. 计算机安全，2012（10）：66-69.

[3]　胡学东，高小平，蔡德伦. 大数据支撑的政府消防安全管理机制创新——以广州市天河区为例［J］. 中国行政管理，2018（5）：52-58.

[4]　赫永恒，朱国庆，张国维. 三维GIS智慧消防可视化平台设计与实现［J］. 消防科学与技术，2018，37（10）：139-1393.

[作者简介]

李宇，工程师，就职于宁波市规划设计研究院。

蔡赞吉，高级工程师，宁波市规划设计研究院数字空间研究所所长。

徐沙，助理工程师，就职于宁波市规划设计研究院。

卢学兵，工程师，就职于宁波市规划设计研究院。

朱林，助理工程师，就职于宁波市规划设计研究院。

多城可比的高精度实时监测优化策略

——以城市体检时空覆盖型指标为例

□王吉力，吴明柏

摘要：探索优化多个城市横向可比的、高空间精度的实时监测技术，能有效支撑全国城市发展状态和规划实施效果的研判，是"十四五"时期深化全国城市体检工作的重要课题。当前，面向单个城市体检评估的高精度实时监测已有大量实践，而面向多个城市横向可比较的监测工作还需解决计算量约束下的"可比性—实时性—高精度"之间的"三难困境"。其中，设施的时空覆盖率在单个城市的实践中已有较成熟的高精度实时监测策略，却是多城比较中受到计算量制约较大的指标类型。本文在既有计算方法的基础上，探讨了一种保留实际路径的时空计算精度，同时通过计算范围的空间预筛选，有效控制计算量、确保实时性的优化策略，并在6个城市3项典型指标测算中开展应用。从计算效能看，本文探索的方法较好地保留了时空精度，形成相对实时的计算结果输出。该方法可以有效支撑城市体检相关公共服务设施覆盖率的全国主要城市统一计算与实时监测。

关键词：城市体检；实时监测；公共服务设施；覆盖率；大数据

城市体检评估是对城市发展阶段特征和规划实施效果进行分析与评价的重要工具，已在全国城市普遍开展，并基本形成常态化的年度体检机制。国家部委普遍重视下一阶段城市体检评估中的"实时监测"能力建设（《自然资源部办公厅关于认真抓好〈国土空间规划城市体检评估规程〉贯彻落实工作的通知》指出："建立健全规划实时监测评估预警体系。在北京、上海、重庆、南京、武汉、广州、成都、西安、大连、青岛、厦门、深圳等开展城市'实时体检评估'试点。"住房和城乡建设部对城市体检工作也要求提高"动态感知、实时评价、及时反馈"能力）。2021年发布的国家行业标准《国土空间规划城市体检评估规程》进一步明确了"实时监测、定期评估、动态维护"的体系要求。当前，面向单个城市体检评估的实时监测已有大量实践。而面向多个城市横向可比较的监测工作，若直接沿用单个城市的实时监测方法，将成倍增加计算成本，因此通常采用两种策略：一是通过采用缓冲区等方法，以适当降低时空精度的方式确保实时性；二是通过定期开展监测的方式，确保计算的高时空精度。换言之，在考虑算量约束的背景下，多城可比的城市体检实时监测工作面临"可比性—实时性—高精度"之间的"三难困境"。

探索多个城市横向可比的、高空间精度的实时监测技术，能有效支撑全国城市发展状态和规划实施效果的研判，及时发现城市发展的关键变化，是"十四五"时期深化全国城市体检工作的重要课题。笔者以国家部委及各地城市体检评估普遍重视的公共服务设施时空覆盖型指标为例，在既有的实际路径计算方法的基础上，探索了控制计算量的多城可比高精度实时监测方法优化策略，并以全国三大城市群 6 个典型城市为例开展计算应用。

1　问题提出

1.1　面向单个城市体检评估：高精度的实时监测

从时间维度视角考察城市体检评估工作，不同的数据资料来源周期不同。国土空间等部门数据与统计调查数据相对权威，通常以年度更新为主，可以有效支撑常态化的年度体检，但实时性较弱，前一年度的数据通常在本年度 6 月后才发布。时空大数据相对而言实时性更强、空间颗粒度更细，在各地的城市体检中广泛应用于高精度的实时监测，成为官方数据的有益补充。

例如，运用遥感影像数据实现城市全局建设强度、单体建筑高度监测等信息的定期更新，可与年度更新的地理国情普查数据形成相互支撑；结合 POI、AOI、手机信令和各类 LBS 数据分析城市功能布局及其变化、典型设施承载能力及其空间生灭与迁移、相关人群的分布变化，可以实现精确到坐标的月度更新，对局部地区重点领域的监测可以精确到周、日；一些互联网地图平台提供调用的人口热力、交通拥堵情况等数据和路径规划等功能则更多地反映即时情况。

1.2　面向多个城市体检评估："可比性—实时性—高精度"之间的"三难困境"

从实践经验来看，面向多个城市横向可比较的城市体检评估工作，受到口径协调和资料获取等因素影响，其数据精度和更新周期都难以与单个城市的同类工作相当，往往需要做出取舍。在 2019 年城市体检试点中，结合 7 个方面 34 项指标（生态宜居 10 项、城市特色 3 项、交通便捷 3 项、生活舒适 5 项、多元包容 3 项、安全韧性 4 项、城市活力 6 项）开展的城市人居环境质量评价工作，在 11 个试点城市的应用以城市整体数据为主，并以年度为更新周期。2020 年的试点工作将样本城市扩充至 36 个，综合运用高分辨率遥感影像、POI 数据等，提升了动态评估能力。

从工作机制上看，若采用各城市填报数据，将面临较长的时间周期且会花费大量的沟通成本，故需以可统一获取的全局数据为主，如国家行业主管部门数据或覆盖全国的时空大数据。在此基础上，考虑到住房和城乡建设部确定的样本城市已有 59 个，《国土空间规划城市体检评估规程》更是面向全国设市城市（根据《中国统计年鉴 2021》，全国地级及以上城市有 297 个、县级市有 388 个），若直接沿用单个城市的高精度监测方法，各环节的计算量都将扩大至数十、数百倍，并相应增加工作成本。且由于既有的体现真实时空距离的运算多通过调用互联网地图 API 实现，在运算配额限制下，实时性也将削弱（图 1）。

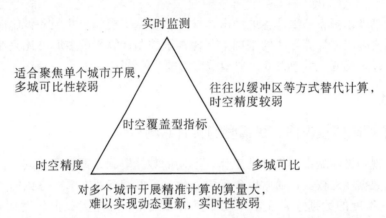

图 1　算量约束下"可比性—实时性—高精度"之间的"三难困境"

2　优化策略

公共服务设施的时空覆盖率在单一城市的实践中已有较成熟的高精度计算方法，却是多城比较中受到算量制约较大的指标类型。以往的多城比较多用缓冲区替代等时圈，笔者则探讨了一种保留等时圈的时空计算精度，并通过筛选范围的空间预处理，有效控制计算量、确保实时性的优化策略。

2.1　设施时空覆盖型指标选取

国家部委对城市体检评估的宏观指导普遍重视设施的时空覆盖情况，北京、上海等城市结合总体规划也提出了公共服务等设施的覆盖率指标并纳入城市体检中，既包括 15 分钟社区服务圈覆盖率等综合性指标，也包括教育、医疗、养老、文化、体育、安全、生态等专项指标。考虑到不同设施通常对应不同的出行方式和时空尺度，笔者结合《国土空间规划城市体检评估规程》选取三项典型设施覆盖率指标，涵盖了步行和车行两种测算方式、由近及远三种时空尺度，以更好地验证方法的适用性（表 1）。

表 1　样本指标情况

序号	指标	出行方式	时间	等效距离
1	公园绿地、广场步行 5 分钟覆盖率	步行	5 分钟	300 m
2	社区中学步行 15 分钟覆盖率	步行	15 分钟	1000 m
3	消防救援 5 分钟可达覆盖率	车行	5 分钟	3000 m

2.2　算法优化策略

计算框架在实际路径计算方法的基础上进行优化。一是细分大面积居住用地的图斑，保障空间计算的精度；二是参考缓冲区计算方法中的等效距离概念，结合不同城市及相应的出行方式、时间长度，设置空间预筛选范围；三是将各个设施点与其预筛选范围内的图斑中心点建立关联，形成限定计算量下的路径计算的起、终点对；四是逐个开展路径计算，获得在时长要求内的点数，并对计算结果开展核算，如判断预筛选范围过小的，则适当扩大空间预筛选范围的参数后再次进行计算。稳定后可生成覆盖率计算结果（图 2）。

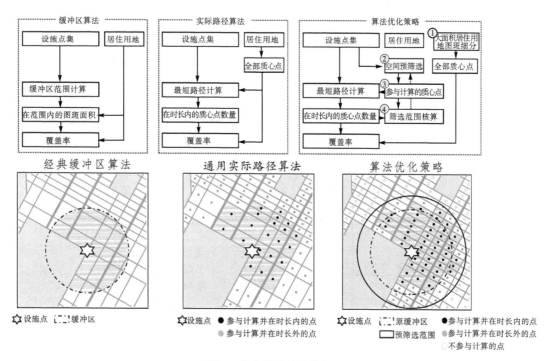

图 2　优化策略的计算框架

3　三大城市群 6 个典型城市的应用

3.1　样本城市情况

在京津冀、长三角、珠三角三大城市群各选两个典型城市共 6 个城市作为样本,包括北京、天津、上海、南京、广州、深圳。考虑到各城市的空间尺度及形态存在一定差异,计算范围统一以市中心为圆心、15 km 为半径确定,基本可涵盖各城市的中心城区范围。

数据来源方面,作为基底的居住用地数据采用高德地图 AOI,筛选其中的城乡居住用地图斑;3 个指标的设施点位数据均采用高德地图 POI,分别对应公园绿地与广场、中学、消防站三类设施(图 3)。

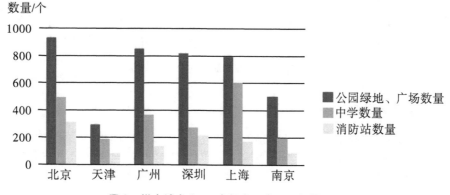

图 3　样本城市 5 km 半径内三类 POI 数量对照

注:设施数量差异与标注精细度有关,不反映真实面积、不影响空间计算结果。

3.2 数据处理与计算

从初步获取的各城市居住用地图斑的面积分布来看，存在少量的大块图斑占据了较高面积比例的情况（图4）。以200 m边长的方格网对居住用地做细分，处理后，所有图斑面积均在4 hm² 之下。结合表1对应的等效距离加以扩大形成预筛选范围，确定与每个设施对应的参与计算的居住区图斑中心点，并通过路径计算方式测算时空距离，求得实际的覆盖空间范围（图5）。

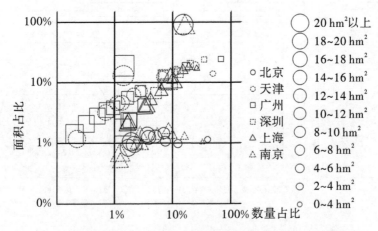

图4　样本城市15 km半径内居住用地图斑数量-面积分布情况

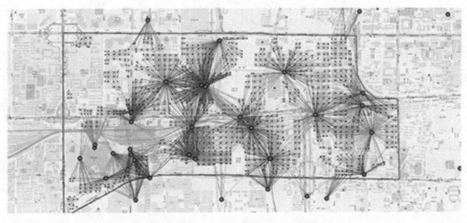

图5　居住用地细分后的时空距离测算

3.3 设施的时空覆盖率

将上述方法分别应用在6个城市3个指标的计算中，得到覆盖的空间范围及覆盖率结果（图6）。从计算情况看，公园广场步行5分钟覆盖的空间范围较小，但由于其在各城市的空间分布相对均匀，城市间的计算结果差异不大，普遍在20%左右，深圳稍高，达到30%；中学步行15分钟覆盖的空间范围明显更大，北京、上海、深圳的覆盖率相对高于其他3个城市，北京、天津的中心地区基本实现全覆盖，广州、深圳、南京在图中呈现的空白主要受山体、湖泊及河流的影响；消防救援5分钟覆盖圈考虑了车行和步行综合可达的空间范围，在非早高峰情况下，6

个城市的居住区覆盖率均接近100%。

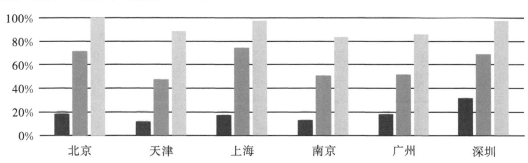

图6 样本城市15 km半径内三类设施覆盖率情况

4 讨论与展望

4.1 讨论

4.1.1 不同圈层尺度对计算结果的影响

选择覆盖率指标的测量区域通常有两种思路,一是面向城市全域或基于行政区划,二是聚焦实体的中心地区。考虑到面向全域或基于行政区划会纳入大量乡村地区,与各类社区设施覆盖的定义有所差异,国家部委对相关覆盖率的要求均聚焦于体现实体概念的城市建成区或城区。笔者采用了一种简化的选取实体范围的思路,即用以市中心为圆心的15 km半径圈层选定测量区域。

从指标计算情况看,在不需要输出区一级覆盖率结果的情况下,此范围可以在一定程度上反映各城市相关指标的整体情况。若半径继续扩大至20 km,纳入的乡村地区将过多;而半径若缩小至10 km,覆盖率数据将适当增高(图7)。

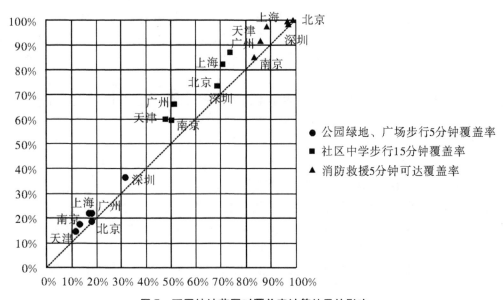

图7 不同统计范围对覆盖率计算结果的影响

注:横坐标为15 km半径范围计算结果,纵坐标为10 km半径范围计算结果。

4.1.2 与缓冲区计算方法的比较

缓冲区测算出的覆盖率结果普遍更高（图8）。其中，在采用步行方式时，缓冲区覆盖率与实际路径覆盖率的比值约为1.4：1，而在采用车行方式时，覆盖率的比值约为1.1：1，反映出步行受到真实空间阻隔的影响更大。因此，对步行类指标的覆盖率测算，应尽量选用实际路径方法。

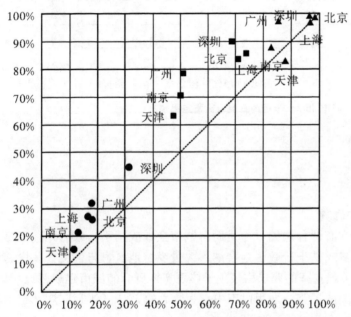

图8　不同测算方法对覆盖率计算结果的影响

注：均为15 km半径范围计算结果，横坐标为实际路径方法，纵坐标为缓冲区方法。

4.1.3 计算效能

本方法采用的居住用地颗粒度较细，较好地保障了等时圈计算的时空精度。主要用时在于获取与筛选作为数据基础的POI、AOI，此后6个典型城市3项指标共18轮等时圈的计算用时约为2小时，对应约1.47万个设施点，计算结果输出的实时性较好。城市间的可比性方面，采用高德地图对POI、AOI数据的标签进行筛选，中学设施较准确，公园广场在局部地区的标注有所缺失，居住用地中包含了一些商住、商务类楼宇，有可能影响部分计算结果的可比性。

4.2 展望

本方法探索了在有限算量下实现城市横向可比的、高空间精度的实时监测算法优化。一是实现实时监测，结合互联网地图API的基础数据和路径计算接口调用，可实时开展所需的指标计算；二是确保多城可比，数据基础和运算规则的统一来源使得不同城市计算的口径相似，结合空间圈层框定相近尺度；三是在高空间精度下优化计算效能，既将大型居住区进行空间细分，细化时空计算颗粒度，又通过标定路径计算的空间冗余，有效限制空间细分带来的计算增量，提高有效算量占比。本方法可用于测算城市体检相关公共服务及各类设施的时空覆盖率（表2），支撑全国主要城市统一计算与实时监测工作。

表 2　两部体检评估中的设施时空覆盖型指标对比

类型	2021 年城市体检指标体系		《国土空间规划城市体检评估规程》指标体系	
	序号	指标	编号	指标项
公园绿地	8	城市绿道服务半径覆盖率		
	9	公园绿地服务半径覆盖率	B—86	公园绿地、广场步行 5 分钟覆盖率
			B—88	森林步行 15 分钟覆盖率
社区综合	16	完整居住社区覆盖率	A—29	15 分钟社区生活圈覆盖率
商业	17	社区便民商业服务设施覆盖率	B—79	菜市场（生鲜超市）步行 10 分钟覆盖率
养老	18	社区老年服务站覆盖率	B—76	社区养老设施步行 5 分钟覆盖率
教育	19	普惠性幼儿园覆盖率		
			B—74	社区小学步行 10 分钟覆盖率
			B—75	社区中学步行 15 分钟覆盖率
文化			B—78	社区文化活动设施步行 15 分钟覆盖率
体育			B—82	社区体育设施步行 15 分钟覆盖率
			B—83	足球场地设施步行 15 分钟覆盖率
医疗卫生			B—34	等级医院交通 30 分钟行政村覆盖率
			B—71	社区卫生服务设施步行 15 分钟覆盖率
	30	城市二级及以上医院覆盖率	B—72	市区级医院 2 km 覆盖率
安全	31	城市标准消防站及小型普通消防站覆盖率	A—08	消防救援 5 分钟可达覆盖率

［参考文献］

［1］刘丙乾，熊文，郭一凡. 新技术在北京副中心街道环境评价中的应用［C］//活力城乡　美好人居——2019 中国城市规划年会论文集（05 城市规划新技术应用），2019：188-200.

［2］张顺. 职住空间关系视角下的总体规划实施评估量化研究——以南京市为例［C］//面向高质量发展的空间治理——2021 中国城市规划年会论文集（20 总体规划），2021：727-736.

［3］王吉力，王良. 2015 至 2020 年北京区域性专业市场疏解的空间效果［C］//面向高质量发展的空间治理——2021 中国城市规划年会论文集，2021：445-453.

［4］刘小平. 基于遥感和大数据的城市体检研究［EB/OL］. 2020 年中国城市规划信息化年会. 2020-11-16. https：//mp. weixin. qq. com/s/OYEhHcnarefbpiKWaaktoA.

［5］王吉力，杨明，邱红. 新版北京城市总体规划实施机制的改革探索［J］. 城市规划学刊，2018（2）：44-49.

［6］林文棋，蔡玉蘅，李栋，等. 从城市体检到动态监测——以上海城市体征监测为例［J］. 上海城市规划，2019（3）：23-29.

[7] 林文棋，蔡玉蘅，李栋，等. 从城市体检到动态监测——以上海城市体征监测为例 [J]. 上海城市规划，2019 (3)：23-29.

[8] 金忠民，陈琳，陶英胜. 超大城市国土空间总体规划实施监测技术方法研究——以上海为例 [J]. 上海城市规划，2019 (4)：9-16.

[9] 黄慧明，韩文超. 面向全球城市的广州发展评估体系构建研究 [J]. 规划师，2019，35 (15)：72-78.

[10] 程辉，黄晓春，喻文承，等. 面向城市体检评估的规划动态监测信息系统建设与应用 [J]. 北京规划建设，2020 (S1)：123-129.

[11] 蒋柱，戚智勇，肖淦楠. 基于多源数据的城市避难场所服务能力评价与规划应对 [J]. 中外建筑，2020 (1)：53-57.

[12] 冯永恒，赵鹏军，伍毅敏，等. 基于手机信令数据的大城市功能疏解的人口流动影响——以北京动物园批发市场为例 [J]. 城市发展研究，2020，27 (12)：38-44.

[13] 向雨，张鸿辉，刘小平. 多源数据融合的城市体检评估——以长沙市为例 [J]. 热带地理，2021，41 (2)：277-289.

[14] WU M，PEI T，WANG W，et al. Roles of locational factors in the rise and fall of restaurants：A case study of Beijing with POI data [J]. Cities，2021，113 (1)：103185.

[15] 王伊倜，王熙蕊，窦筝. 城市人居环境质量评价指标体系的应用探索——基于城市体检试点的实践 [J]. 西部人居环境学刊，2021，36 (6)：50-56.

[16] 詹美旭，魏宗财，王建军，等. 面向国土空间安全的城市体检评估方法及治理策略——以广州为例 [J]. 自然资源学报，2021，36 (9)：2382-2393.

[17] 黄永进，张滔，廖兴国，等. 基于时空数据挖掘的城市体检评估方法与实践——以无锡市为例 [J]. 测绘通报，2021 (12)：134-139，157.

[18] 杨明，王吉力，谷月昆. 改革背景下城市体检评估的运行机制、体系和方法 [J]. 上海城市规划，2022 (1)：16-24.

[19] 徐钰清，刘世晖，于良森，等. 现代化治理下城市体检及技术应用探索与实践——以景德镇城市体检为例 [J]. 智能建筑与智慧城市，2022 (4)：74-78.

[20] 黄玫，张敏. "城区范围"概念解析及其确定方法探讨——以115个城市为实践对象 [J/OL]. 城市规划：1-10 [2022-05-12]. http：//kns. cnki. net/kcms/detail/11. 2378. TU. 20220126. 1409. 002. html.

[21] 张家瑜，袁阳，周梦涵，等. 基于POI的街道类型精细化识别和分布特征研究——以福州主城区为例 [J/OL]. 西安建筑科技大学学报（自然科学版）：1-9 [2022-05-09]. http：//kns. cnki. net/kcms/detail/61. 1295. TU. 20220402. 1128. 002. html.

[作者简介]
王吉力，工程师，就职于北京市城市规划设计研究院。
吴明柏，博士，就职于中国科学院地理科学与资源研究所。

中小城市体检评估信息平台建设中指标传导的思考

——基于雅安市实践

□程崴知，王陶

摘要：城市体检是识别城市突出问题、潜在问题的重要手段，是推进城市空间治理、实行监督管理的重要抓手。2019 年以来，在住房和城乡建设部、自然资源部的要求和指导下，各个城市开展城市体检的实践和探索工作，在这一工作过程中数字化、信息化手段也为该项工作赋能。本文从大城市的城市体检研究和实践经验中总结出，为了实现城市体检从纯粹的"技术报告"向有力的"治理依据"转变，要着力于结合数据构建多维度与全面合理的指标体系、考虑不同层级的指标传导落实以及结合信息化手段完善制度和机制配套。然而中小城市在实践中面临诸多挑战。因此，本文结合雅安市城市体检评估的实践，围绕实践中面临的问题，提出数据管理与指标管理一体化、指标传导落实到治理单元以及基于体检功能模块优化实现与管理衔接等策略，探索面向中小城市体检评估信息平台建设的指标传导路径。

关键词：中小城市；城市体检；指标体系；指标传导；治理单元；平台功能

1 引言

1.1 城市体检的意义

早在 2011 年，深圳开始提出城市体检的概念，当时城市体检的定义是综合化、定量化、动态化的规划实施评估。2015 年，习近平总书记在中央城市工作会议上提出，要建立"城市体检评估机制"，明确了要将体检评估作为政府进行建设管理以及城市治理的重要手段。2019—2020 年，住房和城乡建设部选取试点城市开展城市体检评估试点工作。这个时期的城市体检是发现城市健康问题、解决"城市病"的重要抓手。2021 年，自然资源部发布《国土空间规划城市体检评估规程》，确保国土空间规划城市体检评估工作的规范性和可操作性。城市体检已经成为城市空间治理和规划实施监督管理的有力手段。

经过十年的实践和探索，城市体检工作核心在不断演进，其关键在于以城市高质量发展、高品质生活、高水平治理为目标，识别城市突出问题，挖掘城市潜在问题，防患于未然；聚焦人民实际需求，明确城市空间治理方向，实行有效监督管理。

现有的主流城市体检主要有住房和城乡建设部、自然资源部和地方三套指标体系类型。住房和城乡建设部与自然资源部提出的城市体检内容及指标关注维度、原则导向和指标体系存在共通之处。住房和城乡建设部的城市体检是由生态宜居、健康舒适、安全韧性、交通便捷、风貌特色、整洁有序、多元包容、创新活力 8 个方面 65 项指标构成的城市体检指标体系。自然资源部从安全、创新、协调、绿色、开放、共享 6 个维度设置了城市体检评估指标。地方体系包含城市特色指标，并将其作为住房城乡建设和自然资源体系指标的补充。此外，还有面向中微观尺度的社区体检的指标体系。

1.2 数字化、信息化为城市体检赋能

随着大数据、物联网、人工智能等技术的迅猛发展，城市体检工作走向数字化、智能化，体检方法不断优化，体检效率不断提升。

在数据上，城市体检工作在传统的社会经济调查数据的基础上融入了手机信令、POI 等海量、动态的大数据，使得对城市要素的评价更综合客观、及时高效。在模型算法上，通过构建 15 分钟生活圈评估、交通监测评估等算法模型，实现指标实时计算、及时评估、动态更新，推动体检工作的动态化、常态化。在系统平台支持上，要求城市建设体检评估的动态监测平台，以查询获取体检评估结果、反馈指标预警信息。此外，部分城市如北京市、上海市还建设了数据平台，可定时、稳定采集准确权威的数据，从源头支撑城市体检工作。

2 城市体检的深入方向和关键技术

随着探索的不断深入，城市体检已经从纯粹的"技术报告"向有力的"治理依据"转变，未来将在三个方面强化关键技术，包括结合数据构建多维度、全面合理的指标体系、考虑不同层级的指标传导落实以及结合信息化手段完善制度和机制配套。

2.1 体检维度全面合理——多维度的指标体系研究

根据目前城市体检的指标体系构建的研究和实践，已有研究提出因城施策制定城市体检指标体系，包括通用指标和特色专题指标。通用指标可以确保延续性，支撑时间维度的对比，也可以支撑城市间横向对比；特色专题指标可以结合城市特征、发展定位甚至聚焦当下热点方向，支撑城市探索特色发展路径。又有研究指出，指标体系构建应关注指标层次、指标关系并注重人本性，指标覆盖区域—市—区—街道—社区等各个空间层级，指标之间联动分析，指标与市民的主观感受相结合等。

在实践中，上海市和北京市的城市体检工作结合多源时空数据，探索面向城市运行状态监测的指标体系。重庆市城市体检结合管控、目标、问题、实施等不同指标导向构建指标体系。

2.2 体检重视指标传导落实——拓展城市体检的空间层次

为了实现"横向到边、纵向到底"的多级协同的城市体检，应构建多层级联动的指标传导体系及工作机制。分区域—市—区—街道—社区等多个空间层级，区域、市层级关注城市发展的核心问题，支撑政府宏观统筹；区层级结合主导功能和特点（如商务中心区、产业发展区、科技文化发展区等），筛选重点指标甚至开展专项跟踪，谋求特色发展；街道和社区层级关注基层服务和人居环境建设，如设施服务水平、居民生活满意度等。各层级指标互为补充，整体和局部相结合，基于不同空间尺度，从宏观、中观、微观来剖析问题，更加全面。

2.3　完善城市体检配套机制——技术与管理手段相结合

城市体检的成果不应仅仅作为年度考核的"成绩单"，更应充分与管理决策、城市空间治理手段相结合。北京市、上海市、广州市、长沙市、南宁市等城市在体检工作中结合各自管理和规划实施情况，完善配套机制，将技术成果与管理充分衔接；通过智能化城市体检信息平台的支撑，动态跟踪反馈体检指标成果，及时为管理决策提供依据。上海市结合体检成果进一步对政策机制进行分析，提出政策建议，及时反馈修正各类规划实施工作。长沙市探索部门协同机制，建立优化人居环境联席会议制度，指定问题由相应管理部门跟踪，综合问题由多部门"会诊"解决。南宁市将城市体检成果与总体规划、专项规划、分区规划、详细规划、城市更新行动等不同层级、类型的国土空间规划应用相协同，强化评估结论的有效应用。

3　中小城市体检评估平台建设面临的挑战——雅安市的探索

中小城市的城市体检工作面临的问题与大城市不同。大城市数据相对完备、管理层级明确并且上下联动相对充分，面向城市治理和规划管理更能充分发挥城市体检的技术价值。

中小城市的治理管理规模相对较小、城市发展变化速度相对平缓、城市问题类型相对较少，表面上其城市体检工作开展难度相较大城市更小。然而，在实际工作中，中小城市的体检评估工作和平台建设面临诸多挑战，包括缺乏数据导致的体检指标维度完整性不足，治理能力有限导致的体检指标传导落实的不确定性，以及缺少体检指标反馈预警评估与管理的对应性等。为了避免中小城市的体检工作成为配合上级要求而完成的指定技术动作，真正发挥城市体检的重要作用，笔者结合雅安市的城市体检工作实践，总结其面临的挑战，并提出相应的应对路径。

雅安市位于四川盆地西缘山地，为盆地到青藏高原的过渡地带，是典型的山地城市。市域面积约为 $15000\ \mathrm{km}^2$，其中建设用地占比 1% 左右，市域常住人口有 135 万，其中中心城区常住人口有近 30 万，是典型的中小城市。2018 年，雅安市三次产业结构比例为 13.3：46.9：39.8，地区生产总值主要靠第二产业创造，就业人口主要集中在第一产业，是典型的处于工业化加速和城镇化快速发展阶段的城市。

3.1　面临体检指标维度全面性的挑战

在城市体检平台的数据建设中，由于雅安市的数据基础相对薄弱，不能完全支撑自然资源部城市体检 33 个基础指标。例如，相关部门未开展地下水水位（m）和地区透水表面占比（%）指标相应数据调查；缺乏 15 分钟社区生活圈覆盖率（%）涉及的评估设施空间数据，仅提供名录；城市对外日均人流联系量（万人次）指标涉及人口大数据，但没有大数据支持，并且由于乡镇地区移动设备的普及率相对低，手机信令、移动位置服务数据等的可信度也会打折扣。

要解决指标可获得性、全面性不足的问题，数据建设是工作重点。结合城市体检指标体系的内容与指标的重要性和必要性，应对指标相应管理部门提出开展数据调查、进行数据建设的工作要求。对于教育设施、医疗设施等比较重要的 POI 数据，可以结合体检工作，基于名录进行空间落位校核，后续规划部门再根据项目实施情况定期维护完善，逐步完善 15 分钟社区生活圈指标相关数据库。由于手机信令数据采购成本较高，中小城市实际人口流动变化趋势较为平缓，若为城市体检年度采购更新该数据则性价比不高，可以在"五年一评估"节点进行采购，对涉及大数据的指标进行深入的评价分析，拉长指标跟踪对比的时间周期。

3.2 面临体检指标传导落实到治理单元的挑战

本文基于雅安市实际情况和发展特色，结合数据建设策略，构建雅安市体检评估的指标体系。然而，在体检评估平台建设过程中，指标体系的传导成为另一个挑战。面对人口规模、人口自然增长率、建设用地总规模、城市用水总量等反映城市总体发展水平的体征指标，可以依托平台建设，对指标进行实时、定时计算，并在平台呈现，支撑决策层研判城市发展动态。但是，面对人均 GDP、地均 GDP、公共服务水平评估、产业发展水平评估等体现城市在产业、创新、公共服务、资源利用等方面的相关指标，仅按照自然资源部或者住房和城乡建设部的要求，实时计算全域、城区（市辖区、建成区）范围内的单独指标值，并通过平台罗列呈现，是较难反映城市运行中具体问题的。这些指标往往需要落到相应的空间治理单元，才能更好地反映不同城市尺度下城市空间问题的差异性。

目前的传导方式是通过建立市级—区级—街道级—社区级体检机制或者体检平台，让指标逐步下沉到相应的治理主体。然而，在雅安市等中小城市，一方面由于城区范围及人口规模较小，如果推动每个社区单独体检、单独建立社区体检平台，治理成本高，政府治理能力不足；另一方面并非所有的指标尤其是产业指标，都适合传导到街道或者社区。因此，在实践中建议雅安市构建全市的体检评估平台模块，并融入"一张图"实施监督信息系统中，并且在功能设计上将指标体系中不同类型的指标分解到相应的治理单元，通过平台呈现和趋势分析等方法横向对比不同治理单元的差异化问题，纵向可以直接反馈到相应治理单元的治理主体，形成科学的应对策略和解决方案。

3.2.1 评估公共服务水平的指标传导到街道、社区等治理单元

公共服务水平评估的指标，主要包括住房、教育、医疗、文化体育、绿色空间、面向儿童及老年人的服务等内容。

面向公共服务的基础单元，包括 15 分钟生活圈、完整社区等，其核心内涵是通过在一定生活空间尺度内均衡布局各类型的生活服务设施，保障基本公共服务水平。对雅安市来说，抛开社区治理范围，重新构建一个以 15 分钟生活圈为导向的治理单元对于城市治理是一个重大挑战。因此，笔者探索结合 15 分钟生活圈覆盖范围和完整社区的尺度概念，以雅安市城区各社区为基本单元，通过将较小的社区合并为一个社区治理单元、将不同组团社区治理单元区分等方式，形成雅安市城区的社区治理单元范围，并将公共服务水平评估指标进行分类分级（表1）。

以社区小学步行 10 分钟覆盖率为例，若该指标仅是城区范围内所有的小学步行覆盖率的平均数，则该指标无法反映城市学校覆盖率不均衡等实际问题；若把这个指标传达到社区层级，通过平台自动计算每个社区治理单元内小学的步行覆盖率，就很容易找出不同社区单元的覆盖率差异，找出城区范围内服务水平差的社区单元，并进行更详细的研究。

需要解释的是，从教育治理角度出发，教育服务水平评估在学区尺度上相较社区更合适，可进一步与学位供需等指标进行联动分析。但由于许多城市的学区划分不公开，且社区概念更加贴近人民群众对生活圈的概念，因此体检评估平台基于社区治理单元对教育设施相关指标进行评估。

表 1　雅安市评估公共服务水平的指标内容及传导层级

方向	指标从属	指标类型	序号	指标项	可传导层级
道路服务水平	自然资源部、住房和城乡建设部	体检评估/开发保护现状评估	A－17 ZJ－33	城区道路网密度	街道
道路服务水平	住房和城乡建设部	体检评估	ZJ－32	建成区高峰期平均机动车速度	城区、街道
	住房和城乡建设部	体检评估	ZJ－51	道路无障碍设施设置率	街道、社区
绿色空间服务水平	自然资源部	体检评估/开发保护现状评估	B－88	森林步行15分钟覆盖率	街道
	自然资源部、住房和城乡建设部	体检评估/开发保护现状评估	B－86	公园绿地、广场用地步行5分钟覆盖率	社区
	自然资源部、住房和城乡建设部	体检评估	B－87	自然资源部：人均绿道长度 住房和城乡建设部：城市绿道服务半径覆盖率	街道
	自然资源部	体检评估	A－33	人均公园绿地面积	街道、社区
住房服务水平	自然资源部	体检评估/开发保护现状评估	A－32	城镇人均住房面积	街道、社区
	自然资源部	体检评估/开发保护现状评估	B－80	年新增政策性住房占比	街道、社区
	住房和城乡建设部	体检评估	ZJ－53	常住人口住房保障服务覆盖率	街道、社区
	住房和城乡建设部	体检评估	ZJ－59	城市新增商品住宅与新增人口住房需求比	街道、社区
教育服务水平	住房和城乡建设部	体检评估	ZJ－56	城市小学生入学增长率	城区
	自然资源部	体检评估/开发保护现状评估	B－74	社区小学步行10分钟覆盖率	社区/学区
	自然资源部	体检评估/开发保护现状评估	B－75	社区中学步行15分钟覆盖率	社区/学区

续表

方向	指标从属	指标类型	序号	指标项	可传导层级
医疗卫生服务水平	自然资源部	体检评估	A-30	每千人医疗卫生机构床位数	城区
	自然资源部	体检评估	B-72	市区级医院2 km覆盖率	城区
	住房和城乡建设部	体检评估	ZJ-30	城市二级及以上医院覆盖率	城区、街道
	自然资源部	体检评估/开发保护现状评估	B-71	社区卫生服务设施步行15分钟覆盖率	社区
	住房和城乡建设部	体检评估	ZJ-20	社区卫生服务中心门诊分担率	社区
文化体育服务水平	住房和城乡建设部	体检评估	ZJ-40	万人城市文化建筑面积	城区（组团结构可分组团）
	自然资源部	体检评估	B-84	每10万人拥有的博物馆、图书馆、科技馆、艺术馆等艺术场馆数量	城区（组团结构可分组团）
	自然资源部	体检评估/开发保护现状评估	B-82	社区体育设施步行15分钟覆盖率	社区
	自然资源部	体检评估	B-78	社区文化活动设施步行15分钟覆盖率	社区
	住房和城乡建设部	体检评估	ZJ-21	人均社区体育场地面积	社区
商业服务水平	自然资源部	体检评估	B-79	菜市场（生鲜超市）步行10分钟覆盖率	社区
	住房和城乡建设部	体检评估	ZJ-17	社区便民商业服务设施覆盖率	社区
综合服务水平	自然资源部	体检评估	A-29	15分钟社区生活圈覆盖率	社区
	自然资源部、住房和城乡建设部	体检评估/开发保护现状评估	B-89 ZJ-11	自然资源部：空气质量优良天数 住房和城乡建设部：空气质量优良天数比例	城区

续表

方向	指标从属	指标类型	序号	指标项	可传导层级
儿童服务	自然资源部	体检评估	B-73	每万人拥有幼儿园班级数	街道、社区
	住房和城乡建设部	体检评估	ZJ-18	普惠性幼儿园覆盖率	社区
养老服务	自然资源部	体检评估/开发保护现状评估	A-31	每千名老年人养老床位数	城区
	自然资源部	体检评估/开发保护现状评估	B-76	社区养老设施步行5分钟覆盖率	社区
	住房和城乡建设部	体检评估	ZJ-18	社区老年服务站覆盖率	社区
	自然资源部	体检评估	B-77	殡葬用地面积	城区

3.2.2　评估产业发展、产业服务类指标落实到园区/产城融合等治理单元

产业发展、产业服务水平评估的指标，主要包括产业用地地均能耗、产业用地地均效率、企业密度、企业创新情况、企业绿色能源使用情况等。

随着产业不断深化发展，产业融合成为城市产业发展的重要方向，对产城融合的研究离不开空间尺度和融合度问题。因此，面向产业发展和产业服务的基础治理单元，应是结合产业发展阶段和产业主导功能的产城融合单元。雅安市是典型的处在城镇快速发展阶段的城市，以制造业为主的第二产业处于快速发展阶段，未来随着生态文明理念的贯彻落实，要逐步向创新制造、深化制造转型。在一定时期内，产业的空间载体仍以园区及园区周边的服务配套为主，因此雅安市的产业治理单元可以以园区管理范围为基础，划定产城融合治理单元。产业指标的抓手要在园区、管委会（表2）。

在这个前提下，产业评估指标，如地均能耗、地均产值等凸显效率的指标可以横向联动产业主导功能、企业数量规模等指标，围绕不同的产城融合单元进行对比分析。一方面，通过平台横向对比不同主导产业功能地均效率之间的关系，研判地均效率历史变化的趋势；另一方面，通过体检平台中对产业园区的深入挖掘和认识，倒逼园区或者管委会等治理主体基于产业的数据建设形成自己的特色评估指标，如一些以绿色低碳转型为主导的产业园区，可以探索形成"双碳"的考核指标；一些注重税收和就业的园区，可以形成如地均税收、地均就业人口密度、企业混合度等指标。

表2　雅安市评估产业发展、产业服务类指标内容及传导层级

方向	指标从属	指标类型	序号	指标项	可传导层级
地均绿色趋势	自然资源部	基本指标	A-26	每万元GDP地耗	园区
	自然资源部	推荐指标	B-46	每万元GDP水耗	园区
	自然资源部、住房和城乡建设部	底线指标	ZJ-6	单位GDP二氧化碳排放降低	城区

续表

方向	指标从属	指标类型	序号	指标项	可传导层级
用地效率和绿色	自然资源部	推荐指标	B-50	工业用地地均增加值	园区
	自然资源部、住房和城乡建设部	推荐指标导向指标	B-17 ZJ-60	自然资源部：研究与试验发展经费投入强度住房和城乡建设部：全社会R&D支出占GDP比重	城区/园区
企业密度	住房和城乡建设部	导向指标	ZJ-61	万人新增中小微企业数量	园区
	住房和城乡建设部	导向指标	ZJ-62	万人新增个体工商户数量	园区
	住房和城乡建设部	导向指标	ZJ-63	万人新增高新技术企业数量	园区
绿色能源	自然资源部、住房和城乡建设部	推荐指标导向指标	B-07 ZJ-14	再生水利用率	园区

3.2.3　其他特色指标落实到具体管理单元和管理部门

雅安市体检评估指标体系中引入了基于雅安市特色的发展指标。针对这些指标，需要提前考虑其将会落实到的管理单元及主体的具体情况。以熊猫保护方面的指标建设为例，雅安市拥有国家大熊猫公园，熊猫保护任务是重中之重。对此提出野生大熊猫种群数量、栖息地斑块数等评估指标内容，这些指标均可以传导落实到大熊猫国家公园的空间范围，对应的治理主体是大熊猫国家公园雅安管理分局。一旦在指标评估中发现问题，可以及时预警相关专业职能部门和大熊猫国家公园雅安管理分局，进行联动研究。

3.3　面临体检指标预警反馈与管理脱节的挑战

信息化手段能够支撑信息共享汇集，提升的信息传递的效率。因此，在信息平台的支持下，能够将体检指标预警反馈的信息与管理部门的工作相衔接。雅安市可以从基于治理单元的指标展示以及将指标预警信息反馈给管理部门两个功能需求方面着手，优化"一张图"实施监督信息系统的城市体检模块。

以社区小学的步行10分钟覆盖率为例，描述基于治理单元的指标展示及管理功能应用场景（图1）。以社区为单元进行体检评估，识别覆盖率比较低的"问题社区"，把信息反馈到相应部门，触发管理行动。居委会与自然资源和规划局/部门进一步分析研判社区小学覆盖率低的原因，居委会从居民满意度调查着手，自然资源和规划局/部门进一步分析是否因为山地城市交通联系紧密度不够而导致学校的10分钟服务范围有限，并研究是否可以增加学校的供给。接着进一步将研判信息反馈到教育局和交通运输局，并制定治理方案，通过新建学校或者优化上学出行路线提升覆盖率。

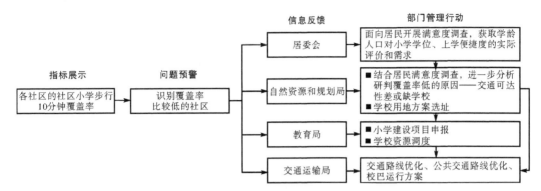

图 1　指标问题预警反馈到管理部门功能应用场景

4　结语

4.1　指标管理与相应数据管理一体化

体检维度的全面性离不开指标的可获得性，指标的可获得性与数据的完备程度息息相关。然而对于中小城市来说，数据往往存在许多问题，因此需针对管理需求来设计指标，对相应数据的建设也要提出要求。指标需求与数据需求是相辅相成、互相促进的，需推进指标管理与数据管理一体化。

4.2　指标体系中评估尺度、精度的细化和优化

中小城市治理能力和体系仍有待提升，因此不大可能很快地建设覆盖区域—市—区—街道—社区多层级的体检评估平台。因此，根据城市治理的需求，需要对中小城市体检评估指标体系进行分类，结合政府的治理模式和治理主体，识别不同的治理单元，并进行细化评估，对指标内容进行优化，倒逼治理主体形成相应特色化指标。

4.3　城市体检功能模块与管理需求相衔接

信息平台作为支撑城市体检的具有引导管理和城市治理作用的重要技术手段，其功能模块开发需要与管理系统衔接，与管理人员的实际工作需求相匹配，从指标展示向触发部门管理行动转变。

［参考文献］

［1］朱秀，黄宇，黎云飞，等.基于规划信息平台的城市体检评估系统构建［C］//创新技术·赋能规划·慧享未来——2021年中国城市规划信息化年会论文集，2021：260-267.

［2］贺传皎，陈小妹，赵楠琦.产城融合基本单元布局模式与规划标准研究——以深圳市龙岗区为例［J］.规划师，2018，34（6）：86-92.

［3］程辉，黄晓春，喻文承，等.面向城市体检评估的规划动态监测信息系统建设与应用［J］.北京规划建设，2020（S1）：123-129.

［4］石晓冬，杨明，金忠民，等.更有效的城市体检评估［J］.城市规划，2020，44（3）：65-73.

［5］杨婕，柴彦威.城市体检的理论思考与实践探索［J］.上海城市规划，2022（1）：1-7.

［6］徐辉，骆芊伊.通过城市体检评估制度全面系统评价我国城市人居环境建设［J］.上海城市规划，

2022 (1)：47-51.

[7] 陆佳，冯玉蓉，张耘逸. 从年度体检到动态把脉：城市体检评估的常态化、智能化路径 [J]. 上海城市规划，2022 (1)：32-38.

[8] 王学栋，朱佩娟，王楠，等. 人居环境视角下多级协同的城市体检模式研究 [J]. 规划师，2022，38 (3)：12-19.

[9] 刘昭，黄曦宇，李青香，等. 面向过程治理的城市体检评估框架与协同研究 [J]. 规划师，2022，38 (3)：20-27.

[10] 杨静，吕飞，史艳杰，等. 社区体检评估指标体系的构建与实践 [J]. 规划师，2022，38 (3)：35-44.

[作者简介]
程崴知，城市规划师，就职于中国城市规划设计研究院深圳分院。
王陶，城市规划师，就职于中国城市规划设计研究院深圳分院。

"民生七有"目标下城市体检评估系统框架及功能设计

□于洋洋，周丹，王志猛，杨吕悦，于昭，杨波

摘要： 2019 年以来，深圳推进城市体检评估工作，通过评估城市发展特征、规划实施情况，诊断"城市病"。在此背景下，本文针对深圳居住空间矛盾突出、公共服务能力不足、公共设施供给不均衡等日益突出的民生短板，基于"民生七有"目标，构建全面、准确反映深圳特色的城市体检评估指标体系，依托国土空间基础信息平台建设城市体检评估系统，设计开发适应"民生七有"目标的系统功能，实现精准化、智能化城市体检评估，切实提升城市空间治理能力，助推深圳建设"民生幸福标杆"城市。

关键词： "民生七有"；城市体检评估；信息系统；深圳

1　引言

经过 40 多年的高速发展，深圳已成长为一座具有全球影响力的国际大都市，但同时也产生了一些"城市病"。2019 年 7 月，中共中央、国务院印发《关于支持深圳建设中国特色社会主义先行示范区的意见》，明确提出深圳建设"民生幸福标杆"的战略定位，要求深圳构建"优质均衡的公共服务体系"，实现"幼有善育、学有优教、劳有厚得、病有良医、老有颐养、住有宜居、弱有众扶"。

城市体检评估是诊断"城市病"、补齐民生短板的重要抓手。2021 年 6 月，自然资源部发布《国土空间规划城市体检评估规程》，提出按照"一年一体检、五年一评估"的方式，对城市发展阶段特征及国土空间总体规划实施效果定期进行分析和评价。通过构建适合地方特色的体检评估指标体系，以国土空间规划为标尺开展城市体检评估，能够诊断并诊疗各类"城市病"，满足人民群众日益增长的人居环境品质需求，推进城市高质量发展，提升高品质生活，实现城市的高效能治理。

城市体检评估也亟待信息系统提供基础支撑。2019 年 5 月，中共中央、国务院印发《关于建立国土空间规划体系并监督实施的若干意见》，明确要求建立数字化、智能化的国土空间动态监测评估预警和实施监管机制。城市体检评估作为国土空间规划全生命周期管理的重要组成部分，其指标体系可贯穿规划、建设、管理三大环节，全面统筹生产、生活、生态三类空间，但实践中面临数据整合、标准统一、自动分析等一系列新问题新需求，亟待加快城市体检评估系统建设，以信息化手段促进城市空间精细化管控，支撑数字化、智能化城市体检评估。

2 城市体检评估堵点、难点、痛点分析

结合"中国特色社会主义先行示范区"建设要求，深圳要实现"幼有善育、学有优教、劳有厚得、病有良医、老有颐养、住有宜居、弱有众扶"的"民生幸福标杆"，通过在城市体检评估实践中不断修正、补充和完善，深圳建立了一套"幼有善育、学有优教、病有良医、老有颐养、文有悦享、体有康达、住有宜居"的"民生七有"目标下的城市体检评估指标体系并广泛应用（图1），但在实践中仍存在一些堵点、难点、痛点。

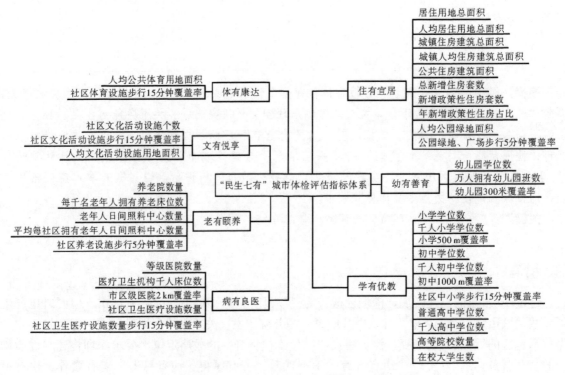

图1 "民生七有"目标下的城市体检评估指标体系

2.1 堵点——指标缺少有效管理

指标是城市体检评估的基础，指标项、指标值、指标体系管理至关重要。指标管理包括指标项、指标值、指标含义、指标编号、指标属性、计算方法、指标来源、评估方式等多个属性管理。按照指标在"市—区—街道—社区—单元"分层分级的指标管控要求，指标管理也包括时间维度、空间维度、业务维度等多维度管理。更为重要的是，指标需要与模型建立关联，通过配置指标计算模型，对指标现状值、规划值、填报值、自动计算值等进行分类分级管理与存储。然而，传统的指标管理通过 Excel 电子表格管理，在指标更迭、数据积累、协同办公、指标共享方面存在明显缺点，难以支撑指标更新维护、分级传导和监督监管。

2.2 难点——指标数据难以采集

城市体检评估基础数据包括自然资源部门管理的内部数据、平行部门的相关数据及城市时空大数据等，但在实际工作中，基础数据分散、统计方式不一致、数据版本不一致、时效性差等一系列问题，导致指标数据计算结果出现偏差，极大地影响了评估结果的真实性和准确性。

在"一年一体检、五年一评估"的要求下，评估单位需要每年度都开展指标采集、计算、分析，部分指标计算规则复杂，存在大量重复性工作，费时费力，评估效率不高。

2.3　痛点——评估成果难以落地

在城市体检评估全流程中，形成并统一汇集体检评估成果并非终点，更重要的是评估成果能够支撑城市规划管理决策，这就亟须建设城市体检评估系统，并与规划管理、用地审批、城市更新、用途管制等规划和自然资源管理业务系统对接，实现体检评估结果自动推送，为自然资源管理、规划审查修编、绩效考核等提供参考。

3　城市体检评估系统架构设计

城市体检评估系统整体架构分为四层（图2）。数据层包含基础现状数据、规划成果数据、管理数据、社会经济数据；支撑层包括指标管理、模型管理，满足支撑城市体检评估所需要的基础能力需求；应用层为城市体检评估系统，提供了指标数据自动采集、指标体系管理、指标状态分析、"七有"体检评估和评估结果自动推送等功能；表现层主要是辅助市区自然资源管理部门作出管理决策、规划调整、政策建议。

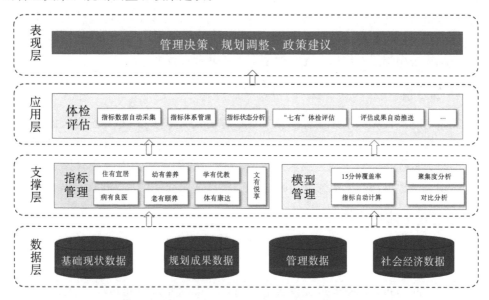

图2　"民生七有"目标下城市体检评估系统框架

4　城市体检评估系统功能设计

基于城市体检评估系统框架设计，结合城市发展监测评估及规划实施评估工作需求，设计城市体检评估系统功能点，主要包括指标数据采集、指标体系管理、在线指标模型库、指标状态分析、"民生七有"体检评估、城市体检评估数据库、评估结果自动推送等。

4.1　指标数据采集

开发指标数据自动采集模块，为快速高效采集各部门数据及相关资料提供支撑，依据指标数据来源，向各平行部门或下级部门发布数据采集通知。各部门通过数据自动采集模块填报对应数据，实现数据分类汇集、整理、检查。数据成果应符合以下基本格式要求：（1）矢量数据：

GIS、CAD 等格式，2000 国家大地坐标系和 1985 国家高程基准；（2）结构化属性或统计数据：Oracle、Access、Excel 等格式；（3）图集、图片：TIFF、JPG 等格式，与原始矢量数据内容一致；（4）文本数据：DOC、PDF、PPT 等格式。

4.2 指标体系管理

当前城市体检评估是在多源数据支持下，通过不同维度（安全、创新、开放、协调、绿色、共享）、不同尺度（市级、区级、街道、社区、单元）以及不同属性下的单项指标组合形成特色指标体系，进而开展分层次分领域城市体检评估的。在此背景下，设计开发针对指标项、指标属性、指标粒度、指标体系的管理系统功能模块，围绕评估目标自由配置指标体系，进而展开指标分析，快速、精准诊断"城市病"，为实现"专病专治""对症下药"提供科学准确的"诊断结果"。

4.3 在线指标模型库

在线指标模型库包括开发聚集度分析、覆盖率分析、步行可达性分析、千人指标分析等各类分析模型，通过指标实时在线计算，打破了传统单机版模型限制，实现了模型共建共享，最大化发挥了模型价值。在线模型库以算子库为基础，配合简单易用的可视化搭建系统，通过简易拖拽即可灵活配置复杂模型及流程。模型系统还支持组件配置，能够将常用算法流程保存为组件，进一步减少模型配置工作量，提升模型配置效率和可读性。

4.4 指标状态分析

基于"民生七有"目标，通过设置业务规则、搭建分析模型，接入各项数据，及时识别体检评估指标并分析出"趋势向好""趋势变差"以及"趋势平稳"等变化趋势，直观实时反映出各项"民生七有"目标指标的实现进度。系统支持指标趋势变化图以及统计图表生成、展示和下载，可按照预设模板自动生成简要分析报告，支撑日常业务办理及深度分析评估。

4.5 "民生七有"体检评估

4.5.1 "幼有善育"评估

通过对幼儿园学位数、幼儿园 300 m 覆盖率、每万人拥有幼儿园班数等指标监测评估，开展幼儿园数量、空间分布、步行 5 分钟覆盖等分析，检视幼儿园空间布局、供给等方面的问题，支撑相关规划编制实施。

4.5.2 "学有优教"评估

汇总全市小学、初中的学校、学位情况，结合人口、社区管理数据，支撑实时计算学位供需情况、小学 500 m 覆盖率、初中 1000 m 覆盖率、社区中小学步行 15 分钟覆盖率等指标，识别小学和初中空间分布、学位供需矛盾等方面的问题，支撑开展基础教育设施规模、供需、覆盖范围等专项评估。

4.5.3 "病有良医"评估

汇总全市医疗卫生机构数据，结合人口网格数据，实现对医疗卫生机构千人床位数、市区级医院 2 km 覆盖率、社区卫生医疗设施数量及步行 15 分钟覆盖率等指标及时统计，实时掌握医疗设施空间分布与动态变化情况，为科学布局、合理配置医疗设施，提升医疗和公共卫生服务水平，实现"病有良医"提供参考。

4.5.4 "老有颐养"评估

汇总全市养老设施、老年人日间照料中心设施及床位数量，结合老年人口网格数据等，实现养老设施覆盖、供给情况等数据的监测评估，支撑统筹规划建设养老机构及社区养老设施，促进养老事业持续健康发展。

4.5.5 "文有悦享"评估

汇集博物馆、美术馆、音乐厅、剧院等大型文化设施、社区文化设施数据，开展文化设施数量、步行 15 分钟覆盖率、供需对比、聚集度等统计分析，支撑文化设施规划编制、项目建设。

4.5.6 "体有康达"评估

汇集体育场、体育馆、游泳馆、足球场等体育设施数据，开发设计设施数量、步行 15 分钟覆盖、供需对比、聚集度等模型，实现全市体育设施结构、覆盖、供给情况的即时分析，支撑全市各级体育设施合理配置布局。

4.5.7 "住有宜居"评估

通过对居住用地、住房建筑面积、新增住房套数等指标监测评估，全面掌握居住空间的结构、分布与动态变化，重点识别住房供给不足的区域和数量，针对居住专项规划实施情况及居住品质进行实时、精准"把脉"。

4.6 城市体检评估数据库

按照统一的数据标准，广泛收集经济社会发展统计数据、城市建设数据、国土空间基础现状数据、规划成果数据、规划实施监督数据、城市运行大数据等，形成多源数据互为支撑、互为补充、互为校核的体检评估数据库（图 3）。基于城市体检评估数据库，开展城市体检评估，将城市体检评估过程中产生的数据纳入"过程库"，最新年度的城市体检评估成果数据纳入"成果库"，历年的评价成果数据自动转入"仓储库"进行存储。

4.7 评估成果自动推送

通过对接上级国土空间规划"一张图"实施监督信息系统，实现指标、报告的上传、共享，提升体检评估日常工作效率及准确性。通过与本级用地审批、城市更新、用途管制等规划和自然资源管理业务系统对接，以规则配置和系统分群管理，实现评估成果精准化、个性化推送，以此辅助日常业务办理。通过对接下级规划实施系统，以目标指标进程管控为抓手，以体检评估成果为依据，落实规划传导，做好规划实施监督，为城市的高质量发展、高品质生活和高水平治理提供决策参考（图 4）。

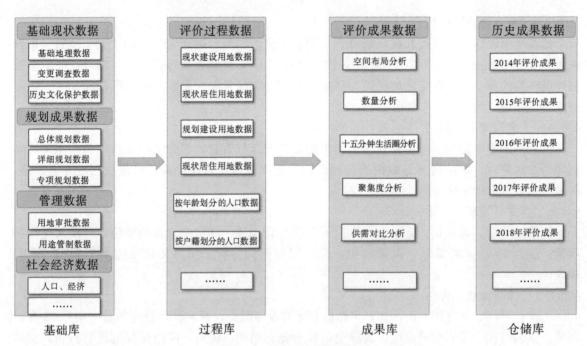

图 3　城市体检评估数据库框架

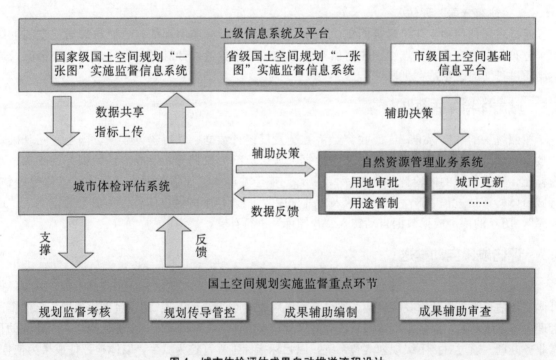

图 4　城市体检评估成果自动推送流程设计

5　结语

城市体检评估是提升城市人居环境、推动规划实施的重要手段。《国土空间规划城市体检评估规程》统一了城市体检评估标准，《国土空间规划"一张图"实施监督信息系统技术规范》统一了系统建设规范要求，基于实际工作，深圳在融合国家规程和本地需求的基础上，开展了

"民生七有"目标下城市体检评估及信息化建设，开发设计了一整套城市体检评估系统，系统功能在城市体检评估指标采集、数据处理、辅助评估、成果应用等各环节发挥了不可或缺的关键作用。实践表明，城市体检评估与信息化建设工作协同推进是有益的探索尝试，通过业务研究与系统功能的相互校核、互为支撑，能够实现系统功能与业务需求的精准适配，有助于推进系统建设和城市体检评估工作。

[作者简介]
于洋洋，高级工程师，就职于深圳市规划国土发展研究中心。
周丹，注册测绘师，高级工程师，就职于武汉中地数码科技有限公司。
王志猛，助理工程师，就职于武汉中地数码科技有限公司。
杨吕悦，助理规划师，就职于深圳市规划国土发展研究中心。
于昭，讲师，就职于北京工业大学。
杨波，工程师，就职于武汉中地数码科技有限公司。

基于物联网与深度学习的城市体检应用研究

□高旭，王慧云，刘馨瑶，胡文华，马嘉佑，李刚

摘要：城市体检是统筹城市发展与安全，指导城市更新行动，推进城市高质量发展的重要战略举措。随着城市规模的扩张与结构的复杂化，综合运用物联网、云计算、大数据、人工智能等高效信息技术手段，开展多源大数据的监测处理与精细化智能化的体检模型分析成为城市体检工作的必然趋势。本文结合新一代信息技术手段的优势与城市体检工作的关键诉求，开展了基于物联网和深度学习的城市体检应用研究。基于物联网进行对称架构和网络融合设计，搭建城市态势感知网；分析城市智能检测的技术原理和关键设计要素，研究基于深度学习技术体系赋能城市体检的应用，包括基于U-Net的遥感影像识别检测应用、基于DeepLab-V3＋的城市空间品质评估应用和基于BERT预训练模型的政策舆情推理监测应用，为开展高效智能的城市体检工作提供借鉴。

关键词：城市体检；物联网；深度学习；U-Net；DeepLab-V3＋；BERT

1 引言

2015 年 12 月，中央城市工作会议召开，提出要转变城市发展方式，提高城市治理能力，解决"城市病"等突出问题，为我国城市建设、管理、运营等奠定了工作基调。2018 年，城市体检工作在全国 11 个城市开展试点；2020 年，36 个样本城市被选出全面推进城市体检工作；2021 年，城市体检样本城市增加到 59 个，同年，《国土空间规划城市体检评估规程》发布。目前，经过多年的实践探索，城市体检工作已初步确立了城市体检的指标体系、评估内容、体检要求和工作流程等关键内容，为揭示国土空间治理、城市功能布局中存在的问题和短板，完善国土空间规划编制和实施，提高城市发展质量提供了科学依据。

城市体检作为城市治理的重要手段，面向包含人流、物流、信息流等要素动态交互的复杂系统，目前在城市体检实践过程中存在着一些问题。在城市体征数据和指标获取方面，数据和指标获取多依赖人工输入和处理，获取成本高，更新难度大，主观性较高，科学性和精确性难以保证。在城市体检分析评估方面，现有模型大多是对指标数值的简单计算，无法处理非结构化数据和非线性关系运算分析，信息挖掘提取能力较弱，无法获取深层次和预测性信息。

针对这些问题，笔者基于云计算、大数据、人工智能等新型信息技术体系，结合城市体检工作应用场景和工作难点，提出物联网城市动态感知和深度学习智能检测相结合的城市体检工作新模式。

2 城市动态感知网

结合物联网技术优势和城市体征监测诉求搭建城市动态感知网。数据流是整个城市动态感知网体系的基础，针对城市体检工作设计端到端物联网的解决方案，实现从数据到价值的转换。物联网的价值核心是数据的流动，只有当物联网的数据流动起来才能实现数据到价值的闭环转化，源源不断地让物联网输出数据，并源源不断地将这些数据转化成真正的价值，支撑城市体检的信息来源。

2.1 物联网技术关键

物联网是以感知技术和网络通信技术为主要手段，实现人、机、物的泛在连接，提供信息感知、信息传输、信息处理等服务的基础设施。数据流是整个网络的核心，物联网的架构设计必然要围绕着数据来进行。为了使数据能在互联网上毫无阻碍地流动，实现万物互联，作为互联网进化形态的物联网必须实现对称架构的设计和异构网络的融合。

2.1.1 对称架构设计

物联网的对称性是指物联网的节点既可以是数据的收集者，也可以是数据的发起者，运行于其中的节点既能做数据收集、预处理工作，又能做数据与展示。在物联网的前端，海量的节点采集城市体征数据，通过网关汇总进入骨干网络。在网络后端中，利用云计算与大数据技术，使用大量的计算节点来进行数据存储与计算，为所采集的数据提供分析与可视化支持。

2.1.2 网络融合设计

物联网运行的网络协议各异，各网络协议基础上的技术体系功能性和成熟性大多存在不足，而互联网技术拥有云计算、大数据、微服务、JSON、RESTful、P2P 等发展演进多年的技术体系，功能强大且体系成熟。通过物联网的 IP 化，融合异构网络，可以将应用于互联网的技术迁移到物联网中，促使物联网中各个组成部分之间联系更加紧密，数据无障碍流动。对物联网来说，只有数据流动起来克服数据的孤岛，才能实现真正的数据向价值的转换。

2.2 城市动态感知网设计

基于物联网的技术优势与关键设计要素，笔者设计了包含四层功能结构的城市动态感知网架构（图 1），包含感知设备层、网络与边缘计算层、物联网中台层以及业务应用层。

2.2.1 感知设备层

对接城市多专业、多领域的多源监测感知设备体系，支持 IOT 设备直连、WebSocket 协议设备、蓝牙低能耗（BLE）设备、紫蜂低功耗网网络设备、ModBus 工业网络设备、视频监控、遥感、无人机等实时信息感知流，针对物联网设备高集成度、资源受限、长寿命、环境苛刻的特点，降低整网的延时、抖动，提升信息吞吐量，适应城市运行复杂系统多专业领域监测感知需求。

2.2.2 网络与边缘计算层

提供网络融合与边缘计算支撑。基于 MQTT 协议，提供低功耗、高兼容的智能硬件网络协议融合服务，针对高性能、低延时场景，采用 SDK 方式直接通过 IpV6 联通。同时，在物联网节点部署边缘计算模块，提供协议转换、消息分发、函数计算、边缘算法、远程部署、本地存储等服务，将物联网的节点转化为大数据节点，提升整网计算性能的同时降低网络传输负荷。

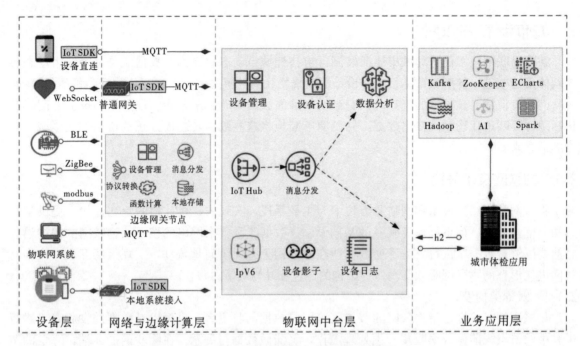

图 1　基于物联网的城市动态感知网架构

2.2.3　物联网中台层

针对海量设备分散、数据价值转换低效和监测服务兼容性差等问题，整合设备、网络、云计算等能力模块，提供 IOT-HUB、IpV6 链接、消息分发、设备管理、设备认证、设备影子、设备日志、数据分析等服务，实现上层应用与底层硬件部署解耦合，打破感知数据孤岛现象，促进数据流动，提升数据价值。

2.2.4　业务应用层

基于 Hadoop、Spark、Kafka、ZooKeeper 等大数据技术体系，将不同的底层感知能力包装为不同的微服务，实现对感知数据的聚合和高效管理。基于机器学习技术，将物联网大数据转化为价值信息服务接口，同时基于前端可视化技术研发城市体征监测大屏，从接口服务和页面展示等层面有效支撑各类城市体检应用。

3　城市智能检测

城市智能监测需要从感知网实时汇聚的大规模异构数据中识别和提取价值信息，动态检测城市体征。与传统计算分析模型与机器学习模型相比，深度学习技术能在不同的网络层次表达多尺度的特征即特征学习，破除了以往手工提取特征的瓶颈，且无须人工干预，更好地处理城市非结构化数据如文本、图像、音频、视频等，是提升城市体检工作效率和质量的关键技术。

3.1　技术原理

深度学习技术的兴起离不开大数据、多层次神经网络结构和 GPU 计算架构"三驾马车"的推动。基于核心的反向传播机制，更深层次的网络结构支持更多超参数的设置，带来更强大的特征表达能力；大数据提供海量的训练次数避免过拟合，提高模型的准确度；GPU 擅长处理 3D 图像渲染和神经网络训练中的大规模矩阵运算，GPU 计算架构的应用，使大规模的计算量能在越来越短的时间内完成。

3.2 关键设计

城市动态感知网获取的数据普遍存在多层次、多尺度的信息，从中挖掘出有价值的潜在信息需要支持不同层次的特征，支持不同大小的感受视野。应用深度学习技术赋能城市体征检测，有网络架构设计、超参数选取、训练方式三大关键影响因素。网络架构即整个深度神经网络的构建方式和拓扑连接结构，主要包含 FCN（前馈神经网络）、CNN（卷积神经网络）和 RNN（循环神经网络）三种及其变种。其中，FCN 应用最广，CNN 主要应用于计算机视觉、图像识别、图像生成甚至 AI 下棋、网络游戏等领域；RNN 支持隐含层连接，具有长程记忆性和周期性，常应用于语言、音乐、股票等序列类数据。此外，在城市体检的应用场景中，经常涉及多类型数据的融合使用，可以通过对深度神经网络实施迁移和拼接，搭建并训练功能更丰富、分析更精准的分析模型。

4 城市体检应用

城市体检应用建立在动态感知网和智能监测模型的基础上，整合利用遥感影像、城市街景、网络舆情、政策文件等多源城市大数据，通过开展数据挖掘，相互比照校验，动态监测城市体征，主要应用场景包括遥感影像识别检测、城市空间品质评估、政策舆情推理监测等关键场景。

4.1 遥感影像识别检测

随着国内外遥感卫星监测技术的进步与数据规模的增长（表1），遥感影像识别监测成为获取城市大规模体征更新变迁的重要手段。遥感影像具有尺度多变、分布密集、存在较多遮挡或阴影、拓扑形状多样、背景复杂等特点，难以从中高效获取高准确度信息。随着深度学习理论技术的演进，一系列针对遥感影像的创新被提出和应用，使得遥感影像识别监测的准确度大幅提升。

表 1 主要遥感影像数据情况

名称	分辨率（m）	年度	名称	分辨率（m）	年度	名称	分辨率（m）	年度
LandSat-1	60	1972	福卫2号	2	2004	KOMPAST-3	0.5	2012
LandSat-2	60	1975	CartoSat-1	2.5	2005	LandSat-8	30	2013
LandSat-3	60	1978	北京1号	4	2005	高分1号	2	2013
LandSat-4	30	1982	ALOS	2.5	2006	Sentinel	5	2014
LandSat-5	30	1984	EROS-B	0.7	2006	高分2号	0.8	2014
SPOT-1	10	1986	KOMPAST-2	1	2006	Planet	3～5	2014
SPOT-2	10	1990	WorldView-1	0.5	2007	Deimos-2	1	2014
SPOT-3	10	1993	RapidEye	5	2007	WorldView-3	0.31	2014
Radarsat-1	8～100	1995	GeoEye	0.41	2008	KOMPAST-3A	0.4	2015
SPOT-4	10	1998	环境1A/1B	30	2008	北京2号	0.8	2015
LandSat-7	30	1999	WorldView-2	0.46	2009	吉林1号	0.72	2015
IKONOS	1	1999	天绘1号01	2	2010	高分4号	50	2015

续表

名称	分辨率(m)	年度	名称	分辨率(m)	年度	名称	分辨率(m)	年度
Terra-MODIS	250	1999	Pleiades-1	0.5	2011	高分3号	1	2016
EROS-A	1.1	2000	资源1号02C	2.35	2011	资源3号02	2.5	2016
QuickBird-1	0.61	2001	资源3号01	2.1	2012	WorldView-4	0.31	2016
Aqua-MODIS	250	2002	天绘1号02	2	2012	SkySat	0.7	2017
SPOT-5	2.5	2002	SPOT-6	1.5	2012	高分5号	30	2018
ResourceSAT-1	5.8	2003	Pleiades-2	0.5	2012	高分6号	2	2018
福卫2号	2	2004	Radarsat-2	1	2012	高分7号	0.8	2019

影像识别监测精度的影响因素主要有数据预处理的精度和神经网络结构的特征提取能力，其中数据预处理的精读包括影像配准的精度、辐射校正的精度、几何校正的精度等因素；神经网络结构的选型主要考虑的因素有设计能充分提取地物特征的特征提取器（如 BottleNeck、Residual、DenseNet 等），设计降采样的类型、数量和顺序以增强神经网络对平移旋转的鲁棒性，设计升采样的类型、数量和顺序以高效还原编码到原始图像。

在城市大面积同步识别监测方面，采用基于 U-Net 的遥感影像识别监测深度学习网络模型（图2）。整体网络结构呈 U 形，分为特征提取和上采样阶段，属于编码器-解码器结构。在特征提取阶段，依次从 256、128、64、32 等多个尺度，运行特征提取器，获取不同层次的特征。在上采样阶段，依次从 32、64、128、256 等多个尺度进行上采样操作，并依次与特征提取阶段的特征图进行通道拼接，最终得到与输入图像尺寸一致的影像分割图，运行不同时态影像对比计算，得到城市影像变更检测结果。根据不同城市场景和体征监测目标可以选择网络层数，浅层卷积关注纹理特征，深层次卷积感知的视野域变大，关注宏观特征，通过整合不同层次网络提取不同尺度的信息，实现精准度高的城市大范围快速检测。

4.2 城市空间品质评估

城市空间品质评估是"城市双修"（生态修复、城市修补）、城市体检的重要前提。传统的城市空间品质评估需要大量的人工研判，导致评估的科学性和效率存在不足。城市街景数据的汇聚和人工智能算法的发展为高效率、自动化的空间品质评估奠定了基础。城市街景图像随着自然和人为因素的变化会产生亮度、噪声、视角、天气等干扰因素，导致评估模型容易出现精度低、鲁棒性差和泛化能力弱等问题。针对这些问题，在城市空间品质评估方面，可采用基于 DeepLab-V3＋的深度学习网络（图3）。

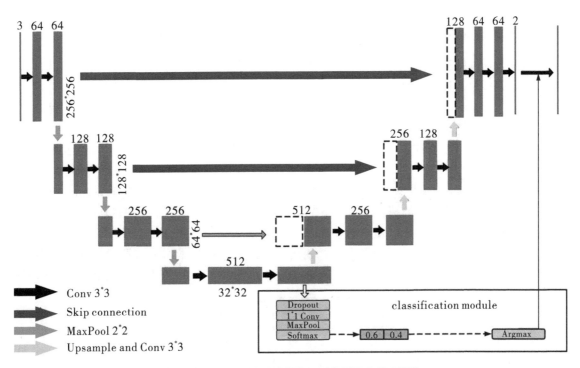

图 2　基于 U-Net 的遥感影像识别监测深度学习网络

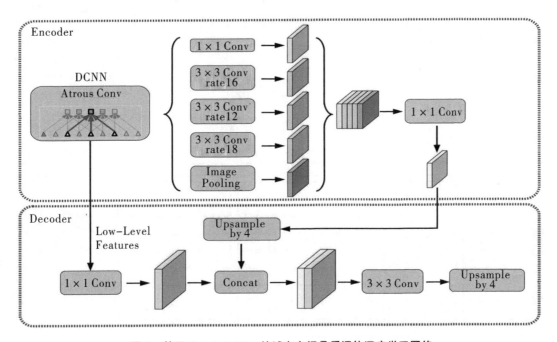

图 3　基于 DeepLab-V3＋的城市空间品质评估深度学习网络

　　基于 DeepLab-V3＋的城市空间品质评估深度学习网络主要由下采样编码和上采样解码两部分组成。在特征提取中采用空洞卷积（Atrous Convolution），能在相同参数量的情况下调整感受野，获取多尺度信息的同时不降低分辨率，提高小尺寸地物识别能力，还可以避免栅格效应。在编码阶段，采用 ASPP（空洞空间卷积池化金字塔，Atrous Spatial Pyramid Pooling）进行全局平均池化，整合不同尺度下的语义信息，提升基于街景的城市空间评估精准度。

4.3 政策舆情推理监测

政策文件与网络舆情是城市运行体征的重要组成部分，也是城市体检工作体现"以人民为中心"理念的抓手。作为一个复杂系统，城市运行过程中产生的政策文件与网络舆情的数据规模大、数据增长快，单纯依靠人工研判不仅成本巨大，时效性也差。在大数据和人工智能浪潮的推动下，MRC（机器阅读理解，Machine Reading Comprehension）作为 NLP（自然语言处理）的重要分支，可以使计算机高效处理和理解文字类城市体征信息，为城市体检工作提供动态及时的反馈。

在政策舆情理解挖掘方面，采用基于 BERT（Bidirectional Encoder Representations from Transformers）预训练模型的深度学习网络模型（图 4）。基于 BERT 的模型包含嵌入层、编码层、交互层和输出层四个层次：嵌入层负责将文字表示为高维、稠密的实值向量，包括字符潜入、句子嵌入、位置嵌入、句子位置嵌入；编码层通过复合函数学习嵌入层输出的词向量的特征与关联信息，采用双向 Transformer 编码器，改进了 ELMo 采用 LSTM 编码器导致的训练速

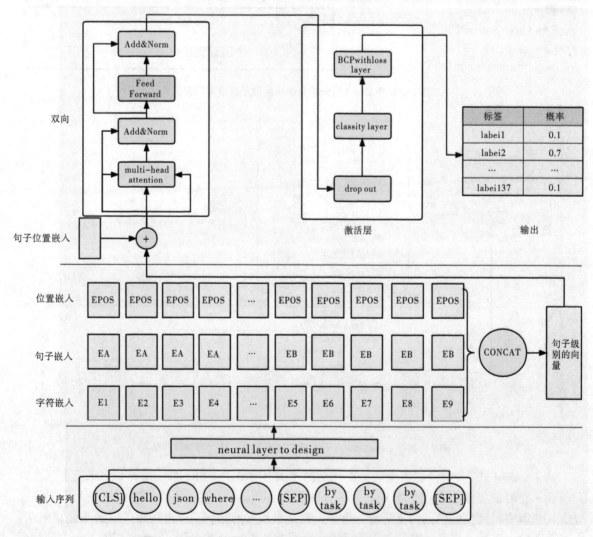

图 4　基于 BERT 预训练模型的政策舆情理解挖掘深度学习网络

度慢和GPT单向Transformer挖掘语义不充分的问题；交互层负责段落与目标问题之间的交互，获得针对问题的词语权重，主要采用基于注意力机制的Transformer模型架构；输出层主要实现结果的预测与生成。通过基于BERT预训练模型的政策舆情推理挖掘深度学习网络，提高对城市政策解读和舆情监测的理解、推理能力。

5　结语

笔者结合新一代信息技术手段的优势与城市体检工作的关键诉求，开展了以物联网和深度学习为核心的城市体检应用研究。基于物联网进行对称架构和网络融合设计，搭建城市态势感知网；分析城市智能检测的技术原理和关键设计要素，研究基于深度学习技术体系赋能城市体检的应用，包括基于U-Net的遥感影像识别检测应用、基于DeepLab-V3＋的城市空间品质评估应用和基于BERT预训练模型的政策舆情推理监测应用，为开展高效、智能的城市体检工作提供了借鉴。随着新一代信息化技术的持续发展，以物联网、深度学习等新型技术赋能城市体征感知的工作模式与技术平台将进一步成熟，推进"以人民为中心"的城市建设理念落地，促进城市体检改善人民美好生活的根本目标的实现。

[参考文献]

[1] 李德仁. 数字城市＋物联网＋云计算＝智慧城市 [J]. 中国新通信，2011，13（20）：46.

[2] 龙瀛，张昭希，李派，等. 北京西城区城市区域体检关键技术研究与实践 [J]. 北京规划建设，2019（S2）：180-188.

[3] 胡春涛，秦锦康，陈静梅，等. 基于BERT模型的舆情分类应用研究 [J]. 网络安全技术与应用，2019（11）：41-44.

[4] 石晓冬，杨明，金忠民，等. 更有效的城市体检评估 [J]. 城市规划，2020，44（3）：65-73.

[5] 张文忠，何炬，谌丽. 面向高质量发展的中国城市体检方法体系探讨 [J]. 地理科学，2021，41（1）：1-12.

[6] 王明常，朱春宇，陈学业，等. 基于FPN Res-Unet的高分辨率遥感影像建筑物变化检测 [J]. 吉林大学学报（地球科学版），2021，51（1）：296-306.

[7] 郝明，田毅，张华，等. 基于DeepLab V3＋深度学习的无人机影像建筑物变化检测研究 [J]. 现代测绘，2021，44（2）：1-4.

[8] 杨滔，杨保军，刘畅，等. 数字孪生城市平台原型的初步设想 [J]. 北京规划建设，2021（4）：95-99.

[9] 杨保军. 实施城市更新行动的核心要义 [J]. 中国勘察设计，2021（10）：10-13.

[作者简介]

高旭，高级工程师，天津市城市规划设计研究总院有限公司智慧城市研究院系统研发部部长。

王慧云，工程师，就职于天津市城市规划设计研究总院有限公司智慧城市研究院。

刘馨瑶，工程师，就职于天津市城市规划设计研究总院有限公司智慧城市研究院。

胡文华，工程师，就职于天津市城市规划设计研究总院有限公司智慧城市研究院。

马嘉佑，工程师，就职于天津市城市规划设计研究总院有限公司智慧城市研究院。

李刚，博士，天津市城市规划设计研究总院有限公司智慧城市研究院院长。

城市体检评估技术方法与系统应用

——以宁波市为例

□王武科，胡颖异，唐轩，蔡赞吉

摘要： 发挥规划实施监测与评估的作用，是科学编制规划、有效传导规划目标、高质量实施规划的重要保障。本文以宁波市为例进行实践探索，提出"应评尽评、全面体检，凸显特色、定制评估，客观准确、多方研判，系统集成、有效衔接"的评估思路，探索构建了一套科学的评价指标体系，建设了城市空间基础信息数据平台，搭建了体检评估关键技术和系统集成方法，建立了"专项评估＋公众评测＋综合评估"的多维评估组织，形成了全面评估和定制评估的成果内容，建立了"规划—评估—监测—反馈"的机制，以期供相关城市借鉴。

关键词： 国土空间；城市体检；指标体系；技术方法；系统应用

"规划科学是最大的效益，规划失误是最大的浪费，规划折腾是最大的禁忌"，发挥规划实施监测与评估的作用，是科学编制规划、有效传导规划目标、高质量实施规划的重要保障。近几年，各级规划部门纷纷探索建立"一年一体检、五年一评估"的国土空间规划体检评估制度。宁波市是国内最早试点进行"城市体验"的城市，其借鉴相关城市经验做法，提出"应评尽评、全面体检，凸显特色、定制评估，客观准确、多方研判，系统集成、有效衔接"的评估思路，从指标体系、数据平台、关键技术、评估组织、成果内容、反馈机制等方面进行了实践探索。宁波市的体检评估工作因工作扎实、特色明显，获批浙江省自然资源厅科技项目，评估经验和做法在"中国国土空间规划"公众号刊载。笔者以宁波市国土空间规划城市体检评估为例，总结经验和做法，以期为相关城市体检评估工作提供借鉴。

1 研究进展

国内相关城市都在探索城市体检的技术方法、主要内容、评估思路等。北京市率先提出建立"监测—诊断—预警—维护"的常态化体检评估工作机制，提出闭环工作体系，多维分析诊断的体系，同时建立"3＋N"规划动态监测指标体系，搭建系统平台；上海市利用多源大数据，开展包含"属性、动力、压力、活力"4个一级指数、10个二级指数和27个三级指数的城市体征动态监测，以此支撑时空分析和城市体检，并在此基础上开展政策模拟，为科学决策提供参考；广州市聚焦存量发展家底，以"人、地、房、企、设施"数据空间化为抓手，加强信息平台建设；成都市探索"6（方面）＋21（维度）"的体检评估框架，重点识别发展短板，强化规划的战略预判；海口市以城市人居环境建设为重点，开展8个维度的全面评估和自贸港建设、内涝治理等专项评价，并针对短板和不足形成了城市品质提升项目库；景德镇市提出了聚焦国家市民、突出文化传承创新主题，构建了横向对标、规划对标、纵向对标和高点对标的空间分析检测包，支持国土空间规划和自然资源管理。除此之外，福州市、深圳市、西安市等城市也结合地方实际开展了特色的体检评估工作。

从国内城市体检评估案例的研究来看，以城市体检评估工作为契机，整合数据，系统构建指标体系，因地制宜确定体检评估内容和重点，科学评价城市发展取得的成效，精准判断"城市病"和城市建设存在的问题，对于城市高质量发展和国土空间规划编制具有重要意义。但在体检评估工作中也存在一些问题，如评估内容差异性大，内容框架不规范；指标体系获取困难，部分数据相互打架；评估结论以定性判断为主，客观和定量评估内容较少；与城市特色结合不密切，对指导城市发展的作用未体现出来。

2 技术思路

根据规范要求，结合宁波市的城市特色，提出"应评尽评、全面体检，凸显特色、定制评估，客观准确、多方研判，系统集成、有效衔接"的评估思路，积极探索建立国土空间规划城市体检评估技术方法与系统应用。

2.1 应评尽评，全面体检

体检指标越全面对城市运行状态的监测就越准确，通过指标的梳理和内容构建，全面、详细地认识城市运行状态，做到应评尽评。

2.2 凸显特色，定制评估

除按照规程规定体检评估内容外，还以"双评价"为基础，针对宁波市的自然地理格局和城市发展特征，因地制宜，凸显城市特色。

2.3 客观准确，多方研判

真实可靠的数据源是实现客观评估的基础，在数据收集工作中，全力整合最新的官方权威数据，充分对接，统一协调，反复校核，保证数据真实、客观、完整。

2.4 系统集成，有效衔接

本次评估与在编的"十四五"规划纲要、国土空间总体规划、各类专项规划在内容上有效衔接，利用数据相互校核，使评估成果对后续监测引导更具操作性。

3 创新特色

3.1 构建了一套科学的评价指标体系

在规范要求58项指标的基础上，创新性地提出"基本指标＋推荐指标＋特色指标"的指标体系，共计138项。基本指标主要反映底线管控、城乡融合、绿色生产、生态宜居等基础维度的评价内容；推荐指标突出城市韧性、创新环境、对外开放、宜居宜业等因地制宜的内容；特色指标突出城市特征，增加港城关系、工业园区、海洋岸线、城市安全等个性化的评估内容（图1）。根据指标体系，构建"城市体检表"，其中指标符合目标方向的有91项，占指标总数的

65.94%，主要集中在资源安全保护、绿色生活生产、公共服务设施、协调创新发展等方面；不符合目标方向的有 14 项，占指标总数的 10.15%，主要集中在土地资源利用效率、水资源开发利用等方面；因统计口径、指标内涵、评价范围等的变化，无法判断目标方向的有 33 项。

图 1　评估指标体系

3.2　建设了城市空间基础信息数据平台

城市空间基础信息数据平台汇总集成了多元的规划数据，涵盖 4 大类 31 中类 160 余项服务数据，分别为经济社会发展统计数据、各部门各区报送数据等规划实施数据，城市建设现状情况、土地供应、用地规划、竣工验收等建设管理数据，基础测绘、地理国情普查等地理信息数据，交通流量、灯光遥感、公交刷卡、手机信令等城市运行大数据。为保证获取真实、权威、准确的数据，建立了市级政府部门的联席会议制度和数据汇交的反馈确认制度，全力整合最新的官方权威数据，充分对接，统一协调，反复校核。对于有多个数据源的数据，进行分析比较，从统计口径、数据标准等方面进行深入研判，分析不同数据源的内在差异，最后选择科学合理的数据进行分析。

3.3　构建了体检评估关键技术和系统集成方法

构建区域、市域、城区、街乡等多级体检层次，区域层面重点研判长三角一体化、宁波都市区等发展情况；市域层面通过人口、经济、产业、交通等数据，综合分析全市运行状况；城区层面重点监测建成区范围内各类城市建设活动，包括公共设施、道路交通、绿地广场等现状建设情况。

采用纵向历史比较、横向城市比较、全要素交叉分析、定量与定性结合、主观评价与客观评价结合等技术方法，基于动态更新的各类时空大数据，充分运用两步移动搜索法、泰森多边形、Hansen 势能模型等多种技术手段，创新性地采用多维建模技术构建指标多维模型库和数据知识服务引擎（图 2），构建模型可视化、参数可配置、规则可编排、模型可组合的体检评估模型体系，有效支撑体检评估的快速诊断、态势预判和趋势预警。利用统计图表、大屏画像、动态演变、多屏联动等方式，形成了体检评估的可视化展示系统。

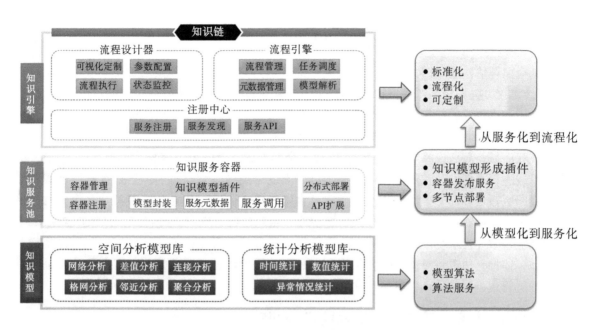

图 2　数据知识服务引擎架构

3.4　建立了"专项评估＋公众评测＋综合评估"的多维评估组织

以评估主体的多元化、社会化，推动实现体检全过程的客观公正、公开透明。自评估工作由各部门根据行业指标和要求开展自评，提交数据和相关报告，包括水资源、综合交通、产业发展、公共设施等评估内容。公众评测通过全市居民满意度调查和部分街道、社区深入调研，点面结合收集公众意见，强化公众参与，从印象篇、生活篇、工作篇、出行篇、休闲篇、生态篇、安全篇、畅想篇 8 个维度全面掌握市民对城市规划建设的评价，回收问卷 1320 份，有效样本 1216 份，样本有效率为 92.12%。综合评估汇集各方内容并加以整合，使体检报告反映各方共识（图 3）。

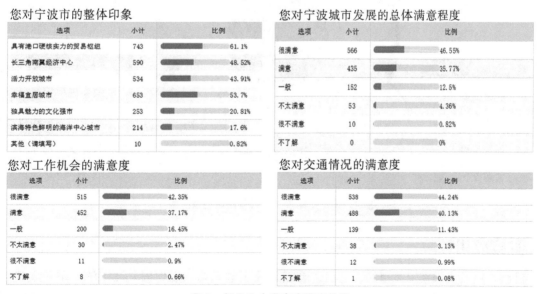

图 3　部分公众满意度调查结果

3.5 形成了全面评估和定制评估的成果内容

强调全面评估，按照四大导向、六个维度的原则，全面覆盖经济发展、生态底线、城镇建设等11个维度。强调定制评估，重点突出以下四个方面的内容：一是针对宁波市"东方大港"的特征，增加港口发展现状评估，新增港口吞吐量、港口货源地等评估指标和内容，提出港城关系的核心问题和矛盾集中的空间范围。二是针对宁波市大陆岸线长、海岛数量多的特征，系统梳理现状海域、海岛、海岸线开发保护情况，全面准确掌握围填海信息，提出矛盾冲突情况。对全市岸线进行类别划分和效益评估，提出以"岸线论英雄"管控机制。三是针对宁波市各级各类开发园区数量多、分布散、开发效益差异大的特征，体检评估对各级各类318个开发园区现状情况进行排摸，重点分析土地利用、容积率、亩均税收等情况，并提出"六级四类"12个指标的工业绩效评价系统。四是针对宁波市作为全国重要的石油化工基地和液体化学品集散基地的特征，体检评估重点对化工园区危险化学品事故风险源进行现状摸底，对危险化学品通道运输、油气管道事故风险点、船舶事故风险等进行识别。

3.6 建立了"规划—评估—监测—反馈"的机制

探索完善规划实施的监测评估和传导机制，使评估成果有力地促进了各级各类空间规划的科学编制。通过大数据赋能，基于分级算法和分布式集群分级索引技术，对各项指标进行跟踪监测，动态把握各类目标的实现程度，并根据监测评估结果及时优化完善实施策略，弥补规划实施在快速诊断、主动发现、及时预警有效手段方面的不足，真正实现规划编制、审批、实施、监管全过程闭环管理（图4），以体检评估为抓手推动国土治理体系现代化。

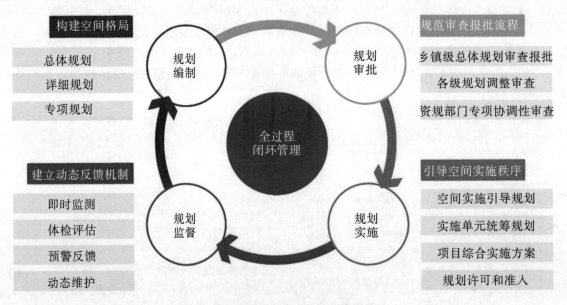

图4　国土空间规划全过程闭环管理机制

4　实施应用

目前，项目成果在宁波市级、区级、乡镇级国土空间总体规划以及《宁波市工业集聚区专项规划》《宁波市自然保护地专项规划》《宁波市综合交通体系规划》《宁波市区文化设施专项规划（2020—2035）》《宁波市海岸带保护与利用专项规划》《宁波市区教育设施规划》《宁波市体育设施专项规划》《宁波市区医疗卫生设施专项规划》《宁波市区文化设施专项规划（2020—2035）》《宁波市生态绿地系统专项规划（2021—2035）》《宁波市综合防灾减灾规划》等几十个项目中得到了有效应用，适应了当下国土空间规划和数字化改革的发展要求，紧随政策航向和大数据技术先进潮流，推动了宁波市国土空间规划朝着更加精细、科学的方向发展，为同类型城市的国土空间规划编制工作提供参考，具有良好的推广应用前景和价值。

通过体检评估发现的资源、空间、港口、海洋、产业、交通、公共服务设施、城市安全风险等方面的问题，有效地指导了正在编制的各级各类国土空间规划。从人口、用地、交通联系、夜间灯光、POI 集聚情况等方面对空间结构进行数量化的体检评估，对城市空间结构的最终确定发挥了重要作用。充分利用地形、水文、管网等数据，科学研判城区低洼积水分布情况，为应对台风等极端天气，提供了精准的数据支撑。评估提出的人口空间结构与现状设施的匹配关系，对文化、教育、体育、医疗、养老、公园绿地与广场等设施布局具有重要指导作用。

建立了基于多维建模技术和多层次指标可配置的体检评估模型，运用多维模型库和数据知识服务引擎的服务定制框架，构建模型可视化、参数可配置、规则可编排、模型可组合的体检评估模型体系，有效支撑体检评估的快速诊断、态势预判和趋势预警，避免了在体检评估过程中经验判断的模糊性，显著提升了体检评估的科学性和工作效率。面向城市体检评估提出了基于数据图谱的多元数据和多类型指标高精度关联方法，解决了城市空间基础信息数据平台非集中式数据的安全使用问题，更有效支持城市体检评估依托多指标多源数据的开展。在空间基础信息数据平台的基础上，建立了"精特亮"评估监测平台、老旧小区改造管理平台、城中村改造信息管理平台等专题的评价应用模块，促进空间的精细化管理。

5　未来展望

在技术革新方面，随着数字化改革的深入、自然资源业务的深度融合，还需采用不断更新自然资源相关的信息技术，如测绘技术、监管技术、云计算技术、大数据应用技术等，使体检评估更加智能化、精细化。

在成果应用方面，由于各单位的各个系统建设的技术、软硬件条件的差异，各个系统在构架、平台以及数据库等方面都存在较大差异，需要采用共享交换的思路，统一空间数据和业务数据的服务接口，实现城市体检在各部门的应用扩展。

在网络安全方面，国家将网络安全和信息化提升为国家战略，在城市体检中需要进一步关注信息化建设的安全需求，实现政府信息化"安全可控"的目标。

通过体检评估建设了城市空间基础信息数据平台，汇总集成了多元数据，部分数据颗粒度较大且相互尺度不一，对项目数据挖掘等具有一定影响。另外，数据的标准、统计口径以及各部门对数据内涵的定义等还存在差异。

[参考文献]

[1] 林文棋，蔡玉蘅，李栋，等. 从城市体检到动态监测——以上海城市体征监测为例 [J]. 上海城市规划，2019（3）：23-29.

[2] 程辉，黄晓春，喻文承，等. 面向城市体检评估的规划动态监测信息系统建设与应用 [J]. 北京规划建设，2020（S1）：123-129.

[3] 尚嫣然，赵霖，冯雨，等. 国土空间开发保护现状评估的方法和实践探索——以江西省景德镇市

为例 [J]. 城市规划学刊, 2020 (6): 35-42.

[4] 张文忠, 何炬, 谌丽. 面向高质量发展的中国城市体检方法体系探讨 [J]. 地理科学, 2021, 41 (1): 1-12.

[5] 李昊, 徐辉, 翟健, 等. 面向高品质城市人居环境建设的城市体检探索——以海口城市体检为例 [J]. 城市发展研究, 2021, 28 (5): 70-76, 101.

[6] 成都市规划和自然资源局. 识别发展短板强化战略预判——四川成都城市体检评估概要 [N]. 中国自然资源报, 2020-4-9 (3).

[7] 广州市规划和自然资源局, 广州市城市规划勘测设计研究院. 城市体检评估成果交流: 广州专篇——"老城市新活力"广州国土空间规划存量发展评估 [R/OL]. (2020-08-17) [2021-10-14]. https://mp. weixin. qq. com/s/FYXsZXpVi _ 8wDE-GHszutw.

[作者简介]
王武科, 高级工程师, 宁波市规划设计研究院空间规划二所所长。
胡颖异, 就职于宁波市规划设计研究院空间规划二所。
唐轩, 就职于宁波市规划设计研究院空间规划二所。
蔡赞吉, 高级工程师, 宁波市规划设计研究院数字研究所所长。

探索构建基于信息化平台的智能化城市体检评估工作

□许浩，张明婕，李珊珊，谢胜波，蔡明豪

摘要： 随着我国经济社会和城镇化的不断发展，人们对居住环境提出了更高的要求，城市发展进入建设高品质人居环境、满足人民对美好生活的需求的新阶段。而快速城镇化也引发了一系列的"城市病"，为了防止"城市病"蔓延和治理"城市病"，城市体检概念应运而生，并应用在城市管理中。本文在梳理城市体检背景和意义的基础上，通过对城市体检概念内涵、工作流程和技术方法的全面阐述，提出建设城市体检平台的重要意义、城市体检平台总体架构、核心功能、核心亮点以及平台运用成效，为城市开展体检工作提供技术支撑。

关键词： 城市体检；智能决策；城镇化；城市病

1　背景与意义

1.1　城市体检的背景

2021 年末，我国常住人口城镇化率已经达到 64.72%，城镇化进程进入关键期，随着城镇化的不断加速，居民生活水平显著提升，人居环境逐步改善，经济发展水平不断提高。但与此同时也存在诸多问题，如交通拥堵、房价过高、资源短缺、就业压力等城市的"慢性病"逐步凸显。而要治疗城市"慢性病"，需要定期对城市进行全方位体检，诊断其存在问题与不足，进而给出合理调整建议和措施（图 1）。

时代在发展，社会在进步，作为社会发展的窗口——城市，要紧跟时代发展步伐，不断更新换代，适应社会发展。同时，城市是一个生命体，有自身的发展需求，需要定期更新，而城市更新的前提是明确需要更新的地方、更新方式和更新目标。因此，城市自身发展需求和城市更新必要要求城市要定期进行体检。

2015 年 12 月中央城市工作会议上，习近平总书记提出要"建立城市体检评估机制"，拉开了城市体检工作序幕。住房和城乡建设部高度重视城市体检工作，从 2019 年到 2021 年连续三年发函推动地市开展城市体检工作，城市体检试点城市从 2019 年的 11 个增加到 2021 年的 59 个，城市体检工作正在全面展开。

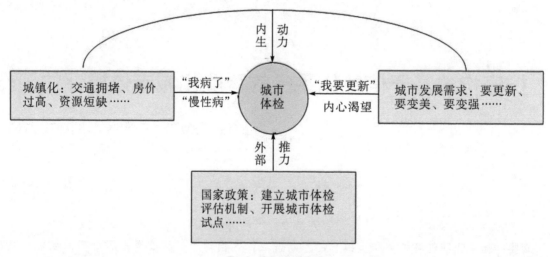

图 1　城市体检背景

1.2　城市体检的意义

1.2.1　城市体检推动城市高质量发展

随着城镇化的高速发展，城市建设重点由规模扩张向存量提质改造和增量结构调整并重，从"有没有"转向"好不好"。城市规划建设管理面临从"大拆大建"的外延式扩张向"精明增长"的内涵式增长转型，开展城市体检，能够实现由事后发现、检查和处理问题向事前监测、预警和防范问题转变，促进城市发展方式转变，推动城市高质量发展。

1.2.2　城市体检为城市更新指明方向

通过城市体检，根据预先构建的指标体系梳理出城市建设中存在的问题与短板，为城市更新指明目标和方向。在体检结果的基础上，针对城市发展中的问题，围绕城市发展目标，依托新型城市基础设施赋能，并借助智慧城市建设契机，推动城市完成自我更新。

1.2.3　城市体检有利于构建现代城市治理体系

城市体检由城市自体检、居民满意度和第三方体检调查组成。城市自体检体现为自上而下的公共权力行使，居民满意度体现为"自下而上"的人民诉求，第三方体检体现为社会机构参与城市管理。城市体检结果由三方互相校核、互相补充，从而为城市治理提供更加完善、更加精准的治理措施，构建了城市多方治理的现代治理体系。

2　概念、内涵和工作流程

2.1　概念

城市体检是通过构建体检指标体系，针对城市人居环境及城市规划、建设、管理等工作实施成效定期进行系统评价分析与监测反馈，是科学认识城市发展规律、研判城市发展问题、开展针对性治理行动，改善城市人居环境，推进城市治理能力现代化的重要方式。旨在通过构建体检指标体系，收集指标数据及进行数据处理，查找存在的问题，并给出改正措施建议，监测改进进度，提高城市治理水平，促进城市高质量发展。

2.2 内涵

2.2.1 坚持以人为本

城市居民的需求和满意度是城市体检的落脚点，城市体检要满足城市居民对美好生活的向往，突出以人为本，指标体系的构建要围绕城市居民关注的重点问题展开，以满足居民对获得感、幸福感和安全感的需求。

2.2.2 坚持问题导向

城市体检的目标是诊断和治理"城市病"。要始终坚持问题导向，在综合评估城市发展各项指标的基础上，重点针对城市人居环境和居民关注重点找寻短板及存在问题，挖掘"城市病"产生的深层次原因，为妥善治理"城市病"提供科学依据。

2.2.3 坚持治理导向

城市体检工作要紧密结合城市治理的政策文件，重视城市体检结果在城市治理工作中的应用，并将体检结果转化为改善人居环境的治理行动和具体项目，促进城市规划建设管理方式创新，提高城市治理能力。

2.3 工作流程

为全面评估城市人居环境发展现状，在城市自体检的基础上，引入第三方评估机构开展第三方城市体检和居民满意度调查，确保体检评估结果的准确性和有效性。体检评估工作流程包括制定城市体检工作方案，构建体检指标体系，开展城市自体检，开展第三方体检和居民满意度调查、成果汇交、成果应用（图2）。

一是城市根据国家和省区级人民政府出台的城市体检工作方案，结合城市实际情况，制定切实可行的城市体检工作方案。二是根据城市定位和发展目标，构建"生态宜居、健康舒适、安全韧性、交通便捷、风貌特色、整洁有序、多元包容、创新活力"八个方面的基础指标以及体现城市特色的特色指标。三是开展城市自体检工作，包括数据采集和清洗、分析论证、问题诊断、形成自体检报告。数据采集来源于政府各部门填报数据、互联网大数据、专业机构数据以及线上线下调研数据。四是开展第三方城市体检和居民满意度调查工作。第三方城市体检数据主要来源于政府公开数据、城市遥感数据、社会大数据、社会感知数据、抽样调查等数据，第三方体检更加客观理性，视角更宏观、全面；居民满意度调查主要通过线上线下调研问卷收集数据。五是将城市自体检报告、第三方体检报告和居民满意度调查报告统一汇总，进行指标补充、校核，对重点内容进行综合比较，最终形成城市体检报告和附件。附件包含指标体系说明、综合指标计算客观评价与居民满意度调查主观评价的城市体检综合诊断表、"城市病"清单、城市发展优势清单、城市发展短板清单、"城市病"治理建议等内容。六是城市体检成果应用，城市体检成果应用在城市治理、城市更新、政府工作报告、国土空间规划等方面，从而改善城市人居环境、诊断"城市病"，有针对性地开展城市治理，建成没有"城市病"的城市。

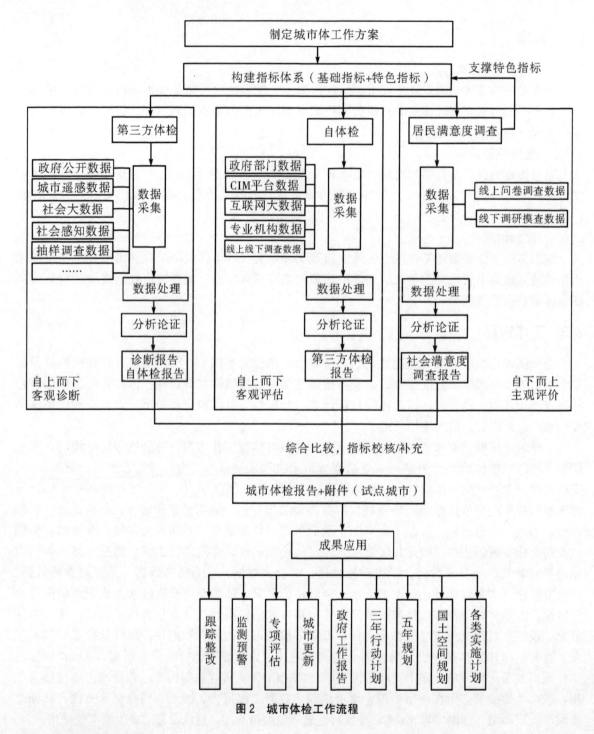

图2 城市体检工作流程

3 技术方法

3.1 开展闭环体检模式

城市体检可以推动城市治理体系和治理能力现代化，实现由事后发现、检查和处理问题向事前监测、预警和防范问题转变。必须构建评价、诊断、治理、复查、监测、预警闭环的城市体检模式，将城市体检结果与城市治理相结合，通过信息化平台对城市发展指标和治理情况实施常态化的监测和预警。

3.2 多方数据相互校核

以人为本开展的城市体检，更加注重数据的精准度与认可度。因此，城市体检所需的数据不仅是政府部门自行填报的数据，还包括第三方体检机构介入后获取的社会大数据、抽样调查数据、城市遥感数据与居民填写的主观评价问卷数据，通过将各自形成的体检报告进行综合比较、相互验证，形成居民和社会共同认可的城市体检报告。

3.3 建设信息化平台

城市体检围绕八个维度，拥有近百个体检指标。一是数据来源涉及住房和城乡建设、自然资源、公共安全、统计、民政、税务、生态环境等多个领域，数据类别和数据量较大，导致数据处理工作量巨大，数据分析过程复杂；二是开展线下居民满意度问卷调查难度大，数据汇总困难；三是将城市体检结果运用到城市治理、城市更新、老旧小区改造、城市运行管理等领域中，需要与城市中已有的信息化平台实现对接。因此，城市体检必须借助信息化技术和手段实现体检数据线上填报、线上调查、数据清洗、智能化分析、综合诊断、报告生成、跟踪整改、监测预警等功能，从而提高体检工作的智能化、自动化水平，实现与城市已有信息化系统的互联互通，实现数据及成果的共享，推动城市治理精细化、城市运行管理更加安全高效。

4 构建城市体检平台

4.1 平台总体架构

城市体检平台采用《GB/T 32399 信息技术云计算参考架构》和《GB/T 35301 信息技术云计算平台即服务（PaaS）参考架构》标准，符合 PaaS 功能试图的相关规定，包含基础设施层、数据层、服务层、应用层和用户层以及标准规范体系和安全保障体系。

设施层：包含平台计算、存储、传输等软硬件资源以及互联互通的网络环境。

数据层：主要包含城市体检指标涉及的多部门、多来源、多类型的原始数据、经过处理后的城市体检数据以及对元数据的管理。

服务层：主要包含信息化平台的基础服务以及城市体检平台所需的特色服务。基础服务包括数据转换、数据汇聚、用户认证服务、数据发布服务、数据可视化服务和二次开发服务。特色服务以计算能力、专题统计服务、诊断分析、辅助决策、生成报告等为主。

应用层：重点应用在城市建设、城市管理和政府规划三大板块中，其中城市建设领域应用包括城市治理、城市更新和老旧小区改造等，城市管理领域应用包括城市体征监测及预警、整改跟踪、专项评估等，政府规划主要应用在政府工作报告、五年规划、三年行动计划、国土空间规划等。

用户层：是所面向的各用户，包括政府部门、企事业单位和社会公众。用户可通过电脑端、大屏端和移动端安全访问，随时随地共享平台服务和资源。

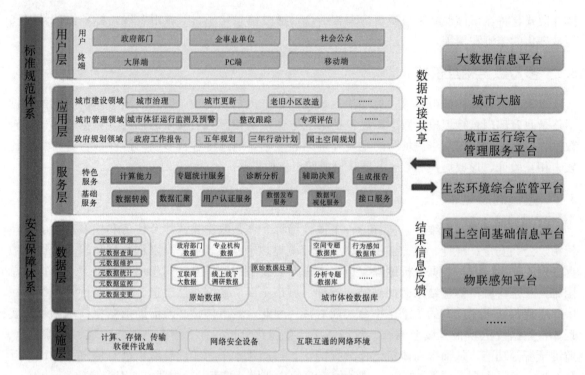

图3 城市体检平台总体架构

4.2 平台核心功能

4.2.1 数据采集

包括指标管理和数据填报两大功能。指标管理包括支持上级指标接收、特色指标补充、指标下发等。数据填报支持数据填报、数据合法性自动校验、数据填报提交等功能，支持多格式、多形式（实时更新、按需采集、周期填报）数据源接入，以及统计年鉴、LBS等体检大数据、遥感影像、基础地理信息等多源异构数据融合、清洗、标准化入库。

4.2.2 诊断分析

对于城市体检各项指标，依据采集的各类数据，通过分析指标值、指标拆解值、指标说明、指标对标值、指标数据来源、指标历年变化、指标相关的空间数据等内容，依据城市体检数据纵向对比、同类型城市横向对标，按照定性与定量、主观与客观相结合的原则进行综合分析，对照指标体系的区间范围，综合评价城市人居环境质量，查找城市建设发展存在的问题与不足。

4.2.3 智能决策

根据城市体检诊断分析的结果，结合人工智能、大数据、仿真模拟等技术针对城市人居环境的短板与问题进行专业模型分析，找出深层次原因，给出治理建议及项目清单，辅助城市更新、人居环境整治与提升，全面提升城市治理精细化水平。

4.2.4 监测预警

对城市整体运行状态进行全面监测，通过比较城市体检指标的结果值与目标值，实现城市体征的动态监测和预测预警，以地图、图标、数据列表等直观形象的方式进行展示与预警。

4.2.5 城市体检报告生成

将城市体检平台的监测预警、诊断分析、智能决策的结果，通过平台内的智能化处理技术，自动生成自体检报告，为城市治理提供指南和依据。

4.3　平台核心亮点

与目前市场上已有的城市体检信息化系统相比，城市体检平台具有以下四大亮点：一是灵活配置，能够实现指标计算模型、指标体系结构、诊断标准以及数据汇入方式等的灵活配置；二是统一管理，能够实现指标体系统一下发、一键上报以及常规指标跟踪整改；三是空间分析，能够快速实现空间分布对比、空间数据分析；四是多端同步，能够将数据同步共享到电脑端、大屏端和移动端。

4.4　应用成效

城市体检平台在武汉市的应用成为武汉智慧城市建设城市管理层面的展示窗口，从生态宜居、健康舒适、安全韧性等方面，常态化展示城市体检结果，实现了信息共享、实时监测，深入分析了武汉市现状"病症"，全面构建场景式专题数据展示、分析平台。利用城市体检平台对武汉市进行全面评估，已取得显著成效。

4.4.1　城市体检更加高效

有效协助武汉市住房和城乡建设局开展全市城市体检工作，从数据采集与清洗、指标计算、问题诊断、对策建议、治理清单到生成城市体检报告，实现城市体检流程化、数据处理智能化、分析诊断精确化，极大提高了武汉市城市体检的工作效率。

4.4.2　体检结果更加精准

通过应用城市体检平台实施城市自体检，将体检结果和社会满意度调查的指标数据与第三方城市体检的指标数据进行比较，三方指标数据高度吻合，识别的问题和提出的对策建议基本一致，城市自体检平台指标计算、诊断分析精准度高。

4.4.3　城市治理更加精细

武汉市针对城市体检发现的问题与不足，结合武汉市城市发展的总体目标，提出治理方向与建议，并将治理建议项目化，应用到《武汉市优化城市人居环境三年行动计划（2021—2023）》、政府工作报告和城市建设相关专项规划中，有效推进武汉市城市治理。

5　结语

总体而言，我国城市体检评估工作目前取得了较好的成效和经验，城市体检未来将会常态化、动态化、智能化、全域化和科学化，并覆盖我国大部分城市。城市体检平台作为开展城市体检工作的有效手段和工具，支撑城市体检快速实现指标管理、数据收集、数据处理、指标计算、分析诊断、智能决策、报告生成、整改跟踪、监测预警等功能，为城市治理提供数据支撑和治理建议，促进高质量的城市更新，推动城市结构优化、功能完善和品质提升，实现城市可持续发展。但与此同时，也要不断反思与总结，一是根据城市发展阶段及城市发展特征，动态更新指标体系，构建全面的城市体检评估指标体系；二是运用人工智能、物联网、区块链和 AI等新技术，全方位、立体化呈现城市体检结果；三是打通社会大数据获取途径及相关机制，加强政府和社会数据的深度融合，形成有效的城市体检数据集；四是探索城市体检技术在美丽乡村中的应用，促进城乡统筹高质量发展。

[参考文献]

[1] 石晓冬，杨明，金忠民，等. 更有效的城市体检评估 [J]. 城市规划，2020，44（3）：65-73.

[2] 李昊，徐辉，翟健，等. 面向高品质城市人居环境建设的城市体检探索——以海口城市体检为例 [J] 城市发展研究，2021，28（5）：70-76，101.

[3] 万晓冉. "新城建"已至 智慧之城还有多远 [J]. 中华建设，2021（12）：30-33.

[4] 贵州两市列入全国城市体检工作样本城市 [N]. 黔中早报，2021-05-07（6）.

[5] 太原将接受住建部"城市体检" [N]. 太原日报，2021-05-14（1）.

[6] 丁焕松. 城市体检为健康发展"把脉" [N]. 珠海特区报，2021-07-26（3）.

[作者简介]

许浩，高级工程师，奥格科技股份有限公司副总经理。

张明婕，工程师，就职于奥格科技股份有限公司。

李珊珊，工程师，就职于奥格科技股份有限公司。

谢胜波，工程师，就职于奥格科技股份有限公司。

蔡明豪，工程师，就职于奥格科技股份有限公司。

基于"一张图"的常州市国土空间规划城市体检模型库设计与实现

□束平，胡伟，席广亮，钱育君

摘要： 本文以新时代国土空间规划对城市体检评估的需求为目标导向，分析和结合现有国土空间规划及"一张图"数据库建设等信息化成果，研究设计了基于"一张图"数据库的国土空间规划城市体检模型库的总体框架，对国土空间规划城市体检指标体系、城市体检模型库等主要内容模块进行了研究和构建，对"一张图"数据库支撑下的城市体检评估关键技术进行了研究。通过面向模型计算展示的空间大数据流程体系的研究，设计了"一张图"核心数据库嵌入城市体检模型库的具体技术路径，完善了国土空间规划城市体检指标模型构建管理等主要功能并应用到城市体检实际工作中，为常州市智能化、常态化、高效化开展国土空间规划城市体检评估工作提供技术支撑，为国土空间规划编制和实施提供精准、翔实参考。

关键词： "一张图"；国土空间规划；城市体检；模型库；设计与实现

1　引言

面向新时代的国土空间规划是中国全面推进生态文明建设、提升国土空间治理体系和治理能力现代化水平、维护国土安全等综合战略布局的重大举措。城市体检评估是贯穿国土空间规划全生命周期的基础性、支撑性工作，通过开展体检评估工作，及时诊断国土空间治理问题和短板，将体检评估结果作为规划编制的基础、规划动态调整的判断依据，实现国土空间规划的全周期闭环管理。城市体检评估工作开展的重要基础是立足体检评估指标体系，构建集山水林田湖草自然资源以及城市信息于一体的空间大数据，常州市以"一张图"支撑的国土空间规划城市体检模型库构建为需求导向、目标导向，研究探索城市体检业务工作和"一张图"数据库的双向驱动和赋能，充分发挥"一张图"数据库效用，助力常态化、智能化、高效化城市体检评估工作的开展，为国土空间开发保护现状和规划实施情况定期体检提供技术支撑。

2　研究基础和框架设计

2.1　研究基础

常州市自然资源和规划局在机构整合后，稳步推进国土空间规划编制工作，开展了城区范围确定、"三区三线"试划等工作，完成全市国土空间规划近期实施方案、预下达国土空间规划新增建设用地规模分解方案编制，常州市国土空间规划取得阶段性成果，为城市体检模型库的构建提供了业务基础。在自然资源和规划数据治理建库方面，基于全面掌握山水林田湖草等自然资源以及城市空间信息的数量、质量、空间分布、开发利用及潜力等信息的现实需求，全面整合集成自然资源和规划本系统生产的数据、其他部门共享的数据、获取的互联网数据等，建设了空间全域覆盖、地上地下集成、二维三维一体、业务内容完整、要素内在关联、市县协同联动的常州市自然资源和规划"一张图"数据库（图1），为国土空间规划城市体检模型库的构建提供了翔实的数据支撑。

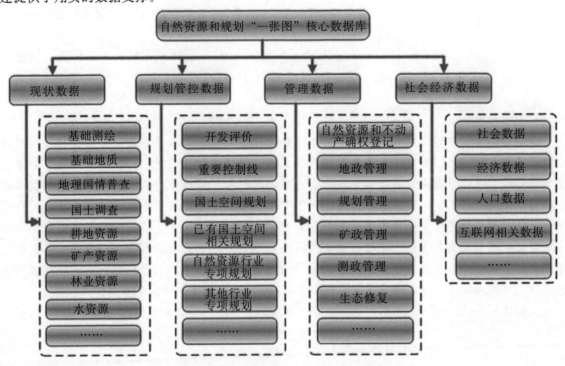

图1 自然资源和规划"一张图"核心数据库

2.2 框架设计

笔者结合现有国土空间规划及信息化成果，将城市体检评估工作和"一张图"紧密关联结合，利用自然资源和规划"一张图"数据优势，确保"一张图"服务城市体检的数据客观性、易获取性和可操作性，实现业务和数据的双向驱动和赋能：围绕常州市城市发展定位和特色，按照指标选取能定量分析、易感知获取、可常态更新的原则，构建常州市国土空间规划城市体检评估指标体系；针对具体指标确定其指标值计算所需要的数据类型、数据结构及格式要求，从"一张图"核心数据库提取支撑指标计算的数据，针对城市体检评估工作的数据集成、计算分析、模型构建等进行规范化处理，研究构建常州市国土空间规划城市体检模型库；通过空间大数据计算等技术，研究抽取"一张图"数据进行模型计算的具体实现路径，实现城市体检评估指标结果的空间数据可视化展示、指标统计分析展示，为常州市国土空间规划城市体检评估结果决策分析研究提供支撑。总体框架设计如图2所示。

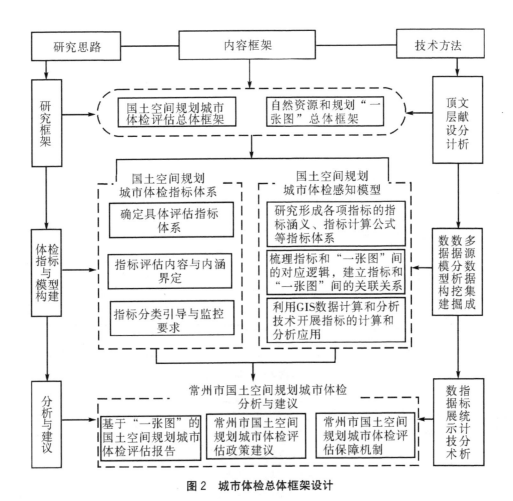

图2　城市体检总体框架设计

3　主要内容模块构建

3.1　城市体检指标体系构建

研究结合自然资源部、江苏省自然资源厅有关国土空间规划城市体检评估工作的要求，并考虑常州市的自然资源条件、生态环境改善、人口与城镇化发展、产业发展与用地效率提升、公共服务与城市品质提升、历史文化保护等方面的特殊性和内在要求，结合常州市国土空间规划编制、审批、实施以及监测预警评估等实际工作情况，探索"基本指标＋推荐指标＋特色指标"的常州市国土空间规划城市体检评估指标体系。

基本指标和推荐指标是以人民为中心、覆盖国土空间治理全方位各领域的底线指标，特色指标指在自然资源部、江苏省自然资源省厅要求的基本指标和推荐指标的基础上，结合常州市"工业智造、科教创新、文旅休闲、宜居美丽、和谐幸福"五大明星城建设等城市发展定位和特色，按照指标选取能定量分析、易感知获取、可常态更新的原则，拓展城市体检评估指标维度。常州市城市体检评估指标体系在一级指标和二级指标方面与国家保持一致，在安全、创新、协调、绿色、开放和共享六个方面形成一级指标，并逐级扩展，形成二级指标，在二级指标下，形成具体的基本指标、推荐指标和特色指标的指标项，形成兼具时代要求、国家责任与常州市特色的国土空间规划城市体检评估指标体系（图3）。例如，创新维度的具体指标项在遵循继承基本指标和推荐指标的基础上，结合常州市工业智造和科教创新的地方特色，拓展了万人高新技术企业数量等特色指标，具体创新维度指标见表1。

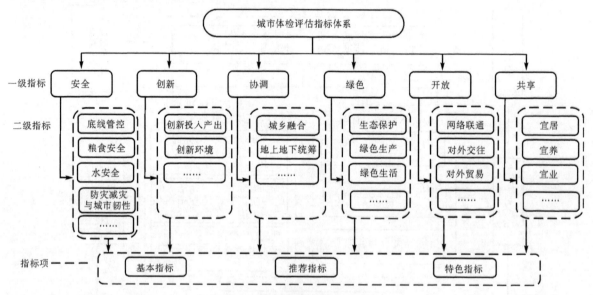

图3 城市体检评估指标体系

表1 创新维度指标

一级	二级	指标项	指标类型
创新	创新投入产出	社会劳动生产率（万元/人）	基本
		科研用地占比（％）	推荐
		万人发明专利拥有量（件）	推荐
		研究与试验发展经费投入强度（％）	推荐
		万人高新技术企业数量（个/万人）	特色
	创新环境	在校大学生数量（万人）	推荐
		高新技术制造业增长率（％）	推荐
		万人科技企业孵化器、加速器个数（个/万人）	特色
		租赁性住房比例（％）	特色

3.2 城市体检模型库构建

以常州市国土空间规划城市体检评估指标体系为基础，对指标体系各项指标的内涵、作用与适用范围进行梳理、界定和细化，确定各项指标的计算公式与数据要求，形成包含具体体检评估指标值的指标含义、指标计算公式等指标说明体系；结合常州市自然资源和规划"一张图"数据库，构建形成常州市国土空间规划城市体检的指标管理模型和指标计算模型，针对指标体系的每一项具体指标，梳理指标计算需要的"一张图"数据库的数据源，建立指标和"一张图"数据库之间的关联关系，构建形成达到满足计算要求的国土空间规划城市体检指标管理和计算模型；研究常州市国土空间规划城市体检指标的数据计算和分析服务，依托自然资源和规划

"一张图"数据库，根据指标计算模型，利用 GIS 数据计算和分析技术开展指标的计算与分析应用，对有"一张图"数据支撑的指标进行数据计算与分析，获得相应的指标计算分析结果，形成城市体检报告，为国土空间规划城市体检评估工作开展提供技术和服务支撑。城市体检模型库构建流程如图 4 所示。

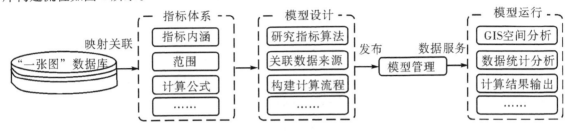

图 4 城市体检模型库构建流程

4 关键技术与功能实现

4.1 面向模型库计算展示的空间大数据体系研究

笔者基于 HBase、GeoMesa、Spark 的空间大数据分析和可视化体系，构建自然资源和规划"一张图"数据库、城市体检指标和模型库、空间大数据运算一体化的技术流程体系，实现常州市国土空间规划城市体检模型库的快速运算和可视化。面向城市体检模型库计算展示的空间大数据体系底层是数据层，采用开源数据库 HBase 存储及分发"一张图"数据，采用 GeoMesa 作为空间数据处理的数据引擎，实现在分布式数据库中存储和管理"一张图"数据。数据层的上面是分析层，采用 Spark 作为数据分析引擎，负责从数据层中提取数据，并按照配置的指标和模型进行空间大数据计算得出指标值。服务层基于分析层，通过 GeoServer 对外提供计算出的各指标的图形展示服务，GeoServer 也可以不通过 Spark 数据分析引擎，直接利用 GeoMesa 面向海量时空数据查询与分析的工具包实现数据的访问和查询，采用 OpenLayers 作为 WebGIS 客户端，实现城市体检模型库计算结果查询和可视化。空间大数据流程体系如图 5 所示。

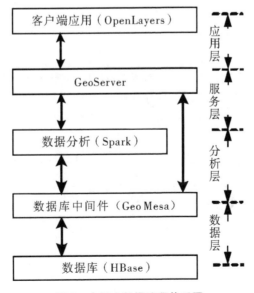

图 5 空间大数据流程体系图

4.2 功能实现

基于面向模型库计算展示的空间大数据流程体系研究，开发了常州市国土空间基础信息平台指标模型管理模块，实现了城市体检指标体系的构建、管理和维护，按照一级类、二级类及各指标项进行组织、逐级扩展，支持对各指标项的指标定义、指标描述信息、指标值进行统一管理；实现了城市体检模型库的构建、管理和维护，对每个模型映射关联数据源，配置模型参数，输出模型结果，实现模型周期化计算，每个模型构建完成后均存入模型库，并赋予其名称、服务接口、描述等信息，作为模型元数据表；实现了城市体检模型库计算结果查询和可视化，支持模型结果以地图、统计图表、多媒体等多种信息结合的方式展示。

5 结语

国土空间规划城市体检评估是国土空间规划体系建立的重要组成部分，对国土空间开发、利用、保护情况定期进行体检评估，能够及时地在规划编制、实施过程中发现和找准问题，及时揭示山水林田湖草自然资源和城市空间运行中存在的不足，提出对策，推动山水林田湖草自然资源和城市空间系统治理，提高国土空间治理体系和治理能力现代化。为了更好地发挥自然资源主管部门法定空间数据优势，解决传统的指标数据填报存在的准确性、时效性等问题，本文以自然资源和规划"一张图"数据库为支撑，研究、设计和构建城市体检指标体系、城市体检模型库等主要内容，并通过面向模型计算的空间大数据体系研究，探索自然资源和规划"一张图"数据库、国土空间基础信息平台支撑下的国土空间规划城市体检评估智能化、常态化、高效化工作路径，以提高常州市国土空间规划城市体检评估工作效率，为新时代国土空间规划的精准治理与综合服务提供科学支撑。

［基金项目：国家重点研发计划项目（2018YFB2100705），江苏省自然资源科技计划项目（2021047）］

［参考文献］

[1] 连玮. 国土空间规划的城市体检评估机制探索——基于广州的实践探索 ［C］//活力城乡·美好人居：2019 中国城市规划年会论文集，2019：709-717.

[2] 司美林. 国土空间规划改革背景下"城市体检"的实践与探索——以北京经济技术开发区 2018 年度城市体检为例 ［C］//2019 城市发展与规划论文集，2019：1316-1320.

[3] 宋炜炜，金宝轩，方源敏. 基于规则引擎的空间数据分发服务研究 ［J］. 测绘通报，2015（4）：49-52.

[4] 石晓冬，杨明，金忠民，等. 更有效的城市体检评估 ［J］. 城市规划，2020，3（44）：65-73.

[5] 崔海波，曾山山，陈光辉，等. "数据治理"的转型：长沙市"一张图"实施监督信息系统建设的实践探索 ［J］. 规划师，2020，4（36）：78-84.

[6] 温文. 坚持底线管控思维 精准定位发展坐标——浙江温州城市体检评估概述 ［J］. 资源导刊，2020（5）：56-57.

[7] 李满春，陈振杰，周琛，等. 面向"一张图"的国土空间规划数据库研究 ［J］. 中国土地科学，2020，34（5）：69-75.

[8] 何正国，周方，胡海. 广州市国土空间规划的体检评估 ［J］. 规划师，2020，36（22）：60-64.

[9] 胡伟，束平. 数据中台支持下国土空间规划"一张图"实施监督信息系统设计——以常州市为例[J]. 国土资源信息化，2021（2）：35-40.

[作者简介]

束平，高级工程师，就职于常州市测绘院。

胡伟，高级工程师，就职于常州市自然资源和规划服务中心。

席广亮，博士，副研究员，就职于南京大学建筑与城市规划学院。

钱育君，工程师，就职于常州市自然资源和规划服务中心。